Umwelterziehung in globaler Perspektive?

Europäische Hochschulschriften
Publications Universitaires Européennes
European University Studies

Reihe XXVII
Asiatische und Afrikanische Studien

Série XXVII Series XXVII
Etudes asiatiques et africaines
Asian and African Studies

Bd./Vol. 98

PETER LANG
Frankfurt am Main · Berlin · Bern · Bruxelles · New York · Oxford · Wien

Christine Kämmer

Umwelterziehung in globaler Perspektive?

Natur und Umwelt in Grundschullesebüchern aus der Volksrepublik China und Taiwan

PETER LANG
Europäischer Verlag der Wissenschaften

Bibliografische Information Der Deutschen Bibliothek
Die Deutsche Bibliothek verzeichnet diese Publikation in der Deutschen Nationalbibliografie; detaillierte bibliografische Daten sind im Internet über <http://dnb.ddb.de> abrufbar.

Zugl.: Tübingen, Univ., Diss., 2005

D 21
ISSN 0721-3581
ISBN 3-631-55458-3

www.peterlang.de

Meinen Eltern

Vorwort

Die vorliegende Arbeit ist als Dissertation während meiner dreijährigen Tätigkeit im Graduiertenkolleg „Globale Herausforderungen – transnationale und transkulturelle Lösungswege" an der Eberhard-Karls-Universität Tübingen entstanden. Als vergleichende Analyse, die ursprünglich mit dem ausführlicheren Titel „Umwelterziehung in globaler Perspektive? Aspekte von Natur und Umwelt in aktuellen Grundschullesebüchern aus der Volksrepublik China und Taiwan" eingereicht wurde, fragt diese Arbeit nach dem dortigen erzieherischen Beitrag zu einem Handeln in globaler Verantwortung angesichts der „globalen Herausforderung" Umweltzerstörung. Kulturelle Kenntnisse über die offizielle umwelterzieherische Ausrichtung in der Gegenwart und über möglicherweise zu erwartende umweltethische Werteinstellungen zukünftiger Verhandlungspartner – den heutigen Kindern – sind für eine Verständigung über transnationale Lösungswege unabdingbar.

In der VR China und Taiwan findet spätestens seit den achtziger Jahren in Ansätzen eine Umwelterziehung im Bereich der Schulen, Universitäten und Erwachsenenbildung statt. Die andauernden Bildungs- und Curriculumreformen wollen den Bereich der schulischen Umwelterziehung auch im Sinne des globalen Leitbildes der „Nachhaltigen Entwicklung" verbessern; der Schwerpunkt liegt dabei auf der Elementarbildung. Inhalte der Lehrmaterialien wurden bereits unter diesen Gesichtspunkten überarbeitet. Daher erschien es sinnvoll, die aktuellen Grundschullesebücher – herausgegeben in den Jahren 2002/2003 – auf die darin enthaltenen umwelterzieherischen Wertorientierungen und deren didaktisch-methodische Umsetzung zu untersuchen.

Die Entstehung dieser sinologischen Arbeit mit erziehungswissenschaftlicher Perspektive war besonders mit den Aktivitäten der folgenden zwei Forschungsschwerpunkte des Tübinger Graduiertenkollegs verbunden: „Interkulturelle und intrakulturelle Fragestellungen der Sinologie bei der Auslotung globaler Problemfelder" und „Möglichkeiten und Grenzen weltbürgerlicher interkultureller Bildung". In diesem Zusammenhang danke ich der Deutschen Forschungsgemeinschaft und dem Trägerkreis des Graduiertenkollegs für die Förderung meines Projekts. Mein besonderer Dank gilt meinem Doktorvater Professor Hans Ulrich Vogel vom Seminar für Sinologie und Koreanistik der Eberhard-Karls-Universität Tübingen für die Betreuung der Arbeit. Professor Ludwig Liegle von der Erziehungswissenschaftlichen Fakultät sei herzlich gedankt für die Unterstützung meines Forschungsprojekts und die genaue Begutachtung der Arbeit aus erziehungswissenschaftlicher Sicht. Bedanken möchte ich mich auch bei den Erziehungswissenschaftlern Professor Karlernst Nipkow (Tübingen) und Professor Jürgen Henze (Berlin) für weitere Anregungen und konstruktive Gespräche. Hilfreiche Auskünfte und Materialien zum Thema „Umwelterziehung" erhielt ich ferner von den Professoren Peter Weinbrenner und Martin Rauch sowie von Korinna Schack.

Einen Großteil der chinesischen Primärquellen verdanke ich 杨娃 Yang Wa (Volksrepublik China) und 劉惠君 Liu Hui-chun (Taiwan). Bei der Suche nach Sekundärliteratur konnte ich dank Dr. Eva Sternfeld auch auf die Bibliothek des *China Environment and Sustainable Development Reference and Research Center* (CESDRRC) in Beijing zurückgreifen. Professoren, Mitarbeiter und Studenten der folgenden Institute in der VR China und Taiwan waren mir ebenfalls eine große Hilfe bei meinen Recherchen vor Ort: 北京师范大学 (*Beijing shifan daxue*), 國立臺灣師範大學環境教育研究所 (*Guoli Taiwan shifan daxue huanjing jiaoyu yanjiusuo*), 臺北市立師範學院 (*Taibei shili shifan xueyuan*).

Insbesondere die Gespräche mit 周儒 Chou Ju, 張子超 Chang Tzu-chau, 吳美麗 Wu Mei-Lee, 李秋林 Li Qiulin und 鄧銘 Teng Ming in Taiwan sowie mit 田青 Tian Qing und 易进 Yi Jin in der VR China konnten zur Klärung zentraler Fragen beitragen. Besuche in Grundschulen vor Ort habe ich vor allem dem organisatorischen Geschick von 曾琇絢 Tseng Hsiu-hsuen zu verdanken. Einblicke in die umwelterzieherische Praxis ermöglichten mir ferner 王昭湄 Wang Chao-mei vom 觀樹教育基金會 (*Guanshu jiaoyu jijinhui*) und 廖文斌 Liao Wenbin, Direktor der 臺北市松山區三民國民小學 *Songshanqu Sanmin*-Grundschule in Taipei.

Vor allem aber danke ich Jens Wiesner und meinen Eltern, Gerhard Dieter und Ilse Kämmer. Ihre liebevolle Ermunterung, ihr Interesse an meinem Forschungsgebiet, ihre Hilfe bei den abschließenden Korrekturarbeiten und vieles mehr haben entscheidend zum Gelingen meiner Promotion beigetragen.

Inhaltsverzeichnis

1. Einleitung

> „Globale Umweltprobleme wie die Ausdünnung der Ozonschicht, der Treibhauseffekt, die Vernichtung der Regenwälder und die Verschmutzung von Flüssen und Meeren drängen immer stärker in den Vordergrund der Politik. All diesen Feldern ist gemein, daß sie die internationale Gemeinschaft der Staaten und Völker vor neuartige Aufgaben stellen, die nur durch Zusammenarbeit und gemeinsames Handeln zu meistern sind."[1]

Angesichts der weltweiten Umweltzerstörungen, die auch durch die Globalisierung von Wirtschaftsprozessen ausgelöst wurden, steht die Menschheit heute historisch vor einer neuen „globalen Herausforderung": Die verschiedenen Kulturen der Welt mit ihrem breiten Spektrum an Welt- und Menschenbildern und ihren vielfältigen politischen und religiösen Überzeugungen, die auf sehr unterschiedlichen ökonomischen Grundlagen und Systemen basieren, müssen einen Weg zu konstruktiver Kooperation entwickeln, um sich die Erde als Lebensraum zu schützen und zu erhalten.[2]

Auf politischer Ebene begann die Suche nach Lösungsstrategien für globale Umweltprobleme bereits in den 1970er Jahren. Seitdem wurde auf zahlreichen internationalen Konferenzen von der UN-Konferenz *On the Human Environment* in Stockholm 1972 bis zum *World Summit on Sustainable Development* in Johannesburg 2002 versucht, Definitionen, Prinzipien und Ziele in verschiedenen Dokumenten festzuschreiben. Spätestens seit der *United Nations Conference on Environment and Development* (UNCED) in Rio de Janeiro 1992 bestimmt der Schlüsselbegriff „Nachhaltige Entwicklung" die Umweltdebatten auf allen Ebenen.[3] Die Ziele einer nachhaltigen Entwicklung wurden auf der UNCED-Konferenz in 27 Grundsätzen zusammengefasst, dabei gilt es vor allem, „eine Verbesserung der ökonomischen und sozialen Lebensverhältnisse aller Menschen dieser Erde mit der Sicherung der natürlichen Lebensgrundlagen in Einklang zu bringen."[4] Das Leitbild der nachhaltigen Entwicklung ist dabei „primär ökolo-

[1] Töpfer, Klaus: „Zum Geleit", in: Deutsches Nationalkomitee für das UNESCO-Programm „Der Mensch und die Biosphäre" (Hg.): *Der Mensch und die Biosphäre. Internationale Zusammenarbeit in der Umweltforschung.* Bonn 1990, S. 3.

[2] Vgl. Haltner-Mylaeus, Edeltraut/Mylaeus, Thomas: „Umwelterziehung – allgemeine psychologische Grundlagen", in: Erdmann, Karl-Heinz (Hg.): *Perspektiven menschlichen Handelns. Umwelt und Ethik.* Heidelberg 1993, S. 149.

[3] Vgl. Baisch, Petra/Schrenk, Marcus: „Ökologische Aspekte in Sachunterrichtswerken. Ergebnisse einer Schulbuchanalyse", in: Seybold, Hansjörg/Rieß, Werner (Hg.): *Bildung für eine nachhaltige Entwicklung in der Grundschule. Methodologische und konzeptionelle Ansätze.* Schwäbisch Gmünd 2002, S. 185.

[4] Seybold, Hansjörg/Rieß, Werner: „Aufgaben und Ansätze von Umweltbildungsforschung in der Grundschule – eine Einleitung", in: Dies., a.a.O., S. 6.

gisch determiniert“:[5] Der Ursprung des Nachhaltigkeitsprinzips ist die aus der Forst- und Landwirtschaft stammende Grundregel „[...] dem Wald niemals mehr natürliche Ressourcen zu entziehen als auf natürliche Weise nachwachsen kann“.[6] Somit dienen die Einsicht in grundlegende ökologische Konzepte und ein Bewusstsein für die Komplexität der Zusammenhänge als Voraussetzungen für ein tiefer gehendes Verständnis von Nachhaltigkeit.[7]

Die Bedeutung von Erziehung für Verhaltensänderungen (und damit als ein möglicher „Lösungsweg“ für die Umweltproblematik) wurde auf den internationalen Umweltkonferenzen bereits seit ihren Anfängen betont, und in Kapitel 36 der Agenda 21 wird ausdrücklich die „Neuausrichtung der Bildung auf eine nachhaltige Entwicklung“[8] als eine der Zielkategorien definiert. Angesichts der vielfältigen Herausforderungen der Globalisierung versucht man derzeit, neue Konzeptionen „Globalen Lernens“ zu entwickeln, die es ermöglichen, eine globale Dimension und weltumfassende Sichtweise in der Erziehung zu erschließen und Kindern zukunftsfähige Kompetenzen zu vermitteln.[9] Ausgangspunkt ist die Erkenntnis, dass die herkömmliche Erziehung und Bildung nicht in der Lage ist, Kinder und Jugendliche mit den notwendigen Fähigkeiten, Kenntnissen und Einsichten auszustatten, die sie zur Bewältigung ihrer Aufgaben in einer vernetzten und komplexen Welt benötigen.[10] In diesem Kontext meint *world-mindedness* ein "commitment to the principle of 'one world' in which the interests of particular societies and nations are viewed in light of the overall needs of the planet“.[11]

Orientiert am Leitbild der ethischen Verantwortung zu nachhaltiger Entwicklung ist „Globales Lernen“ damit ein Bildungsauftrag zur Förderung mündiger, gestaltungsfähiger und verantwortungsbewusster Weltbürgerinnen und Weltbürger. „Global“ bezeichnet in diesem Zusammenhang sowohl die Bildungsperspektive als auch die Lern- und Lehrmethoden: Es bedeutet sowohl „weltweit“, indem es sich in einem grenzüberschreitenden, weltweiten Horizont der Unterrichtsthemen ausdrückt, als auch „ganzheitlich“ im Sinne einer interdisziplinären, partizipa-

5 Bundesministerium für Umwelt, Naturschutz und Reaktorsicherheit (BMU) (Hg.): *Konferenz der Vereinten Nationen für Umwelt und Entwicklung im Juni 1992 in Rio de Janeiro. Agenda 21.* Reihe „Umweltpolitik“. Bonn 1992, S. 261ff.

6 Bolscho, Dietmar/Seybold, Hansjörg: *Umweltbildung und ökologisches Lernen: Ein Studien- und Praxisbuch.* Berlin 1996, S. 65.

7 Vgl. BMU, a.a.O., Kapitel 36.

8 Vgl. Baisch/Schrenk, a.a.O., S. 185.

9 Vgl. Lin, Susanne: Stichwort „Globales Lernen“, in: Brilling, Oskar/Kleber, Eduard (Hg.): *Handwörterbuch Umweltbildung.* Hohengehren 1999, S. 130f.

10 Vgl. Forghani, Neda: „Was ist Globales Lernen? ... und was ist es nicht?“ Online im Internet: http://doku.cac.at/forghani.pdf [Stand 04.08.2004].

11 Selby, David: „Global Education as Transformative Education“, in: *ZEP* 23 (3), Sept. 2000, S. 3.

torischen und handlungsorientierten, über kognitive Lernziele hinausgehenden Unterrichtspraxis.[12] Nach einem umfassenden Verständnis „Globalen Lernens" lassen sich ältere pädagogische Arbeitsfelder wie Umwelt-, Friedens-, oder Menschenrechtserziehung, die sich auf den Prozess der Globalisierung beziehen, unter diesem Oberbegriff fassen.[13]

Die Umwelterziehung ist aufgrund ihrer thematischen Nähe sowie ihrer vielfältigen Ansätze und deren langjähriger Erprobung für die Auseinandersetzung mit globalen Herausforderungen besonders qualifiziert[14] und mittlerweile zu einer international anerkannten Aufgabe des Bildungswesens avanciert. Betrachtet man die Umwelterziehung im Hinblick auf ihren derzeitigen Diskussionsstand und die bestehende Praxis, können Trendaussagen über die Lösungsstrategien des jeweiligen Landes und deren mögliche Reichweite getroffen werden.

1.1 Fragestellung

Nur wenige Länder sind mit Umweltproblemen in derartiger Vielfalt und Größenordnung belastet wie die Volksrepublik China.[15] Damit ist sie zugleich eines der Länder, auf deren Kooperation die internationale Gemeinschaft bei der Lösung globaler Umweltprobleme besonders angewiesen ist. Die heutige chinesische Gesellschaft muss sich zeitgleich mit Problemen auseinander setzen, die in der Entwicklung der westlichen Industrienationen nacheinander auftraten: Zu Ressourcenzerstörungen wie Erosion und Entwaldung, die durch vorindustrielle Übernutzung entstanden sind, kommen Umweltbelastungen durch Schadstoffemissionen aus Produktion und Konsum hinzu.[16] Auch auf der Insel Taiwan ist der Zustand der Umwelt katastrophal und die ökologischen Defizite mindern die ökonomischen und sozialen Errungenschaften des dortigen Wirtschaftswunders. Wasser, Boden, Luft und die natürlichen Systeme sind erheblich belastet und die Artenvielfalt ist stark zurückgegangen, so dass das Ausmaß der Belastung in einigen Bereichen bereits die Tragfähigkeit und das Regenerations-

[12] Vgl. Forghani, a.a.O., S. 1f.

[13] Vgl. Lin, Susanne, a.a.O., S. 130f.

[14] Gugel, Günther/Jäger, Uli: „Friedenspädagogische Überlegungen zum globalen Lernen". Online im Internet: http://www.friedenspädagogik.de [Stand 30.06.2004], S. 2.

[15] Eine aktuelle, umfassende Studie zeigt über die Bestandsaufnahme des Ressourcenabbaus und Abschätzung der Folgeschäden hinaus erstmals eindringlich, wie die von der chinesischen Bevölkerung als Lebensrisiko wahrgenommenen Umweltbelastungen zunehmend Sprengstoff für politische und soziale Konflikte liefern: Economy, Elizabeth C.: *The River Runs Black. The Environmental Challenge to China's Future*. Ithaca/London 2004.

[16] Vgl. Betke, Dirk: „Umweltkrise und Umweltpolitik", in: Hermann-Pillath, Carsten/Lackner, Michael (Hg.): *Länderbericht China*. Bonn 1998, S. 325.

vermögen des Ökosystems übersteigt.[17] In den letzten Jahren wurden daher auf beiden Seiten der Taiwanstraße die offiziellen Maßnahmen zum Umweltschutz[18] in verschiedenen Bereichen verstärkt.

Erste Ansätze einer Umwelterziehung im Bereich der Schulen, Universitäten und Erwachsenenbildung lassen sich in der Volksrepublik China seit den 1970er Jahren erkennen, in Taiwan befasst man sich etwa seit den 1980er Jahren mit der Thematik. Diese Tendenzen verstärkten sich in den 1990er Jahren im Rahmen der Bildungs- und Curriculumsreformen, die u. a. das Konzept der Nachhaltigkeit einführen wollen: In der Volksrepublik China gilt Umwelterziehung als Bestandteil einer neuen Bildungsstrategie, die Schüler angemessen auf die Herausforderungen des 21. Jahrhunderts vorbereiten soll, genannt "Action plan of vitalizing education facing the twenty-first century" (面向 21 世纪教育振兴行动计划 *mianxiang 21 shiji jiaoyu zhenxing xingdong jihua*).[19] In Taiwan ist Umwelterziehung als fächerübergreifendes Element im "Nine-Year Integrated Curriculum" (九年一貫課程 *jiunian yiguan kecheng*) vorgesehen, das 2001 in Kraft trat.[20] Pädagogen auf beiden Seiten der Taiwanstraße überlegen, auch angeregt von westlichen Publikationen und Theorien, wie Reformen in diesem Bereich sinnvoll gestaltet sein könnten.[21] Allgemein gilt ein möglichst früher Beginn der Umwelterziehung bereits im Kindergarten- und Grundschulalter als besonders effektiv.[22] Ferner hat eine Studie über das Umweltbewusstsein von Grund- und Mittelschü-

[17] Vgl. Heck, Peter: „Vom Wirtschaftswunder in die ökologische Krise – Umweltprobleme auf der Ilha Formosa", in: Sandschneider, Eberhard (Hg.): *Interdisziplinäre Aspekte deutscher Taiwan-Forschung*. Dortmund: Projekt Verlag 1994, S. 24-43 und ders.: „Taiwans Umweltkrise – der (zu) lange Weg zu einer nachhaltigen Entwicklung", in: Schubert, Gunter/Schneider, Axel (Hg.): *Taiwan an der Schwelle zum 21. Jahrhundert. Gesellschaftlicher Wandel, Probleme und Perspektiven eines asiatischen Schwellenlandes.* Mitteilungen des Instituts für Asienkunde Nr. 270, Hamburg 1996, S. 239-262 und Edmonds, Richard Louis: „Taiwan's Environment Today", in: *The China Quarterly* 148, 1996, S. 1224-1259.

[18] Zu dieser Thematik siehe auch Klein, Susanne: *Umweltschutz in China*. Frankfurt 2004 und Lee, Yeong-Heui: *Umweltschutz in China: Umweltpolitik, Umweltplanung, Umweltrecht und Rahmenbedingungen in der Volksrepublik China*. Berlin 2000.

[19] Vgl. Song Naiqing/Xu Zhonglin/Jin Yule (Hg.): *Zhongguo jichu jiaoyu xin kecheng de linian yu chuangxin*. Zhongguo renshi chubanshe. Beijing 2002 und die Publikationen der „State Environmental Protection Administration" (SEPA) online im Internet: http://www.sepa.gov.cn [Stand 14.04.2003].

[20] Vgl. Jiaoyubu (Hg.): *Jiunian yiguan kecheng zanxing gangyao*. Taibei 2001.

[21] Siehe dazu die folgenden Publikationsreihen: Zhu Huaixin (Hg.): *Jichu jiaoyu jieduan huanjing jiaoyu congshu* (6 Bände). Zhongguo huanjing kexue chubanshe. Beijing 2003, Zheng Jinzhou (Hg.): *Quanqiu jiaoyu fazhan xin luxiang congshu* (5 Bände). Tianjin jiaoyu chubanshe. Tianjin 2004 und Zhao Jieping (Hg.): *Zhongxiaoxue huanjing jiaoyu congshu* (5 Bände). Huaxia chubanshe. Beijing 2001.

[22] Siehe hierzu z. B. Lin Shuhui: „Xuexi guan'ai ziran yao chenzao", in: *Zhongguo shibao*, 28.05.1998, S. 46.

lern in der VR China gezeigt, dass der Einfluss der schulischen Umwelterziehung dort an erster Stelle vor dem der Massenmedien und des Elternhauses steht.[23]

Zu Beginn des 21. Jahrhunderts lebten in der VR China rund 125 Millionen[24] Grundschüler, in Taiwan waren es rund zwei Millionen.[25] Sie werden die zukünftigen Entscheidungsträger sein, und die Frage, ob es ihnen gelingen wird, die Umweltqualität ihrer Heimat zu verbessern und einen Beitrag zur globalen Nachhaltigkeit zu leisten, wird entscheidend davon mitbestimmt, welche erzieherischen Einflüsse heute auf sie einwirken. Gleichzeitig können aus den derzeitigen Zielsetzungen und Inhalten sowie aus der didaktisch-methodischen Gestaltung der Umwelterziehung in China und Taiwan Rückschlüsse auf ihre globale Anschlussfähigkeit gezogen werden. Ein tiefer gehendes interkulturelles Wissen über die verschiedenen lokalen Lösungsansätze und deren Hintergründe könnte es den internationalen Verhandlungspartnern ermöglichen, adäquater aufeinander einzugehen und den Dialog über die Lösung globaler Umweltprobleme erfolgreicher zu gestalten.

Gezielte Initiativen wie das „Green-Schools"-Programm werden derzeit bereits an ausgewählten Grundschulen in der Volksrepublik China und Taiwan erprobt. Unabhängig davon sollen im Rahmen der Bildungsreformen *alle* Schulen umwelterzieherische Inhalte in sämtliche Schulfächer integrieren, die aktuellen Lehrpläne und -bücher wurden bereits unter dieser Vorgabe überarbeitet. Es kann daher angenommen werden, dass insbesondere durch die aktualisierten Schulbücher umwelterzieherische Ideen und Konzepte landesweit prinzipiell *alle* Schüler auch unabhängig von speziellen Initiativen oder Pilotprojekten erreichen. Dies ist einer der Gründe, weshalb sich Schulbücher als Gegenstand der vorliegenden Untersuchung eignen. Darüber hinaus weisen sie weitere Merkmale auf, die ihre Relevanz in diesem Kontext belegen, und die im Folgenden näher betrachtet werden sollen:

Schulbücher gelten als zentrales Medium für die Vermittlung von Wissen, idealen Verhaltensweisen und Werteinstellungen im Schulunterricht. Mit dem Begriff „Schulbuch" kann zunächst jedes Buch gemeint sein, das in der Schule eingesetzt wird, im engeren Sinne versteht man darunter ein „überwiegend für den Unterricht verfasstes Lehr-, Lern- und Arbeitsmittel in Buch- oder Broschüre-

[23] Vgl. Wang Min: "Environmental Awareness in Primary and Middle Schools in China – A Research Report", in: *Internationale Schulbuchforschung* 18, 1996, S. 135.

[24] Vgl. o. V.: "China Facts & Figures 2002". Online im Internet: http://www.china.org.cn [Stand 23.03.2004].

[25] Vgl. o.V.: "Statistics". Online im Internet: http://twinfo.ncl.edu.tw/tiqry/english.htm [Stand 23.03.2004].

form",[26] das erst nach Genehmigung durch ein staatliches Zulassungsverfahren verwendet werden darf. Seiner Konzeption nach dient es als didaktisches Medium zur Planung, Initiierung und Unterstützung von Lernprozessen. Andere Unterrichtsmedien wie Arbeitsblätter, audiovisuelle Medien und Lehrerhandbücher ergänzen seine Inhalte.

Schulbücher gelten als zuverlässige Indikatoren für inhaltliche und didaktische Veränderungen in den einzelnen Schulfächern.[27] Sie sind die Leitmedien im Unterricht[28], Orientierungsmoment für die Lehrenden, und spiegeln die offiziellen Richtlinien wider, daher lassen sie auch Rückschlüsse auf offene und versteckte Erziehungsziele zu. Schulbücher haben eine kulturelle Funktion, indem ihr Textangebot einen Bestand an kulturellem Wissen bewahrt, das tradiert werden soll, und durch das sich die Angehörigen einer Kultur in ihren Wert- und Normenorientierungen sowie in ihrem Selbstverständnis versichern. Darüber hinaus erfüllt ihr Themen- und Textangebot eine sozialisatorische Funktion, indem es relevante Probleme der Schüler thematisieren, Lösungshilfen liefern und zum Aufbau eines Selbstbildes, einer Identität der Adressaten beitragen kann.[29] Damit haben Schulbücher auch eine politische Dimension: in ihnen kommen die Einstellungen und Werte einer Gesellschaft zum Tragen, und es werden nur solche Bücher zum Gebrauch an Schulen zugelassen, die mit der Verfassung und den Normen der Gesellschaft übereinstimmen. Begreift man das Schulbuch als ideologisches Mittel, muss somit auch geprüft werden, welcher Ideologie oder Staatsverfassung es jeweils dient.[30]

26 Laubig, Manfred/Peters, Heidrun/Weinbrenner, Peter: *Methodenprobleme der Schulbuchanalyse.* Bielefeld 1986, S. 7.

27 Vgl. Lob, Reinhold/Pohle, Claudia/Schulte-Derne, Friedrich: „Umweltthemen in Schulbüchern nicht-naturwissenschaftlicher Schulfächer in Deutschland", in: *Internationale Schulbuchforschung* 18, 1996, S. 163. So gehen Schulbücher auf politische, technische oder historische Veränderungen wie ein sich wandelndes Frauenbild oder die Computertechnik ein. Ferner spiegeln sie die Veränderungen, die die Globalisierung und die Beschäftigung mit globaler Erziehung im Bildungswesen bewirken.

28 Dass es sich insbesondere im chinesischen Kontext beim Lehrbuch um die „Wurzel" oder „Basis" des Unterrichts handelt, wird bereits durch seine Bezeichnung als 课本 *keben* deutlich.

29 Vgl. Ehlers, Swantje: *Der Umgang mit dem Lesebuch. Analysen – Kategorien – Arbeitsstrategien.* Baltmannsweiler 2003, S. 9.

30 Vgl. Borck, Karin: „Der Micha vom Prenzlauer Berg." Prophetenbilder in Religionsbüchern der Sekundarstufe. Eine Schulbuchanalyse aus exegetischer Sicht. Dissertation am Fachbereich Geschichts- und Kulturwissenschaften der Freien Universität Berlin. Online im Internet: www.diss-fu-berlin.de/2002/34/index.html [Stand 13.09.2004], S. 11. Im Umkehrschluss kann – insbesondere in Ländern, in denen der Unterricht stark schulbuchorientiert ist – davon ausgegangen werden, dass Inhalte, die nicht in den Schulbüchern vorkommen, nur wenig berücksichtigt werden.

Da die Erarbeitung eines gänzlich neuen Schulbuchs kostspielig ist, versuchen Verleger teilweise mit nur geringfügigen Aktualisierungen ein Buch so lange wie möglich in der Schule wirken zu lassen. Dies hat zur Folge, dass manche Schulbücher noch auf Lehrplänen aus der Zeit basieren, zu der sie erstmals auf den Markt gelangt sind. Die Ziele und Inhalte, die in solchen Schulbüchern repräsentiert werden, werden nicht öffentlich gemacht und können im Widerspruch zu den offiziell gültigen Lehrplänen stehen – ihre Leitbilder beeinflussen die Schüler jedoch ebenso.[31]

Nach Georg Eckert, dem ehemaligen Leiter des nach ihm benannten Instituts für Internationale Schulbuchforschung in Braunschweig, können Schulbücher „die Grundhaltung eines Menschen für das ganze Leben psychologisch fixieren."[32] Es heißt, dies gelte besonders für Schulbücher der so genannten „Gesinnungsfächer", zu denen u. a. der Sprach- und Literaturunterricht, Geschichte und Sozialkunde zählen. In diesem Kontext spielt das *Lese*buch eine besondere Rolle, zumal in der VR China und Taiwan den Richtlinien zufolge Moral- und Werteerziehung als zentrales Element des Sprach- und Literaturunterrichts gilt. Im Bereich der Umwelterziehung haben Lesebücher wie alle literarischen Texte jedoch gleichzeitig ein besonderes Potenzial: Sie können Umweltthemen multiperspektivisch behandeln und kognitive, affektive und handlungsorientierte Lernprozesse durch den Einsatz verschiedener literarischer Gattungen gleichermaßen fördern.[33] Es kann davon ausgegangen werden, dass in Lesebüchern aufgrund der geisteswissenschaftlichen Natur des Faches die historische, ethische und soziale Komponente von Umweltproblemen stärker berücksichtigt werden kann als in Schulbüchern der Naturwissenschaften, und sie so zu einer fächerübergreifenden, ganzheitlichen Umwelterziehung beitragen können.

Die vorliegende Arbeit untersucht und vergleicht die Behandlung des Themenbereichs „Natur und Umwelt" in aktuellen Lesebüchern für den Sprach- und Literaturunterricht (*yuwen*/*guoyu*) in der VR China und Taiwan.[34] Im Zentrum steht dabei die Frage nach dem Wirkungspotenzial der Lesebücher für eine

[31] Vgl. Pöggeler, Franz: „Schulbuchforschung in der Bundesrepublik Deutschland nach 1945", in: Matthes, Eva/Heinze, Carsten (Hg.): *Didaktische Innovationen im Schulbuch*. Bad Heilbrunn 2003, S. 33-64.

[32] Eckert, Georg: „Schulbücher und der Friede", in: *Geist und Tat* 16, 1961, S. 104.

[33] Vgl. Kanzler, Brunhilde/Wespel, Manfred: „Umwelterziehung in Fibeln und Grundschullesebüchern", in: Rodi, Dieter (Hg.): *Umweltschutz, Umweltpolitik, Umweltbildung. Beitrag der Fächer zu einem Überlebensproblem*. Pädagogische Hochschule Schwäbisch Gmünd 1993, S. 85.

[34] Im Kontext dieser Arbeit wird einheitlich der Begriff „Sprach- und Literaturunterricht" verwendet, um den Unterricht im Fach „Chinesisch" in der VR China bzw. Taiwan zu bezeichnen. Die chinesische Bezeichnung dieses Faches lautet in der VR China *yuwen* („Sprache und Literatur"), in Taiwan *guoyu* („Landessprache").

effektive, zeitgemäße Umwelterziehung sowie nach der dahinter erkennbaren umwelterzieherischen Konzeption und deren „globaler Perspektive“: Inwiefern haben sich die internationalen und lokalen Entwicklungen im Bereich der Umwelterziehung auf die Behandlung des Themas „Natur und Umwelt“ in den aktuellen Lesebüchern ausgewirkt? Stehen die Konzeptionen in der VR China und Taiwan im Einklang mit weltweiten umweltpädagogischen Trends und Ansätzen „Globalen Lernens“?

Der intrakulturelle Vergleich zwischen der VR China und Taiwan liegt hier nicht zuletzt in Anbindung an frühere Untersuchungen nahe, die aufgrund des unterschiedlichen ideologischen Fundaments in den dortigen Schulbüchern zwei stark entgegengesetzte Naturauffassungen feststellten. Wertorientierungen im Bereich „Natur und Umwelt“ hängen eng mit jenen aus anderen gesellschaftlichen Bereichen[35] zusammen. Da die VR China und Taiwan sich bis heute hinsichtlich ihrer wirtschaftlichen, gesellschaftlichen und politischen Voraussetzungen unterscheiden, stellt sich die Frage, inwiefern das umweltrelevante Wissen, die umweltbezogenen Einstellungen und das umweltorientierte Handeln, die in den aktuellen Lesebüchern vermittelt werden sollen, differieren. Wodurch unterscheiden sich umwelterzieherische Konzeption und *environmental ideology* und wie lassen sich mögliche Unterschiede erklären? Sind die früheren ideologischen Differenzen noch sichtbar? Über diese und weitere Fragen, die in Abschnit 5.3.3 präzisiert werden, kann die thematische Auswahl und literarische Gestaltung des Textmaterials sowie die methodisch-didaktische Präsentation der Lesebuchinhalte Aufschluss geben.

1.2 Stand der Forschung

Bisher existieren kaum Untersuchungen, die mit der Fragestellung dieser Arbeit in unmittelbarem Zusammenhang stehen, es können jedoch Publikationen in deutscher, englischer und chinesischer Sprache herangezogen werden, die aus den Forschungszweigen Umwelterziehung und Schulbuchforschung stammen. Hierbei sind insbesondere Veröffentlichungen von Interesse, die Querverbindungen aufweisen.

Die Erziehungswissenschaften befassen sich etwa seit den 1980er Jahren mit dem Thema *Umwelterziehung* und es existiert umfangreiche Sekundärliteratur in deutscher und englischer Sprache. Zur Umwelterziehung an chinesischen Schulen finden sich dagegen nur einige Publikationen in Form von Zeitschriftenaufsätzen[36]

[35] Vgl. Haan, Gerhard de/Kuckartz, Udo: „Umweltbewußtsein“, in: Jänicke, Martin (Hg.): *Umwelt global: Veränderungen, Probleme, Lösungsansätze.* Berlin 1995, S. 206f.

[36] Zhu Huaixin/Dillon, Justin: “Environmental Education in the People’s Republic of China: Features, Factors and Trends“, in: *Australian Journal of Environmental Education* 15/16, 1999/

und „Grauer Literatur“,[37] Taiwan tauchte darin zum Zeitpunkt der Entstehung der Arbeit nicht auf. In der VR China und Taiwan erschienen in den letzten Jahren zahlreiche Veröffentlichungen zum Thema[38] und es findet ein Austausch zwischen Wissenschaftlern statt, z. B. auf der gemeinsamen Konferenz zur Umwelterziehung 海峽兩岸環境教育研究會 *Haixia liang'an huanjing jiaoyu yanjiuhui* vom 16. - 17. September 2002 in Taibei.[39]

Mit *Schulbüchern* beschäftigen sich seit geraumer Zeit Germanisten, Pädagogen, Soziologen und Historiker unter verschiedenen Aspekten.[40] Motiviert werden Schulbuchanalysen durch so vielfältige Interessen wie die „Zeitgeistforschung“, die „Ideologie- und Vorurteilskritik“, die „Lernpsychologie“ oder die „Völker-

2000, S. 37-43; Kwan, Tammy Yim-Lin/Lidstone, John: "Understanding Environmental Education in the People's Republic of China: A National Policy, Locally Interpreted“, in: *Environmental Education Research* 4 (1), 1998, S. 87-97; Stimpson, Philip: "Environmental Education in Guangzhou in the PRC", in: *Environmental Education Research* 7 (4), 2001, S. 397-412; Ders.: "Environmental Education in Hong Kong and Guangzhou: One Purpose, Two Systems?“, in: *Compare* 27 (1), 1997, S. 63-74; Wang Min: „Umwelterziehung in chinesischen Grund- und Mittelschulen", in: Böhn, Dieter/Hoogeland, Madeleine/Vogel, Helmer (Hg.): *Umwelterziehung international.* Nürnberg 1995, S. 77-85; Sternfeld, Eva: „Grüne Schulen, Grüne Projekte“, in: *Das neue China* 4, 2000, S. 27-30; Zou Jing: "Environmental Education", in: *China Review* 9, 1998, S. 36-38. Siehe außerdem Vol. 37, No. 3 (2004) der Zeitschrift *Chinese Education and Society* mit dem Schwerpunkt "Environmental Crises, Governmental Policies and ‚Green Schools' in China“, für einen historischen Überblick darin v. a. Tian Qing: "Historical Review of Environmental Education in China“, S. 34-38 und Lin Jing: "Context and History of the Rise of Environmental Education in China“, S. 5-9. Heft 4 (1995) der Zeitschrift *International Research in Geographical and Environmental Education* widmet sich ebenfalls dem Thema Umwelterziehung in China.

37 Erlewein, Tatjana: *Umweltbildung in Pekinger Grund- und Mittelschulen. Eine Feldforschung.* Unveröff. Diplomarbeit 2002. Online im Internet: http://www.asa-programm.de/site/spider/chi01_01_45_de.php [Stand 21.03.2004] und Kruse, Claudia: *Umweltbildung und Umweltkommunikation in China unter besonderer Berücksichtigung der internationalen Zusammenarbeit.* Unveröffentlichte Diplomarbeit, Bremen 1999.

38 Siehe folgende Auswahl: Ren Naian (Hg.): *Huanjing jiaoyu.* Shanghai keji jiaoyu chubanshe. Shanghai 2001; Zhu Huaixin: *Huanjing jiaoyulun.* Zhongguo huanjing kexue chubanshe. Beijing 2002; Yang Guanzheng: *Huanjing jiaoyu.* Taibei 1998; Li Congming: *Rongrushi xin kecheng de huanjing jiaoyu.* Tainan 2001.

39 Nach Auskunft von Prof. Zhou Ru vom *Graduate Institute of Environmental Education* an der *National Taiwan Normal University* am 27.08.2003.

40 In Deutschland widmet sich seit 1975 v. a. das *Georg-Eckert-Institut (GEI) für Internationale Schulbuchforschung* in Braunschweig der Aufgabe, historische, politische und geographische Darstellungen in deutschen Schulbüchern mit denen in anderen Ländern zu vergleichen. Es verfügt über eine umfangreiche Sammlung von Schulbüchern aus verschiedenen Ländern und Epochen sowie über eine wissenschaftliche Bibliothek. (Vgl. Informationsbroschüre des GEI: „Informationen und Hinweise für Bibliotheksbenutzer.“) 1997 wurde mit der *Internationalen Gesellschaft für historische und systematische Schulbuchforschung* in Ichenhausen (Bayern) eine weitere Institution für diesen Forschungszweig gegründet. (Vgl. Wiater, W., a.a.O., S. 20.)

verständigung.“ [41] Nur wenige westliche Studien befassen sich dagegen mit *Umwelterziehung im Schulbuch* und der Frage, wie Schulbücher gestaltet sein sollten, um einen adäquaten Beitrag hierzu leisten zu können. Dabei stehen Lehrbücher und Unterrichtsmaterialien für den Unterricht in den „klassischen ‚Zentrierungsfächern‘ für Umweltschutz in der Schule“[42] wie Biologie im Mittelpunkt. Zum Teil sind diese Analysen jedoch veraltet und berücksichtigen neuere Ansätze und Entwicklungen der Umwelterziehung noch nicht.

Schulbücher der nicht-naturwissenschaftlichen Fächer untersuchen 1996 erstmals Lob et al., die in diesem Bereich von einer „Forschungslücke“ sprechen, da man bisher „faktisch keinen Überblick für diesen so zentralen Printmedienbereich unseres Schulwesens“ [43] habe. Zum Thema *Umwelterziehung im Sprach- und Literaturunterricht* finden sich lediglich die Aufsätze von Schober[44] und Dybowski[45], in denen am Rande auch die Lesebuchinhalte angesprochen werden. Kanzler und Wespel[46] untersuchen deutsche Fibeln von der Nachkriegszeit bis in die 1990er Jahre auf einen möglichen Beitrag zur Umwelterziehung.

Zum damit verbundenen Themenbereich *Umwelterziehung durch Kinder- und Jugendliteratur* gehören in deutscher Sprache auch die Analysen von Lindenpütz[47], Langer[48], Schack[49] und Karst[50] sowie die Monographie von

[41] Vgl. Fritzsche, K. Peter (Hg.): *Schulbücher auf dem Prüfstand. Perspektiven der Schulbuchforschung und Schulbuchbeurteilung in Europa.* Frankfurt/Main 1992, S. 11.

[42] Lob/Pohle/Schulte-Derne, a.a.O., S. 165. Siehe z. B. die Studie über das Potenzial von Biologie-Lehrbüchern für die Ausprägung des Umweltbewusstseins von Klinger, Karen: „Umwelterziehung und Schulbuch“, in: Eulefeld, Günter: *Studien zur Umwelterziehung.* IPN, Kiel 1993, S. 165-179.

[43] Lob/Pohle/Schulte-Derne, a.a.O., S. 164.

[44] Schober, Otto: „Deutschunterricht und Umwelterziehung“, in: Lob, Reinhard/Wichert, Volker (Hg.): *Schulische Umwelterziehung außerhalb der Naturwissenschaften.* Frankfurt/Main: Lang 1987, S. 479-494, und ders.: „Umwelterziehung im Deutschunterricht“, in: Calließ, Jörg/Lob, Reinhold (Hg.): *Handbuch Praxis der Umwelt- und Friedenserziehung, Band II: Umwelterziehung.* Düsseldorf 1987, S. 273-280.

[45] Dybowski, Rainer: „Unterrichtsthemen im Deutschunterricht der Sekundarstufe II“, in: Friedrich, Gudrun/Isensee, Wolf/Strobl, Gottfried (Hg.): *Praxis der Umweltbildung. Neue Ansätze für die Sekundärstufe II. Band I: Ergebnisse einer Tagung.* Bielefeld 1995, S. 79- 86.

[46] Kanzler/Wespel, a.a.O.

[47] Lindenpütz, Dagmar: „Umwelt und Ökologie in der Kind- und Jugendliteratur der BRD“, in: Dahrendorf, Malte (Hg.): *Kinder- und Jugendliteratur.* Berlin 1995, S. 102-108 und dies.: *Das Kinderbuch als Medium ökologischer Bildung.* Essen 1996.

[48] Langer, Gertraud: *Neue Umweltliteratur für Kinder: Darstellung und Interpretation: Wiese-Wald-Gewässer-Tierliebe-Tierleid.* München 2000.

[49] Schack, Korinna: „Das Thema Ökologie in der erzählenden Kinder- und Jugendliteratur. Eine Leitbildanalyse.“ Paper 94-114, Forschungsgruppe Umweltbildung 1994 und dies.: *Leitbilder in der erzählenden Kinder- und Jugendliteratur zum Thema Ökologie.* Unveröffentlichte Magisterarbeit an der FU Berlin, Fachbereich Erziehungs- und Unterrichtswissenschaften 1993.

Pointner[51] zur umwelterzieherischen Funktion von Märchen. Eine taiwanesische Publikation von Lin Mingrui, Tan Zhixi und Zheng Rui[52] untersucht Werke der internationalen Kinderliteratur im Hinblick auf ihren umwelterzieherischen Gehalt mit dem Ziel, Pädagogen Hinweise auf geeignete literarische Texte für den Umweltunterricht zu liefern. Möglichkeiten für Lehrer, Texte der klassischen chinesischen Literatur von der Tang- bis zur Mingzeit zu nutzen, um Umwelterziehung in den Sprach- und Literaturunterricht zu integrieren, stellen Tan et al.[53] in einem weiteren Aufsatz vor.

In der westlichen Schulbuchforschung wurden Untersuchungen chinesischer und taiwanesischer Schulbücher bereits von verschiedener Seite vorgenommen. Dabei stand teilweise ein Vergleich der Lehrwerke im Hinblick auf ihre unterschiedlichen Ideologien und Erziehungswerte im Zentrum.[54] In einigen dieser Studien taucht auch die Haltung zu Natur und Umwelt auf, die sich in den Texten widespiegelt: Solomon stellt bei einem Vergleich von festlandchinesischen Lesebüchern aus den Jahren 1922 und 1929 mit jenen aus dem Jahr 1960 fest, dass in den neueren Lesebüchern „Arbeit" als ein Mittel dargestellt wird, um auf die Umwelt Einfluss zu nehmen und sie zu verändern. Diese Ausrichtung auf Veränderung und Kontrolle der Welt durch den Menschen spiegele sich auch in

[50] Karst, Theodor: „'Vom baum lernen' – ökopädagogische Aspekte einer Literatur für Kinder und Jugendliche", in: Richter, Karin/Hurrelmann, Bettina (Hg.): *Kinderliteratur im Unterricht. Theorien und Modelle zur Kinder- und Jugendliteratur im pädagogisch-didaktischen Kontext.* Weinheim 1998, S. 215-227.

[51] Pointner, Alfred: *Umweltschutz und Märchen.* Baltmannsweiler 2000.

[52] Lin Mingrui/Tan Zhixi/Zheng Rui: „Ertong wenxue zhong huanjing gainian zhi yanjiu", in: *Zhonghua Minguo bashiba nian huanjing jiaoyu yantaohui lunwenji.* Shili shifan xueyuan. Taibei, April 1999, S. 7-11.

[53] Tan Zhixi/Lin Mingrui/Zheng Rui/Liu Junchang: „Zhongguo guwen zhong huanjing gainian zhi pingxi – yi Tangdai zhi Qingdai de dianji wei zhu", Paper zur Konferenz „Zhonghua Minguo jiushi niandu huanjing jiaoyu guoji xueshu yantaohui" am 21. April 2001 an der *Guoli Taiwan shifan daxue.*

[54] Siehe z. B. die folgende Auswahl: Nutting, Margaret: *The Fate of the Confucian Ideal in ‚Readings' Textbooks of Taiwan and the China Mainland: A Study of Continuity and Change.* Syracuse 1974; Martin, Roberta: "The Socialization of Children in China and on Taiwan: An Analysis of Elementary School Textbooks", in: *The China Quarterly* 62, 1975, S. 242-262; Meyer, Jeffrey: "Moral Education in Taiwan", in: *Comparative Education Review* 32 (1), 1988, S. 20-38; Ders.: "Teaching Morality in Taiwan Schools: The Message of the Textbooks", in: *The China Quarterly* 114, 1988, S. 267-284; Ders.: "A Subtle and Silent Transformation: Moral Education in Taiwan and the People's Republic of China", in: Cummings, William (Hg): *The Revival of Values Education in Asia and the West.* Oxford 1988, S. 109-130; Price, R. F.: "Chinese Textbooks Fourteen Years On" in: *The China Quarterly* 83, 1980, S. 535-550.

seiner Beziehung zur Natur und dem Willen wider, eine bessere Zukunft zu erschaffen.[55]

Ridley et al. erkennen in Lesebuchtexten der VR China aus den 1960er Jahren, die die Haltung zur Natur zum Gegenstand haben, konfligierende Themen: So sei die Natur in einigen Texten eine Macht, die es durch Arbeit und Hartnäckigkeit, aber auch durch Erkenntnis und Nutzung der natürlichen Prozesse für den Menschen zu besiegen gelte, an anderen Stellen stehe dagegen die Harmonie von Mensch und Natur im Vordergrund.[56] Martins vergleichende Studie von 1975 stellt in Schulbüchern aus der VR China und Taiwan eine unterschiedliche Haltung zu Natur und Umwelt fest. Zwar propagierten beide eine ästhetische Wertschätzung der Natur, welche die traditionelle chinesische Natursicht und den traditionellen Versuch widerspiegeln, in Harmonie mit der Natur zu leben.[57] Doch während diese Sichtweise in Taiwan im Vordergrund stehe, werde sie in den Lesebüchern der VR China von einer wissenschaftlichen Erforschung und Entdeckung der Natur zum expliziten Zweck ihrer Unterwerfung für menschliche Zwecke überlagert. Diese divergierenden Einstellungen lassen sich laut Martin auf die Ideologien zurückführen:

> "The emphasis of the Chinese texts on rational understanding and control of nature exemplifies the Maoist faith in man's ability to remake his social and physical environment to suit best his needs and development. The more aesthetic approach emphasized in the Taiwanese texts would be congruent with the traditionalism supported by Chiang Kai-shek's regime." [58]

Jing Lin untersucht festlandchinesische Schulbücher verschiedener Fächer aus den Jahren 1988/89 und findet im Fach „Moralerziehung" auch einen Schwerpunkt Umweltschutz: In den Texten werden die Schüler dazu angehalten, Regeln zu befolgen, Tiere zu lieben, und besonders jene Tiere zu schützen, die für den Menschen nützlich oder vom Aussterben bedroht sind. Die Schüler werden ermahnt, dass sie keine Blumen pflücken und im Park den Rasen nicht betreten dürfen.[59] Die Sichtung dieser älteren Analysen zeigt, dass die Schulbücher von 1975 und 1988 offenbar noch nicht von den internationalen Entwicklungen im Bereich Umwelterziehung beeinflusst waren. Es fand sich darin lediglich am Rande Material, das implizit einen Beitrag zur Herausbildung von Umweltbewusstsein leisten konnte.

55 Vgl. Solomon, Richard: "Educational Themes in China's Changing Culture", in: *The China Quarterly* 22, 1965, S. 154-170.

56 Vgl. Ridley, Charles P./Godwin, Paul H. B./Doolin, Dennis J.: *The Making of a Model Citizen in Communist China*. Stanford 1971, S. 199f.

57 Vgl. Martin, a.a.O., S. 253f.

58 Ebd.

59 Lin, Jing, a.a.O., S. 4.

In einer vergleichenden Studie zur sozialisatorischen Funktion von Lesebüchern der VR und Taiwan aus dem Jahr 1993 macht Böhm eine Reihe von Texten aus, die eine „Hinwendung zur Natur, zu Naturbetrachtung und Naturbewunderung“[60] zum Gegenstand haben. Die Schönheit der Natur in den verschiedenen Jahreszeiten, Sonnenaufgänge, der Abendhimmel oder die Faszination, die Landschaften beim Betrachter auslösen, finden sich in beiden Lesebuchreihen, auch lasse sich hierbei kein Unterschied zwischen den festlandchinesischen und den taiwanesischen Darstellungen feststellen.[61] Eine Überlegenheit des Menschen gegenüber der Natur werde nur am Rande angesprochen und finde sich ebenfalls in ähnlicher Form in beiden Lesebuchreihen.[62] Ist Böhms Analyse korrekt, so kann darauf geschlossen werden, dass in der VR China Anfang der 1990er Jahre bereits ein Wandel in der Auswahl des Textmaterials stattgefunden haben muss, da die älteren Analysen eindeutig den Schwerpunkt „Ausbeutung der Natur“ in den Lesebüchern der VR China gegenüber der „Harmonie zwischen Mensch und Natur“ in den taiwanesischen Lesebüchern belegt haben.

Böhms Analyse deutet darauf hin, dass Anfang der 1990er Jahre noch keine Texte in die Lesebücher aufgenommen worden waren, die ausdrücklich Umweltzerstörung oder -schutz thematisierten und damit in ihrer Zielsetzung über Tier- und Pflanzenkunde oder eine allgemeine Sensibilisierung für die Schönheit der Natur hinausgingen. Nach den nationalen und internationalen Entwicklungen im Bereich Umwelterziehung in den letzten zehn Jahren scheint daher eine erneute Bestandsaufnahme angebracht. Dabei ist vor allem zu fragen, ob und inwieweit sich in den aktuellen Lesebüchern auch bereits Aspekte von Umweltschutz, Nachhaltigkeit und globaler Verantwortung – und damit Hinweise auf eine *explizite* Umwelterziehung im globalen Kontext – finden lassen.

Auch in der VR China und Taiwan befassen sich Wissenschaftler unter anderem mit Themen wie Ideologie[63] oder Gleichberechtigung[64] in Schulbüchern. Darüber hinaus wurden in den letzten Jahren im Bereich der Erziehungswissenschaften Studien publiziert, bei denen im Kontext der Bildungsreformen die Frage der

60 Böhm, Barbara: *Die chinesische Kultur als Basis für eine Wiedervereinigung zwischen Taiwan und der Volksrepublik China? Inhaltsanalytischer Vergleich taiwanesischer und volksrepublikanischer Grundschulbücher im Fach Chinesisch.* Unveröffentlichte Magisterarbeit, Tübingen 1995, S. 123.

61 Vgl. ebd., a.a.O., S. 123.

62 Vgl. ebd., S. 93.

63 Yan Qingxiang: „Yishi xingtai yu jiaokeshu fenxi“, in: *Guoli bianyiguan guankan* 27 (2), 1998, S. 241-262.

64 Huang Wanjun: „Guoxiao xinban guoyuke jiaokeshu xingbie yishixingtai zhi neirong fenxi yanjiu“, in: *Liangxing pingdeng jiaoyu jikan* 5, 1998, S. 26-37.

Optimierung der Schulbücher[65] und ihrer erzieherischen Inhalte[66] oder die Frage nach ihren Wertorientierungen[67] im Zentrum steht. Hierbei rücken zunehmend die umwelterzieherische Funktion von Lehrbüchern verschiedener Schulfächer[68] und ihr internationaler Vergleich[69] ins Blickfeld. Die folgenden neueren festlandchinesischen Publikationen befassen sich mit Umwelterziehung im Sprach- und Literaturunterricht (*yuwen*): Li Zhigui[70] liefert Hinweise, wie Lehrer an Mittelschulen umwelterzieherische Ideen in den Sprach- und Literaturunterricht integrieren können. Neben dem Einsatz von Computern und anderen Medien auch für die Umwelterziehung misst Li der Vor- und Nachbereitung der jeweiligen Lektion besondere Bedeutung bei, in der die Schüler durch gezielte Fragen angeregt werden sollten, zu umweltfreundlicheren Einstellungen zu gelangen. Auch bei der Interpretation von Texten solle besonderes Augenmerk auf jene Passagen gelenkt werden, die die Empfindsamkeit der Kinder schulen.

Im Hinblick auf Umwelterziehung und Nachhaltigkeit untersuchen Xu Jialin et al.[71] 1996 ebenfalls für die Mittelschule das Potenzial des Faches und klassifizieren die Lesebuchtexte, die hierzu eingesetzt werden können, in drei Kategorien: Texte über „Naturliebe und Naturbewunderung", „Umweltwissenschaften und Umweltschutz" und „Umweltmoral und Umweltverhalten". Diesen Kategorien werden jeweils konkrete Textbeispiele zugeordnet, jedoch ohne konkrete didaktisch-methodische Hinweise. Yi Jin[72] wendet in einem Aufsatz von 1998

65 Siehe hierzu z. B. Dong Jinyu: „Guomin zhongxue guowen jiaocai de yanbian ji jiantao", in: *Guoli jiaoyu ziliaoguan jiaoyu ziliao jikan*, 1990, S. 127-139, Zhang Zhencheng: „Women xinmu zhong de lixiang guoyuke jiaokeshu", in: *Guowen Tiandi* 11 (1), 1995, S. 89-93 und Ke Zhizhong: „Guoyuke jiaokeshu disan ce butong banben zhi bijiao fenxi", in: *Jiaoshi zhi you* 39 (5), 1998, S. 48-58.

66 Vgl. Zhu Rongzhi: „Renwen jiaoyu yu guowen jiaoxue", in: *Guowen tiandi* 9 (12), 1994, S. 80-84 und Chen Huanglin: „Renwen suyang yu guowen jiaoxue", in: *Zhongdeng jiaoyu* 48 (1), 1997, S. 65-71.

67 Zhu Zhiyong: *Wo guo zhongxiao chuzhong yuwen jiaokeshu neirong jiazhi quxiang de fenxi.* Magisterarbeit an der *Nanjing shifan daxue.* Nanjing 1998.

68 Vgl. Han Mingzhang: *Xianxing guoxiao ziranke jiaokeshu youguan huanjing jiaoyu jiaocai zhi yanjiu.* Magisterarbeit am *Guoli Hualian shifan xueyuan guoxiaoke xuexiao jiaoyu yanjiusuo*, 2000.

69 Vgl. Wu Shidu: *Wo guo yu Riben xian jieduan guomin xiaoxue jiaocai zhong huanjing jiaoyu neirong zhi fenxi ji bijiao yanjiu.* Guokehui zhuanti yanjiu jihua chengguo baogao NSC 82-0111-S005-003-Z, Taibei 1994.

70 Li Zhigui: „Lun Zhongxue yuwen jiaoxue zhong de huanjing jiaoyu", in: *Huanjing jiaoyu* 3, 2002, S. 36-37.

71 Xu Jialin, Wang Hongqi (Hg.): *Mianxiang kechixu fazhan de zhongxue huanjing jiaoyu.* Beijing: Beijing shifan daxue chubanshe 1996.

72 Yi Jin: „Zai xiaoxue yuwen jiaoxue zhong shentou huanjing jiaoyu", in: *Xueke jiaoyu* 12, 1999, S. 22-25.

dieselben Kategorien auf Lesebücher für die Grundschule an und nennt ebenfalls einige Text- und Übungsbeispiele für jede Kategorie.

Ebenso verfahren auch He Gengsheng[73] und Du Hongfang/Zhu Fenghai[74], die außerdem Lehrern einige gezielte Anregungen für den Umgang mit diesen Texten im Unterricht liefern. Du Hongfang[75] verweist ferner auf drei zentrale Prinzipien für die Integration von Umwelterziehung in den Sprach- und Literaturunterricht: Neben Praxisnähe und der Anbindung der Inhalte an den Wissensstand der Schüler seien das „richtige Maß" und der „passende Zeitpunkt" entscheidend für den Erfolg. Einige Hinweise für Lehrer, um in den Lesebüchern geeignete Texte für Umwelterziehung aufzuspüren und diese zu ergänzen oder zu korrigieren, liefert Ren Dingbao.[76]

Eine taiwanesische Studie[77] von 1988 untersucht die umwelterzieherische Gestaltung von Schulbüchern für die Fächer Gesundheitserziehung, Sprach- und Literaturunterricht, Mathematik, Gesellschaftskunde sowie Natur und Musik an Grundschulen. Sie zeigt, dass Themen wie Luftverschmutzung, ökologisches Gleichgewicht oder Tierschutz in den untersuchten Lesebüchern für den Sprach- und Literaturunterricht nicht vorkommen. Eine weitere Untersuchung von 1994 weist dagegen für die ersten Grundschuljahre bereits Ansätze umwelterzieherischer Inhalte auch in den nicht-naturwissenschaftlichen Fächern nach: Der Anteil umwelterzieherischer Texte mache in den Lesebüchern 17 % aus, dabei seien 3 % „direkte Umwelterziehung" (z. B. Themen wie Ressourcenschonung) und 14 % „indirekte Umwelterziehung" (z. B. die Beschreibung landschaftlicher Schönheit).[78] Li Qiulin[79] untersucht Lesebücher für die Grundschule, herausgegeben von den Marktführern unter den taiwanesischen Schulbuchverlagen 翰林出版社 *Hanlin chubanshe*, 康軒出版社 *Kangxuan chubanshe*, 南一出版社 *Nanyi*

73 He Gengsheng: „Zai zhongxiaoxue yuwen jiaoxue zhong jinxing huanjing jiaoyu chuyi", in: *Xiandai zhongxiaoxue jiaoyu* 1, 2000, S. 23-35.

74 Du Hongfang/Zhu Fenghai: „Chongfen liyong yuwen jiaocai shentou huanjing jiaoyu", in: *Huanjing jiaoyu* 4, 2002, S. 31-32.

75 Du Hongfang: „Guankui yuwen xueke zhong shentou huanjing jiaoyu de ‚san xing'", in: *Huanjing jiaoyu* 4, 2002, S. 39-40.

76 Ren Dingbao: „Xiaoxue yuwen jiaoxue zhong jinxing huanjing jiaoyu juyu", in: *Huanjing jiaoyu* 5, 2000, S. 46.

77 Zhang Luxi: *Xian jieduan guomin xiaoxue jiaocai zhong youguan huanjing baohu he shengtai baoyu neirong de fenxi*. Guokehui zhuanti yanjiu jihua chengguo baogao NSC 77-0414-S003-042. Taibei 1990.

78 Huang Jiancheng: „Guoxiao xian jieduan rongrushi huanjing jiaoyu", in: *Hualian wenjiao* 8, 1994, S. 47.

79 Li Qiulin: *Guomin xiaoxue guoyu jiaokeshu zhong huanjing jiaoyu neirong zhi tantao*. Magisterarbeit am *Graduate Institute of Environmental Education* des *National Taichung Teachers College* 2003.

chubanshe und 國立編譯館 *Guoli bianyiguan*, die Mitte der 1990er Jahre im Gebrauch waren. Ziel seiner Analyse ist es, den Anteil umwelterzieherisch relevanter Texte in den Lesebüchern[80] der einzelnen Verlage zu ermitteln und zu vergleichen, um Empfehlungen für die Auswahl von Unterrichtsmaterialien und ihren Einsatz im Unterricht zu geben.

Dieser Überblick über den Forschungsstand hat Defizite in verschiedenen Bereichen aufgezeigt: Das Thema Umwelterziehung in China wurde in der westlichen Sinologie ebenso wie in der Umweltbildungsforschung bisher wenig beachtet und insbesondere die Maßnahmen und Veränderungen im Kontext der gegenwärtigen Bildungs- und Curriculumsreformen sind so aktuell, dass sie derzeit lediglich in Form von chinesischen Zeitschriftenaufsätzen vorliegen. Weder Erziehungswissenschaftler noch Schulbuchforscher haben den umwelterzieherischen Beitrag von literarischen Texten und Lesebüchern bisher eingehend untersucht, obwohl ihre Relevanz innerhalb einer zeitgemäßen Bildung zur Nachhaltigkeit mittlerweile unbestritten ist. Chinesische und taiwanesische Schulbücher wurden bisher unter diesem Aspekt in der westlichen Wissenschaft nicht betrachtet. Die vorliegende Arbeit will versuchen, diese Lücken zu schließen und damit einen Forschungsbeitrag an der Schnittstelle von Sinologie und Erziehungswissenschaften zu leisten.

1.3 Gegenstand der Untersuchung

Als Grundlage der vorliegenden Analyse wurde je eine vollständige Lesebuchreihe für den Sprach- und Literaturunterricht an Grundschulen der VR China und Taiwans ausgewählt: die Reihe 语文 *Yuwen* des festlandchinesischen Verlags 北京出版社 *Beijing chubanshe* und die Reihe 國語 *Guoyu*, herausgegeben vom Verlag 翰林出版社 *Hanlin chubanshe* aus Taiwan.[81] Beide Lesebuchreihen bestehen aus zwölf Bänden, d. h. pro Halbjahr wird ein Band behandelt. Die Auswahlkriterien waren Verbreitungsgrad und Aktualität der Lesebücher: Die Verlage zählen derzeit auf dem pluralistischen Schulbuchmarkt in der VR China bzw. Taiwan zu den Marktführern, beide Reihen wurden in den Jahren 2002/2003 nach einer Überarbeitung im Sinne der aktuellen Bildungs- und Curriculumsreformen herausgegeben und befanden sich zum Zeitpunkt ihrer Analyse landesweit im Gebrauch an Grundschulen.

80 Li zufolge war der Anteil solcher Texte in den Lesebüchern des Verlags *Hanlin chubanshe* am höchsten und beim Verlag *Nanyi chubanshe* am geringsten. (Vgl. Li, a.a.O., S. III)

81 Beijing jiaoyu kexue yanjiuyuan jichu jiaoyu jiaoxue yanjiu zhongxin (Hg.): *Jiunian yiwu jiaoyu liunianzhi xiaoxue jiaokeshu „Yuwen“.* Band 1 – 12, Bejing chubanshe. Beijing 2002 und Hanlin chubanshe (Hg.): *Jiunian yiguan guomin xiaoxue guoyu keben.* Band 1 - 12. Tainan 2002/2003.

Es wurde jeweils das gesamte Textmaterial beider Lesebuchreihen gesichtet, Lehrerhefte und weitere Übungs- oder Zusatzmaterialien wurden nicht berücksichtigt. Im Zentrum der Analyse stehen die Aspekte von Natur und Umwelt, die in den literarischen Lesebuchtexten präsentiert werden, und das umwelterzieherische Potenzial, das ihnen zugeschrieben werden kann. Lesebücher umfassen darüber hinaus weitere Bestandteile wie Übungen oder Illustrationen, welche die Lerninhalte verstärken und ebenfalls umwelterzieherisches Potenzial besitzen können.[82] Eine erste Sichtung dieser Bestandteile im Vorfeld der Analyse ergab jedoch, dass sie das Spektrum der umweltbezogenen Themen weder erweitern noch den zugrundeliegenden Ansatz verändern. Darüber hinaus würde eine Untersuchung der umwelterzieherischen Funktionen des Bild- oder Übungsmaterials eine erhebliche Erweiterung des Analyseinstrumentariums erfordern, die im Rahmen der vorliegenden Arbeit nicht geleistet werden kann.

1.4 Methodisches Vorgehen

Die Mehrzahl der Publikationen im Bereich der Schulbuchforschung stammt nicht von Erziehungswissenschaftlern, sondern von Vertretern anderer Wissenschaften, die sich aus dem Blickwinkel ihres Faches äußern. Damit ist sie eine interdisziplinäre Forschungsdisziplin.[83] Systematisch betrachtet ist das Schulbuch nicht nur ein Ergebnis didaktischer oder methodisch-medialer Überlegungen zum Unterricht, sondern erklärt sich immer auch aus pädagogischen und politischen Setzungen. Aufgrund des Zulassungsverfahrens ist es indirektes Medium der Beeinflussung des Schulwesens durch den Staat. Dies wird durch die Auswahlgesichtspunkte der präsentierten Lerninhalte und die jeweiligen Schwerpunkte und Abgrenzungen deutlich, die in einem Schulbuchvergleich sichtbar werden.[84]

Schulbücher lassen sich unter vielfältigen Gesichtspunkten untersuchen: Als Teil der historischen und kulturhistorischen Forschung sind sie Dokumente zur Ermittlung des Zeitgeists, der staatlich gelenkten Werteerziehung oder der Mentalitätsgeschichte. Unter fachdidaktischen und -wissenschaftlichen Aspekten stehen dagegen Fragen nach ihrer Konzeption, ihrem wissenschaftlichen Sach-

[82] So können faktenorientierte Aufgaben dazu beitragen, ökologisches Grundwissen zu vermitteln; als effektiver für die Umwelterziehung gelten dagegen handlungsorientierte Aufgaben zum eigenständigen Beobachten oder Experimentieren. (Vgl. Klinger, a.a.O., S. 169.) Illustrationen können Affekte freisetzen und identifikatorisch wirken, das Textverständnis unterstützen, indem sie die Textinformation ergänzen, oder rein illustrativ zum Zweck der Auflockerung eingesetzt werden. (Vgl. Ehlers, a.a.O., S. 93ff.)

[83] Vgl. Pöggeler, a.a.O., S. 34.

[84] Vgl. Wiater, Werner: „Das Schulbuch als Gegenstand pädagogischer Forschung", in: Matthes, Eva/Heinze, Carsten (Hg.): *Didaktische Innovationen im Schulbuch.* Bad Heilbrunn 2003, S. 14.

stand oder ihrer politisch-gesellschaftlichen Nutzung im Zentrum. Textanalytische Forschungen zu Vergangenheit und Gegenwart untersuchen z. B. Texte, Illustrationen und Übungsaufgaben auf Schwierigkeitsgrad und Altersangemessenheit, aber auch die Auswahl der Inhalte und die Ziele, die damit verfolgt werden.[85] Die Schulbuchforschung weist kein eigenes Methodenrepertoire auf, sondern integriert je nach Fragestellung Methoden der Sozial- und Geisteswissenschaften, wobei auch ökonomische, historische, politische und geographische Aspekte einbezogen werden. Da der jeweilige Forschungsgegenstand und die Fragerichtungen der Analysen stark differieren, muss für jede einzelne Untersuchung ein eigenes Analyseraster oder ein Fragen- und Kriterienkatalog erstellt werden.[86]

Innerhalb der Forschung werden verschiedene Methodenprobleme diskutiert, so unter anderem die Frage, ob eine Schulbuchanalyse empirisch-analytisch die in den Schulbüchern repräsentierten Inhalte möglichst vollständig erfassen und abbilden („Bestandsanalyse") oder Mängel des Materials aufdecken und Empfehlungen für seine Verbesserung liefern sollte („Defizitanalyse"). Auch die Frage, ob eine „Totalanalyse" des Schulbuches möglich ist, gilt als umstritten. Die Komplexität der Schulbuchforschung legt jedoch laut Weinbrenner nahe, dass sie stets nur „Partialanalyse" sein kann, d. h. innerhalb eines Forschungsvorhabens lässt sich ein Schulbuch oder ein Satz von Schulbüchern kaum als Ganzes, sondern immer nur im Hinblick auf bestimmte Merkmale, Funktionen oder Inhalte untersuchen. Damit ist Schulbuchforschung immer „Aspektforschung". Dem Versuch, das Schulbuch allein aus seinem immanenten Datenbestand heraus zu analysieren und zu beurteilen, wird entgegengehalten, dass Schulbücher stets Dokumente der Zeitgeschichte seien, die die Verfassung und das Bewusstsein der jeweiligen Epoche spiegelten.[87]

Im Zentrum der Methodendiskussion steht auch in der Schulbuchforschung die Frage der Abgrenzung „qualitativ-hermeneutischer" gegenüber „empirisch-quantitativen" Verfahren.[88] Empirisch-quantitative Verfahren wollen anhand von Messwerten objektiv und systematisch den Inhalt von Texten kategorial beschreiben, hierdurch lassen sich jedoch z. B. Fragen nach den weltanschaulichen Positionen in den Texten oder nach zentralen Lernzielen kaum beantworten.[89] Da die Ent-

[85] Vgl. ebd., S. 13ff.

[86] Vgl. Meyers, Peter: „Methoden zur Analyse historisch-politischer Schulbücher", in: Schallenberger, Horst E. (Hg.): *Zur Sache Schulbuch. Zur Methodenproblematik wissenschaftlicher Schulbucharbeit.* Kastellaun 1976, S. 48.

[87] Vgl. Laubig/Peters/Weinbrenner, a.a.O., S. 49f.

[88] Vgl. Bos, Wilfried/Straka, Gerald: *Was Maos Erben in der Schule lernen.* Münster/New York: Waxmann 1987, S. 29-31.

[89] Vgl. Marienfeld, Wolfgang: „Schulbuch-Analyseverfahren am Beispiel von Schulbuchdarstellungen zum Thema Islam und Kreuzzüge", in: *Geschichtsdidaktik* 2, 1979, S. 143.

wicklung der Fragestellung, der Kategorien und des Instrumentariums, wie sie auch in der quantitativen Forschung vorgenommen werden, allesamt *qualitative* Analyseschritte darstellen, scheinen qualitative Elemente in der Schulbuchforschung zu überwiegen. Auch hermeneutische Zirkel sind in der Schulbuchforschung überall präsent, da sich der Forscher nach seinem didaktischen und wissenschaftlichen Vorverständnis entsprechende Dimensionen und Kategorien schafft, die er seiner Analyse zu Grunde legt und vor deren Hintergrund er die gewonnenen Ergebnisse interpretiert und bewertet. Daher wird mittlerweile zumeist eine Überwindung des starren Gegensatzes qualitativ-quantitativ bzw. hermeneutisch-empirisch favorisiert.[90]

Wiater beschreibt die Vorgehensweise einer qualitativ-hermeneutischen Quellenauswertung, wie sie überwiegend bei real- und sozialgeschichtlichen Schulbuchuntersuchungen angewandt wird. Dabei wird zunächst das Forschungsinteresse, unter dem das Material gesichtet werden soll, in einer Form festgelegt, die eine Verdrehung von Fakten ausschließt. Indem eine Hypothese formuliert wird, ist bereits ein erstes Vorverständnis des Zusammenhangs gegeben, der untersucht werden soll. Darüber hinaus ist je nach Fragestellung die Sichtung weiterer, auch abstrakter Quellen wie Daten zur Produktion, Verbreitung und Verwendung des Schulbuchs oder Lehrplänen, Schulheften und Fachbüchern notwendig. Diese Materialien sollen helfen, das Schulbuch aus dem Kontext seiner Zeit heraus zu erschließen. Im Zentrum steht die Auswertung des Datenmaterials mit qualitativ-hermeneutischen Methoden. Den Hintergrund für eine angemessene Interpretation liefern politisch-gesellschaftliche Abhängigkeiten sowie geographische und temporale Bedingungen.[91] Erst im Zusammenhang mit Faktoren wie den Rahmenbedingungen seines Entstehens, der Situation der Fachwissenschaften oder den Bedingungen schulischen Lernens und Lehrens können Stellenwert und Originalität eines Schulbuchs angemessen eingeschätzt werden.[92]

Im Wesentlichen lassen sich innerhalb der Schulbuchforschung drei Analysearten ausmachen: Einzelanalyse, Gruppenanalyse und Vergleich. *Einzelanalysen* sind ausführliche, umfangreiche Rezensionen eines Schulbuchs, z. B. im Hinblick auf Irrtümer oder Verzerrungen, und können nur bei einer geringen Anzahl zu analysierender Schulbücher eingesetzt werden. *Gruppenanalysen* untersuchen dagegen mehrere, zum Teil sogar Hunderte von Schulbüchern. Die vertikale oder Längsschnittmethode betrachtet dabei Bücher aus einem längeren Zeitraum oder mehreren Epochen, während die horizontale oder Querschnittsmethode Bücher aus demselben Zeitraum auswertet. Obwohl diese Form der Analyse bereits eine Art des Vergleichs darstellt, handelt es sich erst dann um einen *Schulbuch-*

[90] Vgl. Laubig/Peters/Weinbrenner, a.a.O., S. 49.

[91] Vgl. Wiater, a.a.O., S. 16ff.

[92] Vgl. ebd.

vergleich im engeren Sinne, wenn Bücher mit wesentlich anderen Blickrichtungen und Zielsetzungen, aus verschiedenen Schulformen, Epochen, Ländern oder gesellschaftlichen Systemen miteinander verglichen werden.[93]

Die vergleichende Schulbuchforschung identifiziert die zentralen sozialen, fachwissenschaftlichen, sprachlichen, kulturellen oder weltanschaulichen Faktoren, die die Konzeption des Schulbuchs im jeweiligen Land oder in der betreffenden Epoche beeinflussen, und erfasst deren Wirkungsweise, um sie dann mit Schulbüchern eines anderen Landes oder einer anderen Epoche zu vergleichen. Merkmale der vergleichenden Forschung sind die Betrachtung des Schulbuches als gesellschafts- und kulturabhängiges Dokument, die Konzentration auf einen bestimmten Aspekt, sowie die Zentrierung auf eine länder- oder kulturspezifische Sichtweise des Schulbuchs.[94] Qualitativ-hermeneutische und empirisch-quantitative Methoden werden im Schulbuchvergleich gleichermaßen eingesetzt. Meistens handelt es sich um eine größere Anzahl von Schulbüchern, die horizontal oder vertikal untersucht werden. Dabei sollte an das Material mit den gleichen Kategorien herangegangen werden. Es stellt sich jedoch das Problem, ob sich Schulbücher, die auf verschiedenen Ideologien und gegensätzlichen Wertsystemen beruhen, überhaupt mit denselben Kategorien erfasst und wertend verglichen werden können. Damit wird deutlich, dass für die vergleichende Gegenüberstellung ein übergeordneter Vergleichsmaßstab oder die Konzentration auf einen oder mehrere Vergleichsaspekte, das *tertium comparationis,* notwendig ist, um mit dem Anspruch wissenschaftlicher Genauigkeit verlässliche Aussagen treffen zu können.[95]

Die vorliegende Arbeit nimmt einen horizontalen Vergleich von Schulbüchern vor, die an verschiedenen Orten (VR China und Taiwan) während desselben Zeitraums (Publikationszeitpunkt 2002/2003) im selben Fach (Sprach- und Literaturunterricht) eingesetzt werden. Dabei wird überwiegend qualitativ-hermeneutisch vorgegangen: Das Textkorpus wurde auf der Basis eines Vorverständnisses unter bestimmten Fragen und Hypothesen gesichtet, aus denen sich Antworten, aber auch neue Fragestellungen ergaben, unter denen das Korpus erneut bearbeitet wurde. Das Vorverständnis wurde so im Sinne des hermeneutischen Zirkels kontinuierlich am Gegenstand weiterentwickelt.[96] Quantitative Aussagen werden ergänzend herangezogen. Die Analyse beschränkt sich auf jene Lesebuchtexte, in denen sich Aspekte des Themenbereichs „Natur und Umwelt" klar erkennen ließen. Andere Themenbereiche wurden nicht berücksichtigt.

[93] Vgl. Meyers, a.a.O., 48ff.

[94] Wiater, a.a.O., S. 18.

[95] Vgl. Meyers, a.a.O., S. 50.

[96] Vgl. Mayring, Philipp: *Qualitative Inhaltsanalyse. Grundlagen und Techniken.* Weinheim 1988, S. 26.

Im internationalen Kontext wurden eine Reihe von Zielsetzungen für eine zeitgemäße Umwelterziehung als Erziehung zu Nachhaltigkeit und globaler Verantwortung festgelegt. Dabei gelten eine Reihe von Merkmalen und didaktischen Kriterien wie eine Situations-, Problem- und Handlungsorientierung und Interdisziplinarität auch für den Grundschulbereich als besonders effektiv. Die Beurteilung des umwelterzieherischen Wirkungspotenzials der Lesebücher sowie Vergleich und Einordnung der darin erkennbaren Konzeptionen erfolgen im Hinblick auf diesen übergeordneten, globalen Maßstab. Aus diesem Grund werden die internationale Entwicklung der Umwelterziehung, ihre Ziele und Inhalte sowie verschiedene umwelterzieherische Konzeptionen in einleitenden Kapiteln genauer erläutert.

Für das kulturelle Hintergrundverständnis spielen Aspekte des chinesischen Naturverständnisses eine Rolle, da dieses möglicherweise die aktuelle Umweltpolitik und umwelterzieherische Linie entscheidend prägt. Darüber hinaus soll ein Überblick über die wichtigsten nationalen administrativen und politischen Maßnahmen seit den 1970er Jahren geliefert werden, die in Reaktion auf die internationalen Vereinbarungen ergriffen wurden und ebenfalls die Entwicklung der Umwelterziehung in der VR China bzw. Taiwan mitbestimmten. Da die Inhalte der untersuchten Lesebücher nur unter Berücksichtigung ihres jeweiligen „multifaktorialen Kontexts“[97] zu interpretieren und einzuordnen sind, sollen ferner die jeweiligen Grundlagen ihrer Entstehung (Lehrpläne, Fachziele, Bildungs- und Curriculumsreformen, Leitbegriffe der staatlichen Bildungsprogramme) in Grundzügen umrissen und dem Analyseteil vorangestellt werden.

Nach Sichtung der kulturspezifischen aktuellen Primär- und Sekundärquellen werden im Rahmen des Schulbuchvergleichs, der im Anschluss an diese einleitenden Kapitel erfolgt, die Lesebücher zunächst detailliert beschrieben und dann ausgewertet. Hierfür wurden in einem ersten Schritt sämtliche Einzelbände der Lesebuchreihen *Yuwen* und *Guoyu* gesichtet, Auswahlkriterien für „natur- und umweltbezogene Texte“ aufgestellt und die relevanten Texte ermittelt. Die ausgewählten Texte wurden anhand von werkimmanenten Merkmalen auf verschiedenen Ebenen wie Inhalt, literarische Gattung und Erzählhaltung systematisiert. Anhand von Merkmalen im Text sollen die didaktische Absicht und zentrale erzieherische Botschaften, die im Zusammenhang mit dem Themenbereich „Natur und Umwelt“ stehen, herausgearbeitet, und bereits erste Aussagen über das umwelterzieherische Potenzial, die pädagogische Intention und die mögliche Wirkung der Texte getroffen werden. Leitfragen, die für die Betrachtung der Texte unter umwelterzieherischen Aspekten relevant sind, wurden zuvor in Abschnitt 5.3.3 offengelegt. Das analysierte Textmaterial wurde von mir ins

[97] Vgl. Wiater, a.a.O., S. 19.

Deutsche übersetzt und zum Zweck der intersubjektiven Überprüfbarkeit der getroffenen Aussagen im Anhang der Arbeit zugänglich gemacht.

Aus methodischer Sicht muss ein direkter Vergleich abgelehnt werden, bei dem zunächst die Schulbücher der einen Seite analysiert werden und das Ergebnis anschließend im Zusammenhang mit der Analyse der anderen Seite gleichzeitig verglichen wird. Hierbei erhält der Leser keine Klarheit über den tatsächlichen Inhalt der einzelnen Bücher und damit keine objektiven Informationen über den Inhalt beider Gruppen. Aus Gründen der Objektivität sollten daher beide Gruppen einzeln untersucht werden, dann die Ergebnisse verglichen und erst im letzten Schritt bewertet werden. Auf diese Weise wird verhindert, dass das Ergebnis der Analyse der zweiten Gruppe durch das der ersten bestimmt und die Objektivität des Vergleiches durch ein subjektives Werturteil gefährdet wird.[98] An dieser methodischen Vorgabe orientiert sich auch der vorliegende Vergleich: In den Kapiteln 6 und 7 werden die Lesebücher zunächst gesondert untersucht, der Vergleich im Hinblick auf Wirkungspotenzial und umwelterzieherische Konzeption sowie die Einschätzung der „globalen Perspektive" erfolgen in Kapitel 8.

An dieser Stelle sei jedoch bereits auf die Begrenztheit dieses Vorhabens verwiesen: Es werden lediglich *Lese*bücher für die Grundschule untersucht, andere Schulfächer und Klassenstufen werden nicht berücksichtigt. Ebenso wenig konnte geprüft werden, wie die Vermittlung der Inhalte im Unterricht tatsächlich abläuft. Die Lesebücher sind nur ein kleiner Teil des schulischen Alltags, und Schule ist wiederum nur ein Faktor innerhalb der kindlichen Sozialisation. Der Gesamtzusammenhang aller umwelterzieherischen Maßnahmen, die auf die Kinder einwirken, kann durch ihre Analyse nicht überblickt werden. Die Frage, welches Wissen, welche Werteinstellungen oder Handlungsorientierungen die Schüler im Umweltbereich tatsächlich verinnerlichen, muss ebenfalls unbeantwortet bleiben, da es nicht möglich scheint, bestehende Einstellungen auf die Lektüre bestimmter Lehrmaterialien zurückzuführen.

In der vorliegenden Arbeit wird die international gebräuchliche *Hanyu pinyin* Umschrift verwendet. Die chinesischen Schriftzeichen für zentrale Begriffe, Personen, literarische Werke und Sekundärliteratur sind direkt im Text eingefügt und gemäß des jeweiligen Originals für die Volksrepublik China in Kurzzeichen und für Taiwan in Langzeichen angegeben. Übersetzungen aus dem Chinesischen und Englischen stammen, soweit nicht anders angegeben, von mir.

[98] Vgl. Meyers, a.a.O., S. 50f.

2. Umwelterziehung im internationalen Kontext

2.1 Begriffliche Klärungen

In der vorliegenden Untersuchung werden die Schlüsselbegriffe „Natur“, „Umwelt“ und „Umwelterziehung“ häufig verwendet. Selbst in der einschlägigen Literatur sind diese Begriffe jedoch nicht eindeutig definiert, daher erscheint es an dieser Stelle sinnvoll, zu präzisieren, welche Voraussetzungen, Annahmen und theoretischen Konzeptionen der Verwendung dieser Begriffe im Folgenden zu Grunde liegen. In diesem Zusammenhang soll auch ihr Bedeutungsumfang im chinesischen und taiwanesischen Kontext umrissen werden.

2.1.1 Umwelterziehung

Der Begriff *environmental education* (EE) wurde 1970 auf einer Arbeitstagung der World Conservation Union in Nevada geprägt. Dort wurde die folgende, international akzeptierte Definition festgelegt:

> "Environmental education is the process of recognizing values and clarifying concepts in order to develop skills and attitudes necessary to understand and appreciate the interrelatedness among man, his culture and his biophysical surroundings.“[99]

Im deutschen Sprachraum wird *environmental education* im Allgemeinen mit „Umwelterziehung“ oder „Umweltbildung“ übersetzt. Die Begriffe werden zumeist synonym verwendet, sie lassen sich jedoch wie folgt abgrenzen: „Umwelterziehung“ hat sich als Begriff für die „pädagogische Beschäftigung mit Umweltthemen in der Schule, aber auch in der Berufsausbildung sowie Universitäts- und Weiterbildung“[100] etabliert, ihre Konzeption wird häufig mit staatlicher Erziehungs- und Umweltpolitik bzw. institutioneller Bildung in Zusammenhang gebracht.[101] Im Gegensatz dazu hat sich „Umweltbildung“ als „Begriff im Sinne eines bildungsbereichs- und konzeptübergreifenden Sammel- und Oberbegriffs für alle pädagogisch-praktischen Aktivitäten im Bereich Natur und Umwelt“[102] durchgesetzt. Da sich die vorliegende Arbeit mit *environmental education* an Grundschulen – also einem Bereich der institutionellen Bildung – befasst, und die außerschulische Bildung sowie alternative Ansätze nicht untersucht, wird hier der deutsche Begriff „Umwelterziehung“ verwendet.

[99] Palmer, Joy A.: "Beyond Science: Global Imperatives for Environmental Education in the 21st Century", in: Thompson, Patricia J. (Hg.): *Environmental Education for the 21st Century. International and Interdisciplinary Perspectives.* New York: Lang 1997, S. 4.

[100] Breidenbach, Raphael: *Herausforderung Umweltbildung.* Bad Heilbrunn 1996, S. 200.

[101] Vgl. ebd.

[102] Vgl. Becker, Gerhard: *Urbane Umweltbildung im Kontext einer nachhaltigen Entwicklung.* Opladen 2001, S. 1.

Bezüglich ihrer Inhalte, Methoden und Zielsetzungen existieren verschiedene Definitionen.[103]

Die chinesische Übersetzung von *environmental education* lautet in der VR China und in Taiwan gleichermaßen wörtlich 环境教育 (*huanjing jiaoyu*), wie im Englischen existiert dort kein terminologischer Unterschied zwischen „Bildung" und „Erziehung". Jedoch wurde in der VR China insbesondere in den Anfangsjahren anhand der Zielgruppen eine Differenzierung zwischen „Umwelterziehung" (环境教育 *huanjing jiaoyu*) im Bereich der formalen Schulbildung und „Propaganda und Aufklärung im Umweltschutz" (环境宣传教育 *huanjing xuanchuan jiaoyu*) im außerschulischen Bereich vorgenommen. Inhaltlich unterschieden sich beide jedoch nur wenig.[104] Seltener werden Begriffe wie 环保教育 *huanbao jiaoyu* („Umweltschutzerziehung") oder 环境意识教育 *huanjing yishi jiaoyu* („Umweltbewusstseins-Erziehung") verwendet. In der VR China wird derzeit zunehmend von einer 环境素质教育 *huanjing suzhi jiaoyu* gesprochen. Dies meint eine „Erziehung zu charakterlichen Qualitäten im Zusammenhang mit der Umwelt", die im Rahmen eines umfassenderen Konzepts der Persönlichkeitsbildung (素质教育 *suzhi jiaoyu*)[105] erfolgen soll.

2.1.2 Natur und Umwelt

„Natur" und „Umwelt" sind Schlüsselbegriffe im Kontext der Umwelterziehung, werden jedoch in ihrer Theorie und Praxis kaum erörtert.[106] Selbst die Vereinten Nationen verzichten auf internationaler Ebene beim Abschluss von Umweltabkommen häufig auf eine Definition, denn Umwelt "is a term that everyone understands and no one is able to define."[107] Aus den internationalen Dokumenten und der umwelterzieherischen Praxis kann eine Definition des Begriffes „Umwelt" herausgearbeitet werden, die hinter den gängigen Ansätzen einer Erziehung zu umweltgerechtem Verhalten im schulischen Kontext steht. An dieser Stelle sollen daher einige Bedeutungsfelder der Begriffe „Natur" und „Umwelt" im westlichen und chinesischen Kontext umrissen werden, wobei nur jene Aspekte herausgegriffen werden, die deutlich machen, was die Begriffe im

[103] Siehe hierzu auch Abschnitt 2.3.

[104] Vgl. Tian Qing: *Zhongxiaoxue huanjing jiaoyu gailun*. Beijing: Huaxia chubanshe 2001, S. 20.

[105] Zum Konzept *suzhi jiaoyu* siehe Abschnitt 4.2.1.1 der vorliegenden Arbeit.

[106] Vgl. Bölts, Hartmut: *Umwelterziehung. Grundlagen, Kritik und Modelle für die Praxis*. Darmstadt 1995, S. 28.

[107] Caldwell, Lynton K.: *International Environmental Policy and Law*. Durham University Press 1980, S. 170, zit. n. Birnie, Patricia/Boyle, Alan E.: *International Law and the Environment*. New York 2002 (2nd Edition), S. 4.

umwelterzieherischen Kontext in chinesischen und westlichen Publikationen zumeist bezeichnen:

„Natur" gilt als eines der „komplexesten Konzepte in westlichen Sprachen, das im allgemeinen Sprachgebrauch ein kompliziertes Bedeutungsrepertoire aufweist."[108] Im Alltag, in der Wissenschaft oder Philosophie wird der Begriff vieldeutig verwendet und es existiert eine Fülle von Literatur über seine Entwicklung. „Natur" bezeichnet in Opposition zu Kontrastbegriffen wie „Kultur", „Geist", „Vernunft", „Kunst" oder „Technik" die „Gesamtheit der Gegenstände, die wir vorfinden und die ohne menschlichen Willen und ohne menschliches Zutun von sich aus existieren, erzeugt werden oder entstehen und sich erhalten."[109] Auch China hat eine lange Geschichte der Reflexion über die Natur und viele heutige Konzepte ähneln westlichen Termini.[110] In der modernen chinesischen Hochsprache existieren die folgenden Wörter für Natur: 自然 (*ziran*), 大自然 (*daziran*), 自然界 (*ziranjie*), 自然环境 (*ziran huanjing*), 自然景观 (*ziran jingguan*) und 天然 (*tianran*). Sie werden zumeist synonym im Sinne von „nicht vom Menschen geformt" verwendet und bezeichnen den ursprünglichen Naturzustand der Umwelt, der nicht kulturell gestaltet ist.[111] In seiner engen Bedeutung bezeichnet *ziran* damit die natürliche Welt in Abgrenzung zur menschlichen Gesellschaft. Der Teil der Natur, der durch den Menschen verändert wurde, wird dagegen als 人化自然 (*renhua ziran*) – „vom Menschen transformierte Natur" – definiert.[112]

Der Begriff „Umwelt" existiert im Deutschen erst etwa seit Anfang des 19. Jahrhunderts. Er weist zahlreiche Sonderbedeutungen in den einzelnen Disziplinen auf und sein Bedeutungsumfang bleibt weitgehend uneinheitlich.[113] Im Unterschied zum naturwissenschaftlich eingegrenzten Begriff „Ökologie" umfasst „Umwelt" in der Regel auch kulturwissenschaftliche Aspekte.[114] Diesem entspricht auch der moderne chinesische Umweltbegriff, der *huanjing* sowohl im Sinne der natürlichen als auch der kultürlichen Landschaft verwendet. Der

[108] Bruun, Ole/Kalland, Arne: "Images of Nature – An Introduction to the Study of Man-Environment Relations in Asia", in: Dies. (Hg.): *Asian Perceptions of Nature. A Critical Approach.* Richmond/Surrey: Curzon Press 1995, S. 9.

[109] Gloy, Karen: *Das Verständnis der Natur. 1. Band: Die Geschichte des wissenschaftlichen Denkens.* München 1995, S. 23.

[110] Vgl. Bruun/Kalland, a.a.O., S. 10.

[111] Vgl. Shanghai cishu chubanshe (Hg.): *Cihai*, Shanghai 1989, Bd. 2, S. 3209 und Bd 3, S. 4953; Bianji weiyuanhui (Hg.): *Huanjing kexue dacidian*, 2. Aufl., Beijing 1993, S. 869, zit. n. Bechert, Stefanie: *Die VR China in internationalen Umweltregimen.* Münster 1995, S. 14.

[112] Vgl. Zhongguo dabaike quanshu chubanshe (Hg.): *Zhongguo dabaike quanshu: Zhexue*, Beijing/Shanghai 1987, S. 1253.

[113] Vgl. Winiwarter, Verena: „Umwelt und Natur. Eine Reise durch die Welt der Worte", in: *Zolltexte* 5 (2), 1995, S. 40.

[114] Vgl. Lob/Pohle/Schulte-Derne, a.a.O., S. 164.

„Großen Chinesischen Enzyklopädie“ 大百科全书 (*da baike quanshu*) zufolge meint *huanjing* „im Allgemeinen den Raum, der die Menschen umgibt und die Gesamtheit der natürlichen Faktoren, die das Leben und die Entwicklung der Menschen beeinflussen“. Zumeist umfasse der Begriff neben natürlichen auch gesellschaftliche Faktoren.[115] In diesem Sinne ist der chinesische ebenso wie der westliche Umweltbegriff anthropozentrisch zu verstehen. Dies spiegelt sich auch in den internationalen Vereinbarungen zur Umwelterziehung und deren Umsetzung an den Schulen, bei der der Mensch im Zentrum steht.[116]

Die Naturvorstellung im Konzept der *environmental education* steht einem naturwissenschaftlichen Verständnis nahe, „Natur“ und „Umwelt“ werden dabei im Wesentlichen synonym gebraucht und bezeichnen ein komplexes Ökosystem, das natürliche (außermenschliche) und gesellschaftliche (menschliche) Subsysteme umfasst. Das heutige Erscheinungsbild von Natur ist historisch gewachsen und Ergebnis menschlicher Einflussnahme, weshalb es „die Natur“ nicht gibt. Menschlicher Naturumgang muss durch einen Ausgleich von menschlichen Interessen und den Belangen der Natur geprägt sein.[117] Im aktuellen Kontext einer „Education for Sustainable Development“ (ESD; „Bildung zur Nachhaltigkeit“) wird auch der kulturwissenschaftliche Aspekt des Begriffes zunehmend bedeutsam: Umwelterziehung zielt heute nicht mehr allein auf den Schutz des Ökosystems ab, sondern umfasst kulturelle und gesellschaftliche Aspekte wie Verteilungsgerechtigkeit. Diese Sichtweise findet sich auch in chinesischen Publikationen zur Umwelterziehung, in denen ein „ganzheitlicher“ (整体 *zhengti*) Umweltbegriff – zusammengesetzt aus der natürlichen, gesellschaftlichen und individuellen Umwelt – dominiert.[118]

Im Einklang mit den Zielen und Inhalten von Umwelterziehung, die in nationalen und internationalen Bildungsdokumenten festgeschrieben wurden, umfasst „Umwelt“ im Kontext der vorliegenden Arbeit folglich die

[115] Zhongguo dabaike quanshu chubanshe (Hg.): *Zhongguo dabaike quanshu: Huanjing kexue*, Beijing/Shanghai 1987, S. 154.

[116] In Abgrenzung dazu wurden zum Teil alternative Ansätze entwickelt, die sich von dieser anthropozentrischen Sichtweise abwenden. Meyer-Abich prägte dazu den Begriff „Mitwelt“, der vermitteln soll, dass die Umwelt nicht etwas Peripheres ist, das den Menschen umgibt, sondern etwas, das mit seiner Person verbunden ist. (Vgl. Meyer-Abich, Klaus-Michael: *Wege zum Frieden mit der Natur – Praktische Naturphilosophie für die Umweltpolitik*, München 1984, S. 19ff.) Diese alternativen Ansätze sind jedoch im Rahmen der vorliegenden Arbeit nicht relevant.

[117] Vgl. UNESCO-UNEP (Hg.): *Environmental Education Module for in-service training of social science teachers and supervisors for the secondary school*. Environmental Education Series Nr. 10. Paris 1985, S. 8ff und 26, zit. n. Breidenbach, a.a.O., S. 209f.

[118] Vgl. Tian Qing (2001), S. 35f.

> „Beschreibung und Erklärung natürlicher oder anthropogen mitgestalteter Ökosysteme ebenso wie die vom Menschen gestaltete oder gebaute Umwelt. Zugleich beinhaltet der Begriff auch Aspekte der Belastung und Gefährdung der natürlichen und kulturräumlich geprägten Umwelt – auch in ihren Überschneidungsbereichen – sowie Mittel und Wege ihrer Reduzierung und Heilung."[119]

2.2 Internationale Entwicklung der Umwelterziehung

Die Auseinandersetzung mit Natur und Umwelt hat weltweit in den verschiedenen pädagogischen Strömungen eine lange Tradition:[120] Schon in der traditionellen chinesischen Erziehungsliteratur fanden sich Botschaften zum Umgang mit der natürlichen Umwelt. So forderte Lü Desheng 呂得勝 (gest. 1568) in seinen Kinderreimen im *Xiao'er yu* 小兒語 dazu auf, keine Lebewesen zu töten und Tieren kein Leid zuzufügen.[121] In den USA begründete Lloyd Burgess Sharp, ein Schüler John Deweys, in den 1930er Jahren einen "child-centered, inquiry-based school camping approach"[122], der Schülern im Freien direkte Naturerfahrungen vermitteln sollte. In Deutschland war die Umweltthematik vor allem in der Reformpädagogik von Bedeutung.[123] Als eigenständiger Bereich gilt Umwelterziehung jedoch erst seit Anfang der 1970er Jahre, als ein allgemeiner Diskurs über die Folgen globaler Umweltveränderungen begann.[124]

Das Erscheinen zweier Publikationen gilt als wichtiger Anstoß für diese öffentliche Bewusstseinsbildung: Rachel Carsons *Silent Spring* (dt.: *Stummer Frühling*) im Jahre 1962 und *The Limits to Growth* (dt.: *Die Grenzen des Wachstums*) des Club of Rome 1972. *Silent Spring* umriss die folgenschweren Natur- und Umweltveränderungen, die die Menschen und die gesamte Umwelt beeinflussen[125], und die Zukunftsprognose des Club of Rome zeigte, dass bei einer unveränderten Entwicklung in den Bereichen Bevölkerung, Industrie, Umweltverschmut-

[119] Lob, Reinhold: „Umwelterziehung in deutschen Schulen. Eine Bilanz nach 20 Jahren", in: *Die Deutsche Schule* 91 (1), 1999, S. 106.

[120] Vgl. Gräsel, Cornelia: „Umweltbildung", in: Tippelt, Rudolf (Hg.): *Handbuch Bildungsforschung*. Opladen 2002, S. 676.

[121] Vgl. Lü Desheng: „Xiao'er yu", in: *Wuzhong yigui, Yangzheng yigui* (*xia*), ed. Sibu beiyao, S. 9a, zit. n. Gernet, Jacques: „Pitié pour les animaux", in: *De Dunhuang au Japon. Etudes offertes à Michel Soymié*, Hautes Etudes Orientales 31. Paris 1996, S. 297.

[122] Vgl. Haskin, John: "Environmental Education in the United States: Teaching in the present, preparing students for the Future." Paper presented at the International Symposium on Environmental Education, Feb. 1999, Tokyo. Online im Internet: http://www.newhorizons.org/strategies/environmental/haskin.htm [Stand 13.03.2004].

[123] Vgl. Breidenbach, a.a.O, S. 138ff.

[124] Vgl. Gräsel, a.a.O., S. 676.

[125] Vgl. Trommer, Gerhard: „Umringt von Umweltbildung", in: *Internationale Schulbuchforschung* 16, 1994, S. 270.

zung und Abbau von Ressourcen die absolute Tragfähigkeit ökologischer Systeme innerhalb der nächsten hundert Jahre erreicht sein würde. Damit wurde ein Diskurs über die globalen Umweltprobleme, die Begrenztheit der natürlichen Ressourcen und die Notwendigkeit eines veränderten Denkens und Handelns ausgelöst, der mit der Forderung internationaler und nationaler Gremien nach bildungspolitischen Maßnahmen einherging. [126] Man erhoffte sich von einer Umwelterziehung, dass sie zur Förderung des Umweltbewusstseins in der Bevölkerung und damit zur Bewahrung der Lebensgrundlagen beitragen könne.[127]

Auf der UN-Konferenz *On the Human Environment* 1972 in Stockholm, an der 113 Staaten teilnahmen, wurde das Thema Umwelterziehung zum ersten Mal umfassend behandelt und das Umweltprogramm *United Nations Environment Programme* (UNEP) gegründet. UNEP ist ein Organ der UNO mit Sitz in Nairobi, welches das Ziel verfolgt, eine wirtschaftliche Weiterentwicklung ohne Zerstörung der natürlichen Ressourcen zu fördern. In Stockholm machten die Konferenzteilnehmer erstmals die Umwelt des Menschen zum zentralen Gegenstand ihrer Verhandlungen.[128] Um die Vorschläge umzusetzen, die während der Konferenz in Stockholm ausgearbeitet wurden, gründeten UNESCO – die UN-Sonderorganisation für den Bereich Erziehung – und UNEP 1975 das *International Environmental Education Programme* (IEEP). Bis zu seinem Ende 1995 widmete sich das IEEP vor allem dem Erfahrungsaustausch, der Forschung und Tests im Umweltbereich sowie der Ausbildung von Fachkräften und der internationalen Kooperation.[129] In der Folge wurden verschiedene internationale Konferenzen abgehalten, die meist von der UNESCO initiiert wurden.[130]

Wegweisend für die weltweite Entwicklung der Umwelterziehung waren vor allem zwei Dokumente: die Belgrade Charter (UNESCO-UNEP, 1976) und die Tbilisi Declaration (UNESCO-UNEP, 1978). Die Belgrade Charter entstand nach einer Arbeitstagung in Belgrad im Jahre 1975 und formulierte erstmals die weithin akzeptierte Zielsetzung der Umwelterziehung als Konsens auf internationaler Ebene:

[126] Vgl. Haan, Gerhard de/Kuckartz, Udo: *Umweltbewußtsein: Denken und Handeln in Umweltkrisen*. Westdeutscher Verlag, Opladen 1996, S. 17.

[127] Vgl. Gräsel, a.a.O., S. 676.

[128] Vgl. Schneider, Peter: „Das UNESCO-Programm ‚Umwelterziehung' – Eine Aufforderung zum Umdenken zwischen Anspruch und Wirklichkeit", in: Calließ/Lob (1987¹), S. 279.

[129] Vgl. Tian Qing (2001), a.a.O., S. 7.

[130] Zu einer chronologischen Auflistung dieser Konferenzen und Beschlüsse bis in die 1990er Jahre siehe z. B. Michelsen, Gerd: „Umweltbildung im internationalen Kontext", in: Beyersdorf, Martin/Michelsen, Gerd/Siebert, Horst (Hg.): *Umweltbildung. Theoretische Konzepte, empirische Erkenntnisse, praktische Erfahrungen*, Neuwied 1998, S. 27-40 und Bolscho/Seybold (1996).

> "The goal of environmental education is to develop a world population that is aware of, and concerned about, the environment and its associated problems, and which has the knowledge, skills, attitudes, motivations, and commitment to work individually and collectively toward solutions of current problems and the prevention of new ones."[131]

1977 hielten UNESCO und UNEP in Tiflis die *Intergovernmental Conference on Environmental Education* ab, an der jedoch keine Vertreter der VR China teilnahmen.[132] In der Tbilisi Declaration, die auf der Grundlage der Belgrade Charter entstand, wurden die grundlegenden Ziele der Umwelterziehung folgendermaßen festgeschrieben:

> "The basic aim of environmental education is to help individuals and communities understand the complex nature of the natural and the built environments resulting from the interaction of their biological, physical, social, economic, and cultural aspects, and acquire the knowledge, values, attitudes, and practical skills to participate in a responsible and effective way in anticipating and solving environmental problems, and in the management of the quality of the environment."[133]

Während der 1980er Jahre unternahmen viele Staaten auf dieser Grundlage erste Versuche, Umwelterziehung auf breiter Ebene in pädagogischen Institutionen und Curricula zu verankern, sowie didaktisch-methodische Modelle für den Umweltunterricht zu entwickeln.[134] Auf einer UNESCO-Konferenz 1987 in Moskau wurde ein internationaler „Aktionsplan für Umwelterziehung" verabschiedet, in dem die Erfahrungen seit der ersten Konferenz ausgewertet und Vorschläge für die Integration von Umweltthemen in Schule, Hochschule und Forschung gemacht wurden.[135]

Die *United Nations Conference on Environment and Development* (UNCED) in Rio de Janeiro 1992, auf der 178 Staaten die Agenda 21, ein Aktionsprogramm für das 21. Jahrhundert, verabschiedeten, markiert einen deutlichen Einschnitt in die Diskussion über die Umweltproblematik. Das zentrale Leitbild der Agenda 21, das die anschließende ökologische Kommunikation und umwelterzieherische Diskussion prägte, lautet *sustainable development.* Im deutschen Sprachraum wird das Konzept zumeist mit *nachhaltiger* oder *zukunftsfähiger Entwicklung* übersetzt, als

[131] UNESCO-UNEP: "The Belgrade Charter. A global framework for environmental education", in: *Connect: UNESCO-UNEP Environmental Education Newsletter* 1 (1), 1976, S. 2.

[132] Vgl. Tian Qing (2001), a.a.O., S. 8.

[133] UNESCO-UNEP: *The Tbilisi Declaration: Final Report Intergovernmental Conference on Environmental Education.* [Conference organized by UNESCO in Cooperation with UNEP, Tbilisi, USSR, 14.-26. October 1977] UNESCO ED/MD/49, Paris 1978, S. 92

[134] Vgl. Gräsel, a.a.O., S. 677.

[135] Vgl. Bolscho, Dietmar/Michelsen, Gerd: *Umweltbildung unter globalen Perspektiven.* Bielefeld 1997, S. 13.

chinesisches Äquivalent ist in der Volksrepublik China 可持续发展 (*kechixu fazhan*), in Taiwan 永續發展 (*yongxu fazhan*) gebräuchlich.

Das Sustainability-Konzept basiert auf zwei ethischen Grundannahmen:[136] Das Prinzip der *intergenerativen Gerechtigkeit* besagt, dass nachfolgende Generationen dasselbe Recht auf eine intakte Umwelt besitzen wie die heutigen Generationen. Darüber hinaus meint *globale soziale Gerechtigkeit*, dass alle Menschen weltweit prinzipiell dieselben Möglichkeiten zur Nutzung der zur Verfügung stehenden Ressourcen haben sollten. Damit ist das Nachhaltigkeitskonzept nicht auf die Vermeidung ökologischer Zerstörung beschränkt, sondern es ist ein komplexes Entwicklungskonzept, das zentrale gesellschaftliche Bereiche wie Wirtschaft, Wissenschaft, Technik, Politik und kulturelles Selbstverständnis zusammenführt. Eine solche Vernetzung von Ökologie, Ökonomie und Sozialem macht außerdem deutlich, dass Umwelterziehung nicht mehr vorrangig im Bereich der naturwissenschaftlichen Fächer verankert sein kann, sondern eine Perspektive erfordert, die auch sozial- und geisteswissenschaftliche Ansätze berücksichtigt.[137] Das Leitbild „zielt als umfassendes Paradigma auf eine grundlegende Umorientierung in den genannten Bereichen und wird somit zu einer neuen Kultur – und dies in globaler Perspektive."[138]

Die notwendige Bewusstseinsbildung für einen kulturellen Wandel im Sinne einer ökologisch-nachhaltigen Orientierung, die damit – vor allem in den Industriestaaten – verbunden ist, beinhaltet eine immense Bildungsaufgabe: Jedem Einzelnen müssen Verhaltensmuster und Lebenseinstellungen vermittelt werden, die zur Bewältigung lokaler und globaler Probleme notwendig sind.[139] In Kapitel 36 der Agenda 21 wird folglich die „Neuausrichtung der Bildung auf eine nachhaltige Entwicklung" gefordert und die Umwelterziehung als eine wichtige Voraussetzung hierfür eingestuft:

> „Bildung ist eine unerläßliche Voraussetzung für die Förderung einer nachhaltigen Entwicklung und die Verbesserung der Fähigkeit der Menschen, sich mit Umwelt- und Entwicklungsfragen auseinanderzusetzen. [...] Sowohl die formale als auch die nichtformale Bildung sind unabdingbare Voraussetzungen für die Herbeiführung eines Bewußtseinswandels bei den Menschen, damit sie in der Lage sind, ihre Anliegen in bezug auf eine nachhaltige Entwicklung abzuschätzen und anzugehen. Sie sind auch von entscheidender Bedeutung für die Schaffung eines ökologischen und eines ethischen Bewußtseins sowie von Werten und Einstellungen, Fähigkeiten

[136] Vgl. Gräsel, a.a.O., S. 678.

[137] Vgl. ebd., S. 679.

[138] Beer, Wolfgang/Kraus, Jobst (Hg.): *Bildung und Lernen im Zeichen der Nachhaltigkeit. Konzepte für Zukunftsorientierung, Ökologie und soziale Gerechtigkeit.* Schwalbach /Ts 2002, S. 8.

[139] Vgl. ebd.

und Verhaltensweisen, die mit einer nachhaltigen Entwicklung vereinbar sind, sowie für eine wirksame Beteiligung der Öffentlichkeit an der Entscheidungsfindung."[140]

Aufgrund der globalen Auswirkungen lokaler und regionaler Entscheidungen gilt lokales Handeln als Grundvoraussetzung für die Lösung globaler Umweltprobleme. Daher zielt das Konzept der „nachhaltigen Entwicklung" auf eine breite Mitwirkung der Bürger, örtlichen Vereine, Verwaltungen oder Unternehmen bei der Lösung konkreter lokaler Probleme.[141] Die Bedeutung von Bildung im Kontext der Nachhaltigkeit wurde auch von der UN-Vollversammlung aufgegriffen: Auf Empfehlung des Weltgipfels für nachhaltige Entwicklung in Johannesburg 2002 wurden die Jahre 2005 bis 2014 zur „World Decade of Education for Sustainable Development" ausgerufen. Die deutsche UNESCO-Kommission empfiehlt in diesem Zusammenhang u. a. die Überarbeitung von Lehrbüchern, Curricula und Prüfungskriterien entsprechend der Ziele der Agenda 21.[142]

Über die Definition und Zielsetzung des Begriffs der Nachhaltigkeit besteht jedoch noch kein Konsens, auch seine umweltpolitischen Konsequenzen für die Praxis sind umstritten. Die Pädagogik steht heute vor der Aufgabe, das Nachhaltigkeitskonzept für die Umwelterziehung zu adaptieren.[143] In vielen Staaten wird die Schulbildung derzeit grundlegend reformiert. Der Reformprozess ist auf „Globales Lernen" ausgerichtet und durch das Sustainability-Leitbild geprägt, in seinem Sinne sollen auch die Bildungsziele und -inhalte der Umwelterziehung kritisch reflektiert und erweitert werden.[144] So hat die Formel „Education for Sustainable Development" in einigen Ländern wie England und Neuseeland den Begriff „Umwelterziehung" weitgehend ersetzt, in der Bildungsdiskussion in der VR China und Taiwan ist dies bisher jedoch noch nicht der Fall.[145]

[140] Vgl. BMU, a.a.O., S. 261.

[141] Hoffmann, Sabine/Zickermann, Jochen: „Von der Umweltbildung zur Bildung für nachhaltige Entwicklung", in: *Forum Geoökologie* 11 (3), 2000, S. 25.

[142] Vgl. Deutsche UNESCO-Kommission: „Nachhaltigkeit lernen: Hamburger Erklärung der Deutschen UNESCO-Kommission zur Dekade der Vereinten Nationen ‚Bildung für nachhaltige Entwicklung'" (2005-2014). Online im Internet: http://www.umweltbildung.de/news/startseite/hamburgererklärungunescokommission.pdf [Stand 13.03.2004], S. 1f.

[143] Vgl. Michelsen, Gerd: „Umweltbildung und Agenda 21", in: Beyersdorf, Martin/ Michelsen, Gerd/Siebert, Horst (Hg.): *Umweltbildung. Theoretische Konzepte, empirische Erkenntnisse, praktische Erfahrungen*. Neuwied 1998, S. 46.

[144] Vgl. Gross, Dieter: „Umwelterziehung und Nachhaltige Entwicklung. Bestandsaufnahme und Umsetzungsmöglichkeiten der Vereinbarungen der Agenda 21 in der Lehrplanentwicklung in Deutschland", in: *Zeitschrift für internationale Bildungsforschung und Entwicklungspädagogik* 21 (2), 1998. Online im Internet: http://home.t-online.de/home/Dieter.Gross/zep298.htm [Stand 10.06.2003], S. 1.

[145] Vgl. Zhonghua Renmin Gongheguo jiaoyubu (Hg.): *Zhongxiaoxue huanjing jiaoyu shishi zhinan (shixing)*. Beijing 2003, S. 4.

2.3 Das Spektrum umwelterzieherischer Ansätze

Die umfangreichen, überwiegend politisch orientierten Aktivitäten, Erklärungen und Beschlüsse auf internationaler Ebene belegen, dass der Stellenwert von Umwelterziehung im Rahmen der Umweltpolitik bereits seit einigen Jahrzehnten anerkannt wird. Allen Initiativen und Erklärungen sind die Sorge um die Umwelt sowie die Forderung gemeinsam, Umwelterziehung als Teil von Umweltpolitik aufzufassen und entsprechende bildungsrelevante Maßnahmen zu ergreifen. Ihre Konkretisierung zeigt sich innerhalb der praktischen Bildungsarbeit in den verschiedenen Versuchen, die seit den ersten internationalen Konferenzbeschlüssen in vielen Ländern unternommen wurden, um Konzepte und methodisch-didaktische Ansätze für die Umsetzung von Umwelterziehung im schulischen und außerschulischen Bereich zu entwickeln.[146]

Bei der praktischen Umsetzung von Umwelterziehung lassen sich in verschiedenen Ländern und Kulturen unterschiedliche Lösungsansätze erkennen. Die umwelterzieherische Praxis ist zum einen stark abhängig von der Situation und institutionellen Struktur des Bildungswesens in den einzelnen Ländern. Da beispielsweise in den Entwicklungsländern grundlegende strukturelle Problemen wie eine schlechte materielle Ausstattung oder eine mangelhafte Lehrerausbildung vordergründig sind, kommt der Umwelterziehung oft eine untergeordnete Rolle zu.[147] Zum anderen spielt es eine Rolle, ob das Bildungssystem zentral oder dezentral ausgerichtet ist: In zentralen Systemen wird der Weg der Umsetzung häufig über die nationale Curriculumentwicklung gewählt, in dezentralen Systemen sind es einzelne Einrichtungen, die in der Region die Umwelterziehung durch Fortbildungen und Materialien unterstützen.[148]

Aus umweltwissenschaftlicher Sicht lassen sich Unterschiede in der Praxis darüber hinaus dadurch erklären, dass eine Beziehung zwischen der Weise, wie eine Gesellschaft ihre natürlichen Ressourcen nutzt, und ihrer Wahrnehmung von Natur besteht. Es wird davon ausgegangen, dass die vorherrschende umweltbezogene Perspektive (*environmental perspective*) bzw. Ideologie (*environmental ideology*) im jeweiligen Kulturkreis den bevorzugten umwelterzieherischen Ansatz prägt.[149] Die Fachliteratur zum Thema[150] zeigt hierzu zahlreiche Positionen

[146] Vgl. Bolscho/Michelsen, a.a.O., S. 15.

[147] Vgl. ebd., S. 31.

[148] Vgl. ebd., S. 17.

[149] Vgl. Iguchi, Jack Hiroki: "Environmental Education: Part 4 – Strategies for Environmental Education from Philosophical Points of View", Colloquium No. 35. Online im Internet: http://www.glocom.org/special_topics/colloquium/20030813_iguchi_environmental4/index.html, [Stand 11.03.2004].

auf, die sich in ein Spektrum einordnen lassen, an dessen einem Ende eine „technozentrische“ und an dessen anderem Ende eine „ökozentrische“ Perspektive steht:[151]

Für die „technozentrische“ Perspektive ist der Gedanke von der Erde als ”machine whose operation can be understood, predicted and managed using the tools of classical science“[152] charakteristisch. Nachhaltigkeit und Verbesserung der Umweltqualität können dieser Sichtweise zufolge durch Umweltmanagement, Naturwissenschaft und Technologie erzielt werden:

> “A central feature of a technocentric outlook concerns the nature of progress. This is seen largely in terms of material advancement with increasing levels of consumption and development of high technology as key indicators of progress. Technological optimism is expressed in a belief that if certain resources become depleted, human ingenuity will find alternatives (resource replacement) and pollution can be controlled through technology-based processes.“[153]

Häufig hängt diese Perspektive mit einer anthropozentrischen Sichtweise zusammen, die die Bedeutung von Ressourcen, Landschaften und anderen Lebewesen allein vom menschlichen Standpunkt her einschätzt. Der Wert von Natur und Umwelt bemisst sich damit primär an ihrem Nutzen für den Menschen.

Der „ökozentrischen“ Perspektive zufolge kann die Erde als Ganzes dagegen nicht vollständig erklärt und verstanden werden, Voraussagen sind nur bedingt möglich. Aus pädagogischer Sicht sollten daher die Möglichkeiten und Grenzen wissenschaftlicher Erkenntnis aufgezeigt und Wege für ein emotionaleres, sinnliches Verständnis der Erde gesucht werden. Anhänger dieser Position kritisieren u. a. die ungerechte globale Ressourcenverteilung und fordern die Reduzierung von Konsum und Abfallproduktion in den reichen Industrienationen sowie einen gerechteren Zugang zu den Ressourcen für die dritte Welt. Zum Teil stützt man sich dabei auf das „Gaia-Prinzip“ von James Lovelock, demzufolge die Erde ein komplexes System ist, das mit einem lebenden Organismus vergleichbar ist.[154] Statt technischer Lösungen seien fundamentale Veränderungen in der Lebensweise

[150] Siehe z. B. Pepper, David: *Roots of Modern Environmentalism*. London 1984 und Eckersley, Robyn: *Environmentalism and Political Theory: Towards an Ecocentric Approach*. London 1992.

[151] Vgl. Job, David A.: “Geography and Environmental Education – An Exploration of Perspectives and Strategies“, in: Kent, W. Ashley/Lambert, David/Naish, Michael/Slater, Frances (Hg.): *Geography in Education: Viewpoints on Teaching and Learning*. Cambridge University Press 1996, S. 23ff.

[152] Ebd., S. 23.

[153] Ebd., S. 24.

[154] Vgl. Lovelock, James: *Gaia – A New Look on Life on Earth*. Oxford University Press 1979.

des Einzelnen und in der Gesellschaft zur Verbesserung der Umweltqualität notwendig.[155]

Die verschiedenen umwelterzieherischen Ansätze, die in den einzelnen Ländern entwickelt wurden, beinhalten zumeist technozentrische ebenso wie ökozentrische Perspektiven, jedoch in unterschiedlicher Gewichtung. Nach Arthur Lucas lassen sich die Ansätze klassifizieren als

> "... education *about* the environment, education *for* the environment, education *in* the environment, and the classes formed by the combinations about and for, about and in, for and in, and about, for and in the environment." [156]

"Education *about* the environment" wird im Allgemeinen mit der technozentrischen Perspektive und einem kognitiven Verständnis[157] der Materie in Verbindung gebracht: Man geht davon aus, dass durch Wissenschaft, den Einsatz neuer Technologien und ein angemessenes Umweltmanagement die Umweltprobleme abgewendet werden können, ohne dass wesentliche Veränderungen der politischen, wirtschaftlichen oder individuellen Wertvorstellungen notwendig werden. Dagegen sind bei der "education *in* the environment" – auch als "education *through* the environment" bezeichnet – Natur und Umwelt die eigentlichen Medien der Umwelterziehung: Im Zentrum steht die direkte Natur- und Umwelterfahrung der Schüler außerhalb des Klassenzimmers mit dem Ziel "to offer reality, relevance and practical experience as well as developing an appreciation of places and providing opportunities to acquire a range of practical skills".[158] "Education *for* the environment" soll in folgender Weise auf beiden aufbauen:

> "The 'for' mode is seen as building on education about and through the environment in order to develop informed concern for the environment, a sensitive environmental ethic and the skills for participating in environmental action."[159]

Dies impliziert neben einer umfassenden Werteerziehung auch eine Reihe gesellschaftlicher Veränderungen, folglich werden die Erziehungsziele in der Förderung nachhaltiger Lebensstile und gerechter Ressourcenverteilung gesehen.[160]

[155] Vgl. Job, a.a.O., S. 25.

[156] Lucas, Arthur: "Science and Environmental Education: Pious Hopes, Self Praise and Disciplinary Chauvinism", in: *Studies in Science Education* 7, 1980, S. 2. (Hervorhebungen von mir).

[157] Dempsey, Rachael: *Effects of Ecological Culture at School on Students*. Dissertation, Flensburg 1999. Online im Internet: http://webdoc.sub.gwdg.de/ebook/fk/2002/dempsey/03ch1_3.htm [Stand 16.05.2004].

[158] Job, a.a.O., S. 31.

[159] Ebd., S. 32.

[160] Vgl. ebd.

Innerhalb der schulischen Umwelterziehung hat der wissensorientierte Ansatz, der eine eher technozentrische Perspektive reflektiert, die längste Tradition, was sich durch die Dominanz von naturwissenschaftlich-analytischer Behandlung von Umweltphänomenen gegenüber einer „ganzheitlich-einfühlenden Begegnung" erklären lässt. Zunächst griffen daher die naturwissenschaftlichen Fächer umwelterzieherische Elemente auf. Indem Schüler durch so genannte „Monitoring-Techniken" z. B. den pH-Wert des Niederschlags oder die Staubbelastung der Luft maßen, sollten sie zum Verständnis von Fernsehnachrichten über Umweltthemen wie den „sauren Regen" befähigt werden.[161] Die Schwäche solcher wissensorientierten Ansätze lag unter anderem darin, dass sie nicht-messbare Formen des Wissens und Erfahrens unterschätzten.[162]

Andere Ansätze sprachen sich für eine Abkehr von dieser rein naturwissenschaftlichen Sicht zugunsten eines ganzheitlichen, emotionalen Zugangs aus. Dies fand sich in den USA im Rahmen der „Outdoor education" in Naturcamps und -zentren, in denen das Umweltbewusstsein der Schüler vor allem mittels direkter Umwelterfahrungen gefördert werden sollte. In Deutschland löste das Erscheinen von Joseph Cornells Buch *Mit Kindern die Natur erleben* 1979 eine wahre „Naturerlebniswelle"[163] aus. Diese so genannte Naturerlebnispädagogik kritisierte die Naturentfremdung des Menschen und versuchte, sie durch intensive Naturbegegnungen an authentischen Lernorten zu überwinden. Das seit 1981 mehrfach aufgelegte Kinderbuch *Heute streicheln wir den Baum*[164] stellt für die Grundschule ein typisches Praxisvorbild dar:

> „Gleich zu Beginn des Schuljahres haben wir uns im Park bei der Schule einen Baum ausgesucht, der draußen *unser* Baum sein soll und den wir das Jahr hindurch beobachten wollen. Wir haben ihn 1 Jahr lang geliebt, ohne zu lernen, daß er eine Buche ist."[165]

Dieses und ähnliche Konzepte der "environmental sensitivity"[166] folgten dem Leitsatz: „Ich schütze nur, was ich liebe. Ich liebe nur, was ich kenne. Ich kenne

[161] Vgl. Gesing, Harald/Lob, Reinhold (Hg.): „Umwelterziehung – ganzheitlicher und umfassender Bildungsauftrag für die Schule", in: dies.: *Umwelterziehung in der Primarstufe – Grundlagen eines umfassenden Bildungskonzepts.* Heinsberg 1991, S. 18f.

[162] Vgl. Iguchi, a.a.O.

[163] Pohl, Dietmar/Schrenk, Marcus: „Schülervorstellungen zur Natur von Kindern im Grundschulalter", in: Seybold, Hansjörg/Rieß, Werner (Hg.): *Bildung für eine nachhaltige Entwicklung in der Grundschule. Methodologische und konzeptionelle Ansätze.* Schwäbisch Gmünd 2002, S. 139.

[164] Hoenisch, Nancy/Niggemeyer, Elisabeth: *Heute streicheln wir den Baum. Kinder machen Erfahrungen mit Pflanzen, Tieren, dem Wetter und der Erde.* Ravensburg 1981.

[165] Ebd., S. 11.

[166] Hungerford, Harold R./Volk, Trudi L.: "Changing Learner Behaviour Through Environmental Education", in: *Journal of Environmental Education* 21 (3), 1990, S. 8-21.

nur, was ich wahrnehme. Ich nehme nur wahr, was für mich eine Bedeutung hat – und diese Bedeutung vermitteln Erwachsene den Kindern."[167] Sie sahen sich vor allem im Kontrast zu einer „Katastrophenpädagogik", die „ihren Schwerpunkt in der Vermittlung von Umweltproblemen und Gefährdungen hat(te) und die Aspekte der Problemlösung und [...] Kontakt zur Natur [...] vernachlässigt(e)."[168]

Die Naturvorstellungen solcher Ansätze sind vielfach „romantisierend" und „undifferenziert"[169], stellenweise wird gefordert, dass sich der Mensch in den Entwicklungsprozess der Natur eingliedern solle. Die neuzeitliche Vorstellung von der Beherrschbarkeit der Natur müsse aufgegeben und der Natur ihre „wahren Gesetze abgelauscht" werden, um zu ihr zurückkehren zu können.[170] Wieder andere Konzepte zielten stärker auf die Lebensführung des Einzelnen und die umweltfreundliche Gestaltung des lokalen Umfelds, vor allem der Schule, ab. Dabei stand die „Ökologisierung" der unmittelbar erfahrbaren, lokalen Lebenswelten im Zentrum.[171]

Im deutschsprachigen Raum entwickelten sich auf der Basis politisch-ideologischer Differenzen[172] unterschiedliche Richtungen umweltpädagogischer Ansätze, die überwiegend aus „alternativen" Richtungen stammten. In der Literatur werden sie unter anderem mit den Begriffen Naturschutzerziehung, Ökopädagogik, Ökologisches Lernen, Ökologische Bildung, Mitweltpädagogik, Umweltlernen, naturnahe Erziehung oder naturbezogener Ansatz bezeichnet und unterschiedlich klassifiziert. Es fehlt jedoch eine eindeutige Begriffsklärung.[173] In der aktuellen pädagogischen Diskussion werden sie kaum noch verwendet. Seit den 1990er

[167] Knauer, Raingard/Brandt, Petra: *Ich schütze nur, was ich liebe – Konzept einer ganzheitlichen Umweltpädagogik.* Freiburg 1995, S. 14.

[168] Unterbruner, Ulrike: „Umwelterziehung und die Ängste Jugendlicher vor Umweltzerstörung", in: Bolscho, Dietmar/Eulefeld, Günter/Seybold, Hansjörg (Hg.): *Umweltbewusstsein und Umwelterziehung. Ansätze und Ergebnisse empirischer Forschung.* Kiel 1991, S. 55-63.

[169] Breidenbach, a.a.O., S. 198.

[170] Vgl. Haan, Gerhard de: *Natur und Bildung. Perspektiven einer Natur der Zukunft.* Weinheim/Basel 1985, S. 172f.

[171] Vgl. Drutjons, Peter: „Plädoyer für eine andere Umwelterziehung", in: *Unterricht Biologie* 134, 1988, S. 4-12.

[172] Im Kern standen sich zwei unterschiedliche Auffassungen von den Ursachen der Umweltkrise und den Möglichkeiten ihrer Bewältigung gegenüber. Die einen verstanden globale Umweltzerstörungen als Folgeprobleme der industriellen Modernisierung, die nur mit industriegesellschaftlichen Mitteln (durch eine entwickelte Wissenschaft und Technik und gleichzeitige Bewusstseinsänderung der Menschen) zu bewältigen seien. (Vgl. Becker, Egon/Ruppert, Wolfgang (Hg.): *Ökologische Pädagogik, pädagogische Ökologie.* Frankfurt 1987, S. 8.) Für die anderen war die ökologische Krise „Ausdruck eines grundsätzlich zu kritisierenden Paradigmas in Wissenschaft, Technik, Ökonomie, Politik und Kultur". (Vgl. Bölts, a.a.O., S. 1.)

[173] Vgl. Müller, Gerd Jürgen: *Mitweltbezogene Pädagogik.* Weinheim 1995, S. 18.

Jahren näherten sich die Positionen an und befassten sich mit der Erweiterung von Umwelterziehung im Sinne des globalen Sustainability-Leitbildes.

3. Umwelterziehung im Kontext der Grundschule

3.1 Altersspezifische Voraussetzungen

Allgemein gilt, dass die Gestaltung von Umwelterziehung die altersspezifischen Voraussetzungen der Schüler berücksichtigen und sich auf allen Ebenen unterschiedlicher Inhalte und Methoden bedienen sollte. Im Bereich der Grundschule werden Grundfertigkeiten und -kenntnisse vermittelt, die notwendige Voraussetzungen für den lebenslangen Lernprozess des Menschen sind. Indem die Kinder sich in einer Klassengemeinschaft elementare Fertigkeiten und Kenntnisse aneignen und ihre Begegnung mit der Welt reflektieren, erlangen sie grundlegende Sozialerfahrungen, die für ihren weiteren Lernweg ausschlaggebend sind.[174] So bildet sich im Grundschulalter das Fundament zukünftiger Orientierungen, es werden Grundlagen in Bereichen wie Sozialverhalten, Konsum, Kreativität und Weltoffenheit, aber auch für Einblicke in Naturwissenschaft und Technik, gelegt.[175]

Aus diesem Grund wird in den derzeitigen Konzeptionen von Umwelterziehung weltweit dem Grundschulbereich eine besondere Bedeutung bei der Ausbildung von Einstellungen, Werthaltungen und Verhaltensweisen beigemessen.[176] Versäumnisse bei der Umwelterziehung in dieser Phase seien „besonders folgenschwer", andererseits habe man „die große Chance, dass sich durch unsere Hilfe in den Kindern empfindsames, überlegtes und verantwortungsvolles Umweltverhalten entwickelt".[177] Diese Äußerung findet sich auch bei chinesischen und taiwanesischen Pädagogen, die ebenfalls den Schwerpunkt auf den Grundschulunterricht

[174] Vgl. Thüringer Kultusministerium: *Empfehlungen für das fächerübergreifende Thema Umwelterziehung*. Erfurt, Januar 1999, S. 13.

[175] Vgl. Haan, Gerhard de: *Ökologie-Handbuch Grundschule*. Weinheim 1991, S. 8.

[176] Die Folgerung, dass gerade das Grundschulalter eine entscheidende Phase für nachhaltige Wirkungen von Umwelterziehung darstelle, basiert auf Erkenntnissen der von einigen Entwicklungspsychologen wie Piaget und Cobb entwickelten Phasenlehren, nach denen die Schüler in gewissen „prägungswirksamen" oder „sensiblen" Phasen ihrer Entwicklung besonders empfänglich für die Ziele der Umweltbildung, für die Natur an sich seien. (Cobb, Edith: "The Ecology of Imagination in Childhood", in: Shepard, Paul/McKinley, Daniel (Hg.): *The Subversive Science: Essays toward an Ecology of Man*. Boston: Houghton Mifflin 1969, S. 123f, zit. n. Gebhard, Meike: *Sustainable Development als Leitbild zur konzeptionellen Weiterentwicklung der Umweltbildung*. Münster 1999, S. 14. Dies ist wissenschaftlich jedoch nicht eindeutig geklärt: „Bezogen auf die Umwelterziehung liegt [...] die Vermutung nahe, daß die im Grundschulalter vermittelten Umwelteinstellungen und Wertüberzeugungen womöglich in späteren Jahren wieder schnell geändert werden. Allerdings weiß man es nicht: es fehlen Längsschnittuntersuchungen zur Stabilität von Umwelteinstellungen völlig." (Dollase, Rainer: „Entwicklungspsychologische Grundlagen der Umwelterziehung", in: Gesing/Lob, a.a.O., S. 38f.)

[177] Schwarz, Hermann (Hg.): *Empfehlungen zur Umwelterziehung in der Grundschule*. Frankfurt 1995 (4. Auflage), S. 4.

legen, da Schüler in diesem Alter „besonders formbar" (可塑性大 *kesuxing da*) seien.[178] Aufschluss über altersspezifische Voraussetzungen im Grundschulalter können theoretische und empirische Erkenntnisse aus dem Bereich der Entwicklungspsychologie liefern. Hieraus lassen sich einige Grundannahmen darüber ableiten, welche didaktischen Konzeptionen, methodischen Umsetzungsstrategien und schulischen Rahmenbedingungen für die Umwelterziehung nach heutigem Erkenntnisstand pädagogisch sinnvoll sein können.[179]

Verschiedene empirische Studien[180] kommen zu dem Ergebnis, dass Grundschüler bei simulierten Konfliktfällen zwischen Natur und Industrie oder anderen Umweltproblemen eine eindeutig natur- und umweltfreundliche Einstellung demonstrierten. Bei ihren Lösungsvorschlägen für Umweltprobleme zeigten sie umweltbewahrende Einstellungen, neigten aber gleichzeitig zu der Einschätzung, dass Umweltprobleme mit dem Einsatz moderner Technologien zu bewältigen seien.[181] Die Einstellungen und Empfindungen der Kinder verändern sich mit dem Alter: Jüngere Schüler sind eher ästhetisch orientiert, ältere eher theoretisch;[182] jüngere haben ein optimistischeres Bild von der Zukunft der Umwelt als ältere.[183] Darüber hinaus haben Kinder klare Vorstellungen davon, welche Landschaften und Orte ihnen gefallen (offene Wald- und Parklandschaften, Wiesen)[184] und welche nicht (Autobahnen, Straßen, Eisenbahnlinien, Orte mit Lärm- und Geruchsbelästigung).[185]

Daher kann man davon ausgehen, dass Kinder bereits eine Vorliebe für natürliche Umwelten besitzen. Sie entwickeln eine so genannte *place identity*, indem sie sich

[178] Vgl. Hu Tongzhi: „Wo guo zhongxiaoxue tuizhan huanjing jiaoyu zhi neirong xiankuang jiantao", in: *Taiwan jiaoyu* 4, 1995, S. 47.

[179] Vgl. Gebhard, a.a.O., S. 16.

[180] Vgl. Voelker, Alan M./Horvat, Robert E.: „Elementary School Children's Views on Solving Environmental Problems", in: *Science Education* 60, 1976, S. 353-361; Aho, Leena: "Man and Nature: Cognitive and Emotional Elements in the Views of Twelve-Year-Old Schoolchildren", in: *Scandinavian Journal of Educational Research* 28, 1984, S. 169-186.

[181] Vgl. Gebauer, a.a.O., S. 28.

[182] Vgl. Sarnowski, Alfred A.: *The Development of a Technique for the Measurement of Values as Applied to Environmental Problems*. Dissertation (Univ. of California), Berkeley 1975, zit. n. Gebauer, a.a.O., S. 28.

[183] Vgl. Dollase (1991), a.a.O., S. 50.

[184] Vgl. Balling, John D./Falk, John H.: "Development of Visual Preference for Natural Environments", in: *Environment and Behavior* 14, 1982, S. 5-28, zit. n. Dollase, Rainer: „Die Hoffnung nicht aufgeben. Zur Psychologie einer kindgemäßen Umwelterziehung", in: Schmitz-Peick, Maya (Hg.): *Wenn der Welt die Luft ausgeht... und Kinder Angst vor der Zukunft haben*. Düsseldorf 1993, S. 116f.

[185] Vgl. Blanc, Bernadette/Wolfe, Joshua: "Environmental Awareness and Participatory Planning. A Case Study in a Montreal Municipality", in: *Journal of Environmental Education* 19 (3), 1988, S. 35.

mit bestimmten Gebieten in ihrer näheren Umgebung identifizieren und diese als ihr „(vorübergehendes) Eigentum“[186] betrachten. Allgemein wollen sie die Natur aktiv und spielerisch erkunden. Man geht ferner von der Hypothese aus, dass „positiv erlebte Naturerfahrungen in Kindheit und Jugend einen nachweisbaren Einfluss auf Handlungsbereitschaft, Wissen, Interesse und emotionale Verbundenheit mit der Natur haben“.[187] Die Idee einer „Unterwerfung der Natur“ liegt Kindern laut Dollase dagegen noch fern,[188] auch entnehmen sie den zugänglichen Informationen über Umweltzerstörungen, insbesondere aus den Medien, eine deutlich dramatischere Botschaft als Erwachsene, was bei ihnen Zukunfts- und Lebensängste auslösen kann.[189]

Die Kenntnisse und Einstellungen von Kindern werden von einer Vielzahl von Faktoren bestimmt, deren Zusammenhänge oft nicht geklärt sind. Dies gilt auch für den Bereich der Umwelterziehung. So haben Studien gezeigt, dass Faktoren wie der Bildungshintergrund des Elternhauses, Alter, Geschlecht oder ein Wohnort in ländlicher oder städtischer Umgebung entscheidend zu einer unterschiedlichen Ausprägung des Umweltwissens von Kindern beitragen. Beispielsweise ist die Kenntnis von Tierarten bei Kindern vermutlich mit der Häufigkeit korreliert, in der diese in ihrer Umgebung vorkommen.[190] Weitere Faktoren wie individuelle Interessen oder die Inhalte von Fernsehbeiträgen bestimmen die Ergebnisse der Umwelterziehung mit. Häufig ist bei Kindern eine Diskrepanz zwischen Umweltwissen und eigener Erfahrungswelt zu beobachten: Obwohl sie z. B. wissen, dass die Industrie Luftverschmutzung verursacht, erkennen sie nicht, dass auch Schadstoffe von Kraftfahrzeugen dazu beitragen.[191]

Für die Förderung umweltgerechten Verhaltens können Erkenntnisse aus dem Bereich der psychologischen Lerntheorien Anhaltspunkte liefern. Die auf Burrhus Frederic Skinner zurückgehende Theorie des „operanten Konditionierens“ formuliert die Erfahrung, dass Menschen ihr Verhalten ändern können, wenn dieses bestimmte Konsequenzen hat. Nach dieser Theorie geht man davon aus, dass Verhaltensweisen der Kinder durch Lob, Nichtbeachtung oder Tadel geformt werden.[192] Erkenntnisse der pädagogischen Verhaltensmodifikation zeigen, dass

[186] Vgl. Dollase (1993), S. 117.

[187] Pohl/Schrenk, a.a.O., S. 140.

[188] Dollase (1993), S. 119.

[189] Vgl. ebd., S. 115.

[190] Vgl. Eschenhagen, Dieter: „Untersuchungen zur Tierkenntnis von Schülern“, in: *Unterricht Biologie* 68, 1982, S. 44.

[191] Vgl. Towler, John /Swan, John E.: "What do people really know about pollution?“ in: *The Journal of Environmental Education* 4, 1972, S. 54-57, zit. n. Gebauer, a.a.O., S. 24.

[192] Vgl. Dollase (1991), S. 43.

eine Veränderung von Gewohnheiten besonders gut gelingt, wenn die erwünschten Verhaltensweisen positive Anerkennung finden.[193]

Die Theorie des Modelllernens[194] kann für die Umwelterziehung ebenfalls bedeutsam sein. Hierbei wird davon ausgegangen, dass Kinder auch durch die Beobachtung des Verhaltens anderer Menschen Schlüsse für ihr eigenes Verhalten ziehen und dieses unter bestimmten Bedingungen imitieren. Die Imitation hängt dabei unter anderem davon ab, in wieweit sich das beobachtende Kind mit dem Handelnden identifiziert.[195]

Insbesondere ältere Theorien der kognitiven Entwicklung bzw. der Moralentwicklung zeigen jedoch auch die Grenzen einer Umwelterziehung im Grundschulbereich auf. Wenn man Umwelterziehung so versteht, dass sie komplexe Zusammenhänge zwischen dem eigenen Verhalten und dem gesamten Ökosystem vermitteln und dabei abstrakte Dinge thematisieren muss, machen Erkenntnisse über die kognitive Entwicklung deutlich, dass Grundschülern die nötigen geistigen Voraussetzungen hierfür noch fehlen. Grundschulkinder im Alter von sechs, sieben Jahren befinden sich nach Piaget in der Phase des anschaulichen „präoperationalen Denkens" und von sieben bis etwa zwölf Jahren in der Phase der „konkreten Operationen". Das heißt, Kinder wenden ihre Logik nur auf konkrete Ereignisse oder Wahrnehmungen und Vorstellungen von konkreten Ereignissen an. Hypothetische Fragen und abstrakte Begriffe sind ihnen noch fremd.[196] Daraus folgt, dass man ihnen umweltbezogene Inhalte wie komplexe ökologische Zusammenhänge oder zeitlich oder örtlich auseinander liegende Wirkungen des eigenen Verhaltens, die nicht anschaulich und konkret vermittelbar sind, kaum verständlich machen kann.[197]

Wenngleich neuere entwicklungspsychologische Erkenntnisse nahe legen, dass Piaget die kognitiven Kompetenzen vor allem von Vorschulkindern unterschätzte und sie in stärkerem Maße bereits logisch und kausal denken, als bisher angenommen,[198] kann der Grundsatz gelten, dass Formen, Ziele und Inhalte einer Umwelt-

[193] Vgl. Adameit, Hartmut/Heidrich, Winfried/Möller, Christine/Sommer, Hartmut: *Grundkurs Verhaltensmodifikation*. Weinheim 1978, S. 145ff.

[194] Vgl. Bandura, Albert: *Lernen am Modell. Ansätze zu einer sozial-kognitiven Lerntheorie.* Stuttgart 1976.

[195] Vgl. Dollase (1991), S. 44.

[196] Gudjons, Herbert: *Pädagogisches Grundwissen*. Bad Heilbrunn 2003 (8. aktualisierte Auflage), S. 122.

[197] Vgl. Dollase (1991), S. 44f.

[198] Siehe hierzu Goswami, Usha: *So denken Kinder. Einführung in die Psychologie der kognitiven* Entwicklung. Bern 2001 und Sodian, Beate: „Entwicklung begrifflichen Wissens", in: Oerter, Rolf Montada, Leo (Hg.): *Entwicklungspsychologie.* Weinheim 2002 (5. Auflage), S. 443-468.

erziehung an Grundschulen kindgemäß und realitätsgerecht sein und die Erwartungen nicht zu hoch gesteckt werden sollten.[199]

3.2 Ziele und Inhalte effektiver Umwelterziehung im Grundschulbereich

Bereits auf der Intergovernmental Conference on Environmental Education 1977 in Tiflis hat man sich weltweit auf fünf Zielkategorien der Umwelterziehung verständigt: Bewusstsein, Kenntnisse, Einstellungen, Fertigkeiten sowie die Fähigkeit zur Mitwirkung am Umweltschutz.[200] Diese Zielsetzungen tauchen auch in den chinesischen und taiwanesischen Dokumenten auf. Die inhaltlichen Schwerpunkte von Umwelterziehung werden in den internationalen Dokumenten jedoch wenig konkretisiert:

> „Naturbewußtsein soll geweckt werden, bei der Analyse der Ursachen für die Naturzerstörung sollen vernetzte Zusammenhänge betrachtet werden, neue Werte sollen auf der Grundlage einer Umweltethik vermittelt werden, in das Umweltrecht soll eingeführt werden und konkrete Verhaltens- und Handlungsmodelle sollen umgesetzt werden; insgesamt sollen die Bereiche Einstellung zur Umwelt und Verantwortung gegenüber der Umwelt nicht vernachlässigt werden, so daß das Resultat der Umwelterziehung ein positiv verändertes Umweltbewußtsein sein wird."[201]

Was „Umweltbewusstsein" genau ausmacht, ist umstritten, und die Erforschung seiner Dimensionen ist ein Gegenstand der Umweltbewusstseinsforschung. Allgemein besteht lediglich der Konsens, dass Umweltbewusstsein mindestens eine Wissens-, Einstellungs- und Handlungsdimension umfasst, näher bezeichnet als „umweltrelevantes Wissen", „umweltbezogene Einstellungen" und „umweltorientiertes Handeln".[202] Erkenntnisse über einen minimalen Kausalzusammenhang zwischen diesen Dimensionen haben den Glauben daran, dass ein linearer Weg vom Wissen über Einsicht zum vernünftigen Handeln führe, mittlerweile erschüttert: Wer über die Umweltproblematik umfassend informiert ist, schont nicht zwangsläufig die natürlichen Ressourcen.[203] Hinzu kam seit 1992 mit der

[199] Vgl. Dollase (1991), a.a.O., S. 46.

[200] Vgl. UNESCO *Zwischenstaatliche Konferenz über Umwelterziehung. Tiflis 1977. UNESCO-Konferenzbericht Nr. 4.* München, New York, London, Paris: K.G: Saur 1979, S. 77.

[201] Wurster, Ekkehard: *Bewertung pädagogischer Maßnahmen zur Veränderung des Umweltbewußtseins bei Schülern unter Berücksichtigung sozialpsychologischer Theorien.* Frankfurt/ Main 1998, S. 36.

[202] Vgl. Gebauer, a.a.O., S. 22.

[203] Vgl. Siebert, Horst: „Untersuchungen zum Wertewandel und Umweltbewußtsein", in: Beyersdorf, Martin/ Michelsen, Gerd/ Siebert, Horst (Hg.): *Umweltbildung. Theoretische Konzepte, empirische Erkenntnisse, praktische Erfahrungen.* Neuwied: Luchterhand 1998, S. 80.

„Nachhaltigen Entwicklung" ein neuer Bezugsrahmen, der auch globale Aspekte der Umweltentwicklung mit einbeziehen soll.

Trotz der Unterschiede in der erzieherischen Praxis gilt mittlerweile das Prinzip der *Interdisziplinarität* in vielen Ländern als Standard: Es wird eine ganzheitliche Umwelterziehung angestrebt, die ökologisch-technische, historische, soziale und ethische Komponenten gleichermaßen berücksichtigt. Eine solche ganzheitliche Umwelterziehung lässt sich nicht durch eine reine Wissensvermittlung in den naturwissenschaftlichen Fächern erreichen, sondern durch einen fächerübergreifenden, interdisziplinär angelegten Unterricht, in dem auch die geistes- und sozialwissenschaftlichen Fächer eine tragende Rolle spielen. Eine zeitgemäße Umwelterziehung sollte kognitive, affektive und handlungsorientierte Lernprozesse integrieren, indem sie ein Grundverständnis über ökologische Zusammenhänge mit einer Sensibilisierung für die Wahrnehmung der Natur und Elementen ökologischer Handlungsfähigkeit verbindet.[204]

Aus den bereits angesprochenen entwicklungspsychologischen Erkenntnissen folgt, dass Umwelterziehung bei Kindern bis zum Alter von ca. zwölf Jahren zunächst die *emotionale Zuneigung* zu Tieren und Pflanzen ebenso wie zum Menschen erhalten und stabilisieren sollte. Besonders Grundschulkinder sind begeisterungsfähig für ihre natürliche Umwelt und entwickeln durch ein ganzheitliches Erfassen und sinnliches Erfahren von Landschaft, Pflanzen und Tieren ein Gefühl für die Schönheit der Natur bei gleichzeitiger Ausbildung ihrer Wahrnehmungsfähigkeit. Darauf aufbauend sollte im Unterricht das Verständnis für die verschiedenen Lebensbedingungen von Menschen, Tieren und Pflanzen weiterentwickelt und deutlich gemacht werden, dass der Mensch auf seine Umwelt angewiesen ist.[205]

Hierbei sollten die Themen aus dem Erfahrungsbereich der Kinder stammen, der Ausgangspunkt sollte die lokale und regionale Umweltsituation sein. Dieses didaktische Kriterium der *Situationsorientierung* betonen Bildungsinitiativen weltweit trotz ihrer Einbindung in unterschiedliche Traditionen und Gesellschaften. Dazu gehört auch, dass auf die spezifischen Probleme des jeweiligen Landes eingegangen wird und die behandelten Themen diesen Besonderheiten angepasst werden. Allgemein gelten Themen wie Artenschutz, Tierhaltung und -pflege, oder der Ablauf eines Jahres als geeignete Themen für die Grundschule. Indem die Kinder Tiere und Pflanzen, ihre Lebensweise und Aktivitäten kennen lernen, können sie ihre Abhängigkeit von Umweltbedingungen erfassen und ein Verständnis von Artenschutz enwickeln, das jenseits von Nützlichkeitserwägungen liegt. Artenschutz bezieht sich dabei auf Arten, die von der Ausrottung

[204] Vgl. ebd.

[205] Vgl. Thüringer Kultusministerium, a.a.O., S. 13.

durch den Menschen direkt bedroht sind, wie Nashörner und Wale, aber ebenso auf Tiere und Pflanzen in allen Entwicklungsformen, deren Lebensraum durch den Menschen indirekt zerstört wird.

Sinnliche und affektive Momente, aber auch Themen wie „Natur im Wandel der Jahreszeiten“ können hierbei stärker zu einer Sensibilisierung beitragen als die Beschränkung auf kognitive Aspekte oder Fertigkeiten einer distanzierten Beobachtung. „Katastrophen“ in der Natur wie Leben und Sterben, Fressen und Gefressenwerden sollten dabei ebenfalls einbezogen werden, um eine rein emotionale, verklärte Betrachtungsweise zu verhindern.[206] Weitere geeignete Umweltthemen in der Grundschule sind Abfall (z. B. Abfallvermeidung, Mülltrennung) oder Wasser- und Luftverschmutzung, wobei aus umwelterzieherischer Perspektive zunächst eine sinnliche Auseinandersetzung mit den Elementen erfolgen sollte. Themenbereiche wie Wetterbeobachtung, Pflanzenwachstum, Eigenschaften von Luft oder die verschiedenen Aggregatszustände stehen damit in Beziehung.[207]

Auch im Bereich der *Handlungsorientierung* soll von der lokalen Umweltsituation ausgegangen werden. Mit dem Lernziel der ökologischen Handlungskompetenz sollen besonders Grundschulkinder zum aktiven Handeln und zur Verbesserung ihrer lokalen Umweltsituation angeregt werden. Günstige psychologische Voraussetzungen bieten dabei die bereits angesprochenen natürlichen Ortspräferenzen und die *place identity* der Kinder. Man sollte ihnen die Gelegenheit geben, eine „ökologische Heimatliebe“[208] zu entwickeln und die betreffenden Areale zu schützen oder ihre nähere Umgebung z. B. durch Schulgärten umzugestalten.[209] Hierbei kann projektbezogenes Lernen sinnvoll sein. Indem sich die Grundschüler in ihrem konkreten Umfeld handlungsorientiert mit Umweltproblemen auseinander setzen, können sie im Idealfall Umwelthandeln auch als politisches Handeln erfahren, gesellschaftliche Faktoren und Prozesse begreifen und die Möglichkeiten einer Einflussnahme ausloten. Simulations-, Plan- oder Computerspiele, Fallstudien und Exkursionen können auf diese Dimension erzieherisch einwirken.[210]

Da die weltweiten Probleme ihre Ursachen im lokalen Bereich haben, kann in höheren Klassenstufen im Sinne der Agenda 21 versucht werden, diese lokale Dimension mit der globalen in Beziehung zu setzen. Idealiter sollten die Umweltprobleme nicht nur aufgezeigt, sondern problemorientiert behandelt

[206] Vgl. Haan (1991), S. 16f.

[207] Vgl. ebd., S. 64ff.

[208] Dollase (1993), S. 118.

[209] Vgl. Bolscho/Michelsen (1997), S. 15ff.

[210] Vgl. Bolscho/Seybold (1996), S. 90ff.

werden. *Problemorientierung* fordert, dass auch die gesellschaftlichen Ursachen von Umweltproblemen, wie z. B. Interessenkonflikte, einbezogen werden sollten, um den Schülern eine Grundlage für eigene Entscheidungen und Meinungsbildung zu liefern.[211]

Eine Schwierigkeit stellt auch der richtige Umgang mit den Umweltängsten von Kindern dar: Das Ausklammern von Themen, die möglicherweise Angst erregen („Heile-Welt-Pädagogik“[212]) gilt bereits für den Grundschulbereich als unglaubwürdig, zumal die Schüler mit diesen Themen in den Medien konfrontiert werden und Fragen und Ängste vorhanden sind. Das Gegenteil hierzu stellt die „Katastrophenpädagogik“ dar, die die Auseinandersetzung mit Natur und Umwelt auf die Vermittlung von Informationen über Umweltzerstörung, Skandale und Katastrophenszenarien reduziert. Sie gilt ebenfalls als problematisch, da sie bei Kindern der Eindruck erwecken kann, dass man sich um die Natur erst kümmern muss, wenn ihr Gefährdung oder Zerstörung droht. Das steht im Widerspruch mit dem umwelterzieherischen Ziel, einen positiven Kontakt zu Lebensräumen, Tieren und Pflanzen zu fördern und damit eine allgemein „schützende Grundhaltung“ zu fördern. Daher sollte neben Umweltproblemen auch die fachliche, spielerische und kreative Beschäftigung mit der intakten Natur einen breiten Raum innerhalb der Umwelterziehung einnehmen.[213]

Da die genauen Faktoren, die auf die Herausbildung von Kenntnissen und Einstellungen bei Kindern einwirken, nicht zu bestimmen sind, gilt auch für die Umwelterziehung ein „Maßnahmenbündel“ als Erfolg versprechend. Zu Unterrichtsinhalten, Methodenvielfalt sowie Vorbildfunktion und Begeisterung des Lehrers sollten weitere Maßnahmen, wie z. B. eine umweltgerechte Schulhofgestaltung, hinzukommen.[214] Gleichzeitig sollte den Kindern anhand von klaren Regeln für richtiges und falsches Verhalten vermittelt werden, was Umweltschutz konkret bedeutet.[215] Mit Blick auf die Neigung zur Imitation von Vorbildern heißt dies, dass auch Lehrer, Eltern und ältere Schüler diese Regeln beachten sollten. Bleibt umweltschädliches Verhalten bei anderen ohne Sanktionen oder wird positiv bewertet, kann man davon ausgehen, dass sich das beobachtende Kind weniger umweltbewusst verhalten wird.[216]

[211] Vgl. Bolscho/Michelsen (1997), S. 15ff.

[212] Unterbruner, Ulrike: *Umweltangst – Umwelterziehung. Vorschläge zur Bewältigung der Ängste Jugendlicher vor Umweltzerstörung.* Linz 1991.

[213] Vgl. dies. (1991²), S. 60f.

[214] Vgl. Dollase (1991), a.a.O., S. 41-43.

[215] Dollase (1993), a.a.O., S. 120.

[216] Vgl. Dollase (1991), a.a.O., S. 44.

Die genannten Kriterien der *Situations-*, *Handlungs- und Problemorientierung* sowie *Interdisziplinarität* gelten mittlerweile in vielen Ländern[217] als Standards, die anzustreben sind und nach denen eine angemessene Umwelterziehung bewertet werden kann. Die Verankerung von Umwelterziehung im Curriculum erfolgt weltweit entweder als eigenes Unterrichtsfach, in Form von Projektunterricht, oder fächerübergreifend.[218] Am verbreitetsten ist der fächerübergreifende Ansatz, da man im Einklang mit der internationalen Curriculumsentwicklung zunehmend versucht, interdisziplinäre Themenstellungen in den traditionellen Fachunterricht einzubeziehen. Pädagogen begründen diesen Ansatz mit den tief greifenden Veränderungen der Lebenswelt und den damit verbundenen Problemstellungen, die neue Kompetenzen erfordern. Fächerübergreifende Themen wie die Umwelterziehung eröffnen die Möglichkeit, schulisches Lernen mit lebensweltlichen Problemen zu verknüpfen, und sind aufgrund ihrer Komplexität nicht nur einer Fächergruppe zuzuordnen.[219]

In der VR China und Taiwan lassen sich die genannten Tendenzen ebenfalls feststellen: Im Rahmen der Bildungs- und Curriculumsreformen erfahren dort umwelterzieherische Inhalten mittlerweile mehr Beachtung, der fächerübergreifende Ansatz wird ebenfalls favorisiert. Diese fächerübergreifende Integration umwelterzieherischer Inhalte ins Curriculum wird in der VR China als 渗透式的环境教育 (*shentoushi de huanjing jiaoyu*) und in Taiwan als 融入式的環境教育 (*rongrushi de huanjing jiaoyu*) bezeichnet. Die Analyse soll daher auch zeigen, inwiefern sich die offiziell angestrebte Integration umwelterzieherischer Inhalte in die nicht-naturwissenschaftlichen Fächer bereits konkret in den Lesebüchern für den Sprach- und Literaturunterricht erkennen lässt.

[217] Vgl. Bolscho/Michelsen (1997), S. 16f.

[218] Vgl. Yi Jin, a.a.O., S. 22 und Hu Tongzhi, a.a.O., S. 49. Im Gegensatz dazu integrieren einige Länder, wie z. B. Indien, Umwelterziehung als eigenständiges Unterrichtsfach oder als Projektunterricht ins Curriculum. (Vgl. Huang Jiancheng, a.a.O., S. 46.)

[219] Vgl. Thüringer Kulturministerium, a.a.O., S. 5.

4. Umwelterziehung in der Volksrepublik China und Taiwan

4.1 Hintergrund und Entwicklung der Umwelterziehung

4.1.1 Chinesisches Naturverständnis und Umwelterziehung

Verfechter eines neuen Umweltbewusstseins schreiben die anthropozentrische, technozentrische Sichtweise vielfach „dem Westen" zu und verweisen u. a. auf chinesische Vorstellungen von einer Einheit von Mensch und Natur als Schlüssel zu einem veränderten Naturumgang.[220] Der Blick auf die Realität ist jedoch ernüchternd: Es scheint, als habe die chinesische Kosmologie die Ausbeutung der Natur nicht verhindert, auch ist sie keineswegs ein neues Phänomen in der chinesischen Tradition. Sinologen wie Heiner Roetz[221] oder Mark Elvin[222] sind daher der Auffassung, die philosophischen Wurzeln seien differenzierter als dies häufig dargestellt wird. Laut Roetz hat die Geschichte der europäischen Wahrnehmung Chinas im Zeichen des Klischees einer Einheit von Mensch und Natur gestanden. Die Umweltzerstörung in China sei jedoch nur teilweise auf importiertes Gedankengut wie den Marxismus mit seinem Glauben an die Beherrschbarkeit der Natur oder auf einen ungebremsten Wirtschaftsliberalismus zurückzuführen. Vielmehr habe die Idee der Naturbeherrschung in China ihre Dynamik erst durch die Kombination von westlichem und einheimischem Denken entfalten können.[223]

Belege für eine frühe Zerstörung der Natur finden sich bereits im *Huainanzi* 淮南子 (Mitte des 2. Jh. v. Chr.), das eindringlich das vom Menschen verursachte „Zeitalter des Verfalls" schildert:

> „[...] Die Menschen drehten die Feuerbohrer, um Feuer zu entzünden, und zimmerten Holz zu Terrassen. Sie zündeten die Wälder an, um Tiere zu jagen, und sie entwässerten Seen, um die Fische darin zu fangen. [...] Die Menschen hauten die Urwälder nieder, um dort Sprößlinge und Ähren wachsen zu lassen, und unzählbar waren die Gräser und Bäume, die starben, als sie gerade keimten, blühten oder in Frucht standen." (*Huainanzi* 8)[224]

Diese Darstellungen sind bereits ein Ergebnis der damaligen Hochkultur und markieren den Beginn eines Prozesses der Naturausbeutung, der von verschiedenen Strömungen des Denkens reflektiert wurde. Dabei fielen die Stellung-

[220] Vgl. Roetz, Heiner: „Natur und Kultur in Philosophie und Praxis Chinas", in: Kessler, Hans (Hg.): *Ökologisches Weltethos im Dialog der Kulturen und Religionen*. Darmstadt 1996, S. 148.

[221] Vgl. Roetz, Heiner: *Mensch und Natur im alten China*. Frankfurt 1984.

[222] Vgl. Elvin, Mark: *The Retreat of the Elephants: An Environmental History of China*. New Haven u.a.: Yale University Press 2004.

[223] Vgl. Roetz (1996), S. 147ff.

[224] Ebd., S. 151.

nahmen unterschiedlich aus und ähneln zum großen Teil jenen in der westlichen Welt.[225]

Die *Einheit von Mensch und Natur* gilt vielfach als die Essenz des chinesischen Denkens und findet ihre Verkörperung vor allem im *Zhuangzi* 莊子. Zhuangzi zufolge ist das *dao* 道 in allen Dingen präsent, seien sie auch noch so unbedeutend wie Ameisen, Gräser, oder sogar Exkremente.[226] Zhuangzis Identifikation mit der Natur drückt sich in diversen Textpassagen aus, beispielsweise in der bekannten Episode über die Freuden der Fische[227] oder dem Schmetterlingstraum.[228] Natur ist für die Daoisten ein wohlgeordnetes Chaos von gleichberechtigten Prozessen und Wesen, ein Zusammenhang, der sich selbst steuert und in den nicht eingegriffen werden darf. Durch das Aufkommen von Staat, Moral, Technik und Kultur wurde den Daoisten zufolge der ideale Urzustand zerstört und „nichts gibt es mehr, um zur angeborenen Natur und zum Ursprung zurückzukehren. Die Welt hat das Dao schon verloren und das Dao die Welt."[229]

Während die Daoisten im Zivilisationsprozess die irreversible Zerstörung einer „idealen Ureinheit" sehen, liegt für die Konfuzianer in der *Unterwerfung der Natur* die Voraussetzung für eine menschenwürdige Existenz.[230] Nirgends sonst in der chinesischen Geistesgeschichte wird die „utilitaristische" Haltung einer Herrschaft über die Natur so deutlich ausgedrückt wie beim Konfuzianer Xunzi 荀子 (ca. 310-230). Dieser wendet sich gegen die Daoisten mit den Worten:

> "You glorify Nature (t'ien) and meditate on her; Why not domesticate her and regulate her? You obey Nature (t'ien) and sing her praises; Why not control her course and use it?"[231]

Im Gegensatz zu den Daoisten befürworten die Konfuzianer die Herausbildung einer Kulturwelt aus einer als fremd oder feindselig empfundenen Natur. Die Domestizierung der äußeren Natur ist jedoch als Voraussetzung zur moralischen

[225] Vgl. ebd., S. 152.

[226] Vgl. Watson, Burton: *The Complete Works of Chuang-Tzu*. New York: Columbia Univ. Press 1968, S. 240-241.

[227] Darin sagt Zhuangzi bei einem Spaziergang am Flussufer zum Dialektiker Hui Shi, wie froh doch die Fische dort im Wasser seien. „Du bist kein Fisch", sagt Hui Shi, „wie kannst du die Freude der Fische kennen?" „Du bist nicht ich", antwortet Zhuangzi, „wie kannst du wissen, dass ich nicht weiß, was die Fische erfreut." Zhuangzi besteht darauf, die Freude der Fische zu kennen, allein indem er am Ufer des Flusses steht. (Vgl. Watson, a.a.O., S. 188-189.)

[228] Als Zhuangzi erwacht, weiß er nicht, ob er Zhuangzi ist, der träumte, er sei ein Schmetterling, oder ein Schmetterling, der träumte, er sei Zhuangzi. (Vgl. Watson, a.a.O., S. 88.)

[229] Roetz (1996), S. 155.

[230] Vgl. ebd., S. 152.

[231] Bodde, Derk: *Chinese Thought, Society and Science. The Intellectual and Social Background of Science and Technology in Pre-modern China*. Honolulu: University of Hawaii Press 1992, S. 312.

Selbstkultivierung zu verstehen, nicht als bloßes Eigeninteresse oder Zweck an sich. Dennoch kann Xunzis Einstellung gegenüber der Natur im ethischen Sinne als „objektivierend" aufgefasst werden.[232]

Allerdings finden sich bereits in frühen konfuzianischen Texten auch Passagen, die daran appellieren, die Natur maßvoll zu nutzen und nicht auszubeuten. So heißt es im *Lunyu* 論語: „Der Meister fing Fische mit der Angel, aber nie mit dem Netz; er schoß Vögel, aber nie, wenn sie im Neste saßen."[233] Eine utilitaristische Sichtweise des Mensch-Natur-Verhältnisses muss nicht zur Ausbeutung natürlicher Ressourcen führen, sondern kann auch zu ihrer Bewahrung beitragen, wenn auch aus rein pragmatischen Motiven. Beispiel für einen solchen "self-interested ecological concern"[234] ist die folgende Passage aus dem *Mengzi* 孟子 (Book I, Part I, Ch. III), die sich als frühes Verständnis von „Nachhaltigkeit" interpretieren lässt:

> "If close nets are not allowed to enter the pools and ponds, the fishes and turtles will be more than can be consumed. If the axes and bills enter the hills and forests *only* at the proper time, the wood will be more than can be used."[235]

Darüber hinaus findet man besonders im vor-hanzeitlichen Konfuzianismus eine gleichgültige Haltung gegenüber der Natur, z. B. im *Lunyu* (Book 18, Ch. VII): "It is impossible to associate with birds and beasts, as if they were the same with us."[236] Das Extrem dieser gleichgültigen Haltung stellt der Buddhismus dar, für den die Welt der sinnlichen Wahrnehmung ein Produkt der Illusion ist. Gleichzeitig steht diese Tradition jedoch für eine ausgeprägte Achtung gegenüber allen Lebewesen.[237]

Durch die jahrhundertelange Interaktion mit Daoisten und Buddhisten wandelte sich die Natursicht der Konfuzianer und fand ihren Ausdruck im Neo-Konfuzianismus der Song-Zeit: In der daraus entstandenen „emotionalen Wärme", mit der die Neokonfuzianer die Welt betrachten, liegt laut Bodde eine der tiefgreifendsten „psychologischen Unterschiede" zwischen ihnen und den klas-

[232] Vgl. Roetz (1996), S. 158f.

[233] Vgl. Franke, Herbert: „Geschichte und Natur – Betrachtungen einen Asien-Historikers", in: Markl, Hubert (Hg.): *Natur und Geschichte*. München/Wien 1983, S. 63. Zhang Yuanzeng zitiert in *Kechixu fazhan jiaoyu* ebenfalls diese Passage, die darauf hindeute, dass sich im traditionellen China bereits ein Bewusstsein für Ressourchenschonung finden ließ (Vgl. Zhang Yuanzeng: *Kechixu fazhan jiaoyu*. Tianjin: Tianjin jiaoyu chubanshe 2004, S. 1).

[234] Vgl. Bodde, a.a.O., S. 314.

[235] Legge, James (Tr.): *The Chinese Classics. Vol. I&II: The Works of Mencius*. Taiwan Reprint, SMC Publishing 1991, S. 130f.

[236] Legge, James (Tr.): *The Chinese Classics. Vol.1&II: Confucian Analects*. Taiwan Reprint, SMC Publishing 1991, S. 334.

[237] Vgl. Bodde, a.a.O., S. 307.

sischen Konfuzianern. Diese Sichtweise spiegelt sich z. B. bei Zhou Dunyi 周敦頤, der sich weigerte, das Gras im Garten zu schneiden, denn er "felt toward the grass as he felt toward himself".[238]

Von den genannten Richtungen war der Konfuzianismus, der zu einer Herrschaft über die Natur führte, die dominanteste.[239] Obwohl sich auch im Konfuzianismus viele Prinzipien einer „weisen Nutzung" der Natur fanden, betonte er doch die Regulierung und Ordnung der nicht-menschlichen Umwelt zum Nutzen der menschlichen Gesellschaft. Sogar der Begriff des „Kampfes" gegen die Natur, der in der Mao-Zeit entscheidend wurde, hat seine Wurzeln bereits in der späten Kaiserzeit:

> "The local peasants in defence of homesteads and of farms,
> willingly commit themselves to contending with the waters;
> from west to east, and east to west, along both river margins,
> dykes are constructed, strand by strand, the way they re-weave hawsers."[240]

Im China der Mao-Ära fanden Umweltzerstörungen in verheerendem Ausmaß statt; der maoistische „Kampf" gegen die Natur kann als Extrembeispiel für die Sichtweise einer scharfen Trennung von Mensch und Natur verstanden werden. Mao verstärkte einerseits die problematischen, „utilitaristischeren" Aspekte der chinesischen Tradition und unterdrückte gleichzeitig jenes Wissen und traditionelle Praktiken, die einen „nachhaltigeren" Umgang mit der Natur pflegten. Damit hob sich die Ära sowohl von allem ab, was zuvor gewesen war, als auch von dem, was mit Beginn der Wirtschaftsreformen einsetzte.[241]

Während der fünfziger Jahre führten sowjetisch inspirierte Pläne für die schnelle Entwicklung der Schwerindustrie das Land auf den Weg in eine ökologische Katastrophe. Die Menschen sollten die natürlichen Ressourcen ausbeuten und es herrschte der Gedanke, dass man allein durch Mao-Zedong-Ideen und Wissenschaft die Natur besiegen könne. Während des „Großen Sprungs nach vorn" (1958-60) wurden Bäume gefällt, um Energie für die Stahlproduktion zu gewinnen, Landgewinnung zerstörte Feuchtgebiete und führte zu Überschwemmungen.[242] Auch die Kampagnen während der Kulturrevolution (1966-76) hatten negative Auswirkungen auf die Umwelt, indem sie zentral gesteuert und

[238] Ebd., S: 326.

[239] Vgl. Linck, Gudula: „Die Welt ist ein heiliges Gefäß, wer sich daran zu schaffen macht, wird Niederlagen erleiden. Konfliktaustragung an der Natur während der Umbrüche in der chinesischen Geschichte", in: Calliess, Jörg/Rüsen, Jörn/Striegnitz, Meinfried: *Mensch und Umwelt in der Geschichte*. Pfaffenweiler 1989, S. 337.

[240] Vgl. Shapiro, Judith: *Mao's War Against Nature*. Cambridge Univ. Press 2001, S. 8, Fußnote 7.

[241] Vgl. ebd., S. 3ff.

[242] Vgl. Edmonds, Richard Louis: "The Environment in the People's Republic of China 50 Years On", in: *The China Quarterly* 159, 1999, S. 640.

landesweit ohne Rücksicht auf lokale klimatische und topographische Besonderheiten angewandt wurden. Die maoistische Ideologie und ihre Militarisierung aller Lebensbereiche führte die Menschen in einen „Kampf" gegen die Natur, der sich auch im Vokabular widerspiegelte: Natur sollte „bezwungen", Weizen in einem „Schockangriff" ausgesät, Dürre und Überschwemmungen „besiegt" und Insekten oder Spatzen „ausgelöscht" werden. Die Parole lautete: „Der Mensch kann die Natur besiegen" (人定胜天 *ren ding sheng tian*).[243]

Der Kampf gegen die Natur setzte sich in der VR China in veränderter Form auch in der Zeit nach Mao fort, als Handel und Kommerzialisierung zu treibenden Kräften für die Veränderung der Umwelt wurden. Der Einfluss der Mao-Ära hatte die Hinwendung zu einer solchen „materialistischen" Naturausbeutung begünstigt.[244] In Taiwan stilisierte dagegen Chiang Kaishek die „Einheit von Mensch und Natur" als den „wahren Geist des chinesischen Volkes" zur Leitidee einer ideologischen „Gegenrevolte" (*counter-insurgency*) gegenüber dem Materialismus hoch.[245] Dies hat jedoch die verheerenden Umweltzerstörungen nicht verhindert, die dort mit dem rapiden Wirtschaftswachstum einhergingen.

Der Überblick hat gezeigt, dass sich in der chinesischen Tradition Anlagen für verschiedene Perspektiven auf die Natur finden lassen: Das Ideal einer „Einheit von Mensch und Natur" (天人合一 *tianren heyi*) hat das Naturverständnis der Chinesen ebenso geprägt wie ein anthropozentrisches Weltbild, das bereits im Konfuzianismus angelegt war. Roetz sieht einen Beleg für die indigenen Wurzeln der Idee der Naturunterwerfung im Falle Taiwans, das sich offiziell traditionsbewusst gibt, de facto jedoch ebenfalls die Natur ausbeutet.[246]

Auf die gegenwärtige Konzeption der Umwelterziehung in der VR China und Taiwan wirken diese traditionellen Perspektiven möglicherweise in verschiedener Weise ein. Bis in die 1990er Jahre hinein ließen sich die gegensätzlichen Ideologien auch im Hinblick auf ihre offiziell vertretenen Natur- und Umweltvorstellungen deutlich in den Schulbüchern erkennen.[247] Mittlerweile wird in China wie in Taiwan die Wichtigkeit von Umweltschutz von offizieller Seite betont und es werden gezielte Bildungsmaßnahmen im Bereich Umwelterziehung ergriffen, was auch als Anzeichen für eine Modernisierung gewertet werden kann. Zur Lösung der Umweltprobleme plädieren Pädagogen auf beiden Seiten für eine Rückbesinnung auf die traditionelle Vorstellung der Einheit von Mensch und

[243] Vgl. Shapiro, a.a.O., S. 3ff.

[244] Vgl. ebd., S. 11.

[245] Jiang Jieshi: „Jiejue gongchanzhuyi sixiang yu fangfa de genben wenti, Jiang zongtong yanku huibian", Band 20, Taibei 1956, Rede vom 10.1.1955, zit. n. Roetz, Heiner: *Mensch und Natur im alten China.* Frankfurt 1984, S. 46.

[246] Vgl. Roetz (1996), S. 149f.

[247] Siehe hierzu den Abschnitt zum Forschungsstand in der vorliegenden Arbeit.

Natur, die sie häufig als etwas originär Chinesisches darstellen.[248] Gleichzeitig verfolgt die VR China derzeit jedoch die Strategie einer „Stärkung des Landes durch Wissenschaft, Technologie und Bildung“ (科教兴国 *kejiao xingguo*). Daher kann vermutet werden, dass dort auch im Bereich der Umweltproblematik technische Lösungen favorisiert werden. Da das Naturverständnis damit immer auch die gesellschaftlichen und politischen Unterschiede reflektiert, stellt sich die Frage, welches Naturverständnis sich in den aktuellen chinesischen und taiwanesischen Lesebüchern findet und damit auch hinter der gegenwärtigen umwelterzieherischen Konzeption vermuten lässt. Haben sich die Positionen angenähert, oder sind noch Spuren der früheren ideologischen Gegensätze erkennbar?

4.1.2 Lokale Entwicklung der Umwelterziehung: VR China

Während der fünfziger und sechziger Jahre existierte in der chinesischen Öffentlichkeit noch kein „Umweltbewusstsein“ und an den Schulen wurde keine „Umwelterziehung“ betrieben.[249] Im Laufe der 1970er Jahre entstand innerhalb der politischen Führung Chinas allmählich ein Bewusstsein für die Umweltprobleme und es entwickelten sich erste Ansätze einer Umwelterziehung.[250] Diese Entwicklungen stehen in engem Zusammenhang mit den internationalen Aktivitäten: Angeregt von der UN-Konferenz *On the Human Environment* 1972 in Stockholm, an der nach langer politischer Isolation[251] auch politische Vertreter Chinas teilgenommen hatten, wurde im August 1973 in Beijing die „Erste Nationale Umweltschutzkonferenz“ (第一次全国环境保护会议 *diyici quanguo huanjing baohu huiyi*) veranstaltet. Auf dieser Konferenz räumte man erstmals ein, dass auch in China Umweltprobleme existierten, und verabschiedete regionale und nationale Umweltschutzpläne. Nach der Konferenz wurden

[248] Siehe z. B. Yang Guanzheng/Wang Jingming/Chen Peizheng: „Wo guo de huanjing jiaoyu jingyan“, in: *Huanjing jiaoyu* 24 (3), 1995, S. 54. Dort heißt es u. a.: „Wir sind ein Volk, das die Natur verehrt, und von Generation zu Generation eine Kultur weitergibt, die von Achtsamkeit, Liebe zu allen Lebewesen und von Einfachheit des Lebens gekennzeichnet ist. Wir leben im Einklang mit der Natur und unser höchstes Ideal ist jenes der Harmonie von *tianren heyi*. [...] Darum nutzt die Umwelterziehung in unserem Land diese Naturphilosophie, um die uns eigene Ehrfurcht vor der Natur und unsere Umweltethik, die alles Lebendige respektiert, wiederzubeleben.“ Zhang Yuanzeng schreibt in *Kechixu fazhan jiaoyu*, das Konzept der Nachhaltigkeit lasse sich in China bereits für das Altertum belegen und sei von westlichen Ökonomen dagegen erst im 19. Jahrhundert entdeckt worden. (Vgl. a.a.O., S. 1.)

[249] Vgl. Qian, Gaoyin/Huang, Tiechi: “Happiest but least Cheerful: The Paradox of Population and Education Policies in China”, in: Thompson, Patricia J. (Hg.): *Environmental Education for the 21st Century. International and Interdisciplinary Perspectives.* New York: Lang 1997, S. 65.

[250] Gransow, Bettina: „Umweltqualität, Umweltpolitik, Umweltbewußtsein“ in: Staiger, Brunhild (Hg.): *Länderbericht China.* Darmstadt 2000, S. 216.

[251] Vgl. Betke, a.a.O., S. 347.

„Vorschriften zum Schutz und zur Verbesserung der Umwelt“ (关于保护和改善环境的若干决定 *Guanyu baohu he gaishan huanjing de ruogan jueding*) herausgegeben, die die Einrichtung neuer Fachbereiche mit dem Schwerpunkt Umweltschutz an Universitäten, Schulen und Forschungseinrichtungen vorsahen. Diese Vorschriften markieren den Beginn des Umweltschutzes in China.[252] Zwischen 1973 und 1978 richteten Universitäten wie die 北京大学 *Beijing daxue*, 中山大学 *Zhongshan daxue* und 同济大学 *Tongji daxue* erste Kurse ein, um Fachkräfte für den Umweltschutz auszubilden.[253]

1974 wurde die „Leitungsgruppe für Umweltschutz beim Staatsrat“ (国务院环境保护领导小组 *Guowuyuan huanjing baohu lingdao xiaozu*) gegründet und 1978 in der Verfassung erstmals ein Bekenntnis der Staatsführung zum Umweltschutz verankert, dabei wurde der Staat als Hauptakteur im Umweltschutz und als Sachwalter der natürlichen Ressourcen definiert. Ferner wurde in einem Bericht des Zentralkomitees der Aufbau von Forschungseinrichtungen beschlossen und die Erhöhung des Anteils von umweltschutzbezogenen Inhalten auch im Grundschulunterricht gefordert.[254] Einen ersten Entwurf zu einem „Nationalen Umweltschutzgesetz“ (中华人民共和国环境保护法 *Zhonghua Renmin Gongheguo huanjing baohufa*) das auch Vorschriften für die Umwelterziehung beinhaltete, verkündete der Nationale Volkskongress im Jahr 1979.[255] Im selben Jahr publizierte die „People’s Education Press“ (人民教育出版社 *Renmin jiaoyu chubanshe*) neue Schulbücher für die Fächer Naturkunde, Erdkunde und Chemie, in denen erstmals auch der Umweltschutz erwähnt wurde, und es fanden in einigen Provinzen erste Unterrichtsversuche statt.[256]

In den Anfangsjahren existierten in China noch keine unabhängigen Umweltschutzabteilungen, der Umweltschutz fiel in den Aufgabenbereich des Zentralkomitees und der „Leitungsgruppe für Umweltschutz beim Staatsrat“. Umwelterziehung bestand zu jener Zeit vor allem in „Propaganda und Aufklärung im Bereich Umweltschutz“ (环境宣传教育 *huanjing xuanchuan jiaoyu*) und richtete sich in erster Linie an die Arbeitseinheiten der städtischen Schwerindustrie. Ihr Ziel war die Schulung der Beschäftigten und die Begrenzung der Umweltverschmutzung durch die Schwerindustrie.[257]

[252] Vgl. Tian Qing (2001), S. 11.

[253] Vgl. Zhu Huaixin, a.a.O., S. 33.

[254] Vgl. Wang Min (Hg.): *Zhongguo zhongxiaoxue huanjing jiaoyu*. Zhongguo huanjing kexue chubanshe. Beijing 1995, S. 18.

[255] Vgl. Betke, a.a.O., S. 347f. Das Gesetz wurde jedoch erst 1989 verabschiedet.

[256] Vgl. Tian Qing (2001), S. 16.

[257] Vgl. ebd., S. 11.

Anfang der achtziger Jahre wurden im Bereich der Umweltpolitik neue Institutionen geschaffen, Gesetze erlassen und politische Richtlinien ausgearbeitet. Die „Erziehungskommission der Chinesischen Vereinigung der Umweltwissenschaften" (中国环境科学教育委员会 *Zhongguo huanjing kexue xuehui jiaoyu weiyuanhui*) befasste sich auf drei Arbeitstagungen 1979, 1981 und 1983 mit der Frage der weiteren Verbreitung dessen, was bereits in einigen Unterrichtsversuchen erprobt worden war. Hierbei spielten auch Fragen der Lehrerausbildung und der Zusammenstellung geeigneter Unterrichtsmaterialien eine Rolle. 1983 wurde die „Zweite Nationale Arbeitskonferenz zum Umweltschutz" in Beijing abgehalten, auf der Umweltschutz als „nationale Basispolitik" (基本国策 *jiben guoce*) deklariert und die „Wichtigkeit der Erziehung der Massen zum Umweltschutz"[258] betont wurde. Neben der Ausbildung von Umweltschutzfachleuten an den Hochschulen und der Schulung von Parteikadern rückte auch die schulische Umwelterziehung stärker in den Blickpunkt.[259]

Aus der „Leitungsgruppe für Umweltschutz" ging 1984 die „National Environmental Protection Agency" (NEPA, 国家环境保护局 *Guojia huanjing baohuju*) hervor, damit wurde innerhalb der Regierung offiziell ein eigenständiges Umweltschutzorgan etabliert. Bis Mitte der 1980er Jahre fiel auch die Umwelterziehung vor allem in den Aufgabenbereich der Umweltschutz- und Propagandaabteilungen, das Erziehungsministerium war daran kaum beteiligt. Wichtiger als die schulische Erziehung blieben weiterhin Propaganda und Aufklärung, die sich vor allem auf die Inhalte der nationalen Umweltschutzpolitik und die neuen Gesetze in diesem Bereich bezogen, welche die Menschen kennen und befolgen sollten. Auch im Grundschulbereich waren es vor allem Informationen über Gesundheitsvorsorge oder Sicherheit am Arbeitsplatz, mit denen Lehrer der naturwissenschaftlichen Fächer ihren Unterricht anreicherten. Von einer Umwelterziehung im Bereich der Grund- und Mittelschulen auf breiter Ebene kann man für diese Zeit noch nicht sprechen.[260]

Seit Ende der 1980er Jahre wurde im Verlauf mehrerer Konferenzen und Symposien die Umwelterziehung schrittweise systematisiert und zumindest offiziell in den Lehrplan der neunjährigen Pflichtschulzeit integriert.[261] Ein erster Schritt erfolgte mit Herausgabe des Lehrplans von 1987, in dem erstmals betont wurde, dass Wissen über Energie, Umweltschutz und Ökologie in alle geeigneten Fächer sowie in außerschulische Aktivitäten integriert werden solle. 1992 wurden in den Richtlinien und Lehrplänen für die Pflichtschulzeit umwelterzieherische Inhalte und Ziele dann bereits explizit genannt. Hierbei wird ein Zusammenhang von Umwelterziehung mit

[258] Vgl. Wang Min (1995²), S. 19.

[259] Vgl. Zhu Huaixin, a.a.O., S. 34.

[260] Vgl. Tian Qing (2001), S. 17f.

[261] Vgl. Zhu Huaixin, a.a.O., S. 34.

Moralerziehung und „Erziehung zur Lage der Nation" (国情教育 *guoqing jiaoyu*)[262] hergestellt, wodurch ihr auch eine nationalistische Komponente zukommt:

> „Die Schüler sollen ein grundlegendes Verständnis für Probleme wie Überbevölkerung, Ressourcenabbau und Umweltschäden erwerben, die die Lage der Nation berühren. Fächer wie Natur- oder Gesellschaftskunde in der Grundschule sowie Physik, Chemie, Biologie und Erdkunde in der Mittelschule sollen die Durchführung von Umwelterziehung ernst nehmen."[263]

Angeregt von der UNCED-Konferenz in Rio de Janeiro 1992 verstärkte die VR China insbesondere in den darauffolgenden fünf Jahren die Umweltschutz-Propaganda in allen Medien mit Parolen wie „Achtet die natürlichen Rohstoffe", „Bewahrt das ökologische Gleichgewicht" oder „Erklärt der Umweltverschmutzung den Kampf". Eine „Erste Nationale Konferenz zur Umwelterziehung" gab die Leitlinie „Bildung ist die Wurzel des Umweltschutzes" (环境保护，教育为本 *huanjing baohu, jiaoyu wei ben*) heraus und befasste sich insbesondere mit Fragen der Verbesserung der Lehrerausbildung.[264]

Unter dem Druck der wirtschaftlichen Entwicklung und der Verschlechterung der Umweltsituation wurde man sich in China spätestens ab Mitte der 1990er Jahre bewusst, dass neue, nachhaltigere Entwicklungsstrategien gefunden werden mussten. Man bemüht sich seitdem, ein Entwicklungsmodell zu finden, dass die wirtschaftliche Entwicklung mit dem Schutz der natürlichen Ressourcen vereinbart. 1994 bewilligte der Staatsrat die „Chinesische Agenda 21" (中国 21 世纪议程 *Zhongguo 21 shiji yicheng*),[265] damit war China eines der ersten Entwicklungsländer mit einer eigenen Agenda. Im darauffolgenden Jahr gab die NEPA die „Chinesische Agenda 21 zum Umweltschutz" (中国环境保护 21 世纪议程 *Zhongguo huanjing baohu 21 shiji yicheng*) heraus, in der sich China zum Leitbild der Nachhaltigkeit bekennt:

> „Propaganda und Erziehung im Umweltbereich bedeutet, das Umweltwissen des ganzen Volkes zu erhöhen und eine vollständige Veränderung seiner Moral, Kultur, Einstellungen und Fähigkeiten zu erzielen, um die neue Idee einer nachhaltigen Entwicklung zu verbreiten. Es ist unsere Pflicht und Verantwortung, bewusst am Umweltschutz teilzunehmen und ihn gemeinsam zu unterstützen, um das Wohl der nachkommenden Generationen zu sichern."[266]

[262] *guoqing* bedeutet wörtlich „Lage der Nation" (*national situation*); *guoqing jiaoyu* meint folglich die „Erziehung zur Lage der Nation" (*state-of-the-nation education*) und richtet sich vor allem an Arbeiter und Kinder. Vgl. Barmé, Jeremy: "To Screw Foreigners is Patriotic", in: *The China Journal* 34, 1995, S. 212.

[263] Zhu Huaixin, a.a.O., S. 35.

[264] Vgl. Tian Qing (2001), S. 19.

[265] Vgl. Edmonds (1999), S. 648.

[266] Zhu Huaixin, a.a.O., S. 35f.

Anders als in den Anfangsjahren galt die Umwelterziehung nun zunehmend auch als Aufgabe des Erziehungsministeriums. Ihr inhaltlicher Schwerpunkt lag jedoch weiterhin auf der Vermittlung von Wissen im Bereich der Umweltwissenschaften, methodisch-didaktisch blieb sie im Frontalunterricht bei passivem Lernverhalten der Schüler verhaftet.[267]

Im Zuge der allgemeinen Auseinandersetzung mit der Nachhaltigkeitsidee erhielt die Umwelterziehung in der VR China neue Impulse. 1995 stellten NEPA, Erziehungskommission und Propagandaministerium ein gemeinsames „Nationales Aktionsprogramm für Aufklärung im Umweltbereich" 1996-2010 (全国环境宣传教育行动纲要 *Quanguo huanjing xuanchuan jiaoyu xingdong gangyao*) vor. Seitdem haben die Aktivitäten auf diesem Gebiet deutlich zugenommen.[268] Das Aktionsprogramm definiert Maßnahmen und Ziele bis 2010 und gilt als Schlüsseldokument für die Entwicklung der Umwelterziehung in China. Oberstes Ziel ist es, die Nachhaltigkeit wie in der Agenda 21 gefordert zu gestalten, gleichzeitig gilt Umwelterziehung als

> „[...] ein grundlegendes Mittel, um die Qualität der geistigen Moral und wissenschaftlichen Kultur (das beinhaltet auch das Umweltbewusstsein) des ganzen Volkes zu erhöhen."[269]

Für das Aktionsprogramm wurde eine eigene Behördenstruktur geschaffen. Auf nationaler Ebene wird sie durch das „Center for Environmental Education and Communications" (CEEC, 宣传教育中心 *Xuanchuan jiaoyu zhongxin*) repräsentiert, dem auf Provinz- und Stadtebene die „Publicity and Environmental Education Center" (PEC) der örtlichen Umweltämter untergeordnet sind. Das CEEC gibt Informations- und Lehrmaterialien heraus und organisiert Fortbildungen, ihm untersteht das „China Environment and Sustainable Development Reference and Research Center" (CESDRRC) in Beijing, das eine große öffentliche Fachbibliothek betreibt.[270]

Seit 1996 gibt die Umweltbehörde NEPA eine eigene Monatszeitschrift mit dem Titel „Environmental Education" (环境教育 *Huanjing jiaoyu*) heraus. 1998 wurde die NEPA in den Rang eines Ministeriums befördert und in „State Environmental Protection Administration" (SEPA, 国家环境保护总局 *Guojia huanjing baohu zongju*) umbenannt, was ihr einen stärkeren Einfluss innerhalb der Administration verschaffte.[271] Bis zum Jahr 2010 soll das System der Umwelterziehung im ganzen

[267] Vgl. Tian Qing (2001), S. 20.

[268] Vgl. Sternfeld, Eva: „Internationale und chinesische Projekte zur Bildung des Umweltbewußtseins in China". Online im Internet: http://www.ahk-china.org/download/ environmental-education-eva-sternfeld.pdf [Stand 13.03.2004], S. 1.

[269] Zhu Huaixin, a.a.O., S. 36.

[270] Vgl. Sternfeld (2004), S. 1.

[271] Vgl. Edmonds, a.a.O., S. 641.

Land standardisiert und rechtlich geregelt sein.[272] Chinesische Publikationen[273] sprechen im Zusammenhang mit dem Aufbau dieses Systems vielfach von einer „Umwelterziehung mit chinesischer Charakteristik" (中国特色的环境教育 *Zhongguo tese de huanjing jiaoyu*). Sie soll die Besonderheiten des dortigen Bildungssystems sowie die allgemeine Entwicklung des Landes berücksichtigen.

Eine der Inititativen, die aus dem „Nationalen Aktionsprogramm für Propaganda und Erziehung im Umweltbereich" hervorgegangen sind, ist das nationale Programm zur Förderung der „Grünen Schulen" (绿色学校 *lüse xuexiao*). Das „Green-Schools"-Programm entstand 1994 auf Initiative der „Foundation of Environmental Education in Europe" (FEEE) und verbreitete sich in mittlerweile über 21 Ländern, seit 1997 auch in der VR China.[274] Pädagogische Zielsetzung ist es, dem Widerspruch zwischen dem Bemühen um Umwelterziehung und der Alltagssituation, die die Schüler an ihren Schulen erleben, entgegenzuwirken. Zu diesem Zweck zertifizieren Inspektionsgruppen (全国绿色学校表彰领导小组 *quanguo lüse xuexiao biaozhang lingdao xiaozu*) Schulen auf der Grundlage ihres ökologischen Engagements, wobei Kriterien wie Teilnahme von Schulleitung und Lehrerkollegium an Umweltfortbildungen, ein sauberes, bepflanztes Schulgelände oder die Verankerung von Umwelterziehungsinhalten im Unterricht ausschlaggebend sind.[275] Als Leitfaden für die Einrichtung und Zertifizierung dient derzeit der „Guide of China Green Schools" (绿色学校指南 *Lüse xuexiao zhinan*), der 2003 vom CEEC herausgegeben wurde.[276]

Viele „Grüne Schulen" sind aus dem Projekt „Hand-in-Hand, Building an Earth Village" (中国少年儿手拉手地球村 *Zhongguo shaoniar shou la shou diqiu cun*) hervorgegangen. Es besteht seit 1996 und soll Mülltrennung und Recycling in den Alltag der Schüler integrieren, indem sie wieder verwertbaren Müll sammeln und an Recyclingfirmen verkaufen. Der Erlös fließt in den Aufbau ökologischer Grundschulen in ärmeren Gegenden des Landes.[277] Seit 1995 nimmt China am *Global Learning and Observations to Benefit the Environment* (GLOBE)-Schulen-Programm teil, einem internationalen Bildungsprogramm, das derzeit in rund einhundert Ländern praktiziert wird und vor allem ein naturwissen-

[272] Vgl. Zhu Huaixin, a.a.O., S. 36.

[273] Siehe z. B. Zhonggong zhongyang xuanchuanbu/Guojia huanbao zongju/Guojia jiaoyubu (Hg.): *2001 nian – 2005 nian quanguo huanjing xuanchuan jiaoyu gangyao.*

[274] Xiao Fang: „Zhongguo lüse xuexiao qiantan", in: *Yatai kexue jiaoyu luntan* 3, 2002. Online im Internet: http://www.ied.edu.hk [Stand 16.03.2004].

[275] Vgl. Erlewein, a.a.O., S. 22.

[276] Guojia huanjing baohu zongju xuanchuan jiaoyu zhongxin (Hg.): *Lüse xuexiao zhinan*. Beijing 2003.

[277] Vgl. Shoulashou diqiucun (Hg.): "The Story of Hand in Hand Building an Earth Village". Online im Internet: http://www.childrenandearth.org.cn [Stand 21.09.2004].

schaftliches Verständnis des Ökosystems Erde fördern soll.[278] Die teilnehmenden Schulen[279] führen regelmäßig standardisierte Messungen an Boden, Wasser, Klima und Luft durch und übermitteln die Ergebnisse per Computer an eine Datenbank in den USA, wo sie verarbeitet und veröffentlicht werden.

Einige Nichtregierungsorganisationen wie die 1993 als erste chinesische NGO gegründeten „Friends of Nature“ (自然之友 *ziran zhi you*) befassen sich schwerpunktmäßig mit Umwelterziehung und werden von der Regierung geduldet. Sie machen neben den Regierungsorganisationen den entscheidenden Bildungsfaktor im Umweltbereich aus.[280] Mit finanzieller Unterstützung der Hamburger Umweltorganisation „Save our Future“ (SOF) betreiben die „Friends of Nature“ seit dem Jahr 2000 einen Kleinbus, genannt „Antilopen-Mobil“ (羚羊车 *lingyangche*), der mit Unterrichtsmaterialien ausgestattet ist. Eine Umweltpädagogin besucht damit Schulen im Raum Beijing, um Schüler durch Spiele, Tier- und Pflanzenbeobachtungen zur besseren Naturwahrnehmung anzuregen und für den Umweltschutz zu sensibilisieren.[281]

Seit 1997 unterstützt der „World Wildlife Fund“ (WWF) in Zusammenarbeit mit dem Erziehungsministerium und finanziert vom Unternehmen BP die „Environmental Educators Initiative“ (EEI). Im Rahmen dieser Initiative wurden an drei pädagogischen Hochschulen (北京师范大学 *Beijing shifan daxue*, 华东师范大学 *Huadong shifan daxue* und 西南师范大学 *Xinan shifan daxue*) Institute gegründet, die sich mit der Ausbildung von Lehrkräften, der Durchführung von Unterrichtsversuchen und Projekten sowie Forschung im Bereich Umwelterziehung befassen.[282] Die NGO „Global Village of Beijing“ gibt unter anderem Bildungsmaterialien für Schulkinder wie den „Children's Environmental Guide“ heraus, bietet Bildungsprogramme an und unterstützt das bereits genannte Projekt „Hand-in-Hand, Building an Earth Village“.[283]

In Chinas Großstädten haben Teile der Bevölkerung bereits einen Lebensstandard und ein Bildungsniveau erreicht, die es ihnen gestatten, eine saubere Umwelt als Wert zu erkennen und Umweltschutzmaßnahmen einzufordern. Diese Bürger bilden die primäre Zielgruppe der konkreten Programme zur Umwelterziehung, die bisher lediglich einen kleinen Teil der chinesischen Schüler erreichen. Die Medien berichten mit zunehmender Offenheit über Umweltprobleme im eigenen

278 Vgl. GLOBE: “The GLOBE Program Overview“. Online im Internet: http://www.globe.gov [Stand 21.09.2004].

279 Anfang 2005 nahmen in der VR China 56 Schulen an diesem Programm teil. (Vgl. Abschnitt zu “GLOBE Schools in the People's Republic of China“, ebd.)

280 Vgl. Erlewein, a.a.O., S. 10.

281 Vgl. o. V.: Notiz in „China Contact exklusiv“ 1, 2000, S. 5.

282 Vgl. Tian Qing (2001), S. 25.

283 Vgl. Sternfeld (2004), S. 4.

Land,[284] doch nach wie vor liegen besonders im mangelnden Wissen der allgemeinen Bevölkerung um die Bedeutung von Umweltschutz[285] Schwierigkeiten für die Umwelterziehung. Hinzu kommen finanzielle Probleme und Defizite in der Lehrerausbildung.[286] Vielerorts beschränkt sich Umwelterziehung daher auf vereinzelte Baumpflanzaktionen oder Altstoffsammlung.[287]

4.1.3 Lokale Entwicklung der Umwelterziehung: Taiwan

Vor 1980 befassten sich nur wenige engagierte Einzelpersonen in Taiwan mit Natur- und Umweltschutzthemen.[288] Erst ab Mitte der 1980er Jahre erweckte das Thema stärkeres Interesse, als die ökologischen Probleme unübersehbar wurden und erste Stimmen vor einer Gefährdung des Wirtschaftswachstums durch Umweltzerstörung und Missmanagement der Ressourcen zu warnen begannen.[289] Damit setzte die Entwicklung der Umwelterziehung ein, deren im internationalen Vergleich später Beginn in der taiwanesischen Sekundärliteratur mit dem Ausschluss Taiwans aus der UNO im Jahre 1971 begründet wird: Hierdurch sei Taiwan von den internationalen Konferenzen und Vereinbarungen auch im Bereich Umwelterziehung abgeschnitten gewesen, habe zu Schlüsseldokumenten und Informationen keinen Zugang gehabt, und lag daher noch Anfang der 1990er Jahre auf diesem Gebiet mehr als zehn Jahre hinter den internationalen Entwicklungen zurück.[290]

Anfang der 1980er Jahre wurden von Regierungsseite erste Maßnahmen zur Förderung der Umwelterziehung ergriffen. 1982 errichtete der Executive Yuan ein Umweltschutzbüro (環境保護局 *Huanjing baohuju*) innerhalb des Gesundheitsamtes und begann, erste Pläne zur Verbreitung der Umwelterziehung aufzustellen. Eine erste Generation taiwanesischer Natur- und Umweltwissenschaftler und Pädagogen bildete sich im Ausland, insbesondere in den USA, auf dem Gebiet der Umwelterziehung weiter.[291] Angeregt durch die Demokratisierung wurde seit

[284] Vgl. ebd., S. 1.

[285] Vgl. Wang Min (1995[1]), S. 77.

[286] Vgl. Qian/Huang, a.a.O., S. 65.

[287] So die Einschätzung von Dr. Eva Sternfeld vom CESDRRC in Beijing. Vgl. Langner, Tilman: „Strukturen der Umweltbildung in der VR China". Online im Internet: http://www.umweltschulen.de/internat/china/ulo.html [Stand 18.01.2003], S. 6.

[288] Vgl. Heck (1994), S. 251.

[289] Vgl. Heck (1996), S. 25.

[290] Vgl. Gao Huifen: „Xuexiao huanjing jiaoyu yu jiaoshi zaizhi xunlian", in: *Huanjing jiaoyu jikan* 7, 1990, S. 25-29 und Yang Guanzheng/Gao Cuixia: *Guoji huanjing jiaoyu yanjiu*, Guokehui zhuanti yanjiu jihua NSC-79-0421-S003-25-Z, Taibei 1990.

[291] Vgl. Wang Chengbin: „Huanjing jiaoyu de yiyi jiqi yanjin fazhan", in: *Zhongxue Gongyi Jiaoyu* 7, 1993, S. 9.

Beginn der 1980er Jahre der Umweltschutzgedanke auch allmählich zur Grundlage einer wachsenden gesellschaftlichen Bewegung. Bürgerinititativen und Vereine mit umweltpolitischen Zielsetzungen entstanden als Reaktion auf die Umweltbelastungen und als Kritik an den einseitigen ökonomischen Schwerpunktsetzungen in der Entwicklungspolitik. Im Zuge der politischen Liberalisierung erreichten Informationen über den Zustand der Umwelt einen immer größeren Adressatenkreis und die Wahrnehmung der Bevölkerung verbesserte sich qualitativ und quantitativ.[292]

Internationale Organisationen wie der WWF oder Greenpeace sind in Taiwan aufgrund des politischen Status' der Insel nicht vertreten, es entstanden jedoch seit Anfang der 1980er Jahre eine Reihe einheimischer Umweltorganisationen wie die „Natural Ecological Protection Association" (自然生態保育協會 *Ziran shengtai baoyu xiehui*), die „Wild Bird Society of the Republic of China" (中華民國野鳥學會 *Zhonghua Minguo yeniao xuehui*) oder die „Taiwanese River Environment Society" (中華民國溪流環境學會 *Zhonghua Minguo xiliu huanjing xuehui*), die heute auch im Bereich der außerschulischen Umwelterziehung aktiv sind.[293]

1987 wurde eine nationale Umweltbehörde, die „Environmental Protection Administration" (EPA, 環保署 *Huanbaoshu*), gegründet, welche erstmals eine Erhebung zusammenhängender Daten über den Zustand der Umwelt vornahm.[294] Im selben Jahr gab der Executive Yuan einen „Leitfaden zur ersten Phase der Umweltpolitik" (現階段環境政策綱領 *Xian jieduan huanjing zhengce gangling*) heraus, der Maßnahmen in der Öffentlichkeitsarbeit, der Lehrerfortbildung und der Entwicklung von Wissenschaft und Technologie im Umweltbereich vorsah. Darüber hinaus wollte man „geeignete umwelterzieherische Lehrmaterialien in das Curriculum der Grund- und Mittelschulen integrieren, um das Umweltbewusstsein der Bürger zu erhöhen." [295] Ein Fünfjahresplan der EPA zur Umwelterziehung umfasste u. a. die Förderung von Forschungen im Bereich Umwelterziehung, darüber hinaus finanzierte die „National Science Association" (國科會 *Guokehui*) erste Forschungsprojekte.[296]

Im Ausland ausgebildete Wissenschaftler wirkten wesentlich an der Erstellung von Dokumenten, der Verbreitung umwelterzieherischer Inhalte an Schulen und ihrer Aufnahme in die Lehrpläne mit. Die Gründung von Forschungseinrichtungen

[292] Vgl. Heck (1996), S. 250.

[293] Vgl. Hong Ruyu: „Jiunian yiguan kecheng zonggang zhong de huanjing zhexue jichu zhi yanjiu", in: *Guoli bianyiguan tongxun* 14 (4), 2001, S. 39.

[294] Vgl. Heck (1994), S. 25.

[295] Vgl. Wang Chengbin, a.a.O., S. 10.

[296] Zhang Zichao: *Huanjing jiaoyu yanjiufa xueshu yantaohui,* Guokehui zhuanti yanjiu jihua NSC-90-2517-S-0003-008. Taibei 2002, S. 4.

spielte für die Weiterentwicklung und Umsetzung der offiziellen Beschlüsse ebenfalls eine Rolle. 1988 wurde an der „National Taiwan Normal University" (國立臺灣師範大學 *Guoli Taiwan shifan daxue*) das landesweit erste „Center of Environmental Education" (環境教育中心 *Huanjing jiaoyu zhongxin*) eröffnet, das sich neben dem Aufbau einer Fachbibliothek insbesondere der Lehrerausbildung, der Entwicklung von Unterrichtsmaterialien und der Verbreitung von Informationen über Umwelterziehung widmet. 1989 folgte die Gründung der ersten taiwanesischen Fachzeitschrift zum Thema, des „Chinese Journal of Environmental Education" (環境教育季刊 *Huanjing jiaoyu jikan*).[297] Im selben Jahr veröffentlichten taiwanesische und ausländische Wissenschaftler in Kooperation mit der Regierung die nationale Umweltstudie „Taiwan 2000", in der die folgende negative Zukunftsprognose getroffen wird:

> "Air, water, soil, and living things all show signs of sickness; in some cases, critical signs. The prognosis for many of the illnesses that have been diagnosed is one of long latency, followed by high costs. [...] Given mounting pressures, it is difficult to imagine how Taiwan can proceed under present environmental laws, policies and programs to the year 2000 without confronting environmental problems much more severe than today's.[298]

Um die Erziehung zum Umweltschutz verstärkt an die verschiedenen Bildungseinrichtungen heranzutragen, gründete das Erziehungsministerium im Jahre 1990 eine „Umweltschutzgruppe" (環境保護小組 *Huanjing baohu xiaozu*). Das „Komitee zur Umwelterziehung" (環境教育委員會 *Huanjing jiaoyu weiyuanhui*), das zwei Jahre später gebildet wurde, ist ein Expertenteam aus Mitarbeitern des Executive Yuan und Wissenschaftlern, das sich unter anderem mit der Integration umwelterzieherischer Inhalte in die Schulbücher der einzelnen Fächer, der Entwicklung spezieller Lehrmaterialien, der Lehrerausbildung sowie der Organisation von Konferenzen und gemeinsamen Umweltschutzaktivitäten mit Schülern und Lehrern oder Eltern befasst.[299] Auf Initiative von EPA und Erziehungsministerium begannen Anfang der 1990er Jahre an den Grund- und Mittelschulen erste Umweltaktivitäten in Form von Mülltrennung und Recycling. Fortschrittlichere Schulen wurden dabei als „Modellschulen" ausgewählt, von denen andere durch Schulbesichtigungen und Konferenzen lernen sollten. Darüber hinaus sollten Baumpflanzaktionen bewirken, dass die Kinder in ihrer direkten Umgebung ein Stück Natur finden, das sie pflegen und beobachten können, um

[297] Vgl. Wang Chengbin, a.a.O., S. 10.

[298] Vgl. *Taiwan 2000 – Balancing Economic Growth and Environmental Protection*. Taibei: Institute of Ethnology 1989, S. V/40, zit. n. Heck (1994), S. 25f.

[299] Vgl. Hong Ruyu, a.a.O., S. 39.

ökologische Zusammenhänge zu begreifen und Umweltbewusstsein zu entwickeln.[300]

Im Gefolge der UNCED-Konferenz in Rio 1992 übernahm auch die taiwanesische Umweltbehörde EPA die Ziele der Agenda 21 und versuchte, durch nationale Umweltschutzprogramme wie den „National Environmental Protection Plan“ (國家環境保護計劃 *Guojia huanjing baohu jihua*) die Entwicklung des Landes entsprechend zu beeinflussen. Im Entwurf zum „National Environmental Protection Plan“ verpflichtet sich die EPA bereits ausdrücklich dem Ziel der Nachhaltigkeit[301] und seit 1994 findet sich auch ein zusätzlicher Artikel zum Umweltschutz in der Verfassung der Republik China:

> “Environmental and ecological protection shall be given equal consideration with economic and technological development.”[302]

Die Entwicklung der Umwelterziehung in Taiwan basiert seit Anfang der 1990er Jahre im Wesentlichen auf den „Leitlinien für Umwelterziehung“ (環境教育要項 *Huanjing jiaoyu yaoxiang*) des Executive Yuan von 1992, die die Ziele der Umwelterziehung wie folgt definieren:

> „Erziehung soll den Bürgern Ethik, Wissen, Haltungen, Fähigkeiten, und Wertorientierungen vermitteln, die für den Schutz und die Verbesserung der Umwelt notwendig sind. Dabei sollen humanistische Ideen und wissenschaftliche Methoden gleichermaßen eingesetzt werden, um den Schutz der natürlichen Ökologie, die schonende Nutzung der Ressourcen und die nachhaltige Entwicklung der menschlichen Gesellschaft zu gewährleisten. Die Idee einer Koexistenz von wirtschaftlicher Entwicklung und Umweltschutz soll sichergestellt und die Schonung der Ressourcen gefördert werden, um alle Menschen zu einer Lebensweise zu bringen, die von einer Achtung der Natur, Energiesparen, allgemeiner Sparsamkeit, Liebe zu allen Lebewesen und Abfallvermeidung geprägt ist.“[303]

Darüber wird in den Leitlinien betont, dass Umwelterziehung in alle Schulfächer zu integrieren sei, um die Inhalte ausgewogen zu vermitteln. Umwelterziehung solle in der lokalen Umwelt der Heimat beginnen, jedoch regionale, nationale und globale Aspekte gleichermaßen berücksichtigen. Maßnahmen hierzu beinhalten die Systematisierung von Umwelterziehung, ihre Förderung in Schule und Gesellschaft, die Ausbildung von Experten für Umweltschutz und -erziehung

[300] Vgl. Guo Minglang: „Guomin xiaoxue huanjing jiaoyu de guoqu, xianzai yu weilai“, in: *Guomin jiaoyu* 31 (9/19), 1991, S. 29.

[301] Vgl. Environmental Protection Administration: *The National Environmental Protection Plan – Preliminary Draft*, The Executive Yuan, Taibei July 1994, S. 4-7, zit. n. Heck (1996), S. 240.

[302] Constitution of the ROC. Online im Internet: http://www.taiwandocuments.org/constitution04.htm [Stand 04.03.2004]. Dieser Artikel ist bis heute in dieser Form einer der ”Eleven Additional Articles“, die in ihrer jetzigen Form am 25. April 2000 von Präsident Chen Shuibian verkündet wurden.

[303] Zhang Zichao, a.a.O., S. 2.

sowie die Förderung von Forschung und internationaler Kooperation und die finanzielle Unterstützung von Einrichtungen im Bereich Umwelterziehung.[304] Um die Ausbildung von Postgraduierten und Wissenschaftlern auf dem Gebiet der Umwelterziehung zu verbessern, wurde 1993 das „Graduate Institute of Environmental Education“ (環境教育研究所) an der „National Taiwan Normal University“ in Taibei gegründet, im Jahre 2001 folgten weitere Institute an Universitäten und pädagogischen Hochschulen in Taibei, Taizhong, Gaoxiong und Hualian.[305] Für die Verbesserung der außerschulischen Umwelterziehung wurden erste Natur- und Umweltbildungszentren eingerichtet, die z. B. von Nationalparks verwaltet werden, sie sind jedoch bisher wenig etabliert.[306]

Im April 1999 gab die EPA einen ersten Entwurf zu „Taiwans Agenda 21“ (臺灣21 世紀議程 *Taiwan 21 shiji yicheng*) heraus, der nach Überarbeitungen im Gefolge einer Reihe von landesweiten Konferenzen derzeit das wegweisende politische Dokument für die Bemühungen um nachhaltige Entwicklung darstellt.[307] Im Bereich des formalen Bildungssystems stellt die Förderung von „Grünen Schulen“ die zentrale umwelterzieherische Strategie des taiwanesischen Erziehungsministeriums dar. Ziel ist es, die Idee einer umweltgerechten Schul- und Unterrichtsgestaltung zu verbreiten. Dabei werden die Schulen im Hinblick auf verschiedene Aspekte wie Verwaltung, Schulhofgestaltung, Curriculum und Unterricht geprüft, Verbesserungsvorschläge unterbreitet und die besten Schulen zertifiziert. Das so genannte „Taiwan's Green School Partnership Network Project“ (綠色學校夥伴網絡計劃 *Lüse xuexiao huoban wangluo jihua*) soll diese Idee an die Schulen herantragen und koordiniert die Zusammenarbeit zwischen Regierung, lokaler Verwaltung und Schulbezirken.[308]

[304] Vgl. ebd.

[305] Vgl. ebd., S. 5.

[306] Vgl. Zhou Ru: *Ziran zhongxin huanjing jiaoyu zhi yunzuo fazhan moshi de tantao – yi Guandu ziran zhongxin wei li*, Guokehui zhuanti yanjiu jihua NSC 2511-S-003-075. Taibei 2002, S. 1.

[307] Vgl. Environmental Protection Agency (Hg.): "Compilation of Agenda 21 Kicks Into High Gear“, in: *Environmental Policy Monthly Taiwan R.O.C.* 3 (3), 1999, S. 6. Der Text der aktualisierten taiwanesischen Agenda 21 von November 2004 mit dem Titel *Taiwan ershiyi shiji yicheng. Guojia yongxu fazhan yuanjing yu celüe gangling* findet sich online im Internet unter: http://www.cepd.gov.tw/land/21agenda/agenda21931108update.pdf [Stand 26.01.2005].

[308] Vgl. Liang, Min-Hwang: "Taiwan's Green School Partnership Network Project.“ Online im Internet: http://www.mesa.edu.au/aaee_conf./Liang-Min-Hwang.pdf [Stand 19.09.2004].

4.2 Umwelterziehung an chinesischen und taiwanesischen Grundschulen

4.2.1 Zielsetzung und Reformen des Pflichtschulbereichs: VR China

Der Bildungskontext in der VR China lässt sich nur schwer systematisch darstellen, da das dortige Bildungssystem aufgrund seiner regionalen Zergliederung nicht als landesweit einheitliches System fassbar ist, sondern lediglich „Rahmenskizzen national relevanter Strukturen“ [309] möglich sind. Zahlreiche Reformversuche und deren partielle Umsetzung haben zu sehr heterogenen Strukturen im Bildungssystem geführt.[310]

Für die Formulierung der Richtlinien und die Makroplanung ist die Zentralregierung bzw. das Erziehungsministerium zuständig. Verwaltung und Finanzierung der Grundschulen sind seit 1985 dezentral organisiert. Seitdem unterstehen die Grundschulen der Lokalverwaltung und die unteren Mittelschulen den Kreisen bzw. Stadtbezirken. 1995 wurde das Bildungsgesetz (中华人民共和国教育法 *Zhonghua Renmin Gongheguo jiaoyufa*) verabschiedet, das die wesentlichen Aufgaben des Erziehungswesens nennt und die übergreifende Gesetzesgrundlage darstellt.[311] Die zentrale Bedeutung moralerzieherischer Inhalte im Schulunterricht wird darin bereits deutlich:

> Art. 5: “Education must serve the socialist modernization drive and must be combined with productive labour in order to foster builders and successors for the socialist cause with all-round development – morally, intellectually and physically.”
>
> Art. 6: “The state shall conduct education among educatees in patriotism, collectivism, socialism as well als education in ideals, morality, discipline, legality, national defence and national unity.”[312]

Mit dem Eintritt in die Grundschule im Alter von sechs Jahren beginnt die neunjährige Schulpflicht, die in der Regel sechs Jahre Grundschule (小学 *xiaoxue*) und drei Jahre Untere Mittelschule (初级中学 *chuji zhongxue*) umfasst. Dieses System wird als „6-3-System“ (6-3-制, 6-3-*zhi*) bezeichnet, weniger verbreitet ist die Unterteilung der Pflichtschulzeit in fünf Jahre Grundschule und vier Jahre Untere Mittelschule, das so genannte „5-4-System“ (5-4-制, 5-4-*zhi*).[313] Im Anschluss an die Untere Mittelschule kann die Obere Mittelschule (高级中学

[309] Henze, Jürgen: „Das Bildungssystem der VR China in den 90er Jahren.“ *Berichte des Bundesinstituts für ostwissenschaftliche und internationale Studien* 12. Köln 1995, S. 5.

[310] Vgl. ebd.

[311] Vgl. Harnisch, Thomas: „Bildung und Wissenschaft“, in: Staiger, Brunhild (Hg.): *Länderbericht China.* Darmstadt 2000, S. 245f.

[312] State Education Commission of the People’s Republic of China (Hg.): *Education Law of the People’s Republic of China.* Beijing 1995, S. 4.

[313] Vgl. Staiger, Brunhild: „Schulpflicht und Alphabetisierung in China: Stand und Perspektiven“, in: *China aktuell*, Sept. 1996, S. 870.

gaoji zhongxue) besucht werden, die auf die zentralen landesweiten Aufnahmeprüfungen für die Universität vorbereitet.

Bis zum Jahr 2000 hatte sich die chinesische Regierung bereits ehrgeizige Reformziele gesetzt, die erstmals 1993 im „Abriss zur Reform und Entwicklung der Bildung in China“ (中国教育改革和发展纲要 *Zhongguo jiaoyu gaige he fazhan gangyao*) formuliert wurden.[314] Die beiden Hauptziele der chinesischen Bildungsreform bestehen in der Senkung der Analphabetenrate unter den 15- bis 45-Jährigen auf 5 % und in der Konsolidierung der allgemeinen Schulpflicht. In der Praxis stößt die Verwirklichung der Bildungsreformen vor allem aufgrund des unterschiedlichen Entwicklungsniveaus der verschiedene Landesteile häufig an ihre Grenzen.[315] Während das städtische Schulwesen vor allem in den Küstenprovinzen weitgehend gut entwickelt ist, leiden Schulen auf dem Land unter schlecht qualifizierten Lehrern[316], finanziellen Problemen und einer mangelhaften Ausstattung.[317]

Auf der „Nationalen Konferenz über Wissenschaft und Technologie“ wurde 1995 eine neue Parole ausgegeben, die die Prinzipien für die Entwicklung von Wissenschaft und Bildung in China für das 21. Jahrhundert zusammenfasst: „Stärkung des Landes durch Wissenschaft, Technologie und Bildung” (“Revitalizing the nation through science, technology and education“, 科教兴国 *kejiao xingguo*). Wissenschaftliche Forschung und Bildung gelten hierbei gleichermaßen als nationale Prioritäten, die in alle Entwicklungsstrategien Chinas integriert werden sollen.[318] Der ehemalige Staats- und Parteichef Jiang Zemin betonte:

> “Information science, life science, materials science and resources and environmental studies will be crucial to China’s sustained development in the future.“[319]

In diesem Kontext erfährt seit Mitte der 1990er Jahre ein neues Bildungskonzept Beachtung, das mit dem Terminus 素质教育 *suzhi jiaoyu* belegt ist. Als Übersetzungen dieses Begriffs werden in deutschen Publikationen „Qualitäts-

[314] Vgl. Zhonghua Renmin Gongheguo jiaoyubu: *Zhongguo jiaoyu gaige he fazhan gangyao* (1993), Online im Internet: http://www.moe.edu.cn [Stand 25.11.2004].

[315] Vgl. Staiger, Brunhild: „Die Bildungsstrategien der VR China“, in: *China aktuell* Okt. 1999, S. 1050.

[316] Vgl. Beech, Hannah: “Lesson unlearned“, in: *Time Asia* 155 (10), 13.03. 2000, S. 23.

[317] Vgl. Staiger, Brunhild: „Probleme der Kulturpolitik“ in: *Informationen zur politischen Bildung* 198, Volksrepublik China (Überarbeitete Neuauflage 1997). Bonn 1997, S. 53.

[318] Vgl. Cao, Cong: “Strengthening China Through Science and Education: China’s Development Strategy Towards the Twenty-First Century“, in: *Issues & Studies* 38 (3), September 2002, S. 123.

[319] “Science Interview: China’s Leader Commits to Basic Research, Global Science“, *Science* 288 (June 16, 2000), S. 1950-1953 und Editorial “Science in China“, *Science 288* (June 30, 2000), S. 2317, zit. n. Cao, a.a.O., S. 125.

bildung", „Qualitätserziehung" oder „qualitätsorientierte Bildung" angeboten. Dabei umfasst der Begriff „Qualität" mehrere Aspekte: Im Kern steht eine individuelle Persönlichkeitsbildung des Einzelnen, bei dem seine moralischen, kulturellen, beruflichen, körperlichen und psychischen Veranlagungen optimal ausgebildet werden sollen. Gleichzeitig beinhaltet der Begriff jedoch eine starke Ausrichtung auf Leistungsfähigkeit.[320] Darüber hinaus soll die Qualität der Bildung selbst durch eine Verbesserung der Lehr- und Lernmethoden sowie der Lehrmaterialien erhöht werden. Damit soll das Konzept dazu beitragen, das Bildungsniveau in China zu heben, um auf die Herausforderungen des 21. Jahrhunderts reagieren und international konkurrenzfähiger werden zu können.[321] Um die Strategie "Revitalizing the nation through science, technology and education" und das Ideal der nachhaltigen Entwicklung zu verwirklichen, soll die Umwelterziehung zu einem „zentralen Inhalt des Lehrplans der Grund- und Mittelschulen im neuen Jahrtausend"[322] werden. In diesem Kontext wird auch von einer 环境素质 *huanjing suzhi* gesprochen, damit sind „charakterliche Qualitäten mit Bezug auf die Umwelt" wie Umweltbewusstsein, Liebe zur Natur oder umweltgerechtes Verhalten[323] gemeint, die es bei den Schülern herauszubilden gelte.

In vielen Städten wurden bereits Modellprojekte zur Umsetzung der *suzhi jiaoyu* gestartet, Vorreiter sind die Küsten- und Nordostprovinzen und vor allem Shanghai, die Versuche sind jedoch regional sehr unterschiedlich vorangeschritten und es liegen bisher keine Evaluationen vor. Seit 1993 wurden die Lehrbücher landesweit mehreren Reformen unterzogen, auf Praxisbezug überprüft und veraltete oder zu schwierige Inhalte eliminiert. Ab Herbst 2000 wurden alle Lehrbücher und Lehrpläne der Grundschulen und Unteren Mittelschulen erneuert.[324] Die Ziele und Inhalte der aktuellen Reformen sowie die Lehrpläne der einzelnen Fächer sind im „Abriss der Curriculumsreform der Elementarbildung" (基础教育课程改革纲要 *jichu jiaoyu kecheng gaige gangyao*) festgeschrieben, der seit Ende 2001 landesweit an verschiedenen Schulen erprobt wird. Als Erziehungsziele werden darin folgende Eigenschaften genannt, die einer „Generation neuer

[320] Vgl. Franke, Renata Fu-sheng/Mitter, Wolfgang (Hg.): „Das Bildungswesen in China. Reform und Transformation", in: dies. (Hg.): *Das Bildungswesen in China. Reform und Transformation*. Köln 2003, S. 15.

[321] Vgl. Seffert, Birte: „China auf dem Weg zur Wissensgesellschaft: Entwicklungen und Probleme im Pflichtschulbereich", in: *China aktuell*, Mai 2003, S. 587.

[322] State Environmental Protection Administration (Hg.): „Guanyu yinfa Xie Zhenhua Wang Zhan zai quanguo chuangjian lüse xuexiao huodong biaozhang dahui shang de jianghua de tongzhi." Online im Internet: http://www.sepa.gov.cn [Stand 14.04.2003].

[323] Vgl. Zhu Huaixin, a.a.O., S. 212.

[324] Vgl. Seffert, a.a.O., S. 587f.

Menschen (一代新人 *yidai xinren*) mit Idealen, Tugenden und Kultur"[325] idealiter zu vermitteln sind:

1. Patriotismus, kollektivistischer Geist, Liebe zum Sozialismus
2. Fähigkeit zur Fortsetzung und Weiterentwicklung der hervorragenden und revolutionären Tradition der chinesischen Nation
3. Rechtsbewusstsein in einer sozialistischen Demokratie, Respekt vor den Gesetzen des Landes und gesellschaftlichen Tugenden
4. Allmähliche Entwicklung einer richtigen Weltanschauung, Lebens- und Werteinstellung
5. Gesellschaftliches Verantwortungsgefühl und Dienst am Volke
6. Erfindergeist, praktische Fähigkeiten, wissenschaftliche und humanistische Bildung und Umweltbewusstsein
7. Basisfähigkeiten, Fähigkeiten und Methoden für eine Einstellung zum lebenslangen Lernen
8. Kräftige körperliche Konstitution, charakterliche Qualitäten und ein gesundes ästhetisches Empfinden[326]

Insgesamt soll die traditionelle chinesische Lernkultur durch westlich geprägte Erziehungs- und Lernmodelle ergänzt, Curricula, Lehrbücher und Lehrmethoden reformiert und Lerninhalte modernisiert werden. Das Curriculum soll flexibler gestaltet und auf regionale Bedürfnisse abgestimmt und die Inhalte an praktische Probleme, die Lebenswirklichkeit der Schüler und die wissenschaftlich-technologische Entwicklung angebunden werden. Im Unterricht sollen projektorientierte Formen wie Rollenspiele, Gruppenarbeit und Diskussionen gefördert werden.[327] Weitere Ziele der Reformen liegen in der stärkeren Betonung einer aktiven und partizipativen Lernhaltung, dabei gelten u. a. Kreativität, analytisches und problemlösendes Denken, Kooperation und Austausch als wünschenswerte Fähigkeiten. Die damit verbundene stärkere Förderung experimenteller, *enquiry-based* Lernmethoden bietet eine weitere Chance, Umwelterziehung im neuen Curriculum stärker zu verankern.[328]

Die Umsetzung des Bildungskonzepts *suzhi jiaoyu* ist ein langfristiger Prozess, der neben der Ausbildung kompetenter Lehrkräfte auch eine Reduzierung der Klassengröße erfordert, da Klassen mit 30 bis 50 Schülern für Lernexperimente ungeeignet sind. Bisher bleibt daher der autoritäre Unterrichtsstil bestehen, hinzu

[325] Zhang Zuchun/Wang Zuqin (Hg.): *Jichu jiaoyu kecheng gaige jianming duben.* Huazhong shifan daxue chubanshe, Wuhan 2002, S. 179.

[326] Vgl. ebd.

[327] Vgl. Seffert, a.a.O., S. 587.

[328] Vgl. WWF China (Hg.): "Environmental Educators' Initiative." Online im Internet: http://www.wwfchina.org [Stand 29.03.2004].

kommt häuslicher Druck: Viele Eltern projizieren alle Hoffnungen auf die Zukunft ihres zumeist einzigen Kindes und boykottieren häufig die Versuche der Regierung, die schulische Belastung zu verringern. Auch das autoritäre staatliche Rahmenwerk und die anhaltende Betonung der moralisch-ideologischen Erziehung scheinen mit den Idealen der *suzhi jiaoyu* schwer vereinbar und es bleibt abzuwarten, inwieweit China diese in seine traditionelle Lernkultur zu integrieren vermag.[329] Das Projekt *suzhi jiaoyu* markiert in jedem Fall den historisch einmaligen Versuch Chinas, die eigene pädagogische Tradition zu wahren und gleichzeitig Anschluss an internationale Modelle der Lehr- und Lernforschung zu finden.[330]

4.2.2 Zielsetzung und Reformen des Pflichtschulbereichs: Taiwan

Die Verwaltung des Bildungssystems in Taiwan umfasst zwei Ebenen: das Erziehungsministerium, das der Zentralregierung untersteht und für die Angelegenheiten der akademischen, kulturellen und erzieherischen Administration in ganz Taiwan zuständig ist, und die kommunalen Erziehungsbehörden, die innerhalb ihres Zuständigkeitsbereichs die schulische und soziale Erziehung sowie Museen, Büchereien und andere Einrichtungen verwalten.[331]

Der politischen Führung Taiwans ist die Bildung ein wichtiges Anliegen, dessen Zielsetzungen und ideologische Grundlagen klar umrissen sind. Während noch im Jahre 1990 ihr ultimatives Ziel in der „Wiedererlangung des Festlandes“[332] bestanden hatte, findet sich diese Passage in der aktuellen Informationsschrift des Erziehungsministeriums nicht mehr. Ein Ziel besteht jedoch – wie seit 1929 – darin, die Inhalte der Lehre der „Drei Volksprinzipien“[333] (三民主義 *sanmin zhuyi*)

[329] Vgl. Seffert, a.a.O., S. 589f.

[330] Vgl. Henze, Jürgen: „Das Schulwesen ab 1949“, in: Staiger, Brunhild/Schütte, Hans-Wilm/Friedrich, Stefan (Hg.): *Das große China-Lexikon*. Darmstadt 2003, S. 658.

[331] Vgl. Ministry of Education (Hg.): “2003 Education in the Republic of China.” Online im Internet: http://www2.edu.tw/statistics/english/h.htm [19.03.2004], S. 10.

[332] Bureau of Statistics: *Ministry of Education*, S. 15, zit. n. Hu, Adelheid: „Totes Lernen für das Leben? Zur Krise und geplanten Reformierung des taiwanesischen Bildungssystems”, in: Schubert, Gunter/Schneider, Axel (Hg.): *Taiwan an der Schwelle zum 21. Jahrhundert. Gesellschaftlicher Wandel, Probleme und Perspektiven eines asiatischen Schwellenlandes*. Hamburg 1996, S. 268: „The ultimate aim of the plan is to fully develop human resources to build and turn Taiwan into a base and bastion for recovery of Mainland China.“

[333] Das erste Prinzip, Nationalismus (民族 *minzu*), fordert für China die Gleichstellung und den souveränen Status im Kreis der unabhängigen Staaten der Welt sowie innerhalb Chinas die Gleichstellung aller ethnischen Gruppen. Das Prinzip der Demokratie (民權 *minquan*) gewährt jedem Staatsbürger das Recht auf Ausübung seiner politischen und zivilen Rechte und das Prinzip der Wohlfahrt (民生 *minsheng*) besagt, dass alle Macht der Regierung dem Wohle des Volkes dienen muss. (Vgl. Merkelbach, Christoph: *Das Ausländerbild bei taiwanischen Kindern und Jugendlichen. Ein Beitrag zur interkulturellen Erziehung*. Berlin 1998, S. 25.)

von Sun Yatsen durchzusetzen. Auf dieser Grundlage soll durch Bildung der Lebensstandard des Volkes verbessert und jedem Individuum eine angemessene Existenz innerhalb der Gesellschaft garantiert werden. Ebenso soll die wirtschaftliche Entwicklung gefördert, die Demokratie und das soziale Wohlergehen vorangetrieben und das Ideal einer Welt der „universalen Brüderlichkeit" erreicht werden.[334]

Kapitel 13, Abschnitt 5 der Verfassung der Republik China von 1947 betrifft den Bereich „Bildung und Kultur." Deren übergeordnete Zielsetzung wird in Artikel 158 genannt:

> „Das Ziel von Bildung und Kultur liegt in der Entwicklung von Nationalgefühl und einem Gefühl von Autonomie sowie in der Förderung der nationalen Moral, körperlichen Gesundheit, naturwissenschaftlichen Kenntnisse und der Fähigkeit, für den eigenen Lebensunterhalt zu sorgen."[335]

Im Jahre 1968 wurde die Schulpflicht von sechs auf neun Jahre verlängert. Während vor 1968 bereits nach der sechsten Klasse eine Aufnahmeprüfung zur Mittelschule stattgefunden hatte, haben heute alle Schüler die Möglichkeit, ohne vorherige Aufnahmeprüfung eine neunjährige schulische Grundbildung zu erhalten.[336] Die allgemeinen Unterrichtsziele und Lerninhalte der einzelnen Fächer und Klassenstufen werden vom taiwanesischen Erziehungsministerium detailliert festgelegt und in den offiziellen Curriculumrichtlinien formuliert. Diese Richtlinien wurden seit 1968 eingehend diskutiert und mehrfach revidiert. Bis zur Aufhebung des Kriegsrechts im Jahre 1987 fanden jedoch kaum einschneidende Reformen im taiwanesischen Erziehungswesen statt.

Seit Ende der 1980er Jahre ist das Thema Bildungsreform mit sozialen Bewegungen und verschiedenen Interessengruppen eng verknüpft und stellt gleichzeitig ein wichtiges Ziel dar, das die Regierung verfolgt. Seit September 1994 begannen Executive Yuan und Erziehungsministerium mit den Bildungs- und Curriculumsreformen.[337] Im folgenden Jahr gab das Erziehungsministerium den „Republic of China Educational Report" heraus, der die Richtung für die folgenden Jahre vorgeben sollte. Demzufolge sollten die Reformen vor allem den Druck durch die

[334] Vgl. Ministry of Education (2003), S. 8.

[335] Government of the Republic of China (Hg.): *Zhonghua Minguo xianfa*. Online im Internet: http://www.gio.gov.tw/info/news/constitutionc.htm [Stand 22.09.04].

[336] Vgl. Smith, Douglas (Hg.): *The Confucian Continuum. Educational Modernization in Taiwan.* New York: Praeger 1991, S. 118f.

[337] Huang Yiling: "Educational Reform in Taiwan: Change and Continuity Since the Change in Ruling Party", Paper submitted for presentation at the *Inaugural Conference of the European Association of Taiwan Studies*, April 2004, S. 1-16.

Aufnahmeprüfungen verringern und die Bildung liberalisieren.[338] Inhaltlich spiegelt das Curriculum die Tendenzen eines neuen „Taiwanbewusstseins“ (臺灣意識 *Taiwan yishi*) wider, das sich seit Ende der 1990er Jahre und insbesondere durch den Regierungswechsel verstärkt hat. Während im früheren Curriculum Kenntnisse über die VR China als „eigentliche Heimat“ im Zentrum standen und die Insel lediglich am Rande erwähnt wurde, hat sich dieses Verhältnis im aktuellen Curriculum im Zuge der Suche nach einer „nationalen“ Identität umgekehrt: Die VR China wird marginalisiert und lokalen ethnischen Kulturen und Identitäten zur Konstruktion einer neuen kollektiven „taiwanesischen Identität“ verstärkt Raum gegeben.[339]

Ein Fünfjahresplan für die Reformen, die alle Bildungsbereiche sowie administrative Veränderungen umfassen, und deren Ziel darin gesehen wird “to assist Taiwan citizens in receiving recurrent education so that they can be better prepared to meet the challenges of the twenty-first century“,[340] trat 1998 in Kraft. Im Bereich der Pflichtschulzeit liegen die Schwerpunkte auf einer Verbesserung des Unterrichts durch eine reduzierte Klassengröße, besserer Qualifikation der Lehrer durch Weiterbildung und der Abschaffung der Aufnahmeprüfung zur Oberschule zugunsten eines *academic proficiency exam*.[341] Kernstück der Reformen ist ein von Grund auf neu konzipiertes „Nine-Year Integrated Curriculum“ (九年一貫課程 *jiunian yiguan kecheng*), das 2001 formal im ersten Jahr aller Grundschulen in Kraft trat. Im Einklang mit dem internationalen Trend zur curricularen Integration hebt es die scharfe Trennung zwischen Grund- und Mittelschule auf und fasst die neun Pflichtschuljahre zu einer Einheit zusammen.[342] Das oberste Erziehungsziel der Pflichtschulzeit wird in den Richtlinien wie folgt umrissen:

> „Das Ziel der Erziehung ist es, Bürger mit einem gesunden Charakter, demokratischen Qualitäten, Rechtsempfinden, humanistischer Toleranz und Offenheit, gesundem Körper und Geist sowie einer Fähigkeit des logischen Denkens, Werturteilens und der Kreativität heranzubilden, damit sie zu modernen Staatsbürgern mit Nationalbewusstsein und internationalem Horizont werden.“[343]

[338] Ministry of Education (Hg.): ”Educational Reform and Prospects.“ Online im Internet: http://www.gio.gov.tw/info/taiwan-story/education/edown/3-5.htm [Stand 13.10.2004], S. 1.

[339] Vgl. Law, Wing-Wah: ”Education Reform in Taiwan: A Search for a ‚National’ Identity Through Democratisation and Taiwanisation“, in: *Compare* 32 (1), 2002, S. 63.

[340] Ministry of Education (2003), a.a.O., S. 6.

[341] Ebd., S. 7.

[342] Vgl. Li, Laura: “Quiet Revolution in the Classroom – The Nine-Year Integrated Curriculum.“ Online im Internet: http://www.sinorama.com.tw [Stand 16.10.2003].

[343] Jiaoyubu (Hg.): *Jiunian yiguan kecheng zanxing gangyao*. Taibei 2000, S. 3.

Um diese Ziele zu erreichen, wurden zehn fächerübergreifende Basisfähigkeiten (十大基本能力 *shi da jiben nengli*) festgelegt, die im Unterricht bei den Kindern idealiter entwickelt und gefördert werden sollen:

1. Selbsterkenntnis und Entwicklung des individuellen Potenzials
2. Begeisterungs- und Ausdrucksfähigkeit, ästhetisches Urteilsvermögen und Kreativität
3. Lebens- und Karriereplanung und lebenslanges Lernen
4. Fähigkeit, sich mitzuteilen, zu kommunizieren und zu teilen
5. Respekt vor anderen, Einsatz für die Gesellschaft und Teamfähigkeit
6. Kulturelles Lernen und internationales Verständnis
7. Fähigkeit zur Planung, Organisation und Umsetzung
8. Nutzung von Wissenschaft, Technologie und Informationstechniken
9. Eigenständiges Erkunden und Erforschen
10. Selbständiges Denken und Problemlösen[344]

Eine weitere Neuerung des Curriculums betrifft den Fachunterricht selbst: Die vormals elf einzelnen Fächer wurden zu sieben „Lerngebieten" (engl.: "study areas"; 學習領域 *xuexi lingyu*) zusammengefasst. Das Lerngebiet „Sprachen" (語文學習領域 *yuwen xuexi lingyu*) beinhaltet die Fremdsprache Englisch und die „Landessprachen" (本國語 *benguoyu*), aus denen die Schüler zusätzlich zum Pflichtfach Standardchinesisch (國語 *guoyu*) einen lokalen Dialekt wie Taiwanesisch (閩南語 *minnanyu*), Hakka (客家語 *kejiayu*) oder eine der Ureinwohner-Sprachen (原住民語 *yuanzhuminyu*) als Wahlpflichtfach wählen müssen. Damit werden diese lokalen Dialekte erstmals im Schulunterricht gelehrt. Dem Lerngebiet „Sprachen" werden im Grundschulbereich 20 - 30 % der Stundenzahl gewidmet.[345] Die weiteren sechs Lerngebiete sind „Gesundheit und Sport" (健康與體育學習領域 *jiankang yu tiyu xuexi lingyu*), „Gesellschaftskunde" (社會學習領域 *shehui xuexi lingyu*), „Kunst und Geisteswissenschaften" (藝術與人文學習領域 *yishu yu renwen xuexi lingyu*), „Natur, Wissenschaft und Technologie des Alltags" (自然與生活科技學習領域 *ziran yu shenghuo keji xuexi lingyu*), „Mathematik" (數學學習領域 *shuxue xuexi lingyu*) und „Allgemeine Aktivitäten" (綜合活動 *zonghe huodong*) wie Computerkunde, Arbeitsgruppen, Aktivitäten im Freien oder Hauswirtschaftslehre.[346]

Die mittlerweile seit zehn Jahren andauernden Reformen werden in Taiwan stark diskutiert, Kritiker sind der Ansicht, dass die Ziele bisher nicht erreicht worden

[344] Ebd., S. 5.

[345] Vgl. Ministry of Education (2003), S. 29.

[346] Vgl. Jiaoyubu (Hg.), a.a.O., S. 9ff.

seien. Laut einer Studie der „Association of Teachers“ im März 2004 sind mehr als 90 % der Lehrer der Ansicht, dass die Reformen gescheitert sind,[347] beispielsweise sei der Prüfungsdruck unverändert stark geblieben und die Lehrkräfte würden bisher nicht im Sinne des neuen Curriculums ausgebildet.[348]

4.2.3 Verankerung von Umwelterziehung im Curriculum: VR China

Im Zuge der Curriculumentwicklung wurde in der VR China der frühere Lehrplan, genannt *jiaoxue dagang* 教学大纲 (engl.: ”instructional program“), durch ein Curriculum, bezeichnet als *kecheng biaozhun* 课程标准 (engl.: “curriculum criterion“), ersetzt.[349] Im Gegensatz zum lehrerzentrierten *jiaoxue dagang*, dessen Schwerpunkt auf dem Erwerb von Wissen und Fähigkeiten liegt und der eine „direkte, einheitliche und unflexible“ Form der „Kontrolle“ darstellt, hat der *kecheng biaozhun* die ganzheitliche Entwicklung der Schüler zum Ziel. Er gilt als „Mindeststandard“ der Lernziele, die die Mehrzahl der Schüler erreichen können, und zeichnet sich u. a. durch eine höhere Flexibilität aus.[350]

Umwelterziehung soll im Rahmen der Reformen zu einem zentralen Inhalt der chinesischen Grundschulcurriculums werden, um die Strategie der „Stärkung des Landes durch Wissenschaft, Technologie und Bildung“ und das Ideal der nachhaltigen Entwicklung umzusetzen. Strukturell entschied sich das Erziehungsministerium hierbei für eine fächerübergreifende Integration umwelterzieherischer Inhalte ins Curriculum, um den vollen Stundenplan der Schüler nicht mit einem eigenen Fach „Umwelterziehung“ zu überfrachten.[351] In einer Veröffentlichung der SEPA aus dem Jahr 2000 heißt es, ob ein Land oder ein Volk Umweltbewusstsein besitze, sei ein wichtiges Merkmal seines Grades an „Zivilisiertheit“ (文明 *wenming*).[352] Ziel ist folglich die Verankerung von Umwelterziehung in allen, auch den nicht-naturwissenschaftlichen Fächern.

[347] Vgl. Minsheng Daily vom 06.03.2004, zit. n. Huang Yiling, a.a.O., S. 14.

[348] Vgl. ebd.

[349] Vgl. Xiong Shenggui (Hg.): *Yuwen jiaoxue shishi zhinan*. Zhonghua shifan daxue chubanshe, Beijing 2003, S. 12. „Lehrplan“ und „Curriculum“ bezeichnen nicht das gleiche. Während ein Lehrplan oft lediglich ein Stoff- und Inhaltsplan ist, der ein lehrzielorientiertes Vorgehen voraussetzt, orientiert sich ein Curriculum am Lernziel und am Ablauf des Lernprozesses. Es stellt den Plan für den Aufbau und Ablauf von Unterrichtseinheiten dar und sollte Aussagen über Lernziele, Lernorganisation (Methoden, Medien) sowie Lernkontrollen enthalten. Vgl. Möller, Christine: „Die curriculare Didaktik, oder: Der lernzielorientierte Ansatz“, in: Gudjons, Herbert/Winkel, Rainer (Hg.): *Didaktische Theorien*. Hamburg 1997 (9. Aufl.), S. 75-92.

[350] Vgl. Xiong Shenggui, a.a.O., S. 13.

[351] Vgl. Sternfeld (2004), S. 2.

[352] State Environmental Protection Administration, a.a.O.

Im Curriculum der Grundschule entfällt auf den Sprach- und Literaturunterricht mit ca. 20 - 22 %[353] der größte Anteil der Unterrichtszeit, das entspricht wöchentlich ca. sieben bis neun Stunden.[354] Weitere Fächer sind Mathematik, Naturwissenschaften, Geschichte, Geographie, Musik, Sport und Kunst sowie ideologisch-moralische Erziehung und Arbeitstechnik. In der unteren Mittelschule wird dieser Fächerkanon geringfügig erweitert und der Anteil der ideologisch-moralischen Erziehung und des Fremdsprachenunterrichts nimmt zu.[355] Gegenwärtig ist der umwelterzieherische Anteil im Curriculum der Fächer Geographie, Biologie, Chemie und Physik bereits klar festgelegt und die entsprechenden Schulbücher wurden auf dieser Grundlage kompiliert. Darüber hinaus bieten einige Provinzen und Städte Wahlkurse an, für die Umweltwissenschaftler Lehrmaterialien, Lexika und Kinderbücher zusammengestellt haben. Für die Gestaltung des Unterrichts können sich Lehrer Anregungen in verschiedenen Handbüchern holen.[356]

In den Richtlinien von 2001 sind die umwelterzieherischen Inhalte für den naturwissenschaftlichen Unterricht an Grundschulen folgendermaßen festgeschrieben:

> „Über das Lernen im Bereich der Naturwissenschaften sollen Neugier und Wissbegierde über die direkte Umgebung entwickelt, [...] Liebe zur Naturwissenschaft und Heimats- und Vaterlandsliebe herausgebildet werden. Hinzu kommen Fähigkeiten und Eigenschaften wie eine Nähe zur Natur, Bewunderung der Natur, Liebe zum Leben, aktive Teilnahme am Schutz von Umwelt und Ressourcen sowie Interesse an neuen technischen Entwicklungen.“[357]

Der Unterricht im Fach Erdkunde soll die Schüler befähigen, „die Problematik von Umwelt und Entwicklung“ zu verstehen und bei ihnen ein „erstes globales Bewusstsein und eine Vorstellung von nachhaltiger Entwicklung“ und ein „Verständnis für die drängenden Probleme der Überbevölkerung, Ressourcenknappheit, Umwelt und Entwicklung sowie die Verbundenheit der menschlichen Handelns mit der Umwelt“ erzeugen.[358] Diese Inhalte weisen bereits eine thematische Nähe zur Umwelterziehung auf und können im Unterricht entsprechend ausgebaut werden. Dies trifft auch für das Fach Mathematik zu, das die Wissens-

353 Vgl. Zhang Zuchun/Wang Zuqin (Hg.): *Jichu jiaoyu kecheng gaige jianming duben*. Huazhong shifan daxue chubanshe, Wuhan 2002, S. 27.

354 Vgl. Beijing jiaoyu kexue yanjiuyuan jichu jiaoyu jiaoxue yanjiu zhongxin (Hg.): *Yuwen jiaoxue cankaoshu*, Band 9, Beijing chubanshe 2002, S. 8 und Band 5, S. 12.

355 Vgl. *World Education Encyclopedia, Vol. I*, Farmington Hills 2002, S. 243f, zit. n. Seffert, a.a.O., S. 580.

356 Wang Min (1995[1]), S. 79.

357 Zhonghua Renmin Gongheguo jiaoyubu (Hg.): *Quanrizhi yiwu jiaoyu kexue (3-6 nian ji) kecheng biaozhun (shiyan'gao)*, Beijing shifan daxue chubanshe 2001, S. 5, zit. n. Zhu Huaixin, a.a.O., S. 194.

358 Zhonghua Renmin Gongheguo jiaoyubu (Hg.): *Quanrizhi yiwu jiaoyu dili kecheng biaozhun (shiyan'gao)*. Beijing shifan daxue chubanshe 2001, S. 4, zit. n. Zhu Huaixin, a.a.O., S. 204.

grundlage für Messungen und Untersuchungen liefert, die Schüler auch im Umweltbereich durchführen können.[359]

Zum Zeitpunkt der Entstehung der vorliegenden Arbeit waren in einer Übergangsphase in der VR China gleichzeitig Schulbücher im Gebrauch, die auf der Grundlage des neuen „Curriculums" (课程标准 *kecheng biaozhun*) und des alten „Lehrplans" (教学大纲 *jiaoxue dagang*) kompiliert wurden. Die untersuchten Lesebücher des *Beijing*-Verlags basieren auf dem „Lehrplan für den Sprach- und Literaturunterricht" (语文教学大纲 *Yuwen jiaoxue dagang*) in seiner aktualisierten Version aus dem Jahr 2000, eine neuere Auflage der Bücher von 2003 wurde dagegen gemäß den Anforderungen des „Curriculums für den Sprach- und Literaturunterricht" (语文课程标准 *Yuwen kecheng biaozhun*) von 2001 zusammengestellt. Konkrete umwelterzieherische Inhalte werden für den Sprach- und Literaturunterricht weder im alten Lehrplan noch im aktuellen Curriculum genannt, dies gilt auch für die anderen nicht-naturwissenschaftlichen Fächer der Grundschule.[360]

Die Richtlinien formulieren neben den Stoffen und Inhalten auch erwünschte Einstellungen und Verhaltensweisen aus, die die Schüler verinnerlichen sollen. Im Hinblick auf die Umwelterziehung bieten Lehrpläne, die eine werterzieherische Komponente deutlich benennen, möglicherweise mehr Möglichkeiten, den Unterricht mit umweltbezogenen Inhalten anzureichern als solche, die stärker fachbezogen sind.[361] Damit stellt sich die Frage, ob sich im Lehrplan des Sprach- und Literaturunterrichts Elemente finden lassen, die aufgrund ihrer werterzieherischen Komponente Bezüge zur Umwelterziehung aufweisen und entsprechend eingesetzt werden könnten.

Nach Auffassung chinesischer Pädagogen gilt der Sprach- und Literaturunterricht als ein „nicht nur instrumentell, sondern auch ideologisch sehr wichtiges Fach."[362] Die kompetente Beherrschung der Muttersprache in Wort und Schrift bildet zunächst die Grundlage für den Erwerb weiteren Wissens, folglich schafft das Fach auch für den Bereich Umwelterziehung „sprachliche Voraussetzungen."[363] Die Lehrziele des Faches werden laut Lehrplan darin gesehen, die Entwicklung der Schüler zu fördern, um ihnen eine Grundlage für lebenslanges Lernen, Leben

359 Vgl. Zhu Huaixin, a.a.O., S. 209.

360 Vgl. Zhonghua Renmin Gongheguo jiaoyubu (Hg.): *Jiunian yiwu jiaoyu quanrizhi xiaoxue yuwen jiaoxue dagang (shiyong xiuding ban)*. Renmin jiaoyu chubanshe, Beijing 2000 und *Quanrizhi yiwu jiaoyu yuwen kecheng biaozhun (shiyan'gao)*. Beijing shifan daxue chubanshe. Beijing 2002 (9. Auflage).

361 Vgl. Schober (1987), S. 481.

362 Zhu Huaixin, a.a.O., S. 212.

363 Renmin jiaoyu chubanshe: „Xiaoxue yuwen yu kechixu fazhan jiaoyu." Online im Internet: http://www.pep.com.cn/200310/ca343838.htm [Stand 01.05.2004].

und Arbeiten zu liefern. Ferner sollen sie eine „Einstellung der Liebe zur Muttersprache und ihrer Schrift" sowie Liebe zum Gedankengut der „herausragenden chinesischen Kultur" entwickeln. Weitere Ziele bestehen in der Erweiterung des Sprachschatzes und der Ausbildung von Hörverständnis, mündlichem und schriftlichem Ausdruck sowie guten Lerngewohnheiten.[364] Das Fach hat jedoch nicht nur die Aufgabe, die sprachlichen Fähigkeiten zu schulen, sondern sein Ziel besteht auch darin, ein „gesundes ästhetisches Empfinden, sozialistische, ideologische Qualitäten und einen patriotischen Geist"[365] heranzubilden. Folglich nennen die Lehrplan-Richtlinien „Patriotismus" und „sozialistische Ideen und Tugenden" neben „Methoden wissenschaftlichen Denkens" sowie die Entwicklung eines „gesunden Charakters" als weitere Lern- und Lehrziele.[366]

Als Beitrag zur Entwicklung des Charakters und des ästhetischen Empfindens können Umweltthemen auch im Sprach- und Literaturunterricht eine Rolle spielen. Maßgeblich scheint jedoch für chinesische Erziehungswissenschaftler insbesondere die patriotische Komponente von Umwelterziehung zu sein: Umweltschutz wird als „nationale Basispolitik" betrachtet und gilt als eine

> „[...] große Angelegenheit, die zusammenhängt mit dem Untergang oder Aufstieg, der Blüte oder dem Verfall des chinesischen Volkes. Die schöne Umwelt unseres Vaterlands haben Generationen von Menschen geschaffen. Sich für den Umweltschutz zu engagieren und die ökologische Umwelt des Vaterlandes zu verbessern, das ist ein konkreter Ausdruck der Qualität der sozialistischen Ideologie und des patriotischen Geistes."[367]

Mit dieser Begründung zählen auch umweltbezogene Werteinstellungen zu jenen moralischen Qualitäten, die im Rahmen des Sprach- und Literaturunterrichts auszubilden sind. Das Fach kann in allen Teilbereichen wie der Produktion und Rezeption von Texten oder der Reflexion über Sprache die Umweltthematik aufgreifen und mit fachspezifischen Zielen kombinieren. Den Vorschlägen chinesischer Erziehungswissenschaftler zufolge könnten Schüler zur Förderung ihrer umweltbezogenen Einstellungen Aufsätze über Umweltthemen verfassen, Umweltgedichte rezitieren oder an einem Literaturwettbewerb zum Thema teilnehmen.[368] Anderen nicht-naturwissenschaftlichen Fächern wie Kunst, Musik oder Geschichte kommt aufgrund ihrer moralerzieherischen Funktion nach

[364] Zhonghua Renmin Gongheguo jiaoyubu (2000), S. 1.

[365] Wang Hansheng: „Zai yuwen xueke zhong shentou huanjing jiaoyu", in: *Yuwen jiaoxue yu yanjiu* 8, 2000, S. 32.

[366] Vgl. Zhonghua Renmin Gongheguo jiaoyubu (2000), S. 2.

[367] Wang Hansheng, a.a.O., S. 32.

[368] Zhao Chunmei: „Yuwen jiaoxue zhong de huanjing jiaoyu", in: *Tianzhong xuekan* 15 (6), Dec. 2000, S. 31.

Auffassung der Pädagogen ebenfalls eine entscheidende Rolle in diesem Bereich zu.[369]

Um zu gewährleisten, dass die Schulen Umwelterziehung fächerübergreifend umsetzen, stellte das Erziehungministerium in Zusammenarbeit mit dem WWF einen „Leitfaden zur Umwelterziehung" (全国环境教育指南实验稿 *Quanguo huanjing jiaoyu zhinan, shiyan'gao*) zusammen, der 2003 veröffentlicht wurde.[370] Der Leitfaden nennt als übergeordnete Zielsetzung der Umwelterziehung,

> „[...] die Schüler anzuleiten, den Umweltproblemen im eigenen Haushalt, in der Gemeinde, im Land und auf der ganzen Welt Aufmerksamkeit zu schenken und die gegenseitige Abhängigkeit von Individuen, Gesellschaft und Natur zu begreifen. Sie soll den Schülern Wissen und Fähigkeiten für ein harmonisches Miteinander mit der Umwelt sowie umweltfreundliche Emotionen, Haltungen und Werteinstellungen vermitteln. Darüber hinaus soll sie die Schüler zur aktiven Partizipation an der Nachhaltigkeits-Strategie anregen und sie zu Bürgern mit sozialer Handlungskompetenz und Verantwortungsgefühl heranbilden."[371]

Neben den Zielen und Inhalten der Umwelterziehung stellt der Leitfaden ihre internationale Entwicklung und allgemeinen Grundlagen sowie die derzeitige chinesische Umweltsituation dar. Die konkreten Lerninhalte und Vorschläge für Unterrichtsaktivitäten zur Herausbildung von umweltrelevantem Wissen, umweltbezogenen Einstellungen und umweltorientiertem Handeln werden für die verschiedenen Abschnitte der Grund- und Mittelschulzeit gesondert aufgeführt.

Die sechs Grundschuljahre werden dabei als ein Lernabschnitt zusammengefasst. In dieser Phase sollen unter anderem eine Bewunderung für die Schönheit der Natur, Respekt vor dem Lebensrecht aller Kreaturen, vor verschiedenen Arten des Umweltschutzes in anderen Kulturen und Traditionen sowie eine Akzeptanz der Umweltrechte und -pflichten jedes Bürgers vermittelt werden. Die Teilnahme an Umweltschutzaktivitäten in Schule und Gemeinde und Kritik an umweltzerstörerischem Verhalten soll den Schülern ebenfalls ermöglicht werden. Darüber hinaus sollen sie ihre direkte Umwelt sinnlich erfahren, über sie reflektieren, diskutieren und Fragen stellen, aber auch Informationen sammeln und versuchen, einfache Umweltprobleme zu lösen.[372]

Das Umweltwissen, das die Schüler erwerben sollen, wird anhand der Bereiche „Ökologie", „Gesellschaft", „Wirtschaft und Technologie" und „Partizipation und Politik" genauer aufgeschlüsselt. Hierbei soll unter anderem die Fähigkeit vermittelt werden, die gegenseitige Abhängigkeit verschiedener Umweltfaktoren

[369] Wang Hansheng, a.a.O., S. 32.

[370] WWF China (Hg.): „WWF wei Zhongguo huanbao ligong." Online im Internet: http://www.wwfchina.org [Stand 29.3.04].

[371] Vgl. Zhonghua Renmin Gongheguo jiaoyubu (2003), S. 11.

[372] Vgl. ebd., S. 15ff.

sowie Veränderungen und Kreisläufe in der Natur mit einfachen Worten zu beschreiben. Im nationalen Kontext sollen Zusammenhänge des weltweiten Bevölkerungswachstums und die Bedeutung der Geburtenplanung erfasst sowie die wichtigsten chinesischen Umweltgesetze genannt werden können. Welche Rolle Bürger, Regierung, Industrie und gesellschaftliche Gruppen bei der Umweltthematik spielen und auf welche Weise jeder am Umweltschutz teilnehmen kann, sind weitere Inhalte, die im Grundschulbereich bereits vermittelt werden können. Dagegegen gelten die Wichtigkeit einer nachhaltigen Entwicklung und ein tiefer gehendes Verständnis globaler Umweltzusammenhänge wie der Klimaveränderungen erst für die 7. bis 9. bzw. die 10. bis 12. Klasse als adäquat.[373] Im Anschluss daran macht der Leitfaden konkrete didaktisch-methodische Vorschläge für den Unterricht und nennt Kriterien für die Evaluation.[374]

4.2.4 Verankerung von Umwelterziehung im Curriculum: Taiwan

Während das Grundschulcurriculum (國小新課程標準 *guoxiao xin kecheng biaozhun*) von 1996 den Begriff „Umwelterziehung“ noch nicht enthielt, ist sie im aktuellen Nine-Year Integrated Curriculum bereits als fächerübergreifendes Element vorgesehen.[375] Insgesamt werden darin neben den bereits genannten sieben Lerngebieten sechs solcher fachübergreifenden Themenfelder (*subject areas;* 重大議題 *zhongda yiti*) eingeführt, die zur curricularen Integration beitragen sollen. Hierbei handelt es sich – in dieser Reihenfolge – um Informationstechnologie, Umwelterziehung, "gender equity education“ (兩性教育 *liangxing jiaoyu*), Menschenrechte, Berufs- und Karriereplanung sowie Hauswirtschaftslehre. Ihre Zielsetzungen werden in den Richtlinien präzisiert.[376]

Das Kapitel zum Lerngebiet „Sprachen“ im Curriculum verweist nicht gesondert auf mögliche Bezüge zur Umwelterziehung, die sich aus der Natur des Sprach- und Literaturunterrichts ergeben könnten, d. h. die Prinzipien der fächerübergreifenden Integration umwelterzieherischer Inhalte ins Curriculum werden ausschließlich im Abschnitt zum Themenfeld „Umwelterziehung“ angesprochen. Darin wird einleitend auf die globale Verantwortung hingewiesen, die auf internationalen Konferenzen allgemein anerkannt und in der Agenda 21 festgeschrieben wurde, und einige Grundideen der Umwelterziehung umrissen: Der Schutz der ökologischen Umwelt solle allmählich auf eine Veränderung der ganzen Gesellschaft und des politischen Systems abzielen. Schon heute vertraue man der wissenschaftlichen, technischen und ökonomischen Entwicklung nicht

[373] Vgl. ebd.

[374] Vgl. ebd., S. 31ff.

[375] Vgl. Hong Ruyu, a.a.O., S. 35.

[376] Vgl. Jiaoyubu (Hg.), a.a.O., S. 261ff.

mehr blind, sondern akzeptiere sie nur unter bestimmten Bedingungen. Ferner solle der heutige Umweltschutz im Sinne der nachhaltigen Entwicklung auf den Schutz der Umwelt kommender Generationen ausgedehnt werden. Die Werteinstellung gegenüber der Natur solle sich von einer anthropozentrischen Haltung, die auf den eigenen Profit abzielt, zu einer Bewunderung der Natur und Akzeptanz der Existenzberechtigung aller Lebewesen wandeln.[377]

Im Anschluss definieren die Richtlinien für das Themenfeld „Umwelterziehung" fünf Zielsetzungen, die jenen entsprechen, die sich in den bereits genannten internationalen Dokumenten finden lassen. *Bewusstsein und Sensibilität für die Umwelt* soll durch die Schulung der Sinne (z. B. durch Beobachtungen, Messungen und Analysen) erzielt und das Bewusstsein für die zerstörte und verschmutzte sowie für die natürliche und kultürliche Umwelt gleichermaßen gefördert werden. *Grundwissen über die Umwelt* umfasst ökologisches Basiswissen, Wissen über Umweltprobleme (z. B. Treibhauseffekt, Erosion oder Luftverschmutzung) und ihren Einfluss auf die menschliche Kultur und Gesellschaft, ferner soll das Wissen über Umweltschutz und Handeln im Alltag vertieft werden. Darüber hinaus sollen *Umweltethik und Wertvorstellungen* herausgebildet werden, indem die Schüler zu einer aktiven, positiven Umwelthaltung und zu Dankbarkeit gegenüber der Natur angeregt werden. Dies umfasst u. a. die Fürsorge für zukünftige Generationen. Indem Umweltprobleme erkannt und erforscht werden, soll eine *Fähigkeit umweltbewussten Handelns* entwickelt werden. Ein lebensnaher Unterricht soll *Erfahrungen im umweltbewussten Handeln* vermitteln, die es den Schülern ermöglichen, Umweltprobleme in ihrem Lebensumfeld zu lösen und ein Gefühl der Zugehörigkeit und Partizipation an ihrer Gemeinde zu entwickeln.[378]

Die Lernziele im Themenfeld Umwelterziehung werden nach Altersgruppen in Lernabschnitte (1. bis 3. Klasse, 4./5. Klasse und 6. bis 9. Klasse) unterteilt und je nach Lernabschnitt unterschiedlich gewichtet. In den unteren Klassenstufen sollen vor allem die sinnliche Wahrnehmung der natürlichen Umwelt und die Bewunderung für die Schönheit von Natur und Landschaften geschult sowie grundlegende ökologische Prinzipien der näheren Umgebung vermittelt werden. Die Schüler sollen in der Lage sein, mit einfachen Worten ihre eigenen Naturerfahrungen und -empfindungen zu schildern. Durch das Sammeln und Aufzeichnen von einfachen Informationen sollen sie die Umweltprobleme in ihrer näheren Umgebung erfassen und gemeinsam mit Eltern und Lehrern an Umweltschutzaktionen teilnehmen.

In der 4. und 5 Klasse sollen unter anderem das Bewusstsein für den Zusammenhang der eigenen körperlichen und geistigen Gesundheit mit der Umwelt sowie

[377] Vgl. ebd., S. 285.

[378] Vgl. ebd., S. 285f.

für den Einfluss der eigenen Lebensweise auf die Umwelt geschult werden. Die unterschiedlichen Umweltprobleme und ihre Ursachen in verschiedenen Landesteilen sollen ebenfalls erfasst werden. Ein weiteres Lernziel auf dieser Altersstufe besteht in der Förderung individueller Neigungen, die im Zusammenhang mit der natürlichen Umwelt stehen. Darüber hinaus sollen auch bereits wissenschaftlich-technologische Hilfsmittel und moderne Informationsmedien für die Erforschung von Umweltthemen genutzt werden.

Verständnis für komplexere, globale Themen und Zusammenhänge wie der Einfluss der lokalen und globalen Umweltthemen auf die menschliche Gesellschaft, wirtschaftliche und politische Faktoren sowie der kulturelle Hintergrund weltweiter Umweltprobleme sind jedoch erst als Unterrichtsstoff für die 6. - 9. Klasse vorgesehen. Auch das Konzept einer Verantwortung für zukünftige Generationen wird neben einer kritischen Überprüfung der Umweltberichterstattung in den Medien, Diskussionsfähigkeit und demokratischen Grundprinzipien wie Partizipation erst als Lernziel für die höheren Klassenstufen genannt.[379]

[379] Vgl. ebd., S. 286ff.

5. Formaler Hintergrund der Schulbuchanalyse

5.1 Zur Kompilation von Schulbüchern in der VR China

Die Veränderung des Systems der Schulbuchherstellung stellte im Rahmen der Bildungsreformen in der VR China seit Mitte der 1980er Jahre einen zentralen Punkt dar. Im September 1986 wurde der Lehrbuchmarkt pluralisiert, um den regionalen Disparitäten und den unterschiedlichen Voraussetzungen, die an den Schulen herrschen, Rechnung zu tragen. Heute werden Schulbücher nicht mehr von der Regierung herausgegeben (国定制 *guodingzhi*), sondern nur noch durch sie geprüft (审定制 *shendingzhi*), damit sind Herausgabe und Zulassung von Schulbüchern getrennt. Ob die Lehrbücher der Pflichtfächer den Anforderungen des Lehrplans entsprechen, für den Einsatz im Unterricht geeignet sind und den richtigen „ideologischen Gehalt und wissenschaftlichen Geist" (思想性 *sixiangxing,* 科学性 *kexuexing*) aufweisen, prüft das staatliche „Komitee zur Prüfung der Lehrmaterialien an landesweiten Grund- und Mittelschulen" (全国中小学教材审定委员会 *Quanguo zhongxiaoxue jiaocai shending weiyuanhui*). 1998 standen lokalen Bildungseinrichtungen über 2000 verschiedene Schulbücher zur Auswahl, die durch Lehrerhandbücher, audiovisuelle Materialien, Computer-software, Wandtafeln etc. ergänzt werden. Mit zusätzlichen Materialien wird versucht, auf die lokalen Besonderheiten und den unterschiedlichen wirtschaftlichen Entwicklungsstand des Landes einzugehen.[380]

Seit 1949 unterstehen alle Verlage staatlicher Kontrolle, d. h. sie müssen genehmigt werden und sind dem „Staatlichen Verwaltungsbüro für Verlagswesen" oder einem anderen staatlichen Bereich wie dem Zentralkomitee der KPCh, dem Staatsrat oder einzelnen Ministerien untergeordnet.[381] Private Verlage sind in China offiziell nicht erlaubt. Etwa 130 der offiziellen Verlage geben Lehrmittel heraus. *Renmin jiaoyu chubanshe* („People's Education Press" 人民教育出版社) der etwa 80 % der Lehrmittel für Grund- und Mittelschulen herausgibt,[382] und *Beijing chubanshe* („Beijing Publishing House" 北京出版社) zählen zu den größten chinesischen Verlagen[383], an Pekinger Grundschulen werden vor allem

[380] Zhonghua Renmin Gongheguo (Hg.): „Zhongguo de jichu jiaoyu." Online im Internet: http://www.moe.edu.cn/base/zonghe/04.htm [Stand 22.08.2003].

[381] Remler, Diana: „China", Seminararbeit im Rahmen des Hauptseminars „Strukturen des Buchhandels im internationalen Vergleich" am Institut für Buchwissenschaft, Mainz 1997. Online im Internet: http://www.uni-mainz.de/FB/Geschichte/buwi/bookworld/china.htm [Stand 06.06.2003].

[382] o.V.: „China wünscht sich denkende Bürger. Stures Pauken und Frontalunterricht sind passé." Online im Internet: http://www.3sat.de/nano/cstuecke/ 28750/ [05.08.2004].

[383] Vgl. Statistik im Internet: http://expo.guojishudian.com/jsp/news/e_news_content_1.jsp [Stand 31.08.2004].

Bücher dieser beiden Verlage eingesetzt.[384] Im Schulbuchbereich sind außerdem die Verlage *Jiangsu jiaoyu chubanshe* 江苏教育出版社 und *Beijing shifan daxue chubanshe* 北京师范大学出版社 relevant.[385]

Die vorliegende Arbeit untersucht repräsentativ für die VR China die Lesebücher, die vom Verlag *Beijing chubanshe* herausgegeben wurden. Der Verlag wurde 1956 gegründet, die heutige „Beijing Publishing House Group" gehört zu den größten Pekinger Verlagen mit einem umfassenden Verlagsangebot. Die aktuellen Lesebücher wurden vom „Komitee zur Prüfung der Lehrmaterialien an landesweiten Grund- und Mittelschulen" genehmigt und werden nicht nur in Beijing, sondern in ganz China im Unterricht eingesetzt.[386]

Im Vorfeld des Vergleichs der chinesischen und taiwanesischen Lesebücher, der im Zentrum dieser Arbeit steht, wurde eine Sichtung der Inhalte der Grundschullesebücher von *Beijing chubanshe* und *Renmin jiaoyu chubanshe* vorgenommen.[387] Diese ergab, dass rund 36 % aller darin vorkommenden Lektionstexte identisch sind[388], auch ließ sich anhand der jeweiligen Inhaltsverzeichnisse und der Verweise in der Sekundärliteratur feststellen, dass sich die meisten Texte auch in Lesebüchern anderer Verlage wie *Jiangsu jiaoyu chubanshe* oder *Zhejiang jiaoyu chubanshe* 浙江教育出版社 finden. Daher kann davon ausgegangen werden, dass ein Großteil der in der vorliegenden Arbeit analysierten Texte landesweit zum Inventar der Lesebücher der verschiedenen Verlage zählt und damit potenziell Schüler in ganz China erreicht. Die Inhalte der untersuchten Lesebuchreihe des Verlags *Bejing chubanshe* können damit als repräsentativ gelten.[389] Neben ähnlichen Inhalten, Layout und Gestaltung kann auch die Tatsache, dass alle

[384] Vgl. Statistik im Internet: http://www.byouth.com.cn [Stand 31.08.2004].

[385] Laut Auskunft von Yi Jin, Mitarbeiterin an der *Beijing shifan daxue* am 10.06.2004.

[386] Vgl. Informationen des Verlags „Beijing Publishing House". Online im Internet: http://www.bph.com.cn [Stand 01.09.2004].

[387] Renmin jiaoyu chubanshe xiaoxue yuwenshi (Hg.): *Jiunian yiwu jiaoyu liunianzhi xiaoxue jiaokeshu yuwen.* Renmin jiaoyu chubanshe. Beijing 2002.

[388] Von den insgesamt 362 Texten, aus denen die 327 Lektionen der Lesebücher des Verlags *Beijing chubanshe* bestehen, finden sich 131 auch als Lektionstexte in den Bänden des Verlags *Renmin jiaoyu chubanshe*, zum Teil mit leicht verändertem Titel. Bedenkt man, dass es bei den im folgenden Abschnitt untersuchten taiwanesischen – aber auch z. B. bei deutschen – Lesebüchern verschiedener Verlage keinerlei bzw. kaum Überschneidungen des Textbestands gibt, erscheint dieser Anteil identischer Texte relativ hoch.

[389] In der folgenden Analyse wird daher jeweils in der Fußnote vermerkt, wenn sich ein Texte auch in anderen Ausgaben großer Verlage finden lässt. Wie in der chinesischsprachigen Literatur üblich werden hier für die Ausgaben (版本 *banben*) der verschiedenen Verlage die Abkürzungen *Beijingban, Renjiaoban, Zhejiaoban* und *Sujiaoban* verwendet.

Verlage für ihre Lesebuchreihe lediglich die Bezeichnung des Faches, *yuwen*, als Titel ausgewählt haben, auf ihre starke konzeptionelle Nähe hindeuten.[389]

Ein weiterer Aspekt, der nach der Durchsicht älterer Schulbuchanalysen offenkundig wurde, besteht in der Kontinuität der Textinhalte: Viele der in den folgenden Abschnitten analysierten Texte fanden sich bereits in wesentlich älteren Lesebuchausgaben und haben damit bereits den Status von „Klassikern". Bei den progressiveren, zeitgenössischen Texten kann dagegen davon ausgegangen werden, dass sie erst im Zuge der neueren inhaltlichen Überarbeitungen hinzugekommen sind.

5.2 Zur Kompilation von Schulbüchern in Taiwan

Bis in die 1990er Jahre wurden landesweit einheitliche Schulbücher in Taiwan vom „National Institute for Compilation and Translation" (NICT; 國立編譯館 *guoli bianyiguan*) kompiliert und herausgegeben. Im Rahmen der Bildungsreformen erfolgte jedoch eine Pluralisierung des Schulbuchmarktes bei weiter bestehender Prüfung der Inhalte durch das NICT in mehreren Schritten: Zunächst wurden die Schulbücher für nicht-prüfungsrelevante Fächer (Kunst, Musik, Sport, Computerkurse etc.) der Mittelschule (im Jahre 1989) und Grundschule (1990) freigegeben, bis schließlich die Freigabe der Bücher aller Schulfächer für die Grundschule (1996) bzw. die Mittelschule (2002) erfolgte. Mit Inkrafttreten des „Nine-Year Integrated Curriculum" für die Grundschule (2001) bzw. Mittelschule (2002) wurde der Schulbuchmarkt somit vollständig liberalisiert. Die vom NICT herausgegebenen Lehrwerke stellten damit zunächst nur eine weitere Ausgabe innerhalb der Schulbuchlandschaft dar. Seit 2004 publiziert das NICT keine Schulbücher mehr, sondern ist ausschließlich für die Prüfung und Genehmigung ihrer Inhalte zuständig.[390] Außerdem können Schulen auf der Basis lokaler Gegebenheiten und der Bedürfnisse der Schüler eigene Lehrmaterialien zusammenstellen und nach Abschluss des zentralen Zulassungsverfahrens im Unterricht verwenden.[391]

[389] Im Gegensatz dazu tragen Lesebücher unterschiedlicher Verlage in Deutschland Titel wie „Pusteblume" (Schroedel Verlag), „Jo-Jo" (Cornelsen Verlag) oder „Mobile" (Westermann Verlag).

[390] o. V.: „Guozhongxiao kecheng jiaokeshu xiangguan wenti zhi jiantao yu yinying" zhuan'an baogao. Online im Internet: http://140.111.1.192/minister/case/911127.html [Stand 23.09.2003].

[391] Jiunian yiguan kecheng, S. 15. Aufgrund dieses für viele Eltern ungewohnten pluralistischen Systems tritt folgendes Problem auf: Aus Sorge, dass die Lehrbücher ihrer Kinder nicht alle Inhalte abdecken, die in den zentralen Prüfungen abgefragt werden könnten, kaufen sie zusätzlich Bücher weiterer Verlage, was den Druck und die Arbeitsbelastung der Kinder erhöht. Daher betont das Erziehungsministerium, dass die Prüfungsinhalte lediglich auf der Basis des

Landesweit wurden in den Jahren 2002/2003 überwiegend Bücher der kommerziellen Schulbuchverlage *Hanlin chubanshe* (翰林出版社), *Nanyi chubanshe* (南一出版社) und *Kangxuan chubanshe* (康軒出版社) sowie (bis 2004) die vom NICT herausgegebenen Lehrbücher im Schulunterricht eingesetzt. Für die Analyse wurden Lesebücher des *Hanlin*-Verlags ausgewählt. Der Verlag wurde 1959 gegründet und gab bis Anfang der 1990er Jahre vor allem Nachschlagewerke und Bücher für das Selbststudium als Ergänzung der offiziellen Schulbücher heraus. Im Verlauf der graduellen Liberalisierung des Schulbuchmarktes widmete sich *Hanlin chubanshe* zunehmend auch der Herausgabe von Schulbüchern für alle Schulstufen.[393]

Die Lesebücher verschiedener taiwanesischer Verlage ähneln einander stark in Umfang, Format und Layout, auch tragen sie alle den Titel *Guoyu*. Kritiker bemängeln diese Uniformität, da "in most cases just a difference in order of chapters among textbooks supplied by different publishers"[394] zu finden sei. Die offizielle Prüfung durch das NICT lasse noch immer keinen Raum für verschiedene Arten, Dinge im Schulbuch darzustellen, so dass eine tatsächliche Liberalisierung des Lehrbuchmarktes nicht stattgefunden habe. Es handele sich lediglich um eine "distribution of market-shares to different textbook publishers".[395] Ein Abgleich mit den entsprechenden zwölf Bänden des *Kangxuan*-Verlags[396] im Vorfeld der Analyse zeigte jedoch, dass keiner der darin vorkommenden Texte mit denen in den Lesebüchern des *Hanlin*-Verlags identisch war, die in der vorliegenden Arbeit untersucht werden sollen. Es kann daher von einer größeren inhaltlichen Diversität ausgegangen werden, als dies bei den Lesebüchern aus der Volksrepublik der Fall ist.

5.3 Aufbau und Gestaltung der Lesebuchreihe Yuwen (VR China)

Bei den untersuchten Lesebüchern der Reihe *Yuwen* des Verlags *Beijing chubanshe* aus der VR China handelt es sich um dünne Paperback-Hefte im DIN A5-Format mit einem Umfang von rund 200 Seiten, die bei einem Preis von rund 8 *yuan*[397] sehr preiswert sind – vermutlich auch, da sie privat angeschafft werden

Lehrplans und nicht auf der Grundlage der konkreten Inhalte einzelner Lehrbuchlektionen erstellt werden. (Vgl. o. V. (2003), a.a.O., S. 9.)

393 Vgl. Informationen des *Hanlin*-Verlags. Online im Internet: http://www.hle.com.tw [Stand 02.11.2004].

394 Huang Yiling, a.a.O., S. 12.

395 Ebd.

396 Kangxuan chubanshe (Hg.): *Guoyu keben*. Band 1 – 12. Taibei 2002.

397 Das entspricht etwa einem Euro. Die Preise beziehen sich auf Bücher, die im Jahre 2002 gekauft wurden.

müssen. Die Bücher werden nach westlicher Manier von links nach rechts aufgeschlagen, die Schriftzeichen sind, wie in Büchern der Volksrepublik allgemein üblich, waagerecht von links nach rechts angeordnet und die Seitenzählung erfolgt in arabischen Zahlen.

Lesebücher können u. a. thematisch-inhaltlich, formal, chronologisch, gattungstypologisch oder nach Lernbereichen gegliedert sein.[398] Ein vergleichbares Ordnungsprinzip ist anhand der Gliederung der Lesebuchausgabe, die von den Schülern verwendet wird, nicht erkennbar. Es wird jedoch in den dazugehörigen Lehrerheften angedeutet, in denen jeweils fünf Lektionen zu Unterrichtseinheiten (单元 *danyuan*) zusammengefasst und ihre sprach- und literaturbezogenen sowie inhaltlich-erzieherischen Lernziele in einer gemeinsamen Einleitung genannt werden.[399]

Der erste Band beginnt mit einer Einführung in die *Hanyu Pinyin*-Umschrift, in den Bänden 1 - 4 finden sich am Anfang des Heftes Übungen zu Schriftzeichen, darüber hinaus sind bei den Lektionstexten durchgehend die *Pinyin*-Lesungen für alle Schriftzeichen angegeben. In den höheren Klassenstufen wird nur noch vereinzelt die Lesung im Text in Klammern direkt hinter dem unbekannten Schriftzeichen angegeben und die Schriftgröße wird kontinuierlich verkleinert. Die Anzahl der Lektionen, die die jeweiligen Bände umfassen, variiert von 14 (Band 1) bis 30 Lektionen. Den Kern jeder Lektion bildet ein Lesetext von maximal vier Seiten Länge, nur im Bereich der klassischen Lyrik werden jeweils zwei bis vier Gedichte zu einer Lektion zusammengefasst.[400] Von den Lektionstexten wird der größere Teil, genannt 精读课文 *jingdu kewen*, in jeweils 2 bis 3 ½ Unterrichtsstunden intensiv gelesen, ein kleinerer Teil ist als 略读课文 *lüedu kewen* zum selbständigen Überfliegen in jeweils ca. einer Unterrichtsstunde vorgesehen. Die Präsentation der Texte unterscheidet sich dadurch, dass bei ersteren die neuen Schriftzeichen samt ihrer *Pinyin*-Lesung aufgeführt sind, während bei letzteren dieses Hilfsmittel fehlt. Für die Behandlung der Texte im Unterricht gelten jedoch dieselben Kriterien.[401] Bei einigen Texten werden Lebensdaten und wichtige Werke des Verfassers in einer Fußnote genannt, wobei teilweise auch auf eine Bearbeitung oder Kürzung durch die Herausgeber verwiesen wird. Der

398 Vgl. Ehlers, a.a.O., S. 12ff.

399 Die Kriterien, nach denen diese Gliederungen vorgenommen wurden, erscheinen jedoch nicht plausibel, da sich die für die jeweiligen Lektionen gemeinsam aufgelisteten Lernziele zum Teil stark unterscheiden und ein Bezug zwischen ihnen nicht erkennbar ist.

400 Daher ist die Zahl der Texte in den Lesebüchern nicht identisch mit der Anzahl der Lektionen.

401 Siehe die jeweiligen „Erläuterungen zu den Lehrmaterialien“ (教材说明 *jiaocai shuoming*) in Beijing jiaoyu kexue yanjiuyuan jichu jiaoyu jiaoxue yanjiu zhongxin (Hg.): *Jiunian yiwu jiaoyu linianzhi xiaoxue jiaokeshu yuwen jiaoxue cankaoshu*. Beijing chubanshe. Beijing 2002, Band 1 - 12.

überwiegende Teil der Texte ist jedoch ohne Angabe des Autors abgedruckt. Bei diesen Texten war daher nicht festzustellen, ob sie ausschließlich von chinesischen Autoren stammen, oder ob darunter auch Übersetzungen oder Bearbeitungen literarischer Texte aus dem Ausland sind.

Im Anschluss an jeden Lehrbuchtext finden sich zwei bis vier Aufgaben, die im wesentlichen textfokussiert sind, d. h. der Inhalt soll zusammengefasst, Schlüsselsätze interpretiert, der Sinn des Textes diskutiert und Abschnitte vorgetragen oder auswendig gelernt werden. Dies lässt erkennen, dass die Lesebücher neben der Vermittlung von Sprache und Literatur konzeptionell auf eine Verinnerlichung der im Text angesprochenen idealen Werte abzielen. Hierzu trägt auch das Layout bei: Da die Aufgaben direkt am Ende des jeweiligen Textes stehen, und nicht optisch, z. B. durch Einkästelung, deutlich davon abgehoben werden, sind sie in den Lektüreprozess integriert und werden automatisch mitgelesen, unabhängig davon, ob der Lehrer sie tatsächlich einsetzt. Sie steuern damit die Wahrnehmung und das Verstehen des kindlichen Lesers in stärkerem Maße, als wenn sie im Anhang des Buches oder am Ende eines Kapitels auftauchen würden.[402]

Neue Schriftzeichen und Begriffe werden im Anhang an die Lektionstexte in einer Rubrik „Lesen und Schreiben“ (读读写写 *dudu xiexie*) vermittelt. In gesonderten Übungsteilen (练一练 *lianyilian*) finden sich weitere Übungen wie Lückentexte, sowie Aufgaben zur eigenen Textproduktion oder Diskussion. Eine Besonderheit der Lesebücher des *Beijing*-Verlags besteht darin, dass sich am Ende jedes Bandes neben einigen Sprachspielen und -übungen (语文趣味活动 *yuwen quwei huodong*) auch sechs bis acht Auswahltexte zur ergänzenden Lektüre (选读课文 *xuandu kewen*) finden, die der Lehrer fakultativ einsetzen kann.[403]

Die grafische Gestaltung dient ausschließlich der Verstärkung der Textinhalte und unterstützt damit ihre erzieherische Funktion: Die Illustrationen bilden stets eine Szene oder das Hauptthema des Textes ab, weisen jedoch nicht darüber hinaus.[404] Zumeist sind sie als viereckiges Bild im Text platziert, seltener ist die gesamte

[402] Vgl. Ehlers, a.a.O., S. 66.

[403] Da sich zu diesen Texten jedoch keinerlei didaktische Hinweise in den Lehrerheften finden, kann darauf geschlossen werden, dass sie in der Unterrichtspraxis keine nennenswerte Rolle spielen. Daher sollen sie im Rahmen der vorliegenden Arbeit nicht berücksichtigt werden.

[404] Illustrationen können vielfältige Funktionen übernehmen, sie können informieren, illustrieren, interpretieren, den Text veranschaulichen, verstärken oder auflockern. Auch können sie den Text lesbarer machen, indem sie ihn von bestimmten Informationen entlasten (Vgl. Hussong, Martin: „Das Sachbuch“, in: Haas, Gerhard (Hg.): *Kinder- und Jugendliteratur. Ein Handbuch*. Stuttgart 1984, S. 73). Darüber hinaus können sie bewusst eine „andere Sprache“ sprechen als der Text und über diese Diskrepanz zum Nachdenken anregen, affektive Wirkungen erzielen oder manipulierend eingesetzt werden, indem durch die Art der figürlichen Darstellung die Sympathie des Lesers gelenkt wird. (Siehe hierzu Schaufelberger, Hildegard: *Kinder- und Jugendliteratur heute. Themen, Trends und Perspektiven*. Freiburg 1990, S. 33ff.)

Textseite farbig hinterlegt. Der Inhalt des Textes wird möglichst gleichwertig abgebildet, wobei die Illustrationen auf die Textsorte abgestimmt sind: Fabeln und Tiergeschichten sind zumeist mit bunten Zeichnungen anthropomorphisierter Tiere illustriert, Texte über die Natur mit chinesischen Tuschezeichnungen oder impressionistisch inspirierten Landschaftsdarstellungen, und Texte über Nationalhelden, den Krieg oder nationale Errungenschaften erinnern an Propagandatafeln im Stil des „sozialistischen Realismus". Der Anteil von Fotos ist in den Lesebüchern des Verlags *Beijing chubanshe* gering, sie werden nur punktuell zur Ergänzung von Sachtexten über Tiere, Persönlichkeiten oder Sehenswürdigkeiten eingesetzt. Die Illustrationen sind häufig von minderwertiger künstlerischer Qualität und schlecht reproduziert.[405] Der geringe Bildanteil nimmt in den höheren Bänden der Grundschule stetig ab, bis sich in den Bänden für das 6. Schuljahr durchschnittlich nur noch auf jeder zehnten Seite eine Illustration findet.

5.4 Aufbau und Gestaltung der Lesebuchreihe Guoyu (Taiwan)

Für den Sprach- und Literaturunterricht an taiwanesischen Grundschulen gibt der Verlag *Hanlin chubanshe* eine Reihe heraus, die ebenso wie die Lesebücher anderer taiwanesischer Verlage die Bezeichnung des Schulfaches, *guoyu*, als Titel trägt. Jedes Halbjahr wird einer der insgesamt zwölf Bände durchgenommen. Die Lesebücher haben einen durchschnittlichen Preis von 107 NT$[406], damit hat sich der Preis mit der Freigabe des Lehrbuchmarktes im Jahre 2001 mehr als verdoppelt. Das Format der Lesebücher ist etwas kleiner als DIN A4, sie haben einen Umfang von 55 - 125 Seiten und einen farbigen Paperback-Einband, auf dem Kinder und Tiere in stilisierten Zeichnungen abgebildet sind. Die Lesebücher werden von links nach rechts aufgeschlagen, die Anordnung der Schriftzeichen ist dabei senkrecht und die Seitenangaben erfolgen in arabischen Zahlen.

Für die Einführung in die taiwanesische Lautumschrift *Bopomofo*, die zu Beginn des ersten Schuljahrs erfolgt, gibt es spezielle Lehrmaterialien, sie ist aus den Lesebüchern ausgelagert. Bis einschließlich Band 8 sind neben allen Schriftzeichen des Textes parallel auch die Lesungen in der Umschrift angegeben, ab

[405] Diese „unzeitgemäßen" und teilweise fehlerhaften Illustrationen haben zu Protesten von Schülern, Lehrern und Eltern geführt. (Siehe Li Chongyu/Wang Zhenlong: „Yuwen chatu yidui cuowu? Zhengxie weiyuan gei xiaoxue keben ti yijian", in: *Beijing qingnian bao* vom 19.02.2004. Online im Internet: http://www.xinhuanet.com [Stand 12.05.2004]. Im Rahmen der zahlreichen Überarbeitungen wurden die Lesebücher von 2004 ansprechender und kindgerechter illustriert, die Textinhalte sind jedoch weitgehend identisch geblieben. (Vgl. hierzu die aktualisierten Lesebücher: Beijing jiaoyu kexue yanjiuyuan/Beijing chubanshe (Hg.): *Jiunian yiwu jiaoyu jiaocai. Yuwen*. Beijing chubanshe. Beijing 2004.)

[406] Das entspricht rund 2,40 Euro. Die Preise beziehen sich auf Lesebücher, die im Jahre 2003 gekauft wurden.

Band 9 werden nur noch unbekannte Zeichen am unteren Textrand mit der Lesung gesondert aufgeführt. Die Schriftgröße wird vom ersten bis vierten Schuljahr kontinuierlich verringert und bleibt dann konstant. Band 1 umfasst acht Lektionen, die weiteren Bände jeweils zwischen 12 und 18 Lektionen, jede Lektion besteht aus einem Lesetext von maximal vier Seiten Länge, lediglich Lektionen, die klassische Lyrik vorstellen, beinhalten zwei Gedichte mit eingehenden Erläuterungen. Ein Teil dieser Texte ist als 略讀課文 *lüedu kewen* zum selbstständigen Überfliegen vorgesehen. In den taiwanesischen Lesebüchern finden sich nur wenige Informationen, die für die Entwicklung der im Lehrplan geforderten Konzepte nicht notwendig sind: Im Anschluss an die Lektionstexte finden sich keine Fragen oder Aufgaben und bei der Präsentation der Texte wird auf Hinweise über zeit- und sozialgeschichtliche Hintergründe, den genauen Entstehungszeitpunkt, und literarhistorische oder -ästhetische Anmerkungen über den Autor verzichtet. Auch der Name des Autors wird zumeist nicht genannt. Damit gilt weiterhin, was Stevenson/Stigler[407] für Lesebücher der 1990er Jahre feststellten: Es wird nur die Essenz der Lektion geliefert und von den Lehrern erwartet, dass sie die notwendigen Erklärungen und Ergänzungsmaterialien bereitstellen.

Die Lesebücher folgen einem stofflich-thematischen Aufbauprinzip, indem die Herausgeber jeweils drei bis vier Texte unterschiedlicher Gattungen als Unterrichtseinheiten zusammengefasst und mit einer Kapitelüberschrift versehen haben. Allgemeine Themen sind hierbei u. a. „Zur Schule gehen", „Spielen", „Freundschaft", „Familie", „das Neujahrsfest", „Mitgefühl" oder „Arbeitsteilung und Zusammenarbeit". Einige der Kapitel tragen Überschriften, die eine Nähe zu ökologischen Themenbereichen suggerieren: „Veränderungen in der Natur" (大自然的變化 *daziran de bianhua*)[408], „Ich liebe die Natur" (我愛大自然 *wo ai daziran*)[409], „Die Natur und ich" (自然與我 *ziran yu wo*)[410], „Die Schönheit der Natur" (大自然的美 *daziran de mei*)[411], „Respekt vor dem Leben" (尊重生命 *zunzhong shengming*)[412], „Die Schönheit der Ökologie" (生態之美 *shengtai zhi*

[407] Vgl. Stevenson, Harold/Stigler, James: *The Learning Gap. Why our Schools are failing and what we can learn from Japanese and Chinese Education*. New York: Summit Books 1992, S. 139.

[408] *Hanlinban* Band 3, Unterrichtseinheit 1.

[409] *Hanlinban* Band 4, Unterrichtseinheit 1.

[410] *Hanlinban* Band 6, Unterrichtseinheit 6

[411] *Hanlinban* Band 7, Unterrichtseinheit 3.

[412] *Hanlinban* Band 8, Unterrichtseinheit 1.

mei)[413]; „Mensch und Natur“ (人與大自然 *ren yu daziran)*[414], „Welt des Ozeans“ (海洋世界 *haiyang shijie)*[415] und „Das Lied der Erde“ (大地之歌 *dadi zhi ge)*.[416]

Eine derartige Unterteilung in thematische Einheiten legt den Schluss nahe, dass sie im Zusammenhang mit inhaltlichen Zielen des Lehrplans vorgenommen wurde: Durch Themenblöcke kann im Sinne der *subject areas* didaktisch eine Vertiefung ähnlicher Unterrichtsstoffe in mehreren Unterrichtsstunden erfolgen, was im Hinblick auf ein nachhaltigeres Erlernen umweltfreundlicher Verhaltensweisen und Einstellungen durch häufige Wiederholungen sinnvoll erscheint. Indem ein Text jedoch konkret mit einem einem Inhalts- oder Stoffbereich verbunden wird, wird seine Zuordnung bereits interpretatorisch festgelegt und möglicherweise auf nur einen Deutungsaspekt eingeengt.[417]

Übungsteile finden sich jeweils im Anschluss an diese thematischen Einheiten. Insgesamt überwiegen Aufgaben zur Erweiterung der sprachlichen und literarischen Fähigkeiten: neue Schriftzeichen und Ausdrücke werden eingeübt, Satzstrukturen vermittelt und Anleitungen zum Verfassen von verschiedenen Textsorten sowie zur Analyse der Textstruktur geliefert. Inhaltliche Fragen zu den Lektionstexten werden dagegen nicht gestellt. In einigen dieser Übungsteile finden sich jedoch auch kurze Textpassagen und im Anhang einiger Bände sind zusätzliche Lesetexte (補充閱讀 *buchong yuedu*) aufgeführt. Diesen Texten sind Fragen beigefügt, die durch einen bunten Kasten vom Text abgehoben sind.

In den Lesebüchern des *Hanlin*-Verlags sind alle Seiten entweder komplett farbig hinterlegt oder mit eingeschobenen Illustrationen versehen, dabei wird ein breites Spektrum an Mal- und Zeichenstilen und gestalterischen Mitteln eingesetzt. Die Illustrationen verstärken die Inhalte der Texte, liefern zum Teil jedoch auch ergänzende Informationen. Passend zum literarischen Stil einfacher Tier- und Pflanzengeschichten arbeiten die zugehörigen Illustrationen beispielsweise mit dem Mittel der Anthropomorphisierung. Dabei wird versucht, durch die Darstellung freundlich lächelnder Tiere oder durch den Einsatz des „Kindchenschemas“ Sympathie mit den Protagonisten zu erzeugen. Auch Fotografien werden häufig eingesetzt, um das in den Texten vermittelte Sachwissen zu vertiefen. So finden sich Fotoausschnitte von Pflanzen oder Tieren, die in gezeichnete Hintergrundlandschaften oder direkt in den jeweiligen Text integriert sind. Dies spiegelt die realistische, aktualitätsbezogene Darstellung von Sachverhalten in den taiwanesischen Lesebüchern bildlich wider.

[413] *Hanlinban* Band 9, Unterrichtseinheit 2.

[414] *Hanlinban* Band 10, Unterrichtseinheit 3.

[415] *Hanlinban* Band 11, Unterrichtseinheit 2.

[416] *Hanlinban* Band 12, Unterrichtseinheit 2.

[417] Vgl. Ehlers, a.a.O., S. 14.

5.5 Zur Untersuchung von „Natur und Umwelt" und „Umwelterziehung" in den Lesebuchtexten

5.5.1 Umwelterzieherisches Potenzial von Lesebüchern und literarischen Texten

Der pädagogisch-funktionale Aspekt von Texten bezieht sich auf ihre Wirkung und ihren Einfluss auf die Leser, hierbei gelten insbesondere Texte für Kinder vielfach als „Instrumentarium der Gesinnungsbildung und Verhaltenssteuerung"[418] sowie zur „Indoktrination".[419] In der chinesischen Forschung bezeichnet der Begriff „Kinderliteratur" (儿童文学 *ertong wenxue*) literarische Texte, die Autoren speziell „im Hinblick auf die Besonderheiten von Kindern und Jugendlichen und die Erfordernisse ihrer Erziehung"[420] verfasst haben. Hierzu gehört auch für Kinder adaptierte Erwachsenenliteratur. Als Kriterium[421] für gute Kinderliteratur gilt, dass sie „pädagogisch wertvoll", „verständlich", und „interessant" sein soll, ferner soll sie populärwissenschaftliche Kenntnisse und Allgemeinbildung vermitteln, sowie „lebensnah", „lebendig", „humor-" und „phantasievoll" sein. Ziel ist es, Leseinteresse, Neugier und Aufmerksamkeit bei Kindern zu wecken. Während der Einsatz von Kinderliteratur und Lesebüchern zu pädagogischen Zwecken hierzulande häufig kritisch gesehen wird[422], gilt in der chinesischen Tradition seit jeher die Maxime, dass Literatur immer auch einen moralischen Auftrag zu erfüllen habe (文以載道 *wen yi zai dao*): "A good writing is a work that can enlighten the readers spiritually or elevate their moral state educationally".[423] Diese konfuzianische Tradition ist bis heute sowohl in Taiwan als auch in der VR China die Basis der literaturdidaktischen Vorstellung in der Schule, derzufolge Moral- und Werteerziehung explizit als zentrale Funktion des Lesebuches gilt:

> "Textbooks for Chinese language study have [...] been an important tool of socialization. Instead of being limited to teaching how to read and write, they use stories,

[418] Meyer, Karl Ernst: *Jugendliteratur. Formen, Inhalte, pädagogische Bedeutung*. Bad Heilbrunn 1987, S. 242.

[419] Ebd.

[420] Guangdong sheng zhongxiaoxue jiaoshi chixu jiaoyu zhongxin zuzhi (Hg.): *Zuopin shangxi yu xiaoxue yuwen jiaoxue*. Gaodeng jiaoyu chubanshe. Guangdong 2000, S. 180

[421] Vgl. ebd.

[422] Eine Aufgabe der Literaturdidaktik besteht z. B. darin, Schüler für literarische Wirkungen aufnahmefähig zu machen, allerdings nicht, um einseitig durch Literatur „pädagogisch erwünschte Wirkungen" zu erzielen, sondern um die Schüler zu sensibilisieren und zur „Lesemündigkeit" zu erziehen, damit sie eben diesen literarischen Wirkungen nicht „hoffnungslos verfallen". (Kölln, Hermann/Westermann, Anneliese (Hg.): *Westermann Lesebuch, 2. –4. Schuljahr, Analysen und Interpretationen*. Braunschweig 1971, S. 80).

[423] Lee, Ger-Bei: "Moral Education in the Republic of China", in: *Moral Education Forum* 15 (3), 1990, S. 4.

> poems, fables, pictures, and the like, to pass on cultural values, to teach certain habits, and to inculcate political values and beliefs."[424]

Ein Blick auf die Textauswahl in den chinesischen und taiwanesischen Lesebüchern, zeigt, dass sich darin überwiegend Texte finden, die sich dem Oberbegriff der „didaktischen Literatur"[425] zuordnen lassen. Darunter versteht man jenen Bereich der Literatur, dem alle „lehrhaften und belehrenden Texte"[426] angehören, durch die im Literaturunterricht also Literatur *und* Moral vermittelt werden sollen – die in den Texten auftauchenden Werte sollen nicht *hinterfragt*, sondern *verinnerlicht* werden. Ob das Ziel der Belehrung im Vordergrund steht, ist auch an der literarischen Form (Essay, Rede etc.) erkennbar. So hat z. B. die Gattung „Essay" (散文 *sanwen*), die im Lesebuch vielfach vertreten ist, meist ideologischen Gehalt. *Sanwen* werden definiert als

> „[...] kürzere, in sich geschlossene, nicht-fiktionale Prosatexte, in denen der Autor versucht, individuelle Erkenntnisse über einen Gegenstand oder eine Frage aus subjektiver Ich-Perspektive [...] zu vermitteln, wobei der Stoff souverän beherrscht und das Thema in großen Zusammenhängen gesehen wird [...]. Seine Wurzeln liegen in der literarischen Tradition, besonders in der philosophischen Abhandlung, Briefen, Gelegenheitsnotizen und Reiseberichten. In seiner heutigen, informellen umgangssprachlichen Art existiert er jedoch erst seit dem 20. Jahrhundert."[427]

Sachtexte (说明文 *shuomingwen*), die „mit einfachen Worten Form, Wesen und Funktion einer Sache beschreiben"[428], können ebenfalls zu dieser Kategorie gezählt werden. Darüber hinaus können erzähltechnische Merkmale wie das Auftreten eines Mentors und stilistische Merkmale wie Appelle oder eine Moral am Textende darauf hindeuten, dass der Autor einen moralerzieherischen Effekt intendiert. Auch für den Themenbereich „Natur und Umwelt" kann davon ausgegangen werden, dass die Texte im chinesischen und taiwanesischen Lesebuch das ideale Wissen und die gewünschten Werteinstellungen und Verhaltensweisen spiegeln, die offiziell vermittelt werden sollen. Diese aufzuzeigen und die dahinter stehende umwelterzieherische Konzeption herauszuarbeiten, ist ein zentraler Gegenstand der Untersuchung.

Der tatsächliche Einfluss von Texten auf Verhalten und Einstellungen wird innerhalb der Forschung als gemäßigt eingeschätzt: Man nimmt an, dass eine Bekräftigung oder Abschwächung bereits vorhandener Verhaltensweisen und Haltungen am wahrscheinlichsten ist, ihre Umkehrung gilt als unwahrschein-

[424] Lin, Jing: *Education in Post-Mao China*. New York: Praeger 1993, S. 11.

[425] Ladenthin, Volker: *Erziehung durch Literatur? Zur moralischen Dimension des Literaturunterrichts*. Essen 1989, S. 29.

[426] Ebd.

[427] Woesler, Martin: *Geschichte des chinesischen Essay in Moderne und Gegenwart: Grundlagen zur Erforschung einer sich wandelnden Gattung*. Bochum 1998, S. 1.

[428] Vgl. Guangdong sheng zhongxiaoxue jiaoshi chixu jiaoyu zhongxin zuzhi (Hg.), a.a.O., S. 116.

licher.[429] Für die Umwelterziehung heißt dies, dass den literarischen Texten eine ergänzende Funktion zu Familie, Schule und *peer groups* zukommt und sie innerhalb einer sinnvollen Gesamtkonzeption vor allem positiv verstärkende Wirkungen entfalten können. So wird im Rahmen der Forderung nach Interdisziplinarität von Umwelterziehung vielfach auf das besondere Potenzial von literarischen Texten verwiesen, und auch in der VR China und Taiwan verfassen Autoren wie Shen Shixi 沈石溪, Rao Yuan 饶远 oder Jin Zenghao 金曾豪 seit einigen Jahren Kinderbücher mit umwelterzieherischem Anspruch.[430]

Wenngleich Themen wie Pflanzen, Tiere, das Wetter oder die Jahreszeiten – die schon seit langem fester Bestandteil von Lesebüchern weltweit sind –Kinder implizit an eine Wahrnehmung von Natur heranführen können, muss ein Lesebuch im Sinne einer zeitgemäßen Umwelterziehung mehr umfassen als eine bloße Thematisierung von Natur. Bereits in den deutschen Lesebüchern der 1950er Jahre dominierte das idealisierende Bild einer heilen, ungefährdeten Natur.[431] Neben einer „idealisierend erhöhten“[432] Pflanzennatur wurden darin zumeist in moralisierender Form erwünschte Verhaltensweisen gegenüber Tieren präsentiert. Kindern die Schönheit der Natur aufzuzeigen, um sie zu ihrem Schutz anzuregen, und sie zu ermahnen, dass sie ihre Umwelt nicht zerstören dürfen, spielt auch in der Didaktik der Umwelterziehung eine Rolle.[433]

Im Sinne ihrer zeitgenössischen Definition darf sich Umwelterziehung jedoch weder auf die idealisierende Darstellung der „heilen Natur“ noch auf die Vermittlung von Faktenwissen oder den „moralischen Zeigefinger“ beschränken, sondern muss kognitive, affektive und handlungsorientierte Lernprozesse integrieren und interdisziplinär ablaufen. An das Lesebuch ist daher die Forderung nach Mehrperspektivität zu stellen: Es sollte seine Möglichkeit nutzen, das Thema „Umwelt“ multiperspektivisch anzugehen und „umweltrelevantes Wissen“, „umweltbezoge-

[429] Vgl. Bledjian, Frank/Stosberg, Krista: *Analyse der Massenkommunikation: Wirkungen.* Düsseldorf 1972, S. 27, zit. n. Meyer, Karl Ernst, a.a.O., S. 255f.

[430] Die Bücher von Shen, Rao und Jin sind als Einzelbände in der Reihe „Zhongguo shaonian huanjing wenxue chuangzuo congshu“ (Huashan wenyi chubanshe, Shijiazhuang 2000) erschienen. Weitere Beispiele sind die Kinderbuchreihe *Shengming zhuangtai wenxue* (Hunan shaonian ertong chubanshe, Changsha 2000) sowie eine preisgekrönte Sammlung von Umweltschutz-Märchen von Li Jinzhu 李锦珠, die in Taiwan 1990 unter dem Titel *Maque ban jia* (Fuchun chubanshe, Gaoxiong) erschien. Der Boden- und Gewässerschutz ist Gegenstand des Kinderbuchs *Luzhu guniang ai wanshua* von Lin Shaowen 林少雯 (Baicheng wenhua, Gaoxiong 2000). Für weitere Literaturangaben aus dem Bereich umweltbezogener Kinderliteratur in chinesischer Sprache siehe Lin Shuhui, a.a.O., S. 46 und Zang Li: „Huanjing wenxue zai Zhongguo“, in: *Lianhua huanjing zazhi* 9, o. J. Online im Internet: http://www.ambiente.gov.mo/c06/lotus09/c6022.htm [Stand 31.08.2002].

[431] Vgl. Kanzler/Wespel, a.a.O., S. 85.

[432] Ebd.

[433] Vgl. ebd.

ne Einstellungen“ und „umweltorientiertes Handeln“ zu integrieren, wobei das Potenzial verschiedener Textsorten genutzt werden kann, um unterschiedliche Kanäle anzusprechen.

Die Vermittlung von Kenntnissen über biologisch-ökologische Sachverhalte und Zusammenhänge war im Schulunterricht besonders in der frühen Phase der Umwelterziehung überwiegend Aufgabe der Sachfächer. Auch im Lesebuch können Sachtexte eine sinnvolle Ergänzung sein: Sie können Grundwissen über Tiere oder ökologische Zusammenhänge vermitteln, die Verbundenheit von Mensch und Umwelt illustrieren und Umweltprobleme ebenso wie Wege und Methoden des Umweltschutzes aufzeigen.[434] Schüler können im Sprach- und Literaturunterricht lernen, aus einem Sachtext gezielte Informationen zu entnehmen, was sich positiv auf das Lernen in den Sachfächern auswirken kann. Darüber hinaus kann Faktenwissen in Texte integriert sein, die sich nicht der Kategorie „Sachtext“ zuordnen lassen, wie z. B. Erzählungen. Indem die komplizierten Sachverhalte in eine Erzählhandlung eingebettet werden, kann eine notwendige Konkretisierung und Identifikation ermöglicht werden, die eine Auswirkung auf Bewusstsein und Verhalten von Kindern erleichtern kann.[435]

Lesebücher können einen weiteren umwelterzieherischen Beitrag leisten, wenn sie auf der Grundlage des Wissens und Beobachtens eine explizite emotionale Beziehung zur Natur in ihren vielfältigen Erscheinungen herstellen. Ein positiver affektiver Bezug zur Natur, der auch durch Lyrik und Prosa über landschaftliche Schönheit angeregt werden kann, gilt als eine notwendige Komponente für die Herausbildung von Umweltbewusstsein. Darüber hinaus können Umweltprobleme wie Waldsterben, Verkehr oder Luftverschmutzung thematisiert werden. Auch für chinesische Pädagogen liegt das besondere Potenzial literarischer Texte vor allem in der Förderung eines affektiven Bezugs zur Umwelt, verbunden mit der Vermittlung von Umweltwissen. So weist Zhu Huaixin darauf hin, dass sich in den Lesebüchern Inhalte aus Bereichen wie Botanik und Tierkunde oder über das Aufforsten finden, die eine literarische Komponente mit wissenschaftlichen Inhalten verknüpfen und den Schülern ein tieferes Verständnis für das „gemeinsame Schicksal von Mensch und Natur“[436] vermitteln können. Die Pädagogin Yi Jin schreibt über Texte, die von landschaftlichen Sehenswürdigkeiten, Tieren oder Pflanzen handeln, sie hätten

> „[...] das umwelterzieherische Ziel, bei Schülern Liebe und Mitgefühl für die natürliche und kultürliche Umgebung zu erzeugen, damit sie ein Bewusstsein und Gespür dafür entwickeln, wie man andere Lebewesen gut behandelt. [...] Dann erst könnten die Schüler die Zerstörung der Umwelt oder die Verletzung anderer

[434] Vgl. Yi Jin, a.a.O., S. 23.

[435] Vgl. Kanzler/Wespel, a.a.O., S. 95.

[436] Zhu Huaixin, a.a.O., S. 213.

> Lebewesen als Unrecht empfinden und sich für eine Sanktionierung umweltschädlichen Verhaltens einsetzen."[437]

Man kann insgesamt davon ausgehen, dass die kulturelle und gesellschaftliche Komponente von Umweltproblemen in den nicht-naturwissenschaftlichen Fächern eingehender reflektiert werden kann als in den Sachfächern. Besonders in den Lesebüchern für ältere Schüler stehen idealiter nicht nur Einzelphänomene im Zentrum, sondern es wird das Verhältnis des Menschen zur Natur reflektiert, das in den Texten zum Ausdruck gebracht wird.[438]

Mit Blick auf umweltgerechtes Handeln kann es eine Funktion der Texte sein, an die Schüler zu appellieren, ihre eigenen Verhaltensweisen zu überdenken und Modelle für ein umweltgerechteres Verhalten vorzustellen.[439] Aktuelle, zeitgenössische Texte wie Zeitungsartikel können die Umweltthemen mit dem direkten Umfeld der Kinder verbinden und einen Aktualitätsbezug herstellen. Theaterstücke können ebenfalls dazu beitragen, umweltgerechtes Handeln einzuüben und zu reflektieren. Ausgehend von ihrer Lebenswirklichkeit können den Schülern mittels literarischer Texte Einsichten und Erfahrungen eröffnet werden, die ihnen helfen, ihr eigenes Verhalten im individuellen und gesellschaftlichen Bereich zu verändern.[440]

Zum Wirkungspotenzial literarischer Texte tragen prinzipiell alle inhaltlichen und formalen Textmerkmale wie die sprachlichen Mittel, die dargestellte Wirklichkeit und das „Weltbild", der Handlungsaufbau sowie die Figurendarstellung, Erzählperspektive und Erzählhaltung bei. So kennzeichnet die Erzählperspektive den Blickwinkel, aus dem das Beschriebene wahrgenommen wird, und kann den Leser dazu animieren, die Dinge ähnlich zu betrachten wie die Perspektivfigur. Die Protagonisten einer Handlung, ihre Wertorientierungen und Verhaltensweisen sind ein weiteres wichtiges Wirkungsmittel von Erzähltexten. Besonders Autoren der Kinderliteratur neigen dazu, den Lesern ihre Wertvorstellungen anhand von Identifikationsfiguren zu vermitteln.[441] Der Begriff „Identifikation" meint in diesem Kontext den

> „Nachvollzug des Verhaltens einer (konkreten und) fiktiven Person in der Phantasie, wobei Identifikation durch sog. „Schlüsselreize", z. B. „Übernormalität", hervorgerufen wird und emotionale Beziehung sowie Ähnlichkeit in Geschlecht, Alter, Rasse, sozialem Status Identifikation begünstigen".[442]

[437] Yi Jin, a.a.O., S. 24.

[438] Vgl. Dybowski, a.a.O., S. 85.

[439] Vgl. Kanzler/Wespel, a.a.O., S. 94f.

[440] Vgl. Dybowski, a.a.O., S. 85.

[441] Vgl. Dahrendorf, Malte: *Kinder- und Jugendliteratur im bürgerlichen Zeitalter.* Königstein 1980, S. 238.

[442] Ebd., S. 234.

Figuren, in denen sich der kindliche Leser wiedererkennen kann, kommen somit seinem Identifikationsbedürfnis näher und können sich auf ein nachhaltigeres Erlernen bzw. Vertiefen von „umweltrelevantem Wissen", „umweltbezogenen Einstellungen" und „umweltorientiertem Handeln" auswirken. Daher sind geeignete Identifikationsfiguren in den literarischen Texten im Lesebuch ein weiterer Indikator für die Bewertung ihres umwelterzieherischen Potenzials.

Lesebuchtexte können darüber hinaus jedoch auch Botschaften vermitteln, die im Sinne einer effektiven Umwelterziehung als „kontraproduktiv" einzustufen wären. Dies lässt sich damit begründen, dass sie entweder aus anderen Epochen stammen, oder dass sich (wie z. B. im Fall des Drei-Schluchten-Staudammprojekts) nationale Interessen – die das Schulbuch gleichermaßen vermitteln soll – und der Umweltschutzgedanke widersprechen. Insbesondere dann, wenn das Umweltbewusstsein des Lesers noch wenig ausgeprägt ist, können solche Texte umweltschäliches Verhalten verstärken.[443]

5.5.2 Definition: „Natur- und umweltbezogene Lesebuchtexte"

Im Vorfeld der folgenden Analyse soll in einem ersten Schritt jeweils ein Überblick über die Themenkomplexe in den Lesebuchreihen *Yuwen* und *Guoyu* geliefert werden, die sich aufgrund der Sichtung des gesamten Textmaterials ermitteln ließen. Ziel ist es, den prozentualen Anteil der Texte mit Bezug zum Themenbereich „Natur und Umwelt" am Gesamtkorpus zu ermitteln. Um die natur- und umweltbezogenen Inhalte in Abgrenzung zu anderen Themenbereichen in den Lesebüchern nachweisen zu können, soll an dieser Stelle zunächst eine Definition der Merkmale aufgestellt werden, die Texte aufweisen müssen, um unter diese Kategorie zu fallen.

Nicht jeder Lesebuchtext, in dem Tiere oder Pflanzen auftauchen, hat tatsächlich „Natur und Umwelt" im Sinne der vorliegenden Arbeit zum Thema oder weist konkrete Bezüge zur Umwelterziehung auf: In Fabeln fungieren „vermenschlichte" Tiere beispielsweise als Vorbilder für moralisches Handeln oder ideale Wertorientierungen, daher sollen sie hier nicht berücksichtigt werden. Geschichten über Tiere oder die Natur können jedoch auch dann ökologisches Basiswissen oder Sensibilität für die Natur vermitteln, wenn sie nicht mit umwelterzieherischem Anspruch in die Lesebücher aufgenommen wurden. Unter „natur- und umweltbezogen" werden im Folgenden daher vor allem Texte verstanden, in denen sich Bezüge zu einer ökologischen Elementarbildung im Sinne der Dimensionen „umweltrelevantes Wissen", „umweltbezogene Einstellungen" und „umweltorientiertes Handeln" ausmachen lassen. Dabei handelt es

[443] Vgl. Zhu Huaixin, a.a.O., S. 214.

sich zum einen um Kindergeschichten oder Märchen, die *implizit* umwelterzieherische Wirkung entfalten können, indem darin Aspekte von Natur und Umwelt wie ökologische Kreisläufe oder die Jahreszeiten angesprochen werden oder die Schönheit der Natur geschildert wird.

Hinzu kommen Texte mit *expliziten* umwelterzieherischen Zielsetzungen, die umweltgerechtes Handeln, Umweltzerstörung, Generationenverantwortung oder Nachhaltigkeit thematisieren. Bei einem Teil der aktuellen Lesebuchtexte kann davon ausgegangen werden, dass sie im Sinne der derzeitigen Reformen mit diesem Anspruch in die Lesebücher integriert wurden. Ferner soll die Analyse Inhalte aufspüren, die mit umwelterzieherischen Werteinstellungen konfligieren oder im Sinne einer effektiven Umwelterziehung als „kontraproduktiv" eingestuft werden können. Es handelt sich dabei z. B. um Texte, die den Abbau der natürlichen Ressourcen ausschließlich im Sinne ihres Nutzens für den Menschen als positiv bewerten und die damit verbundenen Umweltschäden ignorieren.

5.5.3 Leitfragen zur Analyse der Lesebuchreihen Yuwen und Guoyu

Im Folgenden sollen die zentralen Überlegungen und Leitfragen vorgestellt werden, an denen sich Lesebuchanalyse und -vergleich in den folgenden Kapiteln orientieren. Als Ausgangspunkt stellt sich die Frage, welche Themenbereiche in den Lesebüchern insgesamt angesprochen werden. Auf der Grundlage der genannten Definition soll dann der Anteil jener Texte ermittelt werden, die „Natur und Umwelt" thematisieren und damit implizit oder explizit mit Umwelterziehung in Verbindung stehen.

Zum Zweck der genaueren Untersuchung wurden aus den inhaltlichen Schwerpunkten der „natur- und umweltbezogenen Texte" sechs Kategorien generiert, die sich in beiden Lesebuchreihen finden lassen: „Tier- und Pflanzenkunde", „Natürliche Phänomene und ökologische Kreisläufe", „Natur- und Landschaftsschilderungen", „Beziehung des Menschen zu Natur und Umwelt", „Beziehung des Menschen zu Tieren und Pflanzen" und „Umweltzerstörung, Umweltschutz und Nachhaltigkeit". Die zu analysierenden Texte wurden thematisch gruppiert, inhaltlich zusammengefasst, und einer ersten genaueren Betrachtung auf der Textebene unterzogen: Welche natur- und umweltbezogenen Themen und Inhalte werden in den Lesebüchern jeweils berücksichtigt? Welche literarischen Gattungen werden zur Vermittlung der Thematik eingesetzt? Verändert oder erweitert sich das Spektrum, die Art der Behandlung oder die Gewichtung der Themen in den verschiedenen Klassenstufen? Aus diesen Erkenntnissen lassen sich bereits erste Rückschlüsse auf die umwelterzieherische Konzeption ziehen: So spricht z. B. ein hoher Anteil von Sachtexten bei der Behandlung der Thematik „Natur und Umwelt" für eine stärkere Nähe zu wissensorientierten Ansätzen. Sind Themen wie „Umweltschutz" oder „Nachhaltigkeit" bereits explizit in die Lesebücher integriert, so zeigt dies, dass Umwelterziehung nicht länger dem Bereich der Naturwissenschaften überlassen wird, sondern interdisziplinär ablaufen soll.

Die literarische Gestaltung und didaktisch-methodische Präsentation der Inhalte können Aufschluss geben über das umwelterzieherische Wirkungspotenzial der jeweiligen Lesebuchreihe: Wie werden die Dimensionen „umweltrelevantes Wissen", „umweltbezogene Einstellungen" und „umweltorientiertes Handeln" in den Texten angesprochen und in welcher Gewichtung? Erfolgt die Vermittlung von umweltrelevantem Wissen anhand von Sachtexten oder fiktionalen Texten? Welcher Art ist das vermittelte Wissen? Werden auch umweltbezogene Einstellungen präsentiert, die im Sinne einer zeitgemäßen Umwelterziehung als „kontraproduktiv" einzustufen wären? Sind konfligierende Wertvorstellungen wie eine „Einheit von Mensch und Natur" neben einer „Unterwerfung der Natur durch den Menschen" erkennbar? Wird umweltorientiertes Handeln im Lesebuch z. B. anhand von Umweltschutzaktivitäten aufgezeigt?

Eine multiperspektivische Behandlung der Umweltthematik gilt allgemein als das besondere Potenzial von literarischen Texten und Lesebüchern und spiegelt sich in dem Versuch einer Integration der pädagogischen Dimensionen: Finden sich im Lesebuch neben biologischen Sachtexten und Naturlyrik auch handlungsorientierte Texte oder Texte, die verschiedene Dimensionen gleichzeitig ansprechen? Welche stilistischen und rhetorischen Textmerkmale werden eingesetzt, um die erzieherischen Botschaften zu übermitteln? Für die Einschätzung des jeweiligen Wirkungspotenzials der Lesebuchreihen spielen weitere Faktoren eine Rolle, so z. B. die Frage, ob die Texte das persönliche Lebens- und Handlungsumfeld der Kinder ansprechen und zu konkretem Handeln auffordern: Wie realistisch und überzeugend sind die Charaktere, ihre Empfindungen, ihr Umfeld und ihr Handeln dargestellt? Bieten sich die handelnden Personen als Identifikationsfiguren für die Leser an?

Im Anschluss daran stellt sich die Frage nach den umweltbezogenen Perpektiven und umwelterzieherischen Ansätzen, die sich in den Lesebüchern spiegeln: Lassen sich aus den idealen Lerninhalten, die sich in den Lesebüchern wiederfinden, auch Rückschlüsse auf eine *environmental ideology* ziehen? Wie lassen sich die umwelterzieherischen Ansätze einordnen? Kann darin auch etwas Kulturspezifisches erkannt werden, z. B. der bewusste Rückgriff auf traditionelle chinesische Vorstellungen der „Einheit von Mensch und Natur"? Lassen sich in den aktuellen Lesebuchreihen die ideologischen Differenzen noch erkennen, die frühere Schulbuchanalysen festgestellt haben? Oder gibt es Gemeinsamkeiten, die auf religiöse, kulturelle oder andere Faktoren (z. B. eine gleichermaßen starke Fortschritts- und Technikorientierung) zurückzuführen sind?

Im Hinblick auf eine „globale Perspektive" der umwelterzieherischen Konzeptionen ist zum einen die Frage nach globalen Lern- und Lehrmethoden wichtig, durch die eine Anbindung an internationale Entwicklungen im Bereich „globalen

Lernens“ deutlich wird. Lässt sich der dortige Ansatz erfassen mit den internationalen Standards einer effektiven Umwelterziehung, oder hat man in der VR China und Taiwan eigene Lösungswege entwickelt? Zum anderen sind Umweltpädagogen der Auffassung, dass Umwelterziehung im Grundschulbereich im lokalen Umfeld beginnen und schrittweise um eine globale Bildungsperspektive erweitert werden sollte. Hinweise hierfür liefern die Themen, die sich in den Lesebüchern finden lassen: Wird die „Natur und Umwelt des Auslands“ erwähnt? Tauchen globale Umweltprobleme (Bevölkerungsproblematik, Ressourcenknappheit, Luft- und Gewässerverschmutzung, Artensterben etc.) auf oder wird im Lesebuch das ideale Bild einer intakten Natur vermittelt? Werden Umweltprobleme nur beschrieben oder auch Ursachen und Hintergründe thematisiert? Wird in den Lesebüchern die Idee einer nachhaltigen Entwicklung und einer globalen, intergenerationellen Verantwortung angedeutet? Oder bleibt die Umwelterziehung lokal bzw. national ausgerichtet und bekommt durch eine ausgeprägte Verknüpfung mit Heimatkunde eine nationalistische Komponente?

6. VR China: Textmaterial der Lesebuchreihe *Yuwen*

6.1 Kategorisierung der Themenkomplexe

Die Lesebücher des Verlags *Beijing chubanshe* für die Grundschule umfassen 327 Lektionen mit insgesamt 362 einzelnen Texten. In einem ersten Schritt wurde ihr gesamter Inhalt gesichtet und die Texte anhand ihrer inhaltlichen Schwerpunkte jeweils einem der folgenden fünf Themenkomplexe zugeordnet: „Heimat- und Landeskunde“, „Alltags- und Allgemeinwissen“, „Politische Sozialisation“, „Charakter- und Verhaltensbildung“ und „Natur und Umwelt“ (Abbildung I). Einige der Texte behandeln mehrere Aspekte, die Zuordnung erfolgte daher anhand des Themas, das sich für den jeweiligen Text als zentral erkennen ließ, dabei sind Überschneidungen teilweise nicht auszuschließen. Beispielsweise dienen einige der Texte, die die Schönheit chinesischer Landschaften schildern und damit in umwelterzieherischer Hinsicht für die Umwelt sensibilisieren können, gleichzeitig dem Zweck der heimatkundlichen oder patriotischen Erziehung. Dies wird in den Analysen an den entsprechenden Stellen berücksichtigt.

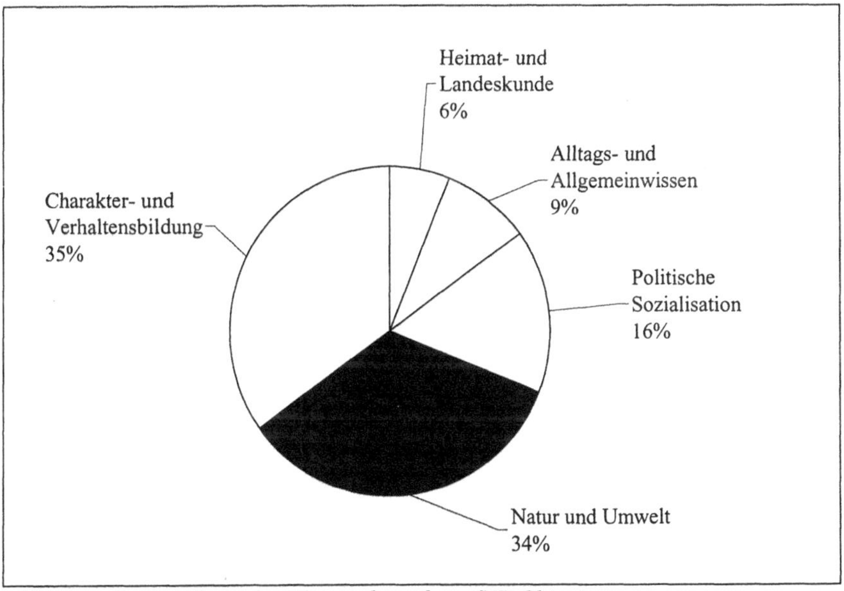

Abbildung I: Verteilung der Themenkomplexe (VR China)

Im Einklang mit den in den Richtlinien genannten Lehrzielen lässt sich das Textmaterial unterteilen in Texte, die primär entweder die moralische und politische Sozialisation der Schüler oder die Vermittlung von Allgemeinwissen zum Gegenstand haben. Rund 35 % der Texte dienen dabei der „Charakter- und Verhaltensbildung“: Anhand von historischen oder politischen Persönlichkeiten sollen ideale Verhaltensweisen und Charaktereigenschaften wie Ausdauer, Fleiß,

Selbständigkeit und Sorgfalt vermittelt werden, dabei gelten als ideale Verhaltensweisen im Umgang mit Mitmenschen u. a. Teamgeist, Hilfsbereitschaft, Dankbarkeit und Respekt. 16 % der Texte dienen im wesentlichen der „politischen Sozialisation", da darin Patriotismus bzw. Nationalismus als zentrale Botschaften erkennbar sind: Durch nationale Errungenschaften und Erfolge (wie z. B. einen Olympiasieg im Jahre 1984[444]) soll Nationalstolz erzeugt werden, ferner werden Märtyrer und Nationalhelden (Zhou Enlai, Mao Zedong) sowie die Rote Armee verehrt. Diese Textkategorie ist stilistisch durch Pathos und politische Parolen gekennzeichnet und arbeitet zum Teil, etwa bei der Behandlung des chinesisch-japanischen Krieges,[445] mit Feindbildern. „Alltags- und Allgemeinwissen" ist der zentrale Gegenstand von rund 9 % der Texte. Hierbei liegt der Schwerpunkt auf Kenntnissen über Wissenschaft und Technik im Alltag, die anhand von Vorbildern (z. B. Newton, Gauss), historischen Erfindungen sowie modernen technischen Errungenschaften (Internet, Computer) vermittelt werden sollen. Weitere Themen des kindlichen Alltags sind Spiele, Verkehrserziehung oder Hygienemaßnahmen. „Heimat- und Landeskunde" steht in rund 6 % der Lesebuchtexte im Zentrum, hierbei wird kulturelles und heimatkundliches Wissen über China und seine Sehenswürdigkeiten, aber auch über nationale Minderheiten und ihre Sitten und Gebräuche behandelt. Am Rande taucht auch Landeskundliches über das Ausland auf.

Die Ermittlung dieser Themenkomplexe diente dazu, das Spektrum aller erzieherischen Lesebuchinhalte aufzuzeigen und den Anteil der natur- und umweltbezogenen Texte am gesamten Textbestand festzustellen. In der Analyse werden jedoch nur die Inhalte der Texte berücksichtigt, die den Themenbereich „Natur und Umwelt" im Sinne der Definition berühren. Dies ist bei rund 34 % der Texte (insgesamt 121 von 362 Texten) der Fall. Jeder dieser natur- und umweltbezogenen Texte wurde anhand seines zentralen Inhalts einer der folgenden sechs Kategorien zugeordnet: „Tier- und Pflanzenkunde", „Natürliche Phänomene und ökologische Kreisläufe", „Natur- und Landschaftsschilderungen", „Beziehung des Menschen zu Natur und Umwelt", „Beziehung des Menschen zu Tieren und Pflanzen", „Umweltzerstörung, Umweltschutz und Nachhaltigkeit". Geordnet nach diesen Kategorien werden die Inhalte der literarischen Texte im Folgenden eingehender untersucht.

[444] *Beijingban* Band 7, Lektion 4.

[445] *Beijingban* Band 10, Lektion 23.

6.2 Textinhalte zum Themenkomplex „Natur und Umwelt"

6.2.1 Tier- und Pflanzenkunde

Tier- und pflanzenkundliche Texte machen mit rund 22 % einen großen Anteil an den natur- und umweltbezogenen Texten in den Lesebüchern des Verlags *Beijing chubanshe* aus. Dabei überwiegen Texte über die Lebensweise und Entwicklung verschiedener Tierarten, pflanzenkundliche Texte kommen seltener vor. Auf elementarem Niveau in den Lesebüchern für die erste Klasse erfolgt die Vermittlung des Wissens in kurzen Textabschnitten wie in folgendem Dialog, der verdeutlicht, dass Tiere im Schnee unterschiedliche Spuren hinterlassen:

> Ein kleiner Hund hinterlässt im Schnee die Abdrücke seiner Pfoten. Da sagt er zum Küken: „Sieh mal her, ich kann Pflaumenblüten malen." Das Küken hinterlässt im Schnee die Spuren seiner Krallen. Da sagt es zu dem kleinen Hund: „Sieh mal, und ich kann Bambusblätter malen."[446]

Weitere solcher Kurztexte (短文 *duanwen*) transportieren die Information, dass Wildgänse im Herbst nach Süden ziehen[447] oder nennen einige physiognomische Merkmale von Schwänen („gebogene Hälse", „weiße Federn" und „roter Schnabel").[448]

In den unteren Klassenstufen werden überwiegend einfache Kindergeschichten mit anthropomorphisierten Tieren als Protagonisten eingesetzt, wie die folgenden drei, die sich ihn ihrer Erzählstruktur und ihren textlichen Merkmalen ähneln. In der Geschichte „Der kleine Gecko will sich einen Schwanz leihen" (小壁虎借尾巴 *xiao bihu jie weiba*)[449] beißt eine Schlange einem jungen Gecko den Schwanz ab, also begibt sich dieser auf die Suche, um sich bei anderen Tieren einen neuen zu leihen:

> Er krabbelte zum Fluss und sah dort einen Fisch, der im Wasser umherschwamm und mit der Schwanzflosse wackelte. Der kleine Gecko fragte ihn: „Schwesterchen Fisch, kannst du mir nicht deinen Schwanz leihen?" Der kleine Fisch antwortete: „Das geht nicht, ich brauche ihn doch zum Schwimmen."

Auch das Rind kann ihm seinen Schwanz nicht leihen, denn es braucht ihn, um damit Fliegen zu verscheuchen, und die Schwalbe braucht ihren, um damit beim Fliegen zu lenken. Betrübt klettert der Gecko nach Hause, um seiner Mutter von seinem Misserfolg zu berichten. Doch diese sagt lachend: „Mein dummes Kind,

[446] *Beijingban* Band 1, Lektion 8. Die in den folgenden Kapiteln zitierten Textpassagen beziehen sich, soweit nicht anders angegeben, stets auf meine deutsche Übersetzung, die sich im Anhang dieser Arbeit findet. Zur leichteren Orientierung sind dort die Übersetzungen in der Reihenfolge aufgelistet, in der die Texte besprochen werden.

[447] *Beijingban* Band 1, Lektion 3.

[448] *Beijingban* Band 1, Lektion 7.

[449] *Beijingban* Band 4, Lektion 11. Dieser Text findet sich auch in *Renjiaoban* Band 2, Lektion 25.

dreh dich doch einmal um und schau nach." Da stellt er erfreut fest, dass sein Schwanz bereits nachgewachsen ist.

„Faszinierende Sänger" (奇妙的歌手 *qimiao de geshou*)[450] handelt von einem Pirol, der sich auf die Suche nach Sängern zur Gründung eines Waldchors begibt. Dabei geht er zunächst davon aus, dass diese genau wie er selbst mit ihrer „Stimme" singen. Die Honigbiene macht ein schönes summendes Geräusch und der Vogel lobt ihre Stimme. Sie erklärt ihm, dass sie den Ton mit ihren Flügeln erzeugt. Als nächstes lobt der Pirol die klangvolle Stimme des Frosches, doch der korrigiert ihn, er „singe" mit seiner Schallblase. Erst bei genauem Hinsehen erkennt der Pirol, dass dem Frosch auf beiden Seiten zwei kleine Bällchen wachsen, mit denen er die Laute erzeugt. Auch das Zirpen der Grille lobt er, wird von ihr jedoch aufgeklärt, dass sie auf dem einem Flügel einen spitzen Bogen und auf dem anderen einen Klangkörper trägt, der klingt, sobald sie mit dem Bogen darüber streicht. So endet der Text mit dem Schlusswort:

> Der Waldchor begann mit seinem Konzert, und viele seiner hervorragenden Sänger sangen überhaupt nicht mit ihren Stimmen. Wie faszinierend das war!

„Die kleinen Kaulquappen suchen ihre Mama" (小蝌蚪找妈妈 *xiao kedou zhao mama*)[451] handelt von einem Schwarm Kaulquappen, die in einem Teich umherschwimmen und ihre Mutter suchen. Nach einigen Tagen wachsen ihnen Hinterbeine, daher halten sie den Karpfen für ihre Mutter. Dieser gibt ihnen den Hinweis: „Eure Mama hat vier Beine und ein breites Maul." Die Kaulquappen schwimmen weiter, da wachsen ihnen Vorderbeine und sie denken nun, die Schildkröte müsse ihre Mutter sein. Doch auch diese verneint und beschreibt ihnen ihre Mutter als gute Sängerin mit „großen Augen" und einem „grünen Kleid". Wenige Tage später wird der Schwanz der Kaulquappen noch kürzer, da bemerken sie auf einem Lotosblatt einen großen Frosch, auf den diese Beschreibung zutrifft:

> Die kleinen Kaulquappen riefen: „Mama, Mama!" Mama Frosch senkte ihren Kopf, sah sie an und sagte lachend: „Meine lieben Kinder, ihr seid ja schon zu Fröschen geworden. Kommt schnell zu mir herauf!" Unbemerkt hatten die Kaulquappen irgendwann auch noch ihren Schwanz verloren. Sie stießen sich mit ihren Hinterbeinen ab und sprangen auf das Lotosblatt. Mama Frosch sagte fröhlich: „Kommt, lasst uns zusammen Schädlinge fangen!"

Mit diesem Schlusssatz geht der Text über die Darstellung der biologischen Entwicklung der Frösche hinaus und verweist auch auf ihre Nützlichkeit für den Menschen.

[450] *Beijingban* Band 3, Lektion 18.

[451] *Beijingban* Band 4, Lektion 24. Dieser Text findet sich auch in *Renjiaoban* Band 4, Lektion 5 und *Zhejiaoban* Band 4, Lektion 13.

Die drei Geschichten sind ähnlich strukturiert: Die Protagonisten, meist junge Tiere, machen sich auf den Weg, um eine Aufgabe zu lösen, und fragen dabei Vertreter anderer Tierarten um Rat. Ihre Fragen basieren dabei zumeist auf falschen Schlussfolgerungen, da sie ihr Wissen über sich selbst auf andere Arten übertragen: So schließen die Kaulquappen aufgrund einer vermeintlichen Ähnlichkeit in ihren verschiedenen Entwicklungsstadien darauf, dass sie Karpfen oder Schildkröten seien, der Gecko weiß noch nicht, dass sein Schwanz rasch abfällt und wieder nachwächst, und der Pirol setzt voraus, dass alle Tiere mit ihrer „Stimme" Töne erzeugen. Die Tiere, die sie um Rat fragen, treten als Mentoren auf und helfen den Protagonisten, schrittweise ihr Wissen zu erweitern.

Einige Essays berichten aus der Ich-Perspektive über die Vorkommnisse im Biotop vor dem eigenen Fenster. Dabei wird Sachwissen verknüpft mit einer direkten, intensiven Beobachtung der Natur durch den Menschen. In „Geckos" (壁虎 *bihu*)[452] schildert der Autor, wie er an einem Sommerabend im Garten sitzt und die kühle Abendluft genießt. Das Licht an der Hauswand hat Insekten und Geckos angelockt, und er reckt den Kopf, um sie zu beobachten. Dabei liefert er zunächst eine detaillierte Beschreibung ihres Aussehens: Die Geckos pressen sich dicht an die Wand, spreizen die fünf Zehen an jedem ihrer vier Füße und haften damit an der Wand. Der Kopf eines Geckos ist fast dreieckig, seine kleinen Augen sind scharf und sein Schwanz dünn, und sein Körper ist mit hellen und dunklen Schuppen überzogen. Im Anschluss beschreibt der Autor, wie Geckos beim Insektenfangen vorgehen:

> Die Geckos hingen bäuchlings an der Wand, reglos wie Zementklumpen. Die Insekten, die auf der Mauer landeten, krabbelten neben ihnen hin und her, doch die Geckos taten, als bemerkten sie sie nicht. Sie warteten, bis immer mehr Insekten neben ihnen aufgetaucht waren. Sobald einige Insekten direkt vor seinem Maul sitzen, streckt ein Gecko blitzschnell seinen Hals und zieht ihn ebenso schnell wieder ein. Wenn du in diesem Moment gerade geblinzelt hast, könntest du meinen, er habe sich überhaupt nicht bewegt. Aber die Insekten vor seinem Maul sind verschwunden.

Der Autor des ähnlich gestalteten Essays „Die Spinne" (蜘蛛 *zhizhu*)[453] beobachtet, wie eine Spinne in ihrem Netz vor seinem Fenster Insekten fängt:

> Eines Tages berührte ein winziges Fluginsekt das Spinnennetz und klebte fest. Die Spinne kam angeschossen, kletterte hinüber und fing das kleine Insekt sofort ein. Nach einer Weile ging ihr eine Motte ins Netz. Die Spinne sonderte aus ihrem Hinterteil einen Faden ab und fesselte sie, bis sie nicht mehr zappeln konnte.

Schließlich fällt die Spinne selbst einer Wespe zum Opfer und im Ast bleibt nur ihr zerrissenes Netz zurück. Beide Texte beschreiben den Beutefang verschiedener

[452] *Beijingban* Band 7, Lektion 22.

[453] *Beijingban* Band 4, Lektion 14.

Tier- bzw. Insektenarten und zeigen damit auch, wie nahe in der Natur Leben und Sterben, Fressen und Gefressenwerden beieinander liegen. Da sich die Schönheit der Natur ebenso wie die kleinen Katastrophen im direkten Umfeld des Menschen im Garten oder vor dem Fenster abspielen, wird deutlich, dass eine Beobachtung der Natur überall möglich ist. Auch wird illustriert, wie eng der Lebensraum der Tiere mit dem des Menschen verknüpft ist. Zusätzliche Nähe zum Leser wird durch die Ich-Perspektive erzeugt, so dass die Schüler angeregt werden könnten, eigenständig die Vorgänge in der Natur in ihrem Wohnumfeld zu beobachten.

In den Lesebüchern für die höheren Klassenstufen wandelt sich die literarische Präsentation der Wissensinhalte: Es tauchen kaum noch einfache Tiergeschichten auf, dafür finden sich zunehmend komplexere, sach- und faktenorientierte Texte, die teilweise mit fiktiven Elementen und Anekdoten angereichert sind. Damit werden Erzählweise und Komplexität dem Wissensstand angepasst, den die Schüler durch den Unterricht in den naturwissenschaftlichen Fächer erreicht haben.

Neben dem bereits geschilderten Überlebenskampf, dem Tiere durch Fressfeinde ausgesetzt sind, finden sich in der Natur auch Tierarten, die in Symbiose leben. Dieses Phänomen beschreibt der Sachtext „Wie sich die Tiere gegenseitig helfen" (动物的互惠互助 *dongwu de huhui huzhu*)[454] zunächst anhand des bekannten Beispiels von Krokodil und Regenpfeifer: Dieser Vogel ernährt sich von den Speiseresten, die sich zwischen den Zähnen des Krokodils angesammelt haben, und „putzt" sie dabei gleichzeitig. Eine andere Vogelart, der Honiganzeiger, kooperiert mit dem Honigdachs, um Bienenstöcke aufzuspüren und zu zerstören, so dass der Dachs den Honig fressen und der Vogel das übrig gebliebene Honigwachs aufpicken kann. Die Anemonengarnele und die rote Seeanemone leben ebenfalls symbiotisch:

> Die Anemonengarnele hält in jeder ihrer beiden großen Scheren eine Seeanemone und wandert so den ganzen Tag hin und her. Wenn Gefahr droht, hebt sie sofort die Seeanemone, und diese attackiert den Feind mit ihren giftigen Tentakeln. So kann die Anemonengarnele überall furchtlos nach Futter suchen. Die Seeanemone sammelt auf, was die Garnele übrig lässt, und wird davon auch satt.

Biologisches Faktenwissen über die Meeressäuger vermittelt der Sachtext „Wale" (鲸 *jing*).[455] Zunächst illustriert er das erste auffällige Merkmal der Wale – ihre Größe:

> Der größte Wal wiegt 160 Tonnen, der kleinste immerhin noch über zwei Tonnen. In China haben wir einmal einen 40 Tonnen schweren Wal gefangen, der war siebzehn Meter lang und seine Zunge war so schwer wie ein Dutzend fetter Schweine. In

[454] *Beijingban* Band 6, Lektion 9.

[455] *Beijingban* Band 12, Lektion 15. Dieser Text findet sich auch in *Renjiaoban* Band 9, Lektion 22.

> seinem aufgesperrten Maul könnte ein aufrecht stehender Mensch nicht mit dem ausgestreckten Arm seinen Gaumen berühren.

Dann wird erläutert, dass Wale keine Fische, sondern Säugetiere sind, die die selben urzeitlichen Vorfahren haben wie die Ochsen. Der Text beschreibt die Unterschiede zwischen Barten- und Zahnwalen, erklärt, dass Wale lebend gebärend sind, beim Atmen eine Wassersäule ausblasen und bis zu hundert Jahre alt werden können. Das Faktenwissen wird dabei durch Zahlen, Beispiele und Vergleiche veranschaulicht: Die Zunge des größten Wals ist „so schwer wie ein Dutzend fetter Schweine" und die Wassersäule „genauso wie eine Fontäne im Park". Indem bekannte Vergleichsobjekte herangezogen werden, wird die Größendimension des unbekannten Tieres für die kindlichen Leser greifbarer.

Dieses didaktische Mittel wird auch im folgenden Sachtext eingesetzt, der eine Tierart am anderen Ende der Größenskala beschreibt. „Die niedlichen Mausmakis" (可爱的鼠狐猴 *ke'ai de shuhuhou*)[456] stellt diese weltweit kleinste Primatenart aus Madagaskar vor. Auch hier werden bekannte Tierarten zum Vergleich herangezogen – der Ähnlichkeit mit ihnen verdanken die Mausmakis ihren chinesischen Namen, der „Maus-Fuchs-Affe" bedeutet:

> Zur großen Tierfamilie im Pekinger Zoo zählen auch die kleinsten Affen der Welt – die Mausmakis. Sie sehen aus wie Mäuse, ihre Schwänze ähneln denen von Füchsen und Kopf, Hände und Füße sehen aus wie bei den Affen.

Anschließend wird in einer Anekdote beschrieben, wie eines der Tiere aus seinem Käfig entwischt und vor den Wärtern flieht, wobei gleichzeitig seine Schnelligkeit und Sprungkraft veranschaulicht werden: Das ausgerissene Tier kann „über einen Meter hoch springen", so dass die Wärter sich bei der Jagd sehr anstrengen müssen und es erst einfangen können, als es in eine Schublade fällt. Neben den Nahrungsgewohnheiten und der Heimat dieser Primatenart wird in sachlicher Form ihre Größe und Entwicklung beschrieben:

> Direkt nach der Geburt sind sie ganz jämmerlich klein, etwa so groß wie ein Erdnusskern, und wiegen nur vier Gramm. Nach drei Tagen können sie sich schon bewegen und klettern an einem Kugelschreiber und manchmal auch am Daumen eines Menschen hoch und runter. Selbst wenn sie ausgewachsen sind, wiegen sie nur rund fünfzig Gramm. Wie interessant das ist!

Über die sachliche Darstellung hinaus ist in diesem Text eine starke affektive Komponente erkennbar, die sich vor allem an den verwendeten Adjektiven zeigt: Die Mausmakis sind „interessant" und „niedlich" und aus diesem Grund besonders beliebt. Da sie aus dem warmen Madagaskar stammen, wirkten sie im Pekinger Zoo im Winter oft „niedergeschlagen", obwohl sie in warmen Räumen gehalten werden. Erst der Sommer sei daher die geeignete Jahreszeit, um diese

[456] *Beijingban* Band 5, Lektion 27.

„lebhaften“ Affen im Zoo zu beobachten. Da dieser konkrete Hinweis geliefert wird, könnte neben der Vermittlung von Wissen und Tierliebe ein weiterer Zweck des Textes darin bestehen, die Schüler zu einem Zoobesuch anzuregen. Diese affektive Komponente zeigt sich auch im Sachtext „Eichhörnchen“ (松鼠 *songshu*)[457], der die Verhaltensmerkmale aufzählt, die man mit diesen Nagetieren allgemein assoziiert: Sie springen von Ast zu Ast, bauen Nester, halten Nüsse oder Vogeleier beim Fressen in ihren Vorderpfoten und legen sich einen Wintervorrat an. Und sie sind so possierlich, „man muss sie einfach gern haben.“

Der Sachtext „Wüstenschiffe“ (沙漠里的船 *shamo li de chuan*)[458] beschreibt die gute Anpassung der Kamele an die widrigen Lebensbedingungen in der Wüste: Ihre Beine sind mit dicken Schwielen bewachsen, damit sie sich nicht am heißen Sand verbrennen, und in ihren Höckern lagern sie Fettreserven ab, um Zeiten der Nahrungsknappheit zu überstehen. Eine wesentliche Aussage des Textes ist dabei in dem großen Nutzen zu erkennen, den die Kamele durch ihre außergewöhnlichen Fähigkeiten für den Menschen haben:

> [...] der Geruchssinn der Kamele ist sehr scharf, so dass sie den Menschen helfen können, Quellen aufzuspüren.
>
> [...] Reisende finden sich schlecht zurecht, aber die Kamele können ihnen den Weg zeigen.
>
> [...] Kamele kennen das Klima in der Wüste genau, und sobald ein Sturm aufzieht, knien sie sich nieder, damit sich die Reisenden rechtzeitig darauf vorbereiten können.
>
> Kamele können nicht schnell laufen, aber sie können schwere Lasten tragen. Sie sind das Verkehrsmittel in der Wüste [...]

Ebenfalls in Form eines Sachtexts beschreibt „Die ‘Hygienegewohnheiten’ der Elefanten“ (大象的卫生习惯 *daxiang de weisheng xiguan*)[459], wie sich diese Tiere bei großer Hitze verhalten: sie fächeln sich mit ihren „natürlichen Fächern“ – den großen Ohren – Luft zu, trinken Wasser, oder saugen es mit ihrem Rüssel ein und pusten es sich dann auf den Rücken, um zu „duschen“. Oft nehmen sie ein Bad im Wasser, um sich zu säubern und Parasiten abzuspülen, die sich in ihrer Haut eingenistet haben. Ein Kindergedicht mit dem Titel „Interessante Korallen“ (有趣的珊瑚 *youqu de shanhu*)[460] bezieht den Leser mit ein[461], indem er in der ersten Strophe in vier Fragesätzen die Frage aufwirft, ob Korallenriffe Blumen oder Steine seien. Die zweite Strophe erklärt, dass Korallen aus Insekten entstehen, die

[457] *Beijingban* Band 8, Lektion 6.

[458] *Beijingban* Band 8, Lektion 7.

[459] *Beijingban* Band 6, Lektion 10.

[460] *Beijingban* Band 3, Lektion 8.

[461] Die direkte Ansprache des Lesers gilt als ein typisches Stilmittel von Kindersachbüchern: Sie soll ihn stärker in die beschriebene Sache einbeziehen oder ausdrücklich zum Handeln auffordern. (Vgl. Hussong, a.a.O., S. 68.)

im warmen, flachen Meer leben und Kalk absondern. Sie wachsen aneinander, bilden Korallenriffe und dehnen sich aus. Nachdem der Lebensraum der Korallen und die Bildung von Riffen beschrieben wurden, beantwortet die letzte Strophe schließlich die Ausgangsfrage. Hierbei wird der kindliche Leser direkt angesprochen und erhält den Auftrag, sein neu erworbenes Umweltwissen zu verbreiten: „Bitte sage es allen weiter: Korallen waren ursprünglich Skelette von Tieren, sie sind also weder Steine noch Blumen".

Auch der folgende Sachtext „Die Welt auf dem Meeresgrund" (海底世界 *haidi shijie*)[462] arbeitet mit dem Stilmittel der Frage, um die Neugier und das wissenschaftliche Interesse der Kinder anzuregen: Im Anschluss an die Frage „Weißt du, wie tief das Meer ist?" beschreibt er, dass Wellen in den Tiefen des Ozeans nicht spürbar sind und in fünfhundert Metern Tiefe völlige Dunkelheit herrscht, „und doch funkeln im dunklen, tiefen Meer viele Sterne – das sind die Leuchtorgane der Tiefseefische". Die anschließende Frage „Ist es auf dem Meeresboden ganz still?" wird verneint: Mit einem Unterwasser-Mikrofon könne man die Geräusche der Meerestiere hören, von denen einige „summen wie Bienen, andere zwitschern wie Vögel, wieder andere bellen wie Hunde". Im Anschluss daran werden die Fortbewegungsmethoden der Meerestiere erläutert: Die Seegurke kontrahiert ihre Muskeln und kommt dadurch nur vier Meter pro Stunde vorwärts, ein Fisch, der einem Weberschiffchen ähnelt, legt dagegen einige Dutzend Kilometer pro Stunde zurück, Krake und Tintenfisch nutzen das Rückstoßprinzip zur Fortbewegung.

Ein Aspekt des Textes ist die seltsame Landschaft und Tierwelt, bei der vor allem das Kuriose betont wird, wodurch das naturkundliche Interesse des kindlichen Lesers verstärkt werden soll. Der zweite Aspekt sind die Ressourcen, die sich auf dem Meeresboden finden lassen:

> Der Meeresboden birgt reiche Vorräte an Kohle, Eisen, Erdöl, Erdgas und seltenen Metallen, von denen es an Land nur wenige gibt. Auf dem Grund des Meeres liegt wirklich eine Welt voller seltsamer Landschaften und reichhaltiger Produkte.

Diese Passage vermittelt den Eindruck, als stünden die „reichhaltigen Produkte" und Vorräte des Meeresbodens dem Menschen uneingeschränkt zur Verfügung. Auf damit verbundene Umweltprobleme wird jedoch nicht verwiesen – der Satz, dass es von den genannten Ressourcen „an Land nur wenige gibt", kann noch nicht als Hinweis auf ihre allgemeine Knappheit interpretiert werden, und auch der Schaden, der durch den Abbau von Bodenschätzen ensteht, bleibt unerwähnt. Statt dessen wird das Bild eines ökologisch intakten Unterwasseridylls transportiert, das gleichzeitig dem Menschen Nutzen bringt.

[462] *Beijingban* Band 7, Lektion 12. Dieser Text findet sich auch in *Renjiaoban* Band 6, Lektion 23 und *Zhejiaoban* Band 8, Lektion 8.

Aus historischer Perspektive behandelt der Text „Elefanten vom Gelben Fluss" (黄河象 *Huanghe xiang*) von Liu Houyi 刘后一[463] das Thema Tier.[464] Dieser nennt eine wissenschaftliche Theorie über die Versteinerung des Skeletts eines Flusselefanten, das im Pekinger Naturkundemuseum zu besichtigen ist: Dieser sei vor zwei Millionen Jahren beim Trinken in ein verschlammtes Flussbett gestürzt und darin eingesunken.

> Seine Leiche verrottete, doch sein Skelett und seine Stoßzähne wurden langsam zu so etwas Ähnlichem wie Stein. Zwei Millionen Jahre sind seitdem vergangen, und die Erde hat sich sehr verändert. Die Steppen von einst hoben sich und wurden zu Hochebenen, ein Berggipfel nach dem anderen schob sich aus der Erde empor und über der Ruhestätte des alten Elefanten entstand ein neuer Fluss.

1973 wurde der gut erhaltene Fund entdeckt, und da sämtliche Knochen seines Körpers noch miteinander verbunden waren, schloss man darauf, dass er sich nicht von der Stelle bewegt haben konnte. Im Hinblick auf die Umwelterziehung sind hierbei vor allem die umweltgeschichtlichen Informationen von Belang, dass vor zwei Millionen Jahren am Gelben Fluss Elefanten gelebt haben und dass sich die Erde im Laufe der Jahrtausende stark verändert hat.

Bei der Vermittlung von tierkundlichem Wissen stellt der Text „Auf der Pinguininsel" (登上企鹅岛 *dengshang qi'e dao*)[465] stilistisch eine Ausnahme dar, da er Charakter und Physiognomie verschiedener Pinguine in Form eines Reiseberichts zum Südpol vorstellt. Der Text wird aus der Perspektive eines Kindes erzählt, das mit „Onkel Gao", der einem chinesischen Expeditionsteam angehört, einen Ausflug zur „Pinguininsel" unternimmt. Dort beobachtet der Ich-Erzähler zum ersten Mal Pinguine in der freien Natur:

> Die Federn der Pinguine unterscheiden sich von denen anderer Vogelarten. Jungpinguine haben am ganzen Körper Flaum, die Federn von ausgewachsenen Pinguinen ähneln Fischschuppen. Ihre Körper sind stromlinienförmig und der schwarze Rücken hebt sich deutlich vom weißen Bauch ab. Die Flügel haben sich zu Flossen zurückgebildet. Beim Laufen schwanken Pinguine hin und her, das sieht sehr lustig aus. Ich hob einen kleinen grauen Pinguin hoch und machte mit ihm ein Erinnerungsfoto.

Durch eigene Beobachtungen in Verbindung mit den Erläuterungen von „Onkel Gao" erweitert der Ich-Erzähler sein Wissen über verschiedene Arten (Eselspinguine, Kehlstreifpinguine und Adéliepinguine) und beschreibt Aspekte wie Nahrungsaufnahme und Aufzucht der Pinguinjungen. Emotionale Aspekte fließen

[463] Lebensdaten 1924-1997, festlandchinesischer Biologe und Kinderbuchautor.

[464] *Beijingban* Band 10, Lektion 26.

[465] *Beijingban* Band 5, Lektion 23. Dieser Text findet sich unter dem Titel „Die Pinguine und ich" auch in *Renminban* Band 6, Lektion 4. Inhaltlich sind sie nahezu identisch, die Version in den Lesebüchern des *Beijing*-Verlags ist etwas kürzer und die Protagonisten tragen andere Namen.

hier ebenfalls mit ein, die Tiere werden als liebenswert beschrieben und sind zutraulich – der Ich-Erzähler lässt sich sogar mit einem von ihnen auf dem Arm fotografieren. Neben der Erzählperspektive könnte auch die Tatsache, dass es sich bei den Protagonisten um Landsleute – Chinesen – handelt, zu einer Identifikation des Lesers mit dem Ich-Erzähler beitragen.

Im Bereich der Pflanzenkunde[466] beschreibt „Ein Samenkorn" (一粒种子 *yi li zhongzi*)[467] in Form einer einfachen Kindergeschichte das Wachstum von Pflanzen. Ein Samenkorn liegt in der Erde, fühlt angenehme Wärme, trinkt Wasser und streckt sich. Dann fragt es den Regenwurm nach dem Geräusch, das von draußen hereindringt, und dieser antwortet, das sei der Frühlingswind, der sie beide rufe, heraus zu kommen. Das Samenkorn fragt weiter:

> „Wie ist es denn da draußen? Auch so dunkel?" „Nein, draußen ist es sehr hell", sagte der Regenwurm, während er sich nach oben wand. „Ich bringe dir etwas Erde, dann kannst du dich hindurchbohren". Das Samenkorn war sehr froh, als es das hörte, und streckte sich noch ein bisschen. Der Frühlingswind sang sein Lied, das Quellwasser sang, und die kleinen Vögel und Kinder sangen auch. Als das Samenkorn hörte, wie lebhaft es da draußen zuging, sagte es eilig: „Oh, ich sollte wirklich schnell hinausgehen!"

Während hier das Pflanzenwachstum allgemein erklärt wird, steht in der folgenden Geschichte „Der Bambustrieb" (笋芽儿 *sun yar*)[468], die mit ähnlichen Stilmitteln arbeitet, eine einheimische Pflanzenart im Zentrum. „Tante Frühlingsregen" und „Opa Donner" rufen den schlafenden Bambustrieb, herauszukommen, da wendet sich auch dieser fragend an eine Wissensautorität – den Grashalm:

> „Brüderchen Gras, was machst du denn?" Der Grashalm warf ihm einen Blick zu und sagte: „Ich möchte diese schöne Zeit nutzen und schnell wachsen." Als der Bambustrieb dies hörte, wurde ihm ganz warm ums Herz und er sagte: „Na, dann will ich diese schöne Zeit auch nutzen, um schnell zu wachsen."

Zwar hat ihm die fürsorgliche „Bambusmama" eine dicke Schicht „Kleidung" angezogen, damit er sich nicht verkühlt, doch der Bambustrieb wirft diese „mutig" ab, da er schnell wachsen „will". Da „Tante Frühlingsregen" ihn bewässert und „Opa Sonne" ihn wärmt, kann er schließlich „immer mehr Kleidungsstücke ablegen" und zu einem kräftigen Bambus heranwachsen.

[466] Kreisläufe wie das Wachstum und die Vermehrung von Pflanzen stehen in direktem Zusammenhang mit pflanzenkundlichem Wissen und sollen daher an dieser Stelle behandelt werden. Unter Abschnitt 6.2.2 sind dagegen alle übrigen Kreisläufe und Phänomene wie der Lauf der Jahreszeiten, Wind, Regen, Sonne etc. eingeordnet.

[467] *Beijingban* Band 4, Lektion 13.

[468] *Beijingban* Band 6, Lektion 29.

Auch im folgenden Text „Pflanzenmamas kennen viele Tricks" (植物妈妈有办法 *zhiwu mama you banfa*)[469] werden die Pflanzen „vermenschlicht": Bezogen auf ihre Fortpflanzung wird einleitend gefragt, wie Pflanzen „in die weite Welt hinausgehen", da sie doch weder Beine noch Flügel haben. Als Antwort werden am Beispiel von „Mama Löwenzahn", „Mama Spitzklette", „Mama Granatapfel" und „Mama Erbse" vier „Tricks" aufgezählt, mit denen Pflanzen ihre Samen verbreiten: Mit „Fallschirmen" ziehen die Löwenzahn-Kinder in alle Richtungen, wenn der Wind weht; ausgestattet mit einer „Ganzkörper-Rüstung" und einem „Panzer mit Stacheln" halten sich die Spitzkletten-Kinder am Fell der Tiere fest und bewegen sich fort. Erbsenschoten platzen in der Sonne auf, so dass die „Erbsenkinder" herausfallen, und Mama Granatapfel ist besonders „mutig":

> Sie hat keine Angst, dass die Vögel ihre Kinder auffressen. Die Kinder halten im Bauch der Vögel ein Nickerchen, bis sie irgendwo wieder herauskommen und sich dort niederlassen.

Der Text enthält jedoch außer der positiven Ermutigung zur genauen Naturbeobachtung gleichzeitig die Ermahnung, beim Lernen und Beobachten nicht nachlässig zu sein:

> Pflanzenmamas kennen viele, viele Tricks – und wenn du es nicht glaubst, dann beobachte sie doch einmal selbst. Man kann aus der Natur sehr viel Wissen erwerben, aber nachlässigen Kindern wird das nicht gelingen.

Die Texte vermitteln pflanzenkundliches Basiswissen über das Wachstum und die Vermehrung von Pflanzen und arbeiten mit dem bereits angesprochenen Mittel der Anthropomorphisierung. Dadurch könnte bei kleineren Kindern der Eindruck entstehen, dass Pflanzen die „Entscheidung" treffen oder den „Willen" haben, zu wachsen.

Der folgende Sachtext „Fleisch fressende Pflanzen" (吃虫的植物 *chi chong de zhiwu*)[470] stellt dar, wie die beiden Arten Sonnentau und Kannenstrauch Insekten fangen. Der Sonnentau geht dabei folgendermaßen vor:

> Auf den Blättern wachsen weiche Härchen, an denen ein Schleim haftet. Wenn ein Insekt darauf landet, klebt es sofort fest. Gleichzeitig klappen die Blätter zu, so dass es nicht entkommen kann.

Die Methode des Kannenstrauchs, der „am ganzen Körper rot und grün" ist und aussieht, „als habe er sich extra ganz fein gemacht", ist eine andere: Er besitzt einen Beutel mit einem Deckel, an dessen Öffnung feine Härchen wachsen. Daran klebt ein Nektar, der Insekten anlockt, die dann durch die Öffnung in den Beutel fallen und sich nicht mehr befreien können. Die Insekten verrotten im Innern der Pflanzen und liefern ihnen damit die nötigen Nährstoffe.

[469] *Beijingban* Band 4, Lektion 17. Dieser Text findet sich auch in *Renjiaoban* Band 3, Lektion 21.

[470] *Beijingban* Band 8, Lektion 14.

> Einmal entdeckte ein Botaniker, dass ein Tausendfüßler in den Beutel eines Kannenstrauchs gefallen war. Seine obere Hälfte ragte aus dem Beutel heraus und er versuchte mit aller Kraft, wieder herauszukrabbeln. Doch seine untere Hälfte war im Innern des Beutels schon längst bis zur Unkenntlichkeit verrottet.

In dieser kurzen Episode wird anschaulich und realistisch der Kampf der Insekten ums Überleben und damit eine der alltäglichen „Katastrophen" im Biotop geschildert. Dies kann einer verklärten Sichtweise der Natur entgegenwirken, die unter Umweltpädagogen als nicht mehr zeitgemäß gilt.

In seinem Essay „Die Füße der Jungfernrebe" (爬山虎的脚 *pashanhu de jiao*)[471] beschreibt Ye Shengtao 叶圣陶[472] zunächst die ästhetischen Eigenschaften dieser Kletterpflanzen, die an der Mauer eines Sportplatzes wachsen. Dabei verweist er auf das Gefühl, das sie beim Betrachter auslösen: Sie sind „so saftig grün, dass man ihren Anblick sehr genießt"; im Wind kräuseln sich die Blätter leicht, „das sieht sehr schön aus." Durch genaue Beobachtung findet er heraus, wie die Jungfernrebe, deren Ranken mit Haftscheiben versehen sind, an der Mauer emporklettert:

> Dort, wo die Stängel ihre Blattstiele haben, strecken sie auf der Rückseite sieben oder acht dünne Fäden aus, die wie Äste geformt sind. Sie sehen aus wie Schneckenfühler. [...] Das sind die Füße der Jungfernrebe. Sobald ihre Füße die Wand berühren, werden die Köpfe der kleinen Fäden zu runden Scheiben, die an der Wand haften. Anfangs waren die Fäden gerade, jetzt biegen sie sich, ziehen die zarten Stängel der Jungfernrebe hoch und lassen sie fest an der Wand haften. So klettert die Pflanze Schritt für Schritt die Mauer hoch.

Die Kraft dieser Haftscheiben sei nicht zu unterschätzen: „Wenn du nicht sehr stark bist, dann glaube nicht, dass du einen Stängel der Jungfernrebe ausreißen könntest." Ähnlich wie bei der Darstellung der Tierwelt werden auch bei den Pflanzen häufig seltsame, kuriose Eingenschaften hervorgehoben, um das Interesse der kindlichen Leser zu verstärken und ihnen die Natur als etwas „Wunderbares" zu präsentieren. Gleichzeitig wird betont, dass viele dieser Pflanzenarten direkt in der eigenen Umgebung beobachtet werden können.

Die Essays „Das Gras" (小草 *xiaocao*)[473], „Der Kaktus" (仙人掌 *xianrenzhang*)[474] und „Lotosblüten in einer Sommernacht" (夏夜荷花 *xiaye hehua*)[475] loben unterschiedliche „Charaktermerkmale" der Pflanzenarten. In „Das Gras" begrün-

[471] *Beijingban* Band 6, Lektion 13.

[472] Lebensdaten 1894-1988, bekannter moderner Autor und Mitglied der „Gesellschaft zur Erforschung der Literatur" (*Wenxue yanjiu hui*). Ye kritisierte in seinen Kurzgeschichten unter anderem die Unterdrückung der Kinder durch das autoritäre Bildungssystem. Nach Gründung der Volksrepublik hatte er einen Regierungsposten inne, 1954 wurde er Vize-Bildungsminister.

[473] *Beijingban* Band 6, Lektion 1.

[474] *Beijingban* Band 11, Lektion 18.

[475] *Beijingban* Band 8, Lektion 17.

det der Autor, warum er, anders als viele andere Menschen, nicht die bunten Blumen oder die eleganten Weiden liebt, sondern das schlichte, einfache Gras:

> Sein Körper ist zwar schwach, doch seine Lebenskraft ist erstaunlich. Sturm und Hagel können das Gras nicht kleinkriegen. Überschwemmungen und Dürre können es nicht ausrotten. Selbst wenn eine Hacke seine Stängel abhackt und Wagenräder es zermalmen, streckt es schon nach kurzer Zeit wieder seinen Körper und beginnt ein neues Leben.

Diese Lebenskraft und Zähigkeit sind es auch, die im zweiten Essay die Bewunderung des Essayisten Qin Mu 秦牧[476] gegenüber dem Kaktus rechtfertigen. Diesem seien Hitze, Kälte oder Wassermangel „völlig gleichgültig“:

> Ganz gleich, wie trocken das Wetter ist – wenn andere Topfpflanzen schon längst ihre Köpfe hängen lassen, ragt er immer noch voller Lebenskraft auf.

Dagegen löst im dritten Essay die Schönheit der Lotosblüten, die der Autor während einer Sommernacht im Pekinger Beihai-Park betrachtet, seine Bewunderung aus. Selbst die leichte Brise und ein Pavillon, der aussieht, „als stünde er im Paradies“, verblassen angesichts der Frische und Behaglichkeit, die das „Meer von Lotosblüten“ bei den Spaziergängern auslöst. Folglich enden alle drei Essays mit einem ausdrücklichen Lob der Qualitäten der jeweiligen Pflanzenart:

> Oh, wie liebenswert das Gras ist! Ich will es laut loben. Ich will loben, dass es keine Mühen scheut und stets nach oben strebt, und ich will seinen stillen, uneigennützigen Opfergeist loben.

> Generationen von Menschen haben die Standhaftigkeit der Kiefern, die Integrität von Pflaume und Bambus, die Reinheit des Lotos und den Mut der Chrysanthemen besungen. Ich denke aber, besonders der Kaktus hat unsere Bewunderung verdient.

> Lotosblüten sind überhaupt nicht egoistisch: Sie schenken ihre Wurzeln und Stängel, Blätter, Blüten und Früchte uns Menschen. Lotosblüten, Lotosblüten, wie schön ihr seid! Wie könnten wir euch nicht loben und preisen!

In umwelterzieherischer Hinsicht könnte diesen Essays das Potenzial zukommen, über die Nennung der positiven „Charaktereigenschaften“ der Pflanzenarten bei den Schülern die affektive Dimension anzusprechen und ihre Achtung vor den Lebewesen zu fördern. Das vordergründige Ziel der Essays liegt jedoch im Bereich der Moralerziehung: Die Liebe zu den Pflanzen begründet sich durch ihre vorbildlichen – menschlichen – „Charaktereigenschaften“ wie Ausdauer und Bescheidenheit. Es ist also primär der Wert dieser Charaktereigenschaften, der den Schülern anhand der Pflanzen, die hier für Menschen stehen, vermittelt werden soll.

[476] Geb. 1919 in Hong Kong, bekannter Essayist und Schauspieler. Verfasste auch Kinderliteratur, z. B. die Sammlung 蜜蜂和地球 *Mifeng he diqiu* [Die Bienen und die Erde]. Changsha chubanshe 1957.

6.2.2 Natürliche Phänomene und ökologische Kreisläufe

Rund 13 % des natur- und umweltbezogenen Textmaterials in den untersuchten Lesebüchern des *Beijing*-Verlags vermittelt naturkundliches Elementarwissen über natürliche Phänomene und ökologische Kreisläufe. Einen breiten Raum nimmt hierbei der Kreislauf der vier Jahreszeiten ein. In allen Texten, die von jahreszeitlichen Phänomenen handeln, ist die Verknüpfung von Wissen mit einer affektiven Komponente – erzeugt durch die Schilderung der Schönheit, der Stimmungen und des Zaubers der Landschaft und ihres Wandels in den verschiedenen Jahreszeiten – ausgeprägt.

Der folgende Kurztext „Herbst" (秋天 *qiutian*)[477] schildert eine herbstliche Stimmung: Der Himmel ist blau, die Blätter haben sich verfärbt, und wenn der Wind weht, fallen sie zu Boden und „sehen aus wie Schmetterlinge, die in der Luft fliegen". Der nächste Abschnitt nennt die blühenden Chrysanthemen, ihren Duft und ihre prächtigen Farben, im Obstgarten „lachen" die Äpfel mit ihren „runden, roten Gesichtern" und die Zweige hängen voller gelber Kakipflaumen „als wären es Lampions". Abschließend wird der Herbst auch in seiner Eigenschaft als Zeit der Ernte geschildert: „Auf den Feldern ist das Getreide reif und Reis, Mais und Bohnen ergeben eine goldene Fläche". Die gesamte Stimmung des Textes spiegelt sich im letzten Satz:

> Der Herbst ist die Zeit der reichen Ernte, der Herbst ergibt ein schönes Bild.

Über die plastische Schilderung der Schönheit und der bunten Farben kann eine emotionale Verbindung zur jeweiligen Jahreszeit erzeugt bzw. intensiviert werden, gleichzeitig fließt Allgemeinwissen über den Herbst als Erntezeit sowie über jahreszeittypische Phänomene und einheimische Früchte ein. Ein tierkundlicher Aspekt wird durch den Text „Laub" (落叶 *luoye*)[478] hinzugefügt: Dieser beschreibt das Verhalten der Insekten, die sich im Herbstlaub verstecken, das auf dem Boden liegt, und der Fische und Ameisen, die das Laub, das auf dem Wasser treibt, als „Regenschirm" oder als „Boot" benutzen. Den Zugvögeln gilt das Laub als Signal zum Aufbruch:

> Wenn die Blätter in den Garten fallen, kommen die Schwalben herbeigeflogen, um sie anzusehen, und sagen leise: „Das Telegramm ist gekommen und drängt uns, in den Süden zu ziehen."

[477] *Beijingban* Band 3, Lektion 2.

[478] *Beijingban* Band 3, Lektion 15. In leicht abgewandelter Form findet sich dieser Text unter dem Titel „Herbst" in *Renjiaoban* Band 3, Lektion 6.

Die Landschaftsbeschreibung „Winteranfang“ (初冬 *chudong*)[479] schildert eine Morgenstimmung im Nebel. Hierbei spielt der Autor zunächst mit dem Kontrast von Nähe und Distanz:

> Der Morgennebel ist weiß und verschwommen, so dass man die Pagode und den kleinen Berg in der Ferne fast gar nicht sehen kann. Die Felder und Wälder in der Nähe sehen aus, als ob ein Schleier über ihnen läge, ganz verschwommen und nicht klar zu erkennen.

Dann steigt die Sonne, die „einem roten Ball gleicht“, langsam auf. Sie verbreitet ihre blassen Strahlen, so dass sich der Nebel allmählich verzieht und sich die anfangs beschriebene Landschaft verändert:

> Nun kann man die Pagode und den kleinen Berg erkennen. Die Felder und Wälder in der Nähe sind deutlich zu sehen.

Auch hier werden für die Jahreszeit typische chinesische Gemüse und Südfrüchte erwähnt: Bauern ernten Weißkohl und die Kakipflaumen hängen wieder an den Zweigen – während sie im vorigen Text im Herbst noch „*gelbe* Lampions“ waren, haben sie nun das Stadium der Reife erlangt und sehen aus „wie kleine *rote* Laternen“. Die Vegetation hat sich verändert, das Laub ist von den Bäumen gefallen. Kiefern und Zypressen werden in ihre Eigenschaft als immergrüne, kälteresistente Pflanzen genannt. Mit seinen typischen Erscheinungen wird damit auch der Winter als eine Jahreszeit dargestellt, die ihren eigenen Reiz hat.

Das Gedicht „Die Schritte der vier Jahreszeiten“ (四季的脚步 *siji de jiaobu*)[480] beschreibt, wie sich die Natur im Laufe des Jahres wandelt und welche Besonderheiten jede Jahreszeit aufweist: Im Frühling singt der Bach „rauschend ein Liedchen“ und Gras und Blumen blühen, im Sommer zirpen die Zikaden, im Herbst singt das Laub und liegt in „goldenen Pfaden“ am Boden, und im Winter singt der Nordwind „heulend ein Liedchen“ und die Schneeflocken „tanzen einen fröhlichen Reigen“. Ein weiteres Gedicht mit dem Titel „Oh, Wald“ (啊，树林子 *a, shulinzi*)[481], das die Schönheit des Waldes und seine jahreszeitlichen Veränderungen schildert, gehört ebenfalls in diese Kategorie.

Die folgenden Texte zeigen Wind, Regen, Gewitter und die Aggregatszustände des Wassers in verschiedenen Varianten. In der Kindergeschichte „Die Farbe des Frühlingsregens“ (春雨的颜色 *chunyu de yanse*)[482] streitet sich eine Vogelschar darüber, welche Farbe der Regen hat, während sie unter einem Dach Schutz vor dem Unwetter sucht:

[479] *Beijingban* Band 3, Lektion 16. Dieser Text findet sich auch in *Renjiaoban* Band 3, Lektion 22.

[480] *Beijingban* Band 3, Lektion 4. Dieser Text findet sich auch in *Renjiaoban* Band 3, Lektion 18.

[481] *Beijingban* Band 4, Lektion 19.

[482] *Beijingban* Band 2, Lektion 5.

Die Schwalbe sagte: „Der Regen ist grün. Wenn er auf das Gras fällt, ist das Gras grün, und wenn er auf die Weidenbäume fällt, sind sie grün." Der Spatz sagte: „Der Regen ist rot. Wenn er auf die Pfirsichbäume spritzt, sind die Pfirsichblüten rot, und wenn er auf die Mandelbäume spritzt, sind die Mandeln rot." Der Pirol sagte: „Der Regen ist gelb. Wenn er auf die Rapsfelder fällt, ist der Raps gelb, und wenn er auf den Löwenzahn fällt, sind die Löwenzahnköpfe gelb."

Schließlich schaltet sich der ebenfalls „vermenschlichte" Regen schlichtend ein und erklärt:

„Liebe Vögel, ihr habt alle Unrecht: Ich habe keine Farbe. Aber ich verleihe dem Frühling seine Farbenpracht."

In diesem Text diskutieren die Protagonisten eine einfache Frage, die für die Leser leicht nachvollziehbar ist. Schwalbe, Spatz und Pirol ziehen dabei jeweils aus der Beobachtung ihrer Umwelt einen eigenen, scheinbar logischen Schluss, bis eine Wissensautorität ihre Irrtümer korrigiert. Hierbei klingen bereits eigenständiges Denken, die Begründung der eigenen Überlegungen und die Diskussion unterschiedlicher Lösungen an, die im Unterricht im Zuge der Reformen stärker gefördert werden sollen.

Das physikalische Grundwissen, dass die Wärme der Handfläche Schnee schmelzen lässt, kann als zentrales Element im Gedicht „Schneeflocken" (雪花 *xuehua*)[483] von Wang An 望安[484] erkannt werden:

Ich fange dich mit der Handfläche auf,
lass mich mal zählen:
eins, zwei, drei, vier, fünf, sechs
wie kommt's, dass die Schneeflocke verschwunden ist,
als ich gerade zu Ende gezählt habe?

Das Gedicht lässt sich auch als Anleitung zum Selbstversuch interpretieren: Mit der Hand aufgefangene Schneeflocken können einen kurzen Augenblick lang im Hinblick auf ihre Form und die Zahl ihrer Zacken untersucht werden. Eine solche genaue Naturbeobachtung spielt auch in der allgemeinen umwelterzieherischen Praxis eine Rolle. „Der Wind" (风 *feng*)[485] erklärt ebenfalls in Gedichtform, dass man am Rascheln der Blätter, den Bewegungen der Zweige und den Wellen auf dem Fluss erkennen kann, dass der Wind weht. Im Kurzgedicht „Die kleinen weißen Schafe am Himmel" (天上的小白羊 *tianshang de xiao baiyang*)[486] wird die Erde als Ort mit einer sauberen, intakten Umwelt beschrieben, an dem es „üppiges Gras" und „klares Wasser" gibt. Da darin auf eine spezielle Form der Wolken –

[483] *Beijingban* Band 1, Lektion 10.

[484] Geb. 1936 in Hunan, Lehrerin an einer Mittelschule, Autorin von Märchen, Gedichten und Liedern für Kinder. Trägerin eines Literaturpreises für Kinderlyrik von 1979-1981.

[485] *Beijingban* Band 3, Lektion 3.

[486] *Beijingban* Band 2, Lektion 4.

die „Schäfchenwolken“ – Bezug genommen wird, fließt am Rande auch naturkundliches Wissen ein.

„Regen“ (雨 *yu*)[487] schildert zunächst die Atmosphäre vor dem Regen. Im Zimmer des Ich-Erzählers ist es stickig, der Himmel verdunkelt sich und ein heftiger Wind kommt auf. Er schließt das Fenster, und kurz darauf beginnt ein starker Regenschauer, den er mit allen seinen Sinnen wahrnimmt:

> Kurz darauf fielen dicke Regentropfen herab und klopften laut an meine Fensterscheibe. Es regnete immer heftiger. Ich blickte durch die Scheibe nach draußen und es sah aus, als hinge ein riesiger Vorhang aus Perlen zwischen Himmel und Erde, so dass alles verschwamm. Der Regen fiel auf die Ziegel des gegenüberliegenden Daches, so dass Schaum aufspritzte und es aussah, als ob ein dünner Nebel das Dach verhüllte.

Der Ich-Erzähler freut sich außerdem über den Regen, da er die Maissprösslinge und die Böden im Garten mit dem notwendigen Wasser versorgt und dadurch auch die „Herzen der Menschen“ erfreut. Nach dem Regen ist die Landschaft verändert und alles wirkt sauber:

> Als ich das Fenster öffnete, strömte der frische Duft von Erde herein. Es war, als sei die Luft gefiltert worden, denn sie war ungewöhnlich frisch. Die Pappeln und Weiden vor dem Fenster waren vom Regen gewaschen worden und streckten ihre Zweige und Blätter aus. Sie glänzten ganz grün und waren wunderschön.

„Gewitter“ (雷雨 *leiyu*)[488] ist in der gleichen Weise strukturiert und beschreibt den Verlauf eines Gewitters von den ersten dunklen Wolken über Blitz und Donner bis zum anschließenden Aufklaren. Zentral ist in diesen Texten die anschauliche Beschreibung der Stimmung und der Sinnesempfindungen des Ich-Erzählers (das Klopfen des Regens an die Fensterscheibe, der frische Duft nach dem Regen), die Vermittlung von Wissen erscheint sekundär. Es werden jedoch die verschiedenen Stadien der Wetterphänomene dargestellt und auf die Bedeutung des Regens für das Pflanzenwachstum verwiesen.

Ein weiterer naturkundlicher Schwerpunkt in den untersuchten Lesebüchern der VR China sind die Himmelskörper. Bereits Kurztexte für Erstklässler wie „Der Mond“ (月亮 *yueliang*)[489] oder Ye Shengtaos 叶圣陶 „Kleines Schiffchen“ (小小的船 *xiaoxiao de chuan*)[490] nehmen Bezug auf die Schönheit der Sterne, die am Himmel funkeln, und des Mondes, der sich im Wasser spiegelt. Dabei fließt teilweise Basiswissen ein, indem beispielsweise im Text „Die Sonne“ (太阳 *taiyang*)[491] erwähnt wird, dass die Sonne am Meer aus dem Wasser und in der Ebene aus dem

[487] *Beijingban* Band 5, Lektion 17. Dieser Text findet sich auch in *Renjiaoban* Band 5, Lektion 23.

[488] *Beijingban* Band 4, Lektion 21.

[489] *Beijingban* Band 1, Lektion 4.

[490] *Beijingban* Band 1, Lektion 2.

[491] *Beijingban* Band 2, Lektion 26.

Gras aufsteigt. Der Text schließt mit dem Satz: „Oh! Diese ganze schöne Welt wird von den Sonnenstrahlen hervorgelockt", der die affektive Dimension anspricht und gleichermaßen auf die Bedeutung von Licht und Wärme der Sonne für alles Leben auf der Erde verweist. In „Bis morgen" (明天见 *mingtian jian*)[492] erklärt „Opa Sonne" einem kleinen Jungen, warum er abends untergehen muss:

> „Ich muss die andere Seite des Erdballs beleuchten. Dort wohnen auch kleine Kinder wie du, und wenn du draußen spielst, schlafen sie. Jetzt will ich sie rasch aufwecken, und du musst schnell schlafen gehen."

Neben der Erklärung dafür, warum die Sonne morgens auf- und abends untergeht, kann aus diesem Text auch ein erster Bezug zur „einen Welt" herausgelesen werden: Die Sonne scheint für alle Menschen auf dem Erdball gleichermaßen.

Detaillierteres Sachwissen über die Sonne vermittelt ein Sachtext für die fünfte Klasse, der ebenfalls den Titel „Die Sonne" (太阳 *taiyang*)[493] trägt. Der Text verweist einleitend auf eine Legende, die besagt, dass in alter Zeit zehn heiße Sonnen am Himmel gestanden hätten. Dadurch habe auf der Erde nichts wachsen können, so dass die Menschen sich einen guten Schützen suchten, der neun Sonnen abschoss, bis nur noch eine übrig blieb. Diese Legende wird anschließend wissenschaftlich widerlegt:

> Tatsächlich ist die Sonne 150 Millionen Kilometer von uns entfernt. Wenn man zu Fuß zur Sonne laufen wollte und Tag und Nacht unterwegs wäre, müsste man ungefähr 3500 Jahre laufen. Und mit dem Flugzeug wären es über zwanzig Jahre. Wenn sie so weit entfernt ist, wie sollte man sie da mit dem Pfeil abschießen können?

Im Anschluss daran werden Fakten wie die Größe der Sonne („so groß wie 1,3 Millionen Erdbälle"), ihre Oberflächentemperatur („6000 Grad Celsius") und die Hitze in ihrem Inneren („schätzungsweise 3000-mal so heiß wie an ihrer Oberfläche") genannt. Trotz ihrer Entfernung steht sie zu uns in enger Beziehung, denn alles Leben auf der Erde hängt von ihr ab. Die Sonne lässt aus Pflanzen, die sich in den Erdschichten abgelagert haben, Kohle entstehen. Durch ihre Hitze verdunstet Wasser, und wenn sich der Wasserdampf abkühlt, entstehen kleine Wassertropfen, die in der Luft schweben – die Wolken. Steigt die Anzahl der Wassertropfen in den Wolken, fallen sie als Regen oder Schnee herab. Ein weiterer Nutzen der Sonne für den Menschen besteht darin, dass sie Keime abtötet, so dass man mit ihrer Hilfe Krankheiten vorbeugen und heilen kann.

> Alles Licht und alle Wärme auf dieser Erde spendet die Sonne. Wenn es sie nicht gäbe, wäre es überall auf der Erde dunkel und kalt. Es gäbe keinen Wind oder Schnee, keinen Regen oder Nebel, keine Gräser, Bäume, Vögel und Tiere und

[492] *Beijingban* Band 2, Lektion 14.

[493] *Beijingban* Band 10, Lektion 6. Dieser Text findet sich auch in *Renjiaoban* Band 8, Lektion 29 und *Zhejiaoban* Band 10, Lektion 4.

> natürlich auch keine Menschen. In einem Satz: Ohne die Sonne gäbe es diese schöne, liebenswerte Welt nicht.

In diesem Sachtext erfolgt die Vermittlung von Faktenwissen anhand von konkreten Zahlen, die jedoch kindgerecht veranschaulicht werden. Zentral für die umwelterzieherische Relevanz des Textes ist, dass er auf die Abhängigkeit des Menschen vom Ökosystem verweist, dessen gesamte Existenz auf die Sonne zurückzuführen ist. Damit vertieft der letzte Satz die Botschaft, die sich bereits im gleichnamigen Kurztext erkennen ließ.

Weitere Himmelskörper stellt der Sachtext „Die schönen, geheimnisvollen Farben der Planeten“ (绮丽神秘的星球色彩 *qili shenmi de xingqiu secai*)[494] von Long Fu 龙夫[495] vor:

> Unsere Erde ist der blaue Planet. Das liegt an den blauen Ozeanen, die insgesamt 70,8 % der Erdoberfläche bedecken. Außerdem sind die Waldgebiete an Land grün. Wenn man also die Erde vom Mond oder von einem Raumschiff aus betrachtet, sieht sie wie eine blaue Perle aus.

Der „Schwesterplanet“ der Erde, der Mars, ist aufgrund seiner geologischen Beschaffenheit rot, denn das Marsgestein enthält Eisenoxid und andere Stoffe. Die „Venus“, auch „Morgenstern“ genannt, ist von dichtem Nebel und Wolken umgeben und ihre Atmosphäre ist orangegelb. Der Jupiter hingegen, „der größte Planet in unserem Sonnensystem“, sieht aus, „als sei er ganz gleichmäßig mit farbigen Bändern umwickelt“, und der Saturn wird als „schönster Planet“ bezeichnet: „Seine Ringe in den wunderbarsten Farben sehen aus wie ein bunter Sonnenhut, der auf dem Kopf eines kleinen Mädchens sitzt“. Darüber hinaus erläutert der Text die physikalische Entstehung der „farbigen Bänder“ des Jupiter und der Ringe des Saturn. Auffällig ist, dass in diesem Text, der sich an Viertklässler richtet, ein hoher Anteil an chemischem Fachvokabular (Ammoniak-Kristalle, Ammoniumsulfid-Kristalle, Eisenoxid etc.) auftaucht. Abschließend wird erwähnt, dass der „wunderbare, schöne Sternenhimmel“ seit Jahrhunderten die Menschen beeindruckt und Künstler zu Gedichten, Kompositionen und Bildern inspiriert hat. Damit fließt in die sachliche Darstellung auch eine emotionale Komponente ein.

6.2.3 Natur- und Landschaftsschilderungen

Etwa 18,5 % der natur- und umweltbezogenen Texte in den Lesebüchern des *Beijing*-Verlags sind Schilderungen von Natur und Landschaften, bei denen die ästhetische Komponente im Zentrum steht. Die klassische und moderne Lyrik

[494] *Beijingban*, Band 7, Lektion 25.

[495] Zeitgenössischer Science-Fiction-Autor, der bisher überwiegend im Internet veröffentlicht.

kann über ihre Ästhetik eine affektive Bindung an die Natur und Umwelt verstärken und damit implizit auch umwelterzieherisch auf ihre Leser einwirken. In den Grundschullesebüchern findet sich nur wenig klassische Lyrik, dabei handelt es sich vor allem um bekannte Tang-Gedichte (唐诗 *tangshi*) sowie einige Song-Gedichte (宋词 *songci*). Das primäre Lehrziel besteht darin, die Schüler mit dem literarischen Erbe vertraut zu machen und ihre Fähigkeit zur Lektüre klassischer Texte zu schulen. Durch Beschreibungen von Natur- und Jahreszeitenphänomenen wie dem Frühlingsregen oder dem Zauber des Mondes wie in Du Fus 杜甫 „Welcome Rain on a Spring Night" (春夜细雨 *chunye xiyu*)[496] oder Li Bais 李白 „The Moon" (古郎月行 *gulang yuexing*)[497] kann die klassische chinesische Naturlyrik jedoch gleichzeitig auf vielfältige Weise für die Natur sensibilisieren und damit auch zur Umwelterziehung beitragen. Als Beispiel sei hier Meng Haorans 孟浩然 „Spring Dawn" (春晓 *chun xiao*) zitiert, das die Stimmung an einem Frühlingsmorgen beschreibt:

> Sleeping in spring, unaware of the dawn,
> Then everywhere I hear birds singing.
> Last night, the sound of wind and the rain –
> Flowers have fallen, I wonder how many.[498]

Ein *jueju*[499] von Du Fu, das sich auch in den taiwanesischen Lesebüchern[500] findet, beschreibt die folgende Stimmung:

> A couple of orioles – paired yellow-black – birdcalling willows plumed with alcedine,
> A line of egrets – a path of dewy white – ascending quickblue skies,
> Where windows hold embouched the Western Range, snows of a thousand harvests,
> And gates moor white the Eastern Wu, the boats of myriad leagues.[501]

Bei Bai Juyis 白居易„Grasses" (草 *cao*)[502] handelt es sich eigentlich um ein achtzeiliges Abschiedsgedicht, dessen letzte Zeilen lauten „O Prince of Friends, you are gone again ... I hear them singing after you". In die Lesebücher wurden jedoch nur die ersten vier Zeilen aufgenommen, so dass es hier wie Schilderung des robusten Charakters des Grases – und damit wie ein Naturgedicht – wirkt:

[496] *Beijingban* Band 2, Lektion 18.

[497] *Beijingban* Band 3, Lektion 17.

[498] *Beijingban* Band 4, Lektion 16, außerdem *Zhejiaoban* Band 4, Lektion 6. Übersetzt von Stephen Owen in *The Great Age of Chinese Poetry: The High T'ang*. New Haven/London, Yale Univ. Press 1981, S. 86.

[499] *Beijingban* Band 6, Lektion 27.

[500] *Hanlinban* Band 11, Lektion 17.

[501] Boodberg, Peter A.: „Cedules from a Berkeley Workshop in Asiatic Philosophy", in: Cohen, Alvin P.: *Selected Works of Peter A. Boodberg*. Univ. of California Press 1979, S. 192.

[502] *Beijingban* Band 4, Lektion 16.

Boundless grasses over the plain
come and go with every season;
wildfire never quite consumes them –
they are tall once more in the spring wind.[503]

Zu dieser Kategorie zählen auch Wang Anshis 王安石 „Pflaumenblüten" (梅花 *meihua*)[504] und He Zhizhangs 贺知章 „Die Weide" (咏柳 *yong liu*),[505] die sich ebenfalls in den Lesebüchern finden. Du Mus 杜牧 „Traveling in the Mountains" (山行 *shan xing*)[506] beschreibt die Stimmung in den Bergen, verbunden mit einer intensiven Naturerfahrung:

Far up the cold mountain the stony path slopes:
Where the white clouds are born there are homes of men.
Stop the carriage, sit and enjoy the evening in the maple wood:
The frosty leaves are redder than the second month's flowers.[507]

In Liu Zongyuans 柳宗元 „Verschneiter Fluss" (江雪 *jiang xue*)[508] wird dagegen das Bild einer einsamen Landschaft evoziert, in der ein alter Mann allein im vereisten Fluss fischt. Li Bais 李白 „Betrachtung des Lushan Wasserfalls" (望庐山瀑布 *wang Lushan pubu*)[509] fängt die Ehrfurcht des Betrachters angesichts dieser landschaftlichen Sehenswürdigkeit ein. Mit „Wasserfall" (瀑布 *pubu*)[510] findet sich in den Lesebüchern auch ein modernes Gedicht, das eindrucksvoll diese Sinneseindrücke und ästhetischen Empfindungen beschreibt:

Man sieht den Wasserfall noch gar nicht,
aber man kann ihn schon hören:
Wie Wellen, die ans Ufer schlagen,
wie Wind, der durch einen Kiefernwald fegt.

Oh! Hinter der Biegung des Bergwegs
kann man den ganzen Wasserfall sehen!
Für diese Szene finden sich keine Worte
– ein silberner Weg hebt sich von dem großen grünen Berg ab.

Wenn man vom Fuß des Wasserfalls nach oben blickt,
ist er riesig wie ein Wandschirm aus Perlen.
Manchmal kommt ein Windstoß
– dann wird er zu Rauch, Nebel oder Staub.

503 Übersetzt von Witter Bynner in *The Jade Mountain*. London 1929, S. 119.

504 *Beijingban* Band 9, Lektion 20.

505 *Beijingban* Band 4, Lektion 18.

506 *Beijingban* Band 9, Lektion 3, außerdem in *Zhejiaoban* Band 9, Lektion 15.

507 Übersetzt von A. C. Graham: *Poems of the Late T'ang*. Penguin Books, London 1965, S. 133.

508 *Beijingban* Band 9, Lektion 3. Dieses Gedicht findet sich auch in *Zhejiaoban* Band 9, Lektion 15.

509 *Beijingban* Band 9, Lektion 3.

510 *Beijingban* Band 7, Lektion 1.

Neben der Lyrik finden sich in den Lesebüchern moderne Prosatexte, zumeist Landschaftsschilderungen und -essays, die ausschließlich bekannte touristische Sehenswürdigkeiten Chinas erwähnen, so z. B. das „Neun-Dörfer-Tal" (九寨沟 *jiuzhaigou*).[511] Die Schönheit dieses Tals – seit 1992 UNESCO-Weltkulturerbe und seit 1997 Teil des „Man and Biosphere Netzwerks" – wird am Ende des Textes folgendermaßen zusammengefasst:

> Das „Neun-Dörfer-Tal" ist mit seinen schneebedeckten Gipfeln hoch in den Wolken, mit seinen alten Bäumen, die in den Himmel wachsen, und mit seinen spiegelglatten Seen, sprudelnden Wasserfällen und seltenen Tieren wirklich ein Paradies auf Erden. Und es ist einem, als befinde man sich dort mitten in einem Gedicht oder in einem Gemälde.

Auch der in Zentraltaiwan gelegene Sonne-Mond-See wird in den Lesebüchern im Text „Der Sonne-Mond-See" (日月潭 *riyuetan*)[512] von Wu Zhuangda 吴壮达[513] als Sehenswürdigkeit einer chinesischen Provinz beschrieben. Außer der Tatsache, dass sie berühmte chinesische Landschaften beschreiben, weisen die folgenden Texte „Die seltsamen Felsen am Huangshan" (黄山奇石 *Huangshan qishi*)[514], „Die seltsamen Kiefern am Huangshan" (黄山奇松 *Huangshan qisong*)[515], Lao Shes 老舍[516] „Die Baotu-Quelle" (趵突泉 *baotuquan*)[517], „Herbstlaub am Xiangshan" (香山红叶 *Xiangshan hongye*)[518], „Der unterirdische Wald" (地下森林 *dixia senlin*)[519] und „Die Landschaft von Guilin" (桂林山水 *Guilin shanshui*)[520] eine Reihe von strukturellen und inhaltlichen Gemeinsamkeiten auf: In ihrem ersten Abschnitt nennen sie die Provinz, in der der jeweilige Ort liegt, und weisen auf seinen Bekanntheits- und Beliebtheitsgrad und damit auf seine Wichtigkeit hin:

> Das *weltberühmte* Landschaftsgebiet am Huangshan liegt im Süden der Provinz Anhui. [...] besonders interessant sind die seltsamen Gesteinsformationen.
>
> Der Huangshan, der als „seltsamster Berg der Welt" gepriesen wird, ist aufgrund seiner seltsamen Kiefern und merkwürdigen Steine, seines Wolkenmeers und seiner

[511] *Beijingban* Band 8, Lektion 15.

[512] *Beijingban* Band 4, Lektion 23. Dieser Text findet sich auch in *Renjiaoban* Band 4, Lektion 11.

[513] Festlandchinesischer Geograph und Professor, der in den 1950er und 1960er Jahren vor allem wissenschaftliche Abhandlungen über die Geographie der Insel Taiwan publizierte.

[514] *Beijingban* 4, Lektion 22. Dieser Text findet sich auch in *Renjiaoban* Band 4, Lektion 14.

[515] *Beijingban* Band 6, Lektion 19.

[516] Pseudonym von Shu Qingchun (1899-1966). Sein berühmtester Roman *Luotuo xiangzi* 骆驼祥子 (1937) erschien 1987 auf Deutsch unter dem Titel *Rikscha Kuli* im Insel Verlag.

[517] *Beijingban* Band 9, Lektion 6. Dieser Text findet sich auch in *Renjiaoban* Band 8, Lektion 1 und *Zhejiaoban* Band 6, Lektion 16.

[518] *Beijingban* Band 11, Lektion 20.

[519] *Beijingban* Band 7, Lektion 24.

[520] *Beijingban* Band 10, Lektion 1. Dieser Text findet sich auch in *Renjiaoban* Band 11, Lektion 1 und *Zhejiaoban* Band 10, Lektion 19.

> heißen Quellen *weltberühmt*. Am liebsten aber mögen die Menschen die seltsamen Kiefern.
>
> Der Qianfo-Berg, der Daming-See und die Baotu-Quelle sind die drei *größten Sehenswürdigkeiten* in der Provinz Jinan. [...] Gäbe es diese Quelle nicht, so wäre Jinan sicher nur halb so schön.
>
> Der Xiangshan ist der *schönste* Ort in den Bergen im Westen von Beijing. Seine natürliche Landschaft mit ihren hohen Bergen und dichten Wäldern lockt *Gäste aus China und dem Ausland* an.
>
> In der Provinz Heilongjiang, etwa sechzig Kilometer nördlich vom Jingbo-See, liegt eine seltsame Landschaft, die *im In- und Ausland berühmt* ist – der unterirdische Wald.
>
> Es heißt, die Landschaft von Guilin sei die schönste unter dem Himmel.

Einmal findet sich dieser Hinweis am Ende des Textes:

> Die Landschaft am Sonne-Mond-See ist wunderschön und lockt *viele einheimische und ausländische Touristen* an.

Die chinesische Landschaft wird dabei stets als „seltsam", „merkwürdig", „ungewöhnlich" und „geheimnisvoll" beschrieben und gilt deshalb als interessant. Hierdurch und durch die zahlreichen Hinweise darauf, dass Menschen aus aller Welt die chinesische Landschaft kennen und schätzen, könnte die affektive Dimension stärker angesprochen werden. Gleichzeitig soll die Lektüre dieser Texte bei den Kindern Nationalgefühl und -stolz fördern. Typische Vergleiche von Landschaftspunkten mit Sagengestalten oder Tieren (wie sie auch von chinesischen Reiseleitern vor Ort häufig vorgenommen werden) finden sich an vielen Stellen im Lesebuch. So wird eine der seltsamen Gesteinsformationen am Huangshan folgendermaßen beschrieben:

> Auf einem steilen Felsgipfel sitzt ein Affe. Er umfasst mit beiden Armen seine Beine, kauert reglos da und betrachtet das wogende Wolkenmeer. Das ist der interessante „Affe, der aufs Meer blickt".

Ähnliche Felsen gibt es dort noch viele zu sehen. Tiere oder Figuren lassen sich auch in den Bergen von Guilin entdecken:

> Einer sieht aus wie ein alter Mann, ein anderer wie ein Elefant, und wieder ein anderer wie ein Kamel. So liegen seine seltsamen Gipfel in allen nur erdenklichen Formen überall verstreut.
>
> Die bizarren Kiefern am Huangshan stellt ein anderer Text wie folgt dar:
>
> Die „Kiefer, die die Gäste verabschiedet" [...] streckt ihre langen „Arme" aus und weist den Berg hinunter, als wollte sie von den Reisenden schweren Herzens Abschied nehmen.

Am Teich der Baotu-Quelle befinden sich mehrere kleine Quellen, von denen einige aussehen „wie große Fische, die Wasser speien." Auf den Felsen am Meeresboden der Paracelinseln im südchinesischen Meer wachsen Korallen, die „wie blühende Blumen" oder „wie schöne Hirschgeweihe" aussehen. Und der

Sonne-Mond-See erhielt seinen Namen, weil eine Insel ihn in zwei Hälften teilt, von denen die obere wie die „runde Sonne“ und die untere wie ein Halbmond aussieht.

Im Zentrum steht in diesen Texten nicht die tatsächliche Tier- und Pflanzenwelt, sondern das Geheimnisvolle, der Zauber der heimatlichen Landschaften. Kenntnisse aus der Biologie und Ökologie werden nur am Rande in einige Texte integriert, so z. B. in den Essay „Herbstlaub am Xiangshan“, der nebenbei das folgende pflanzenkundliche Wissen vermittelt:

> Warum verfärben sich die Blätter im Herbst? Ursprünglich sind in grünen Pflanzen außer Chlorophyll auch Xanthophyll und Karotin enthalten. Das Chlorophyll arbeitet nur bei ausreichend Sonne und Wärme, darum sind die meisten Pflanzen im Sommer saftig grün. [...] Im Herbst, wenn die Temperaturen sinken und die Sonnenstrahlen schwächer werden, kann das Chlorophyll nicht mehr normal arbeiten und wird allmählich vom Karotin überdeckt, darum verfärben sich die Blätter rot.

Der Essay „Die fruchtbaren Paracelinseln“ (富饶的西沙群岛 *furao de xisha qundao*)[521] erklärt, dass der Vogelkot unter den Bäumen „kostbarer Dünger“ ist, erwähnt das Aussehen der Goldmakrele, des Kugelfischs und der Languste und erläutert:

> Weil auf dem Meeresgrund hohe Berge und tiefe Täler liegen, ist das Wasser an einigen Stellen tief und an anderen flach. Wenn man dies von der Meeresoberfläche aus betrachtet, wirkt es, als sei das Wasser bunt.

Die Insel ist gleichzeitig ein wichtiger Posten der chinesischen Landesverteidigung zur See, daher wird darauf hingewiesen, dass die „heldenhaften Männer und Frauen auf den Inseln [...] Tag und Nacht das Südtor unseres Vaterlands“ beschützen – damit liegt in der Patriotismuserziehung ein weiterer Schwerpunkt dieses Lektionstextes.[522] Im Hinblick auf die umwelterzieherische Funktion des Textes erscheint auch bedeutsam, dass darin der Fang von Meeresschildkröten auf folgende Weise beschrieben wird:

> Am interessantesten sind aber die Meeresschildkröten, die immer im April und Mai zu Scharen ans Ufer kommen, um dort ihre Eier abzulegen. Dann drehen die Fischer sie einfach auf den Rücken, und sie strecken ihre vier Beine von sich und kommen keinen Schritt vorwärts.

Diese Passage ist widersprüchlich und kann aus umwelterzieherischer Sicht als problematisch eingestuft werden: Die Meeresschildkröten und ihr Brutverhalten werden zunächst als „interessant“ beschrieben, woraus sich eine Verpflichtung zu ihrem Schutz ableiten müsste. Im Anschluss werden sie jedoch als leichte Beute

521 *Beijingban* Band 6, Lektion 6. Dieser Text findet sich auch in *Renjiaoban* Band 5, Lektion 22.

522 Die Paracelinseln, auch Xisha-Inselgruppe genannt, sind eine Gruppe kleiner Korallenatolle ca. 325 Kilometer östlich von Vietnam im Südchinesischen Meer gelegen. Sie sind von chinesischen Truppen besetzt, werden aber gleichzeitig von Taiwan und Vietnam beansprucht.

dargestellt, so dass de facto ihr Nutzen für den Menschen im Vordergrund steht. Angesichts der Tatsache, dass die Meeresschildkröten weltweit vom Aussterben bedroht sind, wirkt diese Aussage im Kontext der Umwelterziehung nicht mehr zeitgemäß.

Der Nützlichkeitsaspekt, der bereits bei der Untersuchung einiger tierkundlicher Texte angesprochen wurde, spielt auch in Bezug auf die chinesischen Landschaften eine Rolle. So ist der „unterirdische Wald“ in der Provinz Heilongjiang nicht nur schön, sondern auch nützlich für den Menschen:

> Der unterirdische Wald birgt reichhaltige Schätze. Man findet hier alle wichtigen Baumarten der drei Nordostprovinzen. Es sind insgesamt ungefähr neunzig Arten, darunter hauptsächlich koreanische Kiefern und Lärchen, aber auch Fichten, Tannen, Pappeln, Birken, und kostbare Eschen und Ananas. Diese Bäume liefern wertvolles Material, das für den Bau von Häusern und Schiffen, für die Herstellung von Geräten und für militärische Zwecke benötigt wird.

Neben den besonderen Reizen, die die Landschaft dort zu jeder Jahreszeit bietet, heißt es in einem weiteren Text über das „schöne Kleine Xing’an-Gebirge“ (美丽的小兴安岭 *meili de xiao xing'anling*)[523]: „Es ist ein schöner großer Garten und eine gigantische Schatzkammer.“ Inmitten des idyllischen Waldes, im „dichten, milchig-weißen Dunst“, liegen Wohnhütten der Waldarbeiter, die bei Sonnenaufgang von „Tausenden von goldenen Strahlen“ beschienen werden. Im Herbst „färben sich die Blätter der Birken und Spitzeichen gelb und die der Mangroven dunkelgrün“, und der Wald schenkt zu dieser Zeit dem Menschen „süßsaure, leckere Bergtrauben und duftende, knackige Haselnüsse, zarte Champignons und Mu’er-Pilze, aber auch Ginseng und andere Zutaten für die chinesische Medizin.“

Zum Teil wird in den Landschaftsbeschreibungen durch eine direkte Ansprache zusätzlich Nähe zum Leser erzeugt, z. B. mit folgenden Sätzen: „Und all die seltsamen Felsen, die noch keinen Namen haben, warten nur darauf, dass du ihnen einen gibst!“ oder „Wenn du dort stehst und sie drei Minuten lang betrachtest, wirst du die Größe der Natur spüren und es nicht wagen, sie gering zu schätzen.“ Dadurch hat der Leser als Beobachter direkt an der beschriebenen Naturerfahrung teil:

> Gib acht, denn jetzt bist du in einem Gebiet, in dem oft seltene Tiere auftauchen. Vielleicht klettert gerade ganz in deiner Nähe ein kräftiger Stumpfnasenaffe auf einen Baum, blinzelt mit seinen wachen kleinen Augen und beobachtet dich heimlich. [...] Vielleicht hast du Glück und kannst im dichten Bambuswald einen einfältigen Großen Panda entdecken, der unschuldig dreinblickt, während er auf einem frischen Bambusblatt herumkaut.

Eines der Ziele kann folglich darin gesehen werden, bei den Schülern das Interesse an den regionalen Landschaften, Tieren und Pflanzen zu verstärken und

[523] *Beijingban* Band 8, Lektion 11. Dieser Text findet sich auch in *Renjiaoban* Band 5, Lektion 9.

ihren Wunsch zu stärken, diese auch in natura zu erleben. Neben der Erziehung zur Heimatliebe und der Vermittlung von „ökologischer Heimatkunde“ liegt das umwelterzieherische Potenzial solcher Landschaftsbeschreibungen vor allem in einer Sensibilisierung der Schüler für die Schönheit der Natur, die sich begünstigend auf Einstellungen und Handlungsbereitschaft im Natur- und Umweltschutzbereich auswirken kann.

6.2.4 Beziehung des Menschen zur Natur und Umwelt

Bei weiteren 17 % der natur- und umweltbezogenen Texte steht die Beziehung des Menschen zur natürlichen Umwelt im Mittelpunkt. Im Hinblick auf eine mögliche umwelterzieherische Funktion dieser Texte stellt sich hierbei z. B. die Frage, welche Einstellungen im Umgang mit der Natur angesprochen werden. Welche Empfindungen werden in den Texten am Beispiel der Protagonisten geschildert, die in diesem Kontext eine Rolle spielen könnten?

Eine der Fähigkeiten, die Grundschülern sowohl allgemein als auch aus umwelterzieherischer Sicht zu vermitteln ist, ist eine genaue Beobachtungsgabe. Diese wird bereits in der einfachen Kindergeschichte „Mama Schwalbe lacht“ (燕子妈妈笑了 *yanzi mama xiaole*)[524] ausgedrückt, in der eine junge Schwalbe unter Anleitung ihrer Mutter lernt, die Natur schrittweise immer genauer wahrzunehmen: Eines Tages fordert Mutter Schwalbe ihr Kind auf, im Gemüsegarten nachzusehen, worin die genauen Unterschiede zwischen Wintermelonen und Auberginen bestehen. Beim ersten Versuch kehrt das Kind zurück und hat lediglich einen Größenunterschied festgestellt, doch als die Mutter es erneut losschickt, bemerkt es auch die verschiedenen Farben:

> Mama Schwalbe nickte und sagte: „Sehr gut. Aber kannst du noch einmal ganz genau nachsehen, worin sie sich noch unterscheiden?“ Die kleine Schwalbe flog noch einmal los, kam dann fröhlich zurück und rief: „Mama, Mama, ich habe entdeckt, dass die Wintermelonen auf ihrer Schale feine Härchen haben, und die Auberginen haben an ihren Stielen kleine Stacheln!“ Da lachte Mama Schwalbe froh.

Die Mutter tritt hier als geduldige Lehrerin in Erscheinung, die ihr Kind zum eigenständigen Lernen anleitet: Sie gibt sich erst zufrieden, nachdem die junge Schwalbe nicht nur oberflächliche Eindrücke (Form, Farbe) schildert, sondern eine Beschreibung von kleinen Details (Härchen, Stacheln) liefert, die sich ihr erst durch genaueres Hinsehen erschlossen haben. Die Reaktion der jungen Schwalbe, die „fröhlich“ zurückkehrt, suggeriert, dass ein solches selbständiges Lernen Spaß macht. Zusätzlich zu dieser inneren Motivation wird der Lernerfolg von außen – wie hier zum Beispiel durch die Freude der Mutter – honoriert.

[524] *Beijingban* Band 2, Lektion 25. Dieser Text gehört zum älteren Bestand der Lesebücher, er findet sich bereits in Ausgaben von 1993. (Vgl. Böhm, a.a.O., S. 110).

Direkte Naturerfahrungen, die Menschen sammeln, indem sie z. B. auf Ausflügen die Natur intensiv erleben und beobachten, finden sich erst ab der vierten Klasse in den Lesebüchern des *Beijing*-Verlags. Sie werden überwiegend in Form von Essays behandelt, die häufig eine autobiographische Komponente enthalten, die ebenso wie die Ich-Perspektive beim Leser eine zusätzliche Nähe zum erzählten Gegenstand erzeugen kann. In „Vogelparadies" (鸟的天堂 *niao de tiantang*)[525] beschreibt Ba Jin 巴金[526] zwei Ausflüge in die Natur, die er kurz nacheinander zu verschiedenen Tageszeiten unternimmt. Hierbei erschließt sich ihm jedes Mal ein völlig anderes Bild desselben Landschaftspunktes. Der Text beginnt mit der Schilderung einer abendlichen Bootsfahrt zu einem majestätischen Banyan-Baum mit üppigen Zweigen und glänzenden, smaragdgrünen Blättern:

> Weil es am Ufer so nass war, konnten wir nicht aussteigen. Einer meiner Freunde sagte, hier sei das „Vogelparadies". Viele Vögel nisteten in diesem Baum und die Bauern hätten verboten, sie einzufangen. Mir war, als ob ich einige Vögel mit ihren Flügeln schlagen hörte, aber als ich genau hinsah, konnte ich keinen einzigen erblicken. Ich sah nur unzählige Wurzeln im Boden, die wie Holzpfähle aussahen. [...] „Im ‚Vogelparadies' gibt es ja gar keine Vögel", dachte ich.

Diesen Zweifel hat der Autor noch im Sinn, als er am nächsten Morgen ein weiteres Mal am „Vogelparadies" vorbeikommt. Als das Boot dort anlegt, bietet sich dem Betrachter jedoch ein ganz anderes Bild als am Abend zuvor:

> Anfangs war es ringsherum ganz still. Nach einer Weile fing der erste Vogel zu zwitschern an. Wir klatschten in die Hände und scheuchten einen großen Vogel auf, dann noch einen und noch einen. [...] Überall hörte man Vögel zwitschern und konnte ihre Schatten sehen. Große und kleine, bunte und schwarze, einige hockten auf den Zweigen, andere flogen umher oder schlugen mit den Flügeln. Ich sah genau hin. Meine Augen ruhten nicht. Sobald sie einen Vogel sahen, hatten sie den anderen schon wieder verloren, und sobald sie ihn wiedergefunden hatten, flog ein dritter fort. [...] Als unser kleines Boot sich wieder auf den Weg zu dem Dorf am Pagodenberg machte, sah ich mich noch einmal nach dem üppigen Banyan-Baum um. Ich wurde etwas wehmütig. Am Tag zuvor hatten mir meine Augen einen Streich gespielt. Das „Vogelparadies" war tatsächlich ein Vogelparadies!

Beim ersten Besuch auf der „Vogelinsel" nimmt der Autor nur den beeindruckenden Baum wahr, den er erst in seiner ganzen Schönheit von ferne betrachtet, um dann die Details aus der Nähe zu beobachten. So wirkt die Landschaftsbeschreibung beim ersten Besuch wie ein Stillleben. Ihre zweite, dynamische Facette – die lebendige Vogelwelt – steht im Kontrast dazu und erschließt sich dem Autor erst beim zweiten Besuch, als er erkennt, dass ihn seine

[525] *Beijingban* Band 11, Lektion 7. Dieser Text findet sich auch in *Renjiaoban* Band 11, Lektion 18 und *Zhejiaoban* Band 12, Lektion 11.

[526] Pseudonym von Li Feigan (1904 – 2005). Ba Jin gilt als einer der prominentesten Schriftsteller und Übersetzer des modernen China. Sein bekanntester Roman *Jia* (1931) erschien auf Deutsch unter dem Titel *Die Familie* 1985 im Suhrkamp-Verlag.

Augen zuvor getäuscht hatten. Bei diesem Text steht die ästhetische Schilderung im Vordergrund. Es wird zwar der Vogelname „Drossel“ erwähnt und beschrieben, wie die Vögel vom Klatschen aufgeschreckt werden, darüber hinaus enthält der Text jedoch kein tiefer gehendes biologisches Wissen (z. B. Artenkenntnis, typische Verhaltensweisen). Aus umwelterzieherischer Perspektive wird darin vermittelt, dass sich die Natur dem Betrachter nicht sofort erschließt, sondern für einen vollständigen Eindruck ihre genaue Beobachtung zu verschiedenen Zeiten und über einen längeren Zeitraum notwendig ist. Die Schilderung ist geprägt von Emotionen wie Freude (in der Natur) oder Wehmut (beim Verlassen der Insel), was eine Sensibilisierung der Leser für die Natur begünstigen könnte.

Ein anderer Aspekt kommt im Essay „Die wunderbare Vogelinsel“[527] (神奇的鸟岛 *shenqi de niaodao*) hinzu, der von einem Ausflug zu einer Insel im Qinghai-See handelt. Darin wird wie im vorigen Essay zunächst die Naturidylle beschrieben: Über hunderttausend Wasservogelarten wie Seeschwalben, Wildgänse oder Wasserläufer nisten dort, Vogelschwärme kreisen in der Luft und der Boden ist mit Vogelnestern und -eiern bedeckt. Die Wasservögel leben harmonisch miteinander, und wenn ein Feind eindringt, greifen sie ihn mit vereinten Kräften an, wie die Besucher mit eigenen Augen beobachten:

> Zwei schwarze Adler tauchten am Himmel auf und hatten vor, die frisch geschlüpften Jungvögel zu rauben. [...] Plötzlich kam einer der Adler im Sturzflug heran, und man konnte nur sehen, wie die Wildgänse mit ihren Flügeln und Körpern eine eiserne Mauer bildeten und ihm den Weg blockierten. Der zweite Adler griff von der anderen Seite an, da erhoben sich die Kormorane und Störche, um zurückzuschlagen, und zwangen die Adler zum Rückzug. Angeführt von den Fischmöwen stürmte der Vogelschwarm die feindliche Stellung und umzingelte die beiden Adler. Der Schwarm kreischte und hackte so lange auf die Adler ein, bis sie am ganzen Körper mit Wunden übersät waren und das Weite suchten.

Zur Beschreibung der Natureindrücke, die die Ausflügler sammeln, kommt hier eine Komponente der Wissensvermittlung hinzu, da die Namen verschiedener einheimischer Vogelarten (Fischmöwen, Kormorane, Störche) eingeführt werden. Mit der vereinten Abwehr der Eindringlinge durch den Vogelschwarm wird dabei auch eine „brutale Facette“ der Natur geschildert. Hierbei ist jedoch auffällig, dass die Adler ausschließlich negativ als Nesträuber und „Feinde“ der anderen Vögel dargestellt werden – aus umwelterzieherischer Sicht erscheint eine solche Unterteilung der Tierwelt in „gut“ und „böse“ bedenklich.[528]

[527] *Beijingban* Band 7, Lektion 23.

[528] Eine weitere erzieherische Botschaft liegt in einer positiven Darstellung von „kollektivem Kampfgeist“: Nur in der Gruppe ist man stark und kann sich gegen Feinde verteidigen. Teamgeist gilt auch in den Richtlinien als zentraler Wert, den es zu vermitteln gilt. Im Lesebuch findet er sich – gepaart mit der nationalistischen Komponente – in Darstellungen zum Krieg und zur Landesverteidigung (z. B. gegen die Japaner).

Eine Naturerfahrung beschreibt auch Guo Fengs 郭风[529] Essay „Winter am Songfang-Bach“[530] (松坊溪的冬天 *songfangxi de dongtian*), in dem die idyllische Landschaft und intakte Natur im Zentrum stehen, die dieser in einem südchinesischen Bergdorf erlebt:

> Wie klar das Wasser ist. In der Mitte des Baches spiegeln sich der blaue Himmel und die Steinbrücke, die Wolken und die Kiefernwälder, die auf den Bergen wachsen. Im Herbst, wenn die frischen Chrysanthemen an seinem Ufer blühen, spiegeln sie sich im Wasser. Und im April, wenn auf den Bergen überall Azaleen blühen, spiegeln sich ihre Schatten darin wie brennendes Abendrot.

Durch den Wintereinbruch verändert sich die Vegetation: Die Samen der Pusteblumen fliegen im Wind, der Ahorn hat seine roten Blätter abgeworfen, und wieder sind die jahreszeitentypischen wilden Kakipflaumen reif und hängen wie „kleine rote Lampen“ in den Bäumen. Zu Beginn des Essays werden die Steine im Bergbach in der bereits erwähnten stilisierten Weise beschrieben: Sie sehen aus „wie Rinder, die Wasser trinken“, „wie zwei Steinlöwen, die am Ufer schlafen“ oder „wie Bären, die ans Ufer klettern wollen“. Als der Winter einbricht, wandelt sich dieses Bild und die Steine wirken nun wie „eine Herde kleiner weißer Kälber, die am Fluss Wasser trinkt“, „zwei weiße Löwen, die im Schnee schliefen“ oder „wie ein paar weiße Bären, die sich bereit machen, aus dem Schnee des Flusses ans Ufer zu klettern“. Durch seine genaue Beobachtung erkennt der Autor auch Dinge in der Natur, die auf den ersten Blick verborgen bleiben:

> Als ich mich von der Brücke entfernte, bemerkte ich in der Schneewelt des Baches Schwärme von bunten Fischen, die unter einem Loch in der Brücke hin und her schwammen. [...] Ich sah erst einen, dann noch einen Schwarm Fische, die in der hellen Schneewelt umherschwammen, die sich im Flusswasser spiegelte.

Man kann davon ausgehen, dass dieses jahreszeitenbezogene Basiswissen Schülern der sechsten Klasse, an die sich der Text richtet, bereits bekannt ist. Die mögliche umwelterzieherische Wirkung liegt hier daher nicht in der Vermittlung neuen Wissens, sondern in der Sensibilisierung, zu der die emotionale Darstellung des Zaubers, den die Winterlandschaft auf den Autor ausübt, beitragen kann.

In dem Essay „Die bunten Teiche“[531] (五彩池 *wucai chi*) schildert der Autor seine Faszination für dieses „Naturwunder“ in der chinesischen Provinz Sichuan. Dabei steht zunächst seine sinnliche Wahrnehmung im Mittelpunkt: Wenn man von einem Berg herabblickt, funkeln die Teiche „rot, gelb, weiß, grün, lila, blau und in allen möglichen anderen Farben wie ein gigantisches buntes Bild“. Im Anschluss

[529] Geb. 1918 in der Provinz Fujian, Pseudonym von Guo Jiagui, Autor von Essays und Kinderliteratur.

[530] *Beijingban* Band 11, Lektion 17.

[531] *Beijingban* Band 7, Lektion 9. Dieser Text findet sich auch in *Zhejiaoban* Band 7, Lektion 12.

daran lässt der Autor jedoch detailliertes Wissen über dieses Phänomen einfließen: Wasser ist farblos, und die verschiedenen Farben entstehen durch Stalagmiten auf dem Boden der Teiche, welche die Sonne in unterschiedlichen Farben reflektieren. Auch dieser Essayist fühlt sich in der (intakten) Natur wohl und drückt dies im letzten Satz aus:

> Angesichts dieser seltsamen Naturlandschaft konnte ich nicht umhin, tief zu seufzen: „Wie schön sind diese bunten Teiche am Canglong-Berg!“

„Ich liebe die ‘Drei Schluchten’“ (我爱三峡 *wo ai sanxia*)[532] schildert aus der Perspektive eines Kindes einen Ausflug zu dieser berühmten landschaftlichen Sehenswürdigkeit der Heimat. Mit dem Passagierschiff „Der Osten ist rot 17“ durchqueren der Ich-Erzähler und sein Vater die drei Schluchten, wobei der typische Verlauf der Fahrt anhand der jeweiligen landschaftlichen Besonderheiten nachgezeichnet wird: Die durchquerten Schluchten Qutang, Wu und Xiling werden genannt und die Formen der zerklüfteten Felsen beschrieben, die unterschiedliche Assoziationen wecken. Auf die Begeisterung und Ehrfurcht der Touristen angesichts des „wunderbaren Anblicks“ wird ebenso Bezug genommen wie auf die Faszination, die diese Orte auf Dichter des Altertums ausgeübt haben. Der Ich-Erzähler fasst seine eigenen Empfindungen folgendermaßen zusammen:

> Langsam brach die Nacht herein und der Mond ging auf. Er schien auf die Wellen des Flusses, die sich kräuselten. Die Wasseroberfläche sah aus, als sei sie mit silbernen Platten gepflastert worden, und leuchtete farbenprächtig. Wie wunderbar der Anblick dieser Landschaft bei Nacht war! Ich war freudetrunken. Ich liebe die Drei Schluchten, ich liebe ihre Erhabenheit, ihre Ruhe und Schönheit, aber am meisten liebe ich die reißenden Stromschnellen.

Auch in diesem Text steht die affektive Komponente im Zentrum: Der Autor „liebt“ die Natur, ihre Betrachtung macht ihn „freudetrunken“. Wie auch in anderen Lesebuchtexten, die von der landschaftlichen Schönheit der Heimat handeln, sind Heimatkunde und Patriotismuserziehung eng miteinander verbunden. Das Thema „Drei Schluchten“ wird heute zumeist mit dem Staudammprojekt verbunden, dem in ökologischer Hinsicht katastrophale Folgen prognostiziert werden. Ein Hinweis darauf, dass die im Text beschriebene Landschaft zu großen Teilen unwiderruflich durch die Flutung der Schluchten verloren gehen wird, findet sich in den Lesebüchern an keiner Stelle. Wenngleich der Originaltext vermutlich vor Beginn des Staudammprojekts verfasst wurde, erscheint es aus umwelterzieherischer Perspektive nicht zeitgemäß, dass er in dieser Form in die aktuellen Lesebücher aufgenommen wurde. Dies lässt sich jedoch durch die politische Linie der Partei, für die der Yangtze-Staudamm als Prestigeprojekt gilt, erklären.

[532] *Beijingban* Band 12, Lektion 10.

Die Naturerfahrungen in den genannten Texten spielen sich in einer intakten Landschaft ab, die in China lokalisiert ist. Dabei geht es nur am Rande um die Vermittlung von Wissen, im Vordergrund steht die emotionale Komponente, z. B. die Freude, die der Mensch in der Natur empfindet. Der „Bericht von einem Ausflug ins Tierreservat“[533] (天然动物园漫游记 *tianran dongwuyuan manyouji*) thematisiert dagegen die Natur und Tierwelt des Auslands: Der Ich-Erzähler, dessen Alter und Nationalität nicht genannt werden, unternimmt in Tansania eine Safari in das Mikumi-Tierreservat. Begleitet vom einheimischen Reiseleiter Ali erlebt die Touristengruppe Antilopen, Giraffen, Leoparden, Elefanten, Nashörner und andere exotische Tiere in freier Wildbahn. Dieser Reisebericht verknüpft das Naturerleben und die Beobachtungen des Ich-Erzählers auch mit naturschutzbezogenem Wissen[534]:

> Verglichen mit einem normalen Zoo ist ein Tierreservat etwas völlig anderes: Dort gibt es keine hohen Mauern, keine Käfige oder Volieren. Interessanterweise sind es hier nicht die Tiere, die sich in Käfigen befinden, sondern die Touristen! Die Tiere bewegen sich frei in der Steppe und jagen ihre Beute, und die Touristen sitzen in einem stabilen Bus wie in einem Käfig. Das soll verhindern, dass ihnen etwas passiert, außerdem will man die Tiere nicht erschrecken.

Die Reisenden haben die Gelegenheit, das Verhalten der Tiere aus der Nähe eingehend zu studieren, wobei diese auf die Anwesenheit der Menschen unterschiedlich reagieren: Während die Zebras ruhig weiter grasen, schneidet ein Affenweibchen den Touristen Grimassen, und ihre Jungen umkreisen den Bus. Ein Leopard betrachtet die Touristen „eingehend und pirscht dann wieder zurück ins Dickicht“ und eine Löwin aus der Herde, der sie am Ende ihrer Safari begegnen, wirft ihnen „einige gelangweilte Blicke zu, schließt dann die Augen und legt sich wieder hin“. Insgesamt entsteht hierbei der Eindruck eines harmonischen Kontakts zwischen Mensch und Tier, einige Tiere reagieren jedoch auch aggressiv auf die „Eindringlinge“: Als Flusspferde den Bus bemerken, stoßen sie ein „Furcht erregendes Brüllen aus“, und ein Wasserbüffel wirft ihnen einen „feindseligen Blick zu“, so dass sie umkehren müssen, denn Reiseführer Ali erklärt: „Ein wütender Wasserbüffel ist oft die größte Gefahr für Touristen“. Ähnliches gelte auch für die Elefanten, einer habe vor kurzem sogar mit seinem Rüssel ein Auto umgekippt. Seine Schilderung eines aufregenden Tages endet der Ich-Erzähler mit den Worten:

> Lachend beendeten wir diesen vergnüglichen Ausflug in die Wildnis. Der Spaß auf einer Safari im Mikumi-Tierreservat ist grenzenlos. Kein Wunder, dass der Strom von Besuchern aus aller Welt nicht abreißt.

533 *Beijingban* Band 10, Lektion 29. Dieser Text fand sich bereits in Lesebüchern von 1993 (Siehe Böhm, a.a.O., S. 46.)

534 Zum Verhältnis von Mensch und (Wild)tier siehe auch Abschnitt 6.2.5. Zu weiteren Aspekten von Natur- und Umweltschutz siehe 6.2.6.

Im Verlauf der Reise verweist der Ich-Erzähler vielfach auf die Schönheit der Landschaft, die Besonderheiten der einzelnen Tierarten und bezeichnet sie als „liebenswert". Dadurch, dass die Tiere und ihr Verhalten in ihrem natürlichen Lebensraum beobachtet werden, fließt gleichzeitig artenkundliches Wissen ein, außer dem Gewicht und der Größe von Flusspferden werden jedoch keine konkreten Daten oder Fakten aus diesem Bereich vermittelt. Eine umwelterzieherische Wirkung kann vor allem von der stark empfindungs- und erlebnisbasierten Erzählweise ausgehen, die die individuellen Eindrücke lebendig schildert. Durch die Figur eines Ich-Erzählers, der das Erlebte voller Begeisterung beschreibt, aber auch durch den sympathisch dargestellten afrikanischen Reiseleiter, der den Touristen die Tierwelt näherbringt, kann das Interesse beim kindlichen Leser verstärkt werden.

Das Wohnen in einer intakten Natur beschreiben zwei weitere Texte. Während „Unser Feld" (我们的田野 *women de tianye*)[535] wogende Reisfelder, Lotosblüten und damit typische Landschaftsbilder beschreibt, die oft mit China assoziiert werden, entwirft „Die kleine Stadt am Meeresstrand" (海滨小城 *haibin xiaocheng*)[536] ein idyllisches Bild vom Leben in einer naturnahen Stadt:

> In den Höfen unserer kleinen Stadt sind viele Bäume gepflanzt. [...] Am Sommeranfang blühen die Eukalyptusbäume und ihr Duft erfüllt die Straßen und Gärten. Wenn die Flammenbäume blühen, sieht es aus, als sei die ganze Stadt in eine Schicht aus roten Wolken gehüllt. [...] Von den großen asphaltierten Straßen abgesehen, sind alle Wege in unserer Stadt aus Sand, und wenn man darauf tritt, knirscht es, als spaziere man am Strand entlang. Die Menschen fegen die Wege so sauber, dass kein Blatt darauf liegt. Unsere kleine Stadt am Meeresstrand ist schön und sauber.

Die Menschen in diesem Beispiel halten ihr Wohnumfeld sauber, verbessern so ihre Lebensqualität und tragen zum Umweltschutz bei. Die Faszination, die atemberaubende Naturschauspiele auf den Betrachter ausüben, steht in den Essays „Feuerwolken"[537] (火烧云 *huoshaoyun*) von Xiao Hong[538] 萧红 und „Sonnenaufgang am Meer"[539] (海上日出 *haishang richu*) von Ba Jin im Zentrum. Die folgenden Textpassagen verdeutlichen, wie die Autorin bzw. der Autor in die Beobachtung der Natur versunken ist und das jeweilige Phänomen detailliert beschreibt:

[535] *Beijingban* Band 2, Lektion 20.

[536] *Beijingban* Band 7, Lektion 21 und *Renjiaoban* Band 7, Lektion 12.

[537] *Beijingban* Band 10, Lektion 2. Dieser Text findet sich auch in *Renjiaoban* Band 6, Lektion 18 und *Zhejiaoban* Band 10, Lektion 20.

[538] Pseudonym von Zhang Naiying (1911-1942), bekannte Schriftstellerin. Ihr Roman *Shengsi chang* 生死场 (1935) erschien 1989 auf Deutsch unter dem Titel *Der Ort des Lebens und des Sterbens* im Herder-Verlag.

[539] *Beijingban* Band 9, Lektion 1. Dieser Text findet sich auch in *Renjiaoban* Band 9, Lektion 1.

Die Wolken am Himmel verfärbten sich von Westen nach Osten hin, sie waren so rot als stünde der Himmel in Flammen. Die Feuerwolken veränderten sich ständig. Mal war der Himmel rot gefärbt, dann wieder golden, mal mischten sich lila und gelb, mal graublau und weiß. Weintraubenblau, birnengelb, auberginenfarben, solche Farben waren da am Himmel zu sehen, und noch einige andere, die ich nicht einmal benennen kann und nie zuvor gesehen habe. (Xiao Hong)

Plötzlich taucht am Horizont das Morgenrot auf. Es breitet sich immer mehr aus und wird immer heller. Dann weiß ich, dass gleich die Sonne aufgeht, und starre auf den Fleck, ohne meinen Blick abzuwenden. Schließlich taucht nach einer Weile das kleine Gesicht der Sonne zur Hälfte auf, es ist sehr rot, strahlt aber noch nicht. So, als ob sie eine schwere Last trüge, steigt die Sonne ganz, ganz langsam auf. Zum Schluss durchstößt sie endlich die roten Wolken und springt vollständig aus der Oberfläche des Meeres hervor, ihr Gesicht ist ganz liebenswert gerötet. Im Handumdrehen sendet dieses tiefrote runde Etwas blendende Strahlen aus, die einem in den Augen weh tun. (Ba Jin)

Beeindruckt fragt Ba Jin am Ende seiner Schilderung des Sonnenaufgangs: „Ist das nicht ein großes Wunder?“ Auch „Die Flutschau“[540] (观潮 *guan chao*) von Zhao Zongcheng 赵宗成 und Zhu Mingyuan 朱明元 beschreibt ein Ereignis, das „seit alters her als ‘Weltwunder’ bezeichnet“ wird: das Flutschau Fest, das alljährlich nach dem Mondkalender am 18. Tag des 8. Monats am Qiantang-Fluss stattfindet. Aus der Ich-Perspektive wird es folgendermaßen beschrieben:

Wir stellten uns auf die Zehenspitzen und blickten nach Osten. [...] Die weiße Linie kam immer schneller auf uns zu, wurde allmählich länger und dicker und lag schräg auf der Wasseroberfläche. Aus der Nähe sah man nur die weiße Welle ansteigen, bis sie zu einer weißen Mauer wurde, die über sechs Meter hoch war. Die Welle kam immer näher, wie zehntausend weiße Kriegspferde, die mit erhobenen Häuptern majestätisch herangaloppierten. Es klang wie zehntausend Panzer, die sich in Bewegung setzten, ein ohrenbetäubendes Geräusch, als ob ein Erdbeben die Erde erschütterte. (Zhao Zongcheng/Zhu Mingyuan)

Dass sich Menschen in der Natur auf verschiedene Arten vergnügen und dabei wohlfühlen können, ist die Kernaussage von „Mittsommernacht am Meeresstrand“[541] (海滨中夏夜 *haibin zhongxiaye*) von Jun Qing 峻青.[542] Der Essay schildert, wie sich die Menschen beim Abendrot am Strand von einem harten Arbeitstag erholen, dabei wirkt die schöne Szenerie auf sie beruhigend und entspannend:

In dieser wunderschönen Nacht trat ich auf den weichen Sand und spazierte langsam am Meeresstrand entlang. Das Wasser streichelte den feinen Sand und plätscherte dabei leise. Der Abendwind, der vom Meer herüberwehte, war frisch und angenehm

[540] *Beijingban* Band 9, Lektion 7. Dieser Text findet sich auch in *Renjiaoban* Band 7, Lektion 22 und *Zhejiaoban* Band 7, Lektion 10. Über die Autoren ließen sich keine weiteren Angaben finden.

[541] *Beijingban* Band 11, Lektion 19.

[542] Geb. 1922 in Shandong, eigentlich Sun Junqing 孙俊卿, zeitgenössischer Schriftsteller.

> kühl. [...] Die Menschen, die tagsüber an allen möglichen Orten gearbeitet hatten, kamen in kleinen Gruppen an den Strand, erfrischten sich in der kühlen Meeresbrise, sahen zum Sternenhimmel hinauf, redeten und lachten nach Herzenslust und entspannten sich. Ihr Lachen und ihre fröhlichen Stimmen wurden vom Wind hierhin und dorthin getragen, wie die kleinen Wellen, die ununterbrochen an der ruhigen Wasseroberfläche auftauchten.

Auch Ba Jin fühlt sich in der Natur geborgen, insbesondere bei der Betrachtung der Sterne, wie er am Schluss seines Essays „Der Sternenhimmel“[543] (繁星 *fan xing*) feststellt:

> In diesen Momenten vergesse ich alles. Im Schoße der Sterne lächele ich und schlafe dann tief und fest. Ich fühle mich wie ein kleines Kind, das im Schoß seiner Mutter schläft.

In Ye Shengtaos 叶圣陶 Essay „Lotosblüten“ (荷花 *hehua*)[544] klingt die traditionelle Vorstellung von einer „Einheit von Mensch und Natur“ an. Versunken in die Betrachtung der weißen Lotosblüten auf einem Teich scheint es dem Autor eine Zeitlang, als sei er selbst eine von ihnen:

> Plötzlich meinte ich, ich sei selbst eine Lotosblüte und stünde in der Sonne, in einem schneeweißen Kleid. Ein kleiner Windstoß kam und ich fing an zu tanzen, mein Kleid flatterte im Wind. Nicht nur ich tanzte, sondern der ganze Lotosblütenteich. Dann wurde es windstill, ich hörte auf zu tanzen und stand ruhig da. Libellen flogen vorbei und erzählten mir, wie es sie erfreut, morgens umherzufliegen, Fische schwammen unter meinen Beinen hindurch und erzählten mir ihre Träume der vergangenen Nacht... Erst nach einer ganzen Weile merkte ich, dass ich keine Lotosblüte war, sondern die Lotosblüten betrachtete.

Dies ist jedoch das einzige Beispiel einer intensiven, meditativen Naturerfahrung in den Lesebüchern des *Beijing*-Verlags, das einen Bezug zu dieser Strömung der klassischen chinesischen Naturphilosophie erahnen lässt.

In einigen Texten finden sich Passagen, in denen eine Nutzung der Ressourcen oder sogar eine „Ausbeutung“ der Natur durch den Menschen positiv dargestellt wird. Falls dies im Unterricht nicht näher erläutert oder z. B. in einen Zusammenhang mit Ressourcenschonung gestellt wird, könnten solche Texte einer Vertiefung umweltschonender Einstellungen und Verhaltensweisen zuwiderlaufen. „Waldmeer“[545] (林海 *linhai*) beschreibt den vielfältigen Nutzen, den die Menschen aus den natürlichen Ressourcen am Großen Xing’an-Gebirge ziehen können. Dort befinden sich nicht nur die bereits in anderen Texten erwähnten

543 *Beijingban* Band 10, Lektion 5.

544 *Beijingban* Band 6, Lektion 20. Dieser Text findet sich auch in *Renjiaoban* Band 6, Lektion 21 und *Zhejiaoban* Band 6, Lektion 23.

545 *Beijingban* Band 11, Lektion 16. Dieser Text findet sich auch in *Renjiaoban* Band 11, Lektion 2 und *Zhejiaoban* Band 12, Lektion 13.

seltsamen Gipfel- und Gesteinsformationen, sondern auch ein „Waldmeer“, dessen Holz für den wirtschaftlichen Aufbau genutzt wird:

> Es gibt kaum eine Stadt oder Provinz, deren Aufbau nicht in irgendeiner Weise mit dem Holz des Großen Xing'an-Gebirges zusammenhängt, ob es nun in ihren Zechen und Eisenbahnstrecken eingesetzt, oder zu Tischen, Stühlen und Dachbalken verarbeitet wird. Deshalb gewinnt man das Gebirge immer lieber, je länger man es betrachtet! Sein Liebreiz liegt in seiner allumfassenden Schönheit. Seine tausend blauen Berge und sein ewiges Grün sind eben gerade mit großen Hochhäusern und gutem Nutzholz verbunden. Folglich ist die Schönheit des Gebirges untrennbar mit dem Aufbau des Landes verknüpft, und das bewirkt, dass wir uns dort wohl und heimisch fühlen.

Die „Ausbeutung“ der Natur in Form der Abholzung der Wälder wird aus patriotischer Sicht durch den „Aufbau des Landes“ legitimiert. Gleichzeitig wird jedoch darauf hingewiesen, dass der Mensch den Wald schützt, aufforstet und Forschungen zum Erhalt der Natur betreibt, wobei der Nachhaltigkeitsgedanke in seinem ursprünglichen – forstwirtschaftlichen – Sinne anklingt. Damit kommt zumindest teilweise ein Aspekt hinzu, der den Text in umwelterzieherischer Hinsicht ausgleicht. Naturschutz ist dabei jedoch nicht „Zweck an sich“, sondern hat zum Ziel, den Nutzen der Natur für den Menschen dauerhaft zu gewährleisten:

> Wir fällen Bäume, um Nutzholz zu gewinnen, und forsten gleichzeitig auf und schützen dadurch den Wald. Was wir mit der einen Hand fällen, pflanzen wir mit der anderen neu. Wir rauben dem Wald nicht nur seine Schätze, sondern betreiben wissenschaftliche Forschungen, damit das Waldmeer ewig grün bleibt und wir es vielseitig nutzen können. Im Bergwald sind schon viele Städte und Gemeinden entstanden, die das Landschaftsbild des Großen Xing'an-Gebirges verändert und ihm die fröhlichen Lieder der Arbeiter hinzugefügt haben. Die Beziehung zwischen Mensch und Berg wird von Tag zu Tag enger – wie sollten wir uns da nicht wohl und heimisch fühlen?

„Das Lied des Meeres“ (大海的歌 *dahai de ge*)[546] beschreibt ebenfalls die Nutzung der natürlichen Ressourcen durch den Menschen als positiv: Ein Schiff fährt aufs Meer hinaus, die Sonne steht am Himmel, die Wellen funkeln golden. Die Stimmung des Ich-Erzählers steigt, als er erkennt, dass der Ozean nicht nur schön anzusehen ist, sondern dem Menschen wertvolle Schätze liefert:

> Das Schiff fuhr nun auf dem weiten Ozean, dessen Farbe von grün zu blau und von blau zu schwarz wechselte. In diesem Moment stellte sich jemand neben mich und zeigte nach vorn. Ich folgte seinem Finger mit den Augen: Hinten am Horizont stieg hellbrauner Dampf auf, ganz verschwommen, als stünde dort eine Burg mitten im Meer. Der Mann sagte mir, das sei unsere eigene Erdöl-Bohrinsel. Unsere eigene Erdöl-Bohrinsel! Ach, da war mir plötzlich, als hörte ich den Ozean noch ein weiteres Lied singen.

[546] *Beijingban* Band 6, Lektion 26. Dieser Text findet sich auch in *Renjiaoban* Band 5, Lektion 26 und *Zhejiaoban* Band 6, Lektion 22.

Auch hier spielt die Patriotismuserziehung mit hinein, denn es handelt sich um „unsere eigene“ – also eine chinesische – Bohrinsel. Sie ist es, die nach Auffassung des Ich-Erzählers den Wert des Ozeans deutlich erhöht. „Der grüne Tausend-Inseln-See“ (绿色的千岛湖 *lüse de qiandaohu*)[547] in der Provinz Zhejiang ist wegen seiner Schönheit, seiner Sehenswürdigkeiten und seiner üppigen Vegetation berühmt, er ist jedoch ein Produkt menschlichen Eingreifens in die Natur:

> Diesen schönen und dicht besiedelten Ort gibt es erst seit knapp vierzig Jahren. Davor lag hier noch ein Berggebiet. 1957 wurde am Xin'an-Fluss mit dem Bau eines Wasserkraftwerks begonnen. 1959 wurde das über hundert Meter hohe Kraftwerk fertiggestellt und staute das Wasser des Xin'an-Flusses, so dass sich ein riesiger See bildete. Seine Wassermenge entspricht etwa der 3184fachen Größe des Westsees. Nachdem der Stausee viele Gebirgsketten überflutet hatte, bildeten ihre Gipfel zahllose Inseln, darum heißt er „Tausend-Inseln-See.“

Im Folgenden beschreibt der Text den Nutzen des Stausees für die Menschen, der vor allem im Bereich der Stromversorgung und der Regulierung des Flusses liegt. Abschließend wird eine positive Bilanz gezogen:

> Die Natur ist ein Segen für die Menschheit, die Menschen bewahren die Harmonie mit der Natur. Der Tausend-Inseln-See ist ein Gedicht, das Mensch und Natur gemeinsam verfasst haben, er ist ein künstlich erzeugtes grünes Wunder.

Damit wird die Veränderung und Gestaltung der Natur durch den Menschen befürwortet. Im Falle des Tausend-Inseln-Sees ist dies jedoch ambivalent, da ein wesentlicher Grund für das menschliche Eingreifen in die Natur darin bestand, dort mit der Wasserkraft eine Energieform nutzbar zu machen, die als umweltschonend gilt. Auch ist dadurch eine schöne Landschaft entstanden, wobei die Intaktheit des dortigen Ökosystems jedoch zu prüfen bliebe. Eine klare Einordnung der in diesem Text vermittelten Werte aus umwelterzieherischer Perspektive ist hier problematisch.

Über den Nützlichkeitsaspekt hinaus verweisen weitere Texte explizit auf eine „Bezwingung“ der Natur durch den Menschen: „Die große Yangtze-Brücke in Nanjing“ (南京长江大桥 *Nanjing changjiang daqiao*)[548], eine der längsten Brücken Chinas, die 1968 fertiggestellt wurde, gilt als Prestigeobjekt der Partei und als ein Beweis dafür, wie natürliche Hindernisse überwunden werden können. Gigantische Brückenpfeiler ragen aus dem Yangtze auf „als schlafe ein gigantischer Drache aus Eisen und Stahl auf dem Fluss“, und der Ich-Erzähler endet die begeisterte Schilderung seines Besuchs mit den Worten:

[547] *Beijingban* Band 6, Lektion 15.

[548] *Beijingban* Band 6, Lektion 18.

> Wir haben den Yangtze bezwungen, der von alters her als natürliches Hindernis bezeichnet wird. Mit dieser Brücke, die Nord und Süd verbindet, wurde das Hindernis überwunden und eine Verkehrsverbindung geschaffen.

Das Märchen „Der kleine grüne Stein" (小青石 *xiao qingshi*)[549] beschreibt den Weg, den ein Stein zurücklegt, bis er zu Beton verarbeitet und im Straßenbau eingesetzt wird. Zu Beginn liegt er am Strand und ist „unglücklich" über sein „ruhiges Leben", am Schluss kann er als winziger Bestandteil einer Straße „den Massen dienen". Darin erfährt er seine wahre Bestimmung und denkt: „Dies ist erst ein bedeutungsvolles Leben." Neben dem vordergründigen Zweck, die Kinder zum Dienst am Gemeinwohl im Sinne der „sozialistischen Sache" zu erziehen, wird in diesem Text die Verarbeitung von natürlichen Materialien zum Nutzen der Menschen und zum Ausbau des Verkehrs (Straßenbau) thematisiert. Auch „Der Herr des Waldes" (大森林的主人 *da senlin de zhuren*)[550] weist Passagen auf, in denen der Mensch die Natur „bezwingt". Darin beschreibt der Ich-Erzähler, wie er gemeinsam mit einem Jäger fernab der Zivilisation mit seinem Boot kentert und eine Nacht im Wald verbringen muss. Der Jäger entzündet mithilfe seiner Pistole und trockenem Moos ein Lagerfeuer, erlegt und brät Auerhähne und bereitet aus Tannenzweigen einen warmen Schlafplatz.

> Als es wieder hell wurde, sagte ich zum Jäger: „Du wusstest dir ja gut zu helfen. Wenn ich dich nicht gehabt hätte, wäre es mir sicher schlecht ergangen." Da antwortete der Jäger lächelnd: „Im Wald darfst du dich nicht wie ein Gast verhalten, sondern du musst der Herr sein. Wenn du nur deinen Verstand gebrauchst, kannst du alle Dinge aus dem Wald zu irgendetwas verwenden."

Die Protagonisten in dieser Geschichte wissen sich mit den Dingen zu behelfen, die sie in der Natur vorfinden. Die Fähigkeit, sich in der Natur orientieren und zurechtfinden zu können, gilt auch innerhalb einiger umwelterzieherischer Konzeptionen als zentral. Dennoch kann das Verhalten gleichermaßen als Wilderei und unrechtmäßiges Eingreifen in die Natur – und damit als umweltschädlich – interpretiert und nur mit ihrer Notsituation entschuldigt werden. Als problematisch im Sinne einer zeitgemäßen Umwelterziehung kann der Satz „Im Wald darfst du dich nicht wie ein Gast verhalten, sondern du musst der Herr sein" eingestuft werden, da er explizit auf das Recht des Menschen hinweist, sich über die Natur zu stellen und sie für seine Zwecke zu nutzen.

[549] *Beijingban* Band 10, Lektion 25

[550] *Beijingban* Band 8, Lektion 29.

6.2.5 Beziehung des Menschen zu Tieren und Pflanzen

Rund 22,5 % des natur- und umweltbezogenen Textmaterials behandeln die direkte Beziehung zwischen Menschen und Tieren, einige Texte sprechen den richtigen Umgang mit Pflanzen an. Auf elementarem Niveau steht in den untersuchten Lesebüchern der VR China in Kurztexten die affektive Dimension im Umgang mit Tieren im häuslichen Umfeld im Zentrum, wie im folgenden Text „Kleine Enten“[551] (小鸭 *xiao ya*):

> Unsere Familie hat viele kleine Enten. Ihre Schnäbel sind flach, sie haben am ganzen Körper gelben Flaum und zwei kleine Füße, die aussehen wie Fächer. Beim Laufen schwanken sie hin und her, das ist sehr niedlich. Ich füttere die kleinen Enten jeden Tag und putze ihr Nest blitzblank.

Auch in „Drei kleine Küken“ (三只小鸡 *san zhi xiao ji*)[552] wird diese Komponente betont: die frisch geschlüpften Küken mit Namen „Kleine Trompete“, „Bällchen“ und „Goldköpfchen“ sehen aus wie flauschige Wollknäule. Wie auch im vorigen Text lautet die Botschaft, dass die Menschen die kleinen Tiere mögen sollen, weil sie „niedlich“ sind. Der Ich-Erzähler in „Kleine Krabben“ (小虾 *xiao xia*)[553] fängt in einem Bach Krabben und hält sie zu Hause im Aquarium, um ihre Lebensweise zu beobachten:

> Die kleinen Krabben waren sehr interessant. Krabben sind sehr vorsichtig, wenn sie etwas fressen. Zuerst berühren sie es mit ihren Zangen, danach ziehen sie sich schnell zurück, bis sie meinen, dass keine Gefahr mehr besteht. Dann erst nehmen sie die Nahrung in beide Zangen und fressen sie. Wenn sie satt sind, schwimmen einige nur allein hin und her, andere verfolgen sich gegenseitig, und wieder andere kleben dicht an der Wand des Aquariums und ruhen sich aus.

Einmal neckt der Ich-Erzähler eine Krabbe mit einem Ast. Sie geht in Kampfstellung und sogleich bekämpfen sich zwei Krabben im Aquarium, was er mit Interesse verfolgt. Abschließend formuliert er seine Zuneigung gegenüber diesen Haustieren folgendermaßen:

> Jeden Tag nach der Schule stehe ich vor dem Aquarium und sehe ihnen eine Weile zu. Ich mag die kleinen Krabben sehr gern!

„Die Schildkröte“ (龟 *gui*)[554] erzählt, wie der Ich-Erzähler eine Schildkröte fängt und sie in den heimischen Gartenteich setzt. Nachdem sie alle Fische gefressen hat, die die Familie dort ursprünglich gehalten hatte, füttern der Ich-Erzähler und seine Schwester sie mit Insekten und Fliegen. So können sie ihr Verhalten zu den verschiedenen Jahreszeiten beobachten:

[551] *Beijingban* Band 2, Lektion 12.

[552] *Beijingban* Band 2, Lektion 15.

[553] *Beijingban* Band 4, Lektion 12.

[554] *Beijingban* Band 7, Lektion 14.

> Das Wetter wurde langsam kälter, die Schildkröte fraß immer weniger und schlief viel. Im Winter zog sie sich ganz zusammen, fraß nichts und bewegte sich nicht. Erst als die Blumen in den Beeten anfingen zu blühen, wurde sie wieder aktiv.

Im Sommer bemerkt der Ich-Erzähler, dass auf dem Rücken der Schildkröte Wasser austritt – sie „schwitzt". Die Mutter erklärt:

> „Wenn auf dem Rücken der Schildkröte der Schweiß austritt, heißt das, dass das Wetter umschlägt. Heute wird es regnen." Von da an wusste ich jedes Mal, wenn die Schildkröte schwitzte, dass das Wetter sich ändern würde.

In beiden Fällen ist die Tierhaltung artgerecht, die Kinder gehen fürsorglich mit den Tieren um und erwerben durch ihre Beobachtung nebenbei Umweltwissen. Damit berühren die Vorbilder im Text die affektive und kognitive Dimension gleichermaßen und könnten dazu beitragen, beim kindlichen Leser Interesse an der Tierhaltung und -beobachtung zu wecken bzw. zu fördern. Gleichzeitig erweist sich die Schildkröte im zweiten Textbeispiel als nützlich, da sie den Wetterumschwung anzeigen kann. Der Aspekt der Nützlichkeit spielt auch im folgenden Essay „Die Katze" (猫 *mao*)[555] von Lao She eine Rolle. Dabei handelt es sich um eine „Charakterstudie" des Tieres: Sie ist brav, schläft gern, und insbesondere die jungen Katzen sind „niedlich", denn sie sind noch „wacklig auf den Beinen", aber schon „ganz schön frech". Doch obwohl sie gern herumtollt, erfüllt sie im Hause ihres Halters ihren Zweck:

> Aber sobald sie eine Maus hört, wird sie sehr pflichtbewusst. Dann verharrt sie konzentriert mit angehaltenem Atem mehrere Stunden lang und gibt nicht eher Ruhe, als bis die Maus zum Vorschein kommt!

Da Katzen niedlich sind und gleichzeitig dem Menschen nützen, darf man sie auch dann nicht misshandeln, wenn sie Unheil anrichten. Darauf wird der Leser in einer direkten Ansprache hingewiesen:

> Wenn sie in den Garten kommen, bringt das den Gräsern und Pflanzen Unglück. Sie balgen sich in den Blumenkübeln und schaukeln an den Blumenstängeln hin und her, und wohin sie gehen, knicken sie Äste und Blüten ab. Aber du darfst sie deshalb nicht schelten oder schlagen, denn sie sind so voller Lebenskraft, so unbefangen und liebenswert!

Verschiedene Aspekte der Tierhaltung und des Umgangs mit Tieren werden in den Lesebüchern besonders am Beispiel von Vögeln illustriert. Wie man durch einfühlsames, vorsichtiges Verhalten erreichen kann, dass Tiere zutraulich werden, davon handelt „Die Blasskopfnonnen" (珍珠鸟 *zhenzhu niao*)[556] von Feng Jicai 冯

[555] *Beijingban* Band 9, Lektion 16. Dieser Text findet sich auch in *Renjiaoban* Band 8, Lektion 10 und *Zhejiaoban* Band 9, Lektion 10.

[556] *Beijingban* Band 12, Lektion 18. Dieser Text findet sich auch in *Renjiaoban* Band 9, Lektion 25.

骥才.[557] Darin bekommt der Ich-Erzähler ein scheues Pärchen dieser Finkenart geschenkt. Er hängt den Bambuskäfig vor sein Fenster und bedeckt ihn mit den Blättern seiner Grünlilie, „damit sich die Vögel so sicher fühlen können wie im tiefen Dschungel". Da er sich ihnen stets vorsichtig nähert, gewöhnen sich die Vögel an ihr neues Heim. Als sie einige Monate später Nachwuchs kriegen, verhält er sich weiterhin vorsichtig:

> Aber ich hob nun natürlich nicht die Blätter hoch und schaute hinein. Auch wenn ich sie fütterte, wagte ich nicht, sie zu neugierig anzustarren, um sie nicht zu erschrecken. Nach einer Weile lugte plötzlich ein Köpfchen aus den Blättern hervor, das noch kleiner war als die anderen. Aha, dieser kleine Kerl da war also ihr Nachwuchs!

Das Vogeljunge ist so klein, dass es sich zwischen den Gitterstäben hindurchzwängen kann, um seine Umwelt zu erkunden. Es hüpft auf dem Käfig umher und fliegt dann immer „mutiger" im Zimmer umher. Der Ich-Erzähler bleibt zurückhaltend, bis der Vogel eines Tages auf seinem Schreibtisch landet und sich allmählich ein engerer Kontakt zwischen Mensch und Tier entwickelt:

> Zuerst saß er weit von mir entfernt und schaute, ob ich ihm wirklich nichts tun wollte. Dann kam er näher und näher, bis er auf meine Tasse hüpfte, sich hineinbeugte und etwas Tee trank. Er sah mich an und wartete auf meine Reaktion. Ich lachte nur ein bisschen und schrieb weiter. [...] Ich streichelte sein zartes Gefieder und er fürchtete sich nicht, sondern pickte zweimal freundlich an meinem Finger. [...] Einmal saß ich wieder da und schrieb etwas, da flog er auf meine Schulter. Ich hörte sofort auf zu schreiben, um ihn nicht zu verscheuchen. Nach einer Weile drehte ich den Kopf, da war der kleine Kerl doch tatsächlich auf meiner Schulter eingeschlafen.

Mit seiner behutsamen Vorgehensweise kann das Handlungsvorbild in diesem Text das Vertrauen des Vogels gewinnen, und es entwickelt sich eine enge Beziehung zwischen Mensch und Tier.

In der Geschichte „Qiqis Sorge" (琪琪的心事 *Qiqi de xinshi*)[558] interpretiert das Mädchen Qiqi das Zwitschern des Vogels im Käfig als Hilferuf „Qiqi, rette mich!" Das Leid des gefangenen Vogels bedrückt sie, doch sie fürchtet die Schelte ihres Großvaters, falls sie ihn freiließe. Da kommt ihr die Idee, dem Vogel jeden Abend Fastentee in die Tränke zu schütten, bis er so schlank ist, dass er sich durch die Gitterstäbe zwängen kann. Als der Großvater dies bemerkt, ist er zunächst wütend, lässt sich eines Tages jedoch erweichen: Eines Morgens ist der Vogel fort. Da fragt Qiqi ihren Großvater:

> „Hast du den Käfig geöffnet und ihn freigelassen?" „Wie könnte ich ihn freilassen?", meinte Opa und warf sich in die Brust, „Du hast ihm zu viel Fastentee gegeben, erst

[557] Geb. 1942 in Jiangnan, bekannter zeitgenössischer Schriftsteller, seine Erzählung *Ach!* erschien auf Deutsch 1985 im Diederichs-Verlag.

[558] *Beijingban* Band 7, Lektion 8.

> dadurch konnte er sich durch die Gitterstäbe schlängeln und entkommen, ich konnte ihn nicht aufhalten und dachte, nun ist es auch egal!" „Aber Opa, du hast es nicht geschafft, ihn aufzuhalten, also kannst du mir nicht die Schuld geben!", rief Qiqi fröhlich und warf sich Opa in den Schoß.

Das Motiv, dass Vögel nicht im Käfig gehalten, sondern freigelassen werden (sollten), findet sich in verschiedenen Varianten in den Lesebüchern. In der Geschichte „Wie ich den kleinen Vogel freiließ" (放小鸟 *fang xiao niao*)[559] bekommt der Ich-Erzähler einen Vogel geschenkt, doch dieser sitzt reglos im Käfig und frisst nichts. Da entdeckt er draußen vor dem Fenster einen zweiten Vogel, der mit den Flügeln schlägt und aufgeregt zwitschert:

> Ich dachte, das ist bestimmt die Mama, die nach ihrem Kind ruft. Ich sah den kleinen Vogel im Käfig an und entschloss mich, ihn heimkehren zu lassen. Ich öffnete den Käfig und der kleine Vogel schlug mit den Flügeln, als ob er „Danke" sagen wollte. Dann flog er mit seiner Mama davon.

In dem Gedicht „Ich besitze einen Vogel" (我有一只鸟 *wo you yizhi niao*)[560] von Tong Xiren 佟希仁[561] fängt das lyrische Ich im Wald einen Eisvogel. Der Mensch kümmert sich liebevoll um den wilden Vogel und versucht, ihn mit Insekten, Brot oder Fischen zu füttern, doch auch dieser verweigert die Nahrungsaufnahme. Erst der Hinweis von Freunden, dass der Vogel seine Eltern oder Kinder vermissen könnte, bringt das lyrische Ich zu der Erkenntnis:

> Ja, ich habe verstanden, ein Eisvogel hält genau wie der Mensch
> die Freiheit für unvergleichlich kostbar.
> Auch wenn man ihm einen glänzenden, goldenen Käfig schenkt,
> ist dieser für ihn nicht so schön wie sein eigenes Vogelnest aus Stroh.
>
> Also öffnete ich den Käfig
> und ließ den Eisvogel nicht länger in meinem Gefängnis sitzen.
> Flieg, flieg mit aller Kraft,
> flieg schnell und such dir die Freiheit und das Glück!

Obwohl das lyrische Ich versucht, sein neues Haustier optimal zu versorgen, leidet der Eisvogel unter der nicht artgerechten Haltung und tritt „in den Hungerstreik". Schließlich erkennt lyrische Ich seinen Fehler und lässt den Vogel wieder frei. Die umwelterzieherische Botschaft des Textes lautet, dass man einen wilden Vogel wie den Eisvogel nicht im Käfig halten darf. Für Ziervögel gilt dies nicht: Sie können auch bei Käfighaltung optimal versorgt werden und eine enge Beziehung zu ihrem Halter entwickeln, wie das bereits genannte Beispiel „Die Blasskopfnonnen" zeigte.

[559] *Beijingban* Band 2, Lektion 27.

[560] *Beijingban* Band 5, Lektion 25.

[561] Geb. 1937 in Liaoning, Mittelschullehrer und Autor von Kindergedichten, Märchen und Kurzgeschichten, Träger eines Preises für Kinderliteratur.

Die Geschichte „Der Eisvogel“ (翠鸟 *cuiniao*) setzt bereits bei dem Wunsch an, den Vogel zu fangen. Sie findet sich in zwei Versionen[562] in den Lesebüchern, interessanterweise unterscheidet sich dabei der Abschnitt, der das ideale Verhalten der Menschen thematisiert. Beide Versionen beginnen mit einer detaillierten Beschreibung der Schönheit des Eisvogels und schildern die Anmut und Schnelligkeit, mit der er Fische fängt: Er beobachtet reglos die Wasseroberfläche und stößt sich dann pfeilschnell vom Schilfrohr ab, um sich den Fisch zu schnappen. Einige Kinder beobachten ihn und der Eisvogel gefällt ihnen so sehr, dass sie ihn einfangen wollen. In den untersuchten Lesebüchern des *Beijing*-Verlags wird dies folgendermaßen beschrieben:

> Wir wollten gern einen Eisvogel fangen und erzählten einem alten Fischer davon. Der alte Fischer sagte: „Kinder, wisst ihr denn, wo der Eisvogel wohnt? Sein Zuhause liegt flussabwärts auf einer hohen Felswand. Die Höhle ist sehr klein und geht tief hinab, man kann ihn nicht so einfach fangen!“ Wir waren enttäuscht und konnten nur von Ferne seine schönen Federn und seinen geschickten Körper bewundern und hoffen, dass er noch eine Weile auf dem Schilfrohr verweilen würde. (*Beijingban*)

In dieser Variante können die Kinder den Eisvogel lediglich deshalb nicht fangen, weil sein Zuhause zu abgelegen ist, daher sind sie enttäuscht. Die Passage in den Lesebüchern des Verlags *Renmin jiaoyu chubanshe* lautet dagegen:

> Wir wollten gern einen Eisvogel fangen, um ihn zu halten. Der alte Fischer sah uns und sagte: „Kinder, wisst ihr denn, wo das Zuhause des Eisvogels liegt? Immer am kleinen Bach entlang, auf den steilen Felsen dort. Er kommt von so weit hergeflogen, um sich mit euch anzufreunden!“ Da wurden wir rot und verwarfen die Idee wieder. Wenn der Eisvogel angeflogen kommt, betrachten wir seine schönen Federn aus der Ferne und hoffen, dass er sich für eine Weile auf dem Schilfrohr niederlässt. (*Renjiaoban*)

In dieser zweiten Version lernen die Kinder durch die Worte des alten Fischers eine Lektion mit umweltpädagogischer Relevanz. Sie schämen sich, weil sie merken, dass ihre Idee, den Vogel einzufangen, falsch war – insbesondere, da dieser gern ihr „Freund“ sein möchte. Wiederum lautet die Botschaft, dass wir unsere Freunde, die Tiere, nicht gefangen halten dürfen. Aus der Tatsache, dass zwei Varianten existieren, kann darauf geschlossen werden, dass der ursprüngliche Text von den Herausgebern der Lesebuchreihe des Verlags *Renmin jiaoyu chubanshe* unter umwelterzieherischen Gesichtspunkten redigiert wurde. Eine weitere Geschichte mit dem Titel „Der Dompfaff“ (灰雀 *huique*)[563] handelt davon, wie ein Junge heimlich einen Vogel fängt, dann aber – angeregt durch ein

[562] *Beijingban* Band 6, Lektion 17 und *Renjiaoban* Band 6, Lektion 13. Außerdem in *Zhejiaoban* Band 6, Lektion 7.

[563] *Beijingban* Band 5, Lektion 14.

Gespräch mit dem Tierfreund Wladimir Iljitsch Lenin – seinen Fehler erkennt und ihn wieder freilässt.

In der Geschichte „Ein schwerer Fischkorb" (沉甸甸的小鱼篓 *chendiandian de xiao yulou*)[564] wirft der Ich-Erzähler – ein kleiner Junge – die Fische, die er zuvor mit einem Netz gefangen hat, wieder in den Fluss zurück. Von der Mutter wird er deshalb gescholten, der Vater jedoch lobt ihn:

> „Die Fische wieder zu ihrer Mama, dem Fluss, zurückkehren zu lassen, ist überhaupt nicht dumm." Obwohl mein kleiner Fischkorb leer war, fühlte er sich doch ganz schwer an, denn er war gefüllt mit Freude und Liebe.

Durch das Lob des Vaters spürt das Handlungsvorbild in diesem Text, dass es richtig gehandelt hat, und empfindet Zuneigung gegenüber allen Lebewesen. Das Ideal, dass Tiere in Freiheit artgerecht leben sollten, und dem Menschen die Verantwortung hierfür zukommt, gilt auch für Großwild. Dies zeigt anschaulich der folgende Text „Die Löwin und ich" (我和狮子 *wo he shizi*),[565] ein Auszug aus dem in Tagebuchform geschriebenen Roman *Frei geboren: Die Geschichte der Löwin Elsa*. Nach einer wahren Begebenheit erzählt darin die österreichische Autorin Joy Adamson (1910-1980) von einer Löwin, die von Wildhütern aufgezogen wurde. Sie zeigt eine starke Bindung an die Ich-Erzählerin, weicht ihr nicht von der Seite, schläft neben ihr und rettet ihr das Leben, als sie von einem Nashorn angegriffen wird. Nach zwei Jahren beschließt die Ich-Erzählerin, Elsa wieder auszuwildern:

> Zuerst brachte ich ihr bei, ihre Nahrung selbst zu fangen. Ich legte ihr halb erschlagene Antilopen vor die Nase und ließ sie diese totbeißen und zerlegen. Allmählich lernte sie, die Beute selbst zu erlegen. Ein paar Tage später brachte ich sie heimlich in ein Gebiet, in dem reichlich Beutetiere vorhanden waren, die das Überleben eines Löwen sichern konnten. Dann entfernte ich mich heimlich. Einige Male kam sie hungrig zurückgelaufen. Ich reagierte dann froh und traurig zugleich.

Zwischendurch erkrankt die Löwin und kehrt zur Ich-Erzählerin zurück, doch nach ihrer Genesung wird sie endgültig ausgewildert:

> Bei unserem letzten Abschied war ich furchtbar traurig. Ich umarmte und küsste sie. Es war, als fühlte auch sie etwas, denn sie rieb ihren glänzenden Körper in einem fort an mir. Danach ging sie nur widerstrebend in den Wald hinein und drehte sich dabei ständig nach mir um, bis wir einander nicht mehr erkennen konnten. So gab ich Elsa der Natur zurück.

Die liebevolle Beziehung zwischen der Ich-Erzählerin und der Löwin ist wechselseitig, sie retten einander sogar das Leben. Auch klingt an vielen Stellen im Text die Ähnlichkeit zwischen Mensch und Tier an: Die Ich-Erzählerin behandelt die

[564] *Beijingban* Band 5, Lektion 2.

[565] *Beijingban* Band 9, Lektion 19. Unter dem Titel „Die kleine Löwin Elsa" findet sich derselbe Text in *Renjiaoban* Band 7, Lektion 15.

Löwin (die auch dadurch, dass sie einen Namen hat, „Persönlichkeit" gewinnt) wie eine eigene Tochter. Als Elsa zahnt, öffnet sie das Maul „wie ein kleines Kind" und zeigt ihre Zähne. Während die Ich-Erzählerin die kranke Löwin pflegt, vergisst sie, „dass ich ein Mensch war und Elsa eine Löwin". Auch drückt sie ihre Zuneigung zu dem wilden Tier durch körperliche Gesten aus, indem sie es „umarmt und küsst". Sie ist sich dabei jedoch stets bewusst, dass die Löwin nur in der freien Natur ein artgerechtes Leben führen kann, daher wildert sie Elsa schließlich wieder aus. Durch seine Erzählweise und erzieherischen Botschaften weist der Text allgemein Bezüge zur Tierliebe und konkret zum Schutz bzw. zur artgerechten Lebensweise von Wildtieren auf und besitzt damit umwelterzieherisches Potenzial.

Auch der Text „Das kleine Eichhörnchen hat sich verguckt" (小松鼠看错了 *xiao songshu kancuole*)[566] soll vermitteln, wie man sich in der freien Natur Tieren gegenüber korrekt verhält – diesmal anhand einer prominenten Vorbildfigur. Charles Darwin, der von klein auf gern das Wachstum der Pflanzen und die Lebensweise der Tiere beobachtet hatte, stand eines Tages im Wald reglos unter einem Baum, um dort eine seltene Vogelart zu beobachten. Da näherte sich ihm plötzlich ein junges Eichhörnchen, das ihn mit einem Baumstamm verwechselt hatte, kletterte an seinem Bein empor und ließ sich auf seiner Schulter nieder.

> Mama Eichhörnchen, die auf einem Baum saß, machte sich aber große Sorgen und stieß leise Laute aus, als wollte sie sagen: „Kind, du hast dich verguckt, das ist doch kein Baumstamm, das ist ein Mensch! Er wird dir etwas tun!" Darwin aber liebte Tiere so sehr, wie hätte er da dem kleinen Eichhörnchen etwas antun können?

Der Mensch, so lautet wiederum die Botschaft, darf Tieren kein Leid antun. Wohin es dagegen führen kann, wenn man ein Tier verletzt, davon erzählt die Geschichte „Der ehrenamtliche Lotse" (义务导航员 *yiwu daohangyuan*).[567] Sie handelt von einem Delfin namens „Jack", der im 19. Jahrhundert Schiffe durch die Foveaux-Straße –eine gefürchtete Meerenge in Neuseeland – lotste, damit sie nicht auf Grund liefen:

> Immer wenn ein Schiff vorbeifuhr, kam er schnell angeschwommen, sprang von Zeit zu Zeit aus dem Wasser und lenkte dadurch das Schiff an den Strömungen und Klippen vorbei. Nach einer Weile tauften die Seefahrer ihn „Jack". Alle wussten, wenn man nur Jack folgte, würde man nicht auf Grund laufen. Weil Jack als Lotse so erfolgreich war, erließ die neuseeländische Regierung sogar ein Gesetz zu seinem Schutz.

Eines Tages kam das Passagierschiff „Pinguin" vorbeigefahren, und ein Betrunkener an Deck schoss mit seiner Pistole auf den Delfin, als dieser das Schiff durch die Meerenge lotsen wollte. Der Täter wurde bestraft, doch die Menschen verloren

[566] *Beijingban* Band 2, Lektion 24. Dieser Text findet sich auch in *Renjiaoban* Band 2, Lektion 24.

[567] *Beijingban* Band 10, Lektion 4.

vorerst ihren Lotsen, daher häuften sich die Unfälle in der Meerenge. Nach einigen Monaten nahm Jack seine Tätigkeit wieder auf, als sei nichts passiert.

> Seltsam war nur, dass er nicht auftauchte, wenn die „Pinguin" vorbeikam. Man vermutete, dass er das Geräusch ihres Motors unter Wasser erkennen konnte. Dem Kapitän der „Pinguin" blieb nichts anderes übrig, als ganz vorsichtig den anderen Schiffen zu folgen, aber im Jahre 1909 rammte das Schiff einen Felsen und sank. Dabei kamen alle 75 Passagiere und Besatzungsmitglieder ums Leben. Seitdem sind viele Jahre vergangen, aber noch immer sagen Seeleute überall, dass es Unglück bringt, einen Delfin zu verletzen.

Der Grund für den Schutz des Delfins liegt hier wiederum in seinem Nutzen für den Menschen, denn die neuseeländische Regierung erließ das Gesetz zu seinem Schutz, weil er „als Lotse so erfolgreich war." Die vordergründige erzieherische Botschaft der Geschichte kann darin erkannt werden, dass Fehlverhalten bestraft wird, wenngleich es ungerecht erscheint, dass Unschuldige für das Vergehen eines anderen büßen müssen. Das Seeunglück macht den Menschen jedoch klar, dass man einem Delfin keinen Schaden zufügen darf. Da dies eine Aufforderung zum Tierschutz impliziert, bekommt der Text auch eine umwelterzieherische Bedeutung.

Ähnlich wie der Delfin Jack trägt auch der Hund Vernyj in der russischen Geschichte „Die Rache des treuen Hundes" (义犬復仇 *yiquan fuchou*)[568] einem Menschen ein Verbrechen nach und nimmt schließlich Rache: Im zweiten Weltkrieg wird ein Trainer für Militärhunde in Gegenwart seines Hundes Vernyj von einem Gestapo-Offizier erschossen, woraufhin dieser dem Mörder zwei Finger abbeißt. Acht Jahre später lässt der Offizier aus Wut über den Verlust seiner Finger vierhundert Hunde grausam erschießen, was der Ich-Erzähler mit den Worten verurteilt: „Im Krieg hatten wir viele furchtbare Szenen gesehen, aber so ein sinnloses Morden erschütterte uns sehr." Eines Tages erkennt Vernyj den Offizier auf der Straße, beißt ihm die Kehle durch und rächt so den Mord an seinem Herrchen: Der Hund hatte jahrelang „tiefen Hass gegenüber seinem Feind empfunden und darauf gewartet, sich eines Tages rächen zu können." Wie im vorigen Beispiel werden dem Tier menschliche Empfindungen (Hass, Rachegefühle) zugesprochen, die im Kontext der Geschichte verständlich wirken: Die Reaktion des Hundes erscheint durch die grausamen Taten des Offiziers – bei dem es sich obendrein um einen Nazi handelt – gerechtfertigt.[569]

[568] *Beijingban* Band 10, Lektion 28.

[569] Es erscheint jedoch unabhängig vom Kontext pädagogisch fragwürdig, Hassgefühle zu legitimieren und das Prinzip der Rache im Schulbuch zu propagieren. Daher bleibt zu hoffen, dass die Lehrer das in den Geschichten dargestellte Verhalten relativieren, damit es den Kindern nicht als nachahmenswert im Gedächtnis bleibt.

Über das Ideal einer Freundschaft mit Tieren reflektiert das Kindergedicht „Dolmetscher für die Vogelsprache“ (鸟儿翻译家 *niaor fanyijia*)[570] von Yin Shilin 尹世霖:[571]

> [...] wir wollen uns alle mit den Vögeln anfreunden, aber wie sollen wir diesen schönen Wunsch ausdrücken?
>
> Wenn die Vögel ihre eigene Schulen haben, nehmt mich doch bitte auch dort auf; ich möchte ihre Sprache lernen, und Dolmetscher für die Vogelsprache werden.

Auch im Text „Die Vogelsprache“ (鸟语 *niaoyu*)[572] will der Ich-Erzähler lernen, mit den Vögeln zu kommunizieren, denn er liebt ihre „schöne, starke und kräftige Gestalt“ und hört gern „ihre Lieder und ihre sanfte Sprache.“ Er stellt fest, dass jede Vogelart ihre eigene „Sprache“ spricht, und versucht häufig, mit ihnen zu reden, wobei er zum Beispiel das Krächzen der Elstern folgendermaßen interpretiert: „'Krah, krah, krah', heißt das nicht eindeutig, 'Glück ist nah'“? Obwohl es ihm nicht gelingt, ihre Sprache zu erlernen, vertieft sich durch die Beschäftigung mit den Vögeln sein Gefühl der Zuneigung. Außerdem dienen sie ihm als Vorbilder für ideale „Charaktereigenschaften“:

> Von den Schwalben, die den ganzen Tag über sehr beschäftigt sind, habe ich gelernt, wie kostbar harte Arbeit ist. Von den Adlern, die in einer Formation am Himmel schweben, habe ich gelernt, wie wichtig Disziplin ist. Und vom Hühnerhabicht, der Wind und Regen trotzt, habe ich die mutige, unbeugsame Geisteshaltung erlernt.

Freundschaft und Zuneigung zwischen Mensch und Tier thematisiert die Geschichte „Die Stumpfnasenaffen“ (雪猴 *xuehou*).[573] Darin übernachtet der Ich-Erzähler, ein Soldat, in einer Wachstation am Grenzposten, und als er morgens aufwacht, liegt auf seinem Tisch eine kleine Banane.

> Eilig stand ich auf und ging dem Geräusch nach. Da sah ich einen Affen mit glänzendem Fell, der sich umdrehte und mich ansah, ein wenig nickte, und dann hinaus in den Wald lief. [...] Das war ein Stumpfnasenaffe. Was ihn von anderen Affen am deutlichsten unterscheidet, sind seine Größe und seine Himmelfahrtsnase. Stumpfnasenaffen sind die Freunde der Grenzsoldaten, sie freuen sich immer sehr, wenn sie Menschen in Militäruniformen sehen. Wenn ein Gast ankommt, bringen sie ihm großzügig ein Geschenk aus dem Wald.

Den dichten Wald vor seinem Fenster bezeichnet der Ich-Erzähler als „Paradies für Stumpfnasenaffen“. Die Tiere sind sehr zutraulich und imitieren das Verhalten der Soldaten, beim Zähneputzen genauso wie beim militärischen Drill. Als eines Tages ein junger Soldat vom Reck stürzt, umringen ihn die Affen mit ernsten Mienen, als wollten sie ihre Anteilnahme ausdrücken. Mit ihren Instinkten helfen

570 *Beijingban* Band 1, Lektion 14.

571 Geb. 1938 in Shandong, Mittelschullehrer und Autor von Kinderlyrik.

572 *Beijingban* Band 7, Lektion 15.

573 *Beijingban* Band 9, Lektion 12. Dieser Text findet sich auch in *Renjiaoban* Band 8, Lektion 11.

die Affen auch den Menschen, sich in der Natur besser zurecht zu finden: Eines Tages warnt die Herde durch ihr ungewöhnliches Verhalten die Soldaten vor einem Unwetter, so dass sie rechtzeitig zur Wachstation zurückkehren können. So endet die Geschichte mit den Worten:

> Als ich die Wachstation im Tal verlassen musste, verstand ich, warum es einigen Soldaten nach Ablauf ihrer Dienstzeit so schwer fiel, von hier fortzugehen. Das lag nicht nur am Abschied von ihrer Truppe, sondern daran, dass sie es kaum übers Herz brachten, sich von den Stumpfnasenaffen zu trennen.

Aus umwelterzieherischer Perspektive ist hier zentral, dass die Tiere als „Freunde" dargestellt werden, die darüber hinaus durch ihre Fähigkeiten den Menschen nützlich sind. Hier ist es insbesondere die detaillierte Beschreibung ihrer *menschlichen* Züge (die Affen machen „Geschenke", zeigen „Mitgefühl", imitieren die Soldaten beim Drill), die die affektive Dimension anspricht und sich auf die Herausbildung einer tierfreundlichen Haltung positiv auswirken könnte.

Auch in der folgenden Geschichte von Jiang Nanyu 江南雨[574] ist es die Ähnlichkeit von Mensch und Tier, deren Schilderung Nähe erzeugt: „Mutterliebe" (母爱 *mu ai*)[575] handelt von einer wahren Begebenheit, die sich in einem Wüstengebiet in der Provinz Qinghai zugetragen haben soll. Dort herrschte extremer Wassermangel, so dass der Wasserverbrauch auf eineinhalb Liter pro Person rationiert und das Wasser von Soldaten über weite Strecken transportiert werden musste. Der Satz „Menschen brauchen dringend Wasser, Tiere genauso, sonst haben sie Durst!" verweist bereits auf die Ähnlichkeit zwischen Mensch und Tier. Eines Tages riss sich eine Kuh los, versperrte dem Wassertransport den Weg, und ihr Besitzer schlug sie mit der Peitsche, um sie von der Straße zu vertreiben:

> Als sie so geschlagen wurde, schrie sie vor Schmerzen, aber sie bewegte sich noch immer nicht vom Fleck. Blut quoll hervor und färbte die Peitsche rot. Die traurigen Schreie der Kuh und der kalte Wüstenwind machten das Ganze besonders tragisch. Die Soldaten und der Fahrer begannen zu weinen. Schließlich sagte einer von ihnen: „Lasst uns die Vorschriften brechen. Ich bin bereit, die Disziplinarstrafe auf mich zu nehmen." Dann nahm er aus dem Wagen eine halbe Schüssel voll Wasser, ungefähr eineinhalb Liter, und stellte sie vor der Kuh auf den Boden.

Die Kuh stürzte sich jedoch nicht auf das Wasser, sondern muhte, als riefe sie jemanden. Da kam ein kleines Kalb herangelaufen und die verletzte Kuh sah „liebevoll" zu, wie ihr Kalb gierig das Wasser trank. Dann leckten sie einander über die Augen und „in der Stille sahen die Menschen die Tränen in den Augen von Mutter und Kind." Die brutale Behandlung der Kuh erzeugt bei den Protago-

[574] Zeitgenössischer Autor, der überwiegend im Internet publiziert. Die Geschichte erschien unter einem anderen Titel 2001 in Vol. 6 der Zeitschrift *Tiantai* und wurde für die Lesebücher leicht gekürzt.

[575] *Beijingban* Band 12, Lektion 20.

nisten Mitleid und führt dazu, dass einer von ihnen die Vorschriften bricht, um ihr zu helfen. Auch beim Leser soll die plastische Darstellung ihres Leidens (sie „schreit", Blut „quillt hervor" und „färbt die Peitsche rot") und der Verweis auf ihre Ähnlichkeit zum Menschen Mitgefühl hervorrufen. Im Wassermangel kann darüber hinaus ein regionalspezifisches Umweltproblem erkannt werden, das jedoch nicht explizit als solches thematisiert wird.

„Meine Tage bei den Pinguinen" (与企鹅相处的日子 *yu qi'e xiangchu de rizi*)[576] ist ähnlich wie der in Abschnitt 6.2.1 besprochene Text „Auf der Pinguininsel" ein Bericht von einer Expedition zum Südpol aus der Ich-Perspektive. Hierbei liegt jedoch der Schwerpunkt nicht auf einer sachlichen Beschreibung der verschiedenen Pinguinarten, sondern auf der Begegnung zwischen Mensch und Tier in verschiedenen kurzen Episoden. Als die Expeditionsteilnehmer ihre Vorräte abladen, kommen die Pinguine neugierig angelaufen und picken an den Kisten und Säcken herum. Beim nächsten Mal werden sie davon angelockt, dass der Ich-Erzähler etwas isst, und als er einmal einen Nagel ins Holz schlägt, umringen sie ihn mit schiefgelegten Köpfen. Auch das Geräusch eines pfeifenden Teekessels versetzt die Pinguine in Aufregung. Die meisten von ihnen nähern sich dem Eindringling Mensch zutraulich, es gibt jedoch auch aggressive Exemplare, wie die folgende Passage zeigt:

> Ein Pinguin lief an meinem Zelt vorbei und stieß gegen eine leere Eisentonne, dass sie schepperte. Er drehte sich um, stieß noch einmal dagegen, und sie schepperte wieder. Da stieß der Pinguin einen Laut aus, rammte die Tonne ein drittes Mal und schlug obendrein mit seinen Flügeln auf sie ein. Ich schritt ein und wollte den Pinguin von der Tonne fernhalten, da schnappte er wütend nach mir und biss mich in die Hand. Eines Tages ging ich Wasser holen, als plötzlich hinter einem Felsen ein Pinguin auf mich zugeschossen kam, mich in den Schuh biss und mit den Flügeln nach mir schlug. Von da an nahm ich immer eine große Schöpfkelle zum Wasserholen mit, und wenn mich ein aggressiver Pinguin angriff, konnte ich mich mit der Kelle verteidigen, denn davor hatten sie Angst.

Auch in diesem Text werden die Pinguine in ihrer Neugier und ihrem possierlichen Verhalten als liebenswert dargestellt, und ihre Aggressivität bleibt eine Anekdote am Rande, die die Zuneigung des Ich-Erzählers zu ihnen nicht schmälert.

In der Geschichte „Der indische Elefant aus Bangkok" (曼谷的小象 *Mangu de xiao xiang*)[577] bleibt das Auto, mit dem der Protagonist durch Thailand reist, auf einer schlammigen Straße stecken. Noch bevor der Fahrer Hilfe holen kann,

[576] *Beijingban* Band 5, Lektion 24.

[577] *Beijingban* Band 6, Lektion 7. Dieser Text findet sich auch in *Renjiaoban* Band 5, Lektion 29 und *Zhejiaoban* Band 6, Lektion 4. Er war bereits in Lesebüchern von 1993 enthalten und zählt somit zu den älteren Texten im Lesebuch. (Siehe zu diesem Text auch Böhm, a.a.O., S. 46.)

kommt eine Thailänderin mit einem indischen Elefanten angelaufen, klopft dem Tier an den Rüssel und zeigt ihm, wo das Auto steckengeblieben ist:

> Der intelligente Elefant trat neben die Kuhle, nahm seinen langen, kräftigen Rüssel, hob hier und stemmte dort, und hatte schnell unser Auto aus der Schlammgrube gezogen. Ein Wunder, wirklich ein Wunder! Der Elefant hatte wirklich bewundernswerte Fähigkeiten. [...] Dann trat sie wieder neben den Elefanten, streichelte sanft seinen langen Rüssel, und zeigte auf unser dreckiges Auto. Der Elefant machte kehrt und verschwand im goldenen Morgennebel. Wenig später kam er wieder zurück und schwenkte seinen Rüssel. Er streckte ihn und spritzte Wasser auf das verschmutzte Auto. Schon kurze Zeit später hatte er es ganz sauber gemacht. „Oh, was für ein schlauer Elefant!", dachte ich und bewunderte ihn insgeheim.

Hier wird der Elefant als intelligentes, nützliches und – nicht zuletzt deshalb – liebenswertes Tier dargestellt. Da es eine freundliche Thailänderin ist, die den chinesischen Touristen hilft, wird hier am Rande auch die Thematik „internationale Freundschaft" und Verständigung berührt. In der Geschichte „Die Gans" (鹅 *e*)[578] erweist sich dagegen ein Haustier seinen Haltern als nützlich: In einer Sommernacht wird der Ich-Erzähler vom Gezeter der Hühner geweckt und läuft zum Stall.

> Im Mondschein war ein Wiesel in den Stall eingedrungen und ich konnte seine listigen Augen sehen, mit denen er die Gans anstarrte. Die Gans reckte ihren Hals und schnappte nach Luft, sie öffnete den Schnabel und streckte ihre Flügel aus, mit ihren großen runden Augen sah sie furchteinflößend aus! Im Nu hatte sie mit ihrem Schnabel das Wiesel gebissen. Der Schurke flüchtete eilig vom Hof. Das Huhn war gerettet! Die Gans blickte in die Richtung, in der das Wiesel verschwunden war, reckte ihren Hals und stieß Rufe aus, wie ein siegreicher General.
>
> Ich betrachtete diese mutige Heldin und fand Gänse fortan noch liebenswerter.

Die Gans wird als „liebenswerte", „mutige Heldin" charakterisiert, das Wiesel ist dagegen „listig" und ein „Schurke". Wir in der Geschichte „Die wunderbare Vogelinsel" wird damit eine Unterteilung der Tierwelt in „gut" und „böse" vorgenommen, die aus umwelterzieherischer Sicht fragwürdig erscheint.

Der Essay „Glückselstern" (喜鹊 *xique*)[579] wird mit der Frage eingeleitet, warum diese Vögel den Menschen als „Glücksboten" gelten. In drei Abschnitten werden Erklärungen geliefert: Erstens gefällt ihnen das Aussehen der Elstern, denn ihre Federn wirken „schlicht und vornehm", ihre Körperhaltung ist „graziös und elegant". Zweitens bringen ihre „wohlklingenden Stimmen" im Vorfrühling den Menschen „Freude" und neue „Lebenskraft". Der dritte Faktor, durch den die Beliebtheit der Elstern erklärt wird, ist ihr landwirtschaftlicher Nutzen:

[578] *Beijingban* Band 6, Lektion 28.

[579] *Beijingban* Band 5 Lektion 22.

> Sie können den Menschen helfen, Schädlinge aus den Getreidefeldern und Obstgärten zu picken, und fangen manchmal sogar kleine Mäuse auf den Feldern.

Abschließend wird die Ausgangsfrage in einem Satz beantwortet:

> Elstern sind schlicht und vornehm zugleich, ihre Körperhaltung ist elegant, ihr Gesang wohlklingend, und obendrein können sie noch Schädlinge fangen – wie könnten die Menschen sie da nicht lieben?

Der Essay „Der wunderbare Karpfenbach" (奇妙的鲤鱼溪 *qimiao de liyuxi*)[580] entfaltet sich schrittweise: Zunächst wird die ungewöhnliche Tatsache beschrieben, dass in einem Bach im Dorf Buyuan in der Provinz Fujian tausende bunt gemusterte Karpfen leben, die handzahm sind und sich von den zahlreichen Touristen streicheln lassen. Schließlich wird das Rätsel um diese zutraulichen Fische, die von den Dorfbewohnern liebevoll gepflegt werden, aufgeklärt:

> Die Dorfbewohner empfinden viel für die Karpfen. Einst hatten sie die Karpfen im Wasser angesiedelt, weil diese schmutziges Wasser säubern können. Weil die Karpfen dafür sorgten, dass die Dorfbewohner sauberes Wasser trinken konnten, wurden die Menschen seltener krank. Darum liebten und schützten sie die Karpfen umso mehr. Sie schlossen einen Pakt, der das Fischen von Karpfen verbot, und der schon seit mehreren Jahrhunderten von Generation zu Generation weitergegeben wird.

Die Liebe der Dorfbewohner zu den Karpfen führt dazut, dass sie die toten Fische auf einem eigenen Friedhof begraben. Das harmonische Zusammenleben basiert jedoch allein auf dem Nutzen der Fische für die Dorfbewohner, ist also zweckgebunden: Da die Karpfen das Wasser säubern, werden sie geliebt und gepflegt und man hält sich aus eigenem Interesse seit Generationen an die Vereinbarung zu ihrem Schutz.

Zwei Texte behandeln konkret den Anbau, den Schutz und die Pflege von Pflanzen, einer davon ist der folgende Essay „Blumen züchten" (养花 *yang hua*)[581] von Lao She. Dieser liebt es, Blumen in allen Formen und Farben zu züchten und kümmert sich täglich um sie „wie ein Freund". Er kennt die individuellen Bedürfnisse der verschiedenen Arten:

> Einige mögen den Schatten, darum stelle ich sie nicht direkt in die Sonne, andere mögen es trocken, darum gieße ich sie nicht zu oft. Seit ich diese Methode anwende, überleben meine Pflanzen viele Jahre und blühen, wie interessant das doch ist! [...] Wenn Sturm oder Regengüsse bevorstehen oder das Wetter plötzlich umschlägt, muss die ganze Familie mit anpacken, um die Pflanzen zu retten, dann werde ich sehr nervös. Einige hundert Blumentöpfe müssen dann in Windeseile ins Haus geschleppt werden, das gibt Muskelkater in den Beinen und Hüften, und der Schweiß läuft einem herunter.

[580] *Beijingban* Band 5, Lektion 26.

[581] *Beijingban* Band 12, Lektion 13. Dieser Text findet sich auch in *Renjiaoban* Band 10, Lektion 13.

Trotz liebevoller Fürsorge gehen ihm gelegentlich Pflanzen ein, worunter er sehr leidet:

> In diesem Sommer zum Beispiel lagen einige hundert Chrysanthemen-Sprösslinge noch auf der Erde (ich hatte sie noch nicht in die Töpfe gepflanzt), da kam plötzlich ein Wolkenbruch und die Mauer meines Nachbarn stürzte ein. Dabei wurden über dreißig Sorten meiner Sprösslinge zerquetscht, insgesamt über hundert Exemplare. Da hat die ganze Familie ein paar Tage nicht gelacht.

Indem Pflanzen den Menschen Freude bereiten und so zu ihrem psychischen Wohlbefinden beitragen, spielt auch hier der Nützlichkeitsaspekt mit hinein. Der gegenseitige Nutzen drückt sich auch im Kurztext „Opa und der kleine Baum“[582] (爷爷和小树 *yeye he xiaoshu*) aus:

> Wenn das Wetter kalt wird, zieht Opa dem kleinen Baum ein Kleid aus Reisstroh an. Dann friert der kleine Baum nicht mehr. Wenn das Wetter heiß wird, spannt der Baum für Opa einen grünen Schirm auf. Dann schwitzt Opa nicht mehr. So geht es Opa wirklich gut und dem kleinen Baum auch!

Die Wichtigkeit von Pflanzen für das Überleben und Wohlbefinden der Menschen schildert der Text „Eine Oase in der Wüste“ (沙漠中的绿洲 *shamo zhong de lüzhou*),[583] der von einem Besuch in Dubai erzählt. In der dortigen Wüste mit ihren salzhaltigen Böden haben die Menschen mühsam fruchtbare Erde aufgeschichtet und Wasserleitungen verlegt, um Gärten anzulegen, denn „Erst grüne Bäume, frische Blumen und Gräser machen das Leben der Menschen schön.“ Der Ich-Erzähler, der mit einer Reisegruppe Dubai besucht, ist beeindruckt von den erfolgreichen Bemühungen der Araber, in der unwirtlichen Umgebung einen grünen Lebensraum zu erschaffen:

> Dort spendeten grüne Bäume Schatten und Blumen blühten überall. Auf dem Boden lag kein Laub, auch sah man niemanden auf Bäume klettern, Blumen pflücken oder über den Rasen laufen. Unsere arabischen Freunde erzählten uns, dass hier jeder kleine Baum und jeder Grashalm vom Staat für sehr viel Geld angepflanzt wird. Es ist nicht übertrieben, zu sagen, dass es hier genauso viel kostet, einen Baum zu züchten, wie ein Kind großzuziehen.

Im Park begegnen sie einem Arbeiter, der ihnen zeigt, wie er die Pflanzen regelmäßig mit Trinkwasser vom Staub reinigt, damit sie noch frischer und grüner glänzen. Folglich stellt der Ich-Erzähler fest:

> Die Araber behandeln die Pflanzen mit genauso viel Liebe und Fürsorge wie ihre Kinder. Denn erst durch die grünen Bäume und bunten Blumen haben sie sich in der Wüste ein schönes Lebensumfeld geschaffen.

Der Text verweist auf die Wichtigkeit einer bepflanzten Umwelt für die Menschen und liefert Beispiele für das umweltfreundliche Verhalten der Araber: Sie pflücken

[582] *Beijingban* Band 1 Lektion 11. Dieser Text findet sich auch in *Renjiaoban* Band 1, Lektion 2.

[583] *Beijingban* Band 8, Lektion 9.

keine Blumen, betreten keine Rasenflächen und behandeln die Pflanzen so liebevoll, als seien sie ihre Kinder. Gleichzeitig ist der Text aber auch ein Beispiel für eine radikale Umgestaltung der ursprünglichen Natur durch den Menschen. Wenngleich dadurch eine grüne Oase geschaffen wurde, ist diese doch künstlich (unterirdische Wasserleitungen, importierte fruchtbare Erde) und muss mit technischem Aufwand unter enormem Ressourcenverbrauch (Trinkwasser zum Gießen) aufrechterhalten werden. Aus ökologischer Sicht ließe sich ein solch gravierendes menschliches Eingreifen in die Natur daher auch kritisch bewerten.

6.2.6 Umweltzerstörung, Umweltschutz und Nachhaltigkeit

Insgesamt rund 7 % der natur- und umweltbezogenen Texte in den Lesebüchern des *Beijing*-Verlags berühren Aspekte von Umweltzerstörung, Natur- und Umweltschutz, Nachhaltigkeit und globaler Verantwortung. Der Sachtext „Wie sich der Gelbe Fluss verändert hat" (黄河是怎样变化的 *Huanghe shi zenyang bianhua de*)[584] beschreibt ein regionalspezifisches Umweltproblem: In den vergangenen zweitausend Jahren sind die Deiche am Gelben Fluss über 1500-mal gebrochen, der Fluss hat seinen Lauf 26-mal geändert und den Menschen dadurch viel Leid gebracht. Vor mehreren tausend Jahren, als die ökologischen und klimatischen Bedingungen von der Löss-Hochebene bis zum Gebiet des Gelben Flusses noch günstig waren, lag dort die „Wiege der chinesischen Kultur". Im Folgenden nennt der Text Bodenerosion und Ablagerungen im Flussbett als Ursachen der Überschwemmungskatastrophen. Neben klimatischen Veränderungen und geologischen Gegebenheiten trägt der Mensch entscheidend zur Verschlechterung der Umweltsituation bei:

> Zum anderen sind da das hohe Bevölkerungswachstum und die unkontrollierte Urbarmachung und Nutzung des Landes als Weidegrund, wodurch Wälder und Grasebenen zerstört wurden. Auch die Vegetation wurde stark geschädigt, so dass die Löss-Hochebene ihre natürliche Schutzschicht verlor, was ebenfalls zur Bodenerosion beitrug.

Da durch die Erosion die Fruchtbarkeit des Bodens sinkt, nehmen die landwirtschaftlichen Erträge ab und die Menschen versuchen, mehr Land zu erschließen – ein Teufelskreis, denn der Boden wird durch Übernutzung immer ärmer. Durch das Verhalten der Bauern verschlimmert sich wiederum die Erosion und die Dämme brechen häufiger. Wissenschaftler und Politiker befassen sich bereits seit Jahrzehnten mit Maßnahmen zur Regulierung des Gelben Flusses, die vor allem in der Kontrolle der Schlammfracht und im Schutz der Rohstoffe des Waldes liegen. Ein wesentliches Ziel besteht darin, die Menschen über die Folgen

[584] *Beijingban* Band 9, Lektion 25.

ihres Verhaltens aufzuklären, folglich endet auch der Schulbuchtext mit einem Appell:

> Man sollte daher allen Menschen das folgende Prinzip vermitteln: Den Wald zu zerstören, ist ein durch und durch selbstmörderisches Verhalten. Man sollte den Boden vernünftig und planmäßig nutzen und gleichzeitig eine große Zahl von Bewässerungsanlagen bauen. Auf diese Weise kann man sicher die Bodenerosion einschränken und der Traum, dass sich der Gelbe Fluss wieder erholt, wird gewiss in Erfüllung gehen.

Diese optimistische Sichtweise, dass diese Maßnahmen die Umweltproblematik am Gelben Fluss vollständig beseitigen können, wirkt angesichts des tatsächlichen Ausmaßes der Umweltzerstörungen in China überzogen. Dennoch erscheint es sinnvoll, die Schüler wie in diesem Text über die konkreten Auswirkungen menschlichen Handelns auf das Ökosystem aufzuklären. Durch Bildungsmaßnahmen wie diese könnte langfristig bei breiten Bevölkerungsschichten das Wissen über ökologische Zusammenhänge vertieft und das Umweltbewusstsein erhöht werden.

Welche Lesebuchtexte regen die Grundschüler an, aktiv im Umweltschutz tätig zu werden und welche Handlungsbereiche werden thematisiert? Das moderne Kindergedicht „Der Frühlingswind weht“ (春风吹 *chunfeng chui*)[585] stellt das Bäumepflanzen als eine Möglichkeit vor. Darin ergeht die Aufforderung an alle, sich im Frühling wie folgt zu betätigen:

> Der Frühlingswind weht, der Frühlingswind weht,
> der Nieselregen fällt sanft herab,
> und wir alle wollen Bäume pflanzen und Blumen säen.

Obwohl der Umweltaspekt nicht explizit genannt wird, verweist das Gedicht doch auf eine Aktivität, die den Schülern aus der umwelterzieherischen Praxis in der Schule bereits vertraut ist und die auch durch die Arbeit mit literarischen Texten inhaltlich vorbereitet werden kann. Ein Kurztext mit dem Titel „Die Blumen im Park“ (公园里的花 *gongyuan li de hua*)[586] ermahnt die Schüler, keine Blumen zu pflücken, und weist damit einen Bezug zum Thema „Artenschutz“ auf:

> Brüderchen und Schwesterchen gehen zum Spielen in den Park. Im Park blühen gelbe, weiße und rote Chrysanthemen. Das Brüderchen will eine Blume pflücken. Da sagt das Schwesterchen: „Nein, pflück sie nicht, pflück sie nicht! Die Blumen im Park sind für alle Menschen zum Anschauen da.“

Dies sind die einzigen Texte in den Lesebüchern des *Beijing*-Verlags, in denen umweltgerechtes Handeln von Kindern thematisiert wird. An anderer Stelle werden konkrete Maßnahmen genannt, die von Regierungsseite zum Schutz von

[585] *Beijingbanban* Band 2, Lektion 1. Dieser Text findet sich auch in *Renjiaoban* Band 2, Lektion 6 und *Zhejiaoban* Band 2, Lektion 6.

[586] *Beijingban* Band 1, Lektion 6.

Natur und Umwelt ergriffen werden. Hierzu zählt z. B. die Einrichtung von Naturschutzgebieten, die in den beiden folgenden Sachtexten angesprochen wird. Im ersten Text „Der Tomur-Gipfel des Tianshan" (天山的托木尔峰 *Tianshan de tuomur feng*)[587] wird die Landschaft an diesem höchsten Gipfel des Tianshan, der wirkt „wie eine gigantische Pagode, die sich vor dem blauen Himmel eindrucksvoll abzeichnet", als schön und märchenhaft beschrieben. Auch die lokale Tier- und Pflanzenwelt ist vielfältig:

> In den Wäldern und Ebenen am Gipfelgebiet leben Schwarzstörche, weiße Gänse, Schneehühner, Schneeleoparden, Rothirsche, Bergziegen und andere seltene Tiere und Vögel. Längst wurde der Tomur-Gipfel zu einem Naturschutzgebiet erklärt, und die Menschen können die heimischen Tier- und Pflanzenarten dort noch eingehender erforschen.

Die Einrichtung des Naturschutzgebietes dient gleichermaßen dem Schutz und der Erforschung der als intakt dargestellten Natur, Umweltzerstörungen werden nicht thematisiert. Der zweite Text „Die Stumpfnasenaffen – Ein Nationalheiligtum Chinas" (国宝金丝猴 *guobao jinsihou*)[588] beschreibt einleitend die Physiognomie der Stumpfnasenaffen und liefert detaillierte Informationen über ihre Lebensweise. Vor ihren natürlichen Feinden wie Panther, Luchs, Marder und Raubvogel können sie problemlos fliehen, so dass ihnen nur der Mensch gefährlich wird:

> Die Tiere haben ein schönes, weiches Fell, und man sagt, dass daraus hergestellte Pelze oder Bettzeug Rheuma heilen können. Aus diesem Grund haben dumme Menschen Stumpfnasenaffen gefangen, wodurch ihre Zahl stark gesunken ist. In einigen Gebieten holzen die Menschen rücksichtslos die Wälder ab, so dass die Stumpfnasenaffen ihr Zuhause verloren haben und die Zahl ihrer Herden stark zurückgegangen ist. Heute ist der Stumpfnasenaffe bereits vom Aussterben bedroht.

Im Gegensatz zum Panda[589] wurde der Stumpfnasenaffe nicht exportiert und kann daher bis heute nur in China in natura beobachtet werden. Elemente von Nationalstolz werden hier mit umwelterzieherischen Gedanken verknüpft: Die Schüler sollen auf das „Nationalheiligtum" Stumpfnasenaffe, das „seltene Tier, das es nur in China gibt", stolz sein und deshalb die Notwendigkeit für seinen Schutz anerkennen. In der Einmaligkeit dieser Affenart liegt der Grund für ihren besonderen Schutz:

[587] *Beijingban* Band 6, Lektion 8.

[588] *Beijingban* Band 5, Lektion 10.

[589] Der ebenfalls häufig zum chinesischen Nationalheiligtum stilisierte Panda wird in den natur- und umweltbezogenen Lektionstexten der Lesebücher des *Beijing*-Verlags nicht erwähnt. Er taucht jedoch bereits zu Beginn von Band 1 (Abschnitt zum Erlernen der *Pinyin*-Umschrift, S. 28) sowie in weiteren Übungen und zusätzlichen Materialien auf, so dass darauf geschlossen werden kann, dass er im Unterricht eine Rolle spielt.

> Darum legt China großen Wert auf ihren Schutz und ihre Erforschung und hat bereits ein Naturschutzgebiet für sie angelegt und spezielle Forschungseinrichtungen gegründet.

In diesem Text wird der Mensch als Verursacher des Artensterbens genannt und sein Verhalten deutlich verurteilt („dumme Menschen“). Die zentrale umweltbezogene Aussage dieser beiden Sachtexte besteht darin, den Schülern zu vermitteln, dass in China Naturschutzgebiete existieren und zu welchem Zweck sie errichtet wurden. Dabei werden die Schönheit der beschriebenen Landschaften, die ökologische Vielfalt und die Seltenheit einheimischer Tierarten als Begründung für die Einrichtung von Gebieten zu ihrem Schutz genannt. An der Umsetzung solcher offizieller Maßnahmen zum Natur- und Umweltschutz sind die Bürger jedoch nicht direkt beteiligt.

Auch im folgenden Sachtext „Davidshirsche“ (麋鹿 *milu*)[590] spielt die Komponente „Nationalstolz“ eine Rolle und wird verknüpft mit der Vermittlung von Kenntnissen über die Davidshirsche, eine seltene chinesische Hirschart. Der Text beschreibt zunächst die äußeren Merkmale dieser Tiere und erklärt, dass sie sich aufgrund einer langen Tragzeit und geringen Geburtenrate nur schwer fortpflanzen. Bereits vor 3000 Jahren lebten Davidshirsche am Gelben Fluss und unteren Yangtze, doch seit der Han-Zeit nahm ihre Zahl allmählich ab, bis sie ganz verschwunden waren. 1895 entdeckte man in der Nähe von Beijing schließlich wieder Davidshirsche, und einige von ihnen wurden an ausländische Zoos verkauft. Als die alliierten Mächte im Jahre 1900 in Beijing eindrangen, wurden die Davidshirsche getötet oder in den Westen gebracht. Erst 1986 konnten mit Hilfe des „World Wildlife Fund for Nature“ 39 Tiere wieder in ihre chinesische Heimat gebracht und im *Dafeng Milu Natural Reserve* nahe Shanghai ausgewildert werden.

> Seitdem haben die Davidshirsche das unstete Leben im Ausland beendet, das sie in der ersten Hälfte des Jahrhunderts führen mussten, und sind in ihre Heimat zurückgekehrt, um dort ein neues, natürliches Leben zu führen. Heute lebt diese Herde seltener Tiere auf dem Boden unseres Vaterlandes und zeugt neue Generationen, die gesund und kräftig heranwachsen.

Da explizit darauf verwiesen wird, dass es sich beim Davidshirsch um eine seltene *chinesische* Hirschart handelt, für deren vorläufige Ausrottung die „ausländischen Mächte“ verantwortlich waren und die heute wieder „auf dem Boden unseres Vaterlandes“ leben, kommt wiederum der Aspekt „Nationalgefühl“ hinzu. Die Wiederansiedlung der Tiere in China ist jedoch dem Engagement von Ausländern zu verdanken: Ein englischer Herzog schützte die Davidshirsche in seinem privaten Garten und der WWF wirkte an ihrer Auswilderung im Nationalpark mit. In umwelterzieherischer Hinsicht weist dieser Text durch die Nennung einer

[590] *Beijingban* Band 10, Lektion 30.

internationalen Umweltorganisation und der relativ aktuellen Jahreszahl 1986 einen stärkeren Aktualitätsbezug auf als ein Großteil des übrigen Textmaterials.

Dies ist auch im folgenden Sachtext der Fall, der eine Möglichkeit zur Lösung der Umweltproblematik durch den Einsatz moderner Technologien präsentiert. „Solarhäuser" (太阳能住宅 *taiyangneng zhuzhai*)[591] entwirft die Vision von einer sauberen städtischen Umwelt in einer Zukunft, in der die Nutzung der Photovoltaiktechnologie weit verbreitet sein wird:

> In nicht allzu ferner Zukunft wird das Leben in den Städten nicht mehr wie heute von Verkehrslärm und Umweltverschmutzung erfüllt sein, sondern von Vogelzwitschern und Blumenduft, blauem Himmel und klarem Wasser. Ein wichtiger Grund dafür ist, dass immer mehr Menschen in Häusern wohnen, die mit Solarenergie betrieben werden.

Der Text nennt verschiedene Varianten von Sonnenkollektoren, die bereits heute auf Dächern oder an Häuserwänden angebracht werden, um die Räume mit Solarenergie zu beheizen, und verweist darauf, dass es spezielle Solar-Fensterläden oder Solarglas gibt, das die Sonnenenergie zur Stromerzeugung nutzen kann, ähnlich wie die Blätter bei der Photosynthese. Weitere Vorteile der Solaranlage seien niedrige Herstellungskosten und die Vermeidung von Umweltbelastungen, so dass der Text – stilistisch ähnlich einem Werbetext – abschließend feststellt:

> Solarhäuser sind eine wichtige Form modernen Wohnens. Sie können die Wohnbedingungen entscheidend verbessern und die Umweltverschmutzung in den Städten beseitigen, darum werden sie bei den Menschen immer beliebter.

Die umwelterzieherische Relevanz dieses Textes liegt wiederum in der Vermittlung von Wissen, diesmal über den Einsatz der umweltfreundliche Solartechnologie zur Verbesserung der Umweltqualität. Mit dem Text „Ein grünes ökologisches Wohngebiet" (绿色生态居民区 *lüse shengtai juminqu*)[592] wird ein reales Konzept nachhaltiger Städteplanung vorgestellt, das im Industriegebiet Liangxiang südwestlich von Beijing bereits umgesetzt wurde. Bei der Planung des dortigen Wohnbezirks Beiluyuan seit Anfang der 1990er Jahre wurden Maßnahmen ergriffen, die sich positiv auf das ökologische Gleichgewicht auswirken sollten: Stark befahrene Straßen sind durch Waldgürtel vom Wohngebiet getrennt, statt mit Kohle wird mit Erdgas geheizt und Klär- und Müllverbrennungsanlage entsprechen internationalen Standards. Abschließend wird konkret der Begriff der Nachhaltigkeit genannt:

> Insgesamt werden im Wohnbezirk die verschiedensten Ressourcen genutzt, um den Bewohnern das Leben zu erleichtern und gleichzeitig die Umwelt zu schützen. Mit modernster Technologie wurde das Ziel der nachhaltigen Entwicklung erreicht und

591 *Beijingban* Band 7, Lektion 5.

592 *Beijingban* Band 8, Lektion 30.

> für die nachhaltige Stadtentwicklung in unserem Land ein realistischer Weg aufgezeigt.

Bei den Umweltschutzmaßnahmen handelt es sich wiederum um solche, die zwar von offizieller Seite bei der Städteplanung oder beim Häuserbau berücksichtigt werden können, an denen die Grundschüler und andere chinesische Bürger aber kaum aktiv teilnehmen können. Indem ein reales und aktuelles Beispiel genannt wird, besteht jedoch eine Nähe der dargestellten Inhalte zur Lebenswirklichkeit der Schüler, die sich auf eine mögliche Verinnerlichung des Gelernten positiv auswirken könnte.

„Wir haben nur eine Erde" (只有一个地球 *zhi you yige diqiu*)[593] nimmt allgemein auf die Idee der globalen Verantwortung und Nachhaltigkeit Bezug. Einleitend wird die Erde „Mutter der Menschen" und „Wiege des Lebens" genannt und als „schön, großartig und liebenswert" charakterisiert. Im Weltraum wirke sie „wie ein winziges Boot" – eine Formulierung, die an den ökologischen Gedanken vom „Raumschiff Erde" denken lässt. Darüber hinaus wird auf die Wichtigkeit der Ressourcenschonung verwiesen:

> Auch die natürlichen Ressourcen der Erde sind begrenzt. Zum Beispiel die Bodenschätze: Sie sind kein Geschenk Gottes, sondern in Jahrtausenden, ja sogar Jahrmillionen der geologischen Veränderungen entstanden. Die Erde gibt uns Menschen ganz selbstlos ihre Schätze. Aber wenn wir nicht sparsam damit umgehen, werden es immer weniger.

Im Anschluss übt der Text Zivilisationskritik, er verurteilt die Vergeudung der Ressourcen und die Zerstörung des ökologischen Gleichgewichts durch die Menschen. Im Gegensatz zu früheren Zeiten, als die Rohstoffe geschont wurden und unaufhörlich nachwachsen konnten, zerstöre die heutige Zivilisation die natürlichen Vorkommen „willkürlich" und benutze chemische Erzeugnisse „im Überfluss [...], ohne an die Folgen zu denken". Die Besiedlung eines anderen Planeten wird ebenfalls ausgeschlossen: Es gibt keinen zweiten bewohnbaren Planeten, der für uns erreichbar ist, „die Menschen können also nicht darauf hoffen, auf einen anderen Planeten umzuziehen, wenn sie die Erde zerstört haben." Folglich endet der Text mit dem eindringlichen Appell:

> Wir haben nur eine Erde, und wenn sie zerstört ist, können wir nirgendwo hin. Wenn alle Ressourcen der Erde erschöpft sind, können wir sie kaum anderswo bekommen. Wir wollen die Erde sorgfältig schützen und die natürliche Umwelt bewahren, damit sie unseren Kindern und Enkeln noch mehr Glück bringt!

„Wir haben nur eine Erde" (只有一个地球 *zhi you yige diqiu*) verweist explizit auf die *globale* Verantwortung zum Schutz der Erde: Sie ist die „Mutter der Menschen" – damit sind alle Menschen gemeint. Indem sie auch für „unsere

[593] *Beijingban*, Band 11, Lektion 9. Dieser Text findet sich auch in *Renjiaoban* Band 11, Lektion 9.

Kinder und Enkel" bewahrt werden soll, wird das Prinzip der intergenerationellen Gerechtigkeit angesprochen. Im Kontext einer Erziehung zur Nachhaltigkeit ist dieser Text wichtig, da er die ökologischen Grundgedanken und -prinzipien (Ressourcenschonung, „Raumschiff Erde", globale Verantwortung, Generationengerechtigkeit), die international eine Rolle spielen, kindgerecht präsentiert. Damit kann er dazu beitragen, dass die Schüler lernen, sich an der allgemeinen Umweltdiskussion zu beteiligen. Anregungen, wie sie ihre Umwelt konkret schützen können, erhalten Kinder in diesem Text jedoch nicht.

6.3 Zusammenfassung und Auswertung

Im Zuge der Bildungs- und Curriculumsreformen und des damit verbundenen neuen Konzepts einer „qualitätsorientierten Bildung" (*suzhi jiaoyu*) gilt Umweltbewusstsein auch in der VR China als eine wichtige Kompetenz, die Schülern im 21. Jahrhundert zu vermitteln ist. Damit soll auch die Umwelterziehung einen deutlich breiteren Raum im Unterricht einnehmen, was sich bereits an gezielten Projekten wie dem „Green-Schools"-Programm zeigt. Bisher erfolgte die konkrete Integration umwelterzieherischer Inhalte vor allem in die Lehrpläne der naturwissenschaftlichen Schulfächer. Der vom Erziehungsministerium herausgegebene „Leitfaden zur Durchführung von Umwelterziehung an Grund- und Mittelschulen" (中小学环境教育实施指南 *zhongxiaoxue huanjing jiaoyu shishi zhinan*) soll jedoch sicherstellen, dass diese Inhalte zunehmend auch in nicht-naturwissenschaftliche Fächer einbezogen werden.

In den untersuchten Grundschullesebüchern des Verlags *Beijing chubanshe* ließen sich bei rund 34 % der Texte Bezüge zum Themenbereich „Natur und Umwelt" feststellen, damit können sie mindestens *implizit* umwelterzieherische Wirkung entfalten. Auffällig ist, dass sich ein Großteil dieser Texte auch in Lesebüchern anderer Verlage sowie bereits in wesentlich älteren Lesebuchausgaben finden ließ. Darüber hinaus wurden jedoch bei der Aktualisierung der Lesebücher im Verlauf der Reformen auch neuere Texte aufgenommen, die Bezüge zu Umweltschutz, Umweltzerstörung und Nachhaltigkeit aufweisen und damit im Sinne einer zeitgemäßen, global orientierten Umwelterziehung wirksam sein können.

Die prozentuale Verteilung der natur- und umweltbezogenen Texte auf die sechs inhaltlichen Kategorien zeigt Abbildung II. In den untersuchten Lesebüchern des *Beijing*-Verlags steht die Vermittlung von biologisch-ökologischem Sachwissen, insbesondere aus den Bereichen „Tier- und Pflanzenkunde" (22 % der Texte) und „Natürliche Phänomene und ökologische Kreisläufe" (13 % der Texte) im Zentrum. Auf elementarer Stufe wird dieses Wissen anhand von einfachen Geschichten vermittelt, in denen Tiere und Pflanzen als Protagonisten auftreten. Darüber hinaus liefern Kurztexte in wenigen Sätzen tierkundliches Elementarwissen (z. B. Tierspuren im Schnee, Zugvögel).

In den ersten Schuljahren werden überwiegend Tiere behandelt, die im direkten häuslichen Umfeld der Kinder vorkommen können (z. B. Hühner oder Frösche). So wird in der Geschichte „Der kleine Gecko will sich einen Schwanz leihen" (小壁虎借尾巴 *xiao bihu jie weiba*) erklärt, dass die Schwänze der Tiere unterschiedliche Funktionen haben, die ihrer jeweiligen Lebensweise angepasst sind. Allgemeine Tierkunde über Fische, Rinder und Schwalben wird dabei ergänzt durch regionalspezifische Artenkenntnis über den Gecko, der zur Familie der nachtaktiven Echsen mit Lebensraum in Afrika, (Süd)asien, Amerika und Südeuropa zählt. Zumindest Kindern, die in tropischeren Gebieten leben, dürften diese Tiere aus ihrem direkten Lebensumfeld bekannt sein. Auch die Beobachtung, dass der Schwanz des Geckos – als Schutzmechanismus gegen Fressfeinde – leicht abfällt und wieder nachwächst, könnten die Kinder bereits gemacht haben. Die genaue Beobachtungsgabe, die hierfür wichtig ist, soll zum Beispiel die Kindergeschichte „Mama Schwalbe lacht" (燕子妈妈笑了 *yanzi mama xiaole*) vermitteln. Bei den vorgestellten Pflanzen handelt es sich ebenfalls um heimische Arten wie Bambus, Spitzklette oder Granatapfel, deren Eigenschaften, Wachstum und Vermehrung in einfachen Kindergeschichten beschrieben werden.

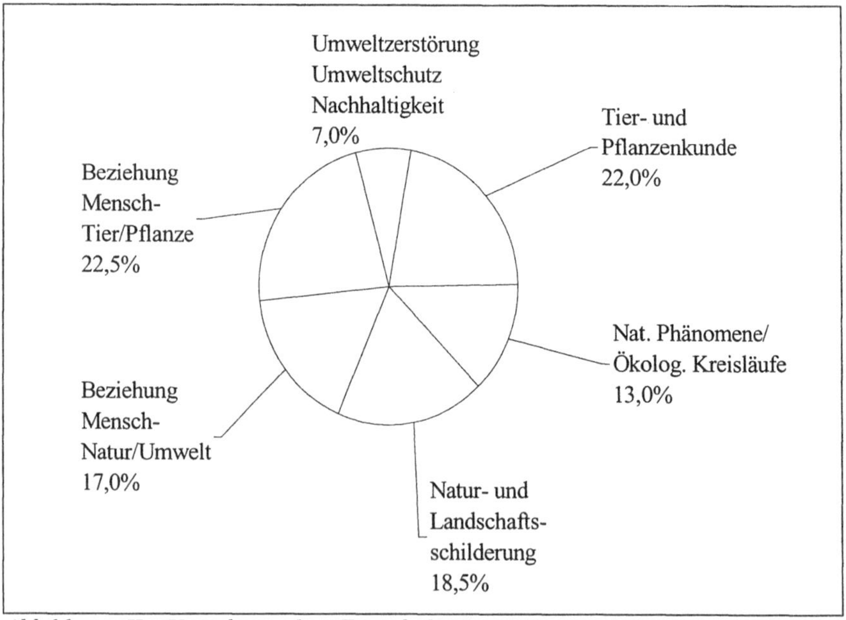

Abbildung II: Verteilung der Textinhalte zum Thema "Natur und Umwelt" (VR China)

In den Lesebüchern für höhere Klassenstufen tauchen zunehmend „exotischere" Tiere aus dem Ausland auf (Elefant, Löwe, Wal oder Mausmaki), die von den kindlichen Lesern nur im Zoo oder im Fernsehen beobachtet werden können.

Überwiegend wird das tier- und pflanzenkundliche Wissen in Form von Sachtexten präsentiert, die abstrakte Zahlen und Fakten jedoch kindgerecht veranschaulichen. Indem besonders ungewöhnliche Lebensformen und Verhaltensweisen wie die Symbiose von Krokodil und Regenpfeifer oder die „Hygienegewohnheiten der Elefanten" vorgestellt werden, sollen Interesse und Neugier der Schüler geweckt und vertieft werden. Vielfach fließt in die wissensorientierten Texte eine affektive Komponente ein. Ein Beispiel ist hier der Sachtext „Die niedlichen Mausmakis" (可爱的鼠狐猴 *ke'ai de shuhuhou*), in den eine Anekdote über ein entwischtes Äffchen, das von den Zoowärtern nur mühsam wieder eingefangen werden kann, integriert wurde. Tiere werden allgemein als „niedlich" und „liebenswert" dargestellt, sie sind „interessant" und man muss sie „einfach gern haben" – darin kann *eine* Begründung für die Notwendigkeit erkannt werden, sie zu schützen. Aus umwelterzieherischer Sicht problematisch erscheint dagegen die Einteilung der Tierwelt in „gute" und „böse" Tiere, die in einigen Lesebuchtexten („Die wunderbare Vogelinsel" 神奇的鸟岛 *shenqi de niaodao*; „Die Gans" 鹅 *e*) anklingt.

Andere pädagogische Akzente setzen Essays wie z. B. „Geckos" (壁虎 *bihu*) oder „Die Spinne" (蜘蛛 *zhizhu*). Sie stammen teilweise von bekannten chinesischen Autoren wie Ye Shengtao („Die Füße der Jungfernrebe" 爬山虎的脚 *pashanhu de jiao*) oder Lao She („Die Katze" 猫 *mao*). In diesen Essays wird den Lesern tier- und pflanzenkundliches Wissen anhand der intensiven Naturbeobachtung nahegebracht, die der Autor in seiner direkten Umgebung vornimmt. Auch wird darin stets eine Achtung und Ehrfurcht vor der Natur und ihren Lebewesen deutlich, die positiv auf die Leser einwirken könnte. Gleichzeitig dominiert insbesondere in Essays über Pflanzen wie „Der Kaktus" (仙人掌 *xianrenzhang*) und „Das Gras" (小草 *xiaocao*) die moralerzieherische Komponente, da Eigenschaften wie Zähigkeit, Ausdauer oder Bescheidenheit positiv hervorgehoben werden, die im Rahmen der Charakterbildung der Schüler als wesentlich erachtet werden.

Der Lauf der Jahreszeiten wird an vielen Stellen im Lesebuch thematisiert, jedoch nicht in Sachtexten, sondern in lyrischer oder essayistischer Gestaltung. Dabei wird naturkundliches Elementarwissen über die jahreszeitabhängigen Veränderungen in der Vegetation oder im Verhalten der Tiere stets verknüpft mit der Schilderung landschaftlicher Schönheit. Beobachtungen und sinnliche Erfahrungen der Phänomene Wind, Regen oder Schnee aus der Ich-Perspektive fließen ein und können die Schüler anregen, allein oder unter pädagogischer Anleitung die Natur zu erkunden. Die Himmelskörper sind ein weiterer Schwerpunkt, hierbei sollen wiederum Sachtexte detailliertes Faktenwissen vermitteln, z. B. über die Größe und Oberflächentemperatur der Sonne oder die Formen und Farben der Planeten. Aus umwelterzieherischer Sicht erscheint vor allem der Verweis auf die Abhängigkeit des Menschen vom Ökosystem bedeutsam.

Allgemein wird davon ausgegangen, dass literarische Natur- und Landschaftsschilderungen zu einer Sensibilisierung ihrer Leser für die Natur beitragen können. In den Lesebüchern des *Beijing*-Verlags finden sich einige klassische und moderne Gedichte, in denen die Schönheit chinesischer Landschaften und der Rückzug des Menschen in die Natur beschrieben werden, und die damit geeignet erscheinen, umwelterzieherische Wirkungen zu entfalten. Darüber hinaus wurden in die Lesebücher zahlreiche Schilderungen und Essays aufgenommen, in denen chinesische landschaftliche Sehenswürdigkeiten mit hohem Bekanntheitsgrad im Zentrum stehen: die Felsen und Kiefern am Huangshan, das Herbstlaub am Xiangshan, die Landschaft von Guilin, das „Neun-Dörfer Tal" oder die Baotu-Quelle. Gemeinsam sind diesen Texten die genaue Verortung der beschriebenen Landschaften in China („im Süden der Provinz Anhui", „in der Provinz Heilongjiang, etwa sechzig Kilometer nördlich vom Jingbo-See" etc.) sowie der Verweis darauf, dass sie „weltberühmt" und bei Touristen „aus China und dem Ausland" beliebt seien. Eine Verknüpfung von Heimatkunde mit Elementen der Patriotismuserziehung ist hier offensichtlich: Die Schilderungen der schönen, berühmten und interessanten *chinesischen* Landschaften sollen Nationalstolz und Heimatliebe wecken und fördern. Folglich wird auch der auf der Insel Taiwan gelegene „Sonne-Mond-See"(日月潭 *riyuetan*) in den Lesebüchern als Sehenswürdigkeit einer „chinesischen Provinz" beschrieben und die „Fruchtbaren Paracelinseln" (富饶的西沙群岛 *furao de xisha qundao*) sind nicht nur landschaftlich schön, sondern als „wichtiger Posten der chinesischen Landesverteidigung" gleichzeitig von nationaler strategischer Bedeutung.

Die Notwendigkeit zum Erhalt der Umwelt scheint damit vor allem durch die Tatsache begründet, dass es sich um die *weltberühmten*, schönen Landschaften der *Heimat* handelt. Im Zentrum dieser Landschaftsessays steht der Zauber der heimatlichen Natur, der auch anhand von Tier- und Sagenfiguren illustriert wird, die sich z. B. in den dortigen Gesteinsformationen erkennen lassen. Die reale Tier- und Pflanzenwelt der Heimat wird ebenso wie biologisch-ökologisches Wissen in dieser Art von Texten nur am Rande erwähnt. Die Autoren wenden sich teilweise direkt an den Leser („Wenn du dort stehst und sie drei Minuten lang betrachtest, wirst du die Größe der Natur spüren") und beziehen ihn damit stärker ins erzählte Geschehen ein. Insgesamt wird die Natur in diesen Texten jedoch nicht aus der Innenperspektive des Autors oder eines Ich-Erzählers beschrieben, sondern es wird über sie referiert.

Die Beziehung des Menschen zu Natur und Umwelt ist Gegenstand von rund 17 % der untersuchten Lesebuchtexte. In Essays von Autoren wie Ba Jin oder Guo Feng wird die Naturerfahrung aus der Perspektive des erlebenden Subjekts geschildert, wobei natur- und umweltkundliches Wissen mit einfließt, beispielsweise über das Phänomen der verschiedenen Farben der „Bunten Teiche" (五彩池 *wucai chi*) oder die verschiedenen Vogelarten auf der „Wunderbaren Vogelinsel" (神奇的鸟岛 *shenqi de niaodao*). Die Natur, die in diesen Texten beschrieben wird, ist intakt und idyllisch – Natur- und Umweltzerstörungen bleiben unerwähnt. Naturphänomene wie Sternenhimmel, Sonnenaufgang und Abendrot oder die Flutschau am Qiantang-Fluss lösen beim Betrachter Ehrfucht und Bewunderung aus. Derartige ästhetische Schilderungen können die affektive Dimension ansprechen und bei den kindlichen Lesern zu einer Sensibilisierung für die Natur beitragen. Die Ich-Erzähler bzw. Essay-Autoren versinken in die Betrachtung der Natur, wobei in Ye Shengtaos „Lotosblüten" (荷花 *hehua*) auch ein Bezug zur klassischen „Einheit von Mensch und Natur" anklingt: „Plötzlich meinte ich, ich sei selbst eine Lotosblüte und stünde in der Sonne [...]."

Eine Reihe von Texten präsentiert den Menschen dagegen in der Rolle des Gestalters oder Bezwingers der Natur. Dies scheint im Kontext einer Umwelterziehung, die zu einem achtsamen Umgang mit der Natur anleiten soll, zumindest problematisch – insbesondere dann, wenn die Texte im Unterricht unkommentiert für sich stehen bleiben. So wird die Nutzung von Erdöl („Das Lied des Meeres" 大海的歌 *dahai de ge*) oder Holz („Waldmeer" 林海 *linhai*) für den Aufbau des Landes ausschließlich positiv dargestellt und es entsteht der Eindruck, als steigere das Vorhandensein verwertbarer Ressourcen den „Wert" der Natur. Durch den Menschen hervorgerufene Veränderungen der Umwelt werden ebenfalls befürwortet: Der Stausee mit dem Namen „Tausend-Inseln-See" (千岛湖 *qiandaohu*) sei ein „künstlich erzeugtes grünes Wunder" und mit der „Großen Yangtze-Brücke in Nanjing" (南京长江大桥 *Nanjing changjiang daqiao*) habe der Mensch das natürliche Hindernis des Flusses überwunden und eine Verkehrsverbindung geschaffen. Explizit wird die Herrschaft des Menschen über die Natur in der Geschichte „Der Herr des Waldes" (大森林的主人 *da senlin de zhuren*) in dem Satz ausgedrückt: „Im Wald darfst du dich nicht wie ein Gast verhalten, sondern du musst der Herr sein".

Die Beziehung des Menschen zu Tieren und Pflanzen wird in 22,5 % der Lesebuchtexte des *Beijing*-Verlags thematisiert. Die Halter von Haustieren (Schildkröte, Katze und Ziervögel) werden dabei als liebevoll und fürsorglich beschrieben, und die Schilderungen können bei den kindlichen Lesern Interesse an der Tierhaltung und -pflege wecken und gleichzeitig deren Grundprinzipien vermitteln: Um ein Haustier muss man sich täglich kümmern und darf es nicht misshandeln, außerdem sollte man sich Tieren nur behutsam nähern, um sie nicht zu verschrecken. Unter den Tierarten, die in den Lesebuchtexten genannt werden, kommen Vögel am häufigsten vor. Abgesehen von Feng Jicais Essay über die „Blasskopfnonnen" (珍珠鸟 *zhenzhu niao*) – Ziervögel, die allmählich zutraulich werden – wird die Käfighaltung von Vögeln in den Lesebüchern negativ bewertet und dafür plädiert, sie in Freiheit leben zu lassen: So gibt das Mädchen Qiqi dem Vogel ihres Großvaters Fastentee, damit er durch die Gitterstäbe schlüpfen kann. Eines Morgens ist er davongeflogen und die Vermutung liegt nahe, dass der Großvater, gerührt von den Bemühungen seiner Enkelin, dem Vogel die Freiheit geschenkt hat. In der Geschichte „Wie ich den kleinen Vogel freiließ" (放小鸟

fang xiao niao) und im Gedicht „Ich besitze einen Vogel" (我有一只鸟 *wo you yizhi niao*) wird den Menschen bewusst, dass der Vogel im Käfig leidet, und sie entschließen sich, ihn wieder freizulassen. In der Geschichte „Der Eisvogel" (翠鸟 *cuiniao*) hält ein alter Fischer Kinder davon ab, einen Eisvogel zu fangen, und Lenin überzeugt in „Der Dompfaff" (灰雀 *huique*) einen Jungen, den Gimpel, den er heimlich gefangen hat, freizulassen. Auch beim Umgang mit anderen Tierarten gilt das Ideal, ihnen ein Leben in freier Wildbahn zu ermöglichen: Gefangene Fische werden in den See zurückgeworfen und die Löwin Elsa, die von Menschen aufgezogen wurde, wird schließlich wieder ausgewildert. Sieht man von einigen Haustieren ab – die artgerecht gehalten und gut behandelt werden sollten – wird in den Texten das Prinzip ausgedrückt, dass Tiere in ihrer natürlichen Umgebung am besten leben können. Die Protagonisten erkennen dies, empfinden Mitleid mit den gefangenen Tieren und handeln entsprechend. Indem der Mensch die Macht hat, über das Schicksal der Tiere zu verfügen, kommt ihm die Verantwortung zu, ihnen ein artgerechtes Leben zu ermöglichen. Im Sinne der Umwelterziehung wird damit eine Variante umweltgerechten Handelns ausführlich in den Lesebuchtexten behandelt.

Auch auf die „Freundschaft" zwischen Mensch und Tier wird in den Texten vielfach verwiesen. Die Protagonisten fügen Tieren kein Leid zu, wie u. a. das Beispiel von Darwin und dem Eichhörnchen zeigt, oder haben den Wunsch, ihre Sprache zu verstehen, um ihnen dadurch näherzukommen („Dolmetscher für die Vogelsprache" 鸟儿翻译家 *niaor fanyijia* und „Die Vogelsprache" 鸟语 *niaoyu*). Im Gegenzug erweisen sich die verschiedenen Tiere als hilfreiche Freunde: Löwin Elsa rettet die Ich-Erzählerin vor einem Nashorn, Delfin Jack lotst die Schiffe durch die gefährliche Meerenge, die Stumpfnasenaffen warnen die Soldaten vor dem Unwetter, und der Elefant zieht in Thailand das Auto der Touristen aus dem Schlamm. Die Fische im Essay „Der wunderbare Karpfenbach" (奇妙的鲤鱼溪 *qimiao de liyuxi*) säubern seit langem das Wasser und sichern so die Gesundheit der Dorfbewohner. Aus diesem Grund werden sie von den Menschen versorgt und geschützt, so dass sie im Laufe der Zeit handzahm wurden.

In der freundschaftlichen Beziehung zwischen Mensch und Tier, die in diesen Texten ausgedrückt wird, ist der gegenseitige Nutzen ein zentraler Aspekt. Zumeist hilft oder nützt das Tier dem Menschen auf eine bestimmte Weise, und wird deshalb von ihm geschützt. Neben der Tatsache, dass Tiere „liebenswert", „niedlich" und „interessant" sind, kann in diesem Nützlichkeitsprinzip eine weitere Begründung für konkreten Tierschutz erkannt werden. Kommt der Mensch dieser Pflicht jedoch nicht nach, drohen Konsequenzen: Delfin Jack weigert sich, das Schiff, dessen Passagier ihn verletzt hat, durch die Meerenge zu lotsen, so dass es auf Grund läuft und sinkt. Die Moral, die sich auf alle Tiere übertragen lässt, lautet „[...] dass es Unglück bringt, einen Delfin zu verletzen". Neben den überwiegend positiv-verstärkenden Botschaften im Lesebuch setzt dieses Textbeispiel auf das Prinzip der Abschreckung.

Idealiter ist der Umgang mit Pflanzen ebenfalls von Fürsorge geprägt, doch auch hier profitiert der Mensch: Der Großvater in der Geschichte „Opa und der kleine Baum“ (爷爷和小树 *yeye he xiaoshu*) zieht dem Baum bei Kälte ein „Kleid aus Reisstroh“ an, und dieser spendet ihm im Gegenzug bei Hitze Schatten. Lao She beschreibt in seinem Essay „Blumen züchten“ (养花 *yang hua*) detailliert, wie er sich um seine Pflanzen kümmert „wie ein Freund“ und wie er leidet, wenn sie ihm trotz guter Pflege eingehen. Es wird deutlich, dass Pflanzen den Menschen Freude bereiten und zu ihrem psychischen Wohlbefinden beitragen. Dies zeigt sich insbesondere am Beispiel der Araber in Dubai, die mit großem Aufwand die Wüste bepflanzt haben, um die Lebensqualität der Menschen zu erhöhen, und die Pflanzen genauso liebevoll behandeln wie ihre Kinder. Gleichzeitig liefert dieser Text erste einfache Anweisungen für aktiven Natur- und Umweltschutz, da er das vorbildliche Verhalten der Araber beschreibt, die die Grünflächen nicht betreten und keine Blumen pflücken.

Nur 7 % der Texte behandeln konkret Aspekte von Umweltzerstörung, Umweltschutz und Nachhaltigkeit. Das regionale Umweltproblem der durch Bodenerosion verursachten Überschwemmungen am Huanghe ist Gegenstand des Textes „Wie sich der Gelbe Fluss verändert hat“ (黄河是怎样变化的 *Huanghe shi zenyang bianhua de*). Hierbei wird ein wesentlicher Teil der Verantwortung für die Umweltmisere dem Menschen zugeschrieben, da er durch „unkontrollierte Urbarmachung“ und Übernutzung des Bodens die Vegetation und die Regenerationsfähigkeit des Bodens zerstört hat. Auch in „Die Stumpfnasenaffen – Ein Nationalheiligtum Chinas“ (国宝金丝猴 *guobao jinsihou*) ist es der Mensch, der die einzige Bedrohung für das Leben dieser Tiere darstellt: Durch die Abholzung der Wälder zerstören sie ihren Lebensraum, außerdem fangen sie die Affen, um ihre Felle zu Pelzen und Bettzeug zu verarbeiten. Diese Menschen werden im Text explizit als „dumm“ bezeichnet. Die chinesische Regierung hat jedoch zum Schutz des „Nationalheiligtums“ Stumpfnasenaffe bereits ein Naturschutzgebiet angelegt, so dass auch hier neben der Umweltzerstörung auch bereits eine Maßnahme zu ihrem Schutz aus dem Bereich des Artenschutzes aufgezeigt wird. Das wesentliche Erziehungsziel dieser Texte liegt darin, den Lesern grundlegende Zusammenhänge zwischen dem menschlichen Verhalten und lokalen Umweltproblemen (Überschwemmungen, Erosion, Gefährdung einheimischer Tierarten) aufzuzeigen und sie zu einem maßvollen Umgang mit den natürlichen Ressourcen aufzurufen.

Direkte Handlungsvorbilder für Grundschüler im Natur- und Umweltschutz sind in den Lesebüchern vor allem im bereits angesprochenen artgerechten und fürsorglichen Umgang mit Tieren zu finden. Darüber hinaus wird konkretes umweltgerechtes Verhalten von Kindern nur in zwei kurzen Texten präsentiert und reduziert sich darauf, Bäume zu pflanzen, Pflanzen auszusäen und keine Blumen zu pflücken: Ein Gedicht bringt den Kindern nahe, dass „wir alle“ im Frühling Bäume pflanzen und Blumen säen wollen, und in einem Kurztext ermahnt die

Schwester ihren Bruder, dass er im Park keine Blumen pflücken darf. Über den Text „Die Blumen im Park“ (公园里的花 *gongyuan li de hua*) ist bekannt, dass er sich bereits seit Jahrzehnten in den Lesebüchern findet – das darin ausgedrückte Handlungsprinzip sollte also bereits zu früheren Zeiten vermittelt werden und kann auch heute noch helfen, ein erstes Verständnis von Artenschutz zu entwickeln. Das Bäumepflanzen ist ein zentraler Bestandteil der heutigen umwelterzieherischen Praxis in China: Am „Tag des Bäumepflanzens“ (中国植树节 *Zhongguo zhishujie*) am 12. März finden vor allem an Schulen verschiedene Aktionen zur Aufforstung statt und die Begrünung des Schulhofs spielt im Rahmen des Programms „Green Schools“ eine wesentliche Rolle. Die Lesebuchtexte können in die Thematik einführen und die konkreten Aktionen inhaltlich ergänzen.

Darüber hinaus werden in den Texten weitere Maßnahmen zum Natur- und Umweltschutz genannt. Ein Beispiel hierfür sind reale Naturschutzgebiete wie jenes am Tomur-Gipfel des Tianshan, in dem man seltene Tiere wie Schwarzstörche, Schneeleoparden, Rothirsche und Bergziegen beobachten kann, oder das *Dafeng Milu National Reserve*, in dem die Davidshirsche leben. Eine weitere Möglichkeit zum Umweltschutz besteht in neuen Technologien und Bauweisen, wie der Solartechnik: Solarhäuser können die Umweltbelastung in den Städten reduzieren. Indem der Text „Solarhäuser“ (太阳能住宅 *taiyangneng zhuzhai*) den Schülern diese neue Technologie erklärt, soll er gleichzeitig einen Beitrag zur Technikerziehung leisten, die im Rahmen der Strategie der „Stärkung des Landes durch Wissenschaft, Technologie und Bildung“ eine große Rolle spielt. Der Tenor ist dabei optimistisch und suggeriert, dass sich die heutigen Umweltprobleme mit modernen Technologien lösen lassen. Angesichts der anhaltenden Verstädterung sowie der enormen Umweltverschmutzung in chinesischen Städten hat die im Text beschriebene Zukunftsvision von „Vogelzwitschern und Blumenduft, blauem Himmel und grünen Wasser“ erfüllter Städte jedoch nur einen geringen Realitätsbezug.

Den vorgestellten Maßnahmen zum Natur- und Umweltschutz ist gemeinsam, dass sie von Erwachsenen bzw. von offizieller Seite getroffen werden und daher Kindern wenig direkte Orientierungen für ihr eigenes Handeln liefern können. Insgesamt finden sich daher wenig kindliche Handlungsvorbilder in den Lesebuchtexten des *Bejing*-Verlags. Auch sind die Texte überwiegend aus der Perspektive Erwachsener verfasst, so dass man ihnen ein geringeres Identifikationspotenzial für die kindlichen Leser zubilligen kann als Texten, die aus dem Blickwinkel Gleichaltriger erzählt werden. Im Vergleich zu den in den Abschnitten 6.2.1 bis 6.2.5 analysierten Texten weisen jene in Abschnitt 6.2.6 zur Thematik „Umweltzerstörung, Umweltschutz und Nachhaltigkeit“ einen höheren Aktualitätsbezug auf: Es werden reale chinesische Naturschutzgebiete, die internationale Umweltorganisation WWF und ein Pekinger Industriegebiet erwähnt, und auch aktuellere Jahreszahlen (Auswilderung der Davidshirsche im *Dafeng*

Milu Natural Reserve 1986, Erschließung des Stadtgebietes Liangxiang Anfang der 1990er Jahre) deuten darauf hin, dass es sich hierbei um neueres Textmaterial handelt, das aufgrund seiner umwelterzieherischen Funktion in die Lesebücher integriert wurde.

Auf die Idee der „Nachhaltigkeit" wird in den Texten „Ein grünes ökologisches Wohngebiet" 绿色生态居民区 *lüse shengtai juminqu* und „Wir haben nur eine Erde" 只有一个地球 *zhi you yige diqiu*) explizit Bezug genommen. In diesen Texten ist der globale Bezug am deutlichsten erkennbar: Die Lektüre des Textes „Ein grünes ökologisches Wohngebiet" ist für Schüler der 4. Klasse vorgesehen, d. h. die Herausgeber gehen davon aus, dass der Nachhaltigkeitsbegriff bereits für Kinder in diesem Alter verständlich ist. Der Begriff wird jedoch nur in dem folgenden Satz genannt: „Mit modernster Technologie wurde das Ziel der nachhaltigen Entwicklung erreicht und für die nachhaltige Stadtentwicklung in unserem Land ein realistischer Weg aufgezeigt." Stilistisch und inhaltlich erinnert dieser Satz an die „Umweltschutz-Propaganda", die einen wesentlichen Aspekt der allgemeinen Umwelterziehung in China ausmacht. Inwieweit im Unterricht auch das dahinter stehende Konzept erklärt wird, ist nicht zu ermitteln. Es besteht daher das Risiko, dass „Nachhaltigkeit" für die Schüler nur eine Vokabel bzw. ein politisches Schlagwort darstellt, und für sie inhaltsleer, abstrakt und damit ohne tatsächliche Relevanz im Sinne der Umwelterziehung bleibt. „Wir haben nur eine Erde" richtet sich an Schüler der 6. Klasse und füllt das Nachhaltigkeitskonzept bereits konkreter mit Inhalt: Er verweist darauf, dass keine Ausweichmöglichkeit auf andere Planeten besteht, wenn wir die Erde zerstört haben, und dass die natürlichen Ressourcen endlich sind. Daraus resultiert, dass wir die Erde auch für nachkommende Generationen schützen müssen. Wenngleich der Gedanke an diese eigenen „Kinder und Enkel" für Grundschüler abstrakt erscheinen mag, werden ihnen hier doch in einfacher Form globale Konzepte vermittelt, die im Sinne des Globalen Lernens zu einer Förderung ihrer „Weltbürgerlichkeit" beitragen können.

7. Taiwan: Textmaterial der Lesebuchreihe *Guoyu*

7.1 Kategorisierung der Themenkomplexe

In der vorliegenden Untersuchung sollen die in den Lesebüchern des Verlags *Hanlin chubanshe* bereits vorhandenen thematischen Kapiteleinteilungen nicht berücksichtigt werden: Texte, die Bezüge zur Umwelterziehung aufweisen können, tauchten darin auch unter Überschriften auf, die dies nicht vermuten ließen, wie z. B. „Freizeitaktivitäten“[594] (休閒活動 *xiuxian huodong*), „Fröhliche Zeit“[595] (快樂時光 *kuaile shiguang*) oder „Lebenslanges Lernen“[596] (終身學習 *zhongshen xuexi*). Dagegen fanden sich unter Überschriften, aus denen zunächst auf eine umwelterzieherische Relevanz geschlossen wurde, wie z. B. „Tiere“[597] (動物 *dongwu*), Fabeln, in denen die Tiere lediglich als Träger zu vermittelnder Erziehungswerte wie Bescheidenheit oder Geduld fungieren. Auch weisen die festlandchinesischen Lesebücher keine solche explizite thematische Ordnung auf, so dass im Hinblick auf die Vergleichbarkeit die Themenkomplexe aus den Lesebüchern generiert werden sollen.

Die Lesebuchreihe *Guoyu* umfasst 177 Lektionen mit 180 Texten. Die Sichtung ihres gesamten Inhalts ergab, dass rund 31% (55 von 180 Texten) den Themenbereich „Natur und Umwelt“ implizit oder explizit berühren. Diese Texte wurden ebenso wie die bereits untersuchten festlandchinesischen Lesebücher anhand ihrer zentralen Inhalte den folgenden sechs Kategorien zugeordnet: „Tier- und Pflanzenkunde“, „Natürliche Phänomene und ökologische Kreisläufe“, „Natur- und Landschaftsschilderungen“, „Beziehung des Menschen zur Natur und Umwelt“, „Beziehung des Menschen zu Tieren und Pflanzen“ und „Umweltzerstörung, Umweltschutz und Nachhaltigkeit“. In dieser Reihenfolge sollen sie in den folgenden Abschnitten des Kapitels eingehend untersucht werden.

Anhand ihrer inhaltlichen Schwerpunkte können in den taiwanesischen Lesebüchern des Weiteren die folgenden Themenkomplexe erkannt werden (Abbildung III): Den Hauptanteil machen mit 37% Texte zur „Charakter- und Verhaltensbildung“ aus. Die moralische Sozialisation erfolgt anhand von Texten, bei denen individuelle Verhaltensweisen und Charaktereigenschaften im Mittelpunkt stehen, die der „ideale Grundschüler“ verinnerlichen soll. Hierzu zählen Neugier und Wissensdurst, eine positive Einstellung zum (lebenslangen) Lernen, Selbständigkeit, kreatives Denken, Ausdauer und Fleiß. Die zwischenmenschlichen Beziehungen nehmen dabei ebenfalls einen großen Raum ein, sie sollen von idealen Werteinstellungen und Verhaltensweisen wie Respekt, Hilfs-

594 *Hanlinban* Band 8, Unterrichtseinheit 4.

595 *Hanlinban* Band 3, Unterrichtseinheit 4.

596 *Hanlinban* Band 11, Unterrichtseinheit 1.

597 *Hanlinban* Band 2, Unterrichtseinheit 4.

bereitschaft, Dankbarkeit, Ehrlichkeit, Kooperation, Freundschaft und Liebe geprägt sein.

Im Bereich des „Alltags- und Allgemeinwissens“ sollen in rund 18% der Texte Basiswissen und Grundfertigkeiten zur Bewältigung des Alltags wie das Zählen, Einkaufen, das Verhalten bei Stromausfall oder das Verfassen einer Notiz vermittelt werden. Der Schwerpunkt liegt dabei auf der Technikerziehung, wobei insbesondere der Umgang mit Medien der modernen Informationsgesellschaft (Internet, Computer) thematisiert wird und historische Erfindungen vorgestellt werden. Aspekte des kindlichen Alltags wie der Schulbesuch, Spiele, Sport und Freizeitgestaltung werden ebenfalls behandelt. „Heimat- und Landeskunde“ steht in jenen Texten im Mittelpunkt, die sich mit der Kultur auf Taiwan wie der Religion, den Ureinwohnern oder der lokalen Oper, der chinesischen Geschichte und Tradition (Feste, Entstehung der Schriftzeichen, chinesische Oper) befassen. Am Rande tauchen auch Sitten und Gebräuche aus anderen Ländern wie das Weihnachtsfest oder Sehenswürdigkeiten wie die Pyramiden auf. Etwa 14% der Texte lassen sich anhand ihres inhaltlichen Schwerpunktes diesem Themenbereich zuordnen. Diese drei Themenkomplexe liefern einen Überblick über die zentralen Inhalte des Lesebuches, werden in der nachfolgenden Analyse jedoch nicht berücksichtigt.

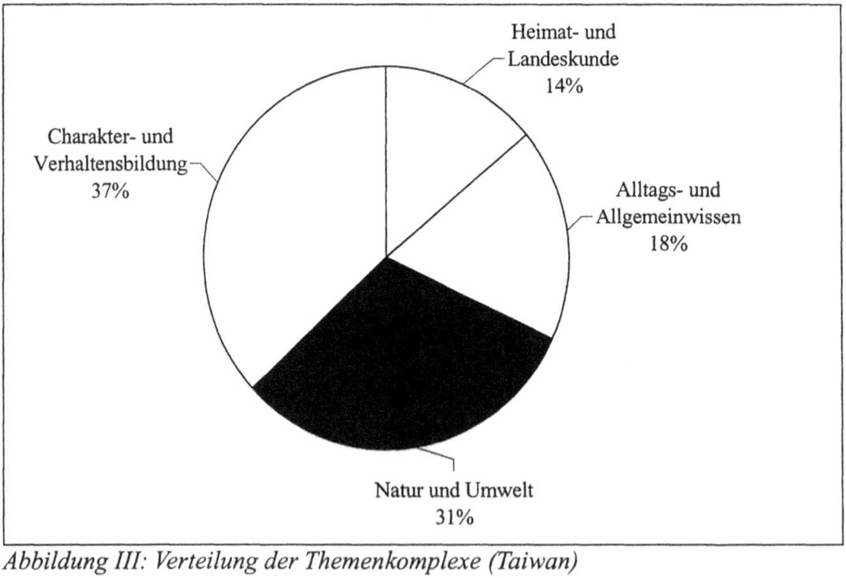

Abbildung III: Verteilung der Themenkomplexe (Taiwan)

7.2 Textinhalte zum Themenkomplex „Natur und Umwelt"

7.2.1 Tier- und Pflanzenkunde

In den Lesebüchern des Verlags *Hanlin chubanshe* wird in literarischer Form ein großer Teil an biologischem Wissen und Fachvokabular über Lebensraum, Lebensweise und Entwicklung verschiedener Tierarten eingeführt. Einfache Tiergeschichten wie die folgenden, die die Entwicklung oder das Verhalten verschiedener Tierarten behandeln, werden lediglich in den unteren Klassenstufen eingesetzt und machen 9% der natur- und umweltbezogenen Texte aus.

Die folgende kurze Geschichte mit dem Titel „Kleine Frösche" (小青蛙 *xiao qingwa*)[598] behandelt die Entwicklung der Kaulquappe zum Frosch:

> Eine kleine Ente spielte im Fluss, da sah sie viele kleine schwarze Pünktchen, die im Wasser fröhlich umherschwammen. Sie hatten einen großen Kopf und einen langen Schwanz. Mama Ente erklärte: „Sieh mal, diese vielen schwarzen Pünktchen werden schon bald zu kleinen Fröschen." Wenige Tage später wuchsen den kleinen Pünktchen zwei Hinterbeine und kurz darauf zwei Vorderbeine. Eines Tages war ihr Schwanz plötzlich verschwunden, und sie waren zu lauter kleinen Fröschen geworden, die am Flussufer umherhüpften. Als die kleine Ente sie sah, fragte sie: „Was ist denn das?" Mama Ente antwortete: „Das waren mal die kleinen schwarzen Pünktchen, die nun zu Fröschen geworden sind." Die kleine Ente sagte fröhlich: „Wie süß! Mama, darf ich mich mit ihnen anfreunden?"

Wie in Geschichten für kleinere Kinder üblich, sind hier die Tiere anthropomorphisiert dargestellt: Die Enten können sprechen, „fröhlich" sein und Freundschaften schließen. Auf diese Weise wird elementares Sachwissen aus dem Bereich der Biologie kindgerecht präsentiert, die Darstellung der Entwicklung der Kaulquappen zu Fröschen ist sachlich korrekt. Mit dem Überwintern der Tiere befasst sich die Geschichte „Die Tiere überwintern" (動物過冬 *dongwu guo dong*):[599] Während ihrer Nahrungssuche an einem Herbsttag bemerkt eine kleine Ameise die ungewöhnliche Stille im Wald und sucht ihre Freunde.

> Sie hob den Kopf, sah einen Spatz und fragte ihn: „Schwesterchen Spatz, wieso sind denn die ganzen Schwalben gar nicht mehr da?" Der Spatz antwortete: „Es ist kalt geworden, darum sind sie in den Süden gezogen, um dort zu überwintern. Sie kommen erst im nächsten Frühling zurück."

Nachdem der Spatz das Ameisenkind über das jahreszeitabhängige Verhalten der Zugvögel aufgeklärt hat, schaltet sich ein Frosch in die Unterhaltung ein, denn er möchte sich verabschieden. Aufgrund ihrer neu gewonnenen Erkenntnisse stellt die Ameise einen falschen Transfer her und fragt ihn, ob er wie die Vögel in den Süden ziehen wolle.

[598] *Hanlinban* Band 3, Lektion 2.

[599] *Hanlinban* Band 3, Lektion 11.

> „Nein, nein“, sagte der Frosch, „ich will mich schlafen legen. Den ganzen Winter über werde ich in meiner Höhle schlafen. Ich werde nicht fressen und mich nicht bewegen, und erst im Frühjahr wieder herauskommen.“ Da dachte die Ameise: „Dann werde ich mir auch Nahrung suchen, um den Winter gut zu überstehen.“

Nachdem die Ameise dies erfahren hat, beschließt sie, sich ebenfalls einen Wintervorrat anzulegen. Das vermittelte biologische Sachwissen lautet hier: Wenn im Spätherbst die Temperaturen sinken, reagieren Tiere und Insekten darauf unterschiedlich. Schwalben ziehen in den Süden, Frösche verfallen in Winterstarre und Ameisen legen sich einen Vorrat an.

Die Kaulquappe entwickelt sich zum Frosch, die Raupe zum Schmetterling und der Bambussprössling zum Bambus, und alle haben in ihren jeweiligen Entwicklungsstadien im Chinesischen unterschiedliche Bezeichnungen, wie der der Kurztext „Zwei Namen“ (兩個名字 *liangge mingzi*) erklärt.[600] Die Erkenntnis, dass die Größe eines Tieres nicht mit seiner Reife oder seinem Alter gleichgesetzt werden kann, ist Thema eines weiteren Kurztexts, „Große und kleine Fische“ (大魚和小魚 *dayu he xiaoyu*).[601] „Die Fähigkeiten der Tiere“ (動物的本領 *dongwu de benling*)[602] erwähnt, dass Tauben stets den Heimweg finden, Elefanten mit ihrem Rüssel Bäume ausreißen und Kamele schwere Lasten tragen und wochenlang ohne Nahrung auskommen können. Abschließend weist die Lehrerfigur im Text darauf hin, dass die Fähigkeiten der Tiere angeboren, die des Menschen jedoch erlernt seien – damit liegt die zentrale Botschaft dieses Textes darin, die Schüler zum fleißigen Lernen anzuregen.

In den Lesebüchern für die höheren Klassenstufen wird das biologische Wissen zunehmend komplexer. Es wird nicht in Form von Sachtexten oder Kindergeschichten präsentiert, sondern überwiegend in Berichte integriert, die von Exkursionen in die Natur handeln (siehe Abschnitt 7.2.4).

7.2.2 Natürliche Phänomene und ökologische Kreisläufe

In den Bänden für die unteren Klassenstufen erfolgt in rund 14,5% der natur- und umweltbezogenen Texte eine Vermittlung von Basiswissen über natürliche Kreisläufe. Hierfür werden Kindergeschichten und -gedichte wie das folgende mit dem Titel „Frühlingsregen“ (春雨 *chunyu*)[603] eingesetzt, das den Zusammenhang zwischen der Einwirkung von Sonne und Regen und dem Wachstum der Pflanzen darstellt:

[600] *Hanlinban* Band 2, Lektion 4.

[601] *Hanlinban* Band 2, Lektion 13.

[602] *Hanlinban* Band 4, Lektion 12.

[603] *Hanlinban* Band 2, Lektion 1.

Plitsch, platsch, plitsch, platsch, es regnet!
Der Samen sagt: „Regne, regne! Ich will keimen."
Der kleine Baum sagt: „Regne, regne! Ich will wachsen. [...]"

Der folgende Text „Die kleinen Blumen unter der Kokospalme" (椰子樹下的小花 *yezishu xia de xiaohua*)[604] wird aus der Perspektive der Blumen erzählt, die durch Wind und Regen etwas über die natürlichen Kreisläufe und Wechselwirkungen erfahren:

> Erst als wir größer wurden, erfuhren wir, dass der große Kerl da neben uns „König Kokospalme" hieß. Der Wind erzählte uns, dass er es sei, der uns von klein auf vor Wind und Regen beschützt. Er sang auch oft für uns, raschel, raschel, raschel. Der Regen erzählte uns, er sei es auch, der uns die Nährstoffe liefert und uns oft anfeuert, los, los, los. Zum Dank lassen wir zu seinen Füßen lauter kleine Blüten aufgehen.

Der Baum schützt die Blumen vor den Naturgewalten und liefert ihnen die nötigen Nährstoffe, so dass sie erblühen können. Die Verknüpfung von biologischen Fakten mit Emotionen (die Blumen erblühen aus „Dankbarkeit") ist charakteristisch für diese Art von Kindertexten. Ein weiteres zentrales Thema ist das Wissen über die Jahreszeiten, das sich den Protagonisten durch eine genaue Beobachtung der Umwelt erschließt, wie im folgenden Text „Ein kräftiger Herbstwind" (一陣秋風 *yi zhen qiufeng*):[605]

> Ein kräftiger Herbstwind wehte durch den Bambuswald, so dass viele Blätter abfielen und in der Luft herumflogen. Meine große Schwester sagte: „Kommt schnell und seht euch das an, in der Luft fliegen viele kleine Flugzeuge." [...] Ein kräftiger Herbstwind wehte durch die Kiefern und viele Nadeln fielen herab auf den Boden. Meine kleine Schwester sah dies und sagte: „Auf dem Boden liegen so viele Nadeln. Kommt, wir nehmen sie mit und nähen damit Wintersachen für unsere Puppen."

Die Geschwister erkennen, dass im Herbst ein stärkerer Wind weht und Laub und Nadeln zu Boden fallen, und sie bemerken, dass die Blätter verschiedener Pflanzen unterschiedliche Formen haben. Bambusblätter sind für sie offenbar ein fremdes Objekt, das zunächst Assoziationen zu Bekanntem – dem Flugzeug – weckt. Die Beobachtung der Natur regt die Phantasie der Protagonisten an, ruft weitere Assoziationen hervor und animiert sie zum Spielen. Ein Lernziel könnte daher auch darin bestehen, die Schüler zum Spiel in der Natur und mit Dingen, die sie dort vorfinden, anzuregen.

Im folgenden Text „Der Frühlingsregen tröpfelt" (春天的小雨滴滴滴 *chuntian de xiaoyu di di di*)[606] von Chen Mucheng 陳木城[607] ist der Ich-Erzähler in die

[604] *Hanlinban* Band 3, Lektion 4.

[605] *Hanlinban* Band 3, Lektion 9

[606] *Hanlinban* Band 10, Lektion 2.

[607] Kinderbuchautor und Schulleiter einer Grundschule in Taibei. Chen setzt sich u. a. für das „Green-Schools"-Programm ein und organisiert Umweltbildungsaktivitäten für Kinder.

Betrachtung des Regens versunken und lauscht den Geräuschen, die die Regentropfen erzeugen.

> Ich hielt einen rot geblümten Schirm, ging den kleinen Waldweg entlang und hörte, wie der Regen auf den Eukalyptusbaum, die Akazie, den Orchideenbaum und den Brotfruchtbaum fiel. Plitsch platsch, klopf klopf, klack klack, das machte ganz unterschiedliche Geräusche, als veranstalte der Wald ein riesiges Konzert.

In diesem Text, der ebenfalls jahreszeitenkundliches Wissen vermittelt, steht die sinnliche Naturerfahrung im Vordergrund: Der Ich-Erzähler befindet sich in der Natur und nimmt die unterschiedlichen Geräusche wahr, die der Regen erzeugt und die er mit einem „Konzert" assoziiert. Das positive sinnliche Erleben wird verknüpft mit einer Reflexion über die Bedeutung des Regens für das Pflanzenwachstum – diese Verbindung drückt der Ich-Erzähler im letzten Satz deutlich aus:

> Ich mag den Frühlingsregen, er musiziert im Wald und sät die Saat auf der Erde aus.

Auf höherem Niveau vermittelt der sachbezogene Essay „Der Gezeitenwald" (水上森林 *shuishang senlin*)[608] von Guo Zhiyong 郭智勇[609] Wissen über das komplexe Ökosystem im Brackwasser. Dabei wird eine ästhetische Beschreibung des Mangrovenwalds mit sachlichen Informationen über die Lebensbedingungen der Tiere und Pflanzen, die sich dort beobachten lassen, verknüpft:

> Der Lebensraum in diesem Mangrovenwald am Flussmündungsgebiet wird von den Gezeiten beeinflusst: Bei Flut ragt der Mangrovenwald aus der Wasseroberfläche auf und spiegelt sich im Wasser, ein mächtiger Uferwald. Bei Ebbe taucht zwischen dem Unterlauf des Flusses und der Meeresmündung ein schlammiges, sandiges Ufer auf. Der schlammige, stark salzhaltige Boden ist für Pflanzen ein widriger Lebensraum.

Im Wechsel der Gezeiten werden unterschiedliche Lebensformen sichtbar: Winkerkrabben suchen bei Ebbe im Schlamm nach Nahrung, die Wasservögel warten dagegen auf die nächste Flut. Auch wird darauf verwiesen, dass alle Lebewesen in diesem Ökosystem voneinander abhängig sind, um zu überleben. Der Umweltaspekt der Bedrohung der Mangrovenwälder durch die fortschreitende Umweltzerstörung wird jedoch nicht erwähnt.

Die Himmelskörper sind ein weiteres Phänomen, das in den Lesebüchern vorgestellt wird. In den unteren Klassenstufen wird Elementarwissen dabei wie im folgenden Text „Die Sonne" (太陽 *taiyang*)[610] vermittelt:

> Die Sonne ist aufgegangen und scheint auf die Erde. Sie ist jeden Tag so beschäftigt und ruht sich das ganze Jahr über zu keiner Jahreszeit aus. Im Frühling scheint sie auf die Blumen, damit sie noch schöner blühen. Im Sommer scheint sie auf das

[608] *Hanlinban* Band 9, Lektion 5.

[609] Zeitgenössischer taiwanesischer Naturfotograf und Autor.

[610] *Hanlinban* Band 3, Lektion 8.

> Getreide, damit es noch besser wächst. Im Herbst scheint sie auf die Obstbäume, damit das Obst noch schneller reif wird.

Im Text werden Fakten über die Sonne genannt (sie geht jeden Morgen auf und scheint zu jeder Jahreszeit), gleichzeitig wird sie jedoch personifiziert, indem ihr ein „zweckgerichtetes Handeln“ unterstellt wird (sie scheint, *„damit* das Obst noch schneller reif wird“). Der einfache Kurztext „Kleine Sterne“ (小星星 *xiao xingxing*)[611] weist darauf hin, dass die Sterne am Himmel zu zahlreich sind, um sie zu zählen, und der sachorientierte Essay „Den Sternenhimmel betrachten“ (仰望星空 *yangwang xingkong*)[612] für Fünftklässler beschreibt die jahreszeitlichen Veränderungen des Nachthimmels und erwähnt einige chinesische Sternbilder und die Milchstraße:

> Am Sommerhimmel tauchen zwischen den Sternen am Himmel der „Kuhhirte und die Weberin“ auf, die durch die Milchstraße voneinander getrennt sind und sich aus der Ferne nacheinander sehnen. Das hat die Phantasie der Menschen beflügelt. Der Herbsthimmel bietet einen ganz anderen Anblick. [...] der Große Wagen steht dann nordwestlich schräg über dem Horizont, das alte chinesische Sternbild Nandou geht im Südwesten unter. Der mondlose Nachthimmel ist in der Nähe der Milchstraße und im Südwesten dicht mit Sternen übersät, da geht es sehr lebhaft zu!

Die folgende Geschichte „Der Gast, der vom Sternbild Löwe kommt“ (獅子座來的客人 *shizizuo lai de keren*)[613] präsentiert Sachinformationen über das seltene astronomische Phänomen des „Leoniden-Meteorschauers“ in Form eines Dialogs zwischen einem Vater und seinen Kindern:

> Meine kleine Schwester ergänzte: „Dieser Meteorschauer heißt bestimmt so, weil er genauso mächtig ist wie der Löwe Leo.“ Papa lächelte und sagte: „Nein, er heißt Leoniden-Meteorschauer, weil die Sternschnuppen des Meteorschauers vom Sternbild Löwe ausgehen.“

Der Vater erklärt die Entstehung von Sternschnuppen damit, dass Kometenstaub die Ozonschicht der Erde durchdringt und durch Reibung an der Luft verbrennt. Das gehäufte Auftreten von Sternschnuppen bezeichne man als „Meteorschauer“. Nur wenige Kometen kreuzten die Erdumlaufbahn, erläutert der Vater, aber dann „malt der Staub, den der Komet zurücklässt, einen langen Schweif in die Luft, und man sieht am Nachthimmel den wunderschönen Meteorschauer.“ Im Anschluss an die fachliche Unterhaltung plant die Familie, ausgerüstet mit Taschenlampe und Sternenkarte, den Meteorschauer fernab der hell erleuchteten Stadt zu beobachten. In der Geschichte wird das komplizierte astronomische Phänomen einfach erklärt und die Darstellung könnte Interesse wecken, sich ebenso wie die Protagonisten theoretisch und praktisch mit Astronomie zu befassen. Der Vater hat seine

[611] *Hanlinban* Band 3, Lektion 10.

[612] *Hanlinban* Band 10, Lektion 9.

[613] *Hanlinban* Band 9, Lektion 14.

Kenntnisse aus dem Internet bezogen und weist darauf hin, dass man dort umfangreiches Material finden könne. Mit dieser Anregung zum eigenständigen Sammeln und Auswerten von Informationen soll der Text Fähigkeiten für die Wissensgesellschaft[614] vermitteln. Da es sich in diesem Fall um Informationen über unsere Umwelt (das Weltall, astronomische Phänomene) handelt, wird im weiteren Sinne auch der Bereich Umwelterziehung berührt.

7.2.3 Natur- und Landschaftsschilderungen

Die Beschreibung landschaftlicher Schönheit erfolgt in Lesebüchern des *Hanlin*-Verlags überwiegend in Texten über die individuelle, konkrete Naturerfahrung eines Menschen (siehe Abschnitt 7.2.4). Als zentraler Inhalt konnte die naturästhetische Komponente nur bei 9% der natur- und umweltbezogenen Texte erkannt werden.

Insgesamt wurden nur sechs klassische Gedichte aus der Tang- und Song-Zeit in die untersuchten Lesebücher aufgenommen. Zweien davon kann umwelterzieherisches Potenzial im Sinne der vorliegenden Untersuchung zugesprochen werden: Das bereits in Abschnit 6.2.3 besprochene *jueju* von Du Fu, das sich auch in den festlandchinesischen Lesebüchern findet, und Li Bais „Dialog in den Bergen“ (山中問答 *shanzhong wenda*),[615] hier in der Übersetzung von Stephen Owen.[616] Das Tang-Gedicht beschreibt in den ersten beiden Zeilen in Dialogform die Stimmung des Dichters, der sich in die Berge zurückgezogen hat:

> You ask me why it is I lodge in sapphire hills,
> I laugh and do not answer – the heart is at peace.

Die landschaftliche Schönheit, in deren Betrachtung der Dichter versinkt, weckt bei ihm Assoziationen an die Welt der Unsterblichen, die in Owens Übersetzung anklingt:

> Peach blossoms and flowing water go off, fading away afar,
> and there is another world that is not of mortal men.

Dieser daoistische Aspekt spielt in vielen Gedichten Li Bais eine Rolle, so schreibt Owen über ihn: "He became a Daoist initiate, and one cannot separate his belief from his poetic image of the world beyond ours.“[617] Im Lesebuch wird das „Überirdische“ dieser intakten Landschaft an sich, für das sinnbildlich die mit dem Wasser davontreibenden Pfirsichblüten stehen, als Interpretation dieser

[614] Bei der Informationstechnologie handelt es sich ebenfalls um ein fächerübergreifendes Themenfeld (*subject area*) im Rahmen des „Nine-Year Integrated Curriculum“.

[615] *Hanlinban* Band 10, Lektion 10.

[616] Owen, Stephen: *An Anthology of Chinese Literature.* New York/London 1996, S. 403.

[617] Ebd., S. 400.

letzten Zeilen geliefert.[618] Zentral für den erzieherischen Effekt ist das Wohlgefühl, das die Schönheit der Natur im Dichter hervorruft. Damit kann Li Bais lyrische Schilderung des Rückzugs in die unberührte, überirdisch anmutende Berglandschaft auch umwelterzieherisch wirksam sein: Über die Ästhetik wird die affektive Dimension angesprochen, die Schüler können die Stimmung des Dichters nachempfinden, was ihre Sensibilisierung für die Natur und Umwelt fördern kann.

Im folgenden „Briefwechsel zwischen Berg und Meer" (山和海的書信 *shan he hai de shuxin*)[619], der im modernen Chinesisch verfasst wurde, steht ebenfalls die ästhetische Komponente im Zentrum. Darin werden Berg und Meer personifiziert und schreiben einander Briefe, in denen sie jeweils die Vorzüge des anderen preisen. Fluss und Schwalbe dienen ihnen als Briefträger. So schreibt der Berg an das Meer:

> Bei blauem Himmel trägst du ein blaues Kleid, und wenn weiße Wolken am Himmel stehen, siehst du wirklich sanft aus. Aber wenn der Wind weht, schlägst du Wellen wie eine große Fahne, die im Wind flattert. Dann siehst du sehr lebhaft aus. Wenn die Sonne untergeht, bedecken dich die Strahlen der Abendsonne mit glänzendem Goldstaub, dann siehst du wunderschön aus. Und wenn der Mond aufgeht, ziehen dir die Sterne ein glitzerndes Ballkleid an, dann wirkst du sehr geheimnisvoll.

In seinem Antwortbrief nennt das Meer den Berg einen „leidenschaftlichen jungen Mann", dessen „unerschütterliche Silhouette" Sturm und Regen trotzt. Im Bergnebel sehe er aus wie ein „phantastischer Krieger" und bei Anbruch der Nacht trage er „einen schwarzen Mantel, wie ein heldenhafter Krieger". Anhand von Metaphern wird in diesem Text die Faszination eingefangen, die von unterschiedlichen Landschaftsszenarien ausgeht. Dabei bleiben Berg und Meer unspezifisch und sind nicht auf der Insel Taiwan lokalisiert. Dies trifft auch auf den Text „Berge" (山 *shan*)[620] von Tan Weina 談衛那[621] zu, im dem der kindliche Ich-Erzähler die Auffassung vertritt, dass sich anhand der „Eigenschaften" von Bergen ihr „Geschlecht" bestimmen lasse:

> Diese Bergquelle kommt leise plätschernd aus den dunklen Tiefen des Waldes geflossen, also ist dieser Berg ein Mädchen. Und sieh mal, diese Quelle kommt rauschend von den Gipfeln des Berges heruntergeprasselt, also ist dieser Berg ein Junge.

[618] *Hanlinban* Band 10, S. 59.

[619] *Hanlinban* Band 7, Lektion 8.

[620] *Hanlinban* Band 10, Lektion 11.

[621] Taiwanesische Pädagogin, Kinderbuchautorin und Trägerin verschiedener Literaturpreise. Lebt heute in Kanada und engagiert sich auch nach ihrer Pensionierung 1988 für die Weiterentwicklung von Lehrbüchern und die Umsetzung neuer pädagogischer Ansätze im Schulunterricht auf Taiwan.

Indem „Vater Berg“ als „stark, besonnen und gesetzt“, „Mutter Berg“ dagegen als „hübsch, sanft und fürsorglich“ beschrieben wird, werden bestimmte Charaktermerkmale als geschlechtertypisch ausgewiesen. Damit transportiert der Text vor allem traditionelle Rollenvorstellungen, lässt sich bedingt jedoch auch als umwelterzieherisch relevant einstufen: Die positiven Eigenschaften, die den Bergen zugesprochen werden und ihre Bezeichnung als „Mutter“ und „Vater“ könnte ein Gefühl der Zuneigung zu ihnen und damit zur Natur allgemein fördern.

7.2.4 Beziehung des Menschen zur Natur und Umwelt

Den größten Anteil am natur- und umweltbezogenen Textmaterial haben mit rund 29% Berichte, in denen Menschen von ihren Erlebnissen in der Natur erzählen: Kinder unternehmen dabei (zumeist in Begleitung von Lehrern oder Eltern) Ausflüge in die Natur, um sie zu beobachten und sich an ihr zu erfreuen. In den unteren Klassen stehen im Zentrum der Naturerfahrung einfache Sinneswahrnehmungen wie in den folgenden kurzen Texten „Den Frühling suchen“ (找春天 *zhao chuntian*)[622] und „Spazierengehen und lauschen“ (走走聽聽 *zouzou tingting*)[623]:

> Wir kommen zur Wiese und sehen, wie grün und saftig die Gräser sind. Der Lehrer sagt: „Der Frühling ist auf der Wiese.“ Wir kommen an den Bach und hören, wie das Wasser rauschend ein Lied singt. Der Lehrer sagt: „Der Frühling ist im Fluss.“

und

> Ich gehe gern mit meinem Vater spazieren, oft gehen wir dann ganz leise und sagen kein Wort, sondern lauschen den vielen verschiedenen Geräuschen. [...] Ich höre die kleinen Vögel auf den Bäumen im Park, tschilp, tschilp, so klingt Gesang. Ich höre die Bienen in den Blumenbeeten, summ, summ, das ist das Geräusch von Arbeit. Spazierengehen ist wirklich schön, man geht und lauscht, und wenn man ganz leise geht, dann hört man überall fröhliche Klänge.

Die wesentliche Botschaft liegt darin, die eigenen Sinne für eine genaue Naturwahrnehmung zu schärfen, wie es die Vorbilder in den Texten tun. Die Vermittlung von Wissen scheint sekundär. In der folgenden kurzen Geschichte „Der Pfirsichbaum blüht“ (桃花開了 *taohua kaile*)[624] ist es die große Schwester, die dem Ich-Erzähler diese Beobachtungsgabe näher bringt. Eines Morgens atmet sie tief durch und sagt: „Im Garten blüht der Pfirsichbaum!“ Ungläubig öffnet der Ich-Erzähler das Fenster, und da steht tatsächlich der Baum in voller Blüte.

> „Oh, wie schön“, rief ich mit aufgerissenen Augen und stupste meine Schwester aufgeregt an, „wie hast du denn den Blütenduft riechen können?“ „Ich habe nicht behauptet, dass ich ihn gerochen habe!“, sagte meine Schwester lachend. „Ich habe

[622] *Hanlinban* Band 2, Lektion 2.

[623] *Hanlinban* Band 3, Lektion 12.

[624] *Hanlinban* Band 6, Lektion 1.

> ihn gehört." Ich fragte: „Wie kannst du denn hören, wie die Blumen blühen?" „Komm mit und hör es dir an", sagte sie geheimnisvoll.

Auch dieser Text soll dazu anregen, die Natur und ihre Veränderungen sinnlich wahrzunehmen. Die ältere Schwester stellt sich mit dem Ich-Erzähler unter den Baum und vermittelt ihm, dass sie aus dem Summen der Bienen darauf schließen konnte, dass der Pfirsichbaum erblüht war. Damit übernimmt sie hier die Funktion des „Lehrers."

Im Text „Angeln" (釣魚 *diao yu*)[625] sitzt der Ich-Erzähler am Ufer und ist zunächst voller Vorfreude auf einen üppigen Fang, dann aber zieht ihn die Landschaft immer mehr in ihren Bann:

> Der kleine Fluss ist wie ein Spiegel, er reflektiert die grünen Berge, den blauen Himmel und die weißen Wolken. Die Sonne lacht unablässig und der Gesang des kleinen Flusses ist unverändert melodisch.

Schließlich wird ihm bewusst, dass in der Betrachtung der schönen Landschaft und dem daraus resultierenden Wohlbefinden der eigentliche Zweck des Angelns liegt – und nicht im Fischefangen:

> Auch wenn kein Fisch anbeißt, ist mein Herz genauso erfreut.

Eine wesentliche Voraussetzung für eine intensive Naturerfahrung liegt in der Stille, wie der folgende Essay mit dem Titel „Das Lebenstempo verlangsamen" (放慢生活腳步 *fangman shenghuo jiaobu*)[626] verdeutlicht. Einleitend wird der Leser gefragt, ob er schon einmal eine Spinne dabei beobachtet habe, wie sie ihr Netz knüpft, oder den Vögeln und Insekten gelauscht habe. Der Autor beklagt die Hektik der heutigen Zeit, die für die Beobachtung und das Bestaunen der Natur kaum Raum lasse, so dass das Denken und Fühlen der Menschen immer mehr abstumpfe. Die Natur sei schön und voller Wunder, und alles in ihr geschehe zur rechten Zeit. Am Rande wird die Luftverschmutzung erwähnt, Zusammenhänge und Verursacher werden jedoch nicht genannt und das Phänomen wird nicht problematisiert. Im Gegenteil – die Natur hilft sich selbst, suggeriert der Text:

> Und das Gras am Wegesrand wird wie durch ein Wunder auch in der verschmutzten Luft grün.

Es gilt, die Natur genau zu beobachten, damit sich ihre Rätsel offenbaren:

> In einem Tautropfen, einem Blatt oder einem Baum können wir erkennen, dass die Bewegungen der Himmelskörper, der Wechsel der Jahreszeiten und die Wunder des Lebens so vielfältig sind, und doch alles seine Ordnung hat.

[625] *Hanlinban* Band 8, Lektion 10.

[626] *Hanlinban* Band 10, Lektion 3.

Dem Essay zufolge kann die Wahrnehmung im Alltag auf verschiedene Weise geschärft werden, indem man z. B. langsam isst und Wasser schluckweise trinkt, um den Geschmack intensiver zu spüren. Abschließend appelliert er an den Leser:

> Lasst uns unser Lebenstempo ein wenig verlangsamen und das wertschätzen, was wir haben. Lasst uns die vielen Dinge genießen, durch die uns die Natur berührt!

Eine solche aufmerksame Beobachtungsgabe und die Fähigkeit, sich in Menschen und Dinge „einzufühlen", werden auch für die Herausbildung umweltbezogener Einstellungen als wichtig erachtet. Der folgende Text „Die Berge sind eine Schule" (山是一座學校 *shan shi yizuo xuexiao*)[627] von Walisi Nuogan 瓦歷斯諾幹 [628] beschreibt die Natur als Ort vielfältiger Lernerfahrungen. Die Berge seien eine Schule mit verschiedenen „Klassenzimmern", in denen unterschiedliche Dinge gelernt werden können:

> Ihr werdet mit den wilden Tieren Verstecken spielen und euch mit den Sternen unterhalten, die Lianen an den Bäumen werden mit euch um die Wette Seilspringen, und die Bäche werden euch fröhliche Kinderlieder beibringen.

Am weiten Himmel fungieren die Vögel als Lehrer, die „das Lied jedes Flusses" und die „Besonderheiten jedes Berges" kennen. In weiteren „Klassenzimmern" erfahren die Schüler, „wie sich die schwachen Grashalme bescheiden verneigen, die gigantischen Felsen jäh emporragen und die frechen Eichhörnchen ein Mittagsschläfchen halten". Das oberste Ziel besteht dabei darin, die Kinder zum selbständigen Lernen in der freien Natur anzuregen, denn:

> Eure Augen, eure Haut und eure Ohren, das sind eure besten Lehrer.

Der folgende Bericht „In die Natur gehen" (走入大自然 *zouru daziran*)[629] von Huang Chaozhou 黃朝洲 [630] zeigt eine komplexere Beschäftigung mit der Thematik, indem die sinnliche Erfahrung durch biologisches Wissen ergänzt wird. Der Ich-Erzähler unterhält sich gern mit den „Topfpflanzen auf dem Balkon" oder den „Insekten und Schmetterlingen im Park" und nennt die verschiedenen Möglichkeiten, die er nutzt, um die Natur zu entdecken. Auf dem Balkon steht ein Limonenbäumchen, dessen Duft er riechen, dessen Früchte er schmecken und dessen saftige Blätter er betrachten kann:

> Das Bäumchen lockt Schwalbenschwänze an, dort zu rasten und seine durchsichtigen Eier abzulegen, die wie Gelee aussehen. Ich beobachte, wie die Raupen zwischen den grünen Blättern allmählich heranwachsen, sich verpuppen und

[627] *Hanlinban* Band 11, Lektion 1.

[628] Walisi Nuogan (geb. 1961), chin. Name Wu Junjie, Schriftsteller und Ureinwohner vom Stamm der Atayal aus Taiwan.

[629] *Hanlinban* Band 9, Lektion 6.

[630] Biologe, Naturfotograf, Autor und Übersetzer aus Taiwan.

> sich schließlich in Schmetterlinge verwandeln, die genauso schön sind wie ihre Eltern.

Neben der sinnlichen Wahrnehmung führt der Ich-Erzähler bereits erste biologische Beobachtungen durch, die er im Folgenden mit technischen Hilfsmitteln vertieft:

> Mit Lupe und Buntstiften gehe ich in den Park, um die stattliche Erscheinung des taiwanesischen Blasenbaums zu zeichnen, seine gelbroten Blüten und Früchte zu beobachten, und nebenbei den Vogelschrei des Chinabülbüls zu studieren, der „Schokolade, Schokolade!" ruft.

An Feiertagen lässt der Ich-Erzähler „den geliebten Fernseher und die Computerspiele links liegen" und fährt lieber mit seinen Eltern „in die Berge weit weg von der Stadt". Dort beobachten sie mit dem Fernglas einheimische Vogelarten, essen Wildfrüchte und hoffen, ein paar Affen zu sehen. Am Ende des Tages zieht er die positive Bilanz:

> Solche Tage im Schoße der Natur sind voller reichhaltiger Eindrücke für unsere Augen, Nasen und Ohren. Ich freunde mich gern mit der Natur an. Sowohl das ungezügelte Leben in den Bergen und Tälern als auch die kleinen Topfpflanzen in der Ecke bei uns zu Hause, sie alle haben ihr besonderes, faszinierendes Gesicht.

„In die Natur gehen" kann als Prozess einer stufenweisen Annäherung des Ich-Erzählers an die Natur interpretiert werden: Auf dem heimatlichen Balkon verlässt er sich auf die eigenen Sinne und die Natur wird im Kleinen durch eine Topfpflanze verkörpert. Der zweite Schritt führt ihn hinaus in die noch immer gezähmte Natur eines Parks, wo er bereits eine Lupe als Hilfsmittel zur Hand nimmt, um genauer beobachten zu können. Während er die Natur „analysiert", begegnet er ihr auf einer emotional-sinnlichen Ebene: Er umarmt den Baum wie einen Freund, streichelt ihn und riecht seinen Duft, dabei strebt er gleichzeitig nach Wissenserweiterung, indem er mit der Lupe nach Käfern in seiner Rinde sucht. Schließlich begibt er sich in Begleitung seiner Eltern hinaus in die ungezähmte Natur der Berge fern der Stadt. Dort sind die Tiere seltener und scheuer, so dass zu ihrer Beobachtung ein Fernglas notwendig ist. Diese stufenweise Annäherung spiegelt den Entwicklungsprozess vom lokalen (der heimische Balkon) bis hin zum globalen (die weiten Berge) Natur- und Umweltverständnis wider.

Wichtiges Element der Ausflüge in die Natur ist die Beobachtung von Tieren in ihrem natürlichen Lebensraum. Der Bericht „Farbenpracht zwischen schwarz und weiß" (黑白間的光彩 *heibai jian de guangcai*)[631] von Liao Hongji 廖鴻基[632]

[631] *Hanlinban* Band 11, Lektion 4.

[632] Geb. 1957, taiwanesischer Schriftsteller, ursprünglich Fischer von Beruf. Gründer der Umweltschutzorganisation 黑潮海洋環境保護協會 *Heichao haiyang huanjing baohu xiehui* „Kuroshio" – Gesellschaft zum Schutz der Meere) und Träger verschiedener Literaturpreise.

handelt von einer Bootsfahrt auf dem Meer und beschreibt die schlichten, klaren Farben, die sich dort beobachten lassen:

> Über uns lag ein blauer Himmel mit Wattewölkchen. Die Gipfel am Ufer wurden immer kleiner und kleiner, bis nur noch ein verschwommenes Blau zu erkennen war. [...] Je weiter wir uns vom Ufer entfernten, desto eintöniger wurden die Farben von Himmel und Meer, als hätten sie unterwegs ihr buntes Kleid abgelegt und Ruhm und Glanz des Ufers von sich abgeschüttelt. In dieser Weite wirkten die Farben schlicht und klar.

Neben der Schönheit des Farbenspiels auf dem Wasser stellt der direkte Kontakt zwischen Menschen und Delfinen den Höhepunkt des Ausflugs dar:

> Manchmal tauchten wir zwei, drei Meter tief hinab in den größten Teich der Welt und schwammen mit einem Schwarm Rundkopfdelfine, die wir gut kannten.

Ähnlich auch das „Tagebuch der Walbeobachtung" (賞鯨記 *shang jing ji*)[633], in dem der Ich-Erzähler von einer Walbeobachtungsfahrt berichtet, die er gemeinsam mit seinen Eltern unternimmt. Einleitend beschreibt er die Schönheit des Ozeans, dann tauchen plötzlich neben dem Schiff Delfine auf:

> Der grenzenlose Ozean reflektierte die Sonnenstrahlen und zeigte sein strahlend schönes Blau. [...] Ein großer Schwarm Delfine! Einer sprang vorweg aus den Fluten empor und glitt dann wieder elegant ins Wasser zurück. Der erste war noch nicht ganz untergetaucht, da tauchten schon ein zweiter, dritter und vierter nacheinander auf. Einige flogen, andere kreisten, und wieder andere schlugen mehrere Purzelbäume hintereinander!

Die Ausflügler auf dem Walbeobachtungsschiff „Meeressäuger" sind fasziniert und fotografieren schweigend die Delfine und Orcas, die anschließend auftauchen und ihre Fontänen aus dem Wasser aufsteigen lassen. Auf dem Rückweg sprechen alle von den Meeressäugern, die sie an diesem Tag beobachtet haben. Der Ich-Erzähler kann sich selbst bei Sonnenuntergang noch nicht losreißen, starrt wie gebannt aufs Meer und sucht „immer noch eifrig nach ihren Spuren."

Diesen Texten ist gemeinsam, dass die Orte, an denen die Menschen die Natur erleben, nicht explizit genannt werden. Beim Text „In die Natur gehen" kann man jedoch davon ausgehen, dass er von Taiwan handelt, da darin einheimische Tier- und Pflanzennamen erwähnt werden. Bei den folgenden Texten handelt es sich um Erlebnisberichte ähnlichen Stils, die explizit in landschaftlich reizvolle Gegenden *Taiwans* führen. So erlebt der Ich-Erzähler das populäre Naturschauspiel des „Sonnenaufgangs am Alishan" (阿里山上看日出 *Alishan shang kan richu*)[634] gemeinsam mit seiner Familie und vielen Touristen:

[633] *Hanlinban* Band 11, Lektion 5

[634] *Hanlinban* Band 7, Lektion 9.

> Kurze Zeit später wurde der Himmel im Osten allmählich heller, und hinter den Wolkenschichten tauchten verschwommen die ersten Sonnenstrahlen auf. [...] Zuerst färbten sich die grauen Wolken purpurn, die purpurnen Wolken rot, die roten Wolken wieder orangefarben, und die orangefarbenen Wolken begannen schließlich golden zu strahlen. Hinter diesen funkelnden Wolken tauchte plötzlich ein lodernder Feuerball auf, der seine goldenen Strahlen nach allen Seiten versprühte. Die Sonne, auf die wir so sehnsüchtig gewartet hatten, war aufgegangen!

Daraufhin sagt der Vater: „Das waren der berühmte Sonnenaufgang und das Wolkenmeer am Alishan. Nun hast du das endlich mit eigenen Augen gesehen!" Im folgenden „Im Botanischen Garten von Fushan" (游福山植物園 *you Fushan zhiwuyuan*)[635] besucht die Familie des Ich-Erzählers den „größten botanischen Garten Südostasiens" im taiwanesischen Yilan. Dabei handelt es sich um ein Naturschutzgebiet, das pro Tag maximal vierhundert Besucher betreten dürfen.

> [...] wenn man nach oben blickte, waren die alten Hölzer, die in den Himmel ragten, von alten Kletterpflanzen überwuchert, und teilweise wuchsen darauf Farne als „Aufsitzerpflanzen". Im Wald duftete es frisch und es war angenehm kühl. Wenn man zu Boden schaute, sah man dichtes grünes Moos und braune wilde Pilze. Dieser Urwald war wirklich munter und voller Lebenskraft.

Die Familie folgt dem Besichtigungspfad und erreicht ein Areal mit Wasserpflanzen, wo der Ich-Erzähler eine Pflanze entdeckt, die er irrtümlich als Seerose identifiziert. Sei Vater korrigiert ihn, es handele sich um eine einheimische Pflanzenart:

> „Das ist doch keine Seerose, das ist eine so genannte 'kleine gelbe Teichrose', die gibt es nur in Taiwan. Die äußere Form ihrer Blätter ist fast rund und sie haben eine V-förmige Öffnung, in der kleine gelbe Blüten blühen."

Am Ende des Ausflugs wird wiederum eine positive Bilanz gezogen:

> Leichten Schrittes gingen wir am Seeufer spazieren und sahen, wie sich die blauen Berge im grünen Wasser spiegelten, das war wie ein schönes Gemälde! Es wehte eine leichte Brise, die Blätter an den Bäumen bewegten sich sachte und die Wasseroberfläche kräuselte sich, so dass wir uns frisch und behaglich fühlten. [...] Diesen Ausflug in den Botanischen Garten von Fushan habe ich in schöner Erinnerung.

Bai Cipiaos 白慈飄[636] „Der Strand von Mashagou" (馬沙溝海灘 *Mashagou haitan*)[637] handelt von einem Tagesausflug zu einem Seebad in der Nähe von Tainan im Süden Taiwans. Auch hier verweist der Ich-Erzähler abschließend darauf, dass ihm die schöne Landschaft in unvergesslicher Erinnerung bleibt:

> Als die Sonne im Meer versank, war der Himmel voller roter Wolken. Die weißen Reiher glitten ruhig über den Himmel, zogen einige Kreise und verschwanden dann

[635] *Hanlinban* Band 7, Lektion 7.

[636] Dozentin für taiwanesische Literatur an der *Taichung Publics University*.

[637] *Hanlinban* Band 10, Lektion 15.

> im Wald, sie kehrten fröhlich nach Hause zurück. Wir brachen auch auf und behielten die wunderschöne Abendszene am Strand von Mashagou fest in Erinnerung.

„Zu Besuch am Jadeteich" (走訪翠池 *zoufang cuichi*)[638] von Liu Guoxin 劉國信[639] erzählt von einem Ausflug zu einem Teich in den Bergen im „Xueba-Nationalpark" 雪霸國家公園 im Norden Zentraltaiwans. Nach einer anstrengenden Klettertour und einer verregneten Nacht im Zelt wird der Ich-Erzähler durch den Anblick einer beeindruckenden Landschaft belohnt:

> Rhododendronbüsche blühten prächtig vor unseren Augen, im Dunst sahen sie verschwommen aus und wirkten dadurch noch graziöser.

Im Verlauf der Wanderung bestaunen die Ausflügler die ungewöhnliche Vegetation – eine „wunderbare Welt", die wie eine „sorgfältig angelegte Bonsai-Landschaft" wirkt:

> Die Bäume ragten kerzengerade in die Luft und streckten ihre Zweige und Blätter aus, doch keiner glich dem anderen. Jeder von ihnen war so stattlich, dass man sie nur seufzend bestaunen konnte. Der Boden war eben und ringsumher war es still und einsam, außer dem Vogelgezwitscher und dem Wind war kein Geräusch zu hören. Es war, als seien die Unsterblichen auf die Erde gekommen.

Aus dem Blickwinkel einer zeitgemäßen Umwelterziehung weisen diese Berichte, die die Erlebnissen von Ich-Erzählern in der freien Natur einfangen, sinnvolle Elemente auf: Im Zentrum steht eine sinnliche, unmittelbare und individuelle Naturerfahrung, die als positiv beschrieben und mit ästhetischen Elementen einer Landschaftsschilderung verbunden wird. Dass es Landschaften der taiwanesischen Heimat der Schüler sind, die als intakt und beeindruckend geschildert werden, deutet auf eine enge Verknüpfung von Umwelterziehung mit Heimatkunde hin. Neben der affektiven wird in den Erlebnisberichten die kognitive Dimension angesprochen, indem Wissen über einheimische Tier- und Pflanzenarten vermittelt wird.

Einige Lesebuchtexte verweisen darüber hinaus explizit auf eine „Einheit von Mensch und Natur". So schildert der folgende Text „Im Wald" (樹林裹 *shulin li*),[640] wie eine Naturerfahrung durch Stille und Langsamkeit intensiviert werden kann: Der Leser wird aufgefordert, beim Betreten des Waldes leise aufzutreten, um den Geräuschen der Vögel und Insekten genau lauschen zu können. Der Wald soll langsam durchquert werden, damit „die Raupen unter den Blättern" und die „kleinen Libellen auf den Zweigen" in ihrer Andersartigkeit und Individualität genau wahrgenommen und beobachtet werden können. Schließlich endet der Text

[638] *Hanlinban* Band 12, Lektion 8.

[639] Leiter der Polizeipatrouille im Xueba-Nationalpark.

[640] *Hanlinban* Band 5, Lektion 7.

mit der Anleitung zu einer meditativen Übung in der Natur, in der die Einheitsvorstellung ausgedrückt wird:

> Wenn du in den Wald gehst,
> verlass ihn nicht so schnell wieder.
> Such dir einen Stein und setz dich nieder.
> Hör' leise zu, schau ruhig hin.
> So ruhig, als wärst du selbst ein Baum, der atmen kann.

Im folgenden modernen Gedicht „Rote Libelle" (紅蜻蜓 *hong qingting*)[641] befindet sich das lyrische Ich im Garten und nähert sich einer Libelle, die daraufhin fortfliegt. Als der Mensch reglos stehenbleibt, kehrt das Insekt zurück und es kommt zu einer intensiven Begegnung:

> Ich strecke meinen Zeigefinger aus
> und die schüchterne rote Libelle
> umkreist ihn
> und landet dann auf meiner Fingerspitze.
>
> In diesem Moment
> ist es im Garten ganz ruhig.
> Ich bin ein Baum
> und mein Finger ist ein Zweig.

Während der Baum bei der Umarmung durch den Ich-Erzähler („In die Natur gehen") Objekt bleibt, wird hier in den letzten Gedichtzeilen eine Verschmelzung des Menschen mit der Natur angedeutet. Der folgende Text „Wenn du die Augen schließt" (如果你閉上眼睛 *ruguo ni bishang yanjing*)[642] von Wei Guizhou 魏桂洲 [643] liefert eine konkrete Anleitung zur einer solchen Erfahrung der Einheit mit der Natur: In den ersten Zeilen wird der Leser aufgefordert, die Augen zu schließen und einmal nur seinen akustischen Sinn einzusetzen, um das „Lachen" der Blätter, die „Stimmen" der Zikaden, den „Gesang" der Vögel und das „sanfte Flüstern" des Windes wahrzunehmen.

> Wenn du die Augen schließt, ist das Chaos nicht mehr chaotisch, das Gedränge nicht mehr gedrängt und der Lärm nicht mehr lärmend.

Lärm und Chaos verweisen auf die städtische, den Kindern vermutlich vertrautere Umgebung, die mit der stillen Natur kontrastiert wird. Wie im vorigen Gedicht wird auch hier in den letzten beiden Zeilen ein Moment der Einheit des lyrischen Ichs mit der Natur ausgedrückt:

> Ich schließe die Augen und bin ein anmutiger Vogel, der seine Flügel ausbreitet und am blauen Himmel in Richtung Zukunft fliegt.

641 *Hanlinban* Band 4, Lektion 1.

642 *Hanlinban* Band 9, Lektion 7

643 Angestellter in der Erziehungsbehörde der Stadtverwaltung von Taizhong, Taiwan.

Die direkte Naturerfahrung, die in den Erlebnisberichten beschrieben wird, wird in diesen Texten intensiviert, da die Natur nicht nur „von außen" beobachtet und als schön empfunden wird, sondern sich das lyrische Ich einen Augenblick lang so fühlt, als sei es mit der Natur verschmolzen. Umweltrelevantes Wissen und konkretes umweltorientiertes Handeln werden in diesen beiden Texten nicht vermittelt, daher besteht ihr umwelterzieherisches Potenzial wiederum in ihrem möglichen Beitrag zu einer Sensibilisierung der kindlichen Leser.

7.2.5 Beziehung des Menschen zu Tieren und Pflanzen

Rund 13% der natur- und umweltbezogenen Texte in den taiwanesischen Lesebüchern thematisieren die Beziehung des Menschen zu Tieren, darunter findet sich nur ein kurzer Text zum Umgang mit Pflanzen: In dem Kurztext „Kleiner Baum" (小樹 *xiao shu*)[644] fallen dem kleinen Baum im Garten die Blätter aus, und der Ich-Erzähler fragt sich: „Vielleicht hat er Heimweh, dass er so weinen muss?" Fortan bewässert er den Baum täglich, die „Schmetterlinge tanzen für ihn und die Vögel singen für ihn". Unter dieser Fürsorge gedeiht der Baum schließlich wieder prächtig:

> Bei so vielen Freunden, die sich um ihn kümmern, gewinnt der kleine Baum sein neues Zuhause allmählich lieb. Er streckt seine grünen Keime aus und lacht in der warmen Sonne.

Auf ein Haustier wird ebenfalls nur in einem der Texte Bezug genommen: Ein Kurztext für Erstklässler beschreibt, dass der Hund der Familie des Ich-Erzählers bellt, wenn ein Besucher kommt, wodurch er als „Unsere Türklingel" (我家的電鈴 *wo jia de dianling*)[645] dient. Damit wird auch auf den Nutzen des Wachhundes für die Familie hingewiesen. Alle weiteren Texte handeln dagegen von der Beziehung des Menschen zu wilden oder frei lebenden Tieren, und auch der Aspekt ihres Nutzens wird darin nicht erwähnt.

Ein positives Vorbild für den Umgang mit Tieren liefert der Tatsachenbericht „Wie ich den Kauz das Fliegen lehrte" (陪牠學飛 *pei ta xue fei*)[646] von Feng Juzhi 馮菊枝.[647] Der Autor ist Tierarzt und pflegt ehrenamtlich verletzte Wildvögel, um sie dann wieder in ihrer natürlichen Umgebung auszusetzen. Er beschreibt, wie er den unter Naturschutz stehenden Falkenkauz „Momo" so lange versorgt, bis er das Fliegen wieder erlernt hat und freigelassen werden kann. Da der Kauz von seinen früheren Haltern nicht artgerecht gehalten worden war, waren ihm die

[644] *Hanlinban* Band 3, Lektion 1.

[645] *Hanlinban* Band 2, Lektion 12.

[646] *Hanlinban* Band 10, Lektion 8.

[647] Tierarzt und Kinderbuchautor in Taiwan.

Federn ausgefallen, sein Körper war geschwächt und er hatte all seinen „Mut“ und seine „Stattlichkeit“ Stattlichkeit verloren:

> Momo saß den ganzen Tag ruhig da, selbst als ihre Federn vom Wind zerzaust und ihr Körper von der Wintersonne gewärmt worden waren, gab sie keinen Laut von sich. Ihre gelben Augen waren groß und rund und sahen in dem abgemagerten dunklen Gesicht besonders hübsch aus. Ich streichelte sanft ihren Kopf, fütterte sie mit getrocknetem Rindfleisch und ordnete ihre zerzausten Federn.

Nachdem sich der Tierarzt einige Tage lang intensiv um den Kauz gekümmert hat, erholt dieser sich langsam und er beginnt, ihn das Fliegen zu lehren: Er scheucht den Vogel auf und zeigt ihm dadurch, wie er mit den Flügeln schlagen und gleichzeitig kleine Trippelschritte machen muss. Seine Zuneigung zu dem Kauz drückt er wie folgt aus:

> Man musste mit Geduld und Liebe bei der Sache sein. Dann würde auch sie mich sicher eines Tages necken, um Futter betteln und dann mit ausgebreiteten Schwingen in den Gebirgswald zurückfliegen, genau wie die anderen Vögel, die ich bisher versorgt hatte. Darauf wartete ich.

Der schlechte Zustand des Vogels wird auf unsachgemäße Haltung („in einem engen Vogelkäfig“) zurückgeführt. Diese beruhte jedoch auf Unwissenheit, nicht auf bösem Willen, denn die Halter bringen den Kauz zum Vogelschutzbund, als sie seinen schlechten Zustand bemerken. Die detaillierte Schilderung des verletzten Kauzes ist darauf angelegt, Mitleid zu erregen, und könnte dadurch auch in umwelterzieherischer Hinsicht auf die Leser einwirken. Darüber hinaus wird die Abhängigkeit des Schicksals der Tiere vom Menschen deutlich: Käfighaltung hat dem Kauz geschadet und er hat seine Genesung und spätere Freiheit der liebevollen Fürsorge des Tierarztes zu verdanken. Feng Juzhi berichtet von seiner ehrenamtlichen Tätigkeit im Tierschutz, der Text stammt aus dem Jahr 2002 und auch der im Text erwähnte taiwanesische Vogelschutzbund *Xinzhu niaohui* 新竹鳥會 ist real. Vermutlich enthält der Text nur wenige fiktive Elemente. Dieser Aktualitäts- und Realitätsbezug könnte sich positiv auf die Annahme der vorgestellten Wert- und Handlungsorientierungen durch die Kinder auswirken.

Der Aspekt des „Freilassens“ von Tieren taucht in den taiwanesischen Lesebüchern häufig auf, so auch in der folgenden Geschichte „Der Jäger und die Affen“ (獵人和猴子 *lieren he houzi*):[648] Ein Jäger bemerkt auf der Jagd eine Herde Affen und will sie fangen, um mit ihrem Verkauf Geld zu verdienen. Schon bald geht ihm eine Affenmutter in die Falle und hängt in einem Netz gefangen am Baum. Sie sorgt sich um ihre Jungen und ermahnt sie zur Flucht:

> Aber die kleinen Affen brachten es nicht übers Herz, ihre Mama dort zurückzulassen. Sie zerrten mit aller Kraft an ihr, so dass sie ihre Hände und Beine beinahe abrissen,

[648] *Hanlinban* Band 5, Lektion 3.

> doch sie konnte dem Netz nicht entkommen, und die Affenjungen kreischten aufgeregt.

Als der Jäger hinzukommt, wird er durch diese anrührende Szene und die Ähnlichkeit von Mensch und Tier, die sich darin ausdrückt, geläutert:

> „Bei den Affen ist es also genauso wie bei den Menschen: die Mama liebt ihre Kinder und die Kinder lieben ihre Mama. Wie könnte ich es da übers Herz bringen, sie einzufangen?"

Aus Mitleid schenkt der Jäger der Affenmutter die Freiheit und empfindet dann Freude über sein tierfreundliches Handeln. „Angeln" (釣魚 *diao yu*)[649] beschreibt, wie Vater und Sohn erstmals gemeinsam angeln gehen. Am Fluss angekommen will der Sohn etwas sagen, doch der Vater bedeutet ihm, zu schweigen, und wirft die Angel aus. Das Wasser ist kühl und der Sohn friert, doch er murrt nicht, denn „beim Angeln muss man unbedingt leise und geduldig sein." Endlich beißt ein Fisch an:

> Es ruckte heftiger am Haken, und genau in dem Moment, als er nach unten gezogen wurde, schnellte Papas Arm nach oben, so dass das Wasser kurz aufgewühlt wurde und sich auf seinem Gesicht ein Lächeln zeigte. Er hob die Angel in die Luft. An ihrem Ende baumelte ein silbriger Fisch. Papa hielt ihn fest und löste ihn vom Haken. Der Fisch war so lang wie Papas Handfläche. Wir lachten fröhlich. Dann schleuderte Papa den Fisch mit einer Handbewegung wieder zurück in den Fluss. Da verstand ich, wie man angelt.

An diesem Tag lernt der Ich-Erzähler das Angeln als meditative Erfahrung kennen, bei der die Stille und der Naturgenuss im Vordergrund stehen. Es geht nicht darum, einen Fisch zu fangen und zu töten, denn der Vater schenkt ihm sofort wieder die Freiheit. Damit zeigt dieser Text wiederum, dass das Schicksal der Tiere in der Hand des Menschen liegt: Der Vater hat die Macht, über Leben und Tod des gefangenen Fisches zu entscheiden. In seiner Geste, mit der er den Fisch wieder freilässt, drückt sich das – auch aus umwelterzieherischer Sicht – wünschenswerte Verhalten aus.

Das folgende moderne Gedicht „Willkommensgruß an den Rotschwanzwürger" (給伯勞鳥的祝福 *gei bolaoniao de zhufu*)[650] kontrastiert negatives und positives Verhalten gegenüber Tieren. Ein Zugvogel, der Rotschwanzwürger, wird darin direkt angesprochen, wodurch eine freundschaftliche Nähe des Menschen zum Tier angedeutet wird:

> Du hast Gebirge, Inseln und Buchten gesehen, lass dir sagen, das ist das schöne Südtaiwan.
> Bleib doch hier als Gast! In den Gebirgen gibt es Rhesusaffen, sie können sich mit dir über alles Mögliche unterhalten.

[649] *Hanlinban* Band 6, Lektion 17.

[650] *Hanlinban* Band 8, Lektion 1.

Nach der Begrüßung wird dem Vogel die Schönheit der taiwanesischen Landschaft vorgestellt. Gleichzeitig warnt man ihn jedoch vor den Gefahren, die ihm von Seiten einiger Menschen drohen:

> Aber du musst aufpassen, dass du nicht aus Versehen in eine Vogelfalle gerätst und den Menschen als Beute dienst. [...]
> Aber du musst aufpassen, dass du nicht in ein dichtes Vogelnetz hineinfliegst und den Menschen als Speise dienst.

Der Schluss des Gedichts verdeutlicht, dass sich Vogelschützer bereits des Problems angenommen haben:

> Und die fürsorglichen Menschen haben schon für dich die Fallen und Vogelnetze abgerissen und singen dir ein Wilkommenslied.

Auch in diesem Text kommen die Menschen ihrer Verantwortung nach, für Tiere zu sorgen, indem sie die Gefahren beseitigen, die ihnen drohen. Durch das Engagement der Vogelschützer haben die Wilderer keine Möglichkeit mehr, den Zugvögeln mit Fallen und Netzen gefährlich zu werden.

Die genannten Texte liefern Handlungsorientierungen durch Vorbilder, die für ein artgerechtes Leben der Tiere sorgen und ihnen kein Leid zufügen. Die Missachtung dieses Ideals beschreibt dagegen der Text „Die Zikade“ (蟬 *chan*)[651] von Zhuang Fanghua 莊芳華[652], der das Thema Tierquälerei behandelt. Aus der Ich-Perspektive wird darin zunächst die Entwicklung vom Larvenstadium über die Verpuppung bis zur Häutung beschrieben und damit Faktenwissen über die Metamorphose vermittelt. Eine ästhetische Darstellung der glänzenden Zikadenhaut, die im Wald wie ein „zierliches Kleinod“ wirkt, fließt mit ein. Als die Zikaden ihre Paarungsgesänge anstimmen, zerstört plötzlich der Mensch die Idylle: Ein Vater kommt mit seiner Tochter des Weges und das Kind äußert den Wunsch, die Zikade zu besitzen. Also greift der Vater nach einem der Insekten, das ein Gefährte jener Zikade ist, aus deren Perpektive erzählt wird:

> Es half ihm nichts, dass er sich mit den Haken an seinen Beinen mit aller Kraft am schützenden Zweig festkrallte, der Vater war stärker. Er reichte meinen Kumpan an das kleine Mädchen weiter, das in die Hände klatschte und sich freute. Das Mädchen drückte mit dem Finger immer wieder auf seinen Luftsack und wollte ihn zum Singen bringen. Doch sein meisterhafter Gesang wurde plötzlich nur noch zu einem Krächzen, er flehte um Erbarmen.

Von diesem Moment an fürchten alle Zikaden, die Zeugen dieser Szene waren, die Menschen und wagen es „nie mehr, wie zuvor mit schöner, klarer Stimme zu singen“. So nimmt die Episode ein negatives Ende, denn:

[651] *Hanlinban* Band 10, Lektion 17.

[652] Geb. 1950, Mittelschullehrerin und Autorin von Umweltliteratur für Kinder und Erwachsene. Sie ist verheiratet mit dem taiwanesischen Lyriker Wu Cheng, mit dem sie sich gemeinsam für den lokalen Umweltschutz in der Stadt Zhanghua engagiert.

> Wann immer sich Menschen näherten, brachen wir erschreckt unsere langen Gesänge ab und gaben nur noch abgehackte Laute von uns.

Indem der Text aus der Perspektive einer Zikade verfasst wurde, wird eine Nähe zum Erzählten erzeugt, die dadurch noch verstärkt wird, dass das gequälte Insekt wie ein Mensch „um Erbarmen fleht“. Das verwöhnte Mädchen mit seinem tierquälerischen Verhalten soll den Lesern als abschreckendes Beispiel gelten. Doch auch der Vater hat in seiner Vorbildfunktion versagt, da er den Wunsch seiner Tochter erfüllt, anstatt sie über das richtige Verhalten aufzuklären. Dadurch könnte den kindlichen Lesern verdeutlicht werden, dass sich auch Erwachsene nicht immer umweltgerecht verhalten. Insgesamt bleiben abschreckende Beispiele und tragische Wendungen in Taiwans Lesebuchtexten jedoch die Ausnahme, man setzt statt dessen auf die erzieherische Wirkung positiver Handlungsvorbilder und auf einen optimistischen Tenor.

7.2.6 Umweltzerstörung, Umweltschutz und Nachhaltigkeit

Mit rund 25,5% thematisiert ein relativ großer Teil des natur- und umweltbezogenen Textmaterials in den Lesebüchern des *Hanlin*-Verlags explizit Aspekte von Umweltzerstörung, Natur- und Umweltschutz und Nachhaltigkeit. Der folgende Sachtext „Die Bachforellen“ (香魚 *xiangyu*)[653] von Liu Kexiang 劉克襄[654] behandelt das Aussterben dieser Fischart in einem taiwanesischen Gewässer und setzt dabei auf den bereits im Zusammenhang mit dem Text „Die Zikade“ angesprochenen Schockeffekt. Er beginnt mit einer Passage über die Ansiedlung der Bachforellen in Taiwan, die vermutlich durch Zheng Chenggong 鄭成功 während der Ming-Dynastie erfolgte, und beschreibt ihre Lebensweise, Brutzeit und Aufzucht mit sachlicher Genauigkeit:

> Jedes Jahr im September sind die Bachforellen ausgewachsen und schwimmen von ihrer Heimat an den Oberläufen hinab zu den Unterläufen, um zu laichen. [...] Sie wählen zum Laichen eine große Stelle mit Kieselsteinen im seichten Wasser. Die ovalen Steine dienen den Eiern als Schutzzone. Jede Bachforelle hat ihr eigenes Laichgebiet und kann zehntausende von Eiern auf einmal legen. [...] Schon nach vierundzwanzig Stunden sind die Eier abgelegt und werden zu Fischbrut.

Dabei deutet zunächst nichts darauf hin, dass die Bachforellen bereits ausgestorben sind: Sie verlassen die Flussmündung und „schwimmen flussaufwärts bis in ihre Heimat zurück“, „am Oberlauf gibt es ausreichend Sonne und das Flusswasser ist klar, außerdem wachsen viele Algenarten auf den Steinen“, „an

[653] *Hanlinban* Band 10, Lektion 13.

[654] Geb. 1957, Journalist bei der *Zhongguo shibao*, verfasst Tiererzählungen und Reiseberichte. Liu war einer der ersten, der sich anhand von Reise- und Reportageliteratur mit der Aufarbeitung der taiwanesischen Geschichte befasste.

ihrem Oberkiefer haben die Bachforellen eine Zunge und Zähne, mit der sie normalerweise die Algen abtrennen und fressen". Es scheint zunächst so, als biete Taiwan ihnen einen idealen Lebensraum. Im letzten Abschnitt kommt jedoch die Wendung zur (Umwelt-) Katastrophe:

> Während der japanischen Besatzungszeit war es verboten, Bachforellen unerlaubt zu fangen. Man baute Fischtreppen entlang des Flusses, damit sie ohne Probleme nach Hause gelangen konnten. Aber nach dem Krieg gab es kein Gesetz mehr, das die Fischwilderei verbot, darum angelten und fischten die Leute überall fast uneingeschränkt. Außerdem wurden alle Mittel- und Unterläufe der Flüsse verschmutzt, so dass die Bachforellenbrut nicht mehr zur Flussmündung gelangen konnte. Darum hat sich ihre Zahl stetig verringert. Seit 1961 konnten Fischer im Xindian-Fluss keine taiwanesischen Bachforellen mehr fangen.

Hier erfährt der Leser, dass die Bachforellen am Xindian-Fluss[655] aufgrund von Wasserverschmutzung und Wilderei bereits seit Jahrzehnten nicht mehr überleben können. Damit endet der Text und lässt den Leser schockiert zurück – diese Wirkung ist durch die didaktische Gestaltung des Textes offensichtlich intendiert und soll zum Nachdenken anregen.

Auch das folgende Gedicht mit dem Titel „Wenn es möglich ist" (如果可以 *ruguo keyi*)[656] thematisiert die Umweltzerstörung in eindringlicher Weise:

> Wenn es möglich ist, gib mir bitte einen grünen Wald,
> ich will nur in den Bergen herumlaufen, Müll und Jäger will ich nicht.
>
> Wenn es möglich ist, gib mir bitte saubere Flüsse,
> ich will nur im Wasser schwimmen, Abwasser und Altöl will ich nicht.
>
> Wenn es möglich ist, gib mir bitte einen schönen blauen Himmel,
> ich will nur am Himmel fliegen, Abgase und schwarzen Rauch will ich nicht.
>
> Wenn es möglich ist, gib uns bitte eine saubere Erde,
> bitte lass uns immer friedlich und gesund leben und immer gute Freunde sein.

Texte wie diese appellieren primär an die Emotionen (Mitgefühl mit dem Berg, Traurigkeit über eine verschmutzte Umwelt, Hoffnung auf eine saubere Erde, Umweltangst) und illustrieren die Umweltproblematik und die Notwendigkeit des Umweltschutzes. Zwar zeigen sie keine konkreten Alternativen oder Vorbilder umweltorientierten Handelns auf, stehen jedoch damit bereits in engem Zusammenhang, da sie den Menschen explizit als Verursacher der Umweltprobleme benennen.

Für den Schutz allen Lebens plädiert der Essay „Das Leben ist wirklich kostbar" (生命誠可貴 *shengming cheng kegui*)[657] von Qiu Gerong 邱格容,[658] dem die

[655] Fluss in der Nähe von Taibei.

[656] *Hanlinban* Band 4, Lektion 3.

[657] *Hanlinban* Band 11, Lektion 8.

Pflanzen, das „weinende Baby“ und der „alte, schwache, einsame oder kranke Mensch“ gleichermaßen als schützenswert gelten:

> Alle Dinge haben ihre eigene Lebensweise. Sie brauchen genügend Nahrung, um zu überleben, und außerdem muss ihre Umwelt geschützt werden, damit sie weiter existieren können. Sieh mal, die Orchideen in den tiefen Tälern, die Kokardenblume in der Wildnis, oder die kleinen Gräser in den Felsspalten – bemühen sie sich nicht alle nach Kräften, einen Lebensraum für sich zu finden und sich zu entfalten?

Neben einer Achtung vor allen Lebewesen steht hier die Dankbarkeit für das eigene Leben als Erziehungswert im Zentrum. Lin Shaowen 林少雯 behandelt in ihrem Essay „Das früheste Zuhause der Menschen“ (人類最早的家 *renlei zui zao de jia*)[659] dagegen die Abhängigkeit des Menschen vom Ökosystem Wald. Einleitend beschreibt sie die Schönheit des Waldes, der dem Menschen „ein angenehmes, ruhiges Gefühl, ganz wie zu Hause“ vermittele. Dann folgt ein Rückblick auf die Vorfahren des Menschen, die auf Bäumen und in Höhlen im Wald lebten. Die Evolution führte dazu, dass der Mensch den Wald verließ, doch:

> Obwohl unsere Vorfahren den Wald verlassen hatten, waren sie von ihm abhängig. Sie benutzten nach und nach das Holz auch, um Wagen und Boote zu bauen und Seidenraupen zu züchten, aus denen sie Stoffe für ihre Kleidung herstellten. Sogar die Bambuskiele und das Papier zum Schreiben stammten aus dem Wald, ja sogar ihre Medizin kam von dort.

Der Wald nützt dem Menschen auf vielfache Weise: Er dient ihm seit jeher nicht nur als Rohstofflieferant, sondern war auch eine Quelle der Inspiration für Dichter, Maler und Komponisten, und seine Farbenpracht und Schönheit erfreut die Menschen. Daraus und aus seiner Unentbehrlichkeit für ein intaktes Wechselverhältnis von Mensch und Natur leitet sich die Notwendigkeit ab, den Wald zu erhalten:

> Der Wald war das früheste Zuhause der Menschen, die Pflanzen waren die Ureinwohner der Erde. Sie sind ein Teil der Erde, genauso wie die Berge, das Meer, die Tiere und die Menschen. Sie alle sind eine Familie und sollten einander achten und schätzen.

Der folgende Text setzt auf eine erste mögliche Handlungsorientierung durch Reflexion: In Form eines Tagebucheintrags beschreibt „Wir fahren zum Vögelbeobachten“ (賞鳥去 *shang niao qu*),[660] wie der Ich-Erzähler mit seiner Schulklasse und dem Naturkundelehrer einen Ausflug ins Feuchtgebiet von *Daduxi* 大

[658] Zeitgenössischer taiwanesischer Kinderbuchautor aus Taibei.

[659] *Hanlinban* Band 10, Lektion 7.

[660] *Hanlinban* Band 5, Lektion 6.

肚溪[661] unternimmt, in dem sich jedes Jahr im Frühjahr und Herbst Scharen von Zugvögeln einfinden. Viele Menschen kommen dorthin, um sie mit dem Fernglas zu beobachten, und der Lehrer ermahnt seine Schüler, leise zu sprechen, um die Vögel nicht zu verscheuchen.

> Auch ich nahm schnell das Fernglas und sah zahllose Vögel im Feuchtgebiet. Einige putzten ihre Federn oder pickten auf dem Boden nach Nahrung, andere spreizten ihre Flügel und hoben vom Boden ab, und wieder andere flogen in der Luft und spielten mit dem Wind. Wir beobachteten sie und konnten nicht umhin, dabei leise zu seufzen. [...] Auf dem Rückweg diskutierten wir alle ununterbrochen darüber, wie man diese liebenswerten Gäste am besten schützen könnte.

Das direkte Erleben der possierlichen Verhaltensweisen der Vögel rührt die Schüler und regt sie zur Diskussion über Möglichkeiten des Vogelschutzes an. Durch die Handlungsbereitschaft, die sich darin ausdrückt, befinden sich die Protagonisten bereits auf dem Weg zu konkretem umweltgerechtem Handeln.

Während die genannten Texte die Notwendigkeit von Natur- und Umweltschutz betonen, liefern die folgenden bereits konkrete Beispiele, wie jeder einzelne hierzu auf relativ einfache Weise beitragen kann. Ein Beitrag besteht in der korrekten Beseitigung und Trennung des Abfalls, die bereits den Jüngsten vermittelt werden soll, wie der Text „Der Müll hat nun ein Zuhause" (垃圾有家了 *laji you jia le*)[662] verdeutlicht:

> Ursprünglich hatte der Abfall kein Zuhause – erst als es Mülltonnen gab, hat er eines bekommen. In der Schule trennen wir unseren Müll richtig und werfen ihn in verschiedenfarbige Mülltonnen, diese Tonnen sind sein Zuhause. Zu Hause ist es meine Aufgabe, den Müll hinunterzubringen. Jeden Abend werfe ich den Restmüll, den man nicht recyceln kann, in den Müllwagen. Der Müllwagen ist auch ein Zuhause für den Müll.

Die Abfallbeseitigung beschränkt sich nicht nur auf das häusliche Umfeld, auch bei Ausflügen darf nichts achtlos in die Natur geworfen werden:

> Am Meer und im Wald nehmen wir unseren Abfall mit nach Hause, damit er nicht überall herumliegt und es überall ganz sauber wird.

In welcher Weise die Umwelt belastet wird, wenn diese Regel missachtet wird, und was jeder Schüler tun kann, um die Umweltqualität zu verbessern, soll der folgende Text zeigen: In „Spaziergang am See" (湖邊散步 *hubian sanbu*)[663] von Liu Kexiang[664] unternehmen Vater und Kind an einem Herbstnachmittag einen

[661] Der Daduxi ist einer der wichtigsten Flüsse Taiwans, er fließt in der Nähe von Zhanghua und Taizhong ins Meer. Dort befindet sich seit 1995 ein Naturschutzgebiet, in dem viele Vogelarten nisten.

[662] *Hanlinban* Band 4, Lektion 2.

[663] *Hanlinban* Band 9, Lektion 4.

[664] Zum Autor siehe Fußnote zum Text „Die Bachforellen" im selben Abschnitt.

Spaziergang zum Xiaopo-See. Sie betrachten die Landschaft, beobachten Libellen und Schildkröten und hoffen, dass ein Seidenreiher auftaucht. Dabei wird am Rande der Zusammenhang von Wasservorkommen, Ökologie und Ressourcen beschrieben:

> Ob es in der Nähe eines Waldes einen See gibt, bedeutet für die natürliche Ökologie und die Ressourcen in seiner Nähe einen großen Unterschied. Wenn es hier keinen See gäbe, könnten wir keine Libellen oder Schildkröten und andere Wasserlebewesen beobachten.

Nach einer kurzen Pause widmen sich die beiden dem eigentlichen Zweck ihres Spaziergangs – dem Aufsammeln einer speziellen Sorte von Abfall:

> Weil es im See Fische gibt, kommen viele Leute zum Angeln hierher. Darum liegen oft nach kurzer Zeit Angelhaken, Leinen und anderes Zubehör, das die Angler weggeworfen haben, rings um den See verteilt.

Der Vater macht sich Sorgen, dass sich Kinder oder Tiere daran verletzen könnten. Vor einiger Zeit hatte sich ein Seidenreiher in einem Stück Angelleine am Seeufer verfangen und war ertrunken, doch einmal konnten Vater und Kind eine Streifenschildkröte aus einem Fischerhaken befreien.

> Nach einer Runde um den See hatten wir eine ganze Menge Müll aufgesammelt. Wir buddelten eine tiefe Grube und warfen alles hinein, dann gingen wir weiter spazieren. Auch wenn wir dem Seidenreiher nicht begegnet waren, waren wir doch sehr erleichtert, denn wir wussten, dass er wiederkommen würde, um hier am Seeufer friedlich und froh zu leben.

Der Text beschreibt, welchen Schaden achtlos weggeworfener Müll in der Natur anrichtet. Damit lautet die umwelterzieherische Botschaft, dass man Abfall nicht in der Natur entsorgen darf, da er die schöne Landschaft verschandelt und Tieren und spielenden Kindern gefährlich werden kann. Wieder sind die Handlungsvorbilder fürsorgliche Menschen, die die Fehler anderer beseitigen und dadurch einen aktiven Beitrag zum Tier- bzw. Umweltschutz leisten. Da dies nebenbei auf einem Spaziergang erfolgt, suggeriert das Textbeispiel, dass jedes Kind ganz einfach etwas für die Umwelt tun kann, indem es hinausgeht und herumliegenden Müll aufsammelt.

Neben der Müllbeseitigung wird die Begrünung und Sanierung der eigenen Umgebung als weiterer Beitrag zum Umweltschutz vorgestellt, z. B. anhand des Vorbilds der Familie in der Geschichte „Bäume pflanzen in den Bergen" (上山種樹 *shangshan zhongshu*)[665] von Hong Qiongjun 洪瓊君.[666] Darin nimmt ein Vater

[665] *Hanlinban* Band 12, Lektion 4.

[666] Zeitgenössische taiwanesische Autorin. Sie schreibt seit 1996 Umweltliteratur für Kinder und Lehrmaterialien für Umwelterziehung, insbesondere Sammlungen von Spielen in der Natur. (Siehe z. B. das Buch *Ni ye keyi dai haizi he ziran wan.* Zhang Laoshi wenhua 2001.)

häufig Familie und Freunde mit in die Berge, um dort Setzlinge zu pflanzen. Diesmal ist das Ziel der Banpingshan 半屏山 in der Nähe von Gaoxiong im Süden Taiwans:

> Eltern brachten ihre Kinder mit und ganze Familien machten mit. Der Ort lag auf dem Banping-Berg, auf dem über zwanzig Jahre lang Kahlschlag betrieben worden war, so dass schon ein Drittel der Oberfläche des Berges kahl war. Zuerst sahen wir nach, wie es den Setzlingen ging, die wir letztes Mal hier gepflanzt hatten, und stellten fest, dass sie sich ganz gut entwickelten. Ihre kleinen Zweige und Triebe waren grün und voller Lebenskraft.

Während dieser privat organisierten Aufforstungsaktion erzählt der Vater die wahre Geschichte vom französischen Schäfer Elzeard Bouffier.[667] Dieser hatte eine öde Hochebene dreißig Jahren lang im Alleingang mit Eicheln bepflanzt, bis dort wieder ein üppiger grüner Wald wuchs, in den die Tiere zurückkehrten. Dann schildert der Vater die Auswirkungen der Umweltzerstörung – für die der Mensch verantwortlich ist – auf diese Gegend Taiwans:

> „Ich habe vor kurzem die Dorfbewohner am Fuße des Berges befragt. In ihrer Kindheit wuchs auf dem Berg ein dichter Wald, in dem viele taiwanesische Rhesusaffen, alle möglichen Vogelarten, Eichhörnchen und andere kleine Tiere lebten. Aber seit die Zementfabrik dort Bergbau betreibt, ist der Wald verschwunden und die Tiere sind fort, und selbst die Dorfbewohner gehen selten dorthin. Doch jetzt pflanzen wir Setzlinge, das ist der Beginn eines neuen Waldes."

Die Gewissheit, mit diesem gemeinschaftlichen Engagement einen Beitrag zur nachhaltigen Entwicklung geleistet zu haben, zeigt sich in der Äußerung des Vaters: „Wenn ihr groß seid, könnt ihr mit euren Kindern herkommen und ihnen die Bäume zeigen, die ihr als Kinder gepflanzt habt!" So stellt der Ich-Erzähler am Ende des Tages fest:

> Das Bäumepflanzen war wirklich eine seltene und kostbare Erfahrung, denn wir hatten nicht nur Setzlinge eingepflanzt, sondern auf diesem Flecken Erde auch ein Stück Hoffnung gesät.

Auch „Die Lupinenfrau" (花婆婆 *hua popo*)[668] im folgenden Lesebuchtext sät Hoffnung, indem sie ihre Umgebung begrünt. Ihre Geschichte ist eingebettet in

[667] Bouffier bepflanzte in den Cevennen zwischen 1910 und 1947 in völliger Einsamkeit und ohne Hilfe eine wasserlose Einöde, indem er mit einem spitzen, an seinem Stock befestigten Instrument zigtausende von Eicheln und andere Baumsamen in die seltenen Humusstellen versenkte. Über die Jahre wurde durch die Wurzeln der gewachsenen Bäume wieder soviel Wasser im Boden gespeichert, dass Quellen in der Gegend entspringen konnten und vertrocknete Bachbetten wieder Wasser führten. Online im Internet: www.waldvermehrung.de/d_bouffier.html [Stand 09.09.2004].

[668] *Hanlinban* Band 10, Lektion 6. Die Geschichte, die der Lehrer seinen Schülern erzählt, ist ein Auszug aus dem Bilderbuch „Miss Rumphius" (dt. Titel: „Die Lupinenfrau") der amerikanischen Kinderbuchautorin und -illustratorin Barbara Cooney (1917-2000). Für dieses Buch erhielt Cooney 1983 den „National Book Award".

den Brief eines Lehrers an seine Schüler, der auf den 25. März 2003 datiert ist. Die „Lupinenfrau“ hatte schon als kleines Mädchen ihrem Großvater versprochen, dass sie einmal etwas zur Verschönerung der Welt beitragen würde. Nachdem sie viele Orte bereist hatte und alt geworden war, dachte sie noch immer an dieses Versprechen und wusste nicht, wie sie es einlösen sollte: „Diese Welt ist doch schon schön genug, was kann ich denn da tun, um sie noch schöner zu machen?“

In allen Ecken ihres Hauses am Meer hatte sie bunte Lupinen gepflanzt. Als sie eines Tage auf einer Anhöhe spazieren ging, bemerkte sie, dass dort dieselben Blumen wuchsen, und da kam ihr eine Idee, wie sie die Welt verschönern könnte:

> Sie kaufte viele, viele Samen und verstreute sie jeden Tag nebenbei beim Spazierengehen, und als die Dorfbewohner sie dabei sahen, lachten sie sie aus. Im darauffolgenden Jahr erblühten plötzlich all diese Samen auf einen Schlag. Die gelben, rosa, lila und blauen Lupinen bildeten ein buntes Blumenmeer und schmückten das Dorf, so dass es wunderschön aussah. Von da an lachten die Dorfbewohner sie nie wieder aus, sondern nannten sie freundlich „Lupinenfrau“.

So schließt der Brief mit der folgenden Botschaft des Lehrers an die Schüler:

> Wir müssen nicht danach streben, eine „große Sache“ zu tun – wenn wir eine gute Absicht haben, können wir jeden Tag etwas tun, das diese Welt schöner macht.

Wie der vorige Text enthält auch diese Geschichte die Botschaft, dass jeder in der Lage ist, die Welt „im Kleinen“ zu verändern. Da die Lupinenfrau die Welt verschönert, indem sie ihre eigene Umgebung begrünt, lässt sich dies mit umweltbezogenem Handeln in Verbindung bringen, es geht jedoch im Kern um die Vermittlung einer allgemeinen Lebenseinstellung.

Nicht nur auf dem Land und in der freien Natur, auch in der städtischen Umgebung kann die Umweltqualität durch die aktive Mithilfe des Einzelnen verbessert werden. In der „Geschichte von der Talgbaum-Gasse“ (烏桕巷的故事 *wujiu xiang de gushi*)[669] kann sich der Werbefachmann Huang, der 1994 aus dem Ausland zurückgekehrt war, nicht damit abfinden, dass es in seiner Straße in Tainan unordentlich aussieht und anonym zugeht. Er kontaktiert seine Nachbarn und sie beschließen, gemeinsam ihr Wohnviertel umzugestalten:

> Herr Huang war der Ansicht, dass man am einfachsten durch mehr Bäume und Grünpflanzen die Umweltqualität verbessern kann. Also fragte er einen Gärtner, der ihm folgendes vorschlug: „Chinesische Talgbäume haben eine schöne Form und ihre Blätter verfärben sich im Herbst rot, das sieht prächtig aus.“

An beiden Seiten der Gasse werden Talgbäume gepflanzt, um die sich die Familien gemeinsam kümmern sollen – dies bringt der „Gasse Nr. 86“ den Namen „Talgbaum-Gasse“ ein. Nachdem die Bäume gepflanzt waren, führen die Bewohner zahlreiche Aktionen zur Verbesserung ihrer Umwelt durch:

[669] *Hanlinban* Band 8, Lektion 7.

> Sie nahmen Wassereimer und entfernten die kleinen Werbezettel von den Toren und Wänden, dann säuberten sie die Blumenkübel vor dem Eingang. Jemand fuhr zur Stadtverwaltung und brachte Blumensamen mit, jemand anders spendete Geld, um passende weiße Blumentöpfe zu kaufen, und dann säten sie alle gemeinsam Blumensamen der Hoffnung aus. Eines Tages tauchte in einem Baum das Nest eines Brillenvogels auf, darin lagen drei winzige Eier. Als sich diese Nachricht verbreitet hatte, wurde die Frage, ob die Jungvögel schon geschlüpft seien, in der Gasse zum ständigen Gesprächsthema.

Nach vier Jahren Arbeit hat sich die „unordentliche Gasse Nr. 86 völlig verändert". Damit suggeriert auch dieser Text, dass sich der Traum von einer besseren Umwelt einfach durch gemeinsames Engagement stückweise realisieren lässt:

> Die Talgbaum-Gasse ist eine Gasse der „grünen Hoffnung", ihre Bewohner wissen, dass man seinen Traum verwirklichen kann, wenn man ihn nur konsequent verfolgt. Man muss nur aktiv werden, dann können sich Träume erfüllen.

Nur eines der Vorbilder für ökologisches Handeln im Lesebuch ist nicht ausschließlich auf der Insel Taiwan lokalisiert: Der Text „Die Saat eines Traums" (夢的種子 *meng de zhongzi*)[670] von Wu Jinfa 吳錦發[671] bezieht ein Beispiel aus Japan ein. In Form eines Briefes an seinen Cousin berichtet der Junge Qianxing, dass er mit seiner Familie an einem ökologischen Trainingscamp teilgenommen hat. Dort erzählte einer der Dozenten, wie die japanische Stadt Furukawa-chō durch das Engagement einiger ihrer Bürger zu einem Musterbeispiel für „Stadtveränderung durch Kultur" wurde. Zwei Rentner hatten festgestellt, dass sich Furukawa-chō seit ihrer Kindheit negativ verändert hatte, und beschlossen, etwas dagegen zu unternehmen:

> Am nächsten Tag begannen sie zu handeln. Sie gingen von Haus zu Haus und überredeten die Dorfbewohner, ihre Umwelt zu säubern und die jahrhundertealten Zeremonien wieder aufleben zu lassen. Ihre Aufrichtigkeit rührte alle Menschen, und nach zehn Jahren war Furukawa-chō zu einem repräsentativen Ort für Ökologie und Kultur in Japan geworden, der überall bekannt war. Das ist ein Beispiel dafür, wie die „Saat eines Traums" keimen, wachsen und gedeihen kann, was schließlich zu einem schönen Erfolg geführt hat.

Diese Erfolgsgeschichte hat den Verfasser des Briefes sehr bewegt und er stellt einen Transfer zu seinem Heimatort in Taiwan her, wo zwar der gute Wille zur Veränderung vorhanden sei, die Umsetzung jedoch noch in weiter Ferne liege. Wie die meisten dieser handlungsorientierten Texte endet er mit der Hoffnung,

[670] *Hanlinban* Band 11, Lektion 12.

[671] Geb. 1954 in Meinong, Taiwan. Träger verschiedener Literaturpreise, der sich besonders um die Ureinwohnerliteratur verdient gemacht hat. Engagiert sich für den lokalen Umweltschutz. Einige seiner Texte wurden ins Deutsche und Englische übersetzt.

dass durch eigenes Engagement viel erreicht werden könne, und mit einem Appell an die Leser:

> Doch obwohl sich einige Menschen dafür engagieren, in meiner Gemeinde eine kultivierte Einstellung und Umweltbewusstsein zu verbreiten, liegen Wunsch und Wirklichkeit doch noch weit voneinander entfernt. Aber wenn die „Saat eines Traums“ gekeimt ist, kann selbst die unwahrscheinlichste Idee irgendwann verwirklicht werden.

Huang Chaozhou[672] berichtet in seinem Text „Die Hanbao-Familie“ (漢寶家族 *hanbao jiazu*)[673] von einer komplexen Renaturierungsaktion in der Nähe des historischen Städtchens Lugang in Taiwan seit Ende der 1990er Jahre, die weit über ein einfaches Bäumepflanzen hinausgeht. Im Südwesten des Ortes fließt der Zhuoshui-Fluss 濁水溪[674] ins Meer und das dortige so genannte „Hanbao-Feuchtgebiet“ ist Brutstätte für viele geschützte Vogelarten. Trotzdem ist die vom Menschen verursachte Umweltverschmutzung dort eklatant, wie die folgende Passage beschreibt:

> Leider wurden in den letzten Jahren Abwässer aus der Schweinezucht direkt in den Kanal geleitet und der Dreck von der Industrie am Oberlauf wird angespült, so dass sich die Wasserqualität des Flusses extrem verschlechtert hat. Abfall treibt überall an der Wasseroberfläche. Auf dem fruchtbaren Ackerland und den Grasebenen wurden umweltbelastende Fabriken gebaut. Immer mehr Fischteiche wurden ausgehoben und die übermäßige Entnahme von Grundwasser führte zu einer Absenkung des Bodens. Aus Eigennutz und Profitgier verlangten die Menschen dem Boden zu viel ab, so dass das Paradies der Wildvögel ernsthaft bedroht ist.

Daher rief der Arzt Lin Shixian aus der Stadt Zhanghua einen Kreis von Naturfreunden – Ärzte, Anwälte, Politiker, Lehrer und Schüler – zusammen und gründete die Umweltorganisation „Hanbao-Familie“. Gemeinsam spendeten sie Geld und Arbeitskraft, so dass sie Ende 1999 ein großes Gebiet mit Reisfeldern und überdüngten Fischteichen pachten konnten, um es zu renaturieren:

> Zuerst wurde das Gebiet bepflanzt, damit die wilden Vögel neue Brutstätten hatten, dann wurden die Böden bewässert, damit sich dort Weich- und Kerbtiere und Insekten vermehren konnten. Von da an hatten die Vogelarten ausreichend Nahrung und einen Lebensraum, so dass sie in Hanbao friedlich leben konnten. Und auch die Menschen konnten sich dort kurzfristig von der Hektik des modernen Lebens erholen und nach Herzenslust in der freien Natur sein und sich mit den Vögeln anfreunden.

Sie hofften, mit Unterstützung der Regierung ein ökologisch intaktes Feuchtgebiet bewahren zu können und die abgesenkten Meeresufer und versalzten Böden zu Wasserschutzgebieten zu erklären, um dort „einen dauerhaften ökologischen

[672] Zum Autor siehe Fußnote in Abschnitt 7.2.4.

[673] *Hanlinban* Band 11, Lektion 11.

[674] Der Zhuoshui-Fluss ist der längste Fluss Taiwans.

Lebensraum zu schaffen und Taiwan zu einem großen grünen Flecken voller Wasser, Pflanzen und Lebewesen zu machen.“ Neben einer reibungslosen Renaturierung des Gebietes bestand ein weiteres Ziel ihres Engagements darin, möglichst viele „Menschen, denen ihre Heimat am Herzen liegt“ für die Beteiligung am Umweltschutz zu gewinnen.

Von einer Umweltschutzaktion in Form einer „Schutzpatrouille“ gegen Fischwilderei berichtet „Das Danayi-Tal: Eine Legende in den Bergen“ (山中傳奇 – 達娜伊谷 *shanzhong chuanqi – Danayi gu*).[675] Darin engagieren sich die taiwanesischen Ureinwohner vom Stamm der Zou für die Renaturierung ihrer Siedlung am Alishan, nachdem das dortige ökologische Gleichgewicht durch Fremde, die die Fische vergiftetet oder getötet hatten, zerstört worden war:

> Die Dorfbewohner waren angesichts dieser Situation sehr besorgt und beschlossen nach gemeinsamer Diskussion, ein „Komitee zum Schutz des Flusses“ zu gründen, um das Danayi-Tal zu schützen. Der insgesamt achtzehn Kilometer lange Fluss, der durch das Tal verlief, wurde zum gemeinsamen Besitz der Bewohner der Shanmei-Siedlung erklärt. Sie bildeten eine Patrouille, die den Fluss Tag und Nacht bewachte. Die Umsicht der Zou bewirkte, dass die Fischwilderer es nicht länger wagten, diese Schutzzone zu betreten.

Dadurch wurden das ökologische Gleichgewicht und die Schönheit der Landschaft wieder hergestellt. Das Tal avancierte zu einer touristischen Sehenswürdigkeit und auch die Kultur der Ureinwohner konnte „bewahrt und gefördert“ werden. Die Einnahmen aus dem Tourismus investierten die Dorfbewohner in die lokale Entwicklung, so dass neue Arbeitsplätze entstanden und die Landflucht der Jugendlichen beendet werden konnte. Dieses Engagement im Umweltschutz soll den jungen Lesern als Vorbild dienen:

> Die Bewohner der Shanmei-Siedlung schätzen das Naturerbe ihrer Vorfahren und haben am eigenen Leib erfahren, wie wichtig der Umweltschutz ist. Ihre gemeinsame Anstrengung und ihr leidenschaftliches Engagement verdienen es, dass wir sie respektieren und von ihnen lernen.

Der Aspekt der intergenerationellen Gerechtigkeit und Nachhaltigkeit wird explizit nur in Wu Chengs 吳晟[676] Essay „Das Feld nach der Ernte“ (秋收後的田野 *qiushou hou de tianye*)[677] angesprochen. Dieser übt Zivilisationskritik, indem er seine Kindheit im früheren Taiwan mit den Bedingungen konstrastiert, unter denen die Kinder heute aufwachsen. Damals sammelten die Kinder Reisähren, Süßkartoffeln und Wildkräuter und konnten wilde Erdbeeren ungewaschen

[675] *Hanlinban* Band 8, Lektion 8.

[676] Geb. 1944 in Zhanghua, verheiratet mit der Schriftstellerin Zhuang Fanghua. Schriftsteller, Landwirt und Biologielehrer an einer Mittelschule. Widmet er sich seit seiner Pensionierung ganz dem Verfassen von Heimatgedichten und *sanwen*. Gegenstand seiner Werke sind die Natur und das Landleben in Taiwan.

[677] *Hanlinban* Band 12, Lektion 5.

verzehren, sie bastelten einfaches Spielzeug, verbrachten ihre Freizeit in der intakten Natur und ernteten das Gemüse für das Abendessen selbst. Im Gegensatz dazu seien die Kinder von heute materiell verwöhnt, wüssten dies aber nicht zu schätzen. Wu bedauert sie, da sich die Welt, in der sie aufwachsen, durch die Umweltzerstörung dramatisch verändert hat:

> Seit vor vielen Jahren zuviel Düngemittel eingesetzt wurde, stinken die Felder oft so sehr nach Dünger, dass es uns den Atem nimmt. Das Abwasser der Fabriken am Oberlauf wird in großen Mengen in die Flüsse geleitet, so dass sie zu einer dreckigen Brühe geworden sind. Fische und Krabben sind schon verschwunden und selbst auf dem Lande können Kinder das Vergnügen nicht mehr nachempfinden, das es bereitet, im Freien zu spielen oder Fische zu fangen.

Im letzten Abschnitt äußert Wu Kritik am umweltschädigenden Verhalten der gegenwärtigen Generation und verweist gleichzeitig auf ihre Pflicht zur intergenerationellen Gerechtigkeit. Damit wird konkret die Idee der Nachhaltigkeit ausgedrückt:

> Die Bemühungen der Menschen richten sich zum großen Teil auch darauf, für die kommende Generation eine bessere Umwelt zu erschaffen, damit sie ein noch besseres Leben führen kann. Doch wenn die kurzsichtige Zivilisation von heute, die unablässig unser ökologisches Gleichgewicht zerstört, so weitermacht wie bisher, was für eine Umwelt werden unsere Kinder und Enkelkinder dann haben?

Die Tatsache, dass das eigentliche Ziel in einer *globalen* Nachhaltigkeit besteht, wird hier jedoch nicht erwähnt; die Textpassage ist der Abschluss eines Essays über Umweltschäden und die Veränderung des ländlichen Lebens im heutigen Taiwan. Dadurch könnte der Leser den Schluss ziehen, dass es primär um den Schutz des *lokalen* ökologischen Gleichgewichts und um den Erhalt der Umwelt für die kommenden Generationen von *Taiwanesen* geht.

7.3 Zusammenfassung und Auswertung

Während der taiwanesische Grundschullehrplan von 1996 „Umwelterziehung“ als Begriff noch nicht enthielt, ist sie im aktuellen Nine-Year Integrated Curriculum bereits als fächerübergreifendes Element (engl.: "subject area“; *zhongda yiti*) vorgesehen. Rund 31 % der Texte in den untersuchten Lesebüchern des Verlags *Hanlin chubanshe* haben Aspekte von „Natur und Umwelt“ zum Inhalt und können damit zumindest *implizit* umwelterzieherische Wirkungen entfalten, etwa ein Viertel dieser Texte thematisiert explizit Umweltschutz, Umweltzerstörung und Nachhaltigkeit. (Die genaue prozentuale Verteilung der sechs inhaltlichen Kategorien der natur- und umweltbezogenen Lesebuchtexte zeigt Abbildung IV.)

Der Anteil von Texten zur Tier- und Pflanzenkunde beträgt in den Lesebüchern des *Hanlin*-Verlags rund 9 %, natürliche Phänomene und ökologische Kreisläufe werden in 14,5 % der Texte vorgestellt. In den ersten Schuljahren wird dieses ökologische Basiswissen vor allem in Kindergeschichten vermittelt, in denen vermenschlichte Tiere und Pflanzen als Protagonisten agieren. Darin werden einfache Themen wie die Entwicklung der Kaulquappe zum Frosch, das Überwintern der Tiere oder das Wachstum der Pflanzen behandelt. Weitere naturkundliche Wissensbereiche in den Lesebüchern sind die Himmelskunde und die Jahreszeiten.

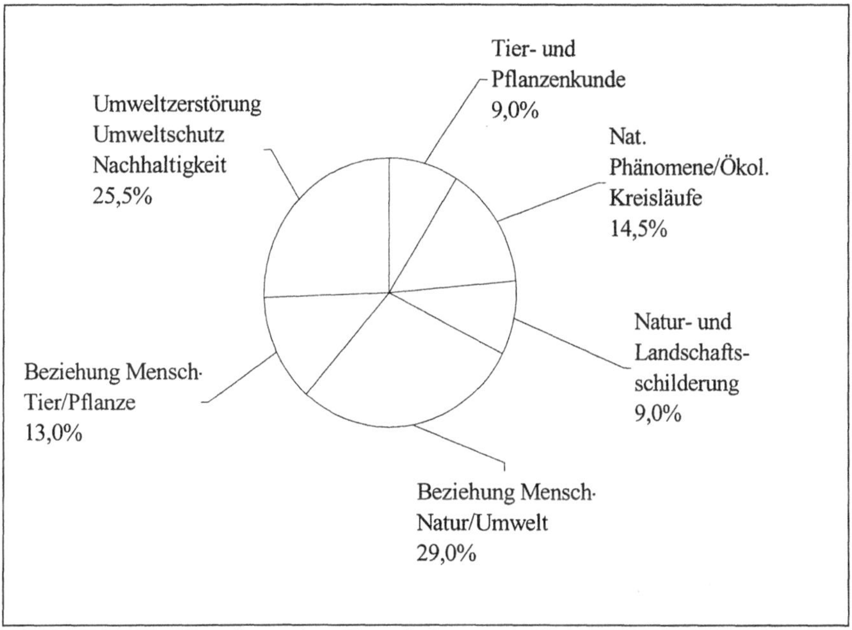

Abbildung IV: Verteilung der Textinhalte zum Thema "Natur und Umwelt" (Taiwan)

In den höheren Klassenstufen wird das biologische Wissen umfangreicher und präziser, beispielsweise wird mit dem „Leoniden-Meteorschauer" ein seltenes astronomisches Phänomen vorgestellt. Insbesondere werden einheimische Pflanzen wie der Kampferbaum (樟樹 *zhangshu*), der Riesen-Chinaschilf (五節芒 *wujiemang*) und der Chinesische Sonnenschirmbaum (梧桐 *wutong*) und Vogelarten wie die Weißohrtimalie (白耳劃眉 *bai er hua mei*), der Schwarzbrauen-Bartvogel (五色鳥 *wuseniao*) oder der China-Bülbül (白頭翁 *baitouweng*), eingeführt und in ihrem Lebensraum beschrieben. Fotos dieser Tier- und Pflanzenarten ergänzen die Texte und sind zumeist in bunte Hintergrund-illustrationen integriert, die eine Szene aus dem Text abbilden. Auch durch dieses Mittel der grafischen Darstellung wird eine Verknüpfung von Sachwissen und Fiktion erzielt. Da es sich zumeist um Arten handelt, die in Taiwan heimisch sind, können die Schüler diese im eigenen Wohnumfeld oder auf Exkursionen entdecken und beobachten.

Auffällig ist, dass es auch in den höheren Klassenstufen keine Sachtexte sind, die biologisches Wissen vermitteln sollen, sondern dass natur- und umweltkundliche Fakten in andere Textsorten integriert werden. So verknüpft beispielsweise „Der Gezeitenwald“ (水上森林 *shuishang senlin*) in Form eines Landschaftsessays die ästhetische Schilderung eines Mangrovenwaldes mit der Beschreibung des dortigen Ökosystems. Überwiegend wird dabei eine Textsorte eingesetzt, die hier als „Erlebnisbericht“[678] bezeichnet werden soll. Das zentrale gemeinsame Merkmal dieser Texte besteht darin, dass sie die Erlebnisse von Kindern in der Natur aktiv, dynamisch und überwiegend aus kindlicher Perspektive beschreiben. Bereits in den Lesebüchern für die erste und zweite Klasse handeln einige Texte von Spaziergängen der Protagonisten in Begleitung von Lehrern oder Eltern. Dabei lauschen sie schweigend den Klängen der Natur oder nehmen die jahreszeitlichen Veränderungen mit allen Sinnen wahr.

Die Orte bleiben zunächst unspezifisch, es wird überwiegend die affektive Dimension angesprochen, und die Schüler können über die in der Literatur geschilderte individuelle Naturwahrnehmung sensibilisiert werden. Die in den kurzen Texten angesprochenen Grundfähigkeiten und -fertigkeiten (die eigenen Sinne zu schärfen und einzusetzen, sich im Freien ruhig zu verhalten, zu beobachten und zuzuhören) sind fächerübergreifend auch für einen effektiven Umweltunterricht im Freien relevant. Insbesondere eine genaue Beobachtungsgabe kann als Grundlage für weitere analytische Fähigkeiten gelten, die z. B. im Rahmen von Experimenten und Übungen in den naturwissenschaftlichen Schulfächern gefordert sind. Damit können die Texte auch als „Vorbereitungen“ für spätere, komplexere Umwelterfahrungen verstanden werden, die die Schüler in der Realität machen und die ihnen hier im Lesebuch begegnen.

Ab der dritten Klasse werden zunehmend komplexere Erlebnisberichte eingesetzt, in denen die sinnliche Wahrnehmung der Natur, das Fachwissen sowie fächerübergreifend relevante Fähigkeiten vertieft werden. Die Texte sind dabei folgendermaßen strukturiert: Der Protagonist – meist ein kindlicher Ich-Erzähler – begibt sich ins Freie, verbringt dort einige Stunden und beobachtet verschiedene Tiere und Pflanzen in ihrem Lebensraum. Eltern, Freunde oder Lehrer begleiten ihn oder sie dabei.[679] In diesem Kontext spielt das eigene Erleben, Entdecken und

[678] In den taiwanesischen Lehrerheften werden diese Texte gemäß der chinesischen literarischen Kategorien unterschiedlich klassifiziert. Im Hinblick auf eine mögliche umwelterzieherische Funktion weisen sie jedoch inhaltliche und stilistische Gemeinsamkeiten auf, so dass sie hier anhand dieser Merkmale als „Erlebnisberichte“ zusammengefasst werden sollen.

[679] Texte über Familienausflüge in den Zoo, ans Meer oder in die Berge gehörten bereits zum älteren Bestand der Lesebücher in Taiwan. Über deren literarische Gestaltung wird jedoch in den früheren Analysen nichts ausgesagt. In den Lesebüchern der VR China wurden dagegen Anfang der 1990er Jahre keine gemeinsamen Ausflüge oder Aktivitäten mit der Familie geschildert. (Vgl. Böhm, a.a.O., 117f.)

Beobachten eine zentrale Rolle als Weg, Neues über die Natur zu lernen. So werden z. B. in dem Erlebnisbericht „In die Natur gehen“ (走入大自然 *zouru daziran*) Entwicklung und Verpuppung des Schmetterlings mit Hilfe des entsprechenden Vokabulars beschrieben und einheimische Pflanzen- und Vogelarten vorgestellt. Dies erfolgt anhand der Beobachtungen des Protagonisten. Einige Texte führen bereits in wissenschaftlichere Methoden der Naturbeobachtung ein, wie sie im Fach Biologie vertieft werden könnten: Dabei wird die Natur nicht nur mit bloßem Auge wahrgenommen und mit den eigenen Sinnen erspürt, sondern es werden auch technische Hilfsmittel (Lupe, Fernglas) zur detaillierteren Beobachtung eingesetzt oder Skizzen angefertigt. Über das eigene Entdecken hinaus wird ein Stilmittel zur Wissensvermittlung eingesetzt, das sich auch in den einfachen Kindergeschichten findet: Ein Erwachsener tritt als Mentor oder Vorbild auf und belehrt den Ich-Erzähler oder Protagonisten über die Natur, wie der Vater im Text „Besuch im Botanischen Garten von Fushan“ (游福山植物園 *you Fushan zhiwuyuan*), der erkärt: „Das ist doch keine Seerose, das ist die ‘kleine gelbe Teichrose’, die gibt es nur in Taiwan [...].“

Außer der Vermittlung von Wissen ist in den Texten eine detaillierte Schilderung der Schönheit der Natur zentral („Rhododendronbüsche blühten prächtig vor unseren Augen, im Dunst sahen sie verschwommen aus und wirkten dadurch noch graziöser“) und die Ich-Erzähler oder Essay-Autoren verbalisieren ihre eigene Beziehung zur Natur („Ich *mag* den Frühlingsregen...“). Typisches Stilmittel ist eine positive Bilanz am Schluss: „Diesen Ausflug zum Botanischen Garten von Fushan habe ich in schöner Erinnerung“ oder „Wir brechen auch auf und behalten die wunderschöne Abendszene am Strand von Mashagou fest in Erinnerung.“ Zwei Texte gehen über eine einfache Naturerfahrung hinaus und verweisen explizit auf die Einheit des Menschen mit der Natur.

Neben einer Sensibilisierung durch Naturerfahrung und sinnliche Wahrnehmung bei gleichzeitiger Wissenserweiterung durch intensive Beobachtung lässt sich in einigen Texten ein weiteres Erziehungsziel vermuten: Die Vorbilder in den Texten sollen zu einer naturnäheren Form des Lernens und der Freizeitgestaltung anregen. Im „Tagebuch der Walbeobachtung“ (賞鯨記 *shang jing ji*) ruft der Ich-Erzähler beim Anblick der Delfine begeistert: „Toll, das war genau wie im Fernsehen. Aber nein, dies hier war echt – es war noch wunderbarer als im Fernsehen!“ und der Ich-Erzähler im Text „In die Natur gehen“ zieht den Familienausflug in die Natur Computerspielen und Fernsehen vor. Die Naturidylle wird so (auch) als Kontrast gegen die Hektik der modernen Zeit mit ihren Errungenschaften gesetzt. Natur- und Landschaftsschilderungen, in denen allein der ästhetische Aspekt im Zentrum steht, machen nur 9 % der natur- und umweltbezogenen Lesebuchtexte aus. Klassische Lyrik ist seit jeher Bestandteil der Lesebücher und soll den Schülern primär das literarische Erbe nahebringen und ihre Fähigkeit zur Lektüre klassischer Texte erhöhen. Darüber hinaus wird jedoch davon ausgegangen, dass Natur- und Landschaftslyrik über ihre ästhetische

Dimension auch zur Sensibilisierung für die Schönheit der Natur beitragen und damit indirekt zu ihrem Schutz anregen kann. Der Anteil klassischer Gedichte mit Bezug zu Natur und Umwelt ist in den taiwanesischen Grundschullesebüchern jedoch äußerst gering: Es finden sich hier lediglich Li Bais „Dialog in den Bergen“ (山中問答 *shanzhong wenda*) und ein *jueju* von Du Fu, die den Rückzug des Dichters in die schöne Natur bzw. eine Landschaftsidylle beschreiben. In Texten wie dem „Briefwechsel zwischen Berg und Meer“ (山和海的書信 *shan he hai de shuxin*), die im modernen Chinesisch verfasst sind, steht ebenfalls dieser naturästhetische Aspekt im Zentrum.

Für den Umgang mit Tieren und Pflanzen, der in 13 % der Texte thematisiert wird, werden Vorbilder präsentiert, die sich um Tiere kümmern und sie pflegen. Dabei nimmt jedoch nur ein Text Bezug auf die Pflege von Pflanzen, in allen anderen stehen Tierarten im Zentrum, für deren korrekte Behandlung vor allem gilt, dass sie nicht eingesperrt werden dürfen: Ein Jäger erbarmt sich der gefangenen Affenmutter und lässt sie wieder frei, ein Tierarzt pflegt einen Kauz gesund und entlässt ihn in die Freiheit und ein Angler wirft den gefangenen Fisch zurück ins Wasser. In den Texten hat der Mensch dabei stets die Macht – und damit die Verantwortung, sich für die Freiheit der Tiere einzusetzen. Hierfür ist neben Mitleid seine Erkenntnis, dass Tiere nur in der freien Natur artgerecht leben können, der auslösende Faktor.

Zu erzieherischen Zwecken wird negatives Verhalten in einigen dieser Texte mit positivem kontrastiert: Die Haltung „im zu engen Käfig“, basierte zwar auf Unwissenheit der Tierhalter, hat dem Falkenkauz Momo jedoch gesundheitlich geschadet, so dass er wieder gesund gepflegt werden muss; der Rotschwanzwürger – ein Zugvogel – wird vor seiner Ankunft in Taiwan vor den Fallenstellern gewarnt, doch fürsorgliche Tierschützer haben bereits die Netze entfernt. Auf Abschreckung durch ein ausschließlich negatives Vorbild setzt „Die Zikade“ (蟬 *chan*): Indem der Mensch das Insekt fangen will und dadurch quält, zerstört er das Naturidyll und das ökologische Gleichgewicht. Die düstere Botschaft am Ende des Textes weist darauf hin, dass dieser Eingriff in die Natur irreversibel ist: die Zikaden scheinen dauerhaft traumatisiert, da ihr Gesang verstummt, sobald sich Menschen nähern. „Die Bachforellen“ (香魚 *xiangyu*) zeichnet ebenfalls ein düsteres Bild: Der Mensch hat durch Flussverschmutzung und Wilderei verursacht, dass die Bachforellen im Xindian-Fluss ausgestorben sind. Diese Texte setzen auf eine mögliche Schockwirkung durch die Schilderung negativer Szenarien und erinnern damit an die „Katastrophenpädagogik“.[680] Im Allgemeinen setzt man jedoch auf die Wirkung positiver Handlungsvorbilder.

[680] Prominente Vertreterin dieser Richtung in der deutschsprachigen Umweltliteratur ist Gudrun Pausewang, deren „Atomkatastrophenbücher“ („Die Wolke“, „Die letzten Kinder von Sche-

In den Texten, die in den Abschnitten 7.2.1 bis 7.2.5 besprochen werden, finden sich bereits erste Verweise auf umweltgerechtes Handeln in den Bereichen Artenschutz (Vermittlung von Artenkenntnis, Verweis auf bedrohte bzw. geschützte Tierarten), artgerechte Tierhaltung, Befreiung von Tieren und Tierschutz (Verurteilung von Tierquälerei, Entfernen von Vogelfallen durch Tierschützer). Ein Ausflug ins Vogelschutzgebiet löst bei den Protagonisten im Text „Wir fahren zum Vögelbeobachten“ (賞鳥去 *shang niao qu*) eine Diskussion über Wege des Vogelschutzes aus, die als Handlungsbereitschaft und damit als eine Voraussetzung für umweltgerechtes Verhalten interpretiert werden kann. Konkrete Wege werden im Text nicht genannt, sondern lediglich die Bereitschaft zum Vogelschutz thematisiert, die die Kinder während des Ausflugs aufgrund ihrer affektiven Beziehung zu den „liebenswerten“ Vögeln entwickelt haben.

Weitere explizite Vorbilder umweltgerechten Handelns finden sich in der Kategorie „Umweltzerstörung, Umweltschutz und Nachhaltigkeit“ in Abschnitt 7.2.6, deren Texte mit 25 % in den Lesebüchern des *Hanlin*-Verlags einen breiten Raum einehmen.[681] In diesen Texten werden eine Reihe konkreter Beispiele für lokale Umweltzerstörung auf der Insel Taiwan genannt: Seitdem eine Zementfabrik am Banping-Berg bei Gaoxiong Bergbau betreibt, wurde der Wald gerodet und der Lebensraum einheimischer Tiere zerstört; in den Zhuoshui-Fluss werden Abwässer aus der Schweinezucht geleitet, so dass sich die Wasserqualität verschlechtert hat, und die Entnahme von Grundwasser führte zu einer Absenkung des Bodens; Fischwilderer zerstörten das ökologische Gleichgewicht im Danayi-Tal am Alishan und die Felder im ländlichen Taiwan wurden überdüngt und die Flüsse verschmutzt, was die Tierwelt gefährdete und die Lebensqualität der ländlichen Bevölkerung einschränkte. Für die Verschlechterung der allgemeinen Umweltsituation wird der Mensch mit seinem „Eigennutz“ und seiner „Profitgier“ verantwortlich gemacht. Gleichzeitig werden jedoch zahlreiche Aktivitäten von Umweltschützern als positive Gegenbeispiele aufgezeigt.

So bieten neben dem Tierschutz die fachgerechte Abfallentsorgung, wie sie im Text „Der Müll hat nun ein Zuhause“ (垃圾有家了 *laji you jia le*) erklärt wird, und die Säuberung der Landschaft Möglichkeiten zum eigenen Engagement: In „Spaziergang am See“ (湖邊散步 *hubian sanbu*) besucht ein Vater mit seinem

wenborn“) in den 1980er Jahren auf die erzieherische Wirkung durch Verstörung und „Aufrütteln“ der Leser setzten. Dieser Ansatz wird heute jedoch insbesondere mit Blick auf Umweltängste von Kindern überwiegend kritisch gesehen.

681 Die Verteilung der drei Aspekte „Umweltzerstörung“, „Umweltschutz“ und „Nachhaltigkeit“, die explizit auf umwelterzieherisch relevante Themen hindeuten, ist dabei jedoch unausgewogen: So liegt der Schwerpunkt auf dem Bereich des Handelns im Umweltbereich. Auch die lokale Umweltzerstörung wird erwähnt, der Nachhaltigkeitsaspekt steht dagegen deutlich im Hintergrund.

Kind zu diesem Zweck den See, wobei zunächst die Natur beobachtet und ökologisches Basiswissen vermittelt wird. Dann sammeln Vater und Kind gemeinsam den Abfall auf, den Angler weggeworfen haben, damit sich Tiere und Kinder nicht daran verletzen. Folglich liegt die zentrale erzieherische Botschaft darin, dass Müll nicht achtlos in die Landschaft geworfen werden darf, und dass auch Kinder mit einfachen Mitteln dazu beitragen können, dieses Problem zu beheben.[682]

Auch die Aufforstung des eigenen direkten Umfelds wird in den Texten als ein Bereich präsentiert, in dem Grundschüler selbst zur Verbesserung der Umweltqualität beitragen können. Dies findet sich auch in der schulischen Praxis wieder, da im Rahmen des „Green School Partnership Network Project" in Taiwan vielerorts Schulgärten angelegt und Pausenhöfe bepflanzt werden. Idealiter sollen die Schüler in ihrem Wohnumfeld gemeinsam mit ihren Eltern nach dem Vorbild des Textes „Bäume pflanzen in den Bergen" (上山種樹 *shangshan zhongshu*) aktiv werden oder wie die „Lupinenfrau" (花婆婆 *hua popo*) Blumen aussäen. Die städtische Umgebung kann dabei durch gemeinschaftliches Engagement ebenso verschönert werden wie die ländliche, wie das Beispiel „Die Geschichte von der Talgbaum-Gasse" (烏桕巷的故事 *wujiu xiang de gushi*) zeigt.

Bei den Texten, in denen konkretes Umwelthandeln thematisiert wird, handelt es sich zumeist um zeitgenössische Tatsachenberichte, die überwiegend auf Taiwan lokalisiert sind. Die Texte haben einen hohen Aktualitätsbezug, der z. B. durch Datumsangaben deutlich wird: Der Brief, in dem ein Lehrer die Geschichte von der Lupinenfrau erzählt, und der Brief eines Jungen über seine Teilnahme am Umweltcamp datieren auf das Jahr 2003. Die Renaturierungsaktion des Feuchtgebiets durch die „Hanbao-Familie" fand Ende der 1990er Jahre statt und der Werbefachmann Huang, auf dessen Initiative die Verschönerung der Talgbaum-Gasse zurückgeht, hat damit nach seiner Rückkehr aus dem Ausland im Jahr 1994 begonnen. Darüber hinaus werden neben dem fiktiven „Spaziergang am See" reale Umweltprojekte wie jenes der Hanbao-Familie, der Ureinwohner im Danayi-Tal oder der Bewohner der Talgbaum-Gasse und des japanischen Ortes Furukawa-chō angesprochen, teilweise werden reale Begebenheiten wie die Aufforstungsaktion des französischen Schäfers Elzeard Bouffier in fiktionale Texte integriert. Einige der tatsächlichen, handelnden Personen werden namentlich genannt und – wie Lin Shixian, der Initiator der „Hanbao-Familie" – mit Foto im Lesebuch abgebildet. Einrichtungen wie der Vogelschutzbund von Xinzhu (新竹鳥會 *xinzhu niaohui*) sind ebenfalls real. Dadurch wird sowohl die räumliche als auch die

682 Aus umwelterzieherischer Sicht weist dieser Text jedoch eine Schwäche auf: Vater und Kind vergraben den gesammelten Abfall direkt am See in der Erde – dies ist keine umweltgerechte Form der Müllentsorgung: Als korrekte Vorbilder hätten sie den Müll mitnehmen und fachgerecht entsorgen müssen.

zeitliche Nähe des umweltbezogenen Handelns in den literarischen Texten zu den Schülern deutlich.

Als Begriff taucht „nachhaltige Entwicklung“ in den taiwanesischen Lesebüchern nicht auf, der Text „Das Feld nach der Ernte“ (秋收後的田野 *qiushou hou de tianye*) nimmt jedoch bereits auf die Nachhaltigkeitsidee Bezug und übt Zivilisationskritik: Obwohl sich unsere heutigen Bemühungen darauf richteten, für die „Kinder und Enkelkinder“ eine noch bessere Umwelt zu erschaffen, zerstöre unsere „kurzsichtige Zivilisation“ unaufhörlich das ökologische Gleichgewicht. Nur wenn dieses bewahrt bleibe, sei das Ziel einer lebenswerten Zukunft für die kommenden Generationen erreichbar. „Das Feld nach der Ernte“ verweist jedoch nur allgemein auf diesen Aspekt, im Zentrum des Essays stehen die Umweltzerstörungen und Veränderungen im ländlichen Taiwan. Damit bleibt auch die Idee der Generationengerechtigkeit vor allem lokal verankert. Der Text wird im letzten Halbjahr des sechsten Schuljahrs durchgenommen und könnte als Überleitung zu globaler ausgerichteten Inhalten verstanden werden, die laut Lehrplan in der Mittelschule durchgenommen werden sollen.

In den Grundschullesebüchern des *Hanlin*-Verlags werden das Ökosystem der Erde, Natur und Landschaften und die Tier- und Pflanzenwelt des Auslands, weltweite Umweltzerstörungen und Umweltschutzmaßnahmen und andere Themen, die auf eine globale Perspektive hindeuten würden, ausgespart. Die Texte thematisieren ausschließlich heimatkundlich orientierte Aspekte von „Natur und Umwelt“ und zeigen einige lokale Wege zur Lösung der Umweltproblematik auf.

8. „Natur und Umwelt" in den untersuchten Lesebuchreihen *Yuwen* und *Guoyu* im Vergleich

In den folgenden Abschnitten soll die umwelterzieherische Konzeption verglichen werden, die sich aus der Behandlung des Themenbereichs „Natur und Umwelt" in den Lesebuchreihen *Yuwen* und *Guoyu* ableiten ließ. Dabei sind im folgenden Abschnitt zunächst die literarische Gestaltung und das umwelterzieherische Wirkungspotenzial der Lesebücher von Interesse, im Anschluss daran erfolgt der Versuch, die darin jeweils erkennbare *environmental perspective* und den umwelterzieherischen Ansatz einzuordnen sowie die Frage nach einer möglichen „globalen Perspektive" der jeweiligen Konzeption zu klären.

Die Sichtung der inhaltlichen Schwerpunkte der Lektionen, die im Vorfeld der Analyse erfolgte, ergab, dass Lesebücher auf beiden Seiten der Taiwanstraße als wichtiges moralerzieherisches Medium gelten. Dies zeigte sich vor allem in dem hohen Anteil von Texten zur Charakter- und Verhaltensbildung mit 35 % (VR China) bzw. 37 % (Taiwan) am gesamten Textbestand der Lesebücher (Abbildung V). Die Bereiche Heimat- und Landeskunde sowie Alltags- und Allgemeinwissen ließen sich in beiden Lesebuchreihen verzeichnen und waren unterschiedlich gewichtet, bei beiden nimmt jedoch die Technikerziehung einen großen Raum ein. Ein eindeutig ideologischer Gehalt (Helden- und Märtyrerverehrung, Feindbilder, Nationalismus usw.) zum Ziel der politischen Sozialisation fand sich nur in den festlandchinesischen Lesebüchern bei ca. 16 % der Texte. In den aktuellen Lesebüchern der VR China und Taiwans ließ sich gleichermaßen ein hoher Anteil von Texten mit einer Verbindung zum Themenkomplex „Natur und Umwelt" (34 % bzw. 31 %) ausmachen. Diese Zahl schließt jedoch auch allgemeine Geschichten über Tiere und Pflanzen oder Landschaftslyrik ein, wie sie seit Jahrzehnten Bestandteil der Lesebücher sind und auch zu früheren Zeiten bereits implizit Einstellungen zu Natur und Umwelt vermitteln konnten.[683]

Im Vergleich mit den Ergebnissen älterer Schulbuchanalysen[684] wurde deutlich, dass sich in den aktuellen Grundschullesebüchern der VR China und Taiwans ein höherer Anteil von Texten finden lässt, die neueren Datums sind und teilweise Bezüge zu aktuellen Themen wie Umweltschutz, Umweltzerstörung und Nachhaltigkeit aufweisen: Im Zuge der Bildungs- und Curriculumsreformen wurden die Lesebücher im Sinne der Erfordernisse „Globalen Lernens" aktualisiert und neues Textmaterial aufgenommen, das explizit umwelterzieherischen Zwecken dienen soll.

683 Vgl. hierzu Martin, Roberta, a.a.O. und Meyer, Jeffrey, a.a.O.

684 Um hier eine Kontinuität bzw. einen Wandel mit wissenschaftlicher Genauigkeit belegen zu können, wären historisch vergleichende Untersuchungen nötig, die nicht Gegenstand der vorliegenden Arbeit sind. Diese Aussage stützt sich daher auf das Textmaterial, das durch frühere Analysen chinesischer und taiwanesischer Schulbücher zugänglich ist.

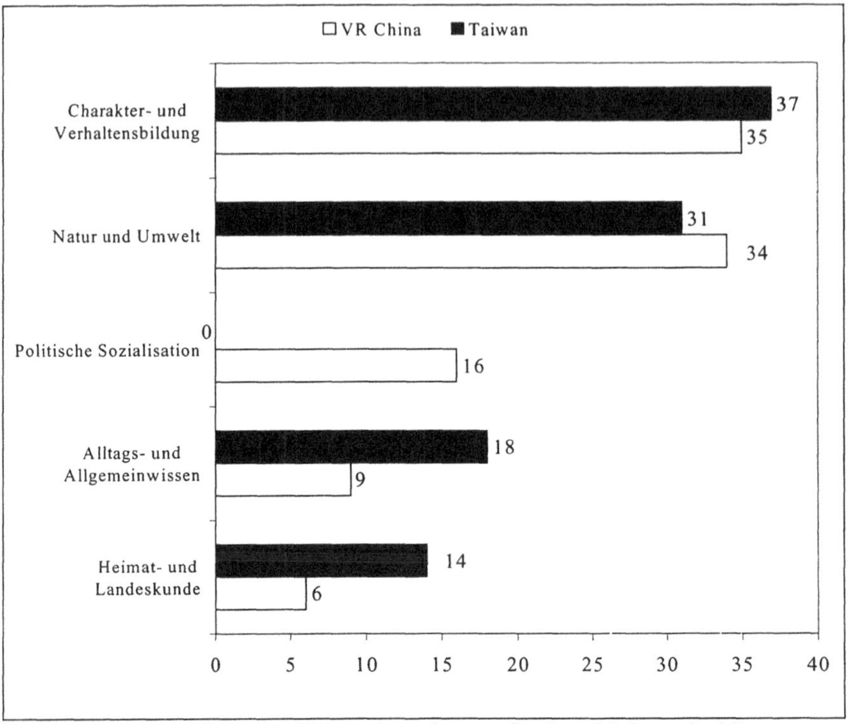

Abbildung V: Verteilung der Themenkomplexe in den Lesebüchern (in %)

In den Lesebüchern Taiwans ist die Überarbeitung der Inhalte im Hinblick auf die neu eingeführten interdisziplinären *subject areas* – und damit auch die Umwelterziehung – besonders offensichtlich: Bereits die thematische Gruppierung der Inhalte nach Überschriften von Unterrichtseinheiten wie „Die Natur und ich“ (自然與我 *ziran yu wo*), „Ich liebe die Natur“ (我愛大自然 *wo ai daziran*) oder „Die Schönheit der Ökologie“ (生態之美 *shengtai zhi mei*) zeigt, dass die Texte nach inhaltlichen Kriterien angeordnet bzw. (auch) unter umwelterzieherischen Gesichtspunkten neu zusammengestellt wurden.[685] In den Lesebüchern des *Beijing*-Verlags war ein vergleichbares Ordnungsprinzip nicht erkennbar.

[685] Allerdings sind unter solchen Überschriften auch Tierfabeln etc. eingeordnet, deren erzieherische Botschaft im Bereich der Moralerziehung (richtiges Verhalten, Mut usw.) liegt und nicht direkt mit Umwelterziehung in Verbindung gebracht werden kann. Dennoch ist ein Ordnungsprinzip erkennbar, das auch natur- und umweltbezogene Texte als Unterrichtseinheiten zusammenfasst.

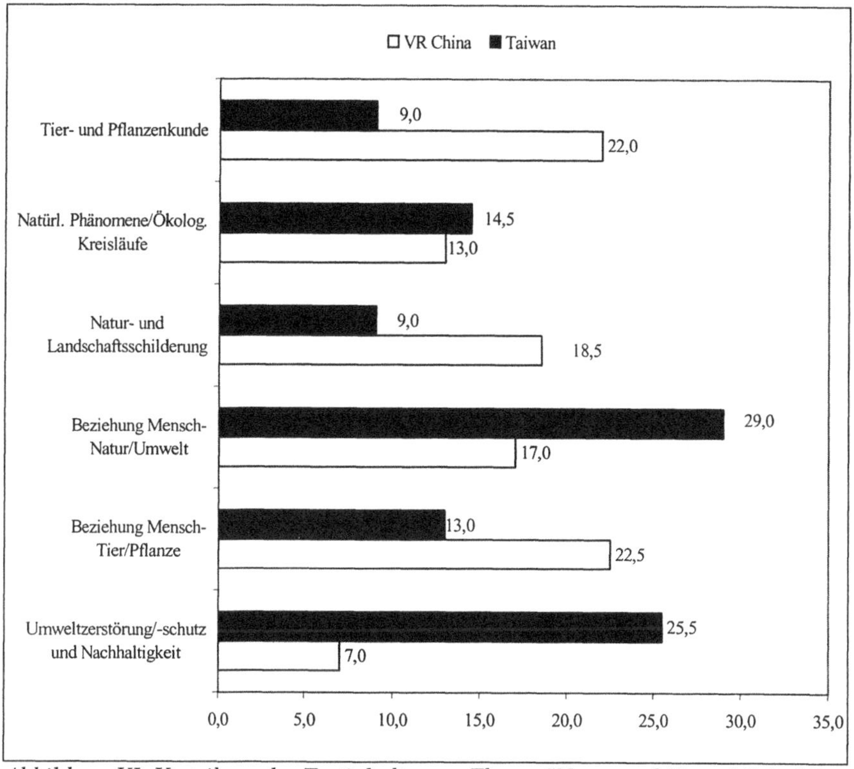

Abbildung VI: Verteilung der Textinhalte zum Thema "Natur und Umwelt" (in %)

Die prozentuale Verteilung der Texte, die allgemein umwelterzieherisches Potenzial aufweisen, ist innerhalb der jeweils zwölf untersuchten Bände für VR China bzw. Taiwan ausgewogen; Inhalt und Gestaltung werden dem Alter der Schüler angepasst. Dies kann als Beleg für das curriculare Prinzip gewertet werden: Umwelterziehung verläuft nicht epochal, sondern wird auf allen Klassenstufen durchgehend berücksichtigt. Betrachtet man die Verteilung der Textinhalte zum Thema „Natur und Umwelt“, so zeigen sich deutliche Unterschiede zwischen den untersuchten Lesebuchreihen (Abbildung VI): In den festlandchinesischen Lesebüchern sind die Kategorien „Tier- und Pflanzenkunde“, „Beziehung des Menschen zu Tieren und Pflanzen“ und „Natur- und Landschaftsschilderungen“ am häufigsten vertreten, in Taiwan stehen dagegen vor allem die „Beziehung des Menschen zu Natur und Umwelt“ sowie die Bereiche „Umweltzerstörung, Umweltschutz und Nachhaltigkeit“ im Zentrum.

8.1 Literarische Gestaltung und umwelterzieherisches Wirkungspotenzial

Welchen Aufschluss geben die literarischen Gattungen und die pädagogisch-didaktische Präsentation der Inhalte über das jeweilige Wirkungspotenzial der Lesebücher im Rahmen einer zeitgemäßen Umwelterziehung? Bevor diese Frage für die VR China und Taiwan vergleichend geklärt werden kann, erscheint es sinnvoll, die in den Kapiteln 3.2 und 5.5.1 genannten Kriterien für eine effektive Umwelterziehung im Grundschulbereich und für den umwelterzieherischen Beitrag von Lesebüchern kurz zu rekapitulieren:

Situations-, *Handlungs-* und *Problemorientierung* sowie *Interdisziplinarität* wurden hier als Kriterien übernommen, um das Wirkungspotenzial der Lesebücher einzuschätzen, da sie bereits in den meisten Ländern zumindest theoretisch anerkannt sind. Eine ganzheitliche Umwelterziehung sollte über die reine Vermittlung von Umweltwissen hinausgehen und kognitive, affektive und handlungsorientierte Lernprozesse in einen fächerübergreifenden Unterricht integrieren: Ein Grundverständnis von umweltrelevantem Wissen (Tierkunde, ökologische Zusammenhänge etc.) sollte mit umweltbezogenen Einstellungen (Sensibilisierung für die Wahrnehmung der Natur und Umwelt etc.) und umweltorientiertem Handeln verbunden werden. Hierbei ist besonders bei Grundschulkindern die Stabilisierung ihrer emotionalen Zuneigung zu allen Lebewesen, aber auch das ganzheitliche Erfassen und sinnliche Erfahren von Natur und Umwelt wichtig. Darauf aufbauend sollte die Abhängigkeit des Menschen vom Ökosystem aufgezeigt werden, wobei im Sinne einer Situations- und Handlungsorientierung die Themen vor allem aus dem unmittelbaren Erfahrungsbereich der Kinder stammen sollten. Indem sie lernen, ihre lokale Umweltsituation konkret in kleinen Bereichen zu verbessern, können sie umweltorientiertes Handeln auch als politisches Handeln begreifen. Folglich sollten auch gesellschaftliche Ursachen der Umweltproblematik thematisiert werden, um bei älteren Schülern die Fähigkeit zur Urteilsbildung zu erhöhen.

Im Hinblick auf eine wirkungsvolle Umwelterziehung sollten in den Lesebüchern verschiedene Textsorten[686] eingesetzt werden, um bei den Schülern unterschiedliche Kanäle anzusprechen. Damit haben Lesebücher das Potenzial, das Thema „Natur und Umwelt" in besonderer Weise multiperspektivisch anzugehen und kognitive, affektive und handlungsorientierte Lernprozesse zu integrieren: So können in einem literarischen Text z. B. Umweltwissen und ästhetische Natur- und Landschaftsschilderungen oder Vorbilder umweltgerechten Handelns mitein-

[686] Das Drama gilt unter westlichen wie chinesischen/taiwanesischen Pädagogen als eine literarische Gattung, die in besonderer Weise dazu eingesetzt werden kann, umweltgerechte Verhaltensweisen einzuüben. Dennoch ließen sich in beiden Lesebuchreihen keine szenischen Darstellungen finden.

ander verknüpft werden. Weitere Aspekte, die sich positiv auf ein nachhaltigeres Erlernen der Inhalte auswirken können, sind ein hohes Identifikationspotenzial der Handlungsvorbilder im Text (z. B. durch eine kindgerechte Erzählperspektive oder Möglichkeiten zur Imitation der beschriebenen Handlungen im eigenen Umfeld) sowie Realitätsnähe und Aktualitätsbezug der Darstellungen.

In den Lesebüchern für die ersten Schuljahre finden sich in der VR China und Taiwan gleichermaßen einfache Kindergeschichten mit ähnlicher Erzählstruktur und Gestaltung: Darin werden Tiere und Pflanzen anthropomorphisiert dargestellt, was im Allgemeinen als kindgerecht für Leser dieser Altersgruppe gilt, da diese ihre Umwelt häufig als „beseelt" empfinden. Indem die Elemente, Tiere und Pflanzen Verwandtschaftsbezeichnungen (Brüderchen Gras, Opa Sonne, Tante Frühlingsregen) tragen, wird ein Gefühl von Nähe konstruiert, das eine affektive Bindung der Kinder an ihre Umwelt verstärken könnte. Hierzu trägt auch die Tatsache bei, dass sich die im Text vorgestellten Tiere, Pflanzen und Phänomene überwiegend in der näheren Umgebung beobachten lassen. Zumeist tritt darin ein fragendes Tier- oder Pflanzenkind auf, das stellvertretend für die kindlichen Leser die Rolle des (noch) unwissenden, aber neugierig an seiner Umwelt interessierten Beobachters einnimmt. Es beobachtet die Dinge und Phänomene in seiner Umgebung und stellt Fragen, die ein erwachsener Mentor, ebenfalls in Tier- oder Pflanzengestalt, leicht verständlich und sachlich korrekt beantwortet. Falsche Schlussfolgerungen werden korrigiert.

Hinter dieser Erzählstruktur kann auch ein didaktisches Prinzip vermutet werden: Die Geschichten zeigen, wie die Protagonisten ihr Wissen durch eigenständiges Denken und aktives Nachfragen unter Anleitung kompetenter Personen erweitern. Idealiter sollen die kindlichen Leser beim Streben nach neuen Erkenntnissen – auch im Umweltbereich – ebenso vorgehen.

Darüber hinaus überwiegen in den Lesebüchern der VR China sachorientierte Texte, die Tier- und Pflanzenkunde und Wissen über elementare ökologische Zusammenhänge vermitteln sollen. Indem sie die Natur nicht idealisieren, sondern realistisch abbilden, ähneln sie in der Diktion den Texten, die in Sachfächern eingesetzt werden. Da man davon ausgeht, dass Arten*kenntnis* eine wesentliche Voraussetzung für Arten*schutz* darstellt, ist ihr umwelterzieherisches Potenzial mit jenem der naturwissenschaftlichen Schulbücher vergleichbar. Es zeigen sich jedoch auch Ansätze, in den Materialien die verschiedenen umwelterzieherischen Dimensionen zu verbinden: So sind in einen Teil der Sachtexte Elemente integriert, die stärker die affektive Dimension ansprechen („erzählender Sachtext"). Darüber hinaus finden sich Essays und Gedichte, die die Schüler sensibilisieren und die Entwicklung umweltbezogener Einstellungen fördern können. Einige Texte schildern Erlebnisse in der Natur, wobei jedoch die Komponente des umweltorientierten Handelns nur wenig berücksichtigt wird.

In den taiwanesischen Lesebüchern wird das Potenzial literarischer Texte zu einer multiperspektivischen Behandlung der Umweltthematik stärker genutzt: Darin finden sich keine reinen Sachtexte, sondern überwiegend Schilderungen direkter, unmittelbarer Naturerfahrungen. Sie werden in Form von „Erlebnisberichten" präsentiert, deren Merkmal es ist, dass sie Erlebnisse und Empfindungen von Menschen in der Natur mit Naturästhetik, biologischem Sachwissen und teilweise auch mit umweltorientiertem Handeln verknüpfen. Auf diese Weise werden nicht nur die Lesebücher als Ganzes dem Anspruch der Multiperspektivität gerecht, sondern es wird versucht, Elemente von Wissen, Affekt und Handeln jeweils in *einem* Text zu verbinden.

In einer ganzen Reihe von Texten erscheint diese Verknüpfung besonders gelungen, und es entsteht der Eindruck, dass diese bewusst im Hinblick auf ihre umwelterzieherische Wirkung so konstruiert wurden. Betrachtet man den Hintergrund ihrer Autoren[687], so zeigt sich, dass sie durchweg als Experten für den Umweltbereich gelten können: Guo Zhiyong und Huang Chaozhou sind Naturfotografen, Hong Qiongjun verfasst Lehrmaterialien für Umwelterziehung, Zhuang Fanghua und Lin Shaowen schreiben vor allem Umweltliteratur für Kinder, Feng Juzhi ist hauptberuflich Tierarzt, Liu Kexiang ist Autor von Tiererzählungen etc. Mit ihnen wurden von den Herausgebern zeitgenössische taiwanesische Autoren ausgewählt, die explizit *Umweltliteratur* verfassen. In den festlandchinesischen Lesebüchern finden sich dagegen überwiegend Texte von bekannten Schriftstellern des 20. Jahrhunderts wie Ba Jin, Xiao Hong oder Ye Shengtao, die das literarische Erbe repräsentieren, sowie von modernen Kinderbuchautoren. Auch diese Texte thematisieren Aspekte von Natur und Umwelt, wurden jedoch noch nicht für umwelterzieherische Zwecke didaktisiert und ihre Wirkung ist eher implizit.

Für eine mögliche umwelterzieherische Wirkung der Texte auf die Schüler spielt auch das Identifikationspotenzial der handelnden Figuren eine Rolle. Vereinzelt finden sich in den Lesebüchern aus der VR China Texte, in denen Erlebnisse von chinesischen Landsleuten in der Natur geschildert werden. Dies kann eine Identifikation der Leser mit den Protagonisten begünstigen. Überwiegend erfolgt die Darstellung von Natur und Umwelt jedoch anhand von sachlich-neutralen Texten oder Essays aus der Perspektive Erwachsener, die Kindern wenig Handlungsorientierungen liefern. In den taiwanesischen Erlebnisberichten lassen sich dagegen geeignetere Identifikationsfiguren finden: Die meisten Texte wurden aus der Perspektive von Ich-Erzählern verfasst, die sich in einer ähnlichen Situation

[687] Hierbei sei angemerkt, dass in beiden untersuchten Lesebuchreihen nur bei einem kleinen Teil der Texte Angaben zum Autor gemacht werden. In den Lesebüchern des *Beijing*-Verlags fanden sich solche Angaben bei ca. 25 % der natur- und umweltbezogenen Texte, in den Büchern des *Hanlin*-Verlags lag der Anteil bei rund 33 %.

befinden wie ihre Leser: Sie sind Kinder, die in Taiwan leben und mit ihren Lehrern oder Eltern Ausflüge in der Natur auf der Insel unternehmen. In den Geschichten bleibt das Geschlecht der Ich-Erzähler bzw. Protagonisten zumeist unklar, was dazu beitragen könnte, dass sich Jungen wie Mädchen gleichermaßen mit den Handelnden identifizieren können. Das höhere Identifikationspotenzial der Handlungsvorbilder in den taiwanesischen Lesebüchern kann sich günstig auf das Erlernen der umweltpädagogisch relevanten Inhalte auswirken. Zu einer positiven Identifikation mit den Inhalten trägt auch die lebendige grafische Gestaltung der Materialien bei: Sie integriert Fotos von Tieren und Pflanzen in bunte Zeichnungen von fröhlichen Kindern und Erwachsenen, die vor der Kulisse einer (überwiegend) intakten Natur agieren.

Eine Möglichkeit, das emotionale Empfinden der Schüler anzusprechen und dadurch indirekt umweltbezogene Einstellungen zu vermitteln, bieten literarische Schilderungen der Schönheit der Natur. Die beschriebenen Landschaften befinden sich überwiegend in der Heimat: In den festlandchinesischen Lesebüchern werden unter anderem der Huangshan, der Taishan und der Xiangshan, die Landschaft von Guilin und die Baotu-Quelle vorgestellt, in den taiwanesischen der Alishan, die Nationalparks Fushan und Xueba und der Strand von Mashagou. Darin zeigt sich, dass die Umwelterziehung stark heimatkundliche Bezüge aufweist und zum Teil mit Patriotismuserziehung verknüpft wird. Insbesondere in den Lesebüchern des *Beijing*-Verlags wird vielfach auf den Status der Orte als touristische Sehenswürdigkeiten sowie auf ihren Bekanntheits- und Beliebtheitsgrad verwiesen. Während die Inhalte dort in Form von reflektierenden Essays präsentiert werden, dienen die Landschaften in den Lesebüchern des *Hanlin*-Verlags als Kulisse für individuelle Naturerfahrungen und -beobachtungen oder umweltgerechtes Handeln. Damit sind die Texte erlebnisbezogener und könnten die Schüler stärker dazu anregen, die Natur ihrer Heimat aktiv zu erfahren.

Der Aspekt der Problemorientierung wird in beiden untersuchten Lesebuchreihen wenig berücksichtigt: Probleme oder Konflikte und deren genaue Ursachen und Zusammenhänge werden nur am Rande thematisiert. Es werden jedoch bereits einige Beispiele für Umweltzerstörung genannt und die Verantwortung hierfür dem Menschen zugeschrieben. Insgesamt überwiegt die Darstellung einer idyllischen, intakten Natur (z. B. in Nationalparks, am Meer oder in den Bergen). Da die reale städtische Umgebung mit ihrem modernen Alltag, aber auch ihren spezifischen Umweltproblemen wie Verkehr oder Luftverschmutzung in den Lesebüchern fehlt, wird darin kein realistisches Bild vom Lebensumfeld der Grundschüler gezeichnet. Statt dessen bleibt die „grüne ökologische Insel“[688] der Bezugspunkt.

[688] Bolscho/Michelsen, a.a.O., S. 18.

Vor allem der Umgang mit Tieren wird in beiden Lesebuchreihen als Beispiel für umweltgerechtes Verhalten präsentiert, das bereits Grundschüler nachahmen können. Hierbei ist das Freilassen von Tieren, insbesondere Vögeln[689], ein zentrales Motiv, das in vielen Texten auftaucht und an das buddhistische Barmherzigkeitsritual 放生 *fangsheng* erinnert. Paradoxerweise verursacht jedoch gerade diese Praxis, die auf den ersten Blick human erscheint, in der Realität häufig Umweltprobleme und wird von Wissenschaftlern und Umweltschützern kritisiert: Das ökologische Gleichgewicht wird dadurch gestört, außerdem haben viele der freigelassenen Tiere in der Natur keine Überlebenschancen.[690] Einrichtungen wie der taiwanesische „Council of Agriculture" (農業委員會 *nongye weiyuanhui*) klären daher inzwischen gezielt über die ökologischen Folgen dieser buddhistischen Praxis auf. Ein expliziter Verweis auf die buddhistische Religion findet sich in den Lesebüchern nicht: Das Verhalten wird den Schülern nicht als Ausdruck einer religiösen Praxis vorgestellt, sondern basiert auf der Erkenntnis des jeweiligen Ich-Erzählers bzw. Protagonisten, dass Tiere nur in Freiheit artgerecht leben können. Dennoch kann dieses im Lesebuch als vorbildhaft dargestellte Verhalten wegen der möglichen negativen Folgen nicht als nachahmenswert eingestuft werden. Um einen sinnvollen Beitrag zur Umwelterziehung leisten zu können, müsste die Thematik im Unterricht genauer erläutert und differenziert betrachtet werden.

Im Einklang mit dem „Green-Schools"-Programm, das sowohl auf dem chinesischen Festland als auch in Taiwan eingeführt wurde, wird das Pflanzen von Bäumen in der eigenen Umgebung als weitere Gelegenheit zur eigenen Partizipation am Umweltschutz präsentiert. Darüber hinaus unterscheiden sich die angebotenen Handlungsorientierungen jedoch erheblich. Statt Möglichkeiten zur Mitwirkung des einzelnen Bürgers werden in den Lesebüchern der VR China offizielle Maßnahmen zur Lösung von Umweltproblemen wie die Einrichtung von Naturschutzgebieten bzw. Nationalparks präsentiert. Ein Besuch im Nationalpark kann die Bürger im Umweltbereich weiterbilden und für die Natur sensibilisieren, konkretes umweltgerechtes Handeln wird dort jedoch kaum eingeübt. In den Lesebuchtexten des *Beijing*-Verlags wird die Umwelttechnologie am Beispiel der Solartechnik oder einer umweltfreundlichen Städteplanung als weitere Lösung für die Umweltproblematik präsentiert. Andere vorgestellte Beispiele (Nationalparks,

[689] Dies könnte damit zusammenhängen, dass in China die Haltung von Vögeln seit Jahrhunderten verbreitet ist, jedoch oftmals nicht artgerecht erfolgt. Ein Erziehungsziel könnte darin bestehen, Kindern einen verantwortungsvolleren Umgang mit diesen Haustieren zu vermitteln und tierquälerischer Vogelhaltung entgegenzuwirken.

[690] Siehe Yang, Jin: „Eine Schwäche für Haustiere", in: *Taipeh heute* 4, 2000, S. 40. Online im Internet: http://www.gio.gov.tw/info/nation/ge/fcr97/2000/4/p40.htm [Stand 06.03.2005] und Lai, Chloe: "A wild day out for fish, grasshoppers and chickens", in: *South China Morning Post*, 02.02.2004.

der WWF, das ökologische Wohnviertel Liangxiang nahe Beijing) sind aktuell und weisen einen Bezug zur Realität der Schüler auf, es finden sich allerdings wenig kindliche Handlungsvorbilder.

In den Lesebüchern des *Hanlin*-Verlags handeln die Vorbilder für umweltgerechtes Verhalten dagegen direkt in ihrer unmittelbaren Umgebung. Der hohe Aktualitätsbezug (z. B. durch Texte, die von Ereignissen berichten, die nur wenige Jahre zurückliegen) und die Handlungsvorbilder im direkten Umfeld der Kinder sind im Rahmen der geforderten Situationsorientierung sinnvoll. Ebenso wie im Fall der geschilderten Naturerfahrungen handelt es sich durchweg um einfache Aktivitäten zum Natur- und Umweltschutz, die auch Kinder im häuslichen Umfeld oder auf einem Familienausflug leicht durchführen können. Auf Umweltschutz von staatlicher Seite, z. B. durch die Einrichtung von Naturparks, wird dagegen nur am Rande verwiesen, auch technische Lösungen im Umweltschutzbereich bleiben unerwähnt.

8.2 Umweltbezogene Perspektiven und umwelterzieherische Ansätze

Mögliche umweltbezogene Perspektiven umfassen ein breites Spektrum von „techno-" bis „ökozentrisch"; die umwelterzieherischen Ansätze, die damit jeweils eng verbunden sind, lassen sich als verschiedene Ausprägungen und Kombinationen einer "education about, in and for the environment" fassen.[691] Bei der Einordnung der umweltbezogenen Perspektiven und umwelterzieherischen Ansätze, die in den Lesebüchern der VR China und Taiwan erkennbar sind, nach „Kulturspezifika" zu suchen, erscheint problematisch: Wie in Abschnitt 4.1.1 dargestellt wurde, lassen sich bereits für das traditionelle China sowohl die Vorstellung von einer „Einheit von Mensch und Natur" als auch eine Haltung der „Gleichgültigkeit" und der „Unterwerfung" der Natur belegen und im Spektrum der umweltbezogenen Perspektiven unterschiedlich einordnen. Einige zeitgenössische Erziehungswissenschaftler plädieren für eine Rückbesinnung auf die traditionelle „Einheitsvorstellung", die sie als originär chinesisch stilisieren.[692] In beiden Lesebuchreihen finden sich ansatzweise Parallelen zu klassischen daoistischen Texten wie Zhuangzis „Schmetterlingstraum" und das zentrale Motiv des Freilassens von Tieren erinnert an ein buddhistisches Ritual. Allein durch die Analyse der Lesebücher ist jedoch schwer zu ermessen, ob solche inhaltlichen Aspekte als *bewusster* Rückgriff der Herausgeber auf Traditionen der einheimischen Geistesgeschichte gedeutet werden können.

[691] Siehe Abschnitt 2.3.

[692] So z. B. Yang Guanzheng et al., a.a.O., S. 54 und Chen Yuxuan/Lin Mingrui: „Yuangu shiqi Zhongguo guwen huanjing gainian zhi tanxi", in: *Haixia liang'an huanjing jiaoyu yantaohui lunwenji*, S. 147.

Von den ideologisch begründeten Extrempositionen „Unterwerfung der Natur" und „Harmonie mit der Natur", die Analysen älterer festlandchinesischer und taiwanesischer Schulbücher[693] nachgewiesen haben, hat man sich mittlerweile distanziert. Dennoch reflektieren auch die aktuellen Lesebücher durch ihre inhaltlichen, literarisch-gestalterischen und didaktischen Merkmale unterschiedliche Perspektiven und Ansätze. Da sie jedoch nur einen kleinen Ausschnitt aus der umwelterzieherischen Gesamtkonzeption widerspiegeln und für die Einschätzung der *environmental ideology* weitere Faktoren wie die praktische Umweltpolitik des Landes relevant sind, können hier lediglich Tendenzen aufgezeigt werden.

In China war die Nützlichkeit von Pflanzen und Tieren für den Menschen von alters her das einzige Kriterium, sie wahrzunehmen und zu klassifizieren.[694] Auch in den aktuellen festlandchinesischen Lesebüchern ist bei der Darstellung von „Natur und Umwelt" der Verweis auf ihren Nutzen ein wesentlicher Aspekt: Tiere nützen dem Menschen auf verschiedene Weise (Frösche fangen Schädlinge, Kamele helfen bei der Orientierung in der Wüste etc.) und die Natur bietet ihm Schätze und Rohstoffe (der Wald liefert Holz für den wirtschaftlichen Aufbau, der Meeresboden Kohle, Erdöl oder Eisen, das Gebirge Waldfrüchte und Zutaten für die chinesische Medizin etc.). „Natur und Umwelt" werden nicht als „an sich" schützenswert präsentiert, sondern die zentrale Begründung für den Erhalt des Ökosystems ist utilitaristisch und anthropozentrisch.

Obwohl die aktuellen Lesebücher der VR China nach umwelterzieherischen Kriterien überarbeitet wurden, wird in einigen wenigen Texten eine Unterwerfung der Natur durch den Menschen noch immer positiv bewertet. Dies könnte damit erklärt werden, dass es sich bei diesen Texten um ältere Materialien handelt, die noch nicht aus den Büchern entfernt wurden und damit Inhalte repräsentieren, die nicht mehr im Einklang mit den aktuellen Richtlinien stehen. Parallel zu Aspekten von Umweltschutz und Nachhaltigkeit wirkt damit in Bezug auf den Umgang mit der Natur weiterhin das frühere Leitprinzip *ren ding sheng tian* („Der Mensch kann die Natur besiegen") fort. Chinesische Pädagogen werten solche Inhalte mittlerweile kritisch: So appelliert Zhu an die Verantwortung des Lehrers, beim Einsatz solcher Texte im Unterricht darauf hinzuweisen, dass sie als Zeitdokumente für eine mittlerweile überholte Naturauffassung zu verstehen seien. Lehrer sollten die „falschen Wertorientierungen" durch zusätzliche Erklärungen ausglei-

[693] Siehe Abschnitt 1.2.

[694] Somit kann die traditionelle chinesische Botanik nicht im Sinne eines „Studiums von Pflanzen als biologische Objekte" verstanden werden: Die zahllosen chinesischen Werke über Agrikultur, Medizin oder Gartenkunst zeigen, dass Pflanzen dort nur in ihrer Beziehung zum Menschen, also im Hinblick auf ihren Nutzen, überhaupt wahrgenommen wurden. (Vgl. Métailié, Georges: "The Formation of Botanical Terminology: A Model or a Case Study?", in: Lackner, Michael/Amelung, Iwo/Kurtz, Joachim (Hg.): *New Terms for New Ideas. Western Knowledge and Lexical Change in Late Imperial China.* Leiden 2001, S. 336.)

chen und die Schüler zum Nachdenken anregen und ihre Urteilsfähigkeit schulen.[695]

In den taiwanesischen Lesebüchern ließ sich keine Darstellung menschlicher Überlegenheit gegenüber der Natur erkennen, auf den Nutzen der Natur, Tiere oder Pflanzen für den Menschen wird nur am Rande verwiesen (ein Hund ist nützlich, da er durch sein Bellen Besucher ankündigt; der Wald liefert Rohstoffe und dient als Inspiration für Künstler). Im Zentrum steht dabei stets ein harmonisches Wechselspiel von Mensch und Natur bzw. die Abhängigkeit des Menschen vom Ökosystem. Damit ist die Begründung für Natur- und Umweltschutz in den taiwanesischen Lesebüchern in ihrer Ausrichtung nicht als utilitaristisch einzustufen.

Der Einsatz von Sachtexten, die primär Umweltwissen vermitteln sollen, sowie der hohe Anteil an Tier-, Pflanzen- und Naturkunde in den Lesebüchern des *Beijing*-Verlags deuten darauf hin, dass Umwelterziehung dort noch stark in der Tradition älterer, wissensorientierter Ansätze verhaftet bleibt. Darüber hinaus finden sich auch Texte, die stärker die affektive Dimension ansprechen oder umweltrelevantes Wissen mit umweltbezogenen Einstellungen verknüpfen. Da umweltorientiertes Handeln jedoch kaum thematisiert wird, sind die Anzeichen für eine multiperspektivische Betrachtung der Umweltthematik sowohl im einzelnen Text als auch im gesamten Lesebuch weniger ausgeprägt als in den taiwanesischen Exemplaren. In diesen stehen vor allem individuelle und unmittelbare Naturerfahrungen im Zentrum, so dass sich Parallelen zur „Outdoor education" bzw. Naturerlebnispädagogik erkennen lassen. Insbesondere amerikanische Vertreter dieses Ansatzes wie Joseph Cornell werden in der taiwanesischen Sekundärliteratur vielfach rezipiert und liefern didaktische Orientierungen für die schulische und außerschulische Umwelterziehung. Dementsprechend wird auch in der taiwanesischen Sekundärliteratur das „Lernen und Lehren im Freien, in der natürlichen Umwelt"[696] als „effektivste Unterrichtsmethode"[697] dargestellt:

> „Hierbei kommen die Schüler in direkten Kontakt mit der Natur und gewinnen Erfahrungen aus erster Hand, indem sie die Natur mit ihren Sinnen beobachten, und indem ihr Bewusstsein geweckt und ihr Wille, die Natur zu lieben und zu schützen, ausgebildet wird. In der natürlichen Umwelt können Kinder die Prinzipien und Konzepte anwenden, die sie im Klassenraum gelernt haben, was den erzieherischen Effekt verstärken kann."[698]

[695] Vgl. Zhu Huaixin, a.a.O., S. 214.

[696] Wang Peilian: „Ge ji xuexiao huanjing jiaoyu de neirong yu jiaoxuefa", in: *Jiaoyu ziliao jikan* 20, 1995, S. 132.

[697] Ebd.

[698] Ebd.

Die literarischen Texte, die den taiwanesischen Schülern „aus zweiter Hand" Naturerfahrungen nahebringen, können als Vorbereitungen für Umweltaktivitäten im Freien konzipiert sein, die im Rahmen des Schulunterrichts stattfinden. Durch die bereits beschriebene multiperspektivische Gestaltung der Materialien vermitteln die Texte gleichzeitig detailliertes Umweltwissen – insbesondere Terminologie aus dem Bereich der ökologischen Heimatkunde – und liefern Handlungsorientierungen.

Konzeptionelle Unterschiede lassen sich laut Job am deutlichsten an den Bereichen „Partizipation" und „Handlungsorientierung" festmachen: Für Vertreter einer eher „technozentrischen" Perspektive liege die Aufgabe der Umwelterziehung nur darin, eine kleine, hervorragend ausgebildete wissenschaftliche Elite auszubilden, die die Fähigkeiten besitzt, Zusammenhänge zu erfassen, Entwicklungen vorauszusagen und Entscheidungen an unserer Stelle zu treffen. Dagegen strebten Vertreter einer eher „ökozentrischen" Perspektive als Erziehungsziel eine "ecologically informed world citizenry who are also in touch with themselves, their community and the earth" an:

> "In contrast to technocentrism, decision-taking is not seen as the preserve of an all-knowing scientific elite but is regarded as a collective endeavour involving devolved power, with many decisions being taken at community level."[699]

In den beiden untersuchten Lesebuchreihen zeigen sich hierzu deutliche Parallelen. Hierbei lassen sich die konzeptionellen Unterschiede vor allem auf die verschiedenen gesellschaftlichen und politischen Systeme zurückführen, da „Partizipation" als Erziehungsziel sowie der Grad an Handlungsspielraum, der dem einzelnen Bürger zugebilligt wird, auch mit der Demokratisierung des Landes zusammenhängen. Im Zusammenhang mit der Strategie zur „Stärkung des Landes durch Wissenschaft, Technologie und Bildung" (*kejiao xingguo*) werden in den festlandchinesischen Lesebüchern vor allem technische Lösungen und Maßnahmen der Regierung zum Natur- und Umweltschutz vorgestellt. Der Ansatz, der sich hier erkennen lässt, ist eher als „technozentrisch" einzustufen: Über die zu ergreifenden Maßnahmen wird „von oben" entschieden, und die junge Generation soll umweltrelevantes Wissen, insbesondere technisches Wissen zur Lösung der Umweltprobleme erwerben und weiter entwickeln. Es finden sich kaum Texte, die Kindern oder erwachsenen Bürgern konkrete Handlungsorientierungen liefern, indem sie z. B. Aktivitäten von Bürgerinitiativen oder NGOs vorstellen. Wenngleich in der VR China mittlerweile einige Umweltgruppen von der Regierung geduldet werden, gilt eine aktive Partizipation des Einzelnen dort nicht als Erziehungsziel.

[699] Job, a.a.O., S. 29.

Dagegen sind sämtliche Natur- und Umweltschutzaktivitäten, die in den Lesebüchern Taiwans beschrieben werden, aus der Eigeninitiative Betroffener hervorgegangen. Dies spiegelt den Stellenwert wider, den Bürgerinitiativen, die auch den Ausgangspunkt der Umweltbewegung in den 1980er Jahren darstellten,[700] für den konkreten Umweltschutz in Taiwan haben. Bereits im Grundschulbereich ist Demokratieerziehung erklärtermaßen Bestandteil des Curriculums:[701] Im Sinne einer Erziehung zu Partizipation und Mitgestaltung einer demokratischen Gesellschaft sollen die Schüler anhand der Vorbilder im Text lernen, für ihre (Umwelt-)Interessen einzutreten und sich eigenständig zu engagieren. Damit werden auch die Entscheidungen im Umweltbereich stärker an der Basis mitbestimmt, was nach Jobs Definition darauf hindeutet, dass der im Lesebuch erkennbare Ansatz eher als „ökozentrisch" eingestuft werden kann. Interessant ist, dass trotz der allgemeinen Technikorientierung der taiwanesischen Gesellschaft und der Wichtigkeit von Technikerziehung im Grundschulbereich in den Lesebüchern keine technischen Lösungen für die Umweltproblematik vorgestellt werden.

8.3 Umwelterziehung in globaler Perspektive?

Die weltweiten Entwicklungen in den Bereichen Umweltpolitik und *environmental education* haben auch in der VR China und Taiwan zur Herausbildung einer lokalen Umwelterziehung geführt, deren Entwicklung in der vorliegenden Arbeit umrissen wurde. Ferner wurde gezeigt, wie man dort versucht, im Rahmen der Bildungs- und Curriculumsreformen umwelterzieherische Inhalte in die Lehrpläne der Grundschulen zu integrieren. Im Zentrum der Arbeit stand die vergleichende Untersuchung inhaltlicher, literarisch-gestalterischer und didaktisch-methodischer Aspekte der Behandlung des Themas „Natur und Umwelt" in den Grundschullesebüchern der Verlage *Beijing chubanshe* und *Hanlin chubanshe*, die exemplarisch Hinweise auf die lokale Konzeption der Umwelterziehung liefern konnte. An dieser Stelle soll abschließend die Frage nach ihrer „globalen Perspektive" geklärt werden.

In diesem Kontext sei nochmals an die bereits in der Einleitung eingeführte Doppelbedeutung des Begriffs „Globales Lernen" erinnert: Globales Lernen, d. h. der „Bildungsauftrag zur Förderung verantwortungsbewusster Weltbürger", meint *Globale Lern- und Lehrmethoden* im Sinne einer „interdisziplinären, partizipatorischen und handlungsorientierten, über kognitive Lernziele hinausgehenden Unterrichtspraxis" und eine *globale Bildungsperspektive* mit einem „grenzüber-

[700] Vgl. Heck (1996), S. 250ff und Hsiao, Michael Hsin-Huang: "Environmental Movements in Taiwan", in: Lee, Yok-Shiu F./So, Alvin Y. (Hg.): *Asia's Environmental Movements. Comparative Perspectives.* New York/London: Sharpe 1999, S. 33-54.

[701] Zu den Erziehungszielen in den Richtlinien für den Pflichtschulbereich siehe Abschnit 4.2.1.2.

schreitenden, weltweiten Horizont der Unterrichtsthemen".[702] Für die Lesebücher als mögliche umwelterzieherische Medien impliziert die Suche nach einer „globalen Perpektive“ damit zum einen die Frage nach ihrer methodisch-didaktischen Anbindung an diese globalen Lern- und Lehrmethoden: Erfüllen sie die umwelterzieherisch relevanten Kriterien der Situations-, Handlungs- und Problemorientierung und der Interdisziplinarität, die international als Standards gelten? Zum anderen stellt sich die Frage, ob und in welcher Form sie die Grundschüler auf eine für sie geeignete Weise auch bereits an globale Umweltthemen heranführen. Dies kann z. B. dadurch erfolgen, dass die Tier- und Pflanzenwelt und die Landschaften anderer Länder vorgestellt werden und auf die Wichtigkeit der Erhaltung des globalen Ökosystems hingewiesen wird. Im Sinne globaler Nachhaltigkeit gilt es darüber hinaus, bei älteren Grundschülern ein erstes Verständnis von der Interdependenz weltweiter Umweltfaktoren und vom Gedanken einer „einen Welt“ zu erzeugen.

Der integrative, interdisziplinäre Ansatz wird sowohl in der VR China als auch in Taiwan offiziell gefordert und soll im Rahmen der Bildungsreformen umgesetzt werden. Für die VR China ließ sich feststellen, dass den nicht-naturwissenschaftlichen Fächern eine wichtige Rolle innerhalb der Gesamtkonzeption der schulischen Umwelterziehung zukommen soll. Damit ist in der Programmatik eine Abkehr von früheren Ansätzen erkennbar, die durch eine Überbetonung von Umweltwissen gekennzeichnet waren. In den Lesebüchern zeigt sich dies darin, dass trotz einer großen Zahl von reinen Sachtexten in einer Reihe von Texten auch bereits affektive und kognitive Elemente verknüpft werden. Ein Defizit besteht jedoch in der Integration von Texten, die Schülern Handlungsorientierungen liefern können.

In den taiwanesischen Lesebüchern finden sich mehr Hinweise auf *globale Lern- und Lehrmethoden* im Bereich der Umwelterziehung: Zum einen kann die konkrete Verankerung von *environmental education* als *subject area* im neuen „Nine-Year Integrated Curriculum“ in Taiwan als deutliches Indiz für eine interdisziplinäre Herangehensweise an die Thematik gewertet werden, wobei man sich stark am weltweiten Trend zu fächerübergreifenden Curricula orientiert. Zum anderen deuten die multiperspektivisch angelegten Textsorten mit Protagonisten, die im aktuellen, lokalen Umfeld agieren, auf eine stärkere Situations- und Handlungsorientierung hin. Aus umwelterzieherischer Sicht kann diesen Faktoren ein stärkeres Wirkungspotenzial zugeschrieben werden.

Allerdings erfordern die allgemein befürwortete Interdisziplinarität und der didaktisch-methodische Ansatz des „Globalen Lernens“, der sich in den Materialien erkennen lässt, eine gänzlich andere Unterrichtspraxis als sie derzeit noch für die

[702] Vgl. Forghani, a.a.O., S. 1f.

VR China und Taiwan behauptet wird. Trotz aller Reformversuche kann davon ausgegangen werden, dass der Unterricht dort weiterhin von Frontalunterricht und Auswendiglernen geprägt ist. Grundlegende Änderungen traditioneller Lehr- und Lernmethoden erfordern besonders im Bereich der Lehrerausbildung langfristige Investitionen. Ein weiteres Hindernis für die praktische Umsetzung liegt in der starken Prüfungsorientierung, die häufig dazu führt, dass Inhalte wie Umwelterziehung – die nicht prüfungsrelevant sind – im Unterricht vernachlässigt werden.

Lässt sich in den untersuchten Lesebüchern ein *globaler Horizont der Unterrichtsthemen* erkennen? Auffällig ist zunächst, dass in den tier- und pflanzenkundlichen Texten und Landschaftsschilderungen in beiden Lesebuchreihen der Schwerpunkt auf der Natur und Umwelt der Heimat liegt. In den festlandchinesischen Lesebüchern werden im Einklang mit der Patriotismuserziehung, die ein wesentliches Element des Lehrplans darstellt, heimische Tierarten wie der Davidshirsch zu „Nationalheiligtümern" stilisiert. Es wird jedoch auch auf die Natur des Auslands Bezug genommen: Chinesische Touristen erleben die Tierwelt in einem Nationalpark in Tansania oder das künstlich begrünte Dubai, und auch einige der erwähnten Tiere (Elefant, Löwe, Pinguin etc.) sind im Ausland heimisch und werden in ihrem dortigen Lebensraum beschrieben.

Taiwans Lesebücher schildern dagegen ausdrücklich die Natur und Landschaft der Insel, das Ausland taucht explizit nur einmal in Gestalt des japanischen Ortes Furukawa-chō auf, der als Vorbild für eine gelungene Stadtverschönerung dient. Einige der dargestellten Orte bleiben namenlos und könnten sich überall befinden. Auch die VR China wird nicht erwähnt. Diese heimatorientierte Tendenz steht in direktem Zusammenhang mit der „Taiwanisierung", die sich seit einigen Jahren in verschiedenen gesellschaftlichen Bereichen wie literarischen und sprachlichen Trends oder bildungspolitischen Maßnahmen widerspiegelt: Über die Beschreibung der „schönen Heimat" soll auch im Lesebuch eine enge Beziehung zur Heimat Taiwan – in Abgrenzung zum chinesischen Festland – herausgebildet werden. So werden z. B. landschaftliche Besonderheiten oder Tierarten hervorgehoben, die nur in Taiwan heimisch sind, um die Insel auch ökologisch zu etwas „Einzigartigem" zu stilisieren.[703]

Globale Probleme und Zusammenhänge, wie z. B. das Ozonloch, werden in beiden untersuchten Lesebuchreihen nicht behandelt. Der Begriff „Nachhaltigkeit" taucht explizit nur in zwei Texten der festlandchinesischen Lesebücher auf.

[703] Zu diesem Trend passt auch die Tatsache, dass sich in den untersuchten Lesebüchern Taiwans kaum Texte festlandchinesischer Autoren finden. Stattdessen wurden vor allem Vertreter der dortigen Heimatliteratur ausgewählt.

Einer der Texte („Ein grünes ökologisches Wohngebiet") thematisiert die „nachhaltige Stadtentwicklung *in unserem Land*" durch modernste Technologien, wodurch der Begriff lediglich einen lokalen Bezug aufweist. Im anderen Text („Wir haben nur eine Erde") wird das Nachhaltigkeitskonzept auf die ganze Welt ausgedehnt: Darin wird darauf verwiesen, dass die natürlichen Ressourcen endlich sind und es keine Möglichkeit gibt, auf einen anderen Planeten auszuweichen, wenn der Mensch die Erde zerstört hat. Daher appelliert der Text an die Leser, die natürliche Umwelt auch für die Nachkommen zu schützen, und deutet damit auch das Prinzip der intergenerationellen Gerechtigkeit an. In den Lesebüchern Taiwans taucht der Begriff nicht auf, allerdings wird in einem Text („Das Feld nach der Ernte") darauf verwiesen, dass die gegenwärtige Zivilisation das ökologische Gleichgewicht zerstört und damit nicht im Sinne der intergenerationellen Gerechtigkeit handelt. Auch diese Idee bleibt jedoch lokal verankert, so dass die Frage nach einem deutlich globalen Horizont der Themen für die taiwanesischen Lesebücher negativ beantwortet werden muss. Allerdings gilt neben dem Wissen über weltweite Zusammenhänge die Partizipation der Bürger als entscheidend für einen lokalen Beitrag zur globalen nachhaltigen Entwicklung. Anders als in der VR China, wo sich die Erziehung zur Partizipation aus politischen Gründen nicht in den Lesebüchern niederschlägt, wird dieser Aspekt im demokratischen Taiwan durch die handlungsorientierten Texte stärker berücksichtigt. Allein aus fehlenden globalen Themen in den taiwanesischen Lesebüchern kann daher nicht generell auf ein Defizit in der Erziehung zu „Weltbürgerlichkeit" geschlossen werden.

Der hohe Anteil heimatbezogener Texte in beiden Lesebuchreihen lässt sich auch durch didaktische Erwägungen der Herausgeber erklären: Heimatkunde ist anerkanntermaßen ein wesentlicher Bestandteil von Umwelterziehung auf Grundschulebene. Im Einklang mit dem Prinzip "think globally, act locally" ist insbesondere im Bereich konkreten umweltbezogenen Handelns davon auszugehen, dass eine räumliche und zeitliche Nähe zu den Handlungsvorbildern Kindern eine Nachahmung erleichtern und sie anregen könnte, aktiv am Natur- und Umweltschutz in ihrem Wohnumfeld mitzuwirken. Dass sich nur wenig globale Themen in den Grundschullesebüchern finden ließen, kann daher nicht zu der Schlussfolgerung führen, dass diese nicht in den höheren Klassenstufen eingeführt werden: Auch die Vorgaben im Lehrplan deuten darauf hin, dass ein Vorgehen „vom Lokalen zum Globalen" in Anpassung an den Entwicklungs- und Wissensstand der Kinder erfolgt, wie es auch international üblich ist. Die Vorstellung von einer globalen Verantwortung für die Umweltproblematik und entsprechende Maßnahmen zur Verbesserung der Umweltqualität gelten in den Augen chinesischer und taiwanesischer Pädagogen offenbar nicht als angemessen für den Grundschulbereich.

Die umwelterzieherische Theorie und Praxis in der VR China und Taiwan – als ein regionaler Lösungsweg zur Bewältigung der globalen Umweltproblematik – wurde bisher in westlichen Publikationen nur wenig berücksichtigt. In diesem

Kontext konnte der vorliegende Forschungsbeitrag zeigen, dass sich beide in unterschiedlicher Form um eine konkrete Umsetzung der internationalen Beschlüsse im Umweltbildungsbereich bereits auf Grundschulebene bemühen. Dies erfolgt unter anderem durch eine verstärkte Integration explizit natur- und umweltbezogener Texte in die Lesebücher, die durch die Analyse der Texte nachgewiesen werden konnte. Trotz aller Schwierigkeiten im Bildungsbereich, die insbesondere in ärmeren Regionen der VR China weiterhin bestehen, bleibt daher zu hoffen, dass dies dazu beiträgt, dass eine neue Generation heranwächst, die verantwortungsvoll mit der Umwelt umgeht und sich dafür einsetzt, Entwicklung und Globalisierung ökologisch nachhaltig zu gestalten.

9. Literaturverzeichnis

Adameit, Hartmut/Heidrich, Winfried/Möller, Christine/Sommer, Hartmut: *Grundkurs Verhaltensmodifikation*. Weinheim 1978.

Aho, Leena: "Man and Nature: Cognitive and Emotional Elements in the Views of Twelve-Year-Old Schoolchildren", in: *Scandinavian Journal of Educational Research* 28, 1984, S. 169-186.

Baisch, Petra/Schrenk, Marcus: „Ökologische Aspekte in Sachunterrichtswerken. Ergebnisse einer Schulbuchanalyse", in: Seybold, Hansjörg/Rieß, Werner (Hg.): *Bildung für eine nachhaltige Entwicklung in der Grundschule. Methodologische und konzeptionelle Ansätze*. Schwäbisch Gmünd 2002, S. 185-189.

Bandura, Albert: *Lernen am Modell. Ansätze zu einer sozial-kognitiven Lerntheorie*. Stuttgart 1976.

Barmé, Jeremy: "To Screw Foreigners is Patriotic", in: *The China Journal* 34, July 1995, S. 209-234.

Bechert, Stefanie: *Die VR China in internationalen Umweltregimen*. Münster 1995.

Becker, Egon/Ruppert, Wolfgang (Hg.): *Ökologische Pädagogik, pädagogische Ökologie*. Frankfurt 1987.

Becker, Gerhard: *Urbane Umweltbildung im Kontext einer nachhaltigen Entwicklung*. Opladen 2001.

Beech, Hannah: "Lesson unlearned", in: *Time Asia* 155 (10), 13. 03. 2000, S. 22-23.

Beer, Wolfgang/Kraus, Jobst (Hg.): *Bildung und Lernen im Zeichen der Nachhaltigkeit. Konzepte für Zukunftsorientierung, Ökologie und soziale Gerechtigkeit*. Schwalbach /Ts 2002.

Beijing jiaoyu kexue yanjiuyuan jichu jiaoyu jiaoxue yanjiu zhongxin 北京教育科学研究院基础教育教学研究中心 (Hg.): *Jiunian yiwu jiaoyu liunianzhi xiaoxue jiaokeshu „Yuwen"* 九年义务教育六年制小学教科书语文 [Lesebücher für die sechsjährige Grundschule im Rahmen der neunjährigen Pflichtschulzeit], Band 1-12, Beijing chubanshe 北京出版社. Beijing 2002.

Beijing jiaoyu kexue yanjiuyuan jichu jiaoyu jiaoxue yanjiu zhongxin 北京教育科学研究院基础教育教学研究中心 (Hg.): *Jiunian yiwu jiaoyu liunianzhi xiaoxue jiaokeshu yuwen jiaoxue cankaoshu* 九年义务教育六年制小学教科书语文教学参考书 [Lehrerhandreichungen zu den Lesebüchern für die sechsjährige Grundschule im Rahmen der neunjährigen Pflichtschulzeit], Band 1 – 12, Beijing chubanshe 北京出版社. Beijing 2002.

Beijing jiaoyu kexue yanjiuyuan 北京教育科学研究院/Beijing chubanshe 北京出版社 (Hg.): *Jiunian yiwu jiaoyu jiaocai. Yuwen.* 九年义务教育教材语文 [Lehrmaterialien für die neunjährige Pflichtschulzeit: Sprach- und Literaturunterricht]. Beijing chubanshe 北京出版社. Beijing 2004.

Betke, Dirk: „Umweltkrise und Umweltpolitik", in: Hermann-Pillath, Carsten /Lackner, Michael (Hg.): *Länderbericht China*. Bonn 1998, S. 325-357.

Beyersdorf, Martin/Michelsen, Gerd/Siebert, Horst (Hg.): *Umweltbildung. Theoretische Konzepte, empirische Erkentnisse, praktische Erfahrungen.* Neuwied 1998.

Bianji weiyuanhui 编辑委员会 (Hg.): *Huanjing kexue dacidian* 环境科学大词典 [Lexikon der Umweltwissenschaften]. Beijing 1993 (2. Aufl.).

Birnie, Patricia/Boyle, Alan E.: *International Law and the Environment.* New York 2002 (2. Auflage).

Blanc, Bernadette/Wolfe, Joshua: "Environmental Awareness and Participatory Planning. A Case Study in a Montreal Municipality", in: *Journal of Environmental Education* 19 (3), 1988, S. 32-37.

Bodde, Derk: *Chinese Thought, Society and Science. The Intellectual and Social Background of Science and Technology in Pre-modern China.* Honolulu: University of Hawaii Press 1992.

Böhm, Barbara: *Die chinesische Kultur als Basis für eine Wiedervereinigung zwischen Taiwan und der Volksrepublik China? Inhaltsanalytischer Vergleich taiwanesischer und volksrepublikanischer Grundschulbücher im Fach Chinesisch.* Unveröffentlichte Magisterarbeit, Tübingen 1995.

Bolscho, Dietmar/Michelsen, Gerd: *Umweltbildung unter globalen Perspektiven.* Bielefeld 1997.

Bolscho, Dietmar/Seybold, Hansjörg: *Umweltbildung und ökologisches Lernen: Ein Studien- und Praxisbuch.* Berlin 1996.

Bölts, Hartmut: *Umwelterziehung. Grundlagen, Kritik und Modelle für die Praxis.* Darmstadt 1995.

Boodberg, Peter A.: „Cedules from a Berkeley Workshop in Asiatic Philosophy", in: Cohen, Alvin P.: *Selected Works of Peter A. Boodberg.* Univ. of California Press 1979, S. 173-220.

Borck, Karin: *„Der Micha vom Prenzlauer Berg." Prophetenbilder in Religionsbüchern der Sekundarstufe. Eine Schulbuchanalyse aus exegetischer Sicht.* Dissertation am Fachbereich Geschichts- und Kulturwissenschaften der FU Berlin 2002. Online im Internet: http://www.diss-fu-berlin.de/2002/34/index.html [Stand 13.09.2004].

Bos, Wilfried/Straka, Gerald: *Was Maos Erben in der Schule lernen.* Münster/New York: Waxmann 1987.

Breidenbach, Raphael: *Herausforderung Umweltbildung.* Bad Heilbrunn 1996.

Brilling, Oskar/Kleber, Eduard (Hg.): *Handwörterbuch Umweltbildung.* Hohengehren 1999.

Bruun, Ole/Kalland, Arne: (Hg.): *Asian Perceptions of Nature. A Critical Approach.* Richmond/Surrey: Curzon Press 1995.

Bruun, Ole/Kalland, Arne: "Images of Nature – An Introduction to the Study of Man-Environment Relations in Asia", in: Bruun, Ole/Kalland, Arne: (Hg.): *Asian Perceptions of Nature. A Critical Approach.* Richmond/Surrey: Curzon Press 1995, S. 1-24.

Bundesministerium für Umwelt, Naturschutz und Reaktorsicherheit (BMU) (Hg.): *Konferenz der Vereinten Nationen für Umwelt und Entwicklung im Juni 1992 in Rio de Janeiro. Dokumente. Agenda 21.* Reihe „Umweltpolitik". Bonn 1992.

Bynner, Witter: *The Jade Mountain: A Chinese Anthology.* New York 1929.

Calließ, Jörg/Lob, Reinhold (Hg.): *Handbuch Praxis der Umwelt- und Friedenserziehung, Band II: Umwelterziehung.* Düsseldorf 1987.

Calließ, Jörg/Rüsen, Jörn/Striegnitz, Meinfried: *Mensch und Umwelt in der Geschichte.* Pfaffenweiler 1989.

Cao, Cong: "Strengthening China Through Science and Education: China's Development Strategy Towards the Twenty-First Century", in: *Issues & Studies* 38 (3), September 2002, S. 122-149.

Chen Huanglin 陈晃麟: „Renwen suyang yu guowen jiaoxue" 人文素养与国文教学 [Humanistische Bildung und Chinesischunterricht], in: *Zhongdeng jiaoyu* 中等教育 48 (1), 1997, S. 65-71.

Chen Yuxuan 陳育軒/Lin Mingrui 林明瑞: „Yuangu shiqi Zhongguo guwen huanjing gainian zhi tanxi" 遠古時期中國古文環境概念之探析 [Untersuchung der Umweltvorstellungen in klassischen chinesischen Texten des Altertums], in: *Haixia liang'an huanjing jiaoyu yantaohui lunwenji* 海峽兩岸環境教育研討會論文集, S. 147-155.

Council for Economic Planning and Development 行政院經濟建設委員會 *xingzhengyuan jingji jianshe weiyuanhui* (Hg): *Taiwan ershiyi shiji yicheng. Guojia yongxu fazhan yuanjing yu celüe gangling* 臺灣二十一世紀議程國家永續發展遠景與策略綱領 [Taiwans Agenda 21: Programm der Perspektiven und Strategien der nachhaltigen Entwicklung des Landes]. Online im Internet: http://www.cepd.gov.tw/land/21agenda/agenda21931108update.pdf [Stand 26.01.05].

Cummings, William (Hg): *The Revival of Values Education in Asia and the West.* Oxford 1988.

Dahrendorf, Malte (Hg.): *Kinder- und Jugendliteratur.* Berlin 1995.

Dahrendorf, Malte: *Kinder- und Jugendliteratur im bürgerlichen Zeitalter.* Königstein 1980.

Dempsey, Rachael: *Effects of Ecological Culture at School on Students.* Dissertation, Flensburg 1999. Online im Internet: http://webdoc.sub.gwdg.de/ebook/fk/2002/dempsey/03ch1_3.htm [Stand 16.05.2004].

Deutsche UNESCO-Kommission: „Nachhaltigkeit lernen: Hamburger Erklärung der Deutschen UNESCO-Kommission zur Dekade der Vereinten Nationen ‚Bildung für nachhaltige Entwicklung'" (2005-2014). Online im Internet: http://www.umweltbildung.de [Stand 13.03.2004].

Deutsches Nationalkomitee für das UNESCO-Programm „Der Mensch und die Biosphäre" (Hg.): *Der Mensch und die Biosphäre. Internationale Zusammenarbeit in der Umweltforschung.* Bonn 1990.

Dollase, Rainer: „Die Hoffnung nicht aufgeben. Zur Psychologie einer kindgemäßen Umwelterziehung", in: Schmitz-Peick, Maya (Hg.): *Wenn der Welt die Luft ausgeht... und Kinder Angst vor der Zukunft haben.* Düsseldorf 1993, S. 111-130.

Dollase, Rainer: „Entwicklungspsychologische Grundlagen der Umwelterziehung“, in: Gesing, Harald/Lob, Reinhold E. (Hg.): *Umwelterziehung in der Primarstufe.* Heinsberg 1991, S. 32-63.

Dong Jinyu 董金裕: „Guomin zhongxue guowen jiaocai de yanbian ji jiantao“ 國民中學國文教材的演變及檢討 [Weiterentwicklung und kritische Überprüfung der Lehrmaterialien für den Sprach- und Literaturunterricht an Mittelschulen], in: *Guoli jiaoyu ziliaoguan jiaoyu ziliao jikan* 國立教育資料舘教育資料季刊, 1990, S. 127-139.

Drutjons, Peter: „Plädoyer für eine andere Umwelterziehung“, in: *Unterricht Biologie* 134 (Mai 1988), S. 4-12.

Du Hongfang 杜宏芳/Zhu Fenghai 朱风海: „Chongfen liyong yuwen jiaocai shentou huanjing jiaoyu“ 充分利用语文教材渗透环境教育 [Nutzung von Lehrmaterialien für den Sprachunterricht zur Integration von Umwelterziehung], in: *Huanjing jiaoyu* 环境教育 4 (2002), S. 31-32.

Du Hongfang 杜宏芳: „Guankui yuwen xueke zhong shentou huanjing jiaoyu de ’san xing’“ 管窥语文学科中渗透环境教育的三性 [Drei Prinzipien, Umwelterziehung in den Sprach- und Literaturunterricht zu integrieren], in: *Huanjing jiaoyu* 环境教育 4, 2002, S. 39-40.

Dybowski, Rainer: „Unterrichtsthemen im Deutschunterricht der Sekundarstufe II“, in: Friedrich, Gudrun/Isensee, Wolf/Strobl, Gottfried (Hg.): *Praxis der Umweltbildung. Neue Ansätze für die Sekundärstufe II. Band I: Ergebnisse einer Tagung.* Bielefeld 1995, S. 79- 86.

Eckersley, Robyn: *Environmentalism and Political Theory: Towards an Ecocentric Approach.* London 1992.

Eckert, Georg: „Schulbücher und der Friede“, in: *Geist und Tat* 16 (1961), S. 104-105.

Economy, Elizabeth C.: *The River Runs Black. The Environmental Challenge to China's Future.* Ithaca/London 2004.

Edmonds, Richard Louis: “The Environment in the People’s Republic of China 50 Years on“, in: *The China Quarterly* 159 (September 1999), S. 640-649.

Edmonds, Richard Louis: ”Taiwan’s Environment Today“, in: *The China Quarterly* 148 (1996), S. 1224-1259.

Ehlers, Swantje: *Der Umgang mit dem Lesebuch. Analysen – Kategorien – Arbeitsstrategien.* Baltmannsweiler 2003.

Elvin, Mark: *The Retreat of the Elephants: An Environmental History of China.* New Haven u. a.: Yale University Press 2004.

Environmental Protection Agency (Hg.): “Compilation of Agenda 21 Kicks Into High Gear“, in: *Environmental Policy Monthly Taiwan R.O.C.* 3 (3), 1999.

Erdmann, Karl-Heinz (Hg.): *Perspektiven menschlichen Handelns. Umwelt und Ethik.* Heidelberg 1993.

Erlewein, Tatjana: *Umweltbildung in Pekinger Grund- und Mittelschulen. Eine Feldforschung.* Unveröffentlichte Diplomarbeit, Bremen 2002. Online im Internet: http://www.asa-programm.de/site/spider/chi01_01_45_de.php [Stand 21.03.2004].

Eschenhagen, Dieter: „Untersuchungen zur Tierkenntnis von Schülern", in: *Unterricht Biologie* 1982 (68) S. 41-44.

Eulefeld, Günter (Hg.): *Studien zur Umwelterziehung.* Kiel 1993.

Fietkau, Hans-Joachim/Kessel, Hans: „Umweltlernen", in: Calließ, Jörg/Lob, Reinhold E. (Hg.): *Handbuch Praxis der Umwelt- und Friedenserziehung, Band I: Grundlagen.* Düsseldorf 1987, S. 311-315.

Forghani, Neda: „Was ist Globales Lernen... und was ist es nicht?" Online im Internet: http://doku.cac.at/ forghani.pdf [Stand 04.08.2004].

Franke, Herbert: „Geschichte und Natur – Betrachtungen einen Asien-Historikers", in: Markl, Hubert (Hg.): *Natur und Geschichte.* München/Wien 1983, S. 51-69.

Franke, Renata Fu-sheng/Mitter, Wolfgang (Hg.): *Das Bildungswesen in China. Reform und Transformation.* Köln 2003.

Franke, Renata Fu-sheng/Mitter, Wolfgang: „Das Bildungswesen in China. Reform und Transformation", in: Franke, Renata Fu-sheng/Mitter, Wolfgang (Hg.): *Das Bildungswesen in China. Reform und Transformation.* Köln 2003, S. 9-15.

Friedrich, Gudrun/Isensee, Wolf/Strobl, Gottfried (Hg.): *Praxis der Umweltbildung. Neue Ansätze für die Sekundärstufe II. Band I: Ergebnisse einer Tagung.* Bielefeld 1995.

Fritzsche, K. Peter (Hg.): *Schulbücher auf dem Prüfstand. Perspektiven der Schulbuchforschung und Schulbuchbeurteilung in Europa.* Frankfurt/Main 1992.

Gao Huifen 高慧芬: „Xuexiao huanjing jiaoyu yu jiaoshi zaizhi xunlian" 學校環境教育與教師在職訓練 [Schulische Umwelterziehung in der berufsbegleitenden Lehrerfortbildung], in: *Huanjing jiaoyu jikan* 環境教育季刊 7, 1990, S. 25-29.

Gebauer, Michael: *Kind und Umwelt: Ergebnisse einer empirischen Studie zum Umweltbewußtsein von Grundschülern.* Frankfurt/Main 1994.

Gebhard, Meike: *Sustainable Development als Leitbild zur konzeptionellen Weiterentwicklung der Umweltbildung.* Münster 1999.

Georg-Eckert-Institut (Hg.): „Informationen und Hinweise für Bibliotheksbenutzer." Braunschweig, o. J.

Gernet, Jacques: "Pitié pour les animaux", in: *De Dunhuang au Japon. Etudes offertes à Michel Soymié*, Hautes Etudes Orientales 31. Paris 1996, S. 293-300.

Gesing, Harald/Lob, Reinhold E. (Hg.): *Umwelterziehung in der Primarstufe – Grundlagen eines umfassenden Bildungskonzepts.* Heinsberg 1991.

Gesing, Harald/Lob, Reinhold: „Umwelterziehung – ganzheitlicher und umfassender Bildungsauftrag für die Schule", in: Gesing, Harald/Lob, Reinhold (Hg.): *Umwelterziehung in der Primarstufe – Grundlagen eines umfassenden Bildungskonzepts.* Heinsberg 1991, S. 7-31.

GLOBE (Hg.): "The GLOBE Program Overview." Online im Internet: http://www.globe.gov [Stand 21.09.2004].

Gloy, Karen: *Das Verständnis der Natur. 1. Band: Die Geschichte des wissenschaftlichen Denkens*. München 1995.

Goswami, Usha: *So denken Kinder. Einführung in die Psychologie der kognitiven Entwicklung*. Bern 2001.

Government of the Republic of China (Hg.): *Constitution of the ROC*. Online im Internet: http://www.taiwandocuments.org/constitution04.htm [Stand 04.03. 2004].

Government of the Republic of China (Hg.): *Zhonghua minguo xianfa* 中華民國憲法 [Verfassung der Republik China auf Taiwan]. Online im Internet: http://www.gio.gov.tw/info/news/constitutionc.htm [Stand 22.09.2004].

Graham, A. C.: *Poems of the Late T'ang*. Penguin Books, London 1965.

Gransow, Bettina: „Umweltqualität, Umweltpolitik, Umweltbewußtsein" in: Staiger, Brunhild (Hg.): *Länderbericht China*. Darmstadt 2000, S. 214-218.

Gräsel, Cornelia: „Umweltbildung", in: Tippelt, Rudolf (Hg.): *Handbuch Bildungsforschung*. Opladen 2002, S. 675-689.

Gross, Dieter: „Umwelterziehung und Nachhaltige Entwicklung. Bestandsaufnahme und Umsetzungsmöglichkeiten der Vereinbarungen der Agenda 21 in der Lehrplanentwicklung in Deutschland", in: *Zeitschrift für internationale Bildungsforschung und Entwicklungspädagogik*, 21 (2), 1998. Online im Internet: http://home.t-online.de/home/Dieter.Gross/zep298.htm [Stand 10.06. 2003].

Guangdong sheng zhongxiaoxue jiaoshi chixu jiaoyu zhongxin zuzhi 广东省中小学教师持续教育中心组织 (Hg.): *Zuopin shangxi yu xiaoxue yuwen jiaoxue* 作品赏析与小学语文教学 [Literaturgenuss und -analyse im Sprach- und Literaturunterricht an Grundschulen]. Gaodeng jiaoyu chubanshe 高等教育出版社. Guangdong 2000.

Gudjons, Herbert: *Pädagogisches Grundwissen*. Bad Heilbrunn 2003 (8. aktualisierte Auflage).

Gugel, Günther/Jäger, Uli: „Friedenspädagogische Überlegungen zum globalen Lernen". Online im Internet: http://www.friedenspädagogik.de [Stand 30.06. 2004].

Guo Minglang 郭明朗: „Guomin xiaoxue huanjing jiaoyu de guoqu, xianzai yu weilai" 國民小學環境教育的過去、現在與未來 [Vergangenheit, Gegenwart und Zukunft der Umwelterziehung an taiwanesischen Grundschulen], in: *Guomin jiaoyu* 國民教育 31 (9/19), 1991, S. 25-31.

Guojia huanjing baohu zongju xuanchuan jiaoyu zhongxin 国家环境保护总局宣传教育中心 (Hg.): *Lüse xuexiao zhinan* 绿色学校指南 [Richtlinien für „Grüne Schulen]. Beijing 2003.

Haan, Gerhard de/Kuckartz, Udo: „Umweltbewußtsein", in: Jänicke, Martin (Hg.): *Umwelt global: Veränderungen, Probleme, Lösungsansätze*. Berlin 1995, S. 197-213.

Haan, Gerhard de/Kuckartz, Udo: *Umweltbewußtsein: Denken und Handeln in Umweltkrisen*. Opladen 1996.

Haan, Gerhard de: *Natur und Bildung. Perspektiven einer Natur der Zukunft*. Weinheim/Basel 1985.

Haan, Gerhard de: *Ökologie-Handbuch Grundschule*. Weinheim 1991.

Haas, Gerhard (Hg.): *Kinder- und Jugendliteratur. Ein Handbuch*. Stuttgart 1984.

Haltner-Mylaeus, Edeltraut/Mylaeus, Thomas: „Umwelterziehung – allgemeine psychologische Grundlagen", in: Erdmann, Karl-Heinz (Hg.): *Perspektiven menschlichen Handelns. Umwelt und Ethik*. Heidelberg 1993, S. 148-164.

Han Mingzhang 韓名璋: *Xianxing guoxiao ziranke jiaokeshu youguan huanjing jiaoyu jiaocai zhi yanjiu* 現行國小自然科教科書有關環境教育教材之研究 [Untersuchung der Lehrmaterialien zur Umwelterziehung in naturwissenschaftlichen Fächern an gegenwärtigen Grundschulen Taiwans]. Magisterarbeit am *Guoli Hualian shifan xueyuan guoxiaoke xuexiao jiaoyu yanjiusuo* 國立花蓮師範學院國小科學校教育研究所. Hualian 2000.

Hanlin chubanshe 翰林出版社 (Hg.): *Guoyu jiaoxue zhiyin* 國語教學指引 [Lehrerhandreichungen zur Reihe *Guoyu* für den Sprach- und Literaturunterricht], Band 1 – 12. Tainan 2002/2003.

Hanlin chubanshe 翰林出版社 (Hg.): *Jiunian yiguan guomin xiaoxue guoyu keben* 九年一貫國民小學國語課本 [Lesebücher für taiwanesische Grundschulen nach dem Nine-Year Integrated Curriculum]， Band 1 - 12. Tainan 2002/2003

Harnisch, Thomas: „Bildung und Wissenschaft" in: Staiger, Brunhild (Hg.): *Länderbericht China*. Darmstadt 2000, S. 221-251.

Haskin, John: "Environmental Education in the United States: Teaching in the Present, Preparing Students for the Future." Paper presented at the International Symposium on Environmental Education, February 1999, Tokyo. Online im Internet: http://www.newhorizons.org/strategies/environmental/haskin.htm [Stand 13.03.2004].

He Gengsheng 何更生: „Zai zhongxiaoxue yuwen jiaoxue zhong jinxing huanjing jiaoyu chuyi" 在中小学语文教学中进行环境教育刍议 [Anregungen zur Durchführung von Umwelterziehung im Sprach- und Literaturunterricht an Grund- und Mittelschulen], in: *Xiandai zhongxiaoxue jiaoyu* 现代中小学教育 1, 2000, S. 23-35.

Heck, Peter: „Taiwans Umweltkrise – der (zu) lange Weg zu einer nachhaltigen Entwicklung", in: Schubert, Gunter/ Schneider, Axel (Hg.): *Taiwan an der Schwelle zum 21. Jahrhundert. Gesellschaftlicher Wandel, Probleme und Perspektiven eines asiatischen Schwellenlandes*. Mitteilungen des Instituts für Asienkunde 270, Hamburg 1996, S. 239-262.

Heck, Peter: „Vom Wirtschaftswunder in die ökologische Krise – Umweltprobleme auf der Ilha Formosa", in: Sandschneider, Eberhard (Hg.): *Interdisziplinäre Aspekte deutscher Taiwan-Forschung*. Dortmund 1994, S. 24-43.

Henze, Jürgen: „Das Bildungssystem der VR China in den 90er Jahren.“ *Berichte des Bundesinstituts für ostwissenschaftliche und internationale Studien* 12. Köln 1995.

Henze, Jürgen: „Das Schulwesen ab 1949“, in: Staiger, Brunhild/Schütte, Hans-Wilm/Friedrich, Stefan (Hg.): *Das große China-Lexikon*. Darmstadt 2003, S. 656-658.

Hermann-Pillath, Carsten/Lackner, Michael (Hg.): *Länderbericht China*. Bonn 1998.

Hoenisch, Nancy/Niggemeyer, Elisabeth: *Heute streicheln wir den Baum. Kinder machen Erfahrungen mit Pflanzen, Tieren, dem Wetter und der Erde*. Ravensburg 1981.

Hoffmann, Sabine/Zickermann, Jochen: „Von der Umweltbildung zur Bildung für nachhaltige Entwicklung“, in: *Forum Geoökologie* 11 (3), 2000, S. 24-27.

Hong Qiongjun 洪瓊君: *Ni ye keyi dai haizi he ziran wan* 你也可以带孩子和自然玩. Zhang Laoshi wenhua 张老师文化, 2001.

Hong Ruyu 洪如玉: „Jiunian yiguan kecheng zonggang zhong de huanjing zhexue jichu zhi yanjiu“ 九年一貫課程總綱中的環境哲學基礎之研究 [Untersuchung des umweltphilosophischen Fundaments der Richtlinen des Nine-Year Integrated Curriculums], in: *Guoli bianyiguan tongxun* 國立編譯館通訊 14 (4), 2001, S. 34-44.

Hsiao, Michael Hsin-Huang: ”Environmental Movements in Taiwan“, in: Lee, Yok-Shiu F./So, Alvin Y. (Hg.): *Asia's Environmental Movements. Comparative Perspectives*. New York/London: Sharpe 1999, S. 33-54.

Hu Tongzhi 胡同志 „Wo guo zhongxiaoxue tuizhan huanjing jiaoyu zhi neirong ji xiankuang jiantao“ 我國中小學推展環境教育之內容及現況檢討 [Kritische Überprüfung der Inhalte und gegenwärtigen Situation der Förderung von Umwelterziehung an taiwanesischen Grund- und Mittelschulen], in: *Taiwan jiaoyu* 臺灣教育 4, 1995, S. 47-50.

Hu, Adelheid: „Totes Lernen für das Leben? Zur Krise und geplanten Reformierung des taiwanesischen Bildungssystems”, in: Schubert, Gunter/ Schneider, Axel (Hg.): *Taiwan an der Schwelle zum 21. Jahrhundert. Gesellschaftlicher Wandel, Probleme und Perspektiven eines asiatischen Schwellenlandes*. Hamburg 1996, S. 265-284.

Huang Jiancheng 黃建城: „Guoxiao xian jieduan rongrushi huanjing jiaoyu“ 國小現階段融入式環境教育 [Das gegenwärtige Stadium einer integrativen Umwelterziehung an Taiwans Grundschulen], in: *Hualian wenjiao* 花蓮文教 8, 1994, S. 46-48.

Huang Wanjun 黃婉君: „Guoxiao xinban guoyuke jiaokeshu xingbie yishixingtai zhi neirong fenxi yanjiu“ 国小新版國語科教科書性別意識形態之內容分析研究 [Inhaltsanalyse der Neuauflage von taiwanesischen Grundschullesebüchern im Hinblick auf geschlechterbezogene Ideologien], in: *Liangxing pingdeng jiaoyu jikan* 兩性平等教育季刊 5, 1998, S. 26-37.

Huang Yiling: "Educational Reform in Taiwan: Change and Continuity Since the Change in Ruling Party", Paper submitted for presentation at the *Inaugural Conference of the European Association of Taiwan Studies*, April 2004.

Hungerford, Harold R./Volk, Trudi L.: "Changing Learner Behaviour Through Environmental Education", in: *Journal of Environmental Education* 21 (3), 1990, S. 8-21.

Hussong, Martin: „Das Sachbuch", in: Haas, Gerhard (Hg.): *Kinder- und Jugendliteratur. Ein Handbuch*. Stuttgart 1984, S. 63-87.

Iguchi, Jack Hiroki: "Environmental Education: Part 4 – Strategies for Environmental Education from Philosophical Points of View", Colloquium No. 35. Online im Internet: http://www.glocom.org/special_topics/colloquium/20030813_iguchi_environmental4/index.html [Stand 11.03.2004].

Jänicke, Martin (Hg.): *Umwelt global: Veränderungen, Probleme, Lösungsansätze*. Berlin 1995.

Jiaoyubu 教育部 (Hg.): *Jiunian yiguan kecheng zanxing gangyao* 九年一貫課程暫行綱要 [Vorläufiger Abriss zum Nine-Year Integrated Curriculum]. Taibei 2001.

Jin Zenghao 金曾豪: *Juegu sheli* 绝谷猞猁 [Luchse im abgeschiedenen Tal]. 中国少年儿童环境文学创作丛书 Zhongguo shaonian ertong huanjing wenxue chuangzuo congshu. [Buchreihe: Werke der chinesischen Umweltliteratur für Kinder und Jugendliche.] 花山文艺出版社 Huashan wenyi chubanshe. Shijiazhuang 2000.

Job, David A.: "Geography and Environmental Education – An Exploration of Perspectives and Strategies", in: Kent, W. Ashley/Lambert, David/Naish, Michael/Slater, Frances (Hg.): *Geography in Education: Viewpoints on Teaching and Learning*. Cambridge University Press 1996, S. 22-49.

Kangxuan chubanshe 康軒出版社 (Hg.): *Guoyu jiaoshi shouce jiaoxue pian* 國語教師手冊教學篇 [Lehrerhandreichungen zu den Lesebüchern für die Grundschule], Band 1 – 12. Taibei 2002.

Kangxuan chubanshe 康軒出版社 (Hg.): *Guoyu keben* 國語課本 [Lesebücher für die taiwanesische Grundschule], Band 1 – 12. Taibei 2002.

Kanzler, Brunhilde/Wespel, Manfred: „Umwelterziehung in Fibeln und Grundschullesebüchern", in: Rodi, Dieter (Hg.): *Umweltschutz, Umweltpolitik, Umweltbildung. Beitrag der Fächer zu einem Überlebensproblem*. Pädagogische Hochschule Schwäbisch Gmünd 1993, S. 85-95.

Karst, Theodor: „'Vom baum lernen' – ökopädagogische Aspekte einer Literatur für Kinder und Jugendliche", in: Richter, Karin/Hurrelmann, Bettina (Hg.): *Kindeliteratur im Unterricht. Theorien und Modelle zur Kinder- und Jugendliteratur im pädagogisch-didaktischen Kontext*. Weinheim 1998, S. 215-227.

Ke Zhizhong 柯志忠: „Guoyuke jiaokeshu disan ce butong banben zhi bijiao fenxi" 國語科教科書第三冊不同版本之比較分析 [Vergleichende Untersuchung von verschiedenen Ausgaben des Lesebuches ‚Band 3'], in: *Jiaoshi zhi you* 教師之友 39 (5), 1998, S. 48-58.

Kent, W. Ashley/Lambert, David/Naish, Michael/Slater, Frances (Hg.): *Geography in Education: Viewpoints on Teaching and Learning.* Cambridge University Press 1996.

Kessler, Hans (Hg.): *Ökologisches Weltethos im Dialog der Kulturen und Religionen.* Darmstadt 1996.

Klein, Susanne: *Umweltschutz in China.* Frankfurt 2004.

Klinger, Karen: „Umwelterziehung und Schulbuch", in: Eulefeld, Günter (Hg.): *Studien zur Umwelterziehung.* Kiel 1993, S. 165-179.

Knauer, Raingard/Brandt, Petra: *Ich schütze nur, was ich liebe – Konzept einer ganzheitlichen Umweltpädagogik.* Freiburg 1995.

Kölln, Hermann/Westermann, Anneliese (Hg.): *Westermann Lesebuch, 2. – 4. Schuljahr, Analysen und Interpretationen.* Braunschweig 1971.

Kruse, Claudia: *Umweltbildung und Umweltkommunikation in China unter besonderer Berücksichtigung der internationalen Zusammenarbeit.* Unveröffentlichte Diplomarbeit, Bremen 1999.

Kwan, Tammy Yim-Lin/Lidstone, John: "Understanding Environmental Education in the People's Republic of China: A National Policy, Locally Interpreted", in: *Environmental Education Research* 4 (1), 1998, S. 87-97.

Lackner, Michael/Amelung, Iwo/Kurtz, Joachim (Hg.): *New Terms for New Ideas. Western Knowledge and Lexical Change in Late Imperial China.* Leiden 2001.

Ladenthin, Volker: *Erziehung durch Literatur? Zur moralischen Dimension des Literaturunterrichts.* Essen 1989.

Lai, Chloe: "A wild day out for fish, grasshoppers and chickens", in: *South China Morning Post*, 02.02.2004.

Langer, Gertraud: *Neue Umweltliteratur für Kinder: Darstellung und Interpretation: Wiese-Wald-Gewässer-Tierliebe-Tierleid.* München 2000.

Langner, Tilman: „Strukturen der Umweltbildung in der VR China". Online im Internet: http://www.umweltschulen.de/internat/china/ulo.html [Stand 18.01. 2003].

Laubig, Manfred/Peters, Heidrun/Weinbrenner, Peter: *Methodenprobleme der Schulbuchanalyse.* Bielefeld 1986.

Law, Wing-Wah: "Education Reform in Taiwan: A Search for a ‚National' Identity Through Democratisation and Taiwanisation", in: *Compare* 32 (1), 2002, S. 61-81.

Lee, Ger-Bei: "Moral Education in the Republic of China", in: *Moral Education Forum* 15 (3), 1990, S. 2-14.

Lee, Yeong-Heui: *Umweltschutz in China: Umweltpolitik, Umweltplanung, Umweltrecht und Rahmenbedingungen in der Volksrepublik China.* Berlin 2000.

Lee, Yok-Shiu F./So, Alvin Y. (Hg.): *Asia's Environmental Movements. Comparative Perspectives.* New York/London: Sharpe 1999.

Legge, James (Tr.): *The Chinese Classics. Vol. I&II: The Works of Mencius.* Taiwan Reprint, SMC Publishing 1991.

Legge, James (Tr.): *The Chinese Classics. Vol.1&II: Confucian Analects*. Taiwan Reprint, SMC Publishing 1991.

Li Chongyu 李仲虞/Wang Zhenlong 汪震龙: „Yuwen chatu yidui cuowu? Zhengxie weiyuan gei xiaoxue keben ti yijian" 语文插图一堆错误? 政协委员给小学课本提意见 [Haufenweise Fehler in den Lesebuchillustrationen? Einige Vorschläge der politischen Konsultativkonferenz für Grundschullehrbücher], in: *Beijing qingnian bao* 北京青年报, 19.02.2004. Online im Internet: http://www.xinhuanet.com.cn [Stand 12.05.2004].

Li Congming 李聰明: *Rongrushi xin kecheng de huanjing jiaoyu* 融入式新課程的環境教育 [Umwelterziehung im neuen integrativen Curriculum]. Tainan 2001.

Li Jinzhu 李錦珠: *Maque ban jia* 麻雀搬家 [Die Spatzen ziehen um]. Fuchun chubanshe 富春出版社. Gaoxiong 1990.

Li Qiulin 李秋林: *Guomin xiaoxue guoyu jiaokeshu zhong huanjing jiaoyu neirong zhi tantao* 國民小學國語教科書中環境教育內容之探討 [Untersuchung und Diskussion der umwelterzieherischen Inhalte in Lesebüchern für Taiwans Grundschulen], Magisterarbeit am *Graduate Institute of Environmental Education* des *National Taichung Teachers College* 2003.

Li Zhigui 李职贵: „Lun zhongxue yuwen jiaoxue zhong de huanjing jiaoyu" 论中学语文教学中的环境教育 [Umwelterziehung im Sprach- und Literaturunterricht an chinesischen Mittelschulen], in: *Huanjing jiaoyu* 环境教育 3, 2002, S. 36-40.

Li, Laura: "Quiet Revolution in the Classroom – The Nine-Year Integrated Curriculum". Online im Internet: http://www.sinorama.com.tw [Stand 16.10.2003].

Liang, Min-Hwang: "Taiwan's Green School Partnership Network Project". Online im Internet: http://www.mesa.edu.au/aaee_conf./Liang-Min-Hwang.pdf [Stand 19.09.2004].

Lin Mingrui 林明瑞/Tan Zhixi 譚至皙/Zheng Rui 鄭蕤: „Ertong wenxue zhong huanjing gainian zhi yanjiu" 兒童文學中環境概念之研究 [Untersuchung von Umweltvorstellungen in der Kinderliteratur], in: 中華民國八十八年環境教育研討會論文集 Taibei: Shili shifan xueyuan 臺北市立師範學院, April 1999, S. 7-11.

Lin Shaowen 林少雯: *Luzhu guniang ai wanshua.* 露珠姑娘愛玩耍 [Das Tautropfen-Mädchen spielt gern]. Baicheng wenhua. Gaoxiong 2000.

Lin Shuhui 林淑慧: „Xuexi guan'ai ziran yao chenzao" 學習關愛自然要趁早 [Das Erlernen der Liebe zur Natur sollte so früh wie möglich beginnen], in: *Zhongguo shibao* 中國時報, 28.05.1998, S. 46.

Lin, Jing: "Context and History of the Rise of Environmental Education in China", *Chinese Education and Society* 37 (3), 2004, S. 5-9.

Lin, Jing: *Education in Post-Mao China*. New York: Praeger 1993.

Lin, Susanne: Stichwort „Globales Lernen", in: Brilling, Oskar/Kleber, Eduard (Hg.): *Handwörterbuch Umweltbildung*. Hohengehren 1999, S. 130-131.

Linck, Gudula: „Die Welt ist ein heiliges Gefäß, wer sich daran zu schaffen macht, wird Niederlagen erleiden. Konfliktaustragung an der Natur während der Umbrüche in der chinesischen Geschichte", in: Calließ, Jörg/Rüsen, Jörn/

Striegnitz, Meinfried: *Mensch und Umwelt in der Geschichte.* Pfaffenweiler 1989, S. 327-351.

Lindenpütz, Dagmar: „Umwelt und Ökologie in der Kind- und Jugendliteratur der BRD“, in: Dahrendorf, Malte (Hg.): *Kinder- und Jugendliteratur.* Berlin 1995, S. 102-108.

Lindenpütz, Dagmar: *Das Kinderbuch als Medium ökologischer Bildung.* Essen 1996.

Lob, Reinhard/Wichert, Volker (Hg.): *Schulische Umwelterziehung außerhalb der Naturwissenschaften.* Frankfurt/Main 1987.

Lob, Reinhold/Pohle, Claudia/Schulte-Derne, Friedrich: „Umweltthemen in Schulbüchern nicht-naturwissenschaftlicher Schulfächer in Deutschland“, in: *Internationale Schulbuchforschung* 18, 1996, S. 163-175.

Lob, Reinhold: „Umwelterziehung – drängende Notwendigkeit in einer gefährdeten Welt“, in: Calließ, Jörg/Lob, Reinhold (Hg.): *Handbuch Praxis der Umwelt- und Friedenserziehung, Band I: Grundlagen.* Düsseldorf 1987, S. 2-5.

Lob, Reinhold: „Umwelterziehung in deutschen Schulen. Eine Bilanz nach 20 Jahren“, in: *Die Deutsche Schule* 91 (1), 1999, S. 102-113.

Lovelock, James: *Gaia – A New Look on Life on Earth.* Oxford University Press 1979.

Lucas, Arthur: ”Science and Environmental Education: Pious Hopes, Self Praise and Disciplinary Chauvinism“, in: *Studies in Science Education* 7, 1980, S. 1-26.

Marienfeld, Wolfgang: „Schulbuch-Analyseverfahren am Beispiel von Schulbuchdarstellungen zum Thema Islam und Kreuzzüge“, in: *Geschichtsdidaktik* 2, 1979, S. 130-153.

Markl, Hubert (Hg.): *Natur und Geschichte.* München/Wien 1983.

Martin, Roberta: ”The Socialization of Children in China and on Taiwan: An Analysis of Elementary School Textbooks“, in: *The China Quarterly* 62, 1975, S. 242-262.

Matthes, Eva/Heinze, Carsten (Hg.): *Didaktische Innovationen im Schulbuch.* Bad Heilbrunn 2003.

Mayring, Philipp: *Qualitative Inhaltsanalyse. Grundlagen und Techniken.* Weinheim 1988.

Merkelbach, Christoph: *Das Ausländerbild bei taiwanischen Kindern und Jugendlichen. Ein Beitrag zur interkulturellen Erziehung.* Berlin 1998.

Métailié, Georges: ”The Formation of Botanical Terminology: A Model or a Case Study?“, in: Lackner, Michael/Amelung, Iwo/Kurtz, Joachim (Hg.): *New Terms for New Ideas. Western Knowledge and Lexical Change in Late Imperial China.* Leiden 2001, S. 327-338.

Meyer, Jeffrey: ”A Subtle and Silent Transformation: Moral Education in Taiwan and the People's Republic of China”, in: Cummings, William (Hg): *The Revival of Values Education in Asia and the West.* Oxford 1988, S. 109-130.

Meyer, Jeffrey: ”Moral Education in Taiwan“, in: *Comparative Education Review* 32 (1), 1988, S. 20-38.

Meyer, Jeffrey: "Teaching Morality in Taiwan Schools: The Message of the Textbooks“, in: *The China Quarterly* 114, 1988, S. 267-284.

Meyer, Karl Ernst: *Jugendliteratur. Formen, Inhalte, pädagogische Bedeutung*. Bad Heilbrunn 1987.

Meyer-Abich, Klaus-Michael: *Wege zum Frieden mit der Natur – Praktische Naturphilosophie für die Umweltpolitik*, München 1984.

Meyers, Peter: „Methoden zur Analyse historisch-politischer Schulbücher“, in: Schallenberger, Horst E. (Hg.): *Zur Sache Schulbuch. Zur Methodenproblematik wissenschaftlicher Schulbucharbeit*. Kastellaun 1976, S. 47-73.

Michelsen, Gerd: „Umweltbildung im internationalen Kontext“, in: Beyersdorf, Martin/Michelsen, Gerd/Siebert, Horst (Hg.): *Umweltbildung. Theoretische Konzepte, empirische Erkentnisse, praktische Erfahrungen*. Neuwied 1998, S. 27-40.

Michelsen, Gerd: „Umweltbildung und Agenda 21“, in: Beyersdorf, Martin/ Michelsen, Gerd/Siebert, Horst (Hg.): *Umweltbildung. Theoretische Konzepte, empirische Erkenntnisse, praktische Erfahrungen*. Neuwied 1998, S. 41-47.

Ministry of Education (Hg.): "2003 Education in the Republic of China." Online im Internet: http://www2.edu.tw/statistics/english/h.htm [Stand 19.03.2004].

Ministry of Education (Hg.): "Educational Reform and Prospects“. Online im Internet: http://www.gio.gov.tw/info/taiwanstory/education/edown/3-5.htm [Stand 13.10.2004].

Möller, Christine: „Die curriculare Didaktik, oder: Der lernzielorientierte Ansatz“, in: Gudjons, Herbert/Winkel, Rainer (Hg.): *Didaktische Theorien*. Hamburg 1997 (9. Aufl.), S. 75-92.

Müller, Gerd Jürgen: *Mitweltbezogene Pädagogik*. Weinheim 1995.

Nienhauser, William: *The Indiana Companion to Traditional Chinese Literature*. Taiwan Edition 1985.

Nutting, Margaret: *The Fate of the Confucian Ideal in ‚Readings‘ Textbooks of Taiwan and the China Mainland: A Study of Continuity and Change*. Syracuse 1974.

o. V.: "China Facts & Figures 2002“. Online im Internet: http://www.china.org.cn [Stand 23.03.2004]

o. V.: "Statistics.“ Online im Internet: http://twinfo.ncl.edu.tw/tiqry/english.htm [Stand 23.03.2004].

o. V.: China Contact exklusiv, 1/2000

o.V.: „China wünscht sich denkende Bürger. Stures Pauken und Frontalunterricht sind passé.“ Online im Internet: http://www.3sat.de/nano/cstuecke/28750/ [Stand 05.08.2004].

o.V.: „Guozhongxiao kecheng jiaokeshu xiangguan wenti zhi jiantao yu yinying“ zhuan’an baogao 國中小課程教科書相關問題之檢討與因應專案報告 [Sonderbericht „Kritische Überprüfung und Reaktionen hinsichtlich der Probleme im Zusammenhang mit Schulbüchern für Grund- und Mittelschulen], o.

J. Online im Internet: http://140.111.1.192/minister/case/911127.html [Stand 23.09.2003].

Oerter, Rolf/Montada, Leo (Hg.): *Entwicklungspsychologie.* Weinheim 2002 (5. Auflage).

Owen, Stephen: *An Anthology of Chinese Literature.* New York/London 1996.

Owen, Stephen: *The Great Age of Chinese Poetry: The High T'ang.* New Haven/London, Yale Univ. Press 1981.

Palmer, Joy A.: "Beyond Science: Global Imperatives for Environmental Education in the 21st Century", in: Thompson, Patricia J. (Hg.): *Environmental Education for the 21st Century. International and Interdisciplinary Perspectives.* New York: Lang 1997, S. 3-12.

Pepper, David: *Roots of Modern Environmentalism.* London 1984

Pöggeler, Franz: „Schulbuchforschung in der Bundesrepublik Deutschland nach 1945", in: Matthes, Eva/Heinze, Carsten (Hg.): *Didaktische Innovationen im Schulbuch.* Bad Heilbrunn 2003, S. 33-64.

Pohl, Dietmar/Schrenk, Marcus: „Schülervorstellungen zur Natur von Kindern im Grundschulalter", in: Seybold, Hansjörg/Rieß, Werner (Hg.): *Bildung für eine nachhaltige Entwicklung in der Grundschule. Methodologische und konzeptionelle Ansätze.* Schwäbisch Gmünd 2002, S. 139-144.

Pointner, Alfred: *Umweltschutz und Märchen.* Baltmannsweiler 2000.

Price, R. F.: "Chinese Textbooks Fourteen Years On" in: *The China Quarterly* 83, 1980, S. 535-550.

Qian, Gaoyin/Huang, Tiechi: "Happiest but least Cheerful: The Paradox of Population and Education Policies in China", in: Thompson, Patricia J. (Hg.): *Environmental Education for the 21st Century. International and Interdisciplinary Perspectives.* New York: Lang 1997, S. 59-66.

Rao Yuan 饶远: *Shui mama de meimeng* 水妈妈的美梦 [Mama Wassers schöner Traum]. 中国少年儿童环境文学创作丛书 Zhongguo shaonian ertong huanjing wenxue chuangzuo congshu. [Buchreihe: Werke der chinesischen Umweltliteratur für Kinder und Jugendliche.] 花山文艺出版社 Huashan wenyi chubanshe. Shijiazhuang 2000.

Remler, Diana: „China", Seminararbeit im Rahmen des Hauptseminars „Strukturen des Buchhandels im internationalen Vergleich" am Institut für Buchwissenschaft, Mainz 1997. Online im Internet: http://www.uni-mainz.de/FB/Geschichte/buwi/bookworld/china.htm [Stand 06.06.2003].

Ren Dingbao 任定保: „Xiaoxue yuwen jiaoxue zhong jinxing huanjing jiaoyu juyu" 小学语文教学中进行环境教育举隅 [Über die Durchführung von Umwelterziehung im Sprach- und Literaturunterricht an Grundschulen], in: *Huanjing jiaoyu* 环境教育 5, 2000, S. 46.

Ren Naian 任耐安 (Hg.): *Huanjing jiaoyu* 环境教育 [Umwelterziehung]. Shanghai keji jiaoyu chubanshe. Shanghai 2001.

Renmin jiaoyu chubanshe xiaoxue yuwenshi 人民教育出版社小学语文室 (Hg.): *Jiunian yiwu jiaoyu liunianzhi xiaoxue jiaokeshu yuwen* 九年义务教育六年制小

学教科书语文 [Lesebücher für die sechsjährige Grundschule im Rahmen der neunjährigen Pflichtschulzeit], Renmin jiaoyu chubanshe 人民教育出版社. Beijing 2002.

Renmin jiaoyu chubanshe 人民教育出版社 (Hg.): „Xiaoxue yuwen yu kechixu fazhan jiaoyu" 小学语文与可持续发展教育 [Der Sprach- und Literaturunterricht an Grundschulen und die Nachhaltigkeitserziehung]. Online im Internet: http://www.pep.com.cn/200310/ca343838.htm [Stand 01.05.2004].

Richter, Karin/Hurrelmann, Bettina (Hg.): *Kinderliteratur im Unterricht. Theorien und Modelle zur Kinder- und Jugendliteratur im pädagogisch-didaktischen Kontext*. Weinheim 1998.

Ridley, Charles P./Godwin, Paul H. B./Doolin, Dennis J.: *The Making of a Model Citizen in Communist China*. Stanford 1971.

Rodi, Dieter (Hg.): *Umweltschutz, Umweltpolitik, Umweltbildung. Beitrag der Fächer zu einem Überlebensproblem.* Pädagogische Hochschule Schwäbisch Gmünd 1993.

Roetz, Heiner: *Mensch und Natur im alten China.* Frankfurt 1984.

Ders.: „Natur und Kultur in Philosophie und Praxis Chinas", in: Kessler, Hans (Hg.): *Ökologisches Weltethos im Dialog der Kulturen und Religionen.* Darmstadt 1996, S. 146-163.

Sandschneider, Eberhard (Hg.): *Interdisziplinäre Aspekte deutscher Taiwan-Forschung*. Dortmund 1994.

Schack, Korinna: „Das Thema Ökologie in der erzählenden Kinder- und Jugendliteratur. Eine Leitbildanalyse." Paper 94-114, Forschungsgruppe Umweltbildung 1994.

Schack, Korinna: *Leitbilder in der erzählenden Kinder- und Jugendliteratur zum Thema Ökologie.* Unveröffentlichte Magisterarbeit an der FU Berlin, Fachbereich Erziehungs- und Unterrichtswissenschaften 1993.

Schallenberger, Horst E. (Hg.): *Zur Sache Schulbuch. Zur Methodenproblematik wissenschaftlicher Schulbucharbeit.* Kastellaun 1976.

Schaufelberger, Hildegard: *Kinder- und Jugendliteratur heute. Themen, Trends und Perspektiven.* Freiburg 1990.

Schmitz-Peick, Maya (Hg.): *Wenn der Welt die Luft ausgeht... und Kinder Angst vor der Zukunft haben.* Düsseldorf 1993.

Schneider, Peter: „Das UNESCO-Programm ‚Umwelterziehung' – Eine Aufforderung zum Umdenken zwischen Anspruch und Wirklichkeit", in: Calließ, Jörg/Lob, Reinhold (Hg.): *Handbuch Praxis der Umwelt- und Friedenserziehung, Band I: Grundlagen.* Düsseldorf 1987, S. 278-283.

Schober, Otto: „Deutschunterricht und Umwelterziehung", in: Lob, Reinhard/ Wichert, Volker (Hg.): *Schulische Umwelterziehung außerhalb der Naturwissenschaften.* Frankfurt/Main 1987, S. 479-494.

Schober, Otto: „Umwelterziehung im Deutschunterricht", in: Calließ, Jörg/Lob, Reinhold E. (Hg.): *Handbuch Praxis der Umwelt- und Friedenserziehung, Band II: Umwelterziehung.* Düsseldorf 1987, S. 273 – 280.

Schubert, Gunter/ Schneider, Axel (Hg.): *Taiwan an der Schwelle zum 21. Jahrhundert. Gesellschaftlicher Wandel, Probleme und Perspektiven eines asiatischen Schwellenlandes.* Mitteilungen des Instituts für Asienkunde 270, Hamburg 1996.

Schwarz, Hermann (Hg.): *Empfehlungen zur Umwelterziehung in der Grundschule.* Frankfurt 1995 (4. Auflage).

Seffert, Birte: „China auf dem Weg zur Wissensgesellschaft: Entwicklungen und Probleme im Pflichtschulbereich“, in: *China aktuell*, Mai 2003, S. 579-591.

Seidenfaden, Fritz: *Der Vergleich in der Pädagogik.* Braunschweig 1966.

Selby, David: „Global Education as Transformative Education“, in: *Zeitschrift für Internationale Bildungsforschung und Entwicklungspädagogik (ZEP)* 23 (3), Sept. 2000, S. 2- 10.

Seybold, Hansjörg/Rieß, Werner (Hg.): *Bildung für eine nachhaltige Entwicklung in der Grundschule. Methodologische und konzeptionelle Ansätze.* Schwäbisch Gmünd 2002.

Seybold, Hansjörg/Rieß, Werner: „Aufgaben und Ansätze von Umweltbildungsforschung in der Grundschule – eine Einleitung“, in: Seybold, Hansjörg/Rieß, Werner (Hg.): *Bildung für eine nachhaltige Entwicklung in der Grundschule. Methodologische und konzeptionelle Ansätze.* Schwäbisch Gmünd 2002, S. 5-17.

Shanghai cishu chubanshe 上海辞书出版社 (Hg.): *Cihai* 辞海 [Wörterbuch und Enzyklopädie „Das Wörtermeer“]. Shanghai 1989.

Shapiro, Judith: *Mao's War against Nature. Politics and the Environment in Revolutionary China.* Cambridge Univ. Press 2001.

Shen Shixi 沈石溪: *Daoba chaimu* 刀疤豺母 [Die Schakalmutter mit der Messernarbe.] 中国少年儿童环境文学创作丛书 Zhongguo shaonian ertong huanjing wenxue chuangzuo congshu. [Buchreihe: Werke der chinesischen Umweltliteratur für Kinder und Jugendliche.] 花山文艺出版社 Huashan wenyi chubanshe. Shijiazhuang 2000.

Shoulashou diqiucun (Hg.): ”The Story of Hand in Hand Building an Earth Village“, Online im Internet: http://www.childrenandearth.org.cn [Stand 21.09.2004].

Siebert, Horst: „Untersuchungen zum Wertewandel und Umweltbewußtsein“, in: Beyersdorf, Martin/Michelsen, Gerd/Siebert, Horst (Hg.): *Umweltbildung. Theoretische Konzepte, empirische Erkenntnisse, praktische Erfahrungen.* Neuwied 1998, S. 75-83.

Smith, Douglas (Hg.): *The Confucian Continuum. Educational Modernization in Taiwan.* New York: Praeger 1991.

Sodian, Beate: „Entwicklung begrifflichen Wissens“, in: Oerter, Rolf/Montada, Leo (Hg.): *Entwicklungspsychologie.* Weinheim 2002 (5. Auflage), S. 443-468.

Solomon, Richard: ”Educational Themes in China's Changing Culture“, in: *The China Quarterly* 22, 1965, S. 154-170.

Song Naiqing 宋乃庆/Xu Zhonglin 徐仲林/Jin Yule 靳玉乐 (Hg.): *Zhongguo jichu jiaoyu xin kecheng de linian yu chuangxin* 中国基础教育新课程的理念与创新 [Ideen und Innovationen im neuen Curriculum für die Elementarbildung in China], Zhongguo renshi chubanshe 中国人事出版社. Beijing 2002.

Staiger, Brunhild (Hg.): *Länderbericht China.* Darmstadt 2000.

Staiger, Brunhild/Schütte, Hans-Wilm/Friedrich, Stefan (Hg.): *Das große China-Lexikon.* Darmstadt 2003.

Staiger, Brunhild: „Die Bildungsstrategien der VR China", in: *China aktuell*, Okt. 1999, S. 1050-1054.

Staiger, Brunhild: „Probleme der Kulturpolitik" in: *Informationen zur politischen Bildung* 198, Volksrepublik China. Bonn 1997 (Überarbeitete Neuauflage), S. 51-53.

Staiger, Brunhild: „Schulpflicht und Alphabetisierung in China: Stand und Perspektiven", in: *China aktuell*, Sept. 1996, S. 868-874.

State Education Commission of the People's Republic of China (Hg.): *Education Law of the People's Republic of China.* Beijing 1995.

State Environmental Protection Administration of China 国家环境保护总局 (Hg.): „Guanyu yinfa Xie Zhenhua Wang Zhan zai quanguo chuangjian lüse xuexiao huodong biaozhang dahui shang de jianghua de tongzhi" 关于印发解振华 王湛在全国创建绿色学校活动表彰大会上的讲话的通知 [Bekanntmachung über Druck und Verteilung der Reden von Xie Zhenhua und Wang Zhan auf der „Landesweiten Konferenz zur Einführung einer Zertifizierung von Aktivitäten Grüner Schulen"]. Online im Internet: http://www.sepa.gov.cn [Stand 14.04.2003].

Sternfeld, Eva: „Grüne Schulen, Grüne Projekte", in: *Das neue China* 4, 2000, S. 27-30.

Sternfeld, Eva: „Internationale und chinesische Projekte zur Bildung des Umweltbewußtseins in China." Online im Internet: http://www.ahk-china.org/download/environmental-education-eva-sternfeld.pdf [Stand 13.03.2004].

Stevenson, Harold/Stigler, James: *The Learning Gap. Why our Schools are failing and what we can learn from Japanese and Chinese Education.* New York: Summit Books 1992.

Stimpson, Philip: "Environmental Education in Guangzhou in the PRC", in: *Environmental Education Research*, Vol. 7, Nr. 4 (2001), S. 397-412.

Stimpson, Philip: "Environmental Education in Hong Kong and Guangzhou: One Purpose, Two Systems?", in: *Compare* 27 (1), 1997, S. 63-74.

Tan Zhixi 譚窒哲/Lin Mingrui 林明瑞/Zheng Rui 鄭蕤/Liu Junchang 劉俊昌: „Zhongguo guwen zhong huanjing gainian zhi pingxi – yi Tangdai zhi Qingdai de dianji wei zhu" 中國古文中環境概念之評析 – 以唐代至清代的典籍爲主 [Analyse und Kommentar zu Umweltvorstellungen in klassischen chinesischen Texten, hauptsächlich zum Schrifttum der Tang- bis Qing-Dynastie], Paper zur Konferenz „Zhonghua minguo jiushi niandu huanjing jiaoyu guoji xueshu yantaohui“ 中華民國九十年度環境教育國際學術研討會 am 21. April 2001 an der *Guoli Taiwan shifan daxue.*

Thompson, Patricia J. (Hg.): *Environmental Education for the 21st Century. International and Interdisciplinary Perspectives.* New York: Lang 1997.

Thüringer Kultusministerium (Hg.): *Empfehlungen für das fächerübergreifende Thema Umwelterziehung*. Erfurt 1999.

Tian Qing 田青 (Hg.): *Zhongxiaoxue huanjing jiaoyu gailun* 中小学环境教育概论 [Abriss der Umwelterziehung an Grund- und Mittelschulen], Huaxia chubanshe 华夏出版社. Beijing 2001.

Tian Qing: ”Historical Review of Environmental Education in China“, *Chinese Education and Society* 37 (3), 2004, S. 34-3.

Tippelt, Rudolf (Hg.): *Handbuch Bildungsforschung*. Opladen 2002.

Töpfer, Klaus: „Zum Geleit“, in: Deutsches Nationalkomitee für das UNESCO-Programm „Der Mensch und die Biosphäre“ (Hg.): *Der Mensch und die Biosphäre. Internationale Zusammenarbeit in der Umweltforschung*. Bonn 1990, S. 3-4.

Trommer, Gerhard: „Umringt von Umweltbildung“, in: *Internationale Schulbuchforschung* 16, 1994, S. 269-281.

UNESCO *Zwischenstaatliche Konferenz über Umwelterziehung. Tiflis 1977. UNESCO-Konferenzbericht Nr. 4.* München, New York, London, Paris: K.G: Saur 1979

UNESCO-UNEP: “The Belgrade Charter. A Global Framework for Environmental Education”, in: *Connect: UNESCO-UNEP Environmental Education Newsletter* 1 (1), 1976.

UNESCO-UNEP: *The Tbilisi Declaration: Final Report Intergovernmental Conference on Environmental Education.* [Conference organized by UNESCO in Cooperation with UNEP, Tbilisi, USSR, 14.-26. October 1977], UNESCO ED/MD/49, Paris 1978.

Unterbruner, Ulrike: „Umwelterziehung und die Ängste Jugendlicher vor Umweltzerstörung“, in: Bolscho, Dietmar/Eulefeld, Günter/Seybold, Hansjörg (Hg.): *Umweltbewusstsein und Umwelterziehung. Ansätze und Ergebnisse empirischer Forschung*. Kiel 1991, S. 55-63.

Unterbruner, Ulrike: *Umweltangst – Umwelterziehung. Vorschläge zur Bewältigung der Ängste Jugendlicher vor Umweltzerstörung.* Linz 1991.

Voelker, Alan M./Horvat, Robert E.: ”Elementary School Children’s Views on Solving Environmental Problems“, in: *Science Education* 60, 1976, S. 353-361.

Wang Chengbin 王承斌: „Huanjing jiaoyu de yiyi jiqi yanjin fazhan“ 環境教育的意義及其演進發展 [Die Bedeutung der Umwelterziehung und ihre allmähliche Entwicklung], in: *Zhongxue gongyi jiaoyu* 中學工藝教育 7, 1993, S. 7-15.

Wang Hansheng 王汉生: „Zai yuwen xueke zhong shentou huanjing jiaoyu“ 在语文学科中渗透环境教育 [Die Integration von Umwelterziehung in den Sprach- und Literaturunterricht], in: *Yuwen jiaoxue yu yanjiu* 语文教学与研究 8, 2000, S. 32-33.

Wang Min 王民 (Hg.): *Zhongguo zhongxiaoxue huanjing jiaoyu* 中国中小学环境教育 [Umwelterziehung an chinesischen Grund- und Mittelschulen], Zhongguo huanjing kexue chubanshe 中国环境科学出版社. Beijing 1995.

Wang Min: "Environmental Awareness in Primary and Middle Schools in China – A Research Report", in: *Internationale Schulbuchforschung* 18, 1996, S. 135-162.

Wang Min: „Umwelterziehung in chinesischen Grund- und Mittelschulen", in: Böhn, Dieter/Hoogeland, Madeleine/Vogel, Helmer (Hg.): *Umwelterziehung international*. Nürnberg 1995, S. 77-85.

Wang Peilian 王佩蓮: „Geji xuexiao huanjing jiaoyu de neirong yu jiaoxuefa" 各級學校環境教育的内容與教學法 [Inhalte und Unterrichtsmethodik der Umwelterziehung auf allen Schulstufen], in: *Jiaoyu ziliao jikan* 教育資料季刊 20, 1995, S. 113-145.

Watson, Burton: *The Complete Works of Chuang-Tzu*. New York: Columbia Univ. Press 1968.

Wiater, Werner „Das Schulbuch als Gegenstand pädagogischer Forschung", in: Matthes, Eva/Heinze, Carsten (Hg.): *Didaktische Innovationen im Schulbuch*. Bad Heilbrunn 2003, S. 11-21.

Winiwarter, Verena: „Umwelt und Natur. Eine Reise durch die Welt der Worte", in: *Zolltexte* 5 (2), 1995, S. 39-42.

Woesler, Martin: *Geschichte des chinesischen Essay in Moderne und Gegenwart: Grundlagen zur Erforschung einer sich wandelnden Gattung*. Bochum 1998.

Wu Shidu 吳詩都: *Wo guo yu Riben xian jieduan guomin xiaoxue jiaocai zhong huanjing jiaoyu neirong zhi fenxi ji bijiao yanjiu* 我國與日本現階段國民小學教材中環境教育内容之分析及比較研究 [Analyse und Vergleich der umwelterzieherischen Inhalte in aktuellen taiwanesischen und japanischen Schulbüchern für die Grundschule], Guokehui zhuanti yanjiu jihua chengguo baogao 國科會專題研究計劃成果報告 NSC 82-0111-S005-003-Z, Taibei 1994.

Wurster, Ekkehard: *Bewertung pädagogischer Maßnahmen zur Veränderung des Umweltbewußtseins bei Schülern unter Berücksichtigung sozialpsychologischer Theorien*. Frankfurt/Main 1998.

WWF China (Hg.): "Environmental Educators' Initiative." Online im Internet: http://www.wwfchina.org [Stand 29.03.2004].

WWF China (Hg.): „WWF wei Zhongguo huanbao ligong", WWF 为中国环保立功 [Der WWF setzt sich für den Umweltschutz in China ein]. Online im Internet: http://www.wwfchina.org [Stand 29.03.2004].

Xiao Fang 肖芳: „Zhongguo lüse xuexiao qiantan" 中國綠色學校淺談 [Einführung in Chinas „Grüne Schulen"], in: *Yatai kexue jiaoyu luntan* 亞太科學教育論壇 2, 2002. Online im Internet: http://www.ied.edu.hk [Stand 16.03.2004].

Xiong Shenggui 熊生贵 (Hg.): *Yuwen jiaoxue shishi zhinan (xiaoxue juan)* 语文教学实施指南（小学卷）[Leitfaden für den Sprach- und Literaturunterricht

(Grundschule)]. Zhonghua shifan daxue chubanshe 中国师范大学出版社. Beijing 2003.

Xu Jialin 许嘉琳/Wang Hongqi 王红旗 (Hg.): *Mianxiang kechixu fazhan de zhongxue huanjing jiaoyu* 面向可持续发展的中学环境教育 [Nachhaltigkeitsorientierte Umwelterziehung an Mittelschulen]. Beijing shifan daxue chubanshe 北京师范大学出版社. Beijing 1996.

Yan Qingxiang 顏慶祥: „Yishi xingtai yu jiaokeshu fenxi" 意識形態與教科書分析 [Ideologie und Schulbuchanalyse], in: *Guoli bianyiguan guankan* 國立編譯館館刊 27 (2), 1998, S. 241-262.

Yang Guanzheng 楊冠政/Gao Cuixia 高翠霞: *Guoji huanjing jiaoyu yanjiu* 國際環境教育研究 [Internationale Umweltbildungsforschung], Guokehui zhuanti yanjiu jihua chengguo baogao 國科會專題研究計劃成果報告 NSC-79-0421-S003-25-Z. Taibei 1991.

Yang Guanzheng 楊冠政/Wang Jingming 汪靜明/Chen Peizheng 陳佩正: „Woguo de huanjing jiaoyu jingyan" 我國的環境教育經驗 [Taiwans Erfahrungen im Bereich Umwelterziehung], in: *Huanjing jiaoyu* 環境教育 24 (3), 1995, S. 54-57.

Yang Guanzheng 楊冠政: *Huanjing jiaoyu* 環境教育 [Umwelterziehung]. Taibei 1998.

Yang, Jin: „Eine Schwäche für Haustiere", in: *Taipeh heute* 4, 2000, S. 40. Online im Internet: http://www.gio.gov.tw/info/nation/ge/fcr97/2000/4/p40.htm [Stand 06.03.2005].

Yi Jin 易进: „Zai xiaoxue yuwen jiaoxue zhong shentou huanjing jiaoyu" 在小学语文教学中渗透环境教育 [Zur Integration von Umwelterziehung in den Sprach- und Literaturunterricht an Grundschulen], in: *Xueke jiaoyu* 学科教育 12, 1999, S. 22-25.

Zang Li 臧立: „Huanjing wenxue zai Zhongguo" 環境文學在中國 [Umwelterziehung in China], in: *Lianhua huanjing zazhi* 蓮花環境雜誌 9. Online im Internet: http://www.ambiente.gov.mo/c06/lotus09/c6022.htm [Stand 31.08.2002].

Zhang Luxi 張路西: Xian jieduan guomin xiaoxue jiaocai zhong youguan huanjing baohu he shengtai baoyu neirong de fenxi 現階段國民小學教材中有關環境保護和生態保育內容的分析 [Analyse der Inhalte zum Schutz von Umwelt und Ökologie in aktuellen Schulbüchern für die Grundschule], Guokehui zhuanti yanjiu jihua chengguo baogao 國科會專題研究計劃成果報告 NSC 77-0414-S003-042. Taibei 1990.

Zhang Yuanzeng 张远增: *Quanqiu jiaoyu fazhan xin luxiang congshu: Kechixu fazhan jiaoyu* 全球教育发展新路向丛书: 可持续发展教育 [Buchreihe zu neuen Entwicklungstendenzen globalen Lernens in 5 Bänden: Erziehung zur Nachhaltigkeit], Tianjin jiaoyu chubanshe 天津教育出版社. Tianjin 2004.

Zhang Zhencheng 張振成: „Women xinmu zhong de lixiang guoyuke jiaokeshu" 我們心目中的理想國語科教科書 [Wie ein ideales Lehrbuch für den Sprach- und

Literaturunterricht gestaltet sein sollte], in: *Guowen tiandi* 國文天地 11 (1), 1995, S. 89-93.

Zhang Zichao 張子超: *Huanjing jiaoyu yanjiufa xueshu yantaohui* 環境教育研究法學術研討會 [Wissenschaftliche Konferenz zur Methodik der Umweltbildungsforschung], Guokehui zhuanti yanjiu jihua baogao chengguo 國科會專題研究計劃成果報告 NSC-90-2517-S-0003-008. Taibei 2002.

Zhang Zuchun 张祖春/Wang Zuqin 王祖琴 (Hg.): *Jichu jiaoyu kecheng gaige jianming duben* 基础教育课程改革简明读本 [Erläuterungen zur Reform des Curriculums der Elementarbildung]. Huazhong shifan daxue chubanshe 华中师范大学出版社. Wuhan 2002.

Zhao Chunmei 赵春梅: „Yuwen jiaoxue zhong de huanjing jiaoyu“ 语文教学中的环境教育 [Umwelterziehung im Sprach- und Literaturunterricht], in: *Tianzhong xuekan* 天中学刊 15 (6), 2000, S. 106.

Zhao Jieping 赵洁平 (Hg.): *Zhongxiaoxue huanjing jiaoyu congshu* 中小学环境教育丛书 [Buchreihe zur Umwelterziehung an Grund- und Mittelschulen in 5 Bänden]. Huaxia chubanshe 华夏出版社. Beijing 2001.

Zheng Jinzhou 郑金洲 (Hg.): *Quanqiu jiaoyu fazhan xin luxiang congshu* 全球教育发展新路向丛书 [Buchreihe zu neuen Entwicklungstendenzen globalen Lernens in 5 Bänden]. Tianjin jiaoyu chubanshe 天津教育出版社. Tianjin 2004.

Zhongguo dabaike quanshu chubanshe 中国大百科全书出版社 (Hg.): *Zhongguo dabaike quanshu: Zhexue* 中国大百科全书哲学 [Große Chinesische Enzyklopädie: Philosophie]. Beijing/Shanghai 1987.

Zhongguo dabaike quanshu chubanshe 中国大百科全书出版社 (Hg.): *Zhongguo dabaike quanshu: Huanjing kexue* 国大百科全书环境科学 [Große Chinesische Enzyklopädie: Umweltwissenschaften]. Beijing/Shanghai 1987.

Zhonghua Renmin Gongheguo jiaoyubu 中华人民共和国教育部 (Hg.): *Zhongguo jiaoyu gaige he fazhan gangyao* 中国教育改革和发展纲要 [Abriss zur Reform und Entwicklung der Bildung in China] (1993) Online im Internet: http://www.moe.edu.cn [Stand 25.11.2004].

Zhonghua Renmin Gongheguo jiaoyubu 中华人民共和国教育部 (Hg.): *Quanrizhi yiwu jiaoyu yuwen kecheng biaozhun (shiyan'gao)* 全日制义务教育语文课程标准实验稿 [Curriculum des Sprach- und Literaturunterrichts im Rahmen der neunjährigen Pflichtschulzeit (Probeversion)], Beijing shifan daxue chubanshe 北京师范大学出版社. Beijing 2002 (9. Auflage).

Zhonghua Renmin Gongheguo jiaoyubu 中华人民工和国教育部 (Hg.): *Jiunian yiwu jiaoyu quanrizhi xiaoxue yuwen jiaoxue dagang (shiyong xiuding ban)* 九年义务教育全日制小学语文教学大纲试用修订版 [Lehrplan für den Sprach- und Literaturunterricht im Rahmen der neunjährigen Pflichtschulzeit (überarbeitete vorläufige Fassung)], Renmin jiaoyu chubanshe 人民教育出版社. Beijing 2000.

Zhonghua Renmin Gongheguo jiaoyubu 中华人民共和国教育部 (Hg.): *Zhongxiaoxue huanjing jiaoyu shishi zhinan (shixing)* 中小学环境教育实施指南试行

[Leitfaden zur Durchführung von Umwelterziehung an Grund- und Mittelschulen (vorläufige Fassung)], Beijing shifan daxue chubanshe 北京师范大学出版社. Beijing 2003.

Zhonghua Renmin Gongheguo jiaoyubu 中华人民共和国教育部 (Hg.): „Zhongguo de jichu jiaoyu“ 中国的基础教育 [Elementarbildung in China]. Online im Internet: http://www.moe.edu.cn/base/zonghe/04.htm [Stand 22.08.2003].

Zhou Ru 周儒: *Ziran zhongxin huanjing jiaoyu zhi yunzuo fazhan moshi de tantao – yi Guandu ziran zhongxin wei li* 自然中心環境教育之運作發展模式的探討 — 以關渡自然中心為例 [Modelle zur Durchführung und Weiterentwicklung von Umwelterziehung an Naturzentren: Das Beispiel des Umweltbildungszentrums *Guandu*], Guokehui zhuanti yanjiu jihua baogao chengguo 國科會專題研究計劃報告成果 NSC 2511-S-003-075. Taibei 2002.

Zhu Huaixin 祝怀新 (Hg.): *Jichu jiaoyu jieduan huanjing jiaoyu congshu* 基础教育阶段环境教育丛书 [Buchreihe zur Umwelterziehung im Bereich Elementarerziehung in 6 Bänden]. Zhongguo huanjing kexue chubanshe 中国环境科学出版社. Beijing 2003.

Zhu Huaixin 祝怀新: *Huanjing jiaoyulun* 环境教育论 [Theorie der Umwelterziehung]. Zhongguo huanjing kexue chubanshe 中国环境科学出版社. Beijing 2002.

Zhu Huaixin/Dillon, Justin: ”Environmental Education in the People’s Republic of China: Features, Factors and Trends“, in: *Australian Journal of Environmental Education* 15/16, 1999/2000, S. 37-43.

Zhu Rongzhi 朱榮智: „Renwen jiaoyu yu guowen jiaoxue“ 人文教育與國文教學 [Humanistische Bildung und der Sprach- und Literaturunterricht], in: *Guowen tiandi* 國文天地 9 (12), 1994, S. 80-84.

Zhu Zhiyong 朱志勇: *Wo guo zhongxue, chuzhong yuwen jiaokeshu neirong jiazhi quxiang de fenxi* 我国中学、初中语文教科书内容价值取向的分析 [Analyse der Wertorientierungen in Schulbüchern für Chinas Grund- und Mittelschulen]. Magisterarbeit an der *Nanjing shifan daxue*. Nanjing 1998.

Zou Jing: ”Environmental Education”, in: *China Review* 9, 1998, S. 36-38.

10. Abkürzungsverzeichnis

CEEC	Center for Environmental Education
CESDRRC	China Environment and Sustainable Development Reference and Research Center
EE	Environmental Education
EEI	Environmental Educators Initiative
EPA	Environmental Protection Administration
FEEE	Foundation of Environmental Education in Europe
GLOBE	Global Learning and Obervations to Benefit the Environment
IEEP	International Environmental Education Programme
NEPA	National Environmental Protection Agency
NICT	National Institute for Compilation and Translation
PEC	Publicity and Environmental Education Center
SEPA	State Environmental Protection Administration
SOF	Save our Future
UNCED	United Nations Conference on Environment and Development
UNEP	United Nations Environment Programme
UNESCO	United Nations Scientific and Cultural Organisation
WWF	World Wildlife Fund

11. Textanhang

11.1 Verzeichnis der übersetzten Lesebuchtexte

11.1.1 VR China: Reihe Yuwen, Verlag Beijing chubanshe, Band 1 – 12

11.1.2 Taiwan: Reihe Guoyu, Verlag Hanlin chubanshe, Band 1 – 12

11.2 Übersetzungen der natur- und umweltbezogenen Lesebuchtexte

11.2.1 VR China: Reihe Yuwen, Verlag Beijing chubanshe, Band 1 – 12

Fußspuren (jiaoyin), Band 1, Lektion 8

Ein kleiner Hund hinterlässt im Schnee die Abdrücke seiner Pfoten. Da sagt er zum Küken: „Sieh mal her, ich kann Pflaumenblüten malen." Das Küken hinterlässt im Schnee die Spuren seiner Krallen. Da sagt es zu dem kleinen Hund: „Sieh mal, und ich kann Bambusblätter malen."

Wildgänse (dayan), Band 1, Lektion 3

Der Herbst ist gekommen, es ist kühl geworden. Ein Schwarm Wildgänse zieht nach Süden. Manchmal sieht ihre Formation am Himmel aus wie das Schriftzeichen für „Mensch" und manchmal wie das Schriftzeichen für „eins".

Schwäne (e), Band 1, Lektion 7

Schwäne, Schwäne, Schwäne
Sie recken ihre gebogenen Hälse gen Himmel und singen,
sie lassen ihr weißes Gefieder auf dem Wasser treiben,
und tauchen ihre roten Schnäbel in die klaren Wellen.

Der kleine Gecko will sich einen Schwanz leihen (xiao bihu jie weiba), Band 4, Lektion 11

Ein kleiner Gecko saß an der Wand und fing Mücken, da kam eine Schlange vorbei und biss ihn in den Schwanz. Als der kleine Gecko sie abschütteln wollte, riss sein Schwanz ab und die Schlange entschwand damit. „Wie hässlich ich bin, so ohne Schwanz!", dachte der Gecko und beschloss, sich einen neuen Schwanz zu leihen. Er krabbelte zum Fluss und sah dort einen Fisch, der im Wasser umherschwamm und mit der Schwanzflosse wackelte. Der kleine Gecko fragte ihn: „Schwesterchen Fisch, kannst du mir nicht deinen Schwanz leihen?" Der kleine Fisch antwortete: „Das geht nicht, ich brauche ihn doch zum Schwimmen." Der kleine Gecko verabschiedete sich und kletterte weiter. Er kletterte und kletterte, bis er auf einem Baum angelangt war. Von dort oben konnte er ein altes Rind sehen, das unter dem Baum stand und seinen Schwanz hin- und herschwang. Also fragte er: „Onkel Rind, kannst du mir nicht deinen Schwanz leihen?" Das alte Rind antwortete: „Das geht nicht, ich brauche ihn doch zum Fliegen verscheuchen". Der kleine Gecko verabschiedete sich und kletterte weiter. Er kletterte und kletterte, bis er unter einem Hausdach angelangt war. Dort sah er eine Schwalbe, die durch die Luft flog und dabei ihre Schwanzfedern bewegte. Er fragte sie: „Tante Schwalbe, kannst du mir nicht deinen Schwanz leihen?" Die Schwalbe antwortete: „Das geht nicht, ich brauche ihn doch, um beim Fliegen zu lenken." Der kleine Gecko war sehr traurig, weil er sich keinen Schwanz leihen konnte. Er kletterte nach Hause und suchte seine Mama. Als er ihr erzählte, wie er erfolglos versucht hatte, sich einen Schwanz zu leihen, lachte sie und sagte: „Mein dummes Kind, dreh dich doch einmal um und schau nach.“ Der kleine Gecko drehte sich um und rief freudig: „Mir ist ja ein neuer Schwanz gewachsen!“

Faszinierende Sänger (qimiao de geshou), Band 3, Lektion 18

Ein kleiner Pirol wollte einen Waldchor gründen und suchte dafür noch Sänger mit goldener Kehle. Er flog hinüber zu den Blumenbeeten und hörte dort ein leises, wohlklingendes Summen. Als er genauer hinsah, merkte er, dass es die kleine Honigbiene war, die dort sang. Der Pirol lobte sie: „Kleine Honigbiene, du hast wirklich eine sehr sanfte Stimme.“ Wer hätte gedacht, dass da die Honigbiene anfing zu lachen und sagte: „Ha, du irrst dich! Wenn ich singe, benutze ich doch nicht meine Stimme! Ich mache das Geräusch mit meinen Flügeln.“ Der Pirol flog weiter zum Fluss und hörte dort ein lautes, klangvolles und rhythmisches Quaken. Das war der kleine Frosch, der dort sang. Der Pirol lobte ihn und sagte: „Du hast wirklich eine volle und kräftige Stimme!“ Wer hätte gedacht, dass da auch der kleine Frosch anfing zu lachen und sagte: „Ha, du irrst dich! Wenn ich singe, benutze ich doch nicht meine Stimme, sondern meine Schallblase. Der kleine Pirol sah genau hin und bemerkte, dass dem Frosch an beiden Seiten zwei kleine Bällchen wuchsen, die ununterbrochen „quak, quak“ machten.

Der kleine Pirol flog zur grünen Wiese und hörte dort ein Zirpen, das sich genauso schön anhörte wie eine Geige. Das war die Grille, die dort sang. Er sagte zu ihr: „Kleine Grille, deine Stimme ist wirklich schön“. Doch da schüttelte die Grille den Kopf und erklärte: „Du irrst dich! Ich mache das Geräusch mit meinen Flügeln. Sieh mal her: Auf meinem linken Flügel habe ich einen spitzen Bogen und auf dem rechten einen Klangkörper. Wenn ich die beiden Flügel aneinander reibe, macht das dieses Geräusch.“ Der Waldchor begann mit seinem Konzert, und viele seiner hervorragenden Sänger sangen überhaupt nicht mit ihren Stimmen. Wie faszinierend das war!

Die kleinen Kaulquappen suchen ihre Mama“ (xiao kedou zhao mama), Band 4, Lektion 24

In einem Teich lebte ein Schwarm Kaulquappen. Sie hatten große Köpfe und schwarze Körper, wackelten mit ihren langen Schwänzen und schwammen fröhlich umher. Sie schwammen und schwammen, und nach einigen Tagen waren ihnen zwei Hinterbeine gewachsen. Da sahen sie, wie Mama Karpfen ihren Kindern beibrachte, nach Nahrung zu suchen. Die kleinen Kaulquappen fragten sie: „Wo ist denn unsere Mama“? Mama Karpfen sagte: „Eure Mama hat vier Beine und ein breites Maul. Sucht mal da drüben nach ihr!“ Nachdem die kleinen Kaulquappen wieder einige Tage umher geschwommen waren, waren ihnen zwei Vorderbeine gewachsen. Als sie eine Schildkröte sahen, die ihre vier Beine im Wasser bewegte, schwammen sie schnell auf sie zu und riefen: „Mama, Mama!“ Die Schildkröte sagte lachend: „Aber ich bin doch nicht eure Mama. Eure Mama hat auf dem Kopf zwei große Augen. Sie trägt ein grünes Kleid und singt ganz prima. Sucht mal dort drüben nach ihr!" Die kleinen Kaulquappen schwammen weiter, und nach einigen Tagen war ihr Schwanz kürzer geworden. Sie schwammen zu den Lotosblüten und sahen, dass auf einem der Blätter ein großer Frosch saß. Er trug ein grünes Kleid, aus dem ein weißer Bauch hervorlugte. Der Frosch hatte große Augen und quakte ein Lied. Die kleinen Kaulquappen riefen: „Mama, Mama!" Mama Frosch senkte ihren Kopf, sah sie an und sagte lachend: „Meine lieben Kinder, ihr seid ja schon zu Fröschen geworden. Kommt schnell zu mir herauf!" Unbemerkt hatten die Kaulquappen irgendwann auch noch ihren Schwanz verloren. Sie stießen sich mit ihren Hinterbeinen ab und sprangen auf das Lotosblatt. Mama Frosch sagte fröhlich: „Kommt, lasst uns zusammen Schädlinge fangen!"

Geckos (bihu), Band 7, Lektion 22

An einem Sommerabend saß ich im Garten und genoss die kühle Abendluft. Das Licht an der Hauswand war eingeschaltet und lockte viele kleine Insekten und auch ein paar Geckos an. Ich reckte den Kopf, um zu beobachten, wie die Geckos Insekten fingen. Sie pressten sich dicht an die Wand und kletterten langsam nach oben, wobei sie ihre vier Beine bewegten. An jedem Fuß haben sie fünf Zehen. Die spreizen sie und können damit genauso an der Wand haften wie die Jungfernrebe, eine Kletterpflanze. Der Kopf eines Geckos läuft vorne spitz zu, fast wie ein Dreieck. Ich weiß nicht, wie sein Maul aussieht, denn das klebt immer an der Wand, so dass man es nicht genau sehen kann. Geckos haben zwei winzige Augen, und ich bin mir sicher, dass sie sehr scharf sind, denn wie sollten sie sonst so schnell die Insekten erspähen können? Außerdem haben sie noch einen langen dünnen Schwanz, der sich beim Klettern hin- und her bewegt. Am Körper haben Geckos eine Schicht aus kleinen, dünnen Schuppen. Einige sind dunkler, andere heller, so dass sie ein natürliches Muster ergeben.

Die Geckos hingen bäuchlings an der Wand, reglos wie Zementklumpen. Die Insekten, die auf der Mauer landeten, krabbelten neben ihnen hin und her, doch die Geckos taten, als bemerkten sie sie nicht. Sie warteten, bis immer mehr Insekten neben ihnen aufgetaucht waren. Sobald einige Insekten direkt vor seinem Maul sitzen, streckt ein Gecko blitzschnell seinen Hals und zieht ihn ebenso schnell wieder ein. Wenn du in diesem Moment gerade geblinzelt hast, könntest du meinen, er habe sich überhaupt nicht bewegt. Aber die Insekten vor seinem Maul sind verschwunden.

Manchmal dreht ein Gecko seinen Kopf flink hin und her und schaut sich nach allen Seiten um. Wenn er sieht, dass ein größeres Insekt auf der Mauer gelandet ist, klettert er sofort darauf zu. Nach etwa dreißig Zentimetern hält er plötzlich inne und klettert dann rasch weiter. Wenn man nicht genau hinsieht, merkt man gar nicht, dass er sich fortbewegt hat. Erst nach einer ganzen Weile ist er bei dem großen Insekt angelangt. Dann schnellt er hastig in die Höhe und verschlingt es, um gleich wieder das nächste zu jagen.

Die Spinne (zhizhu), Band 4, Lektion 14

Ich weiß nicht, wann die Spinne ihr Netz an dem Ast vor meinem Fenster gebaut hat. Oft sitze ich am Fenster und beobachte, wie sie Insekten fängt. Eines Tages berührte ein winziges Fluginsekt das Spinnennetz und klebte fest. Die Spinne kam angeschossen, kletterte hinüber und fing das kleine Insekt sofort ein. Nach einer Weile ging ihr eine Motte ins Netz. Die Spinne sonderte aus ihrem Hinterteil einen Faden ab und fesselte sie, bis sie nicht mehr zappeln konnte. Am schwierigsten war das bei Käfern, denn ihre Panzer waren dick und sie waren schwer und kräftig. Einmal ging ihr ein Käfer ins Netz und die Spinne kam sofort angekrabbelt und fesselte sein Bein mit ihrem Faden. Sie fesselte ihn mit aller Kraft, doch der Käfer strampelte und zappelte und leistete erbitterten Widerstand, so dass das Spinnennetz zu wackeln begann. Plötzlich fiel der Käfer mit einem Knall zu Boden und zerriss dabei das Netz. Die Spinne konnte nur noch ratlos zusehen. Manchmal ist das Insektenfangen auch für die Spinne gefährlich. Einmal kam eine Wespe leise angeflogen und streifte mit ihrem Flügel das Netz. Die Spinne dachte, es habe sich wieder ein Insekt im Netz verfangen und kam schnell angelaufen. Da fing die Wespe mit einer flinken Bewegung die Spinne ein und flog davon. Im Ast blieb nur das zerstörte Spinnennetz zurück.

Wie sich die Tiere gegenseitig helfen (dongwu de huhui huzhu), Band 6, Lektion 9

Wusstest du schon, dass es unter den Tieren nicht nur den Kampf ums Überleben gibt, sondern auch Zusammenarbeit? Der Honigdachs und der Honiganzeiger, eine Art Specht, sind ein gutes Team. Sie arbeiten oft zusammen, um Bienenstöcke aufzufinden und zu zerstören. Wildbienen bauen ihre Bienenstöcke häufig so hoch oben in den Bäumen, dass die Honigdachse sie nicht sehen können. Hat der Honiganzeiger mit seinen scharfen Augen einen solchen Bienenstock in einem Baum entdeckt, sucht er den Honigdachs. Um dessen Aufmerksamkeit zu erregen, flattert der Vogel, macht spezielle Bewegungen und stößt dabei bestimmte Laute aus. Wenn der Honigdachs dieses Signal empfangen hat, kommt er eilig angelaufen und klettert auf den Baum. Er zerbeißt den Bienenstock, vertreibt die Wildbienen und frisst den Honig. Der Honiganzeiger wartet ab, bis der Honigdachs sich sattgefressen hat, und genießt dann das übrig gebliebene Bienenwachs.

Die Anemonengarnele und die rote Seeanemone kooperieren auch sehr gut. Die Anemonengarnele hält in jeder ihrer beiden großen Scheren eine Seeanemone und wandert so den ganzen Tag hin und her. Wenn Gefahr droht, hebt sie sofort die Seeanemone, und diese attackiert den Feind mit ihren giftigen Tentakeln. So kann die Anemonengarnele überall furchtlos nach Futter suchen. Die Seeanemone sammelt auf, was die Garnele übrig lässt, und wird davon auch satt.

Wie das Krokodil und der Regenpfeifer einander unterstützen, ist sogar noch interessanter. Der Regenpfeifer findet auf dem Rücken des Furcht erregenden Krokodils kleine Insekten, die er fressen kann. Er darf sogar in sein Maul klettern, um dort die Reste von Fischen, Muscheln und Fröschen, aber auch Blutegel aufzupicken, die dort nisten. So säubert der Vogel das Maul des Krokodils. Wenn das Krokodil sein Maul schließt, ist der Regenpfeifer darin gefangen. Aber man braucht sich um ihn keine Sorgen zu machen, denn wenn er mit seinem Schnabel ganz sachte an den Gaumen des Krokodils pickt, öffnet es sofort sein großes Maul und lässt ihn wieder frei.

Wale (jing), Band 12, Lektion 15

Viele Leute haben schon einmal Elefanten gesehen und sagen, sie seien sehr große Tiere. Tatsächlich gibt es aber ein Tier, das noch größer ist als der Elefant, das ist der Wal. Der größte Wal wiegt 160 Tonnen, der kleinste immerhin noch über zwei Tonnen. In China haben wir einmal einen 40 Tonnen schweren Wal gefangen, der war siebzehn Meter lang und seine Zunge war so schwer wie ein Dutzend fetter Schweine. In seinem aufgesperrten Maul könnte ein aufrecht stehender Mensch nicht mit dem ausgestreckten Arm seinen Gaumen berühren. Und wenn vier Menschen darin an einem Tisch sitzen und lesen würden, wäre es immer noch sehr geräumig.

Wale leben im Ozean. Weil sie aussehen wie Fische, nennen viele Leute sie auch „Walfische“. Aber der Wal ist eigentlich ein Säugetier. In der Urzeit hatten Wale und Ochsen dieselben Vorfahren, die an Land lebten. Dann veränderte sich die Umwelt und die Vorfahren der Wale lebten im seichten Wasser in der Nähe des Ufers. Es verging noch sehr, sehr viel Zeit bis ihre Vorderfüße allmählich zu Flossen wurden und ihre Hinterläufe sich zurückbildeten. Der Wal hatte eine Fischform angenommen und sich dem Leben im Ozean angepasst. Es gibt viele Arten von Walen, man kann sie grob in zwei Arten einteilen: Bartenwale, die zahnlos sind, und Zahnwale, die scharfe Zähne haben.

Was fressen diese großen Tiere? Bartenwale fressen Krabben und kleine Fische. Wenn sie im Ozean umherschwimmen, öffnen sie ihr Maul und saugen viele kleine Fische und Krabben zusammen mit dem Meerwasser ein. Dann schließen sie ihren Kiefer und blasen das Wasser als Fontäne durch ihre Barten wieder hinaus. Die Meerestiere schlucken sie herunter. So können sie auf einen Schlag über zwei Tonnen Nahrung verschlingen. Zahnwale fressen große Fische und Meerestiere. Sie stürzen sich auf sie, beißen sie mit ihren scharfen Zähnen und verschlingen sie rasch. Einer der Zahnwale wird „Tiger der Meere“ genannt: Der Killerwal. Manchmal umzingelt ein Schwarm Killerwale sogar einen über dreißig Tonnen schweren Bartenwal und verschlingt ihn gemeinsam innerhalb weniger Stunden.

Wale atmen mit ihren Lungen. Auch das beweist, dass sie nicht zu den Fischen gehören. Das Atemloch sitzt auf ihrem Kopf. Wenn die Wale einatmen, kommen sie an die Wasseroberfläche und stoßen die verbrauchte Luft aus dem Atemloch heraus, so dass eine große Wassersäule entsteht, genauso wie bei einer Fontäne im Park. Wenn sie über Wasser eingeatmet haben, tauchen sie wieder unter. Alle paar Stunden atmen sie zu einer festen Zeit einmal ein und blasen eine Fontäne aus. Verschiedene Walarten stoßen unterschiedliche Fontänen aus: Die der Bartenwale ist senkrecht, dünn und hoch, und die der Zahnwale schräg, dick und kurz. Erfahrene Walfänger können anhand dieser Fontänen die Art und Größe eines Wales bestimmen.

Wale müssen täglich schlafen. Dazu suchen sie sich einen sicheren Ort, wo sie sich zu mehreren versammeln. Dann stecken sie ihre Köpfe in der Mitte zusammen und richten ihre Schwänze nach außen. So treiben sie dann als Knäuel ruhig im Wasser. Wenn sie ein Geräusch hören, zerstreuen sie sich sofort in alle Himmelsrichtungen. Wale sind lebend gebärend. Ein großer Bartenwal ist bei seiner Geburt schon über zehn Meter lang und sieben Tonnen schwer. Er trinkt Muttermilch und nimmt jeden Tag dreißig bis fünfzig Kilogramm zu, bis er nach zwei, drei Jahren ausgewachsen ist. Wale haben ein sehr langes Leben. Normalerweise werden sie bis zu einhundert Jahre alt.

Die niedlichen Mausmakis (ke'ai de shuhuhou), Band 5, Lektion 27

Zur großen Tierfamilie im Pekinger Zoo zählen auch die kleinsten Affen der Welt – die Mausmakis. Sie sehen aus wie Mäuse, ihre Schwänze ähneln denen von Füchsen und Kopf, Hände und Füße sehen aus wie bei den Affen. Mausmakis sind sehr interessant und bei den Zoobesuchern außerordentlich beliebt.

Mausmakis sind klein und ausgesprochen flink. Sie lebten noch nicht lange im Zoo, da entwischte eines Tages einer von ihnen aus dem Käfig und sprang erst auf den Tisch, dann auf den Schrank. Er konnte über einen Meter hoch springen und die Wärter jagten hinter ihm her, bis ihnen der Schweiß ausbrach, aber sie konnten ihn nicht fangen. Wäre der Mausmaki nicht aus Versehen in eine Schublade gefallen, hätten sich die Wärter wohl noch sehr, sehr anstrengen müssen, um ihn einzufangen.

Direkt nach der Geburt sind sie ganz jämmerlich klein, etwa so groß wie ein Erdnusskern, und wiegen nur vier Gramm. Nach drei Tagen können sie sich schon bewegen und klettern an einem Kugelschreiber und manchmal auch am Daumen eines Menschen hoch und runter. Selbst wenn sie ausgewachsen sind, wiegen sie nur rund fünfzig Gramm. Wie interessant das ist! Mausmakis sind Allesfresser. Ob Obst oder Getreide, sie fressen alles, aber besonders gern mögen sie Insekten, die fressen sie das ganze Jahr hindurch. Im Zoo gibt es jemanden, der nur dafür zuständig ist, Insekten für ihre täglichen Mahlzeiten zu züchten.

Die Heimat der Mausmakis ist Madagaskar, das liegt in Afrika. Dort herrscht ein feuchtheißes Klima. Im nordchinesischen Zoo verbringen sie den kalten Winter immer in Räumen, in denen frühlingshafte Temperaturen herrschen. Aber sie wiren dann trotzdem niedergeschlagen. Darum sehen die Zoobesucher im Winter nur selten, wie lebhaft und niedlich diese Äffchen sind. Erst im Sommer kann man sie richtig beobachten.

Eichhörnchen (songshu), Band 8, Lektion 6

Eichhörnchen sind schöne kleine Tiere, man muss sie einfach gern haben. Sie sind flink und behände. In ihren kleinen, feinen Gesichtern funkelt ein Paar kleine Augen. Das Fell an ihrem ganzen Körper ist graubraun und so glatt, als sei es eingeölt worden. Ihr buschiger Schwanz ragt stets keck in die Luft, das sieht besonders hübsch aus.

Eichhörnchen springen gern von Ast zu Ast und sind sehr pfiffig. Wenn jemand den Baumstamm berührt, verstecken sie sich sofort unter einem Zweig oder hüpfen rasch auf einen anderen Baum. In klaren Sommernächten springen sie fröhlich in den Bäumen umher und necken und jagen einander aus Spaß. Es scheint, als fürchteten sie die pralle Sonne, denn tagsüber verstecken sie sich oft in ihren Höhlen, um sich abzukühlen. Sie kommen erst herunter auf den Boden, wenn ein kühler Wind durch die Äste weht. Eichhörnchen sitzen gern auf alten, hohen Bäumen und bauen ihre Nester in Astgabeln. Beim Nestbau sammeln sie kleine Zweige und stecken sie ineinander, dann legen sie trockenes Moos darauf, drücken es fest und treten es platt. Wenn das Nest fertig ist, bauen sie noch ein Dach darüber, unter dem es versteckt ist. So müssen sie weder Wind noch Regen fürchten und ihre Jungen haben es darin warm und sicher.

Eichhörnchen fressen Piniennüsse, Haselnüsse und Kastanien, und manchmal auch Vogeleier. Beim Fressen sitzen sie oft aufrecht auf einem Zweig und führen das Futter mit beiden Vorderpfoten an ihre Schnauzen. Im Herbst verstecken sie ihren Wintervorrat in den Ritzen alter Bäume. Und im Winter scharren sie manchmal den dicken Schnee weg, um darunter nach Nahrung zu suchen.

Wüstenschiffe (shamo li de chuan), Band 8, Lektion 7

Kamele leben in der Wüste. Sie sind sehr groß, haben einen langen Hals, und können weit in die Ferne sehen. In der Wüste gibt es nur wenig Wasser, aber der Geruchssinn der Kamele ist sehr scharf, so dass sie den Menschen helfen können, Quellen aufzuspüren. Immer wenn in der Wüste ein Sandsturm aufkommt, pressen sie ihre Nasenlöcher fest zusammen. An ihren Beinen haben sie dicke Schwielen, damit sie sich nicht verbrennen, wenn sie sich auf dem glühend heißen Sand niederlegen. Ihre Fußsohlen sind breit und dick, und beim Laufen spreizen sie beide Zehen, damit sie nicht im weichen Sand einsinken. Auf ihrem Rücken tragen sie Höcker. Wenn es viel Gras und Wasser gibt, fressen und trinken sie sich satt und lagern einen Teil als Fett in ihren Höckern ab. Wenn es wenig Nahrung gibt, überleben sie mit diesen eigenen Reserven.

Die Wüste ist riesengroß, überall sind hohe Sandhügel, und Reisende finden sich schlecht zurecht, aber die Kamele können ihnen den Weg zeigen. Wüstenstürme sind schrecklich. Sie wühlen den Sand auf und können ganze Sanddünen verwehen und Mensch und Tier darunter begraben. Kamele kennen das Klima in der Wüste genau, und sobald ein Sturm aufzieht, knien sie sich nieder, damit sich die Reisenden rechtzeitig darauf vorbereiten können. Kamele können nicht schnell laufen, aber sie können schwere Lasten tragen. Sie sind das Verkehrsmittel in der Wüste, darum nennen die Menschen sie „Wüstenschiffe".

Die 'Hygienegewohnheiten' der Elefanten (daxiang de weisheng xiguan), Band 6, Lektion 10

Eine Elefantenherde marschiert langsam vorwärts. Die Bullen gehen mit hoch erhobenen weißen Stoßzähnen voran, junge, alte und schwache Tiere laufen in der Mitte, und die Elefantenkühe bilden den Schluss. Es ist sehr heiß, aber zum Glück haben Elefanten ein Paar natürliche „Fächer": Ihre großen Ohren, mit denen sie sich beim Gehen Luft zufächeln können. Einige Elefanten stecken sich ihren langen Rüssel ins Maul, saugen ihn voller Speichel und spritzen sich diesen dann auf den Körper. Der große Elefant, der vorweg läuft, entdeckt ein Wasserloch in der Nähe, und die Elefantenherde eilt dorthin. Was wollen sie dort denn noch, außer Wasser trinken?

Elefanten sind die größten Landtiere, aber trotzdem lieben sie das Wasser. Immer wenn die Herde an einen Fluss oder Teich gelangt, hält sie dort an und planscht eine ganze Weile. Sie trinken, um ihren Durst zu stillen. Außerdem saugen sie das Wasser mit ihren Rüsseln ein und pusten es sich dann auf den Rücken, um zu „duschen". Oder sie tauchen gleich mit dem ganzen Körper unter Wasser, denn so können sie nicht nur den Schmutz abwaschen, sondern auch die Hitze aus ihren großen Körpern vertreiben und sich erfrischen. Und sie spülen Parasiten ab, so dass sich ihre Haut nach dem Bad wieder angenehm sauber anfühlt.

Interessante Korallen (youqu de shanhu), Band 3, Lektion 8

Sind Korallen Blumen? Wenn sie Blumen sind, wieso haben sie dann Zweige und Äste? Sind Korallen Steine? Wenn sie Steine sind, wieso sehen sie dann aus wie Blüten? Korallenpolypen leben im warmen, flachen Meer und können Kalk absondern, der dann wie ein Panzer an ihren Körpern klebt. Zahllose Korallen kleben aneinander und werden zu Korallenriffen. Korallenriffe bestehen aus Korallen und wachsen langsam. Korallen sind sehr interessant. Bitte sage es allen weiter: Korallen waren ursprünglich Skelette von Tieren, sie sind also weder Steine noch Blumen.

Die Welt auf dem Meeresgrund (haidi shijie), Band 7, Lektion 12

Weißt du, wie tief das Meer ist? Wenn an der Oberfläche die Wellen hochschlagen, ist es auf dem Meeresboden noch ganz ruhig. Selbst die größten Wellen sind nur bis in eine Tiefe von einigen Dutzend Metern spürbar. Die Sonne erreicht den Meeresboden nicht. Je tiefer, desto dunkler ist es dort, und in über

500 Metern Tiefe ist es stockfinster. Und doch funkeln im dunklen, tiefen Meer viele Sterne – das sind die Leuchtorgane der Tiefseefische. Ist es auf dem Meeresboden ganz still? Nein. Einige der Tiere machen Laute, und mit einem Unterwasser-Mikrofon kann man alle möglichen Geräusche hören: Einige Tiere summen wie Bienen, andere zwitschern wie Vögel, wieder andere bellen wie Hunde und bei manchen klingt es so, als schnarchten sie. Beim Fressen stoßen sie andere Laute aus, als wenn sie sich bewegen, und bei Gefahr geben sie Warnsignale von sich.

Jedes Meerestier hat seine eigene Fortbewegungsmethode. Die Seegurke klettert, indem sie ihre Muskeln zusammenzieht, und kommt in einer Stunde nur etwa vier Meter weit. Es gibt einen Fisch, der aussieht wie ein Weberschiffchen und der einige Dutzend Kilometer pro Stunde zurücklegen kann. Wenn er ein anderes Tier angreift, ist er schneller als ein Zug. Tintenfisch und Krake bewegen sich durch das Rückstoßprinzip schnell fort, indem sie plötzlich Wasser nach vorn ausstoßen. Und dann gibt es noch Muscheln, die sich gar nicht selbst bewegen können, sondern unter den Ozeandampfern kleben und umsonst verreisen.

Auf dem Meeresboden sind Berge und Täler, Wälder und Steppen. Auch Pflanzen gibt es dort in vielen Farben, in Braun, Lila oder Rot. Die kleinsten einzelligen Meeresalgen kann man nur unter dem Mikroskop richtig erkennen. Die größte Meeresalge kann dagegen zwei- bis dreihundert Meter lang werden, sie ist das längste Lebewesen der Welt. Der Meeresboden birgt reiche Vorräte an Kohle, Eisen, Erdöl, Erdgas und seltenen Metallen, von denen es an Land nur wenige gibt. Auf dem Grund des Meeres liegt wirklich eine Welt voller seltsamer Landschaften und reichhaltiger Produkte.

Elefanten vom Gelben Fluss (Huanghe xiang) von Liu Houyi, Band 10, Lektion 26

Im Naturhistorischen Museum von Beijing steht bei den Urtieren auch das Skelett eines großen Elefanten. Es handelt sich um das versteinerte Skelett eines Elefanten, der in der Vorzeit am Gelben Fluss lebte. Das Skelett ist vier Meter hoch und acht Meter lang und bis auf den Schwanzwirbel vollständig aus versteinerten Knochen zusammengesetzt. Sieh doch mal, die über drei Meter langen Stoßzähne, dahinter der Schädelknochen, der Unterkiefer und sogar der Zungenknochen, den man nur selten findet, sind erhalten. Von seinen über hundert Zehenknochen sind nicht einmal die drei, vier Zentimeter kurzen Knochen am kleinen Zeh verloren gegangen. Ein so gut erhaltenes Skelett eines Flusselefanten aus der Urzeit wurde in der bisherigen Grabungsgeschichte nur selten gefunden. Wenn man vor dem Skelett steht, sieht es aus, als renne der Elefant mit hoch erhobenem Kopf vorwärts.

Wissenschaftler glauben zu wissen, wie dieser Elefant am Gelben Fluss versteinert wurde: An einem wolkenlosen Tag vor zwei Millionen Jahren brannte die Sonne so heiß, dass das Gras beinahe Feuer fing. In der Ferne standen Eichen und Herden von Antilopen und Straußen liefen umher. Ein kleiner gewundener Fluss plätscherte gemächlich nach Südosten und an seinem Ufer blühten schöne Blumen. Eine Herde von Flusselefanten kam angetrampelt, angeführt von einem alten Elefantenbullen. Müdigkeit und Durst raubten ihnen die letzte Kraft. Als sie den kleinen Fluss sahen, stürmten sie freudig darauf zu. Der alte Bulle lief vorweg und erreichte das Ufer als erster. Er streckte seinen Rüssel aus, um das Wasser zu trinken. Aber es war so flach, dass er es nicht erreichen konnte und noch einen Schritt nach vorn machte. Er dachte, wie angenehm es doch wäre, jetzt ins Wasser zu steigen, seinen Durst zu stillen und ein Bad zu nehmen! Als er mit seinem rechten Fuß auf einen Stein trat, sank er ein und konnte mit dem linken Bein schon nicht mehr ans Ufer zurück. Mit einem Schritt landete er im Fluss und versank tief im Schlamm. Wie sollte dieser weiche Morast einen so schweren Elefanten tragen können? Wenig später kippte der Körper des Elefanten zur Seite und stürzte in den Fluss. Mit aller Kraft kämpfte er dagegen an, doch je mehr er zappelte, desto tiefer sank er ein. Er hob den Kopf und rief um Hilfe, aber sofort schwappte ihm Wasser ins Maul.

Die Herde, die ihm dicht gefolgt war, hielt an und sah entsetzt zu, wie der alte Elefant ums Überleben kämpfte. Sie erschraken so sehr, dass sie es nicht wagten, von dem Wasser zu trinken, sondern sich umdrehten und auseinander stoben. Der alte Elefant war im Schlamm versunken und konnte sich schließlich nicht mehr bewegen. Die Tage vergingen und der Elefant wurde unter dem Sand und Schlamm begraben, der herangespült wurde. Seine Leiche verrottete, doch sein Skelett und seine Stoßzähne wurden langsam zu so etwas Ähnlichem wie Stein. Zwei Millionen Jahre sind seitdem vergangen, und die Erde hat sich sehr verändert. Die Steppen von einst hoben sich und wurden zu Hochebenen, ein Berggipfel nach dem anderen schob sich aus der Erde empor und über der Ruhestätte des alten Elefanten entstand ein neuer Fluss.

Im Frühjahr 1973 gruben Bauern aus der Provinz Gansu genau an dieser Stelle nach Lehm und entdeckten einen weißen Stoßzahn. Sie meldeten den Fund sofort und man begann auf offizielle Anweisung mit den Ausgrabungen. Als das Fossil vollständig geborgen war, konnte man das Skelett des alten Elefanten deutlich erkennen. Er lag quer im Lehm und trat mit dem Fuß auf einen Stein. Wenn man diese Haltung im Stehen sieht, kann man sich vorstellen, wie er im Schlamm versank. Da die Knochen seines Körpers alle noch miteinander verbunden sind, kann man darauf schließen, dass er sich nicht von der Stelle fortbewegt haben konnte, an der er gestorben war, und deshalb so gut erhalten blieb.

Auf der Pinguininsel (deng shang qi'e dao), Band 5, Lektion 23

Am 8. Januar 1986 brachen wir aus der Hauptstadt Beijing auf und flogen erst von der östlichen zur westlichen Erdhalbkugel, und dann von der nördlichen zur südlichen. Erst am 14. Januar erreichten wir unser Ziel, den Südpol, und sprangen voller Freude umher. Obwohl auf der Südhalbkugel Sommer war, war der Südpol ganz mit Schnee bedeckt, und nur am ständigen Lager der chinesischen Expedition war etwas Erde zu sehen. Neben dem Lager sah ich einige schwarzweiße kleine Tiere, aha, das waren also Pinguine. Onkel Gao vom Expeditionsteam hatte uns schon vor einer Weile erzählt, dass gegenüber vom Lager eine Insel lag, auf der unzählige Pinguine lebten. Das fand ich großartig. Ich wollte so bald wie möglich zu dieser Insel fahren und sie mir ansehen!

Onkel Gao musste meine Gedanken erraten haben, denn noch am selben Nachmittag nahm er uns mit auf die Pinguininsel. Früher hatte ich mal im Fernsehen gesehen, dass Pinguine ungefähr so groß waren wie Kinder. Aber hier waren selbst die ausgewachsenen Pinguine nur einen halben Meter groß, und ihre Jungen waren so klein wie junge Katzen. Auf der Insel gab es drei Pinguinarten. Am schönsten waren die Goldschopfpinguine: Sie hatten rotgoldene Schnäbel und zwei gelbe Federn auf dem Kopf. Dann gab es eine Art mit einem schwarzen Ring um den Hals, der wie ein Mützenband aussah, die nennt man Kehlstreifpinguine. Sie waren ganz höflich und nickten uns aus der Ferne zu, als wollten sie uns willkommen heißen. Die wildesten Pinguine heißen Adéliepinguine: Als wir ihr „Territorium" betraten, kam einer von ihnen angelaufen und vertrieb uns kreischend aus dem Grenzgebiet. Ihre Laute ähneln denen eines Esels, darum nennt man sie auch „Eselspinguine".

Die Federn der Pinguine unterscheiden sich von denen anderer Vogelarten. Jungpinguine haben am ganzen Körper Flaum, die Federn von ausgewachsenen Pinguinen ähneln Fischschuppen. Ihre Körper sind stromlinienförmig, und der schwarze Rücken hebt sich deutlich vom weißen Bauch ab. Die Flügel haben sich zu Flossen zurückgebildet. Beim Laufen schwanken Pinguine hin und her, das sieht sehr lustig aus. Ich hob einen kleinen grauen Pinguin hoch und machte mit ihm ein Erinnerungsfoto. Onkel Gao erzählte uns, dass dieser flauschige Jungpinguin gerade erst geschlüpft war. Er konnte noch nicht selbst Fische fangen, sondern fraß, was seine Mama im Schnabel trug. Und tatsächlich: Da sah ich, dass einige der kleinen Pinguine hinter ihren Müttern herliefen und sie mit ihren Schnäbeln am Hals kratzten. Dann öffneten die Mütter ihre Schnäbel und ließen die Jungen fressen, was sie aus ihrem Magen hochwürgten.

Onkel Gao erzählte uns noch, dass die Pinguinjungen in einigen Monaten neue Federn bekommen und dann erst im Meer fischen können. Noch ein paar Monate später wächst ihnen dann das Gefieder, das Fischschuppen ähnelt, und erst dann sind sie ausgewachsen. Als ich die Pinguine genau beobachtete, konnte ich tatsächlich erkennen, dass einige am Bauch schon ihre Federn verloren hatten. Und diejenigen, die am ganzen Körper glänzten, waren dann anscheinend die erwachsenen Tiere.

Ein Samenkorn (yi li zhongzi), Band 4, Lektion 13

Ein Samenkorn lag in der Erde. Als es aufwachte, fühlte es, dass es angenehm warm war, und reckte und streckte sich. Es hatte ein wenig Hunger, also trank es einen Schluck Wasser. Das Samenkorn fühlte sich sehr wohl und richtete sich noch weiter auf. Es wehte ein leichter Frühlingswind. Das Samenkorn fragte den Regenwurm: „Was ist das da draußen für ein Geräusch?“ Der Regenwurm antwortete: „Das ist der Frühlingswind, der uns ruft, damit wir herauskommen.“ „Wie ist es denn da draußen? Auch so dunkel?“ „Nein, draußen ist es sehr hell“, sagte der Regenwurm, während er sich nach oben wand. „Ich bringe dir etwas Erde, dann kannst du dich hindurchbohren“. Das Samenkorn war sehr froh, als es das hörte, und streckte sich noch ein bisschen. Der Frühlingswind sang sein Lied, das Quellwasser sang, und die kleinen Vögel und Kinder sangen auch. Als das Samenkorn hörte, wie lebhaft es da draußen zuging, sagte es eilig: „Oh, ich sollte wirklich schnell hinausgehen!“ Es streckte sich noch einmal, und da wurde es plötzlich hell vor seinen Augen. Oh, was für eine schöne, helle Welt!

Der Bambustrieb (sun yar), Band 6, Lektion 29

Plitsch, platsch. Tante Frühlingsregen, die Musikerin, spielte auf den grünen Blättern und Büschen wieder ihr Lied und sagte leise zum schlafenden Bambustrieb: „Bambustrieb, wach auf, der Frühling ist gekommen!“ Der Bambustrieb erwachte. Er rieb sich die Augen und sah, dass es ringsherum noch ganz dunkel war. Da drehte er seinen kleinen Körper und rief hochnäsig: „Wer hat mich da gerufen? Ich bin doch noch gar nicht wach.“ „Du darfst nicht mehr so faul weiterschlafen, mein Kind! Komm schnell heraus und schau, wie schön die Erde ist!“ Als der Bambustrieb hörte, was Tante Frühlingsregen ihm sagte, bat er seine Mama, ihn schnell auf die Erde kommen zu lassen. Mama Bambus erschrak so sehr, dass sie ganz gelb im Gesicht wurde. Sie schüttelte unaufhörlich den Kopf und sagte: „Dein Körper ist noch so zart, kannst du denn schon auf dem Boden leben? Dort weht ein starker, kalter Wind! Du wirst erfrieren.“ Da erschrak der Bambustrieb, sein Körper zog sich vor Kälte zusammen, er senkte den Kopf und sagte: „Naja, dann bleibe ich wohl besser noch hier.“

Rumms, rumms. Opa Donner spielte wieder auf seiner Trommel, die er lange nicht benutzt hatte. Mit seiner lauten, rauhen Stimme rief er nach dem Bambustrieb. Da konnte dieser nicht mehr länger warten. Er drehte seinen kleinen Körper, wanderte unermüdlich weiter und sagte: „Ich fürchte mich nicht, ich will herauskommen.“ Als Mama Bambus sah, dass sie ihn nicht aufhalten konnte, zog sie ihm noch mehr Kleider an und ermahnte ihn unablässig: „Oh! Pass bloß auf, dass du dich nicht verkühlst.“

Endlich war der Bambustrieb auf der Erde angelangt. Er öffnete die Augen und sah, wie hell und schön es dort war! Die Pfirsichblüten lachten mit ihren roten Gesichtern, die Weidenzweige winkten mit ihren grünen langen Zöpfen und die Schwalben zwitscherten. Der kleine Bambustrieb sah hierhin und dorthin, als könne er nicht genug bekommen. Raschel, raschel. Neben den Füßen des Bambustriebs streckte ein kleiner Grashalm seinen Körper. Der Bambustrieb fragte: „Brüderchen Gras, was machst du denn?“ Der Grashalm warf ihm einen Blick zu und sagte: „Ich möchte diese schöne Zeit nutzen und schnell wachsen.“

Als der Bambustrieb dies hörte, wurde ihm ganz warm ums Herz und er sagte: „Na, dann will ich diese schöne Zeit auch nutzen, um schnell zu wachsen.“ Aber Mama Bambus hatte ihn aus Angst, dass er sich verkühlen könnte, in eine dicke Schicht Kleidung eingewickelt, so dass er kaum atmen konnte. Der Bambustrieb rief hastig: „Ich fürchte die Kälte nicht! Ich will schnell wachsen!“, und warf mutig einige seiner Kleider ab.

Tante Frühlingsregen lachte. Sie streichelte und befeuchtete ihn. Opa Sonne beschien ihn und wärmte ihn, und endlich konnte er immer mehr Kleidungsstücke ablegen, die ihn am Wachsen gehindert hatten. Er warf sie zu seinen Füßen nieder und wuchs zu einem kräftigen Bambus heran. Dann stand er auf dem Hügel, tanzte im Wind und rief stolz: „Ich bin erwachsen!“

Pflanzenmamas kennen viele Tricks (zhiwu mama you banfa), Band 4, Lektion 27

Wenn Kinder erwachsen sind, müssen sie sich von ihrer Mama verabschieden und in die weite Welt hinausgehen. Rinder und Pferde haben Beine zum Laufen, Vögel haben Flügel zum Fliegen, aber wie machen es die Pflanzen?

Mama Löwenzahn schenkt ihren Kindern Fallschirme, und wenn ein leichter Wind weht, ziehen sie in alle Richtungen davon. Mama Spitzklette zieht ihrem Kind eine Ganzkörper-Rüstung und einen stacheligen Panzer an. Damit kann es sich am Fell der Tiere festkrallen und gelangt so zu den Feldern, Bergen und Ebenen. Mama Granatapfel ist besonders mutig: Sie hat keine Angst, dass die Vögel ihre Kinder auffressen. Die Kinder halten im Bauch der Vögel ein Nickerchen, bis sie irgendwo wieder herauskommen und sich dort niederlassen. Mama Erbse hat noch einen besseren Trick: Sie lässt ihre Schoten von der Sonne bescheinen, bis sie mit einem Knall aufplatzen. Dann purzeln die Kinder heraus und verlassen ihre Mama.

Pflanzenmamas kennen viele, viele Tricks – und wenn du es nicht glaubst, dann beobachte sie doch einmal selbst. Man kann aus der Natur sehr viel Wissen erwerben, aber nachlässigen Kindern wird das nicht gelingen.

Fleisch fressende Pflanzen (chi chong de zhiwu), Band 8, Lektion 14

Der Sonnentau zählt zu den Fleisch fressenden Pflanzen, seine Blätter sind halbmondförmig, zart und grün. Auf den Blättern wachsen weiche Härchen, an denen ein Schleim haftet. Wenn ein Insekt darauf landet, klebt es sofort fest. Gleichzeitig klappen die Blätter zu, so dass es nicht entkommen kann. Einmal klebte eine Fliege an den Blättern des Sonnentaus fest und flatterte laut summend mit ihren Flügeln um ihr Leben. Doch je mehr sie zappelte, desto fester schlossen sich die Blätter. Schließlich hatte sich die Fliege vollständig aufgelöst, und es waren nur ein paar Flügel und sechs dünne Beinchen übrig geblieben.

Dann gibt es noch den Kannenstrauch, der auch ein meisterhafter Insektenfresser ist. Er ist am ganzen Körper rot und grün, als habe er sich extra ganz fein gemacht. Seine Blätter sind lang, breit und groß, ihre Spitze ist eingerollt und darunter hängt ein Beutel. Ein kleiner Beutel ist nur etwa fünf Zentimeter lang, ein großer sogar bis zu hundert Zentimeter, da passen vier oder fünf Becher Wasser hinein. Der Beutel hat einen Deckel, der halb geöffnet ist. An seiner Öffnung und auf dem Deckel selbst wachsen überall feine Härchen, an denen ein süßer Nektar klebt. Die Insekten, die den Nektar fressen wollen, fliegen auf die Öffnung und fallen hinein, bevor sie sich richtig festhalten können. Die Öffnung und das Innere des Beutels sind sehr glatt und auf dem Boden hat sich eine Flüssigkeit angesammelt. Wenn ein Insekt hineingefallen ist, kommt es nie wieder heraus. Nachdem es verwest ist, trinkt die Pflanze die Flüssigkeit, um überleben zu können.

Einmal entdeckte ein Botaniker, dass ein Tausendfüßler in den Beutel eines Kannenstrauchs gefallen war. Seine obere Hälfte ragte aus dem Beutel heraus, und er versuchte mit aller Kraft, wieder herauszukrabbeln. Doch seine untere Hälfte war im Innern des Beutels schon längst bis zur Unkenntlichkeit verrottet.

Die Füße der Jungfernrebe (pashanhu de jiao) von Ye Shengtao, Band 6, Lektion 13

Die Nordmauer am Sportplatz unserer Schule ist von Jungfernreben bewachsen. An unserem Haus wachsen sie auch. Sie ranken sich von der Westmauer des kleinen Gartens hinauf und bedecken einen großen Teil des Daches. Ihre frischen Blätter sind hellrot, und nach einigen Tagen werden sie dann hellgrün. Die zarten Blätter sind noch so klein, dass sie niemand wahrnimmt, erst die größeren Blätter erregen unsere Aufmerksamkeit. Sie sind so saftig und grün, dass man ihren Anblick sehr genießt. Wenn man auf sie herunter blickt, sind sie ganz gleichmäßig über die Mauer verteilt, an keiner Stelle wachsen sie dichter oder lassen eine Lücke. Wenn ein Windstoß kommt, kräuseln sich die Blätter leicht. Das sieht sehr schön aus.

Früher wusste ich nur, dass diese Pflanze Jungfernrebe heißt, aber ich wusste nicht, wie sie die Wand hinaufklettert. Erst dieses Jahr habe ich bemerkt, dass sie Füße hat. Die Füße wachsen an ihren Stängeln. Dort, wo die Stängel ihre Blattstiele haben, strecken sie auf der Rückseite sieben oder acht dünne Fäden aus, die wie Äste geformt sind. Sie sehen aus wie Schneckenfühler. Die Fäden sind so hellrot wie die frischen Blätter. Das sind die Füße der Jungfernrebe. Sobald ihre Füße die Wand berühren, werden die Köpfe der kleinen Fäden zu runden Scheiben, die an der Wand haften. Anfangs waren die Fäden gerade, jetzt biegen sie sich, ziehen die zarten Stängel der Jungfernrebe hoch und lassen sie fest an der Wand haften. So klettert die Pflanze Schritt für Schritt die Mauer hoch. Wenn du ihre Füße genau betrachtest, werden sie dich sicher an die Krallen des Flutdrachen erinnern, den man von Gemälden her kennt.

Füße, die die Wand nicht berühren, verwelken nach einigen Tagen restlos. Die Fäden und Plättchen, die die Wand berühren, werden allmählich grau. Man sollte aber nicht auf sie herabsehen, denn sie haften trotzdem fest an der Wand. Wenn du nicht sehr stark bist, dann glaube nicht, dass du einen Stängel der Jungfernrebe ausreißen könntest.

Das Gras (xiaocao), Band 6, Lektion 1

Viele Menschen lieben Blumen wegen ihrer bunten Blüten. Viele Menschen lieben Weiden, weil sie so schön geschmeidig und elegant sind. Ich aber liebe das einfache Gras. Das Gras ist der Frühlingsbote. Es meldet uns als erster, dass der Frühling gekommen ist. Wenn du es nicht glaubst, sieh einmal selbst nach: Wenn man das Stroh vom Boden aufhebt, sobald Eis und Schnee geschmolzen sind und der Boden noch frostig ist, kann man schon das Gras sehen, das frisch und spitz wie kleine Nadeln darunter hervorgekrochen kommt. Es kommt zusammen mit dem Frühling still und heimlich zu uns Menschen.

Einige Tage später werden die Pfirsichbäume rot und die Weiden grün, und überall wachsen Wildblumen. Das Gras aber hat sich schon längst ganz selbstlos der Natur und den Menschen überlassen. Kinder spielen im grünen Gras, Erwachsene ruhen sich darauf aus, und Kühe und Schafe kauen auf den frischen, zarten Stängeln.

Sein Körper ist zwar schwach, doch seine Lebenskraft ist erstaunlich. Sturm und Hagel können das Gras nicht kleinkriegen. Überschwemmungen und Dürre können es nicht ausrotten. Selbst wenn eine Hacke seine Stängel abhackt und Wagenräder es zermalmen, streckt es schon nach kurzer Zeit wieder seinen Körper und beginnt ein neues Leben. Oh, wie liebenswert das Gras ist! Ich will es laut loben. Ich will loben, dass es keine Mühen scheut und stets nach oben strebt, und ich will seinen stillen, uneigennützigen Opfergeist loben.

Der Kaktus (xianrenzhang) von Qin Mu, Band 11, Lektion 18

Ach, der Kaktus ist eine besondere Pflanze mit hartnäckiger Lebenskraft! Schon die Zähigkeit eines Kaktus' im Blumentopf überrascht uns. Ob man ihn gießt oder nicht, ob es heiß oder kalt ist, das alles ist ihm völlig gleichgültig. Er streckt seinen stacheligen Stängel nach oben, der wie eine Handfläche geformt ist und wie ein Jadeit aussieht. Wie eine Pyramide wächst aus seiner „grünen Handfläche" noch eine weitere, kleinere heraus. In dieser Haltung steht er kräftig und stramm da, eine Handfläche über der anderen. Ganz gleich, wie trocken das Wetter ist – wenn andere Topfpflanzen schon längst ihre Köpfe hängen lassen, ragt er immer noch voller Lebenskraft auf. Es ist, als sei ihm sein Lebensraum gleichgültig. Wie unfruchtbar ein Boden auch sein mag, sobald ein Kaktus darin Wurzeln geschlagen hat, ist es, als riefe er freudig aus: „Das hier ist ein guter Platz. Sieh mal, wie schön ich hier wachse und gedeihe!"

Sein ganzer Körper ist voller Stacheln, so dass kein wildes Tier und kein Schädling es wagen, ihn anzugreifen oder anzuknabbern. Und hast du etwa gedacht, dass ein abgebrochenes Stück Kaktus austrocknet und eingeht, wenn es zu Boden fällt? Keineswegs! Mit den Nährstoffen, die in seinem Körper gespeichert sind, wächst daraus ein neuer kleiner vitaler Kaktus. Das ist das sprichwörtliche „auf den Boden fallen und Wurzeln schlagen“.

Wer hätte gedacht, dass so eine mutige, stachelige Pflanze auch leuchtend bunte Blüten tragen kann! Einige Kakteenblüten sind sogar sehr schön anzusehen. Viele Länder haben Pflaumenblüte, Lotos, Rose oder Lilie als Nationalblume ausgewählt. Aber stell dir vor: Im fernen Mexiko, das viele Helden hervorgebracht hat, ist der Kaktus die Nationalblume! Generationen von Menschen haben die Standhaftigkeit der Kiefern, die Integrität von Pflaume und Bambus, die Reinheit des Lotos und den Mut der Chrysanthemen besungen. Ich denke aber, besonders der Kaktus hat unsere Bewunderung verdient.

Lotosblüten in einer Sommernacht (xiaye hehua), Band 6, Lektion 17

Der Sommer ist gekommen, die Lotosblüten blühen.

Nach einem abendlichen Sommergewitter ist die Luft rein und Mond und Sterne glänzen wie frisch gewaschen. Dann ist ein Spaziergang im Beihai-Park ein schönes Vergnügen. Von der Beihai-Brücke weht eine frische Brise herüber und der Pavillon sieht aus, als stünde er im Paradies. Doch allein das Meer von Lotosblüten im Beihai-Park reicht schon aus, dass die Menschen sich dort frisch und behaglich fühlen und vor Vergnügen gar nicht daran denken, nach Hause zu gehen. Die Stängel der Lotosblüten ragen kerzengerade in die Luft, ihre Blätter wachsen dicht gedrängt, und Wassertropfen kullern darauf hin und her. Eine Blüte nach der anderen erblüht in der Dämmerung und verbreitet ihren frischen Duft.

Lotosblüten sind überhaupt nicht überheblich: Sie erblühen großzügig über den ganzen Teich verteilt und sind wunderschön anzusehen. Lotosblüten sind überhaupt nicht verwöhnt: Sie brauchen nur Erde und Wasser, um zu wachsen, zu erblühen und Früchte zu tragen. Wurzeln und Stängel wachsen quer durcheinander, und die alten Wurzeln kreuzen sich mit jungen Zweigen. Lotosblüten fürchten weder Wind noch Regen. Selbst wenn es tagelang blitzt und donnert, lassen sie auf dem Wasser wunderbare Blumen erblühen! Lotosblüten sind überhaupt nicht egoistisch: Sie schenken ihre Wurzeln und Stängel, Blätter, Blüten und Früchte uns Menschen. Lotosblüten, Lotosblüten, wie schön ihr seid! Wie könnten wir euch nicht loben und preisen!

Herbst (qiutian), Band 3, Lektion 2

Der Herbst ist gekommen, der Himmel ist so hoch, so blau. Einige Blätter an den Bäumen sind schon rot geworden, andere haben sich gelb gefärbt, und sobald der Wind weht, verlassen sie die Zweige und fallen herunter. Sie sehen aus wie Schmetterlinge, die in der Luft fliegen.

Die Chrysanthemen blühen gelb, weiß und violett, sie verbreiten einen frischen Duft. Im Obstgarten lachen die Äpfel mit ihren runden, roten Gesichtern, und die

Zweige hängen voller gelber Kakipflaumen als wären es Lampions. Auf den Feldern ist das Getreide reif und Reis, Mais und Bohnen ergeben eine goldene Fläche.

Der Herbst ist die Zeit der reichen Ernte, der Herbst ergibt ein schönes Bild.

Laub (luoye), Band 3, Lektion 15

Der Herbstwind weht, das Wetter ist kühl. Die Blätter an den Bäumen sind gelb geworden, eins nach dem anderen fällt von den Bäumen herab auf den Boden. Wenn die Blätter auf dem Boden liegen, kommen kleine Insekten angekrabbelt, verstecken sich darin und nutzen sie als Haus. Wenn die Blätter in den Graben fallen, kommen die Ameisen, setzen sich hinein und nutzen sie als Boot.

Wenn die Blätter in den Fluss fallen, kommen kleine Fische vorbeigeschwommen, verstecken sich darunter und machen sie zu ihrem Regenschirm. Wenn die Blätter in den Garten fallen, kommen die Schwalben herbeigeflogen, um sie anzusehen, und sagen leise: „Das Telegramm ist gekommen und drängt uns, in den Süden zu ziehen“.

Winteranfang (chudong), Band 3, Lektion 16

Der Morgennebel ist weiß und verschwommen, so dass man die Pagode und den kleinen Berg in der Ferne fast gar nicht sehen kann. Die Felder und Wälder in der Nähe sehen aus, als ob ein Schleier über ihnen läge, ganz verschwommen und nicht klar zu erkennen. Die Sonne gleicht einem roten Ball, langsam geht sie auf und verbreitet blasse Strahlen. Der Nebel verzieht sich langsam und die Sonne sendet ihre Strahlen aus. Nun kann man die Pagode und den kleinen Berg erkennen. Die Felder und Wälder in der Nähe sind deutlich zu sehen. Das Getreide ist abgeerntet, die Bauern sind in ihren Gärten und pflücken Weißkohl. An den Bäumen hängen viele Kakipflaumen, wie kleine rote Laternen. Im Wald liegt eine dicke Laubschicht. Nur Kiefern und Zypressen sind nicht kälteempfindlich. Sie sind immer noch ganz grün.

Die Schritte der vier Jahreszeiten (siji de jiaobu), Band 3, Lektion 4

Der Frühling kommt mit leisen Schritten,
leise kommt er lachend angelaufen.
Der Bach singt rauschend ein Liedchen,
das grüne Gras und die frischen Blumen sind die Frühlingsboten.

Der Sommer kommt mit leisen Schritten,
leise kommt er lachend angelaufen.
Die goldenen Zikaden singen zirpend ihr Liedchen
und bringen fröhliches Lachen in die Welt.

Der Herbst kommt mit leisen Schritten,
leise kommt er lachend angelaufen.

Das Laub singt raschelnd ein Liedchen
und legt einen goldenen Pfad nach dem anderen.

Der Winter kommt mit leisen Schritten,
leise kommt er lachend angelaufen.
Der Nordwind singt heulend ein Liedchen
und die Schneeflocken tanzen einen fröhlichen Reigen.

Oh, Wald (a, shulinzi), Band 4, Lektion 19

Wald, Wald, woher hast du deine schönen Kleider? Im Frühling trägst du zartes Gelb, wie ein zierliches Mädchen, das mit schwingendem Rock und flatternder Bluse im Frühlingswind sanft ein Lied singt. Im Sommer trägst du ein neues, jadegrünes Hemd und schöne Blumenketten. Du bist zu einer hübschen Braut in bunter Bauerntracht geworden.

Im Herbst hast du dich in Gold und Silber fein herausgeputzt. Du strahlst vor Freude und bist so reich und würdevoll unter dem weiten, hellblauen Himmel. Im Winter trägst du eine strahlende, silbern glänzende Robe und bist rein und gutherzig wie eine Märchenprinzessin. Sieh mal, viele kleine Tiere verstecken sich unter deiner Robe vor der bitteren Kälte und dem dicken Nebel. Wald, Wald, woher hast du deine schönen Kleider? Oh, Mutter Erde hat sie dir geschenkt.

Die Farbe des Frühlingsregens (chunyu de yanse), Band 2, Lektion 5

Frühlingsregen prasselte auf die Erde. Eine Vogelschar suchte Schutz unter einem Dach und diskutierte eine interessante Frage: „Welche Farbe hat der Regen?“

Die Schwalbe sagte: „Der Regen ist grün. Wenn er auf das Gras fällt, ist das Gras grün, und wenn er auf die Weidenbäume fällt, sind sie grün.“ Der Spatz sagte: „Der Regen ist rot. Wenn er auf die Pfirsichbäume spritzt, sind die Pfirsichblüten rot, und wenn er auf die Mandelbäume spritzt, sind die Mandeln rot.“ Der Pirol sagte: „Der Regen ist gelb. Wenn er auf die Rapsfelder fällt, ist der Raps gelb, und wenn er auf den Löwenzahn fällt, sind die Löwenzahnköpfe gelb.“

Der Regen hörte ihre Diskussion und prasselte noch heftiger herab. Er sagte: „Liebe Vögel, ihr habt alle Unrecht: Ich habe keine Farbe. Aber ich verleihe dem Frühling seine Farbenpracht.“

Schneeflocken (xuehua) von Wang An, Band 1, Lektion 10

Schneeflocke, Schneeflocke,
wie viele kleine Blütenblätter hast du?

Ich fange dich mit der Handfläche auf,
lass mich mal zählen:
eins, zwei, drei, vier, fünf, sechs
wie kommt’s, dass die Schneeflocke verschwunden ist,
als ich gerade zu Ende gezählt habe?

Der Wind (feng), Band 3, Lektion 3

Niemand hat den Wind je getroffen, du und ich auch nicht.
Aber wenn er in den Blättern raschelt, wissen wir, dass er ein Lied singt.

Niemand hat den Wind je getroffen, du und ich auch nicht.
Aber wenn die Zweige sich leicht bewegen, wissen wir, dass er tanzt.

Niemand hat den Wind je getroffen, du und ich auch nicht.
Aber wenn das Wasser auf dem Fluss Wellen schlägt, wissen wir, dass er spielt.

Die kleinen weißen Schafe am Himmel (tianshang de xiao baiyang), Band 2, Lektion 4

Am Himmel ist eine Herde kleiner weißer Schafe,
einige stehen, andere liegen.

Kleine weiße Schafe, kommt doch herunter,
erkältet euch nicht dort oben am Himmel.

Das Wasser auf der Erde ist klar,
das Gras ist üppig.

Kleine weiße Schafe, kommt herunter,
die Erde ist doch eure wahre Heimat.

Regen (yu), Band 5, Lektion 17

Am Sonntagnachmittag saß ich am Fenster und machte Hausaufgaben. Es war sehr stickig im Zimmer. Plötzlich verdunkelte sich der Himmel und ein heftiger Wind kam auf. Es sah nach Regen aus. Schnell schloss ich das Fenster.

Kurz darauf fielen dicke Regentropfen herab und klopften laut an meine Fensterscheibe. Es regnete immer heftiger. Ich blickte durch die Scheibe nach draußen und es sah aus, als hinge ein riesiger Vorhang aus Perlen zwischen Himmel und Erde, so dass alles verschwamm. Der Regen fiel auf die Ziegel des gegenüberliegenden Daches, so dass Schaum aufspritzte und es aussah, als ob ein dünner Nebel das Dach verhüllte. Das Regenwasser tropfte an der Dachrinne entlang abwärts, und anfangs sah es aus wie die Perlen von einer zersprungenen Kette, die sich allmählich wieder zu einer Kette verbanden. Auf dem Boden sammelte sich immer mehr Wasser und wurde zu einem kleinen Bach.

Der Regen kam wirklich zur rechten Zeit! Die Maissprösslinge auf den Feldern tranken sich jetzt bestimmt gluckernd satt. Es war, als könnte ich sehen, wie das Regenwasser in den Boden, in den Garten und in die Herzen der Menschen einsickerte.

Die Wolken hatten sich verzogen, der Regen hatte aufgehört, und die Sonne schien wieder. Als ich das Fenster öffnete, strömte der frische Duft von Erde herein. Es war, als sei die Luft gefiltert worden, denn sie war ungewöhnlich frisch.

Die Pappeln und Weiden vor dem Fenster waren vom Regen gewaschen worden und streckten ihre Zweige und Blätter aus. Sie glänzten ganz grün und waren wunderschön.

Gewitter (leiyu), Band 4, Lektion 21

Der Himmel ist voller dunkler Wolken, die sich finster herabsenken. Die Blätter an den Bäumen bewegen sich nicht. Die Zikaden geben keinen Laut von sich. Plötzlich kommt ein starker Wind auf und die Bäume bewegen sich heftig. Eine Spinne wird aus ihrem Nest geweht und flieht. Die Blitze werden immer heller, der Donner immer lauter. Platsch, platsch, fängt es an zu regnen. Es regnet immer stärker. Wenn man aus dem Fenster schaut, kann man die Bäume und Häuser nicht deutlich erkennen. Allmählich werden Donner und Regen leiser. Der Himmel wird wieder klar. Wenn man das Fenster öffnet, kommt ein Schwall frischer Luft herein und man fühlt sich erfrischt. Der Regen hat aufgehört. Die Sonne kommt heraus. Ein Regenbogen steht am Himmel. Die Zikaden singen wieder. Die Spinne sitzt wieder in ihrem Netz. Der Teich ist nun voller Wasser und klar wie ein großer Spiegel. Die Frösche fangen auch wieder an zu quaken.

Der Mond (yueliang), Band 1, Lektion 4

Ein Mond steht am Himmel, ein Mond liegt im Wasser. Der Mond am Himmel liegt im Wasser, der Mond im Wasser steht am Himmel.

Kleines Schiffchen (xiaoxiao de chuan) von Ye Shengtao, Band 1, Lektion 2

Halbmond, kleines Schiffchen, kleines Schiffchen mit zwei Spitzen. Ich sitze im kleinen Schiffchen und schaue mir die funkelnden Sterne am blauen Himmel an.

Die Sonne (taiyang), Band 2, Lektion 26

Am Meer geht die Sonne über dem Wasser auf, auf der Ebene geht sie über dem Gras auf. Im Bergdorf wird die Sonne von den Hähnen herbeigekräht und im Wald von den Vögeln herbeigezwitschert. Oh! Diese ganze schöne Welt wird von den Sonnenstrahlen hervorgelockt.

Bis morgen (mingtian jian), Band 2, Lektion 14

Die Sonne wollte gerade untergehen, als ein kleiner Junge ihr zurief: „Opa Sonne, geh nicht weg! Wenn du fort bist, kann ich nicht mehr draußen spielen. Warum musst du denn weggehen?“ Opa Sonne antwortete freundlich: „Ich muss die andere Seite des Erdballs beleuchten. Dort wohnen auch kleine Kinder wie du, und wenn du draußen spielst, schlafen sie. Jetzt will ich sie rasch aufwecken, und du musst schnell schlafen gehen.“ Als der kleine Junge das hörte, sagte er: „Ach so ist das. Ja, dann geh schnell die Kinder auf der anderen Seite der Erde wecken. Ich will nun schlafen gehen, komm morgen früh wieder und weck mich.“ „Gut, mein Kind, ich wünsche dir eine gute Nacht.“ „Bis morgen, Opa Sonne!“, rief der kleine Junge.

Die Sonne (taiyang), Band 10, Lektion 6

Eine Legende besagt, dass in alter Zeit zehn Sonnen am Himmel gestanden haben, die so heiß schienen, dass auf der Erde kein Gras wachsen konnte. Die Menschen hielten es vor Hitze kaum aus und suchten einen guten Schützen, der neun von den Sonnen abschoss, so dass nur eine übrig blieb und es auf der Erde fortan nicht mehr so heiß war. Tatsächlich ist die Sonne 150 Millionen Kilometer von uns entfernt. Wenn man zu Fuß zur Sonne laufen wollte und Tag und Nacht unterwegs wäre, müsste man ungefähr 3500 Jahre laufen. Und mit dem Flugzeug wären es über zwanzig Jahre. Wenn sie so weit entfernt ist, wie sollte man sie da mit dem Pfeil abschießen können?

Wenn wir die Sonne ansehen, kommt sie uns gar nicht so groß vor, aber sie ist riesig, so groß wie 1, 3 Millionen Erdbälle. Weil die Sonne so weit von der Erde entfernt ist, erscheint sie uns aber nur so groß wie ein Teller. Die Sonne sendet Strahlen und Wärme aus, denn sie ist ein großer Feuerball. Ihre Temperatur ist sehr hoch, die Oberflächentemperatur beträgt 6000 Grad Celsius. Sogar Stahl würde gasförmig, wenn er die Sonne berührte. In ihrem Innern ist es schätzungsweise 3000-mal so heiß wie an ihrer Oberfläche.

Obwohl die Sonne so weit von uns entfernt ist, steht sie doch zu uns in sehr enger Beziehung. Nur durch die Sonne können das Getreide und die Bäume auf der Erde keimen, Blätter treiben, blühen und Früchte tragen, und die Vögel, Tiere, Insekten und Fische können überleben und sich vermehren. Wenn es die Sonne nicht gäbe, gäbe es keine Pflanzen und Tiere auf der Erde. Das Getreide, Gemüse, Obst und Fleisch, das wir essen, Baumwolle, Hanf, Wolle und Seide, mit denen wir uns kleiden, das Brennholz, das wir verheizen, sie alle sind eng mit der Sonne verbunden. Es sieht aus, als habe die Kohle unter der Erde mit der Sonne nichts zu tun, aber ohne die Sonne gäbe es sie nicht, denn sie ist aus Pflanzen entstanden, die sich in früheren Zeiten in den Erdschichten abgelagert haben.

Wenn das Wasser auf der Erdoberfläche von der Sonne beschienen wird, nimmt es Hitze auf und wird zu Wasserdampf. Kühlt er sich ab, entstehen unzählige kleine Wassertropfen, die in der Luft schweben. Das sind die Wolken. Wenn die Wassertropfen in den Wolken immer mehr werden, fallen sie als Regen oder Schnee herab. Wenn die Sonne auf die Erde scheint, nehmen einige Gebiete mehr Hitze auf, und dort ist die Luft heißer. Andere Gebiete nehmen weniger Hitze auf, dort ist die Luft kälter. Erst wenn in der Luft kalte und warme Schichten sind, bewegt sie sich und dadurch entsteht Wind. Die Sonne kann Keime abtöten, darum können wir mit ihrer Hilfe Krankheiten vorbeugen und heilen.

Alles Licht und alle Wärme auf dieser Erde spendet die Sonne. Wenn es sie nicht gäbe, wäre es überall auf der Erde dunkel und kalt. Es gäbe keinen Wind oder Schnee, keinen Regen oder Nebel, keine Gräser, Bäume, Vögel und Tiere und natürlich auch keine Menschen. In einem Satz: Ohne die Sonne gäbe es diese schöne, liebenswerte Welt nicht.

Die schönen, geheimnisvollen Farben der Planeten (qili shenmi de xingqiu secai) von Long Fu, Band 7, Lektion 25

Das Sonnensystem ist im riesigen Weltraum wie eine Familie. Alle Planeten sind bunt, das ist phantastisch und sieht schön aus. Unsere Erde ist der blaue Planet. Das liegt an den blauen Ozeanen, die insgesamt 70,8 % der Erdoberfläche bedecken. Außerdem sind die Waldgebiete grün. Wenn man also die Erde vom Mond oder von einem Raumschiff aus betrachtet, sieht sie wie eine blaue Perle aus. Vom Weltall aus gesehen ist der Mond genauso silbern wie von der Erde aus, aber er wirkt viel größer, weil er die Sonnenstrahlen reflektiert. Der Mars ist der „Schwesterplanet“ der Erde. Wegen seiner geologischen Beschaffenheit ist er der rote Planet. Steine und Sand sind dort orangefarben, und auch die Atmosphäre sieht orangerot aus. Wissenschaftliche Analysen haben ergeben, dass das Marsgestein große Mengen von Eisenoxid und anderen Stoffen enthält.

Wenn du früh morgens zum Horizont nach Osten blickst, wird dir ein grauweißer Stern auffallen. In China nennt man ihn „Morgenstern“, im Westen heißt er auch „Venus“. Er ist immer von dicken Wolken und dichtem Nebel umgeben. Seine Oberfläche ist sehr hell und gelbbraun, und ihre höchste Bergkette, die Maxwell Montes, ist rotgelb. Die Atmosphäre der Venus besteht aus mehreren Schichten dunkler Wolken und ist orangegelb.

Der größte Planet in unserem Sonnensystem, der Jupiter, hat eine andere wunderschöne Farbe: Es sieht aus, als sei er ganz gleichmäßig mit farbigen Bändern umwickelt. Eine Sorte hat dunkle, rotbraune Streifen, die andere helle, weißgelbe Tupfen. Wie ist das entstanden? Ursprünglich befanden sich die getupften Bänder in der oberen Schicht der Atmosphäre. Heißes Gas, das aus dem Inneren des Jupiter aufstieg, kühlte sich in den oberen Schichten ab und bildete Ammoniak-Kristalle, das sind die weißen Tupfen. Die gestreiften Bänder, die sich in den unteren Luftschichten befinden, bestehen aus Ammoniumsulfid-Kristallen, darum sind sie so dunkel. Der Saturn ist der schönste Planet in unserem Sonnensystem. Seine Ringe in den wunderbarsten Farben sehen aus wie ein bunter Sonnenhut, der auf dem Kopf eines kleinen Mädchens sitzt. Weil die Teilchen, aus denen sich die Ringe zusammensetzen, unterschiedlich groß sind, bilden sie Schichten in unterschiedlichen Farben. Die inneren Ringe sind lila und blau, die äußeren gelb und rot.

Der wunderbare, schöne Sternenhimmel hat die Menschen von alters her beeindruckt. Schriftsteller haben zeitlose Gedichte über ihn verfasst, Musiker bewegende Stücke komponiert und Maler schöne Bilder gemalt.

Wasserfall (pubu), Band 7, Lektion 1

Man sieht den Wasserfall noch gar nicht,
aber man kann ihn schon hören:
Wie Wellen, die ans Ufer schlagen,
wie Wind, der durch einen Kiefernwald fegt.

Oh! Hinter der Biegung des Bergwegs
kann man den ganzen Wasserfall sehen!
Für diese Szene finden sich keine Worte
– ein silberner Weg hebt sich von dem großen grünen Berg ab.

Wenn man vom Fuß des Wasserfalls nach oben blickt,
ist er riesig wie ein Wandschirm aus Perlen.
Manchmal kommt ein Windstoß
– dann wird er zu Rauch, Nebel oder Staub.

Das Neun-Dörfer-Tal (jiuzhaigou), Band 8, Lektion 15

In den Bergen zwischen Nanping, Pingwu und Songpan im Norden der Provinz Sichuan liegen einige wunderbare Täler. Dieser Ort heißt „Neun-Dörfer-Tal", weil in seinem Umkreis einige tibetische Dörfer liegen. Er liegt etwa vierzig Kilometer südlich von Nanping. Sobald man das Landschaftsgebiet betritt, fühlt man sich wie in einer Märchenwelt: Schneebedeckte Gipfel ragen silbern glänzend in die Wolken hinein. Kleine und große Seen liegen in den Tälern wie Edelsteine, die von bunten Bändern eingefasst sind. Das Wasser dieser Seen ist so klar, dass man bis auf ihren Grund sehen kann, wo Steine in prächtigen Farben liegen. Vom Flusstal bis hin zu den Berghängen wächst dichter Urwald. Bei klarem Wetter spiegeln sich der blaue Himmel, die weißen Wolken, die schneebedeckten Gipfel und der Wald im Wasser und ergeben viele bunte Bilder. Da ist es kein Wunder, dass diese Seen Namen tragen wie der „Fünf-Blumen-See" oder der „Fünf-Farben-Teich". Da die Flusstäler uneben sind, haben sich in den Seen und dazwischen natürliche Terrassen gebildet. Es entstanden Wasserfälle, deren Gischt nach allen Seiten spritzt wie weiße Seide, die in der Luft weht. Das ist wirklich eine Augenweide!

Wenn man weiter in den Wald vordringt, wird er immer dichter und die Ausflügler immer weniger. Gib acht, denn jetzt bist du in einem Gebiet, in dem oft seltene Tiere auftauchen. Vielleicht klettert gerade ganz in deiner Nähe ein kräftiger Stumpfnasenaffe auf einen Baum, blinzelt mit seinen wachen kleinen Augen und beobachtet dich heimlich. Vielleicht ist eine Herde schneller Antilopen plötzlich davongestoben, und unbemerkt im dichten Wald verschwunden. Vielleicht hast du Glück und kannst im dichten Bambuswald einen einfältigen Großen Panda entdecken, der unschuldig dreinblickt, während er auf einem frischen Bambusblatt herumkaut. Vielleicht siehst du auch einen flinken Kleinen Panda, der vom Abhang hinunter ins Tal gelaufen ist und sich nun im Spiegel des Sees betrachtet.

Das „Neun-Dörfer-Tal" ist mit seinen schneebedeckten Gipfeln hoch in den Wolken, mit seinen alten Bäumen, die in den Himmel wachsen, und mit seinen spiegelglatten Seen, sprudelnden Wasserfällen und seltenen Tieren wirklich ein Paradies auf Erden. Und es ist einem, als befinde man sich dort mitten in einem Gedicht oder in einem Gemälde.

Der Sonne-Mond-See (riyuetan) von Wu Zhuangda, Band 4, Lektion 23

Der Sonne-Mond-See ist der größte See in der chinesischen Provinz Taiwan. Er liegt in den Bergen in der Nähe von Taizhong. Umgeben von Bergen und üppigem Grün liegen dort viele Sehenswürdigkeiten und historische Stätten. Der Sonne-Mond-See ist sehr tief und sein Wasser ist jadegrün. In der Mitte des Sees liegt eine schöne kleine Insel, sie heißt Guanghua-Insel. Diese Insel teilt den See in zwei Hälften. Die obere Hälfte sieht aus wie die runde Sonne, also heißt er dort „Sonnen-See", die untere sieht aus wie ein Halbmond, also heißt er dort „Mond-See". Daher der Name „Sonne-Mond-See".

Direkt nach Sonnenaufgang liegt auf der Oberfläche des Sees noch dünner Nebel. Die Sterne am Himmel und die Lichter von den Bergen spiegeln sich verschwommen im Wasser. Mittags, wenn die Sonne am höchsten steht, ist die Schönheit des ganzen Sees und der umliegenden Bauwerke klar zu sehen. Wenn ein leichter Regen fällt, ist es, als läge ein Schleier über dem See, und die Landschaft verschwimmt so wie im Spiegel der Unsterblichen im Märchen.

Die Landschaft am Sonne-Mond-See ist wunderschön und lockt viele einheimische und ausländische Touristen an.

Die seltsamen Felsen am Huangshan (huangshan qishi), Band 4, Lektion 22

Das weltberühmte Landschaftsgebiet am Huangshan liegt im Süden der Provinz Anhui. Dort ist die Landschaft phantastisch, und besonders interessant sind die seltsamen Gesteinsformationen. Da gibt es zum Beispiel den „Pfirsich der Unsterblichen": Er sieht aus wie ein großer Pfirsich, der vom Himmel gefallen und auf einer Felsplatte auf dem Gipfel gelandet ist.

Auf einem steilen Felsgipfel sitzt ein Affe. Er umfasst mit beiden Armen seine Beine, kauert reglos da und betrachtet das wogende Wolkenmeer. Das ist der interessante „Affe, der aufs Meer blickt". Aber „Der Unsterbliche, der den Weg weist" ist noch beeindruckender: Wenn man in die Ferne blickt, sieht es aus, als stünde da ein Mensch auf dem hohen Berggipfel, der seinen Finger ausstreckt und den Weg weist. Bei Sonnenaufgang wird ein riesiger Stein auf einem anderen Gipfel zu einem goldenen Hahn. Er streckt seinen Hals, und kräht den „Gipfel der Himmelshauptstadt" an. Das ist natürlich der berühmte „Goldene Hahn, der die Himmelshauptstadt weckt".

Es gibt noch viele seltsame Felsen am Huangshan, zum Beispiel den „Himmelshund, der den Mond betrachtet", den „Löwen, der den Ball stiehlt", die

„Unsterbliche, die auf der Zither spielt“ und so weiter. Und all die seltsamen Felsen, die noch keinen Namen haben, warten nur darauf, dass du ihnen einen gibst!

Die seltsamen Kiefern am Huangshan (huangshan qisong), Band 6, Lektion 19

Der Huangshan, der als „seltsamster Berg der Welt“ gepriesen wird, ist aufgrund seiner seltsamen Kiefern und merkwürdigen Steine, seines Wolkenmeers und seiner heißen Quellen weltberühmt. Am liebsten aber mögen die Menschen die seltsamen Kiefern. Man sieht ihre eleganten, grazilen Umrisse überall, auf dem Gipfel und an den steilen Hängen.

Der beste Platz, um die Kiefern zu bestaunen, ist der Yuping-Tum. Der Geograph Xu Xiake (1586-1641) hat ihn schon in der Ming-Zeit als „Höhepunkt des Huangshan-Gebirges“ bezeichnet. Vor dem Turm stehen drei große Kiefern mit den Namen „Kiefer, die die Gäste begrüßt“, „Kiefer, die die Gäste begleitet“ und „Kiefer, die die Gäste verabschiedet“. Die „Kiefer, die die Gäste begrüßt“ ist von schöner Gestalt. Zweige und Stamm sind kräftig, und obwohl sie von Wind und Wetter gegerbt ist, wächst sie immer noch üppig und voller Lebenskraft. An der einen Seite ragt einer ihrer grünen Zweige etwas schräg heraus, so dass sie aussieht wie ein freundlicher Gastgeber, der seine Gäste willkommen heißt. Heute gilt sie als Repräsentant aller seltsamen Kiefern am Huangshan, wenn nicht sogar als Symbol für den ganzen Berg. Die „Kiefer, die die Gäste begleitet“ steht genau gegenüber vom Yuping-Turm, wie ein grüner Gigant, der die Gäste begleitet, während sie die schöne Landschaft bewundern. Die „Kiefer, die die Gäste verabschiedet“ hat eine ganz besondere Form: ihre Zweige sind gebogen und die Reisenden nennen sie auch „Natürlicher Bonsai“. Sie streckt ihre langen „Arme“ aus und weist den Berg hinunter, als wollte sie von den Reisenden schweren Herzens Abschied nehmen.

Die Kiefern am Huangshan haben viele verschiedene Formen. Einige ragen steil auf, andere wachsen schräg, wieder andere sind gebogen. Einige blicken nach oben, andere nach unten, einige sehen aus wie schwarze Tiger, andere wie Pfauen. Sie schmücken den Huangshan und machen ihn noch hübscher anzusehen.

Die Baotu-Quelle (baotuquan) von Lao She, Band 9, Lektion 6

Der Qianfo-Berg, der Daming-See und die Baotu-Quelle sind die drei größten Sehenswürdigkeiten in der Provinz Jinan. Heute will ich von der Baotu-Quelle erzählen. Von der Ximen-Brücke aus kann man einen kleinen Bach sehen, der rein und frisch in Richtung Norden fließt und aus der Baotu-Quelle entspringt. Gäbe es diese Quelle nicht, so wäre Jinan sicher nur halb so schön.

Die Quelle ist wunderschön. Sie liegt in einem fast quadratischen Teich und sprudelt aus drei Öffnungen, die nach Westen gerichtet sind. Im Norden fließt ein kleiner Bach bis nach Ximen. Schau dir die drei großen Öffnungen an, aus denen es zu jeder Jahreszeit, zu jeder Tages- und Nachtszeit unaufhörlich immer weiter sprudelt. Wenn du dort stehst und sie drei Minuten lang betrachtest, wirst du die Größe der Natur spüren und es nicht wagen, sie gering zu schätzen. Die Quellen sind auf ewig so sauber, so lebhaft, so klar. Sie sprudeln und sprudeln, ohne zu ermüden oder sich zurückzuziehen. Nur die Natur hat solch eine Kraft! Im Winter ist es noch schöner, denn dann steigt heißer Dampf aus der Quelle auf. Weiß und weich schwebt er über den tiefgrünen Wasserpflanzen und du musst unwillkürlich an eine Märchenwelt denken.

Am Teich liegen noch weitere kleine Quellen: Einige sehen aus wie große Fische, die Wasser speien, leicht und fröhlich steigt aus ihnen eine Reihe von Blasen auf. Andere sehen aus wie Perlen, die in der Mitte zusammenlaufen und dann schräg zur Seite abfallen, als treibe eine Perlenschnur an der Wasseroberfläche. Wieder andere stoßen nur hin und wieder eine große, flache Blase aus, die sich langsam und elegant hin- und herbewegt, bis sie zerplatzt. Sieh her, da ist schon wieder eine! Einige drängen zusammen an die Oberfläche, wie Ketten aus zerbrochenen Perlen oder wie eine ordentliche, schneeweiße Girlande, und wieder andere... Das ist noch interessanter als die großen Quellen.

Herbstlaub am Xiangshan (xiangshan hongye), Band 11, Lektion 20

Der Xiangshan ist der schönste Ort in den Bergen im Westen von Beijing. Seine natürliche Landschaft mit ihren hohen Bergen und dichten Wäldern lockt Gäste aus China und dem Ausland an. Der Xiangshan ist zu jeder Jahreszeit schön. Im Frühling kann man dort umherwandern, im Sommer eine angenehme Zeit verleben und im Winter den Schnee anschauen. Doch am bezauberndsten ist es dort im Herbst. Wenn sich die Blätter färben, kommen die Menschen in Scharen, um sich das rote Herbstlaub anzuschauen.

Die Liebe zum Herbstlaub hat eine lange Geschichte. In der Tangzeit hat der Poet Du Mu folgendes Gedicht geschrieben:

> Far up the cold mountain the stony path slopes:
> Where the white clouds are born there are homes of men.
> Stop the carriage, sit and enjoy the evening in the maple wood:
> The frosty leaves are redder than the second month's flowers.[704]

Der Ausspruch des Dichters „The frosty leaves are redder than the second month's flowers" ist nicht übertrieben. Zwar haben auch die Blumen schöne Farben, doch die Färbung des Laubes ist viel intensiver. Und am Xiangshan ist es ganz besonders schön. Jeden Herbst sind die Hänge mit roten Blättern bedeckt, die feuerrot in der Sonne leuchten, wie kleine Flammen. Genosse Chen Yi[705] hat

[704] Übersetzt von A.C. Graham: *Poems of the Late T'ang*. Penguin Books, London 1965, S. 133.

[705] Chen Yi (1901-1972), chinesischer General und Staatsmann.

einmal treffend gesagt: „*The red leaves of the Western Hills become even redder as the frost thickens.*"

Es gibt viele Arten von Herbstlaub am Xiangshan. Am häufigsten sieht man wilde Kakipflaumen- und Ahornbäume, aber die Attraktion ist ein großes Areal mit Perückensträuchern. Diese Sträucher sind über drei Meter hoch und haben viele Zweige, ihre Blätter sind oval und etwa drei bis sechs Zentimeter groß. Ihre Heimat liegt in den Provinzen Henan, Shandong und Sichuan. Im Herbst färben sich ihre Blätter noch röter und prächtiger als die der Ahornbäume.

Warum verfärben sich die Blätter im Herbst? Ursprünglich sind in grünen Pflanzen außer Chlorophyll auch Xanthophyll und Karotin enthalten. Das Chlorophyll arbeitet nur bei ausreichend Sonne und Wärme, darum sind die meisten Pflanzen im Sommer saftig grün. Perückensträucher enthalten mehr Karotin als die meisten anderen Bäume. Im Herbst, wenn die Temperaturen sinken und die Sonnenstrahlen schwächer werden, kann das Chlorophyll nicht mehr normal arbeiten und wird allmählich vom Karotin überdeckt, darum verfärben sich die Blätter rot.

Wie wurde der Perückenstrauch am Xiangshan angesiedelt? Das weiß man noch nicht genau. Es heißt, dass er in der Qing-Zeit unter Kaiser Qianlong dorthin gebracht wurde. Damals wuchsen einige wenige Exemplare am Südwesthang. Das ist heute ganz anders. Heute sind die Südhänge des Parks vom Xunlu-Hang bis in den Westen von Senyuhu überall mit Perückensträuchern bewachsen. Das ist wohl das Ergebnis ihrer mittlerweile über zweihundert Jahre dauernden Vermehrung. Durch sorgfältige Pflege gedeihen die Perückensträucher sehr gut und locken im Herbst viele Besucher an.

Wirklich, am Xiangshan ist es im Herbst sehr schön. Wenn man den holprigen Bergpfad entlanggeht, merkt man auf einmal, dass man sich in einem Meer aus roten Blättern befindet. Obwohl der Xiangshan im Herbst nicht so vor Lebenskraft sprüht wie im Frühling, muntert uns sein rotes Laub angesichts des bevorstehenden strengen Winters genauso auf wie rote Frühlingsblumen.

Der unterirdische Wald (dixia senlin), Band 7, Lektion 24

In der Provinz Heilongjiang, etwa sechzig Kilometer nördlich vom Jingbo-See, liegt eine seltsame Landschaft, die im In- und Ausland berühmt ist – der unterirdische Wald. Vor etwa zehntausend Jahren blieben dort nach einem Vukanausbruch sieben tiefe Senken von verschiedener Form und Größe zurück. Man weiß nicht genau, wie viele Jahre vergangen waren, bis darin ein prächtiger Wald entstanden war, dessen Bäume ganz regelmäßig und dicht wuchsen. Die Menschen gaben ihm den passenden Namen „Der unterirdische Wald".

Der unterirdische Wald birgt reichhaltige Schätze. Man findet hier alle wichtigen Baumarten der drei Nordostprovinzen. Es sind insgesamt ungefähr neunzig Arten, darunter hauptsächlich koreanische Kiefern und Lärchen, aber auch Fichten,

Tannen, Pappeln, Birken, und kostbare Eschen und Ananas. Diese Bäume liefern wertvolles Material, das für den Bau von Häusern und Schiffen, für die Herstellung von Geräten und für militärische Zwecke benötigt wird.

In dem dichten Wald wachsen viele Wildfrüchte und man kann alle Arten von kostbaren Vögeln und Tieren beobachten: Tiger, Bären, Wildschweine und Leoparden. Und es gibt auch schlaue, wachsame Ziegen. Um zu verhindern, dass wilde Tiere sie angreifen, hängen sie sich mit ihren Hörnern in die Bäume und baumeln beim Schlafen in der Luft, darum heißen sie auch „Hängeziegen". Im Krater des Vulkans tauchen oft ganze Herden solcher Hängeziegen auf, so dass die Menschen diesen Teil des unterirdischen Walds auch den „Ziegenstall" nennen.

Wenn man den unterirdischen Wald im Sommer oder im Herbst besucht, weht dort ein kühler Wind und die Anstrengung von der Reise ist sofort wie weggeblasen. Auf seinen Felsen wächst dickes Moos, auf dem sich viele glitzernde Wassertropfen sammeln, so dass es aussieht, als seien grüne Schwanendaunen von Perlen eingefasst. Wennn man vom Grund der Senken nach oben schaut, ist der Himmel nur so groß wie die Öffnung eines Brunnens, und eine Wolke nach der anderen zieht daran vorüber. Die Menschen unten und oben können einander zwar hören, aber nicht sehen. Wie geheimnisvoll und interessant das ist.

Die Landschaft von Guilin (Guilin shanshui), Band 10, Lektion 1

Es heißt, die Landschaft von Guilin sei die schönste unter dem Himmel. Wir stiegen in ein Holzboot und ruderten den Lin-Fluss entlang, um die Landschaft von Guilin zu bestaunen. Ich habe schon das große weite Meer mit seinen enormen Wellen und den Westsee mit seiner spiegelglatten Oberfläche bewundert, aber ich habe noch nie so ein Gewässer wie den Lin-Fluss gesehen. Das Wasser ist wirklich ruhig, so ruhig, dass man gar nicht bemerkt, wie es fließt, und es ist rein, so rein, dass man den Sand auf dem Grund des Flusses sehen kann. Und das Wasser ist grün, so grün wie makellose Jade. Die Ruder machen leichte Wellen, die Kreise ziehen, und nur dadurch spürt man, dass sich das Boot vorwärts bewegt und das Ufer hinter sich zurücklässt.

Ich habe schon die mächtige Bergkette am Taishan erklommen und den Xiangshan mit seinem feuerroten Laub besucht, aber ich habe noch nie solche Berge gesehen wie hier in Guilin. Sie sind wirklich außergewöhnlich, einer neben dem anderen ragen sie hoch auf und sind nicht miteinander verbunden. Einer sieht aus wie ein alter Mann, ein anderer wie ein Elefant, und wieder ein anderer wie ein Kamel. So liegen seine seltsamen Gipfel in allen nur erdenklichen Formen überall verstreut. Die Berge sind wirklich malerisch, wie ein jadegrüner Schutzwall, wie frische Bambussprossen, ihre hellen und schönen Farben spiegeln sich im Wasser. Guilins Berge sehen wirklich gefährlich aus, ihre steilen Gipfel ragen aufrecht in die Höhe. Zerklüftete Felsen in bizarren Formen, die aussehen, als fielen sie herunter, sobald man nicht aufpasst. Diese Felsen am Ufer eines solchen

Flusses, dieser Fluss, der solche Felsen widerspiegelt, dazu Wolken und Nebel, verschwommen in der Ferne, grüne Bäume und rote Blumen auf den Bergen und ein kleines Bambusfloß auf dem Fluss: All das gibt mir das Gefühl, als sei ich in ein endloses Rollbild eingetreten, denn es war genauso wie in einer Zeile aus einem klassischen Gedicht, die lautet: „Das Boot treibt auf den bläulichen Wellen, ich schweife in einem Gemälde umher".

Die fruchtbaren Paracelinseln (furao de xisha qundao), Band 6, Lektion 6

Die Paracelinseln in unserer Heimat sind eine Inselgruppe im Südchinesischen Meer und der Vorposten unserer Landesverteidigung zur See. Landschaftlich ist die Inselgruppe wunderschön und ihre Erzeugnisse sind reichhaltig, sie ist ein sehr liebenswerter Flecken. Im Umkreis der Paracelinseln hat das Meerwasser viele Farben: Tiefblau, Blassblau, Grün, Hellgrün und Gelb sind miteinander verwoben und leuchten, das sieht außerordentlich schön aus. Weil auf dem Meeresgrund hohe Berge und tiefe Täler liegen, ist das Wasser an einigen Stellen tief und an anderen flach. Wenn man dies von der Meeresoberfläche aus betrachtet, wirkt es, als sei das Wasser bunt.

Auf den Felsen am Meeresboden wachsen verschiedene Korallenarten, einige sehen aus wie blühende Blumen, andere wie schöne Hirschgeweihe. Seegurken schlängeln sich überall träge dahin. Eine große Languste trägt an ihrem ganzen Körper eine Rüstung, rudert hin und her und sieht dabei imposant aus. Ein Schwarm Fische schwimmt im Korallendickicht umher. Einige haben bunt gemusterte Körper, andere tragen Büschel aus roten Quasten auf dem Kopf. Die Goldmakrele hat am Körper viele Flossenfächer, so dass es sehr schön aussieht, wenn sie schwimmt. Der Kugelfisch hat runde Augen, sein Körper ist voller Stacheln, und wenn er sich aufpumpt, ist er genauso rund wie ein Lederball. Hier leben alle möglichen Fischarten, es sind so viele, dass man sie nicht zählen kann. Es ist genauso wie in dem Spruch: „Bei den Paracelinseln besteht das Meer halb aus Wasser, halb aus Fischen."

Am Strand liegen viele schöne Muscheln, große und kleine, in unterschiedlichen Farben und Formen. Sie sind wirklich seltsam und vielfältig. Am interessantesten sind aber die Meeresschildkröten, die immer im April und Mai zu Scharen ans Ufer kommen, um dort ihre Eier abzulegen. Dann drehen die Fischer sie einfach auf den Rücken, und sie strecken ihre vier Beine von sich und kommen keinen Schritt mehr vorwärts. Die Paracelinseln sind ein Paradies für Vögel, denn dort wächst ein üppiger Wald, in dem alle möglichen Vogelarten nisten. Auf dem Boden liegen die Eier der Meeresvögel überall verstreut. Unter den Bäumen liegt haufenweise Vogelkot, das ist ein kostbarer Dünger.

Die heldenhaften Männer und Frauen auf der Inselgruppe beschützen Tag und Nacht das Südtor unseres Vaterlandes. Im Zuge der Entwicklung des Sozialismus werden die liebenswerten Paracelinseln noch schöner und fruchtbarer werden.

Das schöne Kleine Xing'an-Gebirge (meili de xiao xing'anling), Band 8, Lektion 11

Im Nordosten Chinas liegt das Kleine Xing'an-Gebirge. Dort wachsen unzählige Mangrovenbäume, Birken und Spitzeichen dicht an dicht auf einer Fläche von einigen hundert Quadratkilometern, so dass es wie ein grüner Ozean aussieht. Im Frühling treiben die Bäume neue Zweige und zarte grüne Blätter. Der Schnee auf den Bergen ist geschmolzen und das Schmelzwasser fließt zu einem kleinen rauschenden Bach zusammen. Der Bach ist vom Schmelzwasser angeschwollen. Kleine Rehe gehen an seinem Ufer spazieren. Einige von ihnen haben sich herabgebeugt, um zu trinken, andere betrachten ihr Spiegelbild seitlich im Wasser.

Im Sommer wachsen die Bäume und Sträucher üppig, und die dichten Zweige und Blätter schirmen den Wald ab, sie schützen ihn vor den Blicken der Menschen und verdecken den blauen Himmel. Morgens steigt der Nebel aus den Tälern auf und der ganze Wald ist in dichten, milchig-weißen Dunst getaucht. Wenn die Sonne aufgeht, dringen Tausende von goldenen Strahlen wie scharfe Schwerter durch die Baumwipfel und bescheinen den Rasen vor den Wohnhütten der Waldarbeiter. Auf dem Rasen blühen verschiedene Arten von roten, weißen, gelben und lila Wildblumen, wie in einem schönen Blumenbeet.

Im Herbst färben sich die Blätter der Birken und Spitzeichen gelb und die der Mangroven dunkelgrün. Wenn der Wind weht, tanzt das Laub in der Luft. Dann schenkt der Wald den Menschen süßsaure, leckere Bergtrauben und duftende, knackige Haselnüsse, zarte Champignons und Mu'er-Pilze, aber auch Ginseng und andere Zutaten für die chinesische Medizin.

Im Winter tanzen Schneeflocken in der Luft. Die Bäume sind schneebedeckt und auf dem Boden liegt eine dicke Decke aus lockerem, weichem Schnee, der oft knietief ist. Der Nordwestwind heult in den Wipfeln, Zobel und Bären verkriechen sich in ihren Höhlen. Ein Zobel hat einen wilden Hasen als leckere Mahlzeit gefangen und ein Bär leckt mit der Zunge seine dicken, fetten Fußsohlen. Das Eichhörnchen lebt von dem Vorrat an Piniennüssen, den es im Herbst in seiner Höhle angelegt hat. Manchmal geht es auf den Zweigen spazieren und hält Ausschau nach dem Frühling.

Die Landschaft am Kleinen Xing'an-Gebirge ist zu jeder Jahreszeit wunderschön. Das Gebirge ist ein schöner großer Garten und eine gigantische Schatzkammer zugleich.

Mama Schwalbe lacht (yanzi mama xiaole), Band 2, Lektion 25

Im Gemüsegarten wachsen die Wintermelonen am Boden und die Auberginen hängen an Zweigen. Unter dem Dach sagte Mama Schwalbe zu ihrem Kind: „Kannst du mal in den Gemüsegarten fliegen und nachsehen, wodurch sich Wintermelonen und Auberginen unterscheiden?“ Die kleine Schwalbe flog los, kam zurück und sagte: „Mama, Mama, Wintermelonen sind groß und Auberginen sind klein.“ Mama Schwalbe sagte: „Nicht schlecht. Aber kannst du nicht noch einmal nachsehen, was sie darüber hinaus noch unterscheidet?“ Die kleine Schwalbe flog wieder davon, kam zurück und sagte: „Mama, Mama, Wintermelonen sind grün und Auberginen sind lila“. Mama Schwalbe nickte und sagte: „Sehr gut. Aber kannst du noch einmal ganz genau nachsehen, worin sie sich noch unterscheiden?“ Die kleine Schwalbe flog noch einmal los, kam dann fröhlich zurück und rief: „Mama, Mama, ich habe entdeckt, dass die Wintermelonen auf ihrer Schale feine Härchen haben, und die Auberginen haben an ihren Stielen kleine Stacheln!“ Da lachte Mama Schwalbe froh.

Das Vogelparadies (niao de tiantang) von Ba Jin, Band 11, Lektion 7

Nachdem wir bei unseren Freunden in der Grundschule zu Abend gegessen hatten, war es schon etwas kühler geworden. Die Sonne ging hinter einem Hügel unter und hinterließ nur das Abendrot, das am Himmel über den Bergen und den Wipfeln der Bäume erstrahlte. Wir gingen einen Steinpfad entlang und gelangten schnell zum Fluss. Unter den großen Bäumen am Ufer lagen einige kleine Boote. Wir sprangen in eines hinein, einer unserer Freunde löste die Leine, nahm ein Bambusruder und steuerte das Boot langsam in die Mitte des Flusses.

Der Fluss war sehr breit und das klare Wasser war sehr still. Das Boot trieb ruhig dahin, die Ruder bewegten sich gleichmäßig im Wasser. An einer Stelle verengte sich der Fluss. Grüne Blätter ragten in das Wasser hinein, es war ein ganz wunderbares Grün. Dort standen viele üppige Banyan-Bäume, deren Stämme ich nicht erkennen konnte. Als ich die vielen Bäume erwähnte, korrigierten mich meine Freunde sofort. Einer sagte, dort stehe nur ein Banyan-Baum, ein andere sagte, es seien zwei. Ich hatte zwar schon viele große Banyan-Bäume gesehen, aber so einen Riesen sah ich zum ersten Mal.

Unser Boot näherte sich langsam den Bäumen. Da hatte ich die Gelegenheit, zu sehen, wie es wirklich war: Dort stand ein einziger großer Baum mit zahllosen Gabelungen, aus denen wiederum Wurzeln wuchsen, von denen viele bis auf den Boden herunterhingen und sogar in die Erde eindrangen. Ein Teil der Zweige hing ins Wasser, so dass es von weitem so aussah, als ob sich ein großer Baum schräg auf dem Wasser fläzte. Zu dieser Jahreszeit wuchsen seine Zweige und Blätter am üppigsten. Daher schien es, als ob der Baum seine ganze Lebenskraft nur für uns zur Schau stellte. So viele grüne Blätter, die büschelweise wuchsen, ohne einen Spalt dazwischen. Ihre smaragdgrüne Farbe funkelte vor unseren Augen, als ob in jedem Blatt neues Leben pulsierte. Was für ein schöner südländischer Baum!

Das Boot hielt unter dem Baum eine Weile an. Weil es am Ufer so nass war, konnten wir nicht aussteigen. Einer meiner Freunde sagte, hier sei das „Vogelparadies“. Viele Vögel nisteten in diesem Baum und die Bauern hätten verboten, sie einzufangen. Mir war, als ob ich einige Vögel mit ihren Flügeln schlagen hörte, aber als ich genau hinsah, konnte ich keinen einzigen erblicken. Ich sah nur unzählige Wurzeln im Boden, die wie Holzpfähle aussahen. Der

Boden war sehr feucht, das lag wahrscheinlich daran, dass der Fluss oft über die Ufer trat. „Im ‚Vogelparadies' gibt es ja gar keine Vögel", dachte ich. Als wir wieder wegfuhren, lenkte einer meiner Freunde das Boot wieder in die Mitte des Flusses, wo es gemächlich dahinglitt.

Am nächsten Tag wollten wir wieder mit dem Boot einen weiteren Freund besuchen. Er wohnte an einem Berg, auf dem eine Pagode stand. Wieder brachen wir von der Schule aus auf und kamen noch einmal am „Vogelparadies" vorbei.

Diesmal war es früh am Morgen, die Sonnenstrahlen fielen auf das Wasser und auf die Baumwipfel. Alles erstrahlte sehr hell. Wir hielten wieder für kurze Zeit unter dem Baum an. Anfangs war es ringsherum ganz still. Nach einer Weile fing der erste Vogel zu zwitschern an. Wir klatschten in die Hände und scheuchten einen großen Vogel auf, dann noch einen und noch einen. Wir klatschten weiter. Schnell ging es im Wald ganz lebhaft zu. Überall hörte man Vögel zwitschern und konnte ihre Schatten sehen. Große und kleine, bunte und schwarze, einige hockten auf den Zweigen, andere flogen umher oder schlugen mit den Flügeln. Ich sah genau hin. Meine Augen ruhten nicht. Sobald sie einen Vogel sahen, hatten sie den anderen schon wieder verloren, und sobald sie ihn wiedergefunden hatten, flog ein dritter fort. Eine Drossel, die wir mit unserem Klatschen aufgescheucht hatten, flatterte auf und landete im Blätterdickicht. Sie setzte sich auf einen kleinen Ast und zwitscherte aufgeregt. Ihre Stimme klang sehr schön.

Als unser kleines Boot sich wieder auf den Weg zu dem Dorf am Pagodenberg machte, sah ich mich noch einmal nach dem üppigen Banyan-Baum um. Ich wurde etwas wehmütig. Am Tag zuvor hatten mir meine Augen einen Streich gespielt. Das „Vogelparadies" war tatsächlich ein Vogelparadies!

Die wunderbare Vogelinsel (shenqi de niaodao), Band 7, Lektion 23

An einem frühen Morgen im Mai brachen wir voller Neugier von Xining zur Vogelinsel auf. Unser Auto fuhr über die Qinghai-Tibet-Autobahn, überquerte den Sonne-Mond-Berg und den Daotang-Fluss, bis wir am unendlich weiten Qinghai-See ankamen. Mit einem kleinen Boot fuhren wir dann hinaus zur schönen Vogelinsel.

Als wir die Vogelinsel betraten, waren wir geblendet von der Landschaft, die da vor uns lag. Wenn wir den Kopf hoben, sahen wir in der Luft Schwärme von Vögeln, rote, blaue, weiße, gemusterte, sie bildeten viele farbenfrohe, prächtige Bilder. Wenn wir den Kopf senkten, war die Insel bedeckt mit allen möglichen Vögeln, Vogelnestern und Vogeleiern, so dass wir fast keinen Platz mehr zum Stehen fanden. Auf dem Wasser des Sees schwammen Vögel mit bunten Hemden, das waren Wildgänse, und die kleinen zierlichen, das waren Seeschwalben, und die mit dem langen Schnabel, die sich nach allen Seiten umsahen, das waren Wasserläufer. Dann gab es noch weiße Schwäne, schöne Reiherenten und Schwarzhalskraniche, die mit langen Schritten auf Nahrungssuche gingen. Wir zählten sie nur ungefähr und kamen auf über hundert Vogelarten! Sie flogen in der Luft, liefen auf dem Boden herum und schwammen auf dem Wasser, was für eine fröhliche Vogelwelt!

Auf dieser Insel nisteten über hunderttausend Wasservögel, die meistens in Harmonie miteinander lebten. Interessant ist das Folgende: Wenn ein Feind eindringt, verbünden sich alle Vögel auf der Insel und greifen ihn gemeinsam an. Wir waren noch nicht lange auf der Insel, da wurden wir auch schon Augenzeugen eines solchen „Vogelinsel-Verteidigungskrieges". Zwei schwarze Adler tauchten am Himmel auf und hatten vor, die frisch geschlüpften Jungvögel zu rauben. Zwei Wildgänse, die Wache hielten, bemerkten die Adler, schlugen krächzend „Alarm", und stürzten sich dabei mutig auf sie. Danach kamen alle anderen Vögel der Insel herbei, um sich dem Feind entgegenzustellen. Die Adler kreisten in der Höhe und der Vogelschwarm flog über der Insel. Plötzlich kam einer der Adler im Sturzflug heran, und man konnte nur sehen, wie die Wildgänse mit ihren Flügeln und Körpern eine eiserne Mauer bildeten und ihm den Weg blockierten. Der zweite Adler griff von der anderen Seite an, da erhoben sich die Kormorane und Störche, um zurückzuschlagen, und zwangen die Adler zum Rückzug. Angeführt von den Fischmöwen stürmte der Vogelschwarm die feindliche Stellung und umzingelte die beiden Adler. Der Schwarm kreischte und hackte so lange auf die Adler ein, bis sie am ganzen Körper mit Wunden übersät waren und das Weite suchten.

Winter am Songfang-Bach (songfangxi de dongtian) von Guo Feng, Band 11, Lektion 17

Vor einiger Zeit habe ich ein paar Tage in einem Dorf namens Songfang verbracht. Songfang ist ein kleines Bergdorf in einer Gebirgsgegend im Süden, das von Bergen, Bäumen und Felsen umgeben ist. Zwei Gebirgsbäche entspringen in den Bergen im Osten und Westen, sie münden vor dem Dorf ineinander und fließen dann nach Süden weiter. Das ist der Songfang-Bach.

Der Songfang-Bach ist ein wunderbarer Bergbach mit einer Steinbrücke, in dem viele große Steine liegen. Sie sind sehr schön. Einige sehen aus wie Rinder, die Wasser trinken, andere sehen aus wie zwei Steinlöwen, die am Ufer schlafen, wieder andere sehen aus wie Bären, die ans Ufer klettern wollen. Auf dem Grund des Baches liegen viele Kieselsteine. Auch sie sind schön anzusehen. Es gibt Kiesel, die rot sind wie Achat oder grün wie Kiefern, es gibt weiß marmorierte, bunt gesprenkelte und solche, die glänzen wie Saphire.

Wie klar das Wasser ist. In der Mitte des Baches spiegeln sich der blaue Himmel und die Steinbrücke, die Wolken und die Kiefernwälder, die auf den Bergen wachsen. Im Herbst, wenn die frischen Chrysanthemen an seinem Ufer blühen, spiegeln sie sich im Wasser. Und im April, wenn auf den Bergen überall Azaleen blühen, spiegeln sich ihre Schatten darin wie brennendes Abendrot. Ich überquerte jeden Tag die Steinbrücke und hörte das Rauschen des Baches, seinen fröhlichen Gesang. Die Sonne schien auf den Bach und ich dachte oft, wie glänzend und farbenfroh er doch war. Der Winter rückte mit jedem Tag näher. Die Kiefernwälder auf den Bergen waren noch grün, die Bambuswälder noch smaragdgrün. Der Himmel war blau. Seit Winterbeginn hatte die Sonne immer geschienen. Ihre Strahlen waren golden. An den Ufern des Songfang-Baches wuchsen büschelweise Pusteblumen, deren Samen im Wind umherflogen. Verabschiedeten sie sich vom Herbst?

Der Winter rückte mit jedem Tag näher. Die Büschel der frischen Chrysanthemen trugen immer noch blaue Blüten. Aber der Ahorn an den Berghängen, der vor einigen Tagen noch wie in roten Flammen gestanden hatte, hatte seine Blätter mittlerweile abgeworfen. Sieh nur, an den kahlen Zweigen der hohen Ahornbäume hängen viele stachelige braune Früchte. Zwischen den Ahornbäumen standen weitere hohe Bäume, an deren kahlen Ästen viele orangefarbene Früchte hingen. Diese Früchte, die wie kleine rote Lampen aussahen, waren die wilden Kakipflaumen, die nun reif geworden waren. Da kam mir plötzlich der Gedanke, dass die Ahornbäume und die wilden Kakibäume mit ihren Zweigen voller Früchte den kalten Winter begrüßten.

Es hatte zu schneien begonnen.

Schnee fiel auf das Songfang-Dorf.

Schnee fiel auf den Songfang-Bach.

Schneeflocken tanzten im Wind wie Weidenkätzchen, wie Schilfrispen, wie der Flaum einer Pusteblume.

Die kleinen und großen Kieselsteine im Bach waren mit Schnee bedeckt, so dass sie aussahen wie eine Herde kleiner weißer Kälber, die am Fluss Wasser trank. Wie zwei weiße Löwen, die im Schnee schliefen, oder ein paar weiße Bären, die sich bereit machten, um aus dem Schnee des Flusses ans Ufer zu klettern. Die Steinbrücke war auch mit Schnee bedeckt, und es sah aus, als besitze das Dorf eine Brücke aus weißer Jade, die über den Fluss führte.

Es hörte auf zu schneien.

Frühmorgens lag der Schnee überall auf den Dächern des Dorfes, auf den Zäunen und den Schuppen, in dem die Traktoren standen. Überall auf dem Kiefernwald und dem Bambuswald in den Bergen lag Schnee. Überall auf den Stämmen der hohen Ahornbäume und der wilden Kakibäume lag Schnee. Auf den Bergen in der Ferne lag Schnee. Auf der Steinbrücke lag Schnee. Auf den Steinen im Bach lag Schnee. Als ich die Steinbrücke hinabging, blieb ich stehen. Ich hörte das Flußwasser, das murmelnd unter der Brücke hindurchfloss. Ich sah, wie sich die fernen, verschneiten Berge, die schneebedeckte Brücke und die Steine darin spiegelten. Im Wasser des Flusses sah ich eine glänzende Schneewelt.

Als ich mich von der Brücke entfernte, bemerkte ich in der Schneewelt des Baches Schwärme von bunten Fischen, die unter einem Loch in der Brücke hin und her schwammen. Plötzlich sah ich, dass der Schwarm auseinanderstob, in einen Spalt in einem Flusskiesel hineinschwamm und nicht mehr zu sehen war. Kurz darauf sah ich, wie die bunten Fische wieder herausgeschwommen kamen und sich neu formierten. Ich sah erst einen, dann noch einen Schwarm Fische, die in der hellen Schneewelt umherschwammen, die sich im Flusswasser spiegelte.

Die bunten Teiche (wucai chi), Band 7, Lektion 9

An einem klaren Tag kam ich zum Canglong-Berg in Sichuan und war sofort fasziniert von der seltsamen Szenerie der bunten Teiche. Der Legende nach gibt es nur einen bunten Teich, und der liegt im Himmel. Hier aber liegen am ganzen Berghang unzählige bunte Teiche. Es gibt große und kleine, und sie haben viele kunstvolle Formen. Die großen sind über siebzig Quadratmeter groß und das Wasser ist darin bis zu drei Meter tief, die kleinen sind kaum größer als ein Teller und so flach, dass man mit dem Finger den Boden berühren kann. Die Uferränder der Teiche sind goldgelb, als seien es goldene, runde Bänder, die die Teiche in alle möglichen schönen Formen bringen. Einige sehen aus wie Flaschenkürbisse, andere wie Säbel, und wieder andere wie Waschschüsseln oder frisch erblühte Lotosblumen.

Das Schönste aber ist das bunte Wasser in den Teichen. Wenn man auf einem Berg steht und nach unten schaut, funkeln die Teiche in der Sonne rot, gelb, weiß, grün, lila, blau und in allen möglichen anderen Farben, wie ein gigantisches buntes Bild, das dort ausgerollt wurde. Besonders erstaunlich ist, dass die bunten Teiche zwar miteinander verbunden sind und ihr Wasser aus demselben Fluss stammt, aber trotzdem überall eine andere Farbe hat. Manchmal ist der obere Teich braun und der untere zitronengelb; manchmal ist das Wasser links blau und rechts olivgrün. Manche Teiche sind einfarbig, andere ganz bunt. Wenn man das Wasser herausschöpft, ist es jedoch ganz farblos, wie normales klares Wasser. Wie kann ein und dasselbe Wasser in verschiedenen Teichen verschiedene Farben haben? Auf dem Boden der Teiche wachsen viele Stalagmiten, auf deren Oberfläche sich eine Schicht aus dünnem Steinstaub abgelagert hat. Wenn die Sonne darauf scheint, ist der Teichboden wie ein unebener Reflektor, der viele schöne bunte Farben erzeugt. Durch Farben, die sich verändern, sehen die bunten Teiche ungewöhnlich schön und prächtig aus.

Angesichts dieser seltsamen Naturlandschaft konnte ich nicht umhin, tief zu seufzen: „Wie schön sind diese bunten Teiche am Canglong-Berg!“

Ich liebe die 'Drei Schluchten' (wo ai sanxia), Band 12, Lektion 10

Am 17. Juli bin ich mit Vati mit einem Passagierschiff mit dem Namen „Der Osten ist rot 17“ zu den Drei Schluchten gefahren.

Als wir an den Drei Schluchten ankamen, fiel uns zuerst die Stadt Baidi auf. Wir fuhren ein Stück weiter und erreichten die Qutang-Schlucht. Wir sahen die Berge, die an beiden Seiten dicht nebeneinander standen, einige hoch und imposant wie galoppierende Pferde, andere so lieblich, als schwebe dort die Mondgöttin Chang'e umher. Plötzlich ragte vor unseren Augen eine Reihe grüngrauer Felsen hoch in den Himmel auf. Sie waren so gewaltig, schroff und seltsam zerklüftet, dass sie uns unwillkürlich vor Ehrfurcht erschaudern ließen.

Gegen ein Uhr mittags kamen wir zur Wu-Schlucht. Wenn man dort nach oben blickt, kann man zwölf steile Gipfel sehen, die das Ufer des Yangtze säumen, das sind die berühmten zwölf Gipfel der Wu-Berge. Auf der Spitze des „Gipfels der Göttin" ragt eine schöne Steinsäule empor wie eine anmutige Göttin, die uns Menschen grüßt.

Am frühen Morgen des zweiten Tages hörte man jemanden laut rufen: „Kommt alle schnell her, was für ein wunderbarer Anblick!" Die Leute wurden sofort hellwach und strömten aus ihren Kabinen. Auch Papa und ich gingen an Deck und konnten mit Mühe noch einen Platz am Geländer ergattern. Da sahen wir, dass an beiden Seiten hohe, steile Felswände aufragten und der Fluss sehr eng wurde, so dass es war, als fahre das Schiff durch eine dunkle Gasse. Wir fuhren und fuhren, als plötzlich ein großer Berg unseren Weg versperrte, doch wir umschifften ihn an seinem Fuß und fuhren weiter auf dem engen, kurvenreichen Fluss. Es war wie in dem Gedicht von Lu You aus der Song-Zeit:

> „Hills in layers, stream after stream,
> it seems there's no way through;
> willows conceal, the flowers are bright,
> then here is another village."[706]

Die Berge umrahmten eine Ebene, auf der schwarzgrüne Bäume standen. Ich streckte mich, um sie genau zu sehen, und bemerkte erstaunt, dass es Mandarinenbäume waren! Der dichte Wald hing voller gelber Früchte, als seien die Bäume mit Edelsteinen geschmückt. „Das hier ist die Heimat des großen Dichters Qu Yuan. Hier hat er sein berühmtes Gedicht ‚Ode an den Mandarinenbaum' (*ju song*) verfasst!", sagte Papa leise zu mir und beobachtete aufmerksam alles, was in den Bergen geschah, als suche er dort nach den Spuren des Dichters.

Gegen Abend tauchte die Xiling-Schlucht auf. Ich blickte hinab auf das trübe Wasser und sah, wie dort ein Strudel nach dem anderen mit kreisenden Bewegungen vorwärtstrieb. Der reißende Strom wälzte sich voran, peitschte gegen die Klippen und machte dabei einen ohrenbetäubenden Lärm. Aus den Felsen an beiden Seiten des Flusses waren seltsame Formen ausgewaschen worden, einige sahen aus wie riesige Blütenknospen, andere wie fein geschnitzte Topfblumen... man wusste gar nicht, wohin man zuerst blicken sollte.

[706] Übersetzung von Owen, Stephen, a.a.O., S. 658.

Am Ufer tauchten hin und wieder Stromschnellen auf, denen das Schiff ausweichen musste, es umschiffte sie und fuhr weiter vorwärts. Unwillkürlich krallte ich mich am Geländer fest, als ob ich nur dadurch sicher sein könnte, nicht ins Wasser zu fallen. Plötzlich gab es ein Geräusch: Ein großer Flusskarpfen mit glänzenden Schuppen sprang aus dem Wasser, und verschwand sofort wieder in den tosenden Fluten.

Langsam brach die Nacht herein und der Mond ging auf. Er schien auf die Wellen des Flusses, die sich kräuselten. Die Wasseroberfläche sah aus, als sei sie mit silbernen Platten gepflastert worden, und leuchtete farbenprächtig. Wie wunderbar der Anblick dieser Landschaft bei Nacht war! Ich war freudetrunken. Ich liebe die Drei Schluchten, ich liebe ihre Erhabenheit, ihre Ruhe und Schönheit, aber am meisten liebe ich die reißenden Stromschnellen.

Bericht von einem Ausflug ins Tierreservat (tianran dongwuyuan manyouji), Band 10, Lektion 29

Im Morgengrauen fuhren wir aus Daressalam, der Hauptstadt von Tansania, los, überquerten den kristallklaren Rufiji-Fluss und fuhren durch immer dichtere, üppigere Kokuswälder nach Südwesten. Nach etwa vier Stunden Fahrt erreichten wir das Mikumi-Tierreservat. Als wir dort angelangt waren, nahm uns der Reiseleiter Ali sofort in Empfang und sagte lachend: „Ich wünsche euch viel Glück!" Er wünschte uns, dass wir das Glück hatten, auf unserer Fahrt viele Tiere zu sehen! Alle stiegen in den Jeep und wir begannen mit der Besichtigung entlang der Route.

Verglichen mit einem normalen Zoo ist ein Tierreservat etwas völlig anderes: Dort gibt es keine hohen Mauern, keine Käfige oder Volieren. Interessanterweise sind es hier nicht die Tiere, die sich in Käfigen befinden, sondern die Touristen! Die Tiere bewegen sich frei in der Steppe und jagen ihre Beute, und die Touristen sitzen in einem stabilen Bus wie in einem Käfig. Das soll verhindern, dass ihnen etwas passiert, außerdem will man die Tiere nicht erschrecken. Der Jeep fuhr langsam weiter, und vor unseren Augen tauchten einige Antilopen und Giraffen auf. Ali sagte: „Jetzt befinden wir uns im Gebiet der Tiere." Wir blickten zum Autofenster hinaus, konnen aber nur üppige Gräser und Sträucher und vereinzelt einen Bach oder Teich sehen.

„Da sind Zebras!" rief Ali plötzlich und zeigte nach rechts. Wir folgten seinem Finger mit unseren Blicken und erspähten in der Ferne einen dunklen Fleck – eine Herde Zebras. Es mussten etwa fünf- oder sechshundert Tiere sein! Der Bus fuhr langsam heran, und selbst als wir nur noch zwanzig Meter entfernt waren, blieben sie seelenruhig dort stehen und erschraken kein bisschen. Einige grasten ruhig, andere spitzten die Ohren, wieder andere leckten einander mit ihren Zungenspitzen oder scharrten mit den Hufen und spielten miteinander... Sie nahmen viele verschiedene Haltungen ein und man schloss sie sofort ins Herz.

Außerdem waren ihre kräftigen Körper mit schönen Streifen verziert, die in der Sonne glänzten.

Am häufigsten tauchten Giraffen auf und verschwanden dann wieder. Wir waren noch gar nicht lange im Gebiet der Tiere, als wir gleich zwanzig, dreißig Giraffen auf einmal sahen. Sie streckten ihre langen dünnen Hälse und standen kerzengerade im Schatten der Bäume, ohne sich zu bewegen. Aus der Ferne sah es aus wie ein gigantisches, bezauberndes Landschaftsbild. Noch interessanter wurde es dadurch, dass genau in diesem Moment ein paar afrikanische Meerkatzen zwischen den Giraffen herumtollten. Ein Affenweibchen sprang von einem Baum herunter auf den Rücken einer Giraffe, nagte an einer Wildfrucht und schnitt uns eine Grimasse, als wollte es uns necken! Als wir zwischen ihnen hindurchfuhren, flitzten die Meerkatzen um das Auto herum und umkreisten es eine Weile lang.

Neben einem Teich voller Wasserpflanzen standen einige Flusspferde, die sich gerade im Wasser gewälzt hatten und noch ganz nass waren. Als wir knapp fünfzig Meter von ihnen entfernt waren, bemerkten sie uns zunächst noch nicht, aber als sie uns entdeckten, stießen sie ein Furcht erregendes Brüllen aus. Diese riesigen Tiere haben eine Körperlänge von drei Metern und ein Gewicht von drei Tonnen. Das ist wohl auch der Grund, warum sie sich vor nichts fürchten! Auf der Weiterfahrt versuchten wir, uns einem Wasserbüffel zu nähern. Aber als wir auf etwa hundert Meter herangefahren waren, war er schon alarmiert und warf uns einen feindseligen Blick zu. Also hielten wir besser an, und beide Seiten verharrten eine Weile, dann wendeten wir das Auto und zogen uns zurück. Da Wasserbüffel sehr wild sind, ist es schon vorgekommen, dass sie Autos angegriffen haben. Ali sagte, ein wütender Wasserbüffel sei oft die größte Gefahr für Touristen.

Mittags machten wir auf einer Anhöhe Rast. Einige Dutzend Strauße sprangen vor dem Auto hin und her, und um uns herum graste eine Herde ruhiger Antilopen. Plötzlich stoben sie nach allen Seiten auseinander, denn ein Leopard näherte sich schnell und hielt etwa hundert Meter von uns entfernt an. Er betrachtete uns eingehend und pirschte dann wieder zurück ins Dickicht. Etwa zehn Minuten später tauchte er erneut vor unseren Augen auf und hatte vier kleine flauschige Leopardenjunge im Schlepptau. Ihre Mutter döste im Gras und die vier Jungen balgten sich um ihren Bauch, um ihre Milch zu trinken.

Nach dem Mittagessen kamen wir mit dem Wagen durch einen kleinen Wald. Vor uns überquerte eine Herde Elefanten den Weg. Ali bremste abrupt. Er sagte, wenn Elefanten wütend werden, sei das sehr Furcht erregend. Vor kurzem habe ein Elefant ein Auto, das sich ihm genähert hatte, mit seinem Rüssel umgeworfen. Wir warteten also ab und ließen die Herde vorbeiziehen. Wir sahen ihnen zu, wie sie langsam vorbeitrotteten, wie sie mit ihren Ohren wackelten, die so groß waren wie Fächer aus Palmenblättern, und mit ihren Rüsseln die Wurzeln der kleinen Bäume abknickten.

Wir hatten zunehmend mehr Glück, denn nach kurzer Zeit sahen wir auch noch Nashörner, Streifenhyänen und unzählige Rinder. Nachmittags um zwei Uhr winkten uns aus der Ferne Touristen aus einem Bus mit roten Tüchern zu – offensichtlich wollte man uns auf diese Weise einladen, näherzukommen, denn in einem Nationalpark darf man ja nicht hupen. Die freundlichen holländischen Touristen hatten genauso viel Glück gehabt wir wir – sie hatten gerade ein Löwenrudel gesehen. Da sahen wir, dass sich nicht weit entfernt unter einem Baum etwa ein Dutzend Löwen versammelt hatte. Eine Löwin gähnte und streckte sich und warf uns einige gelangweilte Blicke zu, schloss dann die Augen und legte sich wieder hin. Neben dem Löwen mit der prächtigsten Mähne tollten einige Junge fröhlich herum. Wir nennen den Löwen „König der Tiere". Weil man nur selten so viele Löwen auf einmal sieht, war unser Reiseleiter Ali außergewöhnlich aufgeregt. Auf dem Rückweg erzählte er uns pausenlos amüsante Anekdoten aus dem Tierreservat: Löwen wagen es, die Furcht erregenden Nashörner zu attackieren, aber manchmal werden sie sogar von zwei Wildhunden in die Flucht geschlagen, und wenn ein Elefant den Fluss überquert, kann es passieren, dass ihm ein Flusspferd den Schwanz abbeißt...

„Hahaha!" Lachend beendeten wir diesen vergnüglichen Ausflug in die Wildnis. Der Spaß auf einer Safari im Mikumi-Tierreservat ist genzenlos. Kein Wunder, dass der Strom von Besuchern aus aller Welt nicht abreißt.

Unser Feld (women de tianye), Band 2, Lektion 20

Unser Feld,
schönes Feld,
jadegrünes Flusswasser
fließt an grenzenlosen Reisfeldern vorbei.

Grenzenlose Reisfelder
sehen aus wie eine wogende Meeresoberfläche.
Im ruhigen See
blühen die Lotosblüten
und goldene Karpfen
sind ganz dick und groß geworden.

Und im Schilf am Rand des Sees
versteckt sich ein Schwarm Wildenten.

Die kleine Stadt am Meeresstrand (haibin xiaocheng), Band 7, Lektion 21

Meine Heimat ist eine kleine Stadt am Meeresstrand in Guangdong. Wenn man bis ans Ende der Hauptstraße geht, kann man schon das riesige Meer sehen. Bei blauem Himmel ist auch das Meer blau. Am Horizont kann man braune Motorsegelboote und silberne Kriegsschiffe hin- und herfahren sehen. Am Himmel fliegen weiße und graue Möwen, und Wolken, die dic gleiche Farbe haben wie die Möwen, schweben vorbei. Morgens sind Motorsegelboote und

Kriegsschiffe, Möwen und Wolken mit einer goldgelben Schicht überzogen. Auch die Hände und Arme der Fischer auf den Segelbooten und der Soldaten auf den Kriegsschiffen sind mit dieser goldenen Schicht überzogen.

Am Ufer des Meeres gibt es einen Sandstrand, an dem bunt gemusterte Muscheln liegen. Die einheimischen Kinder haben diese Muscheln schon so oft gesehen, dass sie sie nicht mehr beachten, so dass sie einsam am Strand liegen. Aus der Ferne erklingt eine Sirene, das ist die Flotte, die vom Hochseefischen zurückkehrt. An Bord der Schiffe liegen silbrig glänzende Fische, grüne Krabben und Krebse und goldgelbe Seemuscheln. Sobald die Flotte anlegt, geht es am Ufer sehr lebhaft zu.

In den Höfen unserer kleinen Stadt sind viele Bäume gepflanzt. Es gibt Eukalyptus, Kokuspalmen, Olivenbäume, Flammenbäume und viele andere tropische Pflanzen. Am Sommeranfang blühen die Eukalyptusbäume, und ihr Duft erfüllt die Straßen und Gärten. Wenn die Flammenbäume blühen, sieht es aus, als sei die ganze Stadt in eine Schicht aus roten Wolken gehüllt. Die Blumengärten sind noch schöner. Dort wachsen viele Banyan-Bäume. Sie sehen aus wie aufgespannte Schirme und ihre Blätter wachsen so dicht, dass sie Sonne und Regen abhalten können. Darunter stehen Bänke, die an Feiertagen immer besetzt sind.

Von den großen asphaltierten Straßen abgesehen, sind alle Wege in unserer Stadt aus Sand, und wenn man darauf tritt, knirscht es, als spaziere man am Strand entlang. Die Menschen fegen die Wege so sauber, dass kein Blatt darauf liegt. Unsere kleine Stadt am Meeresstrand ist schön und sauber.

Feuerwolken (huoshaoyun) von Xiao Hong, Band 10, Lektion 2

Nach dem Abendessen tauchten die „Feuerwolken" auf. Die Strahlen der Abendsonne färbten die Gesichter der Kinder rot. Der große weiße Hund wurde rot. Der rote Gockel wurde golden. Die schwarze Henne wurde sandelholzfarben. Der alte Mann, der gerade die Schweine fütterte, stand an die Wand gelehnt und sah lachend zu, wie sich seine beiden weißen Ferkel in Goldferkel verwandelten. Er wollte gerade sagen: „Ihr habt euch aber verändert", als er merkte, dass jemand neben ihm stand, sich ebenfalls an der kühlen Abendluft erfrischte, und zu ihm sagte: „Alter Mann, Sie müssen aber ein hohes Alter haben, Ihr Bart ist ja schon ganz golden geworden."

Die Wolken am Himmel verfärbten sich von Westen nach Osten hin, sie waren so rot als stünde der Himmel in Flammen. Die Feuerwolken veränderten sich ständig. Mal war der Himmel rot gefärbt, dann wieder golden, mal mischten sich lila und gelb, mal graublau und weiß. Weintraubenblau, birnengelb, auberginenfarben, solche Farben waren da am Himmel zu sehen, und noch einige andere, die ich nicht einmal benennen kann und nie zuvor gesehen habe.

Ich betrachtete den Himmel versunken, da erschien dort plötzlich ein Pferd, den Kopf nach Süden und den Schwanz nach Westen gerichtet. Das Pferd kniete sich nieder, als wartete es darauf, dass ein Mensch auf seinen Rücken steigt, um dann wieder aufzustehen. Nach zwei, drei Minuten richtete sich das Pferd auf, streckte Beine und Hals, nur einen Schwanz hatte es nicht mehr. Und während ich noch nach seinem Schwanz suchte, war das Pferd schon wieder ganz verschwommen.

Dann kam ein großer Hund vorbei. Er sah sehr wild aus und rannte vorwärts, hinter ihm liefen noch einige kleinere Hunde. Sie liefen und liefen, und als sie nicht mehr wussten, wohin sie laufen sollten, war der große Hund schon verschwunden. Als nächstes tauchte ein großer Löwe auf, der aussah wie die Steinlöwen vor den Tempeln. Er war genauso groß und kniete in derselben kraftvollen, ruhigen Weise nieder. Aber einen Augenblick später hatte er sich schon wieder verwandelt. Hätte man ihn nochmal wiedersehen wollen, wäre das nicht gegangen.

Einen Augenblick lang ähnelte der Himmel verschwommen verschiedenen Dingen, doch man konnte nichts mehr deutlich erkennen. Man musste den Kopf senken, sich die Augen reiben und dann ganz ruhig noch einmal genau hinsehen. Aber der Himmel wartete mit seinem Schauspiel nicht auf die Kinder, die das so sehr mochten. Nach einer Weile waren die Feuerwolken wieder verschwunden.

Sonnenaufgang am Meer (haishang richu) von Ba Jin, Band 9, Lektion 1

Ich stehe oft früh auf, um mir den Sonnenaufgang anzusehen. Dann ist es noch nicht hell, ringsherum ist es still und man hört nur die Geräusche aus dem Maschinenraum des Schiffes. Der Himmel ist noch ganz blass und hellblau. Plötzlich taucht am Horizont das Morgenrot auf. Es breitet sich immer mehr aus und wird immer heller. Dann weiß ich, dass gleich die Sonne aufgeht, und starre auf den Fleck, ohne meinen Blick abzuwenden. Schließlich taucht nach einer Weile das kleine Gesicht der Sonne zur Hälfte auf, es ist sehr rot, strahlt aber noch nicht. So, als ob sie eine schwere Last trüge, steigt die Sonne ganz, ganz langsam auf. Zum Schluss durchstößt sie endlich die roten Wolken und springt vollständig aus der Oberfläche des Meeres hervor, ihr Gesicht ist ganz liebenswert gerötet. Im Handumdrehen sendet dieses tiefrote runde Etwas blendende Strahlen aus, die einem in den Augen weh tun. Die Wolken am Himmel glänzen plötzlich auch.

Manchmal versteckt sich die Sonne hinter den Wolken. Dann dringen ihre Strahlen durch einen Spalt hindurch auf die Wasseroberfläche, und man kann schwer unterscheiden, wo das Wasser aufhört und der Himmel anfängt, denn man sieht nur ein glänzendes Licht. Manchmal tauchen am Horizont schwarze Wolken auf, die so dick sind, dass man den Sonnenaufgang nicht sehen kann. Aber die Sonnenstrahlen dahinter verzieren die schwarzen Woken mit einem goldenen Lichtkranz. Schließlich aber durchbricht die Sonne ihre Umzingelung durch die schwarzen Wolken und erscheint am Himmel. Dann färbt sie eine Wolke nach der anderen violett oder rot, und dann glänzen nicht nur Sonne, Wolken und Meer, sondern sogar ich selbst. Ist das nicht ein großes Wunder?

Die Flutschau (guan chao) von Zhao Zongcheng und Zhu Mingyuan, Band 9, Lektion 7

Die Flut am Qiantang-Fluss wird seit alters her als „Weltwunder" bezeichnet. Am 18. Tag des achten Monats nach dem Mondkalender findet am Qiantang-Fluss jedes Jahr das „Flutschau-Fest" statt. An jenem Morgen kamen wir in das Dorf Yanguan im Kreis Haining, von dem es heißt, es sei der beste Ort zur Flutschau. Wir folgten den Menschenströmen, die die Flut beobachten wollten, und kletterten auf den großen Uferdamm. Der weite Fluss lag schräg vor uns. Seine ruhige Wasseroberfläche wurde immer breiter, je weiter man nach Osten blickte, und in der Herbstsonne nach dem Regen wurde sie von einer dicken weißen Nebelschicht eingehüllt. In der Ferne schimmerten einige kleine Berge durch Wolken und Nebel hindurch. In der Nähe ragten am Flussufer die alte Zhenhai-Pagode, der Zhongshan-Pavillon und die Flutschau-Plattform auf. Zwar war zu diesem Zeitpunkt die Flut noch nicht gekommen, doch auf dem Damm hatten sich schon seit dem frühen Morgen viele Menschen versammelt. Alle reckten ihre Köpfe in Richtung Osten und warteten gespannt.

Gegen ein Uhr nachmittags hörte man aus der Ferne ein Dröhnen wie dumpfes Donnergrollen. Plötzlich redeten alle laut durcheinander. Diejenigen, die das Ereignis schon kannten, erklärten uns: „Jetzt kommt die Flutwelle". Wir stellten uns auf die Zehenspitzen und blickten nach Osten. Die Wasseroberfläche war noch ganz ruhig und man sah keine Veränderung. Nach kurzer Zeit wurde das Donnern immer stärker, doch man konnte nur eine weiße Linie am Horizont im Osten erkennen. Die Menschen redeten wieder durcheinander. Die weiße Linie kam immer schneller auf uns zu, wurde allmählich länger und dicker und lag schräg auf der Wasseroberfläche. Aus der Nähe sah man nur die weiße Welle ansteigen, bis sie zu einer weißen Mauer wurde, die über sechs Meter hoch war. Die Welle kam immer näher, wie zehntausend weiße Kriegspferde, die mit erhobenen Häuptern majestätisch herangaloppierten. Es klang wie zehntausend Panzer, die sich in Bewegung setzten, ein ohrenbetäubendes Geräusch, als ob ein Erdbeben die Erde erschütterte.

Im Nu raste die Flutwelle weiter westwärts, aber es kamen immer noch Wellen von überall her angeschwappt, und auf der Wasseroberfläche heulte immer noch der Wind und die Wogen tosten. Erst lange Zeit später beruhigte sich der Qiantang-Fluss wieder. An der Markierung am Deich konnte man erkennen, dass der Wasserspiegel schon auf über sechs Meter gestiegen war.

Mittsommernacht am Meeresstrand (haibin zhongxiaye) von Jun Qing, Band 11, Lektion 19

Die Sonne war gerade untergegangen und am Westhimmel leuchtete noch ein orangefarbenes Abendrot. Auch das große Meer wurde von den Strahlen des Abendrots rot gefärbt, und sein Anblick war noch eindrucksvoller als der des Himmels. Bei jeder Welle leuchteten die Strahlen des Abendrots hell auf, wie zuckende Flammen, die erst glommen und dann erloschen. Und gleich darauf rollte schon die nächste leuchtende Welle heran.

Das Abendrot verblasste allmählich, das tiefe Rot wurde glutrot, dann immer heller. Schließlich, als alle roten Strahlen verschwunden waren, zeigte der Himmel in der Ferne sein Antlitz voller Ernst und Ehrfurcht. Der Morgenstern, der immer als erstes auftaucht, leuchtete am tiefblauen Himmelszelt auf. Er war so groß und hell, dass seine Strahlen uns am weiten Himmelszelt ins Auge sprangen, als hinge dort oben eine helle Laterne. Je tiefer die Nacht wurde, desto mehr Laternen tauchten am Himmel auf. Auch die Lichter der Stadt leuchteten allmählich auf. Besonders auf den Hügeln rings um den Hafen erstrahlte alles und die Lichter spiegelten sich auf der schwarzblauen Wasseroberfläche. Sie flackerten und leuchteten mit jeder Welle auf, wie eine fließende Perlenschnur, und strahlten mit den unzähligen Sternen am Firmament um die Wette. Das sah sehr schön aus.

In dieser wunderschönen Nacht trat ich auf den weichen Sand und spazierte langsam am Meeresstrand entlang. Das Wasser streichelte den feinen Sand und plätscherte dabei leise. Der Abendwind, der vom Meer herüberwehte, war frisch und angenehm kühl. Ich war innerlich aufgeregt und froh zugleich. Der Wind wehte sanft und in der Luft lag der Duft von Meer, vermischt mit Getreide, und der weiche Sand war noch ein wenig warm von der Sonne des Tages. Die Menschen, die tagsüber an allen möglichen Orten gearbeitet hatten, kamen in kleinen Gruppen an den Strand, erfrischten sich in der kühlen Meeresbrise, sahen zum Sternenhimmel hinauf, redeten und lachten nach Herzenslust und entspannten sich. Ihr Lachen und ihre fröhlichen Stimmen wurden vom Wind hierhin und dorthin getragen, wie die kleinen Wellen, die ununterbrochen an der ruhigen Wasseroberfläche auftauchten.

Ich spazierte am Strand mit meinen Freunden aus dem Dorf hin und her. Da sah ich, dass neben einem Holzboot, das während der Ebbe am Strand vertäut war, ein paar Leute saßen, die gerade von der Weizenernte auf den Feldern zurückgekommen waren. Sie sprachen über die Ernte in diesem Jahr. Im Frühling hatte es genug Regen gegeben und die Sprösslinge gediehen gut, die Ernte war also besser als im letzten Jahr. Wenn es jetzt noch einmal ordentlich regnete, wäre die Ernte auch nach dem Herbst gesichert. Die Menschen freuten sich über die gute Ernte und ihre Unterhaltung war erfüllt von fröhlichem Gelächter.

Der Mond ging auf, ein runder, strahlender Vollmond. Wie eine Silberscheibe, die ihre Strahlen nach allen Seiten aussandte, stieg er aus dem weiten, ruhigen Meer auf. Im Meer schimmerten silbrige Wellen wie Fischschuppen. Auch der Strand wurde plötzlich hell erleuchtet, so dass man die Schatten der Menschen, die dort saßen, lagen oder umhergingen, klar erkennen konnte. Huch! So viele Menschen waren es also, die am Strand die kühle Abendluft genossen. Der ganze Strand war erfüllt von Reden und Lachen, Singen und Lärmen. Der Mond stand hoch am Himmel. Wie hell und klar er war. Es war tiefe Nacht geworden. Am Strand hatten sich einige Leute auf dem weichen Sand schlafen gelegt, andere unterhielten sich noch. Ein leichter Wind wehte und der helle Mond schien. Lasst diese heldenhaften Menschen unter freiem Himmel am sauberen Strand nach Herzenslust reden, lachen und sich entspannen.

Der Sternenhimmel (fan xing) von Ba Jin, Band 10, Lektion 5

Ich liebe Mondnächte, aber ich liebe auch den Sternenhimmel. Früher, in meiner Heimat, habe ich mich in Juli- und Augustnächten immer im Garten abgekühlt und den Himmel betrachtet, der mit Sternen übersät war. Wenn ich den Sternenhimmel so betrachtete, vergaß ich alles, und es war, als ob ich in den Schoß meiner Mutter zurückgekehrt sei.

Das Haus, in dem ich vor drei Jahren in Nanjing gewohnt habe, besaß eine Hintertür, die ich jeden Abend öffnete, um die stille Nacht zu sehen. Unter mir lag der Gemüsegarten, über mir der blaue Sternenhimmel. Obwohl die Strahlen der Sterne mit bloßem Auge ganz winzig wirken, hat man doch das Gefühl, dass ihre Helligkeit überall hinreicht. Damals kaufte ich mir einige Astronomiebücher und lernte, ein paar Sterne zu bestimmen. Da war mir, als seien sie meine Freunde und sprächen von Zeit zu Zeit mit mir.

Jetzt fahre ich zur See und kann die Sterne jeden Abend sehen, also kenne ich sie nun besonders gut. Ich liege an Deck und betrachte den Himmel. Am tiefblauen Himmel hängen unzählige flackernde Sterne. Wenn sich das Schiff bewegt, bewegen sie sich auch, und sie hängen so tief, dass sie herunterzufallen drohen! Allmählich verschwimmen sie dann vor meinen Augen, als wären es viele kleine Glühwürmchen, die um mich herum tanzten. Die Nacht auf hoher See ist ruhig und still, wie ein Traum. Ich betrachte die vielen Sterne, die ich kenne, und mir ist, als zwinkerten sie mir zu, als redeten sie leise mit mir. In diesen Momenten vergesse ich alles. Im Schoße der Sterne lächele ich und schlafe dann tief und fest. Ich fühle mich wie ein kleines Kind, das im Schoß seiner Mutter schläft.

Lotosblüten (hehua) von Ye Shengtao, Band 6, Lektion 20

Frühmorgens ging ich zum Spielen in den Park. Sobald ich durch das Tor trat, nahm ich einen frischen Duft wahr und rannte sofort zum Lotosblütenteich. Die Lotosblumen blühten schon seit einer Weile. Die Lotosblätter sahen aus wie große runde jadegrüne Teller, aus ihnen tauchten die Lotosblumen auf. Einige hatten erst zwei, drei ihrer Blüten geöffnet, andere waren schon ganz aufgeblüht und zeigten ihre zarten gelben Samenkapseln. Wieder andere waren noch Knospen und sahen so prall gefüllt aus, als würden sie jeden Moment aufplatzen.

So viele weiße Lotosblumen in ganz unterschiedlichen Posen. Diese hier ist schön, aber jene dort ist ebenso schön. Wenn der Lotosblütenteich ein Gemälde wäre, hätte es sicherlich ein talentierter Künstler gemalt. Plötzlich meinte ich, ich sei selbst eine Lotosblüte und stünde in der Sonne, in einem schneeweißen Kleid. Ein kleiner Windstoß kam und ich fing an zu tanzen, mein Kleid flatterte im Wind. Nicht nur ich tanzte, sondern der ganze Lotosblütenteich. Dann wurde es windstill, ich hörte auf zu tanzen und stand ruhig da. Libellen flogen vorbei und erzählten mir, wie es sie erfreut, morgens umherzufliegen, Fische schwammen unter meinen Beinen hindurch und erzählten mir ihre Träume der vergangenen Nacht... Erst nach einer ganzen Weile merkte ich, dass ich keine Lotosblüte war, sondern die Lotosblüten betrachtete.

Waldmeer (linhai), Band 11, Lektion 16

Ich hatte das Große Xing'an-Gebirge immer mit seltsamen Gipfeln und Steinen verbunden und gedacht, es sei so hoch, dass man es nicht erklimmen könnte. Nun hatte ich endlich die Gelegenheit, es zu sehen und den Urwald zu betreten, der dort wuchs. Als ich auf die Kiefernnadeln trat, die sich dort seit Jahrtausenden zentimeterhoch am Boden angesammelt hatten, und die alten Bäume berührte, bekam der wohlklingende Name des Gebirges für mich etwas Freundliches. Das Wort Gebirge ist zwar dasselbe wie im schroffen, steilen Qinling-Gebirge. Aber obwohl es hier auch Berge mit hohen und niedrigen, langen und kurzen, schrägen und geraden Gipfeln gibt, erinnert doch keiner von ihnen an die gefährlichen Steilhänge, die der Tang-Dichter Han Yu in einem seiner Gedichte beschrieben hat.

Wenn man mit dem Schnellzug an der Bergkette entlang fährt, nimmt sie stundenlang kein Ende, und man wird dennoch nicht müde, sie zu betrachten. Die Bergkette wirkt so sanft, sie ist von oben bis unten mit kostbarem Wald bedeckt und keiner der Gipfel ragt einsam oder schroff hervor. Wohin das Auge blickt ist alles grün. Die Bezeichnung „Waldmeer" ist wirklich zutreffend – das Auf und Ab der Gipfel sind die Wellen dieses Waldmeeres. So viele Grünschattierungen sind da zu sehen: tiefgrün und blassgrün, hellgrün und dunkelgrün. Die Farben sind schwer zu beschreiben – ich glaube, nur ein Maler kann so viele Grüntöne festhalten!

Das Große Xing'an-Gebirge birgt Tausende von Schätzen. Zuallererst muss man die Lärchen preisen. Wirklich, das Gebirge ist ein wahrer Ozean von Lärchen. Und sieh nur, an der Küste dieses „Ozeans" schwimmen ein paar weiße Schaumkronen, nicht wahr? Das sind die silbrigen Stämme der schönen weißen Birken. Wenn neben den grünen Lärchen ein weißes Kleid aus Birken in der Sonne funkelt, sieht das dann etwa nicht aus wie Meeresschaum? Zwischen den Bergen fließt oft ein klarer Bach, dem man bis auf den Grund sehen kann und an dessen Ufern wilde Blumen wachsen. Ich liebe Blumen, doch von diesen hier kenne ich nicht einmal die Namen. Das Große Xing'an-Gebirge versteht es wirklich, sich herauszuputzen: Die grünen Lärchen sind sein Hemd, die weißen Birken sein Kleid, und dazu trägt es ein Paar bunt bestickte Schuhe. Sogar die Zwischenräume der Bäume sind bunt: Im Schatten der Lärchen wachsen verschiedene Sorten kleiner Blumen, die Schmetterlinge in allen Farben anlocken – besonders gern landen sie aber auf den Schultern der Menschen. Im Blumendickicht verstecken sich kleine rote Bohnen, die wie Korallen aussehen. Aus diesen kleinen Wildfrüchten stellt man in der Schnapsbrennerei des Großen Xing'an-Gebirges den leckeren „Rote Bohnenschnaps" her.

Wer hier in den Bergen wandert und die zahllosen Lärchen und Birken sieht, schaut sich natürlich nach allen Seiten um – wie könnte er auch nicht? Wie viele Provinzen nutzen dieses Holz! Es gibt kaum eine Stadt oder Provinz, deren Aufbau nicht in irgendeiner Weise mit dem Holz des Großen Xing'an-Gebirges zusammenhängt, ob es nun in ihren Zechen und Eisenbahnstrecken eingesetzt, oder zu Tischen, Stühlen und Dachbalken verarbeitet wird. Deshalb gewinnt man das Gebirge immer lieber, je länger man es betrachtet! Sein Liebreiz liegt in seiner allumfassenden Schönheit. Seine tausend blauen Berge und sein ewiges Grün sind eben gerade mit großen Hochhäusern und gutem Nutzholz verbunden. Folglich ist die Schönheit des Gebirges untrennbar mit dem Aufbau des Landes verknüpft, und das bewirkt, dass wir uns dort wohl und heimisch fühlen.

Wenn wir uns die Försterei ansehen, wird dieses Gefühl der Vertrautheit sogar noch intensiver. Wir fällen Bäume, um Nutzholz zu gewinnen, und forsten gleichzeitig auf und schützen dadurch den Wald. Was wir mit der einen Hand fällen, pflanzen wir mit der anderen neu. Wir rauben dem Wald nicht nur seine Schätze, sondern betreiben wissenschaftliche Forschungen, damit das Waldmeer ewig grün bleibt und wir es vielseitig nutzen können. Im Bergwald sind schon viele Städte und Gemeinden entstanden, die das Landschaftsbild des Großen Xing'an-Gebirges verändert und ihm die fröhlichen Lieder der Arbeiter hinzugefügt haben. Die Beziehung zwischen Mensch und Berg wird von Tag zu Tag enger – wie sollten wir uns da nicht wohl und heimisch fühlen? Früher wusste ich nicht, weshalb man dieses Gebirge „Xing'an" nennt, was „Gebirge des Wohlstands und des Friedens" bedeutet. Aber seit heute weiß ich, dass dieser Name dafür steht, dass wir unser Land gedeihen lassen und den Staat stabilisieren.

Das Lied des Meeres (dahai de ge), Band 6, Lektion 26

Eines Morgens erfuhren wir gleich nach dem Aufstehen, dass heute ein Schiff aufs Meer hinausfahren würde. Ich lief sofort zum Pier, über mir der blaue Himmel und die weißen Wolken, vor mir das jadegrüne Meer, über dem gerade die Sonne aufging.

Wir bestiegen einen hellblauen Ozeandampfer. Er setzte sich in Bewegung und fuhr auf den Wellen ruhig im Hafen herum. Der Kapitän lud uns ein, uns den

Steuerraum anzusehen. Wir sahen, dass an beiden Seiten des Hafens ein Dschungel von Verladekränen aufragte, stählerne Giganten, deren zahllose riesige Arme sich auf und ab bewegten, und Ozeandampfer mit bunten Flaggen standen dort in Reih und Glied wie eine Leibgarde. Wir verließen den Hafen und fuhren aufs weite Meer hinaus. Da stand die Sonne bereits hoch am Himmel und die Wellen glitzerten golden. Ich ging zum Bug, ließ mir den starken Wind um die Nase wehen und sah aufs grenzenlose Meer hinaus. Gischt schäumte um den Bug und sang ein fröhliches Lied.

Das Schiff fuhr nun auf dem weiten Ozean, dessen Farbe von grün zu blau und von blau zu schwarz wechselte. In diesem Moment stellte sich jemand neben mich und zeigte nach vorn. Ich folgte seinem Finger mit den Augen: Hinten am Horizont stieg hellbrauner Dampf auf, ganz verschwommen, als stünde dort eine Burg mitten im Meer. Der Mann sagte mir, das sei unsere eigene Erdöl-Bohrinsel. Unsere eigene Erdöl-Bohrinsel! Ach, da war mir plötzlich, als hörte ich den Ozean noch ein weiteres Lied singen.

Der grüne Tausend-Inseln-See (lüse de qiandaohu), Band 6, Lektion 15

Der Tausend-Inseln-See liegt im Kreis Chun'an in der Provinz Zhejiang. Achtzig Kilometer stromaufwärts liegt der Huangshan mit seiner malerischen Landschaft. Wenn man flussabwärts fährt, kommt man an den Flüssen Xing'an und Fuchun vorbei und erreicht schließlich den Westsee in Hangzhou. Der Tausend-Inseln-See liegt mitten auf der „Goldenen Reiseroute" in Jiangnan. Die Landschaft dort ist schön. Der See mit seinen vielen Inseln ist von Bergen umgeben und an seinem Ufer wachsen üppige Wälder. Außerdem sind dort seltsame Berge und Steine, Höhlen und Wasserfälle und historische Sehenswürdigkeiten zu finden. Er ist größer als der Tai-See und schöner als der Westsee. Wasser, Inseln und Berge sind grün, darum nennt man ihn auch den „grünen Tausend-Inseln-See". Heute ist er ein Nationalpark.

Es ist nicht übertrieben, von tausend Inseln zu sprechen, tatsächlich sind es sogar noch mehr! Bei hohem Wasserstand liegen immer noch 1078 Inseln über der Wasserfläche. Die größeren sind einige Dutzend Quadratkilometer groß, die kleineren zwei bis drei Quadratkilometer. Jede dieser Inseln hat ihre Besonderheiten, einige sind wegen ihrer Tiere berühmt, andere wegen ihrer Blumen und Bäume, und wieder andere aufgrund ihrer Sehenswürdigkeiten.

Auf der Affen-Insel geht es zu wie am Huaguo-Berg, der Heimat des Affenkönigs Sun Wukong im bekannten Roman *Die Reise nach dem Westen*: Wenn das Boot dicht an der Insel vorbeifährt, kommen alle Affen der Insel ans Ufer gelaufen und warten darauf, dass die Reisenden sie füttern. Die Fünf-Drachen-Insel heißt auch Schlangeninsel. Dort gibt es vier Schlangenfarmen mit über tausend Schlangen: Kobras, Vielbingenbungars, Halysschlangen, Chinesische Nasenottern, Lanzenottern und so weiter. Hier kann man beobachten, wie die Schlangen sich frei bewegen, ihre Beute fangen oder kämpfen. Auf der Qingxin-Insel lebt eine Herde zahmer Dybowski-Hirsche. Sie umringen die Reisenden und fressen genüsslich die frischen Zweige und Blätter, die sie ihnen mitgebracht haben. Wenn du willst, posieren sie sogar für ein gemeinsames Erinnerungsfoto mit dir. Und die Osmanthus-Insel macht ihrem Namen alle Ehre, denn auf ihr wächst überall wilder Osmanthus, jeden Herbst ist die ganze Insel in herrlichen Duft getaucht.

Der Tausend-Inseln-See ist auch der „See der springenden Fische". Seit es ihn gibt, haben sich dort über achtzig Fischarten angesiedelt. Häufig sind Graskarpfen, Karpfen oder Silberkarpfen zu sehen, seltener sind Mandarinfische und Lachse. Der Fischfang bietet ein eindrucksvolles Bild: Jedes Mal ist das Netz mindestens mit ein paar, und manchmal sogar mit einigen hundert Kilo Fisch gefüllt. Diesen schönen und dicht besiedelten Ort gibt es erst seit knapp vierzig Jahren. Davor lag hier noch ein Berggebiet. 1957 wurde am Xin'an-Fluss mit dem Bau eines Wasserkraftwerks begonnen. 1959 wurde das über hundert Meter hohe Kraftwerk fertig gestellt und staute das Wasser des Xin'an-Flusses, so dass sich ein riesiger See bildete. Seine Wassermenge entspricht etwa der 3184fachen Größe des Westsees. Nachdem der Stausee viele Gebirgsketten überflutet hatte, bildeten ihre Gipfel zahllose Inseln, darum heißt er „Tausend-Inseln-See."

Das Wasserkraftwerk am Xin'an-Fluss war ein vielseitiges Bauprojekt. Seine Elektrizität nützt Industriestädten wie Shanghai, Nanjing und Hangzhou ebenso wie den großen Dörfern am Unterlauf des Yangtze. Mit der Regulierung des Flusses durch den Stausee wurden über 20 000 Hektar Felder vor Überschwemmungen geschützt, und ausgetrocknete Felder wurden zu Wasserfeldern, so dass der Getreideertrag gesteigert werden konnte. Auch die Schifffahrtsindustrie am Xin'an-Fluss wurde entwickelt. Lokale Erzeugnisse wie Holz, Bambus und Tee werden nun auf dem Wasserweg transportiert und der Stausee kann den Markt mit über einer Million Kilogramm frischem Fisch versorgen.

Der Tausend-Inseln-See hat eine riesige Wasseroberfläche und tiefe und ruhige Biegungen. Rings um den See herum und auf den Inseln wächst ein dichter Wald, er ist es, der den Tausend-Inseln-See noch schöner macht, und ihn zu einem beliebten Ausflugsziel werden ließ. Weil der Wasserspiegel häufig sinkt und steigt, war in der Vergangenheit der Boden an seinen Ufern unfruchtbar. Dürre und Überschwemmungen wechselten sich ab, so dass die meisten Pflanzen nur schlecht gedeihen konnten. Forstwissenschaftler haben mit viel Mühe eine neue Baumsorte gezüchtet, die auch dann nicht eingeht, wenn sie zweihundert Tage lang im Wasser steht, und sofort neue Blätter treibt, sobald sie aus der Wasseroberfläche ragt. Erst dadurch konnte ein Uferwald entstehen, der das Wasser und die Erde auf den Inseln schützt – nur so kann der Wald am Tausend-Inseln-See üppig wachsen und gedeihen.

Die Natur ist ein Segen für die Menschheit, die Menschen bewahren die Harmonie mit der Natur. Der Tausend-Inseln-See ist ein Gedicht, das Mensch und Natur gemeinsam verfasst haben, er ist ein künstlich erzeugtes grünes Wunder.

Die große Yangtze-Brücke in Nanjing (Nanjing changjiang daqiao), Band 6, Lektion 18

Frühmorgens kamen wir zur großen Yangtze-Brücke in Nanjing. Das Wetter war außergewöhnlich gut und weiße Wolken standen am weiten, blauen Himmel. In der hellen, strahlenden Sonne wirkte die große Brücke besonders stattlich. Neun gigantische Brückenpfeiler ragen aus den Wogen auf und stützen sie. Die Hauptbrücke verbindet zweiundzwanzig Brückenzufahrten. Das sieht aus, als schlafe ein gigantischer Drache aus Eisen und Stahl auf dem Fluss. Die große Yangtze-Brücke ist doppelstöckig. Auf der unteren Ebene verlaufen Eisenbahnschienen in beide Richtungen, auf der oberen befindet sich eine normale öffentliche Straße mit Fußwegen an beiden Seiten. Auf der breiten Straße eilen Fußgänger und Autos hin und her.

Ich ging auf dem Fußweg bis zur Hauptbrücke. Dort befinden sich rechts und links zwei riesige Statuen der Arbeiter- und Bauernarmee, hinter denen zwei Brückentürme steil emporragen. Die roten Fahnen auf ihrer Spitze leuchten prächtig in der Sonne. An beiden Seiten der schnurgeraden Straße stehen Straßenlaternen in Reih und Glied wie eine Ehrengarde. Ich stand auf der großen Brücke, hielt mich am Geländer fest und schaute hinab auf die Dampfer, die so klein aussahen, als seien es Boote, die auf den Wellen auf- und abschaukeln. Wenn man genau lauschte, konnte man hören, wie ein Zug nach dem anderen mit lautem Tuten unter einem hindurchfuhr. Der Yangtze strömt mit seinen reißenden Fluten in Richtung Meer. Wir haben den Yangtze bezwungen, der von alters her als natürliches Hindernis bezeichnet wird. Mit dieser Brücke, die Nord und Süd verbindet, wurde das Hindernis überwunden und eine Verkehrsverbindung geschaffen.

Der kleine grüne Stein (xiao qingshi), Band 10, Lektion 25

Ein kleiner grüner Stein und ein kleiner schwarzer Stein waren vom Gebirgswasser an den Strand gespült worden und lagen dort schon ein Jahr lang zwischen vielen anderen Steinen. Neben ihnen wuchsen weiches Gras und liebenswerte Blumen, und oft kamen Schmetterlinge und Heuschrecken angeflogen. In diesem Jahr war das Leben außerordentlich ruhig und friedlich.

Eines Tages sagte der kleine grüne Stein zum kleinen schwarzen Stein: „Hier ist es mir zu ruhig, ich kann mich nicht so recht daran gewöhnen!" Der kleine schwarze Stein antwortete: „Das stimmt, es ist zu ruhig. Wenn ich mich erinnere, wie wir vom Wasser heruntergespült wurden, ganz durcheinander waren und nicht wussten, was wir tun sollten, das war wie in einem spannenden Traum." Der kleine grüne Stein sagte wieder: „Ich hasse dieses ruhige Leben. Das ganze Jahr über liege ich nun an diesem Ort, das ist nicht besonders interessant. Ich wäre lieber wie der Schmetterling oder die Heuschrecke, die fliegen und springen können, wohin sie wollen, das wäre großartig!"

Der kleine schwarze Stein dachte eine Weile nach und sagte dann: „Rede keinen Unsinn, wir Steine können uns von Natur aus nicht bewegen.“ „Auch wenn wir uns nicht bewegen können, muss das doch noch lange nicht gut sein. In unserer Heimat, den Bergen, gibt es viele Kristalle und Achate. Sie werden alle in die Stadt gebracht, einige werden zu Haarspangen, andere zu Knöpfen verarbeitet. Sie kommen weit herum und können viele Dinge sehen und ein interessantes Leben verbringen. Ich glänze auch ein bisschen, und wenn ich in die Stadt käme, würde aus mir vielleicht auch eine Haarspange oder ein Knopf“, antwortete der grüne Stein. „Vielleicht hast du Recht“, sagte der schwarze Stein, „aber wie willst du das anstellen?“ „Ich hoffe nur, dass mich jemand aufhebt und in die Stadt mitnimmt. Wenn ich immer hier liegen bleiben muss, gehe ich vor Langeweile ein. Außerdem, wenn das Wasser kommt und uns ins tiefe Meer hinunterspült, dann ist alles aus, dann kommen wir niemals mehr an die Luft!“, seufzte da der grüne Stein.

Der kleine schwarze Stein wurde den ganzen Tag von der Sonne beschienen und fühlte sich ausgesprochen wohl. Er hatte dem grünen Stein verwirrt zugehört und war dann eingeschlafen. Nach einigen Tagen kamen ein paar Arbeiter an den Strand. Mit großen Eisenschaufeln warfen sie Steine in einen Wagen. Dann schoben sie den Wagen das Ufer hinauf, schütteten die Steine in ein großes Fahrzeug und brachten sie in die Stadt. Der kleine grüne Stein sagte selbstzufrieden: „Ich fahre jetzt in die Stadt! Vielleicht treffe ich meine alten Freunde, die Kristalle und Achate. Wird aus mir eine Haarspange oder vielleicht ein Knopf? Ganz egal, alles ist besser als am Strand zu liegen. Schnell, schnell, nehmt mich auf eure Schaufel!“ Schließlich wurden der grüne und der schwarze Stein zusammen mit ihren Kameraden aufgehoben. Aber als sie auf den kleinen Wagen geworfen wurden, fiel der kleine schwarze Stein irgendwie wieder hinunter ins Gras. Der kleine grüne Stein rief: „He, mein Freund, wo bleibst du?“ Aber er bekam keine Antwort. Da hatte er großes Mitleid mit dem kleinen schwarzen Stein, alle sollten in die Stadt fahren, nur er musste hierbleiben.

Nach einer Weile fuhr der Wagen los und er freute sich sehr. Das Rumpeln störte ihn nicht im Geringsten, er fühlte sich dabei sogar besonders wohl. Am Morgen des dritten Tages wurde er mit vielen Kameraden neben eine breite Straße geworfen. Dann wurden sie wieder von einer großen Schaufel aufgehoben, mit Sand, Zement und Wasser hin- und hergerührt und vermischt. Dem kleinen grünen Stein wurde vom vielen Mischen ganz schwindelig und er war am ganzen Körper nass. Wütend sagte er: „Was ist denn jetzt los? Warum werden wir denn hier so durcheinander gemischt? So ein Unsinn, das gehört sich doch nicht! Kommen wir denn gar nicht ins Juweliergeschäft?“ Die große Schaufel mischte immer heftiger weiter. Der kleine grüne Stein war zwischen Sand und Zement eingequetscht und bekam kaum Luft. Schließlich wurde er mit seinen Kameraden zusammen auf die Straße gelegt, platt gewalzt und mit einer Matte bedeckt.

Der kleine grüne Stein war ganz erschöpft und sagte kein Wort. Plötzlich geschah etwas Seltsames: um ihn herum wurde alles ganz hart. Er war ja selbst ursprünglich schon ein harter Stein gewesen, aber jetzt war es ihm, als würde er noch um vieles härter. Diese Härte war anders als früher. Nach einiger Zeit wurde die Matte entfernt und Schuhe traten auf den Kopf des Steines. „Seltsam! Was ist denn aus mir geworden?“, fragte er sich. Als er sich näher betrachtete, merkte er, dass er zu einem Stück Beton geworden war. „Was, das bin ich?“, dachte er und ihm war, als habe er etwas verloren. Er war ratlos.

Es verging ein Jahr und noch ein Jahr, wer weiß, wie viele Jahre vergingen und wie viele Tausende von Menschen schon auf den kleinen grünen Stein getreten waren. Mal traten Stoffschuhe auf ihn, mal rannten Turnschuhe vorbei, mal gingen Lederschuhe vorbei, mal liefen nackte Füße auf ihm herum. Der kleine grüne Stein freute sich sehr, dass er die Füße von so vielen Menschen sehen konnte. Es gab für ihn nichts Schöneres, als zu einem Weg für alle Menschen geworden zu sein. Er gehörte nicht Herrn Zhang oder Herrn Li, er war kein Privateigentum, sondern ein Stein unter zahllosen Steinen, die den Massen dienten. Zusammen mit seinen Kollegen stützte er die Beine der Massen. Er bewunderte die Kristalle und Achate nicht länger, sondern dachte: „Dies ist erst ein bedeutungsvolles Leben. Der kleine schwarze Stein hatte Recht, als er gesagt hat, dass wir Steine uns von Natur aus nicht bewegen können. Aber wenn man wie ich diese Form angenommen hat, bekommt das Leben erst eine Bedeutung.“ Und während er dies dachte, reckte sich der kleine grüne Stein, um die Füße zu betrachten, die paarweise über ihn hinweggingen.

Der Herr des Waldes (da senlin de zhuren), Band 8, Lektion 29

Der Herbstregen dauerte nun schon eine geschlagene Woche. Die grauen Wolken hingen tief über dem Wald und ein feuchter Wind wehte leicht. Die vom Regenwasser getränkten Zweige hingen herab und der Fluss war schon über die Ufer getreten. Der Jäger und ich saßen in einem kleinen Boot und ruderten flussabwärts. Als wir zu einer sehr engen Stelle kamen, stieß das Boot plötzlich gegen einen Baumstumpf und kenterte. Unsere Nahrungsmittel und das Wild, das wir gerade gefangen hatten, wurden fortgespült, so dass wir nur noch die Gewehre schultern und ans Ufer klettern konnten.

Wir waren sehr weit von der Zivilisation entfernt, am ganzen Körper durchnässt, müde und hungrig. Ich zitterte vor Kälte und sah den Jäger nur ausdruckslos an in der Hoffnung, er habe eine Idee. Der Jäger sagte nichts, er war nur damit beschäftigt, seine nassen Sachen auszuwringen. „Wir sollten ein Feuer machen!“, schlug ich vor, doch als ich die Streichholzschachtel aus meiner Tasche fischte, floss Wasser aus ihr heraus. Der Jäger sagte immer noch nichts. Er holte etwas Moos aus dem Astloch einer Tanne, nahm das Projektil einer Patrone ab und stopfte das Moos ganz fest in die Patronenhülse. Dann beauftragte er mich: „Geh los und hole ein paar trockene Zweige und Baumrinde.“ Ich brachte sie ihm. Er steckte die Patrone ohne Projektil in den Lauf und schoss auf den Boden. Das Moos, das aus der Gewehrmündung geschossen kam, brannte. Vorsichtig blies er in das Feuer, legte Zweige und Rinde nach, und nach einer Weile prasselte ein Lagerfeuer.

„Pass du auf, dass das Feuer nicht ausgeht", sagte der Jäger, „ich gehe und schieße uns etwas zum Essen." Dann drehte er sich um und verschwand im Wald. Ich hörte ein paar Schüsse, und kaum, dass ich etwas trockenes Holz nachgelegt hatte, kam er auch schon wieder zurück. An seinem Gürtel baumelten einige Auerhähne. „Lass uns zu Abend essen"; sagte er. Er schob das brennende Lagerfeuer etwas beiseite und grub mit seinem Messer eine Kuhle an der Stelle, wo eben noch das Feuer gebrannt hatte. Ich rupfte die Auerhähne und nahm sie aus. Dann suchte der Jäger einige große Blätter, wickelte das Geflügel hinein, und legte es in die Kuhle. Er bedeckte es mit Erde und entzündete darüber noch ein Feuer.

Als unsere Kleider getrocknet waren, waren auch die Auerhähne gar. Der Jäger grub sie wieder aus und ihr Duft stieg uns in die Nase. Wir schlugen uns den Bauch voll und ich meinte, noch nie etwas so Frisches gegessen zu haben. Es wurde dunkel und der Wind heulte in den Baumwipfeln. „Lass uns schlafen gehen", sagte der Jäger gähnend. Auch mir fielen fast die Augen zu, aber ich wusste nicht, wie ich mich auf diesem feuchten Untergrund schlafen legen sollte. Also gingen wir gemeinsam los, um Tannenzweige abzubrechen. Er verlagerte die beiden Feuerstellen, und legte eine dicke Schicht aus Zweigen auf den aufgeheizten Boden. Heiße Luft stieg auf und es war angenehm warm. So schliefen wir sehr gut. Es war, als läge man auf dem *kang*, einer beheizbaren chinesischen Schlafbank.

Als es wieder hell wurde, sagte ich zum Jäger: „Du wusstest dir ja gut zu helfen. Wenn ich dich nicht gehabt hätte, wäre es mir sicher schlecht ergangen." Da antwortete der Jäger lächelnd: „Im Wald darfst du dich nicht wie ein Gast verhalten, sondern du musst der Herr sein. Wenn du nur deinen Verstand gebrauchst, kannst du alle Dinge aus dem Wald zu irgendetwas verwenden."

Kleine Enten (xiao ya), Band 2, Lektion 12

Unsere Familie hat viele kleine Enten. Ihre Schnäbel sind flach, sie haben am ganzen Körper gelben Flaum und zwei kleine Füße, die aussehen wie Fächer. Beim Laufen schwanken sie hin und her, das ist sehr niedlich. Ich füttere die kleinen Enten jeden Tag und putze ihr Nest blitzblank. Oft scheuche ich sie hinunter an den kleinen Fluss. Wenn die kleinen Enten das Wasser sehen, freuen sie sich sehr, schlagen mit ihren Flügelchen und hüpfen hinein. Sie schwimmen im Wasser hin und her und schnattern „Gack, gack", als wollten sie sagen: „Danke, danke."

Drei kleine Küken (san zhi xiao ji), Band 2, Lektion 15

Das Eis auf den Flüssen war geschmolzen und das fließende Wasser stimmte ein fröhliches Lied an. Berge und Wildnis waren blau, grün, gelb und rot – wie schön das aussah! An diesem Tag sind die kleinen Küken aus ihren Eierschalen geschlüpft – eins, zwei, drei. Sie öffneten ihre runden, klaren, kleinen Augen und blickten nach Osten und Westen, zum Himmel und auf den Boden. Gelbe Sonnenstrahlen drangen durch die Ritzen in den Blättern herein und fielen auf die Körper der kleinen Küken, das Gras und die roten und gelben Blumen. Wie hell und warm es im Wald war! Die kleinen Küken waren wie flauschige Wollknäuele. Eines der Küken hieß „Kleine Trompete", seine Stimme war sehr klangvoll. Wenn es piepste, hob es den Kopf, und streckte seinen Hals, genau wie eine kleine Trompete. Das zweite hieß „Bällchen", es war rund und pummelig, und seine Stimme war spitz und dünn. Das dritte Küken hieß „Goldköpfchen", denn auf seinem Kopf wuchs ein Büschel gelber Federn. Wie niedlich sie aussahen!

Kleine Krabben (xiao xia), Band 4, Lektion 12

Eines Tages fing ich in einem kleinen Bach ein paar Krabben und nahm sie mit nach Hause, um sie in einem Aquarium zu halten. Einige von ihnen waren ganz durchsichtig, das waren die jungen, einige waren grau, das waren die alten. Die kleinen Krabben waren sehr interessant. Krabben sind sehr vorsichtig, wenn sie etwas fressen. Zuerst berühren sie es mit ihren Zangen, danach ziehen sie sich schnell zurück, bis sie meinen, dass keine Gefahr mehr besteht. Dann erst nehmen sie die Nahrung in beide Zangen und fressen sie. Wenn sie satt sind, schwimmen einige nur allein hin und her, andere verfolgen sich gegenseitig, und wieder andere kleben dicht an der Wand des Aquariums und ruhen sich aus.

Einmal habe ich eine Krabbe, die sich gerade ausruhte, mit einem Ast geneckt. Sie versteckte sich sofort am Grund des Beckens, tänzelte auf ihren langen dünnen Beinen und öffnete und schloss ihre Zangen. Ihre Barthaare stellten sich auf und ihre Augen traten hervor. In diesem Moment kam eine andere Krabbe herbeigeschossen und sie begannen, heftig miteinander zu kämpfen. Die Krabbe, die verlor, sprang nach oben und hüpfte sogar aus dem Aquarium heraus.

Jeden Tag nach der Schule stehe ich vor dem Aquarium und sehe ihnen eine Weile zu. Ich mag die kleinen Krabben sehr gern!

Die Schildkröte (gui), Band 7, Lektion 14

Das Wasser des kleinen Baches war klar und durchsichtig, der blaue Himmel und die weißen Wolken spiegelten sich darin. Die Wolken sahen mal aus wie umwölkte Berggipfel, mal wie blühende Chrysanthemen und mal wie ein Hund mit flauschigem weißem Fell. Ich war ganz in ihre Betrachtung versunken, da bemerkte ich plötzlich, dass auf der Wasseroberfläche Wellen entstanden. „Oh, eine Weichschildkröte läuft in den Wolken umher!" Meine Schwester hörte meine

Stimme und kam schnell angelaufen. Sie sagte: „Das ist doch eine Schildkröte! Sie hat ein Muster auf dem Rücken.“ Wirklich, es war eine Schildkröte, die dort im Wasser herumkrabbelte und dann ans Ufer geschwommen kam! Ich fürchtete, sie könnte wieder wegschwimmen, also krempelte ich meine Hosenbeine hoch und stieg neben ihr ins Wasser, schlich langsam hinter ihren Rücken und hob sie mit dem Fuß hoch. Nachdem ich die Schildkröte ans Land gebracht hatte, drehte ich sie auf den Rücken. Sie zog ihren Kopf und ihre vier Füße ein, rührte sich nicht und ließ sich brav von mir einfangen.

So wurde die Schildkröte zum Gast in unserem Gartenteich. Nach einigen Tagen hatte sie die kleinen Fische aufgefressen, die wir dort ursprünglich hielten. Meine Schwester und ich fingen oft Insekten oder Fliegen und warfen sie in den Teich. Dann kam die Schildkröte jedes Mal angeschwommen, tauchte auf, streckte ihren Kopf heraus, blickte uns mit ihren leuchtenden Augen an und verschlang die Nahrung. Danach sank sie wieder auf den Grund und schlief ein. Bei ruhigem Wasser konnte man das regelmäßige Muster auf ihrem Rücken sehen. Ohne dieses Muster hätte man sie glatt mit einem Stein verwechseln können!

Das Wetter wurde langsam kälter, die Schildkröte fraß immer weniger und schlief viel. Im Winter zog sie sich ganz zusammen, fraß nichts und bewegte sich nicht. Erst als die Blumen in den Beeten anfingen zu blühen, wurde sie wieder aktiv. Der Sommer war gekommen und die Sonne brannte heiß. Eines Tages entdeckte ich nach dem Frühstück, dass auf dem Rücken der Schildkröte viele Wasserperlen austraten, und rief erstaunt: „Heute ist es wirklich sehr heiß, sogar die Schildkröte schwitzt!“ Mama hörte das und sagte: „Wenn auf dem Rücken der Schildkröte der Schweiß austritt, heißt das, dass das Wetter umschlägt. Heute wird es regnen.“ Von da an wusste ich jedes Mal, wenn die Schildkröte schwitzte, dass das Wetter sich ändern würde.

Die Katze (mao) von Lao She, Band 9, Lektion 16

Die Katze hat einen recht seltsamen Charakter. Manchmal ist sie wirklich sehr brav: Sie sucht sich ein warmes Plätzchen und schläft den ganzen Tag, ganz sorglos, ohne sich um irgend etwas zu kümmern. Aber wenn sie es sich in den Kopf gesetzt hat, bleibt sie gleich einen ganzen Tag und eine Nacht lang fort, und so sehr man auch nach ihr ruft, sie will nicht kommen. Wenn man sagt, sie sei vergnügungssüchtig, dann stimmt das wohl, denn wie könnte sie wohl sonst Tag und Nacht nicht heimkehren? Aber sobald sie eine Maus hört, wird sie sehr pflichtbewusst. Dann verharrt sie konzentriert mit angehaltenem Atem mehrere Stunden lang und gibt nicht eher Ruhe, als bis die Maus zum Vorschein kommt!

Wenn sie gut gelaunt ist, ist niemand sanfter und liebenswürdiger als sie. Dann reibt sie ihren Körper an deinem Bein und streckt ihren Hals, damit du ihn kraulst. Wenn du gerade etwas schreibst, springt sie auf den Tisch und hinterlässt mit ihren Pfoten kleine Abdrücke wie Pflaumenblüten auf dem Papier. Sie kann außerdem auf viele Arten miauen, in unterschiedlicher Länge und Intensität. Wenn sie nicht gerade miaut, schnurrt sie vor sich hin und vertreibt sich die Zeit. Wenn sie wütend ist, kann man mit Engelszungen auf sie einreden – dann gibt sie keinen Laut von sich. Die Katze ist furchtsam und versteckt sich gern. Aber gleichzeitig ist sie so mutig, dass sie es wagt, nicht nur gegen kleine Insekten oder Mäuse, sondern sogar gegen Schlangen den Kampf aufzunehmen.

Noch niedlicher sind kleine Kätzchen, die erst einen Monat alt sind. Sie sind noch wacklig auf den Beinen, aber schon ganz schön frech. Eine Hühnerfeder oder ein Wollknäuel sind geeignete Spielzeuge für sie, damit können sie endlos spielen. Beim Spielen fallen sie häufig hin, aber sie stehen sofort wieder auf, rennen weiter und fallen wieder hin. Wenn sie sich an der Tür, an einem Tischbein oder aneinander den Kopf stoßen, weinen sie nicht, selbst wenn es weh tut. Sie werde immer mutiger und entdecken allmählich immer neue Spielplätze. Wenn sie in den Garten kommen, bringt das den Gräsern und Pflanzen Unglück. Sie balgen sich in den Blumenkübeln und schaukeln an den Blumenstängeln hin und her, und wohin sie gehen, knicken sie Äste und Blüten ab. Aber du darfst sie deshalb nicht schelten oder schlagen, denn sie sind so voller Lebenskraft, so unbefangen und liebenswert!

Die Blasskopfnonnen (zhenzhu niao) von Feng Jicai, Band 12, Lektion 18

Prima! Ein Freund hat mir ein Finkenpärchen geschenkt, so genannte „Blasskopfnonnen". Sie sitzen in einem einfachen Bambuskäfig, in dem ein Büschel Heu liegt – das ist ihr gemütliches, warmes Nest. Jemand sagte mir, das seien sehr menschenscheue Vögel.

Ich hängte sie vor mein Fenster. Dort hingen schon meine Grünlilien, die außergewöhnlich üppig wuchsen. Ich bedeckte den Käfig mit den dichten grünen Blättern, damit sich die Vögel darin so sicher fühlen konnten wie im tiefen Dschungel. Ihrem fröhlichen Piepsen zufolge fühlten sie sich dort ausgesprochen wohl. Wenn die Sonne durchs Fenster hereinschien und durch die vielen kleinen Blätter der Hängepflanzen drang, wurden einige von ihnen zu dunklen Schatten, andere schimmerten wie grüne, buntgesprenkelte Jade. Die Schatten der Vögel huschten darin hin und her, man konnte sie nicht richtig erkennen. Manchmal konnte man selbst den Käfig nicht deutlich sehen, nur die roten Schnäbel lugten aus dem Grün hervor. Ich schob nur sehr selten den Blättervorhang beiseite, um sie zu beobachten. Und sie wagten es allmählich, ihre Köpfchen herauszustrecken, um mich anzuschauen. So gewöhnten wir uns langsam aneinander.

Nach drei Monaten drang ein hohes, zartes Zwitschern aus dem immer dichter wachsenden Grün hervor. Ich vermutete, dass sie Nachwuchs bekommen hatten. Aber ich hob nun natürlich nicht die Blätter hoch und schaute hinein. Auch wenn ich sie fütterte, wagte ich nicht, sie zu neugierig anzustarren, um sie nicht zu erschrecken. Nach einer Weile lugte plötzlich ein Köpfchen aus den Blättern hervor, das noch kleiner war als die anderen. Aha, dieser kleine Kerl da war also ihr Nachwuchs!

Weil er so klein war, konnte er sich leicht zwischen den Gitterstäben hindurchzwängen. Er sah seinen Eltern sehr ähnlich: der rote Schnabel, die roten Krallen, das gleiche graublaue Gefieder, nur auf dem Rücken hatte er noch keine weißen runden Pünktchen. Der Kleine war ziemlich pummelig, er sah aus wie ein struppiger Ball. Anfangs hüpfte der kleine Kerl nur auf dem Käfig herum. Später flog er dann im Zimmer umher, mal setzte er sich auf die Deckenbalken, mal schaukelte er am Lampenkabel hin und her, um dann auf den Bilderrahmen zu springen. Nur wenn seine Eltern wütend nach ihm riefen, flog er sofort wieder in den Käfig zurück.

Ich kümmerte mich nicht um ihn. Nach einer ganzen Zeit konnte ich sogar das Fenster öffnen, und er blieb auf dem Fensterrahmen sitzen, ohne wegzufliegen. Allmählich fasste er Mut und landete auf meinem Schreibtisch. Zuerst saß er weit von mir entfernt und schaute, ob ich ihm wirklich nichts tun wollte. Dann kam er näher und näher, bis er auf meine Tasse hüpfte, sich hineinbeugte und etwas Tee trank. Er sah mich an und wartete auf meine Reaktion. Ich lachte nur ein bisschen und schrieb weiter. Da wurde er wirklich übermütig und flitzte auf meinem Papier herum, umkreiste die Spitze meines Stifts. Seine kleinen Krallen kratzten auf dem Papier. Ich schrieb ungerührt weiter und genoss die freundschaftliche Nähe des kleinen Kerls. So wurde er völlig gelassen und pickte einfach mit seinem roten, wächsern aussehenden Schnabel an der zitternden Spitze meines Stifts. Ich streichelte sein zartes Gefieder und er fürchtete sich nicht, sondern pickte zweimal freundlich an meinem Finger.

Tagsüber begleitete er mich auf diese freche Art und Weise. Abends, nachdem seine Eltern ihn ein paarmal ermahnt hatten, flog er zum Käfig zurück und zwängte seinen pummeligen Körper wieder hinein. Einmal saß ich wieder da und schrieb etwas, da flog er auf meine Schulter. Ich hörte sofort auf zu schreiben, um ihn nicht zu verscheuchen. Nach einer Weile drehte ich den Kopf, da war der kleine Kerl doch tatsächlich auf meiner Schulter eingeschlafen. Seine grauen Augenlider hielt er geschlossen und sein Gefieder verdeckte seine roten Beinchen. Ich bewegte meine Schulter ganz sachte, aber er wachte davon nicht auf, sondern schlief ganz fest und bewegte sein Schnäbelchen. Ob er wohl träumte?

Da griff ich wieder zum Stift und brachte das folgende Gefühl zu Papier: „Oft kann Vertrauen etwas Wunderschönes erschaffen.“

Qiqis Sorge (Qiqi de xinshi), Band 7, Lektion 8

„Piep piep, piep piep!“, zwitscherte der Vogel im Käfig, als riefe er: „Qiqi, rette mich, Qiqi, rette mich!“ Qiqi hörte dies und war sehr niedergeschlagen. Hilflos kletterte sie aufs Fensterbrett, machte ihre großen schwarzen Augen weit auf und sagte zu dem kleinen Vogel: „Es ist nicht so, dass ich dir nicht helfen will, aber wenn ich den Käfig öffne und dich freilasse, schimpft Opa mit mir.“ Es war, als sei der kleine Vogel böse auf Qiqi, denn er würdigte sie keines Blickes und sprang nur unaufhörlich im Käfig hin und her. Qiqi konnte sehen, dass der kleine Vogel sehr traurig war.

In diesem Moment kam die Mutter mit einer Tasse Tee herein. Da hatte Qiqi eine Idee. „Ach ja, Fastentee! Wenn der kleine Vogel den trinkt, wird er dünner und kann sich schließlich durch die Gitterstäbe zwängen." Nach dem Abendessen schüttete Qiqi den Tee aus Mutters Tasse in die Vogeltränke. Tag für Tag beobachtete Qiqi genau, ob sich der Vogel veränderte. Der Opa bemerkte, dass die Vogeltränke jeden Tag sehr voll war, und wunderte sich. Sollte der Vogel etwa aufgehört haben zu trinken? Er begann, das alles sorgfältig zu beobachten.

Eines Tages kam Qiqi aus der Schule und lief sofort zum Vogelkäfig. „Oh nein! Der kleine Vogel hat ja noch gar nicht abgenommen, ich muss ihm noch mehr Fastentee zu trinken geben." Gerade als sie den Tee hineinschütten wollte, hielt Opa sie davon ab und sagte: „Willst du denn Opas Liebling etwa umbringen?" Opa hatte eine laute Stimme und sah sie mit großen Augen an, so dass Qiqi ängstlich zu weinen begann.

Da schimpfte die Oma mit dem Opa und tröstete Qiqi: „Hast du den kleinen Vogel denn nicht gern?" „Schon, darum will ich ihn ja zum Spielen herauslassen", sagte Qiqi und drückte sich in Omas Schoß. Sie erzählte Oma, warum sie dem kleinen Vogel Fastentee zu trinken gegeben hatte. Opa stand wortlos und wütend daneben, ohne Qiqi und den kleinen Vogel eines Blickes zu würdigen. Gekränkt und ängstlich schlief Qiqi ein und träumte von dem kleinen Vogel. Als Qiqi am zweiten Tag aufstand, schlich sie schnell und leise auf den Balkon. Doch leider stand Opa schon mit gesenktem Kopf dort und schaute so grimmig drein, dass Qiqi erschrak und davonlief.

„Qiqi", rief Opa, „wolltest du dir nicht den kleinen Vogel ansehen? Er ist fortgeflogen!" „Oh!" Qiqi stand mit offenem Mund da und staunte, „Hast du den Käfig geöffnet und ihn freigelassen?" „Wie könnte ich ihn freilassen?", meinte Opa und warf sich in die Brust, „Du hast ihm zu viel Fastentee gegeben, erst dadurch konnte er sich durch die Gitterstäbe schlängeln und entkommen, ich konnte ihn nicht aufhalten und dachte, nun ist es auch egal!" „Aber Opa, du hast es nicht geschafft, ihn aufzuhalten, also kannst du mir nicht die Schuld geben!", rief Qiqi fröhlich und warf sich Opa in den Schoß.

Wie ich den kleinen Vogel freiließ (fang xiao niao), Band 2, Lektion 27

Meine Tante schenkte mir einen kleinen Vogel mit grünen Federn und einem gelben Schnabel. Seine Augen funkelten und er war sehr niedlich. Ich setzte ihn in einen Käfig und gab ihm zu essen und zu trinken, aber er wollte sich nicht bewegen. Ich war sehr besorgt, aber ich wusste nicht, was ich tun sollte. Plötzlich sah ich, dass der kleine Vogel zum Fenster hinaus blickte und piepste. Ich blickte auf und sah, dass vor dem Fenster ein zweiter Vogel saß, der mit den Flügeln schlug und aufgeregt zwitscherte. Ich dachte, das ist bestimmt die Mama, die nach ihrem Kind ruft. Ich sah den kleinen Vogel im Käfig an und entschloss mich, ihn heimkehren zu lassen. Ich öffnete den Käfig und der kleine Vogel schlug mit den Flügeln, als ob er „Danke“ sagen wollte. Dann flog er mit seiner Mama davon.

Ich besitze einen Vogel (wo you yizhi niao) von Tong Xiren, Band 5, Lektion 25

Ich habe im Wald einen Eisvogel gefangen,
er hat am ganzen Körper Federn, die wie Smaragde aussehen,
sein Schnabel sieht aus wie eine spitze große Zange,
seine ruhige und etwas steife Art ist wirklich lustig.

Ich brachte ihm einige kleine Insekten
und einen Rest vom süßen Brot.
Um seinen Geschmack zu treffen, fing ich ihm auch noch ein paar Fische,
das alles schnitt ich mit dem Messer klein.

Seltsam, der Eisvogel fraß einfach nichts,
er saß im Käfig und piepste.
Vielleicht hatte er Durst?
Gut, ich brachte ihm ein Glas Mineralwasser, das ich mit Zucker süßte.

Ach, Eisvogel, Eisvogel, warum piepst du denn immer noch?
Kann es sein, dass ich dir noch zu wenig gegeben habe?
Meine Freunde ermahnten mich: Er vermisst bestimmt seine Eltern,
oder aber, er vermisst seine Kinder.

Vielleicht will er ans Wasser,
um seine Aufgabe, das Fischefangen, zu vollenden,
und seine Jungen warten zu Hause, dass er sie füttert,
das kann niemand an seiner Stelle übernehmen.

Warum wäre er sonst so ärgerlich, dass er in den Hungerstreik tritt?
Warum springt er wie wild im Käfig hin und her?
Warum sucht er sonst nach jeder Gelegenheit,
um aus dem Käfig zu entwischen?

Ja, ich habe verstanden, ein Eisvogel hält genau wie der Mensch
die Freiheit für unvergleichlich kostbar.
Auch wenn man ihm einen glänzenden, goldenen Käfig schenkt,
ist dieser für ihn nicht so schön wie sein eigenes Vogelnest aus Stroh.

Also öffnete ich den Käfig
und ließ den Eisvogel nicht länger in meinem Gefängnis sitzen.
Flieg, flieg mit aller Kraft,
flieg schnell und such dir die Freiheit und das Glück!

Der Eisvogel (cuiniao), Band 6, Lektion 17

Der Eisvogel wird auch „Fischdieb" genannt. Er ist sehr farbenprächtig. Auf dem Kopf trägt er ein olivgrünes Kopftuch, das mit einem hellgrünen Muster bestickt ist. Die Federn auf seinem Rücken sehen aus wie ein hellgrüner Mantel. Die Federn an seinem Bauch ähneln einem rotbraunen Hemd. Der Eisvogel ist klein aber fein. Er hat wache Augen und einen langen, feinen Schnabel und rote Krallen, mit denen er sich fest am Schilfrohr festkrallt, das am Uferrand wächst.

Er liebt es, schnell dicht über der Wasseroberfläche zu fliegen und im Nu wieder sachte auf einem Schilfrohr zu landen. Reglos beobachtet er die Wasseroberfläche und wartet, bis ein kleiner Fisch auftaucht. Obwohl die Fische schlau genug sind, ihren Kopf nur ganz kurz aus dem Wasser zu stecken und kleine Wasserblasen auszustoßen, können sie den scharfen Augen des Eisvogels nur schwer entgehen. Manchmal kann man einen Fisch nur schwach erahnen, da stößt sich der kleine Eisvogel schon vom Schilfrohr ab und schießt pfeilschnell genau an diese Stelle. In Sekundenschnelle hält er den kleinen Fisch bereits im Schnabel und fliegt dicht über der Wasseroberfläche davon. Nur das Schilfrohr schwankt und die Wellen bewegen sich noch leicht.

Wir wollten gern einen Eisvogel fangen und erzählten einem alten Fischer davon. Der alte Fischer sagte: „Kinder, wisst ihr denn, wo der Eisvogel wohnt? Sein Zuhause liegt flussabwärts auf einer hohen Felswand. Die Höhle ist sehr klein und geht tief hinab, man kann ihn nicht so einfach fangen!" Wir waren enttäuscht und konnten nur von Ferne seine schönen Federn und seinen geschickten Körper bewundern und hoffen, dass er noch eine Weile auf dem Schilfrohr verweilen würde.

Der Dompfaff (huique), Band 5, Lektion 14

Eines Winters war Lenin auf dem Lande, um sich von einer Krankheit zu erholen. Er ging jeden Tag im Park spazieren. Im Park stand eine hohe Birke, auf der drei Dompfaffen lebten. Zwei von ihnen hatten eine rosafarbene Brust, der dritte eine dunkelrote. Sie sprangen auf den Zweigen herum und sangen, so dass man sie einfach gern haben musste. Jedes Mal, wenn Lenin an diesem Baum vorbeikam, hielt er an und betrachtete die drei heiteren, unbeschwerten Dompfaffen, oft hatte er Brotkrumen oder Körner für sie dabei.

Eines Tages kam Lenin wieder in den Park und ging zu der Birke, da merkte er, dass der Dompfaff mit der dunkelroten Brust verschwunden war. Er suchte ihn auf den umliegenden Bäumen, aber er konnte ihn nicht finden. In diesem Augenblick sah Lenin einen kleinen Jungen und fragte ihn: „Mein Kind, hast du hier einen Dompfaff mit einer dunkelroten Brust gesehen?" Der Junge sagte: „Nein, ich habe ihn nicht gesehen." Lenin sagte: „Dann ist er sicher fortgeflogen oder erfroren. Es ist so kalt und er ist doch so kälteempfindlich." Der Junge wollte Lenin gern sagen, dass der Dompfaff nicht tot war, aber er traute es sich nicht. Lenin sagte zu sich selbst: „So ein schöner Dompfaff, schade, dass er nicht wiederkommen wird.“ Der Junge sah Lenin an und sagte: „Er wird wiederkommen, ganz bestimmt, er lebt noch.“ Lenin fragte: „Er wird zurückkommen?“ „Ganz sicher“, sagte der Junge bestimmt. Am nächsten Tag kam Lenin wieder zur Birke und tatsächlich, da sah er den Dompfaff munter auf den Zweigen umherspringen und singen. Der Junge stand mit gesenktem Kopf neben der Birke.

Lenin sah den Jugen und dann den Dompfaff an und sagte lächelnd: „Hallo, Dompfaff, wo bist du denn in den letzten beiden Tagen gewesen?“ Natürlich konnte der Dompfaff ihm nicht sagen, wo er gewesen war. Lenin fragte auch den Jungen nicht weiter, denn er wusste bereits, dass es ein ehrlicher Junge war.

Ein schwerer Fischkorb (chendiandian de xiao yulou), Band 5, Lektion 2

Vor einiger Zeit habe ich in einem kleinen Fluss in meinem Heimatort mit einem Netz Fische gefangen. Das Netz kreiste auf der Wasseroberfläche, es sah aus, als treibe ein kurzer Netzrock auf dem Wasser und versprühte zahlreiche kleine Wasserperlen. Das erfreute mein Gemüt sehr.

Ich hielt den Atem an, zog die Schnüre zusammen und holte das Netz wieder ein. Dann schüttete ich es am Strand aus, ich schüttete viele kleine silbrige Fische heraus, ich schüttete das Leben dieses kleinen Flusses aus. Was für ein liebenswertes Leben. Aber dennoch legte ich sie in einen kleinen Korb und damit hinein in eine trockene Welt. Ich überlegte hin und her und entschloss mich dann, die Fische wieder freizulassen, damit sie in den Fluss zurückkehren konnten. Das Wasser war klar und die kleinen Fische schwammen gemächlich in die Tiefen des Flusses hinab und ihre hübschen Schwänze bewegten sich hin und her.

Als meine Mama dies erfuhr, fühlte sie mir die Stirn und sagte: „Da war wohl ein Dummerchen fischen.“ Mein Vater aber strich mir über den Kopf und sagte fröhlich: „Die Fische wieder zu ihrer Mama, dem Fluss, zurückkehren zu lassen, ist überhaupt nicht dumm.“ Obwohl mein kleiner Fischkorb leer war, fühlte er sich doch ganz schwer an, denn er war gefüllt mit Freude und Liebe.

Die Löwin und ich (wo he shizi), Band 9, Lektion 19

Schon drei Tage nach der Geburt der kleinen Löwin Elsa starb ihre Mutter. Wir zogen sie aus einer Felsspalte, streichelten sie und fütterten sie mit einem Gebräu aus Milchpulver, Lebertran und Traubenzucker. Wenig später öffnete sie ihre kleinen Augen, die hinter einer dünnen blauen Membran lagen, und rollte mit ihren wässrigen Augäpfeln. Nach fünf Monaten war sie erwachsen und sehr stark. Sie wich mir nicht von der Seite und schlief abends neben mir. Mitten in der Nacht leckte sie mir oft mit ihrer dicken Zunge übers Gesicht und weckte mich dadurch auf.

Der Sommer kam und Elsa badete besonders gern im Fluss. So ein Bad dauerte jedes Mal einige Stunden, und wenn sie genug gebadet hatte, ruhte sie sich im dichten Schilf aus. Wenn sie sah, dass ich am Ufer hockte, machte sie absichtlich ein paar Wellen, warf mich mit ihren Tatzen sanft zu Boden und neckte mich fröhlich. Eines Abends näherte sich ein Nashorn. Nashörner haben ein sehr hitziges Gemüt, sie rammen alles, sogar eine Lokomotive. Das Nashorn stürzte sich auf mich. Ich hatte kein Gewehr dabei und ringsum konnte ich mich nirgends verstecken, also fürchtete ich, mein letztes Stündlein hätte geschlagen. Ich rief laut um Hilfe, da kam Elsa aus der Ferne angelaufen und nahm mutig den Kampf gegen das Nashorn auf. Das Nashorn hatte gegen sie keine Chance, es lief mit gesenktem Kopf davon – Elsa hatte es weit in die Flucht geschlagen.

Als Elsa zahnte, öffnete sie wie ein kleines Kind ihr Maul und zeigte mir ihre Zähne. Ich wackelte vorsichtig an ihren lockeren Milchzähnen. Sie schloss die Augen und rührte sich nicht. Manchmal lehnte ich mich beim Lesen oder Malen an sie an. Dann saugte sie an meinem Daumen und glitt bald darauf ruhig hinüber ins Land der Träume.

Eines Tages gingen wir zum Turkana-See. Von den 370 Kilometern Wegstrecke legten wir den größten Teil zu Fuß zurück. Unterwegs sprang Elsa herum wie ein kleiner Hund, mal verfolgte sie einen wilden Hasen, mal schleppte sie uns tote Antilopen an. Einige Esel trugen unser Gepäck auf dem Rücken. Anfangs konnte Elsa mit ihnen einträchtig zusammen sein, doch eines Tages stürzte sie sich plötzlich mitten in der Nacht auf die Herde. Die Esel erschraken und stoben auseinander, einer wurde von ihren Tatzen verletzt. Da erst fiel mir ein, dass wilde Tiere nachts leicht brutal werden können. Ich wies Elsa mit der Peitsche zurecht. Sie senkte ihren Kopf und gab keinen Laut von sich, kauerte niedergeschlagen am Boden und beobachtete meine Bewegungen, als bitte sie mich um Vergebung. Als ich ihre Mitleid erregende Gestalt sah, war meine Wut sofort verraucht. Ich streichelte ihren Kopf, tröstete sie und sagte ihr, sie solle das nie wieder tun. Als habe sie mich verstanden, leckte sie an meinem Daumen, rieb ihren Kopf an meinem Knie und schnurrte leise durch die Nase, als wolle sie sich bei mir einschmeicheln.

Elsa war nun schon zwei Jahre alt und ich hatte erst vor, sie in den Zoo zu bringen. Dann aber dachte ich, dass ich sie besser in der Wildnis aussetzen und eine Umgebung auswählen sollte, in der sie gut leben konnte. Zuerst brachte ich ihr bei, ihre Nahrung selbst zu fangen. Ich legte ihr halb erschlagene Antilopen vor die Nase und ließ sie diese totbeißen und zerlegen. Allmählich lernte sie, die Beute selbst zu erlegen. Ein paar Tage später brachte ich sie heimlich in ein Gebiet, in dem reichlich Beutetiere vorhanden waren, die das Überleben eines Löwen sichern konnten. Dann entfernte ich mich heimlich. Einige Male kam sie hungrig zurückgelaufen. Ich reagierte dann froh und traurig zugleich. Es war, als sei meiner eigenen Tochter in ihrer Ehe etwas Schlechtes widerfahren, so dass sie nach Hause zurückkehrte. Ein paar Tage danach brachte ich sie wieder in die Natur zurück. Nachdem sie fort war, vermisste ich sie sehr. Besonders in

Gewitternächten dachte ich die ganze Nacht an sie und wusste nicht, wie es ihr wohl geht.

Einmal kam sie zurück und hatte hohes Fieber. Ich wich ihr nicht von der Seite, sie legte ihre Pfoten vorsichtig um meinen Hals und schlief ein. Ich machte eine Blutuntersuchung, gab ihr Medizin und schlief neben ihr. Ich vergaß selbst, dass ich ein Mensch war und Elsa eine Löwin. Allmächlich wurde sie wieder gesund, aber ich brachte es nicht über mich, sie wieder auszusetzen. Dann dachte ich wieder, dass sie war wie eine verheiratete Tochter: So, wie diese zu ihrer eigenen Familie zurückkehren sollte, sollte Elsa zu den Tieren in die Wildnis zurückkehren. Da entschloss ich mich endgültig, sie zu verlassen.

Elsa hatte drei Jahre mit mir zusammengelebt. Bei unserem letzten Abschied war ich furchtbar traurig. Ich umarmte und küsste sie. Es war, als fühlte auch sie etwas, denn sie rieb ihren glänzenden Körper in einem fort an mir. Danach ging sie nur widerstrebend in den Wald hinein und drehte sich dabei ständig nach mir um, bis wir einander nicht mehr erkennen konnten. So gab ich Elsa der Natur zurück.

Das kleine Eichhörnchen hat sich verguckt (xiao songshu kan cuo le), Band 2, Lektion 24

Vor über hundert Jahren lebte in England ein weltberühmter Wissenschaftler namens Darwin. Von klein auf beobachtete er gern, wie Blumen, Gräser und Bäume wuchsen und wie Vögel, Tiere, Insekten und Fische lebten. Als er erwachsen war, ging er immer noch oft in seiner Freizeit zum Beobachten und Forschen in den Wald.

Einmal ging Darwin mit einer derben braunen Jacke bekleidet im Wald spazieren. Plötzlich entdeckte er, dass auf einem Baum einige kleine Vögel auftauchten, die er noch nie gesehen hatte. Er blieb stehen und reckte den Kopf, um sie besser sehen zu können. Damit er sie nicht erschreckte, stand Darwin lange reglos unter dem Baum. Da kam ein kleines Eichhörnchen angelaufen. Es hielt Darwin für einen Baumstamm und kletterte an seinem Bein empor bis auf seine Schulter. Es blickte nach links und rechts, reckte seinen Schwanz keck in die Luft und grüßte seine Mama ganz stolz! Mama Eichhörnchen, die auf einem Baum saß, machte sich aber große Sorgen und stieß leise Laute aus, als wollte sie sagen: „Kind, du hast dich verguckt, das ist doch kein Baumstamm, das ist ein Mensch! Er wird dir etwas tun!" Darwin aber liebte Tiere so sehr, wie hätte er da dem kleinen Eichhörnchen etwas antun können?

Der ehrenamtliche Lotse (yiwu daohangyuan), Band 10, Lektion 4

Im Meer bei Neuseeland liegt die Foveaux-Straße mit ihren vielen Klippen und gefährlichen Strömungen. Sie hat seit jeher der Besatzung von großen und kleinen Schiffen Angst eingejagt. Besonders als die technische Entwicklung noch nicht so weit fortgeschritten war, sind häufig Schiffe gegen die Klippen gelaufen und gesunken.

Im Jahr 1880 tauchte ein Delfin in der Meerenge auf. Immer wenn ein Schiff vorbeifuhr, kam er schnell angeschwommen, sprang von Zeit zu Zeit aus dem Wasser, und lenkte dadurch das Schiff an den Strömungen und Klippen vorbei. Nach einer Weile tauften die Seefahrer ihn „Jack". Alle wussten, wenn man nur Jack folgte, würde man nicht auf Grund laufen. Weil Jack als Lotse so erfolgreich war, erließ die neuseeländische Regierung sogar ein Gesetz zu seinem Schutz.

Eines Tages kam ein Schiff mit Namen „Pinguin" durch die Foveaux-Straße gefahren. Jack kam wie immer angeschwommen, um es zu führen. Alle Seeleute und Fahrgäste standen an Deck, um ihn laut zu begrüßen. Aber als Jack aus dem Wasser sprang, nahm ein Trunkenbold plötzlich eine Pistole und zielte auf ihn. Nachdem der Schuss verhallt war, tauchte Jack nicht mehr aus dem Wasser auf, nur ein blutiger Strudel trieb im weiten, blauen Meer. Der Trunkenbold wurde im Nachhinein verhaftet und bestraft. Aber die Menschen hatten von da an ihren unbezahlbaren Lotsen verloren. Nach Jacks Verschwinden passierten wieder viele Unfälle in der Meerenge und die Seeleute vermissten ihren alten Freund immer mehr.

Nach einigen Monaten tauchte Jack wieder an der Wasseroberfläche auf und alle hießen ihn freudig willkommen. Als sei nichts passiert, war er wieder bei Wind und Wetter ihr stummer, freiwilliger Lotse durch alle Gefahren. Seltsam war nur, dass er nicht auftauchte, wenn die „Pinguin" vorbeikam. Man vermutete, dass er das Geräusch ihres Motors unter Wasser erkennen konnte. Dem Kapitän der „Pinguin" blieb nichts anderes übrig, als ganz vorsichtig den anderen Schiffen zu folgen, aber im Jahre 1909 rammte das Schiff einen Felsen und sank. Dabei kamen alle 75 Passagiere und Besatzungsmitglieder ums Leben. Seitdem sind viele Jahre vergangen, aber noch immer sagen Seeleute überall, dass es Unglück bringt, einen Delfin zu verletzen.

Die Rache des treuen Hundes (yiquan fuchou), Band 10, Lektion 28

Am Vorabend des sowjetischen Verteidigungskriegs gab es bei unserem Grenzposten einen hervorragenden Trainer für Militärhunde namens Starow. Der Hund, den er gerade trainierte, hieß Vernyj. Er war jung und stark und lernte leicht, vertraute seinem Herrchen und war ihm treu. Eines Tages nahm Starow den Hund Vernyj und einen weiteren Soldaten mit, um an dem Grenzabschnitt, für den wir zuständig waren, eine feindliche Invasion der Deutschen abzuwehren. Obwohl die Eindringlinge zahlreich waren, verteidigten sie sich mit aller Kraft und attackierten die Feinde energisch.

Während der Schlacht wurde Starow von einem Feind erschossen und opferte so sein Leben. Als Vernyj sah, wie sein Herrchen zu Boden ging, sprang er den Mörder wie verrückt an und biss ihn mit seinen spitzen Zähnen in die Hand, die geschossen hatte. Wir rannten an die Stelle, wo der Kampf stattgefunden hatte, und sahen Starow tot gegen einen Felsen gelehnt. Neben ihm lagen der schwer verletzte Hund und die Leichen von drei deutschen Soldaten. Der Hund kaute immer noch auf den beiden verbrecherischen Fingern des Mörders herum.

Nachdem Vernyjs Wunden verheilt waren, bekam er einen anderen Trainer zugewiesen. Aber er wollte seinem neuen Herrchen nicht gehorchen, wurde unruhig und riss sich oft von seiner Kette los, um zu der Stelle zu laufen, an der Starow erschossen worden war, und dort ununterbrochen zu winseln. Wenig später brach der Krieg aus. Durch eine Kopfwunde, die ihm der Mörder seines Herrchens zugefügt hatte, hatte Vernyj sein Gehör verloren und taugte darum nicht mehr zum Einsatz an der Grenze. Deshalb nahm ich ihn an mich. Nach Deutschlands Kapitulation wurde ich nach Berlin versetzt. Vor dem Krieg hatte ich viele deutsche Dokumente über die Hundezucht gelesen. Als ich nun in Berlin angekommen war, wollte ich schnell wissen, wie es dort um die Trainingszentren für Militärhunde bestellt war, aber die einzige Stätte, die ich fand, war zerstört und ich fand nur einen einzigen Arbeiter. Er sagte mir: „Am Abend bevor Deutschland besetzt wurde, kamen drei Offiziere mit dem Auto und befahlen uns, alle Hunde freizulassen." Nur eine halbe Stunde später hatten sie vierhundert Hunde erschossen. Einer der Offiziere, dem an der rechten Hand zwei Finger fehlten, erschoss mit der linken Hand doppelt so viele Hunde wie die anderen beiden. Als ich dies hörte, erschrak ich sehr. Im Krieg hatten wir viele furchtbare Szenen gesehen, aber so ein sinnloses Morden erschütterte mich sehr.

Nachdem ich zum Kommandeur einer Berliner Garnison ernannt worden war, brachte meine Familie mir den tauben Hund Vernyj. Zwar konnte er nicht mehr hören, doch sein Geruchssinn war umso schärfer geworden. Eines Tages brachte ich Vernyj vom Hauptquartier nach Hause zurück. Als wir so unterwegs waren, merkte ich plötzlich, dass sich Vernyj seltsam verhielt: Er lief sehr unruhig umher und wirkte aufgeregt. Es war, als liefe ihm ein kalter Schauer über den Körper, der ihn erzittern ließ, und selbst meine Kommandos blieben wirkungslos. Er schnupperte nur nervös in der Luft und auf der asphaltierten Straße, bis er plötzlich lospreschte. Ich konnte ihm nicht folgen, also ging ich voller Sorge nach Hause. Zwei Stunden später rief mich der diensthabende Offizier an und sagte: „Auf einer Straße in der Innenstadt ist ein Hund aufgetaucht und hat sich direkt auf einen Deutschen gestürzt. Der Mann zog seine Pistole, wich aus und schoss um sich, aber obwohl er all seine Kugeln verschoss, wurde ihm von dem Hund die Kehle durchgebissen."

Ich legte auf und ging sofort zum Ort des Geschehens. Es war tatsächlich Vernyj. Er war lebensgefährlich verletzt, aber er lebte noch. Als er mich erkannte, wedelte er schwach mit dem Schwanz. Dann sah er mit starren Augen den Mann an, den er totgebissen hatte, und in seinem Blick lag tiefer Hass. „Tragt ihn weg!", befahl ich und zeigte auf die Leiche. Unbewusst ließ ich meinen Blick über die Leiche schweifen, da bekam ich einen Schrecken: Dem Toten fehlten zwei Finger an der rechten Hand! Dieser Mann war tatsächlich der Mörder von Starow gewesen und hatte seine Strafe erhalten. Wie kann man sich das ungewöhnliche Verhalten des Hundes erklären? Vernyj hatte auf den Straßen Berlins den Geruch seines Feindes aufnehmen können! Der Geruch dieses Menschen war in seinem Gehirn mehr als acht Jahre lang gespeichert gewesen! Seit acht Jahren hatte er diesen tiefen Hass seinem Feind gegenüber empfunden und darauf gewartet, sich eines Tages rächen zu können! „Steht die Identität des Toten schon fest?“, fragte ich. „Ja, das hier war in seine Kleidung eingenäht.“ Der Dienst habende Offizier zeigte mir die Papiere des Toten – ein Parteiausweis der Nazis und eine Registerkarte der Gestapo.

Als der Tote weggetragen worden war, beruhigte sich Vernyj. Ein letztes Mal leckte er meine Hand, dann schnaufte er einmal tief und starb. Ich brachte seine Leiche in die Heimat zurück und beerdigte ihn neben seinem Herrchen, damit er ihn ewig bewachen konnte.

Dolmetscher für die Vogelsprache (niaor fanyijia) von Yin Shilin, Band 1, Lektion 14

Der große Wald ist überhaupt nicht einsam oder furchteinflößend,
dort leben viele kleine Vöglein,
zwitscher, zwitscher –
so unterhalten sie sich mit uns.

Sie reden und reden, aber keiner von uns versteht sie,
alle grübeln angestrengt darüber nach,
denn wir wollen uns alle mit den Vögeln anfreunden,
aber wie sollen wir unseren schönen Wunsch ausdrücken?

Wenn die Vögel ihre eigenen Schulen haben,
nehmt mich doch bitte auch dort auf;
ich möchte ihre Sprache lernen,
und Dolmetscher für die Vogelsprache werden.

Die Vogelsprache (niaoyu), Band 7, Lektion 15

Ich bin ein Landkind und liebe Vögel schon von klein auf. Ich liebe ihre schöne, starke und kräftige Gestalt, ich höre gern ihre Lieder und ihre sanfte Sprache. Opa hat mir gesagt, dass Vögel „sprechen“ können und dass es Menschen gibt, die tatsächlich ihre Sprache verstehen. Es heißt, früher habe es einmal einen Menschen namens Gong Yechang gegeben, der ein Experte für Vogelstimmen war. Einmal hörte er aus dem Gezwitscher der Vögel heraus: „Gong Yechang, Gong Yechang, auf dem Gipfel des Südberges liegt ein fettes Schaf. Geh schnell hin und und trage es her, du isst sein Fleisch, ich fresse seinen Darm.“ Er kletterte auf den Südberg und fand tatsächlich ein fettes Schaf, das dort zu Tode gestürzt war.

Ach, wie sehr wünsche ich mir, auch so ein „Gong Yechang“ zu werden, der die Vogelsprache versteht! Ein fettes Schaf zu finden, ist mir gar nicht so wichtig. Ich wäre schon froh, mich mit den Vögeln unterhalten und mit ihnen befreundet sein zu können, um zu hören, was sie Interessantes aus ihrem Reich zu berichten hatten. Folglich versuche ich oft, mich den Vögeln zu nähern und mit ihnen zu sprechen.

Im Frühling kommen die Kuckucke angeflogen. Ihr freundliches „Kuckuck, kuckuck“ treibt die Menschen an, schnell zur Arbeit zu gehen! Mit dem Kuckuck rede ich am liebsten. Ich frage ihn: „Lieber Kuckuck, was tust du denn da?“ Dann ist mir, als klinge sein Rufen wie: „Ackern und nähen, Ackern und nähen“. „Lieber Kuckuck, was magst du besonders gern?“ „Harte Arbeit, harte Arbeit“. Solch ein zwangloser Dialog macht mir Spaß, und ich habe das Gefühl, als würde ich dabei selbst zu einem anmutigen Vogel. Einmal sah mein Opa, wie ich mit den Vögeln auf den Bäumen Unsinn redete, und ermahnte mich: „Hör mal, hat der Kuckuck dir nicht gesagt, man soll hart arbeiten und fleißig sein? Was stehst du dann noch hier herum und träumst vor dich hin, geh schnell in die Schule.“ Als ich das hörte, setzte ich rasch meinen Ranzen auf und rannte zur Schule. Ich dachte an die freundlichen Ermahnungen des Kuckucks und fand, ich sollte wirklich fleißiger lernen!

Es heißt, Elstern seien Glücksvögel, die den Menschen gute Nachrichten verkünden, darum mögen die Menschen auf dem Lande sie sehr. Obwohl ihre Stimme nicht besonders klingt, freuen sich die Menschen doch, wenn sie sie hören. „Krah, krah, krah“, heißt das nicht eindeutig „Glück ist nah“? Ich empfinde dann immer eine Freude, die ich kaum ausdrücken kann, und erwarte, dass das Glück jederzeit eintritt. Obwohl sich ihre Worte oft nicht bewahrheiten, bringen sie den Menschen doch Hoffnung und Trost und machen ihr Leben viel froher.

Dann gibt es da noch die Drossel, den Pirol, die Lerche... Ihre „Sprachen“ sind ausgesprochen vielfältig! Sobald ich ihren Ruf höre, bilde ich mir ein, ich könnte sie „verstehen“. Ich male mir alles Mögliche aus und erfinde viele interessante Geschichten. Auch nach geraumer Zeit habe ich nicht dieselben Fähigkeiten wie Gong Yechang erworben. Aber ich habe ein außerordentlich tiefes Gefühl gegenüber den Vögeln entwickelt. Von den Schwalben, die den ganzen Tag über sehr beschäftigt sind, habe ich gelernt, wie kostbar harte Arbeit ist. Von den Adlern, die in einer Formation am Himmel schweben, habe ich gelernt, wie wichtig Disziplin ist. Und vom Hühnerhabicht, der Wind und Regen trotzt, habe ich die mutige, unbeugsame Geisteshaltung gelernt.

Die Stumpfnasenaffen (xuehou), Band 9, Lektion 12

Vor vielen Jahren überquerte ich im Nieselregen den Fluss mit einem Floß. Als ich am Ufer die große Schlucht betrat, war es schon dunkel geworden. Nach dem Essen sagte ein Kompanieführer der Grenzsoldaten geheimnisvoll zu mir: „Gleich wird ein niedlicher kleiner Freund dir ein Geschenk überreichen." Ein Geschenk? Und wer sollte das sein? Ich vermutete, dass es sich um ein Kind handelte.

Die Wachstation am Grenzposten schloss nie ihre Türen ab, also schlief ich tief und fest bei angelehnter Tür. Als ich am nächsten Tag erwachte, hörte ich noch im Halbschlaf ein Geräusch, und als ich die Augen öffnete, sah ich, dass auf dem Tisch eine kleine Banane lag. Eilig stand ich auf und ging dem Geräusch nach. Da sah ich einen Affen mit glänzendem Fell, der sich umdrehte und mich ansah, ein wenig nickte, und hinaus in den Wald lief. Er kletterte auf einen Baum und war verschwunden. Das war ein Stumpfnasenaffe. Was ihn von anderen Affen am deutlichsten unterscheidet, sind seine Größe und seine Himmelfahrtsnase. Stumpfnasenaffen sind die Freunde der Grenzsoldaten, sie freuen sich immer sehr, wenn sie Menschen in Militäruniformen sehen. Wenn ein Gast ankommt, bringen sie ihm großzügig ein Geschenk aus dem Wald.

Vor meinem Fenster lag ein dichter Wald, das war ein Paradies für Stumpfnasenaffen. Nach einigen Tagen entdeckte ich, wie freundschaftlich die Affen und die Grenzsoldaten miteinander umgingen. Frühmorgens begannen die Soldaten mit ihrem Training, und klangvolle Befehle begleiteten die Morgendämmerung. Im Wald standen die Stumpfnasenaffen zu den Befehlen ebenfalls auf, sprangen zwischen den Ästen umher, flogen durch die Bäume und begannen mit ihrer „Morgengymnastik". Wenn die Soldaten dann im Bach neben der Wachstation ihre Gesichter wuschen und sich die Zähne putzten, strömten auch die Affen zum Wasser, griffen mit ihren Pfoten hinein und fuhren sich dann übers Gesicht. Sie steckten die Zehen in ihre Mäuler und fuhrwerkten mit ernster Miene darin herum. Wenn die Soldaten dann auf dem Platz gedrillt wurden, hockten die Affen auf den Ästen und sahen zu, manchmal verzogen sie dabei den Mund und bleckten ihre Zähne und brüllten, als wollten sie die Soldaten anfeuern. Wenn sie Lust hatten, sprangen sie sogar auf die Erde, stellten sich daneben und imitierten sie. Als einmal ein junger Soldat vom Reck fiel, waren die Affen als erste zur Stelle. Sie umringten ihn mit ernsten Mienen, sprangen herum und drückten auf ihre ganz besondere Weise ihre Anteilnahme und ihr Mitleid aus. Wenn die Soldaten Unterricht hatten, setzten sie sich genau wie diese in nicht allzu weiter Entfernung auf den Boden und lauschten konzentriert, und nur wenn es sie mal juckte, kratzten sie sich.

Einmal begleitete mich ein Freund auf einem Besuch ins Dorf Zhaizi, das am Fuße des Berges lag. Als wir zurückkamen, machten wir auf einer Wiese Rast und unterhielten uns. Plötzlich kam der Affenkönig mit seinem Gefolge und umringte uns. Einige Affen senkten ihre Köpfe, andere hielten sich mit der Pfote die Himmelfahrtsnase zu, und wieder andere pressten sogar ihre Nasenlöcher auf ihre Bäuche. Sie sprangen nach links und rechts und schrien wie verrückt. Ich wusste nicht, was los war, aber mein Freund zog mich schnell fort. Er sagte, dass das Wetter hier stark schwanke und es oft urplötzlich zu regnen, schneien oder hageln beginne oder windig und neblig werde. Die Stumpfnasenaffen würden dies sehr schnell spüren: Gerade eben hätten sie uns starken Regen angekündigt und uns zum schnellen Aufbruch gedrängt. Tatsächlich: Wir waren kaum zur Wachstation zurückgekehrt, da ging auch schon ein heftiger Platzregen mit Hagel los.

Als ich die Wachstation im Tal verlassen musste, verstand ich, warum es einigen Soldaten nach Ablauf ihrer Dienstzeit so schwer fiel, fortzugehen. Das lag nicht nur am Abschied von ihrer Truppe, sondern daran, dass sie es kaum übers Herz brachten, sich von den Stumpfnasenaffen zu trennen.

Mutterliebe (mu ai) von Jiang Nanyu, Band 12, Lektion 20

Dies ist eine wahre Geschichte. Sie passierte in einem kleinen Wüstengebiet in der Provinz Qinghai im Westen, wo extremer Wassermangel herrschte. Dort war der Wasserverbrauch pro Person streng auf eineinhalb Liter beschränkt und das Wasser musste von den örtlichen Soldaten von weit hergebracht werden. Zum Trinken und Waschen, zum Säubern von Gemüse und Kleidung, sogar für die Versorgung der Tiere – für all diese Dinge mussten eineinhalb Liter ausreichen.

Menschen brauchen dringend Wasser, Tiere ebenso, sonst leiden sie Durst. Eines Tages hatte eine Kuh, die bei den Menschen als schlicht und ehrlich bekannt war, großen Durst. Sie riss sich los und rannte zu der einzigen Straße, dorthin, wo der Wasserwagen vorbeikommen musste. Als er endlich kam, besaß die Kuh die unglaubliche Fähigkeit, ihn zu erkennen, und rannte direkt vor dem Wagen auf die Straße. Die Soldaten bremsten nervös und blieben abrupt stehen. Die Kuh stand schweigend vor dem Wagen, und obwohl der Fahrer sie anschrie, zur Seite zu gehen, rührte sie sich nicht vom Fleck. Nach fünf Minuten verharrten beide Seiten noch immer so. Die Soldaten, die das Wasser transportierten, waren schon früher auf Tiere gestoßen, die die Straße blockierten, um an Wasser zu kommen, aber keines war so hartnäckig wie diese Kuh. Mensch und Kuh verschenkten auf diese Weise wertvolle Zeit und verursachten einen Stau, so dass die Autofahrer hinter ihnen schon genervt zu hupen begannen. Sie versuchten sogar, ein Feuer anzuzünden, um die Kuh zu vertreiben, aber sie rührte sich nicht vom Fleck.

Schließlich kam der Besitzer. Die Situation war ihm so unangenehm, dass er sehr wütend wurde und seine Kuh, die nur noch Haut und Knochen war, mit einer Peitsche heftig auf den Rücken schlug. Als sie so geschlagen wurde, schrie sie vor Schmerzen, aber sie bewegte sich noch immer nicht vom Fleck. Blut quoll hervor und färbte die Peitsche rot. Die traurigen Schreie der Kuh und der kalte Wüstenwind machten das Ganze besonders tragisch. Die Soldaten und der Fahrer begannen zu weinen. Schließlich sagte einer von ihnen: „Lasst uns die Vorschriften brechen. Ich bin bereit, die Disziplinarstrafe auf mich zu nehmen.“ Dann nahm er aus dem Wagen eine halbe Schüssel voll Wasser, ungefähr eineinhalb Liter, und stellte sie vor der Kuh auf den Boden.

Doch wer hätte gedacht, dass die Kuh sich nicht sofort auf das Wasser stürzte, dass sie sich so hart erkämpft hatte, sondern den Kopf in Richtung der untergehenden Sonne hob und laut muhte, als riefe sie jemanden. Da kam ein kleines Kalb von einem Hügel ganz in der Nähe herbeigelaufen. Die verletzte Kuh sah liebevoll zu, wie das Kalb gierig das ganze Wasser soff, dann streckte sie ihre Zunge heraus und leckte ihm über die Augen, und auch das Kalb leckte seiner Mutter über die Augen. In der Stille sahen die Menschen die Tränen in den Augen von Mutter und Kind. Noch bevor der Besitzer nach ihnen rufen konnte, drehten sich die beiden von Schweigenden umringt um und gingen langsam zurück.

Meine Tage bei den Pinguinen" (yu qi'e xiangchu de rizi), Band 5, Lektion 24

An der Badestelle der Pinguine

In der Nähe des Südpols, auf der Afrika zugewandten Seite, liegt eine kleine Insel mit spitzen Bergen, auf denen das ganze Jahr über Schnee liegt. An allen Seiten der Insel treiben Eisschollen und am Ufer ragen überall Felsen in die Luft. Nur an einer Stelle ist das Ufer abgeflacht – dort liegt die Badestelle der Pinguine.

Unser Expeditionsteam brachte an dieser Stelle seine Vorräte an Land. Als die Pinguine dies bemerkten, kamen sie aus dem Wasser und umringten unsere Kisten und Säcke. Sie pickten mit ihren Schnäbeln an den Säcken und gaben dabei aufgeregte Laute von sich, als wollten sie sagen: „So etwas Seltsames haben wir ja noch nie gesehen!" Einer der Pinguine zupfte an einem Sack, legte seinen Kopf ein wenig schief, als müsse er nachdenken, und steckte dann mit einem anderen Pinguin die Köpfe zusammen. Daraufhin fing auch der andere Pinguin an, an dem Sack herumzupicken, dann hielt er inne und rief etwas. Ein dritter Pinguin kam herbeigelaufen, um uns zu sehen. Allmählich versammelten sich immer mehr, die hinteren drängelten nach vorn, und alle machten dabei aufgeregte Geräusche, als gäbe es etwas Spannendes zu sehen. Jeder wollte ganz vorn stehen und uns aus der Nähe sehen und einmal an den Säcken picken.

Neugier

Ich saß auf einem Stein und aß ein Brot, da näherten sich einige Pinguine, die bemerkt hatten, dass ich etwas aß. Sie legten ihre Köpfe schief und blickten hierhin und dorthin, als fragten sie sich, was ich da treibe. Als ich einige Nägel in ein Holzbrett schlug, stellte sich ein Pinguin neben mich und sah mir zu. Dabei bewegte er seinen Kopf sogar im Takt des Hammers. Und als ich einmal in unserem Zelt Tee kochen wollte, pfiff der Kessel. Ich goss den Tee auf. Als der Kessel verstummt war, hörte ich, wie die Pinguine draußen zu lärmen begannen. Sie hatten den Geräuschen im Zelt aufmerksam zugehört und wollten das Pfeifen des Kessels unbedingt noch einmal hören. Um sie zufrieden zu stellen, stellte ich ihn also gleich noch einmal auf den Kocher.

Aggressivität

Pinguine können ganz schön kampfeslustig sein. Ein Pinguin lief an meinem Zelt vorbei und stieß gegen eine leere Eisentonne, dass sie schepperte. Er drehte sich um, stieß noch einmal dagegen, und sie schepperte wieder. Da stieß der Pinguin einen Laut aus, rammte die Tonne ein drittes Mal und schlug obendrein mit seinen Flügeln auf sie ein. Ich schritt ein und wollte den Pinguin von der Tonne fernhalten, da schnappte er wütend nach mir und biss mich in die Hand. Eines Tages ging ich Wasser holen, als plötzlich hinter einem Felsen ein Pinguin auf mich zugeschossen kam, mich in den Schuh biss und mit den Flügeln nach mir schlug. Von da an nahm ich immer eine große Schöpfkelle zum Wasserholen mit, und wenn mich ein aggressiver Pinguin angriff, konnte ich mich mit der Kelle verteidigen, denn davor hatten sie Angst.

Mut

Pinguine gehen schon frühmorgens zum Fischen. Sie überqueren die Pässe im Gänsemarsch, bis sie an einer flacheren Stelle angekommen sind. Dort legen sie sich aufs Eis und rutschen den Berg hinunter, und wenn sie unten angekommen sind, schütteln sie sich und klettern dann in Reih und Glied wieder hinauf. Sie marschieren still und mit ernsten Mienen im Gleichschritt. Wenn sie dann an ein steiles Ufer kommen, blickt der erste Pinguin hinab und stößt einen Laut aus, als wolle er sagen: „Oh nein, das ist viel zu hoch, das macht einem ja Angst!" Die hinteren Pinguine drängen dann nach vorn und schnattern, als wollten sie ihren Anführer anfeuern, zu springen. Schließlich breitet dieser seine Flügel aus und springt ins Wasser. Der anderen folgen ihm, und springen der Reihe nach vom Eisberg ins Meer. Manchmal tauchen sie an der Oberfläche auf, und wenn sie genügend Luft geschnappt haben, tauchen sie wieder unter, um Fische und Krabben zu fangen. Im Wasser formieren sie sich auch in Reih und Glied, schlagen Purzelbäume und tollen umher.

Abschied

Am Südpol war der Winter ausgebrochen, der Sturm heulte und im Schneegestöber konnte man nichts mehr klar erkennen. Die Expedition bereitete sich auf ihre Abreise vor, und ich wollte mich von den Pinguinen verabschieden. Aber in der Einöde war kein einziger Pinguin zu sehen, nur lauter kleine Schneehäufchen. Als ich an einem von ihnen zu graben begann, konnte ich einen kleinen Schnabel erkennen. Und als ich unter einem anderen Haufen nachsehen wollte, begann dieser plötzlich, sich zu bewegen, und es kam ein kleiner Pinguin herausgesprungen, der wütende Laute von sich gab, als wollte er mich ausschimpfen. Im Schneegestöber legen sich die Pinguine immer auf den Felsen, lassen sich einschneien, und werden zu kleinen Schneehäufchen. Sie liegen in diesen kleinen „Iglus" und bohren sich mit dem Schnabel ein kleines Luftloch.

Ich nahm meine Mütze ab, und sagte zu den Schneehäufchen: „Auf Wiedersehen!" Aber die Pinguine kamen nicht aus ihren Iglus hervor, nur einer von ihnen, ein aggressiver kleiner Kerl, verfolgte mich bis ans Ufer. Ich konnte ihn nicht abschütteln – wahrscheinlich wusste er, dass meine furchteinflößende Kelle nun bereits sicher im Gepäck verstaut war.

Der indische Elefant aus Bangkok (Mangu de xiao xiang), Band 6, Lektion 7

Am Morgen stiegen wir in unseren Wagen, der eine unebene Straße in der Nähe von Bangkok entlang holperte. In der Nacht zuvor hatte es stark geregnet, so dass die Straße völlig verschlammt war. Plötzlich kippte das schwankende Auto zur Seite, die Räder blieben im Schlamm stecken, und wir kamen nicht mehr voran. Der Fahrer stieg aus und prüfte die Lage, dann sagte er: „Ich gehe Hilfe holen." In diesem Moment drang durch den orangefarbenen Morgennebel der sanfte Klang eines Glöckchens, der immer lauter wurde. Oh, es war ein indischer Elefant, und hinter ihm lief eine Thailänderin. Sie war etwa dreißig Jahre alt und trug eine bestickte Bluse und einen roten Rock mit weißen Blümchen. Sie trat vor unser Auto und zeigte uns beim Lächeln eine Reihe gerader Zähne. Unser Fahrer grüßte sie und nannte sie Ah Ling.

Ah Ling ging einmal um unser Auto herum und untersuchte die Situation, dann dachte sie eine Weile nach, und klopfte dann – genau wissend, was sie tun musste – dem Elefanten an den Rüssel. Sie lehnte ihr Gesicht an seine fächerartigen Ohren und zeigte ihm, wo das Auto stecken geblieben war. Der intelligente Elefant trat neben die Kuhle, nahm seinen langen, kräftigen Rüssel, hob hier und stemmte dort, und hatte schnell unser Auto aus der Schlammgrube gezogen. Ein Wunder, wirklich ein Wunder!

Der Elefant hatte wirklich bewundernswerte Fähigkeiten. Unser Fahrer schüttelte Ah Lings Hand fest und dankte ihr mehrfach. Wer hätte gedacht, dass sie daraufhin ihre Hand zurückzog und lächelnd den Kopf schüttelte. Dann trat sie wieder neben den Elefanten, streichelte sanft seinen langen Rüssel, und zeigte auf unser dreckiges Auto. Der Elefant machte kehrt und verschwand im goldenen Morgennebel. Wenig später kam er wieder zurück und schwenkte seinen Rüssel. Er streckte ihn und spritzte Wasser auf das verschmutzte Auto. Schon kurze Zeit später hatte er es ganz sauber gemacht. „Oh, was für ein schlauer Elefant!", dachte ich und bewunderte ihn insgeheim. Als wir uns erneut bei Ah Ling bedankten, winkte sie nur und lehnte ihre geröteten Wangen an die Ohren des kleinen Elefanten, dann ging sie langsam in den Morgennebel hinein, der mittlerweile violett geworden war.

Die Gans (e), Band 6, Lektion 28

Meine Familie hat eine schöne Gans. Sie lebt nun schon vier Jahre bei uns. Sie hat eine weißes Federkleid, zwei gelbe Füße und einen platten, runden Schnabel, der aussieht, als sei er in weiße Jade eingefasst. Ihre vorstehende Stirn unterscheidet sie deutlich von den Enten. Ihre Watschelschritte sind gemächlich und bedächtig. Wenn sie mit erhobenem Haupt und geschwellter Brust ihr Lied singt, ist ihre Haltung ganz majestätisch.

Eines Mittags kam die Gans ausnahmsweise vom Teich nach Hause. Es war, als habe sie bleierne Füße, ihre Schritte wurden immer langsamer. War sie krank?

Hatte sie sich verletzt, als sie durch das Getreide lief? Voller Fragen beobachtete ich ihre Bewegungen ganz genau. Sie blickte nach links und rechts, als sei sie ganz aufgeregt, und rannte plötzlich eilig in den Hühnerstall und kam im Nu schnatternd wieder heraus. Schließlich ließ sie sich auf einem Strohhaufen neben dem Hühnerstall nieder und wurde ruhig. Vielleicht wollte sie ein Ei legen! Nach einer Weile ging ich, um nachzusehen, da war sie schon wieder fort. Ich hob das Stroh an der Stelle, an der sie gesessen hatte, ein wenig hoch. Dieser Moment war noch angenehmer als eine erfrischende Wassermelone an einem heißen Sommertag. Ich dachte, was für ein gerissenes kleines Kerlchen, legt ein Ei und deckt es dann mit Stroh zu. Sie fürchtet wohl, dass irgendetwas ihrem „Baby" schaden könnte! Von da an legte die Gans noch oft Eier.

Ich erinnere mich an eine klare Sommernacht, in der wir schon längst schlafen gegangen waren und die Gans wie immer neben dem Hühnerstall schlief. Plötzlich weckte mich das Gezeter der Hühner. Ich hörte genau hin, raschel raschel, das klang, als fände dort ein Kampf statt. Hastig stand ich auf und rannte zum Hühnerstall. Oh! Im Mondschein war ein Wiesel in den Stall eingedrungen und ich konnte seine listigen Augen sehen, mit denen er die Gans anstarrte. Die Gans reckte ihren Hals und schnappte nach Luft, sie öffnete den Schnabel und streckte ihre Flügel aus, mit ihren großen runden Augen sah sie furchteinflößend aus! Im Nu hatte sie mit ihrem Schnabel das Wiesel gebissen. Der Schurke flüchtete eilig vom Hof. Das Huhn war gerettet! Die Gans blickte in die Richtung, in der das Wiesel verschwunden war, reckte ihren Hals und stieß Rufe aus, wie ein siegreicher General.

Ich betrachtete diese mutige Heldin und fand Gänse fortan noch liebenswerter.

Die Glückselstern (xique), Band 5, Lektion 22

Die „Glückselster" wird auch schlicht Elster genannt, „Glückselster" ist ein Kosename, den die Menschen ihr gegeben haben. Von alters her hat man in den Elstern Glücksboten gesehen. Warum löst die Elster bei den Menschen ein solches Gefühl aus?

Elstern haben am ganzen Körper schwarze und weiße Federn. Nacken, Rücken und Schwanz sind rabenschwarz und schimmern glatt und lila. Die Federn an Schultern und Brust sind sauber und weiß. Diese beiden Farben sind schlicht und doch so vornehm. Die Körperhaltung der Elstern ist graziös und elegant. Besonders ihr langer Schwanz, der länger ist als die Hälfte ihres Körpers, lässt sie noch hübscher aussehen. Ganz gleich, ob sie sich auf einem Zweig oder auf dem Dach niederlassen, ihr langer Schwanz wippt dabei auf und ab, so dass ihr ganzer Körper vibriert und man merkt, wie lebhaft und liebenswert sie sind.

Im Vorfrühling, wenn die ersten warmen Sonnenstrahlen zu spüren sind, beginnen die Elstern nach Herzenslust zu singen. Sie unterhalten sich in verschiedenen Stimmen mit ihren Kumpanen, um die Nachricht vom Frühling zu verbreiten. In den Städten und auf dem Land, überall kann man ihre klaren und wohlklingenden Stimmen hören. Diese Stimmen bringen Freude und Fröhlichkeit zu den Menschen. Wenn der Westwind im Herbst die Blätter rascheln lässt, wenn im Winter der Boden mit Eis und Schnee bedeckt ist, dann sitzen die Elstern auf den hohen Zweigen oder in den Feldern und rufen ein paarmal „Krah, krah, krah", und dadurch fühlen sich die Menschen wieder belebt und ermuntert.

Die Ernährung der Elstern ist sehr vielfältig, sie fressen Insekten genauso gern wie Pflanzensamen. Sie können den Menschen helfen, Schädlinge aus den Getreidefeldern und Obstgärten zu picken, und fangen manchmal sogar kleine Mäuse auf den Feldern. Elstern sind schlicht und vornehm zugleich, ihre Körperhaltung ist elegant, ihr Gesang wohlklingend, und obendrein können sie noch Schädlinge fangen – wie könnten die Menschen sie da nicht lieben?

Der wunderbare Karpfenbach (qimiao de liyuxi), Band 5, Lektion 25

In der Provinz Fujian, westlich der Kreisstadt Zhouning, liegt das Dorf Buyuan. Durch dieses Dorf fließt ein Bach, in dem sechs- oder siebentausend verschiedene Arten von Karpfen leben: Grauschwarze, schwarzgrüne, blassrote, goldene, rotweiß gestreifte und rotschwarz gescheckte. Darum nennen alle diesen Bach den „Karpfenbach".

Die Karpfen in diesem Bach haben keine Angst vor den Menschen. Immer wenn die Dorfbewohner in den Bach steigen, um dort ihre Kleidung oder ihr Gemüse zu waschen, schwimmen sie in Schwärmen vor ihnen hin und her, schnappen nach der Wäsche oder klauen Salatblätter, genau wie freche Kinder. Weil in diesem Fluss so viele Karpfen leben, die noch dazu gar nicht menschenscheu sind, kommen viele Touristen dorthin. Wenn sie am Ufer in die Hände klatschen, kommen die Karpfen mit wedelnden Flossen angeschwommen und springen nach oben. Einige Menschen strecken dann ihre Hand aus und streicheln ihren Rücken, doch die Karpfen schwimmen nicht weg – sie sind genauso zahm wie kleine Katzen oder Hunde.

Die Dorfbewohner empfinden viel für diese Karpfen. Einst hatten sie die Karpfen im Wasser angesiedelt, weil sie schmutziges Wasser wieder säubern können. Weil die Karpfen dafür sorgten, dass die Dorfbewohner sauberes Wasser trinken konnten, wurden die Menschen seltener krank. Darum liebten und schützten sie die Karpfen umso mehr. Sie schlossen einen Pakt, der das Fischen von Karpfen verbot, und der schon seit mehreren Jahrhunderten von Generation zu Generation weitergegeben wird. Wenn ein Karpfen stirbt, vergraben sie ihn an einem speziellen Ort, der nach dieser langen Zeit heute zu einem „Friedhof der Fische" geworden ist.

Blumen züchten (yang hua) von Lao She, Band 12, Lektion 13

Ich liebe Blumen, darum züchte ich sie auch sehr gern. Allerdings bin ich noch kein Experte im Gärtnern, weil ich zu wenig Zeit habe, um darüber eingehender zu forschen oder zu experimentieren. Für mich ist die Blumenzucht nur ein Vergnügen, es ist mir auch nicht wichtig, ob die Blumen große oder kleine, gute oder schlechte Blüten tragen – Hauptsache, sie blühen überhaupt, dann bin ich schon froh. Sobald der Sommer kommt, ist mein kleiner Garten voller Blumen und Gräser. Die kleinen Katzen müssen drinnen spielen, denn der Garten ist nun kein Spielplatz mehr für sie.

Ich habe zwar viele Blumen, aber keine exotischen Pflanzen oder Gräser. Teure Pflanzen sind nicht leicht zu züchten, und wenn ich eine schöne Erdnusspflanze sehe, die krank geworden ist und eingeht, ist das eine traurige Angelegenheit. Das Klima in Peking ist nicht gut für die Blumenzucht geeignet. Im Winter ist es zu kalt, im Frühjahr zu stürmisch, und im Sommer ist es entweder zu trocken oder zu regnerisch. Am besten ist der Herbst, aber da kann es plötzlich Frost geben. Meine Fähigkeiten reichen nicht aus, um in diesem Klima tropische Pflanzen zu züchten, darum züchte ich nur robustere Arten, die leicht überleben.

Doch wenn ich mich nicht um sie kümmern und sie sich selbst überlassen würde, würden die meisten von ihnen eingehen, obwohl sie so robust sind. Ich kümmere mich täglich um sie und sorge für sie wie ein Freund. Mit der Zeit habe ich einige Kniffe herausgefunden: Einige mögen Schatten, darum stelle ich sie nicht direkt in die Sonne, andere mögen es trocken, darum gieße ich sie nicht zu oft. Seit ich diese Methode anwende, überleben meine Pflanzen viele Jahre und blühen, wie interessant das doch ist! Das ist keine Angeberei, sondern Wissen! Es ist ja nichts Schlechtes, sich etwas mehr Wissen anzueignen.

Ich habe kranke Beine und kann nicht mehr gut laufen und auch nicht lange stehen. Ich weiß nicht, ob meine Pflanzen mir meine Fürsorge danken, aber ich bin ihnen jedenfalls sehr dankbar. Meistens gehe ich in den Garten, nachdem ich etwas geschrieben habe, und gieße eine Pflanze oder schiebe einen Kübel um. Dann gehe ich ins Haus zurück, schreibe eine Weile weiter, und gehe danach wieder hinaus. Dieser Kreislauf ist eine gute Abwechslung von geistiger und körperlicher Arbeit und besser als jede Medizin. Wenn Sturm oder Regengüsse bevorstehen oder das Wetter plötzlich umschlägt, muss die ganze Familie mit anpacken, um die Pflanzen zu retten, dann werde ich sehr nervös. Einige hundert Blumentöpfe müssen dann in Windeseile ins Haus geschleppt werden, das gibt Muskelkater in den Beinen und Hüften, und der Schweiß läuft einem herunter. Sobald das Wetter wieder schön ist, muss man sie wieder nach draußen tragen, das bringt noch einmal Muskelkater und Schweiß. Aber wie interessant das alles ist! Wenn man nicht arbeitet, überleben nicht einmal die Pflanzen. Wenn das keine weise Erkenntnis ist.

Wenn der Milchmann kommt, sagt er bewundernd „Wie das duftet!“, sobald er die Schwelle betritt. Dann ist meine ganze Familie stolz. Wenn der Blattkaktus blüht, lade ich immer ein Paar Freunde ein, um die Blüten gemeinsam zu betrachten. Weil der Blattkaktus nur nachts blüht, ist das eine Stimmung, als würde man mit der Laterne gehen. Ableger verschenke ich an Freunde. Wenn ich sehe, wie sie die Früchte meiner Arbeit mitnehmen, freue ich mich ganz besonders.

Natürlich bin ich manchmal auch traurig. In diesem Sommer zum Beispiel lagen einige hundert Chrysanthemen-Sprösslinge noch auf der Erde (ich hatte sie noch nicht in die Töpfe gepflanzt), da kam plötzlich ein Wolkenbruch und die Mauer meines Nachbarn stürzte ein. Dabei wurden über dreißig Sorten meiner Sprösslinge zerquetscht, insgesamt über hundert Exemplare. Da hat die ganze Familie ein paar Tage nicht gelacht.

Freud und Leid, Lachen und Tränen, Blüten und Früchte, Duft und Farben. Man muss arbeiten und ständig Erfahrungen sammeln, das ist das Vergnügliche an der Blumenzucht.

Opa und der kleine Baum (yeye he xiaoshu), Band 1, Lektion 11

Wenn das Wetter kalt wird, zieht Opa dem kleinen Baum ein Kleid aus Reisstroh an. Dann friert der kleine Baum nicht mehr. Wenn das Wetter heiß wird, spannt der Baum für Opa einen grünen Schirm auf. Dann schwitzt Opa nicht mehr. So geht es Opa wirklich gut und dem kleinen Baum auch!

Eine Oase in der Wüste (shamo zhong de lüzhou), Band 8, Lektion 9

Als wir aus dem Flugzeug sahen, waren die Vereinigten Arabischen Emirate überall weiß. Doch das war kein Schnee, sondern die Wüste. In der weißen Wüste waren einige Oasen verteilt, das waren die Städte.

Wir besuchten Dubai. Dort spendeten grüne Bäume Schatten und Blumen blühten überall. Auf dem Boden lag kein Laub, auch sah man niemanden auf Bäume klettern, Blumen pflücken oder über den Rasen laufen. Unsere arabischen Freunde erzählten uns, dass hier jeder kleine Baum und jeder Grashalm vom Staat für sehr viel Geld angepflanzt wird. Es ist nicht übertrieben, zu sagen, dass es hier genauso viel kostet, einen Baum zu züchten, wie ein Kind großzuziehen. Ursprünglich war hier nur Wüste und auf dem Boden lag überall weißes Salz, das eine harte Kruste bildete. Der Boden ist salzig, das Wasser ist salzig, das Land ist wirklich öde! Doch diese unwirtliche Umwelt hat die Araber nicht entmutigt. Sie haben im Ausland Erde und Süßwasser, Baumsetzlinge, Blumen und Gräser eingekauft. Dann haben sie den salzigen und verkrusteten Sand weggeschaufelt und Erde aufgeschüttet, die für den Anbau von Pflanzen geeignet war, und darunter Süßwasserleitungen verlegt. Das Süßwasser aus einem Wasserturm fließt durch die kreuz und quer verlegten Rohre und wird ständig zu den Wurzeln der Bäume und Gräser geleitet. Unsere arabischen Freunde sagten: „Erst grüne Bäume, frische Blumen und Gräser machen das Leben der Menschen schön.“

Als wir an diesem Morgen im Zentralpark, dem größten Park von Dubai, spazieren gingen, trafen wir einen Parkarbeiter in einer gelben Jacke, der die Blumen goss. Wir zeigten auf die Bäume und Pflanzen und fragten neugierig: „Unter der Erde sind doch überall Wasserrohre verlegt. Müssen Sie denn trotzdem noch die Blumen gießen?" „Nein, nein", sagte der Parkarbeiter und bewegte dabei seinen erhobenen Zeigefinger hin und her. Dann nahm er aus einer großen Kiste einen Schlauch. Kurz darauf spritzte aus der Luft ein Sprühregen herab, der den Staub von den Blättern, Gräsern und Blumen wusch und sie wieder blitzsauber machte. In Windeseile wurden dadurch die Blätter und Gräser noch grüner und die Blumen noch farbenfroher. Der Parkarbeiter lachte froh, machte mit den Händen eine Geste, als ob er sich das Gesicht wusch, und sagte: „Sehen Sie, so sieht alles noch schöner aus!"

Die Araber behandeln die Pflanzen mit genauso viel Liebe und Fürsorge wie ihre Kinder. Denn erst durch die grünen Bäume und bunten Blumen haben sie sich in der Wüste ein schönes Lebensumfeld geschaffen.

Wie sich der Gelbe Fluss verändert hat (Huanghe shi zenyang bianhua de), Band 9, Lektion 25

Alle Menschen sagen, der Gelbe Fluss sei die Wiege des chinesischen Volkes. Aber wenn man einmal untersucht, wie der Gelbe Fluss sich in den letzten zweitausend Jahren „verhalten" hat, bekommt man einen Schrecken. In den letzten zweitausend Jahren sind seine Deiche über 1500-mal gebrochen und er hat seinen Lauf 26-mal geändert, was viel Leid über die Menschen an seinen Ufern gebracht hat. Man muss sich also fragen: Wie kann ein Unglücksfluss, der so viele Katastrophen verursacht hat, die „Wiege" der chinesischen Kultur sein?

Das ist eine interessante Frage: Vor vielen tausend Jahren waren die natürlichen Voraussetzungen von der Löss-Hochebene bis zum Gebiet des Gelben Flusses sehr gut und man kann seine Schönheit mit den Einzugsgebieten am heutigen Yangtze oder Wei-Fluss vergleichen. Zu jener Zeit war das Klima im Bereich des Gelben Flusses sehr mild, die Wälder wuchsen dicht und der Boden war fruchtbar, besonders an seinem Unterlauf waren die natürlichen Bedingungen sehr gut. Darum haben unsere Vorfahren diesen Ort ausgewählt, um dort zu leben und sich fortzupflanzen. Aber danach hat sich der Gelbe Fluss verändert: Er wurde wild und reißend und quälte die Menschen an seinen Ufern, sodass sie immer wieder über ihn klagten. Der Fluss hat dem chinesischen Volk viel Not und Leid gebracht.

Der Gelbe Fluss hat den höchsten Lössgehalt weltweit, dieser ist etwa 68-mal höher als der des Yangtze. Die Gesamtmenge an Sinkstoffen, die er jedes Jahr vom Mittellauf zum Unterlauf transportiert, beträgt 1,6 Milliarden Tonnen. Davon werden 1,2 Milliarden ins Meer gespült und 400 Millionen lagern sich am Unterlauf des Flusses ab. In diesen 400 Millionen Tonnen liegt das Problem. Sie bewirken, dass sich das Flussbett jedes Jahr anhebt, so dass einige Abschnitte drei bis vier Meter über den am Ufer liegenden Feldern liegen, manchmal sind es sogar mehr als zehn Meter. Dadurch wird der Gelbe Fluss zu einer Gefahr: In der Hochwassersaison brechen die Deiche in diesen Flussabschnitten sehr leicht, das verursacht die großen Überschwemmungen.

Wissenschaftler begründen die Veränderungen des Gelben Flusses folgendermaßen: Zum einen ist seit der Qin-Zeit das Klima in der Löss-Hochebene kälter geworden und es gewittert dort häufig. Obendrein ist die Konsistenz von Löss sehr locker, so dass er leicht verwittert und zerfällt, was die Bodenerosion fördert und große Mengen von Schlamm in den Gelben Fluss transportiert. Zum anderen sind da das hohe Bevölkerungswachstum und die unkontrollierte Urbarmachung und Nutzung des Landes als Weidegrund, wodurch Wälder und Grasebenen zerstört wurden. Auch die Vegetation wurde stark geschädigt, so dass die Löss-Hochebene ihre natürliche Schutzschicht verlor, was ebenfalls zur Bodenerosion beitrug.

Jedes Jahr erodieren auf diese Weise auf jedem Quadratkilometer des Gebietes am Gelben Fluss viertausend Tonnen kostbarer Boden, das entspricht etwa einer zerstörten Ackerfläche von rund 367 000 Hektar pro Jahr! Noch schlimmer ist, dass durch die Erosion die Fruchtbarkeit des Bodens deutlich sinkt, sodass die Erträge der Landwirtschaft in großem Maße zurückgehen. Je mehr die Erträge zurückgehen, desto mehr Land versuchen die Menschen urbar zu machen, und je mehr sie urbar machen, desto schlimmer wird wiederum die Erosion. So wird der Boden immer ärmer, je mehr er urbar gemacht wird, und je ärmer er wird, desto mehr neues Land wird wiederum erschlossen. Auch wird der Schlamm im Gelben Fluss immer mehr, so dass seine Dämme immer häufiger brechen und er immer öfter seinen Lauf ändert.

Die Regulierung des Gelben Flusses besteht hauptsächlich darin, die Schlammfracht zu kontrollieren, damit sie nicht ungehindert in den Fluss gelangen kann. Bereits nach Gründung der Volksrepublik entwarfen Wissenschaftler Pläne zur Regulierung des Gelben Flusses. Sie waren der Ansicht, dass die Gebiete auf den Löss-Ebenen weiterhin hauptsächlich von Viehzucht und Forstwirtschaft leben sollten. Allerdings sollten die Rohstoffe des Waldes geschützt werden, damit sich die verlorene Vegetation schnell wieder regenerieren kann. Man sollte daher allen Menschen das folgende Prinzip vermitteln: Den Wald zu zerstören, ist ein durch und durch selbstmörderisches Verhalten. Man sollte den Boden vernünftig und planmäßig nutzen und gleichzeitig eine große Zahl von Bewässerungsanlagen bauen. Auf diese Weise kann man sicher die Bodenerosion einschränken und der Traum, dass sich der Gelbe Fluss wieder erholt, wird gewiss in Erfüllung gehen.

Der Frühlingswind weht (chunfeng chui), Band 2, Lektion 1

Der Frühlingswind weht, der Frühlingswind weht,
er macht die Bäume grün
und die Pfirsichblüten rot.

Der Frühlingswind weht, der Frühlingswind weht,
er weht die Schwalben herbei
und weckt die Frösche auf.

Der Frühlingswind weht, der Frühlingswind weht,
der Nieselregen fällt sanft herab,
und wir alle wollen Bäume pflanzen und Blumen säen.

Die Blumen im Park (gongyuan li de hua), Band 1, Lektion 6

Brüderchen und Schwesterchen gehen zum Spielen in den Park. Im Park blühen gelbe, weiße und rote Chrysanthemen. Das Brüderchen will eine Blume pflücken. Da sagt das Schwesterchen: „Nein, pflück sie nicht, pflück sie nicht! Die Blumen im Park sind für alle Menschen zum Anschauen da."

Der Tomur-Gipfel des Tianshan (tianshan de tuomur feng), Band 6, Lektion 8

Der höchste Gipfel des Tianshan-Gebirges trägt den Namen Tomur und ist 7400 Meter hoch. Er ragt im Westen des Tianshan auf. Dort ist das Gelände sehr ungewöhnlich und die Landschaft bezaubernd.

Der Tomur-Gipfel ist das ganze Jahr über von Wolken umgeben und es schneit zu jeder Jahreszeit. Er wirkt wie eine gigantische silberne Pagode, die sich vor dem blauen Himmel eindrucksvoll abzeichnet. In dem Gebirge, aus dem der Tomur-Gipfel aufragt, entspringen einige „Flüsse", die ins Tal fließen. Sieht man jedoch genauer hin, so führen diese Flüsse kein Wasser, sondern Eis. Man nennt sie Gletscher. Wenn man sich ihnen nähert, sieht man Eis in vielen verschiedenen Formen: An manchen Stellen sieht es aus wie eine Pyramide, an anderen wie eine Stadtmauer oder wie blühende Blumen. Ganz wie ein Kristallpalast aus dem Märchen. Wenn man im Sommer auf den Gletschern steht, kann man hören, wie darunter das Wasser dahinplätschert. Tatsächlich – unter dem Eis fließt Wasser!

Am Tomur ist es so kalt, da leben doch sicher keine Tiere oder Pflanzen, nicht wahr? Tatsächlich gibt es dort nicht nur ein paar Tiere und Pflanzen, sondern sogar viele verschiedene Arten! Untersuchungen haben gezeigt, dass dort über sechshundert Pflanzenarten wachsen. Tausend Meter über dem Meeresspiegel gibt es Laubwälder. Dort wächst eine Weidenart, die „Prachtweide" genannt wird. Ihr Stamm ist gebogen und wächst am Boden entlang. Etwa zweitausend Meter über dem Meeresspiegel wachsen Sträucher, die unempfindlich gegenüber Trockenheit sind. Und sogar in der Eis- und Schneewelt über dreitausend Meter über dem Meeresspiegel wachsen noch Schlüsselblumen und zahllose Schärtlinge. In den Wäldern und Ebenen am Gipfelgebiet leben Schwarzstörche, weiße Gänse, Schneehühner, Schneeleoparden, Rothirsche, Bergziegen und andere seltene Tiere und Vögel. Längst wurde der Tomur-Gipfel zu einem Naturschutzgebiet erklärt, und die Menschen können die heimischen Tier- und Pflanzenarten dort noch eingehender erforschen.

Die Stumpfnasenaffen – ein Nationalheiligtum Chinas (guobao jinsihou), Band 5, Lektion 10

Affe, Schimpanse und Pavian zählen zu den Primaten. Bei einem Vergleich von zweihundert Primatenarten fanden Experten heraus, dass die Stumpfnasenaffen am hübschesten aussehen. Nase und Nasenbereich sind himmelblau und ihr rotbraunes Gesicht wird von einem blassen Gelb umrahmt. Die ausgewachsenen Männchen tragen auf dem Kopf eine schwarzbraune Fellkrone, das sieht lustig und imposant zugleich aus. Das Fell an Bauch und Brust ist weiß und wird zum Rücken hin immer dunkler. In ihrem dunklen Fell wachsen Strähnen aus Goldfäden, weiche Haare, die zehn bis zwanzig Zentimeter lang werden können. Wenn sie herabhängen, sieht es aus, als trügen die Stumpfnasenaffen ganz vornehm einen glänzenden, goldenen Umhang. Die Männchen sind sehr groß und kräftig, die Weibchen klein und zart.

Stumpfnasenaffen fürchten die drückende Hitze, sind aber kälteunempfindlich. Sie leben in den Gebieten der nationalen Minderheiten wie Sichuan, Gansu, Hubei und Shanxi. Die meiste Zeit leben sie auf Bäumen, aber manchmal suchen sie auf dem Boden nach Nahrung. Sie fressen Blätter, Keime, Zweige und Früchte, manchmal aber auch Baumrinde und Wurzeln. Auch bei Insekten oder Vogeleiern sagen sie nicht nein. Beim Fressen schmatzen die Stumpfnasenaffen, als sei es ausgesprochen lecker.

Stumpfnasenaffen leben in Herden mit ihren Familien, eine große Herde kann mehrere hundert Tiere umfassen. Die Herden sind streng organisiert: Das stärkste Männchen ist der Anführer, ihn nennen die Menschen den „Affenkönig". Sobald sich ein Feind nähert, führt der Affenkönig seine Herde an und alle machen sich mit verblüffender Geschwindigkeit aus dem Staub. Die Herde respektiert den Affenkönig sehr. Die Weibchen lieben ihre Jungen abgöttisch, und besonders, wenn sie sie noch säugen, halten sie sie stets fest an sich gedrückt. Wenn die Jungen einmal alleine spielen wollen, haben die Mamas Angst, dass ihnen etwas zustößt, also packen sie sie am Schwanz und ziehen sie wieder zurück. Das Männchen, das meist den ganzen Tag bei ihnen ist, möchte seinen Nachwuchs auch mal streicheln. Darum schenkt es dem Weibchen seine Aufmerksamkeit, ordnet ihm das Fell oder kratzt ihm den Schorf ab. Aber die Affenmama hält ihr Junges die ganze Zeit fest, dreht ihrem Mann den Rücken zu, und lässt nicht zu, dass er sich dem Nachwuchs nähert.

Stumpfnasenaffen haben viele natürliche Feinde: Panther, asiatische Goldkatzen, Luchse, Marder und andere Fleischfresser, und Raubvögel. Aber weil sie in Herden leben, sehr wachsam sind, und außerdem viel schneller laufen können als ihre Feinde, kommen nur wenige von ihnen zu Schaden. Nur die Menschen stellen eine große Bedrohung für das Leben der Stumpfnasenaffen dar. Die Tiere haben ein schönes, weiches Fell, und man sagt, dass daraus hergestellte Pelze oder Bettzeug Rheuma heilen können. Aus diesem Grund haben dumme Menschen Stumpfnasenaffen gefangen, wodurch ihre Zahl stark gesunken ist. In einigen

Gebieten holzen die Menschen rücksichtslos die Wälder ab, so dass die Stumpfnasenaffen ihr Zuhause verloren haben und die Zahl ihrer Herden stark zurückgegangen ist. Heute ist der Stumpfnasenaffe bereits vom Aussterben bedroht.

Der Stumpfnasenaffe ist ein seltenes Tier, das es nur in China gibt. Bis heute haben wir ihn im Gegensatz zum Panda nicht dem Ausland geschenkt. Das heißt, wenn irgend jemand auf der Welt Stumpfnasenaffen sehen möchte, muss er dazu nach China kommen. Darum legt China großen Wert auf ihren Schutz und ihre Erforschung und hat bereits ein Naturschutzgebiet für sie angelegt und spezielle Forschungseinrichtungen gegründet.

Davidshirsche (milu), Band 10, Lektion 30

Es ist schon hell geworden, der Morgennebel liegt wie ein leichter Schleier über dem Strand des Gelben Meeres. Eine Herde Davidshirsche geht lautlos zum Teich hinüber. Von irgendwo her nähert sich ein Mensch, da fliehen die wachsamen Davidshirsche wieder zurück ins dichte Gras. Das ist eine Szene, wie sie sich im berühmten Naturschutzgebiet *Dafeng Milu Natural Reserve* abspielen könnte. Am weiten Strand des Gelben Meeres ist das Klima mild und Wälder und Gräser gedeihen gut, darum war es ein idealer Platz, um die Davidshirsche auszuwildern. Dort lebt die weltweit größte Herde von Davidshirschen.

Der Davidshirsch ist eine Hirschart, sein Aussehen ist etwas Besonderes: Er hat das Geweih eines Hirsches, den Kopf eines Pferdes, die Hufe eines Ochsen und den Schwanz eines Esels. In dem klassischen mythischen Roman „Die Investitur der Götter“ (*Feng shen bang*) ist der Davidshirsch das Reittier des Helden Jiang Ziya, war ihn besonders geheimnisvoll macht. Der Davidshirsch zählt zu den pflanzenfressenden Säugetieren. Ein Hirschbulle kann bis zu zweihundert Kilogramm wiegen, sein Geweih wird bis zu achtzig Zentimeter lang und erneuert sich alle zwei Jahre. Unter den Hirschen ist sein Geweih einmalig: Die Enden aller Hirschgeweihe zeigen nach vorn, nur beim Davidshirsch zeigen sie nach hinten, als sei es verkehrt herum. Die Hirschkuh hat kein Geweih und ist etwas kleiner. Der Schwanz des Davidshirsches ist länger als bei anderen Hirscharten. Mit seinem langen Schwanz vertreibt er Mücken und Fliegen, das erleichtert ihm das Leben im sumpfigen Gelände. Davidshirsche haben breite Hufe und bewegen sich leichtfüßig und flink. Oft stehen sie im Wasser oder waten und tauchen darin, um auch im tiefsten Winter nach Futter zu suchen. Im Sommer ist das Fell des Davidshirsches rotbraun, im Winter färbt es sich graubraun.

Die natürliche Reproduktionskraft der Davidshirsche ist sehr gering: Die Tragzeit von neuneinhalb Monaten ist länger als bei anderen Hirscharten, und jedes Mal bringt die Hirschkuh nur ein Junges zur Welt. Am Geweih der männlichen Jungen wachsen die ersten Verzweigungen, wenn sie zwei Jahre alt sind, und erst vier Jahre später ist das Geweih ausgewachsen. Die Davidshirsche haben schon viele sagenhafte Dinge erlebt. Wissenschaftler haben herausgefunden, dass es schon vor dreitausend Jahren am Gelben Fluss und am unteren Yangtze Davidshirsche gegeben hatte, aber sie wurden nach der Han-Zeit allmählich immer weniger, bis sie schließlich völlig aus diesem Gebiet verschwunden waren. Im Jahre 1895 entdeckte dann jemand in einem Park bei Beijing hundertzwanzig Davidshirsche und machte dies durch einen Artikel in der ganzen Welt bekannt. Danach wurden ein Dutzend Tiere in europäische Zoos in London, Paris, Berlin und anderen Städten gebracht und dort zur Schau gestellt. Beim Einfall der acht alliierten Mächte im Jahre 1900 in Beijing erlitten die verbliebenen Davidshirsche ein schlimmes Schicksal: Einige wurden abgeschlachtet, andere per Schiff in den Westen gebracht. Von da an waren die Davidshirsche aus unserem Land fast verschwunden.

Als auch im Ausland fast alle Davidshirsche ausgestorben waren, hielt der englische Herzog von Bedford in seinen privaten Gärten bei Woburn noch achtzehn Tiere, denen es sehr gut ging und die sich schnell vermehrten. Bis 1967 war dort die Zahl Tiere schon auf über vierhundert angewachsen, und sie wurden in viele Länder exportiert. Man schätzt, dass heute weltweit noch etwa tausend Davidshirsche leben. 1986 wurden mit Hilfe des „World Wide Fund for Nature" und des chinesischen Forstwirtschaftsministeriums neununddreißig Davidshirsche, die aus sieben englischen Zoos ausgewählt worden waren, zurück in ihre Heimat gebracht und im *Dafeng Milu Natural Reserve* ausgewildert. Seitdem haben die Davidshirsche das unstete Leben im Ausland beendet, das sie in der ersten Hälfte des Jahrhunderts führen mussten, und sind in ihre Heimat zurückgekehrt, um dort ein neues, natürliches Leben zu führen. Heute lebt diese Herde seltener Tiere auf dem Boden unseres Vaterlandes und zeugt neue Generationen, die gesund und kräftig heranwachsen.

Solarhäuser (taiyangneng zhuzhai), Band 7, Lektion 5

In nicht allzu ferner Zukunft wird das Leben in den Städten nicht mehr wie heute von Verkehrslärm und Umweltverschmutzung erfüllt sein, sondern von Vogelzwitschern und Blumenduft, blauem Himmel und klarem Wasser. Ein wichtiger Grund dafür ist, dass immer mehr Menschen in Häusern wohnen, die mit Solarenergie betrieben werden. Die Anlagen, die diesen Häusern Energie liefern, nennt man „Sonnenkollektoren".

Es gibt sie in verschiedenen Varianten: Einige werden auf Dächer montiert, andere an der Außenwand des oberen Stockwerks auf einer der Sonne zugewandten Seite angebracht, und einige Solarhäuser sind sogar vollständig aus energiesparenden und wärmedämmenden Materialien gebaut und können die Solarenergie sehr wirksam nutzen. Manche Gebäude haben spezielle Solar-Fensterläden, die tagsüber die Wärme der Sonne speichern und sie abends nach innen abgeben, so dass der Temperaturunterschied zwischen Tag und Nacht im Zimmer ausgeglichen wird. Und dann gibt es noch Häuser, bei deren Bau eine Glassorte eingesetzt wird, die die Sonnenenergie zur Stromerzeugung nutzen kann. Das funktioniert ähnlich wie die Photosynthese der Pflanzen.

Die Herstellungskosten einer Solaranlage sind relativ gering und die Umwelt wird dadurch nicht belastet. Wenn man sie einsetzt, herrschen im Haus das ganze Jahr über frühlingshafte Temperaturen, und man hat vierundzwanzig Stunden am Tag warmes Wasser und Energie für alle möglichen Haushaltsgeräte. Solarhäuser sind eine wichtige Form modernen Wohnens. Sie können die Wohnbedingungen entscheidend verbessern und die Umweltverschmutzung in den Städten beseitigen, darum werden sie bei den Menschen immer beliebter.

Ein grünes ökologisches Wohngebiet (lüse shengtai juminqu), Band 8, Lektion 30

Ein „grünes ökologisches Wohngebiet“ ist ein Lebensumfeld, das sich im ökologischen Gleichgewicht befindet und sich durch eine hohe Effizienz, geringe Ressourcenvergeudung und Abfallvermeidung auszeichnet. Durch die Verknüpfung von Erkenntnissen der zeitgenössischen Architektur, der Ökologie und anderer Wissenschaften wird ein kleiner Bezirk in ein Ökosystem umgewandelt. Die gezielte Planung verschiedener ökologischer Faktoren innerhalb und außerhalb der Gebäude bringen die Stoffe und Ressourcen dieses Ökosystems in einen geordneten Kreislauf und erzielen dadurch ein ökologisches Gleichgewicht.

Der Wohnbezirk Beiluyuan in Liangxiang im Südwesten Pekings ist ein „ökologisches Wohngebiet“, das bereits fertig gestellt wurde. Dort wurde ein umfassender Plan zur Landschaftsgestaltung aufgestellt: Um Autostraßen herum wurden sechzig Meter breite Waldgürtel errichtet, um Abgase und Lärm fernzuhalten. Kohleöfen wurden abgeschafft, stattdessen wird mit Erdgas geheizt, um Staub und Luftverschmutzung zu reduzieren. Außerdem wurde eine Kläranlage gebaut, die internationalen Standards entspricht. Das Abwasser wird zur Bewässerung der Grünanlagen oder für Reinigungsarbeiten verwendet, das übrig gebliebene geklärte Wasser wird in einen künstlichen See geleitet und lässt eine natürliche Landschaft entstehen. Eine moderne Müllverbrennungsanlage wurde errichtet, die den Hausmüll verbrennt, das reduziert die Umweltverschmutzung und setzt Energie frei, die von den Menschen genutzt werden kann. Um die Lärmbelastung für die Bewohner zu verringern, sind Parkplätze, Märkte und andere Lärm erzeugende Einrichtungen großflächig überdacht und schallisoliert.

Insgesamt werden im Wohnbezirk die verschiedensten Ressourcen genutzt, um den Bewohnern das Leben zu erleichtern und gleichzeitig die Umwelt zu schützen. Mit modernster Technologie wurde das Ziel der nachhaltigen Entwicklung erreicht und für die nachhaltige Stadtentwicklung in unserem Land ein realistischer Weg aufgezeigt.

Wir haben nur eine Erde (zhi you yige diqiu), Band 11, Lektion 9

Astronauten erzählen, dass ihnen bei der Betrachtung der Erde aus dem Weltall ihre schöne, funkelnde Atmosphäre aufgefallen sei. Auf der Erdoberfläche mischen sich blaue und weiße Linien, drumherum liegt die Lufthülle, die aussieht wie ein dünnes, wasserblaues Kleid aus Gaze. Die Erde, diese Mutter der Menschen, diese Wiege des Lebens, ist so schön, so großartig und liebenswert. Aber sie ist nur ein Planet mit einem Radius von 6300 Kilometern, der im Weltraum mit seinen vielen glitzernden Planeten wie ein winziges Boot wirkt.

Verglichen mit dem riesigen Weltraum ist die Erde winzig. Sie ist so groß, wie sie ist, und kann nicht weiter wachsen. Die Erdoberfläche ist fünf Millionen Quadratkilometer groß, und die Fläche, auf der Menschen leben, macht nur ungefähr ein Fünftel davon aus. Das Areal, auf dem sich die Menschen bewegen können, ist also sehr klein. Auch die natürlichen Ressourcen der Erde sind begrenzt. Zum Beispiel die Bodenschätze: Sie sind kein Geschenk Gottes, sondern in Jahrtausenden, ja sogar Jahrmillionen der geologischen Veränderungen entstanden. Die Erde gibt uns Menschen ganz selbstlos ihre Schätze. Aber wenn wir nicht sparsam damit umgehen, werden es immer weniger. Die Ressourcen von Wasser, Wäldern, Tieren und Luft, die der Mensch benötigt, konnten einst unaufhörlich nachwachsen und sich erneuern und den Menschen langfristig zur Verfügung stehen. Aber weil der Mensch die natürlichen Vorräte willkürlich zerstört und chemische Produkte im Überfluss einsetzt, ohne an die Folgen zu denken, können die Ressourcen nicht mehr nachwachsen. Obendrein führte sein Verhalten zu einer ganzen Reihe von ökologischen Katastrophen, die das Überleben der Menschheit ernsthaft gefährden.

Manche werden fragen: Ist denn das Weltall nicht riesengroß? Gibt es dort nicht zahllose Planeten, auf die wir umziehen könnten, wenn die natürlichen Vorkommen der Erde erschöpft sind? Wissenschaftler haben herausgefunden, dass es zumindest in unserem Sonnensystem keinen zweiten bewohnbaren Planeten gibt. Die Menschen können also nicht darauf hoffen, auf einen anderen Planeten umzuziehen, wenn sie die Erde zerstört haben. Zwar haben Wissenschaftler schon viele Ideen entwickelt, wie man zum Beispiel auf dem Mars oder dem Mond Voraussetzungen für eine Besiedlung durch den Menschen schaffen könnte. Das ist nicht schlecht, aber bis diese Ideen umgesetzt werden können, wird es wohl noch eine lange Zeit dauern. Und selbst wenn – wie viele Menschen könnten sich wohl dort ansiedeln? „Unsere Erde ist so liebenswert und gleichzeitig so leicht zu zerstören!“, seufzten die Astronauten, als sie die Erde aus dem All mit eigenen Augen sahen. Wir haben nur eine Erde, und wenn sie zerstört ist, können wir nirgendwo hin. Wenn alle Ressourcen der Erde erschöpft sind, können wir sie kaum anderswo bekommen. Wir wollen die Erde sorgfältig schützen und die natürliche Umwelt bewahren, damit sie unseren Kindern und Enkeln noch mehr Glück bringt!

11.2.2 Taiwan: Reihe Guoyu, Verlag Hanlin chubanshe, Band 1 –12

Die kleinen Frösche (xiao qingwa), Band 3, Lektion 2

Eine kleine Ente spielte im Fluss, da sah sie viele kleine schwarze Pünktchen, die im Wasser fröhlich umherschwammen. Sie hatten einen großen Kopf und einen langen Schwanz. Mama Ente erklärte: „Sieh mal, diese vielen schwarzen Pünktchen werden schon bald zu kleinen Fröschen.“ Wenige Tage später wuchsen den kleinen Pünktchen zwei Hinterbeine und kurz darauf zwei Vorderbeine. Eines Tages war ihr Schwanz plötzlich verschwunden, und sie waren zu lauter kleinen Fröschen geworden, die am Flussufer umherhüpften. Als die kleine Ente sie sah, fragte sie: „Was ist denn das?“ Mama Ente antwortete: „Das waren mal die kleinen schwarzen Pünktchen, die nun zu Fröschen geworden sind.“ Die kleine Ente sagte fröhlich: „Wie süß! Mama, darf ich mich mit ihnen anfreunden?“

Die Tiere überwintern (dongwu guo dong), Band 3, Lektion 11

Ein kalter Wind wehte und Laub bedeckte überall den Boden. Die kleine Ameise kam heraus und suchte nach Nahrung, da merkte sie, dass es im Wald sehr still war. Wo waren bloß ihre Freunde geblieben? Sie hob den Kopf, sah einen Spatz und fragte ihn: „Schwesterchen Spatz, wieso sind denn die ganzen Schwalben gar nicht mehr da?“ Der Spatz antwortete: „Es ist kalt geworden, darum sind sie in den Süden gezogen, um dort zu überwintern. Sie kommen erst im nächsten Frühjahr zurück.“

Der Frosch hörte ihre Unterhaltung und kam aus dem Fluss herausgehüpft. Er sagte: „Kleine Ameise, dich suche ich, denn ich wollte mich von dir verabschieden.“ Die kleine Ameise fragte: „Wieso, willst du denn auch in den Süden ziehen?“ „Nein, nein“, sagte der Frosch, „ich will mich schlafen legen. Den ganzen Winter über werde ich in meiner Höhle schlafen. Ich werde nicht fressen und mich nicht bewegen, und erst im Frühjahr wieder herauskommen.“ Da dachte die Ameise: „Dann werde ich mir auch Nahrung suchen, um den Winter gut zu überstehen.“

Zwei Namen (liangge mingzi), Band 2, Lektion 4

Der Frosch sagt zum Schmetterling: „Ich habe zwei Namen, weißt du? Wenn ich klein bin, heiße ich Kaulquappe, und wenn ich groß bin, heiße ich Frosch.“ Der Schmetterling sagte zum Frosch: „Ich habe auch zwei Namen, wenn ich klein bin, heiße ich Raupe und wenn ich groß bin, heiße ich Schmetterling.“ Das hörte der Bambus und sagte: „Ich habe auch zwei Namen, wenn ich klein bin, heiße ich Bambussprössling und wenn ich groß bin, heiße ich Bambus.“ Der Frosch, der Schmetterling und der Bambus sagten: „Wir haben alle zwei Namen“. Also wurden sie gute Freunde.

Große und kleine Fische (dayu he xiaoyu), Band 2, Lektion 13

Brüderchen Wal sieht viele Fische und nennt sie „Kleinkram". Da werden die kleinen Fische ärgerlich: „Obwohl wir klein sind, sind wir schon erwachsen. Einige von uns sind Väter und Mütter, anders als du. Du bist zwar riesig, aber eigentlich noch ein Baby."

Die Fähigkeiten der Tiere (dongwu de benling), Band 4, Lektion 12

Heute im Unterricht hat der Lehrer uns erklärt, dass alle Tiere auf der Welt besondere Fähigkeiten haben. Wir sollten ihm die Fähigkeiten der Tiere aufzählen, die wir kennen. Yuqing sagte: „Tauben können immer den Weg nach Hause finden. Sie überqueren Berge und Seen, und egal, wie weit sie von zu Hause entfernt sind, sie finden doch immer wieder zurück." Mingyuan sagte eifrig: „Ich weiß, dass der Elefant einen langen Rüssel hat, mit dem er eine Nadel vom Boden aufheben und sogar einen Baum samt Wurzel ausreißen kann. Außerdem kann er riechen, ob es unter der Erde Wasser gibt." Shulin sagte: „Kamele sind sehr widerstandsfähig und können schwere Lasten tragen. Sie können viele Wochen ohne Nahrung und Wasser auskommen und sehr weite Strecken zurücklegen." Unser Lehrer sagte: „Die Fähigkeiten der Tiere sind angeboren, die Fähigkeiten von uns Menschen sind erlernt. Also müssen wir fleißig lernen, damit sich unsere Fähigkeiten verbessern."

Frühlingsregen (chunyu), Band 2, Lektion 1

Plitsch, platsch, plitsch, platsch, es regnet!
Der Samen sagt: „Regne, regne! Ich will keimen."
Der kleine Baum sagt: „Regne, regne! Ich will wachsen."
Plitsch, platsch, plitsch, platsch, es regnet!
So ein leichter Frühlingsregen ist wirklich schön!

Die kleinen Blumen unter der Kokospalme (yezishu xia de xiaohua), Band 3, Lektion 4

Erst als wir größer wurden, erfuhren wir, dass der große Kerl da neben uns „König Kokospalme" hieß. Der Wind erzählte uns, dass er es sei, der uns von klein auf vor Wind und Regen beschützt. Er sang auch oft für uns, raschel, raschel, raschel. Der Regen erzählte uns, er sei es auch, der uns die Nährstoffe liefert und uns oft anfeuert, los, los, los. Zum Dank lassen wir zu seinen Füßen lauter kleine Blüten aufgehen.

Ein kräftiger Herbstwind (yi zhen qiufeng), Band 3, Lektion 9

Ein kräftiger Herbstwind wehte durch den Bambuswald, so dass viele Blätter abfielen und in der Luft herumflogen. Meine große Schwester sagte: „Kommt schnell und seht euch das an, in der Luft fliegen viele kleine Flugzeuge." Ein kräftiger Herbstwind wehte durch die Ahornbäume und ihre Blätter fielen in den kleinen Fluss und tanzten auf dem Wasser. Mein kleiner Bruder sah sie und rief: „Die Fische haben rote Schirme aufgespannt!" Ein kräftiger Herbstwind wehte durch die Kiefern und viele Nadeln fielen herab auf den Boden. Meine kleine Schwester sah dies und sagte: „Auf dem Boden liegen so viele Nadeln. Kommt, wir nehmen sie mit und nähen damit Wintersachen für unsere Puppen."

Der Frühlingsregen tröpfelt (chuntian de xiaoyu di di di) von Chen Mucheng, Band 10, Lektion 2

Es hatte schon sehr lange geregnet, die Tropfen fielen auf die Blätter des Sonnenschirmbaumes und auf die Hausdächer. Es regnete nicht sehr stark, sondern es nieselte ununterbrochen. Der kleine Graben vor dem Haus führte wieder Wasser und sein Rauschen war wie eine Quelle, die aus der Erde sprudelt, fröhlich ohne Unterlass. Ich hielt einen rot geblümten Schirm, ging den kleinen Waldweg entlang und hörte, wie der Regen auf den Eukalyptusbaum, die Akazie, den Orchideenbaum und den Brotfruchtbaum fiel. Plitsch platsch, klopf klopf, klack klack, das machte ganz unterschiedliche Geräusche, als veranstalte der Wald ein riesiges Konzert. Die kleinen Regentropfen sammelten sich auf den Blättern und flossen dort zu großen Wasserperlen zusammen, die dann entlang der Blattadern herabkullerten, das klang wie eine kleine Trommel! „Peng. Tamtamtam! Dong – dongdongdong." Plötzlich kam ein Windstoß und die Wassertropfen auf den Blättern fielen alle gleichzeitig herab.

Ich stand auf dem Balkon und beobachtete den Regen. Er fiel in dünnen Fäden herab, ganz weich, wie Baumwollfäden, schwebte er im Wind und zerstob, als streute er die Saat der Hoffnung ganz sachte auf der Erde aus. Das ist der Frühlingsregen. Wenn der Frühlingsregen fällt, ist der Frühling gekommen. Die Saat der Hoffnung ist wieder auf die Erde gefallen und wird von der Mutter des Lebens umarmt, geküsst und zum Keimen angeregt. Ich mag den Frühlingsregen, er musiziert im Wald und sät die Saat auf der Erde aus.

Der Gezeitenwald (shuishang senlin) von Guo Zhiyong, Band 9, Lektion 5

Grün, das ist die Farbe der Lebenskraft. Die grünen Berge, die grünen Reisfelder, die grünen Grasebenen – wo es grün ist, da herrscht immer sprühende Lebenskraft. Der Mangrovenwald im Brackwasser zwischen Fluss und Meer ist auch grün. Der Lebensraum in diesem Mangrovenwald am Flussmündungsgebiet wird von den Gezeiten beeinflusst: Bei Flut ragt der Mangrovenwald aus dem Wasser auf und spiegelt sich darin, ein mächtiger Uferwald. Bei Ebbe taucht zwischen dem Unterlauf des Flusses und der Meeresmündung ein schlammiges, sandiges Ufer auf. Der schlammige, stark salzhaltige Boden ist für Pflanzen ein widriger Lebensraum. Und doch ist er die Heimat des Mangrovenwaldes, der eine ganz spezielle Überlebensstrategie anwendet. Sieh nur, der Meereswind weht zum Fluss hinüber und in der salzigen Luft liegt der Duft der weißen Mangrovenart Kandelia candel.

Bei Ebbe durchstoßen die Winkerkrabben den weichen Schlamm über ihren Löchern, suchen nach Nahrung oder kämpfen mit ihren Nachbarn. An der Flussbiegung am Mangrovenwald hocken Wasserenten ruhig auf einem Bein, sie ruhen sich aus und warten darauf, bei der nächsten Flut wieder mit voller Kraft nach Nahrung zu suchen. Wieder kommt die Flut und das Wasser überschwemmt das Unterholz. Graue Meeräschen werden in Schwärmen herangespült und Wasservögel fliegen herbei, um in fröhlicher Runde ihre Mahlzeit einzunehmen. Mit dem Wechsel von Ebbe und Flut wird das blühende Leben im Brackwasser abwechselnd sichtbar und wieder verborgen.

Grün, das ist ein lebendiges Grün. Das grüne Feuchtgebiet des Gezeitenwaldes folgt dem Wechsel der Jahreszeiten und Ebbe und Flut, alle möglichen Arten von Lebewesen tauchen auf und sind voneinander abhängig, um zu existieren. Gemeinsam musizieren sie und spielen einen Satz aus dem Konzert des Lebens.

Die Sonne (taiyang), Band 3, Lektion 8

Die Sonne ist aufgegangen und scheint auf die Erde. Sie ist jeden Tag so beschäftigt und ruht sich das ganze Jahr über zu keiner Jahreszeit aus. Im Frühling scheint sie auf die Blumen, damit sie noch schöner blühen. Im Sommer scheint sie auf das Getreide, damit es noch besser wächst. Im Herbst scheint sie auf die Obstbäume, damit das Obst noch schneller reif wird. Im Winter bescheint sie die kleine getigerte Katze, damit sie noch tiefer schläft.

Kleine Sterne (xiao xingxing), Band 3, Lektion 10

Abends saßen wir im Garten und sahen zu den Sternen am Himmel empor. Kleine, helle Sterne standen hoch oben am Himmel, sie strahlten und sahen sehr schön aus. Kleine, helle Sterne, weit draußen am Himmel, funkelnd bildeten sie die Milchstraße und waren wunderschön. Wie viele Sterne stehen dort am Himmel? Lasst sie uns doch einmal zählen! Es sind zu viele, wer könnte sie da zählen? Wer könnte sie zählen?

Den Sternenhimmel betrachten (yangwang xingkong), Band 10, Lektion 9

„*The stars lean down from open space, and the moon comes running up the river*“, heißt es in einem Gedicht des Tang-Dichters Du Fu. Es beschreibt die Szene, wie Mond und Sterne über der weiten Ebene und den tosenden Flüssen erstrahlen. Der funkelnde Sternenhimmel hat zu jeder Zeit einen anderen, ganz besonderen Reiz. Die Sterne haben viele verschiedene Farben, und wenn man seinen Blick schweifen lässt, funkeln sie wie Diamanten. Betrachtet man sie dann ganz genau, entdeckt man, dass es rote, weiße, blaue, gelbe und andere Sterne in allen erdenklichen Farben gibt, die am dunklen Himmel leuchten, so als zwinkerten uns die Unsterblichen geheimnisvoll zu. Wenn wir die Sterne durch Fäden miteinander verbinden könnten, würden alle möglichen Formen entstehen – Menschen, Tiere, Werkzeuge, das wäre sogar noch interessanter! Von alters her haben Hirten,

Bauern, Fischer und Krieger, die die Natur liebten, durch ihre Vorstellungskraft die Sternzeichen mit allen möglichen Sagen und Legenden verwoben und sich daran erfreut.

Am Sommerhimmel tauchen zwischen den Sternen am Himmel der „Kuhhirte und die Weberin“ auf, die durch die Milchstraße voneinander getrennt sind und sich aus der Ferne nacheinander sehnen. Das hat die Phantasie der Menschen beflügelt. Der Herbsthimmel bietet einen ganz anderen Anblick. Am Herbstbeginn spielt sich eine Szene ab, die in dem Gedicht „Mondnacht“ von Liu Fangping mit den Worten besungen wird: „Der Große Wagen steht hoch am Himmel, der Nandou geht unter.“ Das heißt, der Große Wagen steht dann nordwestlich schräg über dem Horizont, das alte chinesische Sternbild Nandou geht im Südwesten unter. Der mondlose Nachthimmel ist in der Nähe der Milchstraße und im Südwesten dicht mit Sternen übersät, da geht es sehr lebhaft zu!

Im Winter ist es zu kalt, um im Freien die Sterne zu beobachten, doch der Sternenhimmel erstrahlt dann am schönsten. Von den einundzwanzig hellsten Sternen am Himmel, die im Lauf des Jahres nacheinander zu sehen sind, stehen nur im Winter manchmal über zehn in einer Nacht gleichzeitig am Himmel. Wenn man ins Freie geht und zum Himmel schaut, neigt sich die Milchstraße von Nordwesten nach Südosten. Einige helle Sterne treten besonders hervor, aber auch die kleinen Sterne schmücken den Himmel wie Lichterketten zu Weihnachten. Im Frühling sind die Spuren der Milchstraße fast ganz verschwunden und am Westhimmel stehen mindestens noch sechs der hellsten Sterne und erleuchten die letzten Wintertage. Am Ost- und Südhimmel erstrahlen dagegen schon wieder ganz andere Sterne. Wenn wir den Himmel betrachten, funkeln die Sterne dort ganz still und geben uns so viel Freude am Beobachten und Phantasieren. Wenn wir sie sehen, erweitert sich unser Horizont und unser Leben wird bereichert.

Der Gast, der vom Sternbild Löwe kommt (shizizuo lai de keren), Band 9, Lektion 14

Nach dem Abendessen fragte Papa mich und meine kleine Schwester: „Wisst ihr, welches astronomische Phänomen bald auftreten wird?“ Ich sagte: „Ist das nicht der Leoniden-Meteorschauer?“ Das war seit einigen Tagen das geflügelte Wort in meiner Klasse. Meine kleine Schwester ergänzte: „Dieser Meteorschauer heißt bestimmt so, weil er genauso mächtig ist wie der Löwe Leo.“ Papa lächelte und sagte: „Nein, er heißt Leoniden-Meteorschauer, weil die Sternschnuppen des Meteorschauers vom Sternbild Löwe kommen.“ Meine Schwester nickte und machte dabei ein Gesicht, als habe sie es nur scheinbar, aber doch nicht wirklich verstanden, so dass wir alle lachen mussten. Mama sagte: „In der Nacht vom 12. November im Jahre 1833 gab es in Nordamerika einen außergewöhnlichen und beeindruckenden Meteorschauer. Hunderttausend Sternschnuppen fielen vom Himmel und oft tauchten auch Feuerkugeln auf, die den ganzen Nachthimmel erleuchteten. Dieses Phänomen weckte die Menschen, die fest geschlafen hatten, und viele von ihnen glaubten, es sei der Weltuntergang! Dieser eindrucksvolle Meteorschauer erregte das Interesse vieler Wissenschaftler und sie befassten sich verstärkt mit der Erforschung von Sternschnuppen."

Papa ergänzte: „Sternschnuppen sind eigentlich das Phänomen, das durch die Reibung und Verbrennung von Kometenstaub entsteht, wenn dieser die Ozonschicht der Erde durchdringt. Wenn die Erde auf eine große Menge dieses Staubes trifft, können wir viele Sternschnuppen sehen, die gleichzeitig auftauchen. Das ist dann der so genannte „Meteorschauer". Er tritt wahrhaftig nicht häufig auf, denn obwohl es im All viele Kometen gibt, kreuzen nur wenige davon unsere Erdumlaufbahn. Immer dann, wenn die Erde an einem solchen Ort vorbeikommt, malt der Staub, den der Komet zurücklässt, einen langen Schweif in die Luft, und man sieht am Nachthimmel den wunderschönen Meteorschauer."

Als meine Schwester das hörte, quengelte sie sofort, dass sie den Meteorschauer sehen wollte. Außerdem wollte sie, dass Papa ihr einen Regenschirm gibt, um nicht vom Meteorschauer getroffen zu werden. Papa lachte und sagte: „Um den Meteorschauer anzuschauen, braucht man keinen Schirm, denn er ist ja kein Regenschauer, der auf uns herabfällt. Man sollte nur warme Kleidung, etwas zu essen und zu trinken, eine Taschenlampe und eine Sternenkarte mitnehmen, und natürlich gute Laune, das ist alles. Und man sollte zur Beobachtung einen dunklen Ort auswählen, an dem man viel vom Himmel sehen kann, und es sollten keine zu hohen Berge, Gebäude oder Bäume in der Nähe sein."

Ich fragte Papa, woher er so viel über den Leoniden-Meteorschauer wusste. Er zeigte mit stolzer Miene auf den Computer im Arbeitszimmer und sagte: „Das habe ich alles im Internet gefunden. Wenn du dich dafür interessierst, kannst du dort selbst noch umfangreicheres, vollständigeres Material finden." Nachdem meine kleine Schwester und ich so viel über den Leoniden-Meteorschauer gehört hatten, wuchs unser Interesse an diesem Gast, der vom Sternbild Löwe kommt, und wir konnten es kaum erwarten, zu sehen, wie seine stattliche Erscheinung den Himmel erleuchtete.

Briefwechsel zwischen Berg und Meer (shan he hai de shuxin), Band 7, Lektion 8

Hallo, geheimnisvolles Meer! 5. Oktober

Jeden Tag sitze ich hier, sehe deine Silhouette, und finde dich mal vornehm und ruhig, mal freundlich, und dann wieder sehr wechselhaft, du bist sehr liebenswert. Bei blauem Himmel trägst du ein blaues Kleid, und wenn weiße Wolken am Himmel stehen, siehst du wirklich sanft aus. Aber wenn der Wind weht, schlägst du Wellen wie eine große Fahne, die im Wind flattert, dann siehst du sehr lebhaft aus. Wenn die Sonne untergeht, bedecken dich die Strahlen der Abendsonne mit glänzendem Goldstaub, dann siehst du wunderschön aus. Und wenn der Mond aufgeht, ziehen dir die Sterne ein glitzerndes Ballkleid an, dann wirkst du sehr geheimnisvoll.

Die Schwalben, die über meinem Kopf kreisen, sagen mir oft, wie weit du weg bist, und der kleine Fluss, der an meinen Füßen vorbeifließt, hat mir auch geheimnisvolle Sagen über dich erzählt. Auch wenn ich keine Gelegenheit habe, dich zu besuchen, mag ich dich doch sehr und hoffe, wir können Freunde werden.

Ich bitte den kleinen Fluss, dir diesen Brief zu überbringen, und schenke dir einen kostbaren Smaragd dazu.

Ich wünsche dir ewige Schönheit,

Dein Berg

Hallo, kräftiger Berg! 15. November

Als ich deinen Brief bekam, war ich überrascht und erfreut, weil ich auch jeden Tag zu deiner Silhouette hinaufblicke und immer schon auf eine Gelegenheit gewartet habe, dich kennen zu lernen. Ich finde, du wirkst zwar sehr ruhig, hast aber eigentlich ein lebhaftes Wesen.

Bei blauem Himmel siehst du jugendlich hellgrün aus, wie ein leidenschaftlicher junger Mann, und wenn es stürmt und regnet, steht deine unerschütterliche Silhouette dort wie ein Krieger, der nicht nachgibt. Wenn der Bergnebel auftaucht und sich die Wolken unaufhörlich verändern, siehst du aus wie ein phantastischer Zauberer, und wenn die Nacht hereinbricht, trägst du einen schwarzen Mantel, wie ein heldenhafter Krieger.

Die Schwalben, die an mir vorüberfliegen, loben oft deinen Mut, und der kleine Fluss spricht oft von deiner Großzügigkeit, wenn er mich besucht. Obwohl ich keine Gelegenheit habe, dich zu besuchen, möchte ich, dass wir gute Freunde werden, die über alles miteinander reden können. Ich bitte die Schwalbe, dir diesen Brief zu bringen, und schenke dir einen funkelnde weiße Perle.

Ich wünsche dir ewige Gesundheit,

Dein Meer

Berge (shan) von Tan Weina, Band 10, Lektion 11

Ich sagte: „Bei den Bergen gibt es auch Jungen und Mädchen." Mama glaubte mir nicht: „Ein Berg ist ein Berg, da kann man doch nicht zwischen Jungen und Mädchen unterscheiden." Ich sagte: „Hör mal genau hin. Diese Bergquelle kommt leise plätschernd aus den dunklen Tiefen des Waldes geflossen, also ist dieser Berg ein Mädchen. Und sieh mal, diese Quelle kommt rauschend von den Gipfeln des Berges heruntergeprasselt, also ist dieser Berg ein Junge."

Ich sagte: „Bei den Bergen gibt es auch Mütter und Väter." Papa sagte lachend: „Ein Berg ist nunmal ein Berg, da kann man doch nicht zwischen Müttern und

Vätern unterscheiden." Ich sagte: „Sieh mal, es gibt Berge, die von weißen Wolken umgeben sind und solche, in denen die Bächlein verweilen. Es gibt Berge, in denen wilde Blumen wachsen und solche, aus denen Rauch aufsteigt. Diese Berge sind die Mütter: hübsch, sanft und fürsorglich. Schau her – Vater Berg hält oft die Augen geschlossen und denkt nach. Er will, dass die Menschen auf seinen Rücken steigen, um dort zu spielen. Im Winter trägt er eine weiße Mütze. So ist Vater Berg: gesund und stark, besonnen und gesetzt."

Den Frühling suchen (zhao chuntian), Band 2, Lektion 2

Der Frühling ist gekommen, und der Lehrer nimmt uns mit, um ihn zu suchen. Wir kommen zur Wiese und sehen, wie grün und saftig die Gräser sind. Der Lehrer sagt: „Der Frühling ist auf der Wiese." Wir kommen an den Bach und hören, wie das Wasser rauschend ein Lied singt. Der Lehrer sagt: „Der Frühling ist im Fluss." Wir laufen und laufen, und alle haben lachende Gesichter. Der Lehrer sagt: „Der Frühling ist in euren Gesichtern."

Spazierengehen und lauschen (zouzou tingting), Band 3, Lektion 12

Ich gehe gern mit meinem Vater spazieren, oft gehen wir dann ganz leise und sagen kein Wort, sondern lauschen den vielen verschiedenen Geräuschen. Ich höre Papas Schuhe, tripp, trapp, das ist das Geräusch des Gehens. Ich höre die kleinen Vögel auf den Bäumen im Park, tschilp, tschilp, so klingt Gesang. Ich höre die Bienen in den Blumenbeeten, summ, summ, das ist das Geräusch von Arbeit. Spazierengehen ist wirklich schön, man geht und lauscht, und wenn man ganz leise geht, hört man überall fröhliche Klänge.

Der Pfirsichbaum blüht (taohua kaile), Band 6, Lektion 1

Der weiße Morgennebel zog sachte an meinem Fenster vorüber. Meine große Schwester schob ihre Bettdecke beiseite, setzte sich im Bett auf und atmete ein paarmal tief durch: „Im Garten blüht der Pfirsichbaum!" „Das glaube ich nicht! Wer hat denn so eine scharfe Nase, das er seinen Duft im Zimmer riechen kann!", widersprach ich. Aber als ich das Fenster öffnete, waren inmitten des schwachen Morgennebels tatsächlich rosafarbene Wölkchen zu sehen. Wer hätte das gedacht, der Pfirsichbaum stand tatsächlich in voller Blüte. „Oh, wie schön", rief ich mit aufgerissenen Augen und stupste meine Schwester aufgeregt an, „wie hast du denn den Blütenduft riechen können?" „Ich habe nicht behauptet, dass ich ihn gerochen habe!", sagte meine Schwester lachend. „Ich habe ihn gehört." Ich fragte: „Wie kannst du denn hören, wie die Blumen blühen?" „Komm mit und hör es dir an", sagte sie geheimnisvoll. Wir zogen unsere Jacken an und gingen Hand in Hand zum Pfirsichbaum, da drang tatsächlich ein Summen durch den Nebel zu uns. Das war es also. Meine Schwester hatte die Bienen gehört, die den Honig sammelten, und da wusste sie, dass der Pfirsichbaum blüht.

Angeln (diao yu), Band 8, Lektion 10

Die Sonne spiegelt sich im kleinen Fluss. An seinem Ufer hänge ich meine Hoffnung und meine Vorfreude an eine lange, dünne Angel und warte ruhig ab. Werden wendige Grouper anbeißen oder schüchterne Karauschen?

Der kleine Fluss grüßt mich mit fröhlichem Plätschern. Fröhliche Fische spielen im Wasser und die funkelnden Wellen schlagen ans Ufer. Die freundliche Sonne zeigt ihr strahlendes Lächeln.

Der kleine Fluss ist wie ein Spiegel, er reflektiert die grünen Berge, den blauen Himmel und die weißen Wolken. Die Sonne lacht unablässig und der Gesang des kleinen Flusses ist unverändert melodisch.

Das schöne Flussufer versetzt mich in Hochstimmung. Auch wenn kein Fisch anbeißt, ist mein Herz genauso erfreut.

Das Lebenstempo verlangsamen (fangman shenghuo jiaobu), Band 10, Lektion 3

Hast du schon einmal gesehen, wie die Spinne ihr Netz knüpft? Hast du schon einmal die Insekten zirpen und die Vögel zwitschern gehört? Was für eine Inspiration haben sie dir gegeben? Unsere Tage sind so hektisch, dass es uns schwer fällt, einfach mal die Natur zu beobachten und sie zu bestaunen. Der Stress lässt unser Denken und Fühlen abstumpfen – ist das nun ein Fortschritt oder eher ein Rückschritt?

Die Natur ist voller Selbstvertrauen angesichts ihrer Schönheit. Es ist ihr egal, ob wir auf sie achten oder nicht, sie wird die Azaleen in der ganzen Stadt erblühen lassen, wenn die Zeit dafür gekommen ist. Sie wird bunte Schmetterlinge fliegen lassen, wenn es Zeit ist, zu schlüpfen. Und das Gras am Wegesrand wird wie durch ein Wunder auch in der verschmutzten Luft grün. Doch wie lange haben wir all diese Phänomene schon nicht mehr bewusst wahrgenommen?

Die Rätsel der Natur liegen im Kleinen versteckt. In einem Tautropfen, einem Blatt oder einem Baum können wir erkennen, dass die Bewegungen der Himmelskörper, der Wechsel der Jahreszeiten und die Wunder des Lebens so vielfältig sind und doch alles seine Ordnung hat. Vielleicht hat die Natur ihre eigenen Gesetzmäßigkeiten innerhalb des Chaos'! Man sagt: „Die Welt in einem Sandkorn sehen, und den Himmel in einer Feldblume." Wenn man dies beherzigt, alles sorgfältig beobachtet und sich darin einfühlt, dann sind viele Menschen, Dinge oder Angelegenheiten – die oberflächlich betrachtet ganz unscheinbar sind – eigentlich ganz außergewöhnlich. Wenn man einen Mund voll Reis ganz sorgfältig kaut, entwickelt sich ein ganz süßer Geschmack. Wenn man ein Glas Wasser langsam trinkt, ist das ein erfrischendes, schönes Gefühl. Lasst uns unser Lebenstempo ein wenig verlangsamen und das wertschätzen, was wir haben. Lasst uns die vielen Dinge genießen, durch die uns die Natur berührt!

Die Berge sind eine Schule (shan shi yizuo xuexiao) von Walisi Nuogan, Band 11, Lektion 1

Wie können die Berge eine Schule sein?

Liebe Kinder, bitte wischt die Zweifel aus euren Köpfen fort und spürt die Liebkosungen des Windes auf eurer Haut. Betrachtet das Antlitz der Berge und öffnet mit euren Herzen die Türen und Fenster des Berges. Dann werdet ihr feststellen, dass er seine Schultore öffnet und mit sanfter Stimme sagt: „Tretet ein, Kinder, tretet ein..."

Wenn ihr den ersten Türflügel öffnet, werdet ihr entdecken, dass dort ein Klassenzimmer liegt, in dem es keine Tafel gibt und der Sportplatz eine weite Wiese ist. Ihr werdet mit den wilden Tieren Verstecken spielen und euch mit den Sternen unterhalten, die Lianen an den Bäumen werden mit euch um die Wette seilspringen, und die Bäche werden euch fröhliche Kinderlieder beibringen.

Das zweite Klassenzimmer ist der weite Himmel, ihr werdet dort zusammen mit den Vögeln Unterricht haben, sie tragen euch hoch hinaus und fliegen umher, sie kennen das Lied jedes Flusses und das Kleid jedes Baumes, die Besonderheiten jedes Berges. Aber lasst euch nicht von der glänzenden Dämmerung irreführen, sie wird ihren sanften Umhang tanzen lassen, damit ihr herumirrt und vom Weg abkommt.

Wenn ihr das zweite Klassenzimmer verlasst, führt euch ein Bergweg hinauf auf den Gipfel. Dort findet ihr ein Fenster, das nach allen Seiten weit geöffnet ist. Ein kräftiger Wind lässt eure Sicht verschwimmen und ein starker Regen rüttelt an euren Körpern. Dann werdet ihr sehen, wie sich die schwachen Grashalme bescheiden verneigen, die gigantischen Felsen jäh emporragen und die frechen Eichhörnchen ein Mittagsschläfchen halten. Das Laub kehrt in den Schoß der Erde zurück und lebt dort doch immer noch weiter.

Im vierten, fünften, und den zahllosen darauffolgenden Klassenzimmern werdet ihr entdecken, dass ihr selbst sowohl Schüler als auch Lehrer seid. Eure Augen, eure Haut und eure Ohren, das sind eure besten Lehrer.

In die Natur gehen (zouru daziran) von Huang Chaozhou, Band 9, Lektion 6

Ich unterhalte mich gern, denn ich habe so vieles in mir, das ich mit anderen teilen möchte. Ich kann mich auch mit den kleinen Topfpflanzen auf dem Balkon unterhalten, und mit den Insekten und den Schmetterlingen im Park. Außerdem kann ich mit meiner Familie die Fische und Krabben in den kleinen Flüssen oder Gebirgsbächen erkunden und die guten Geister in den Wäldern besuchen.

Auf dem Balkon wächst ein Limonenbäumchen in einem Topf, ich rieche seinen Duft, probiere seine süßen goldgelben Früchte und betrachte seine saftiggrünen neuen Blätter. Das Bäumchen lockt Schwalbenschwänze an, dort zu rasten und ihre durchsichtigen Eier abzulegen, die wie Gelee aussehen. Ich beobachte, wie die Raupen zwischen den grünen Blättern allmählich heranwachsen, sich verpuppen und sich schließlich in Schmetterlinge verwandeln, die genauso schön sind wie ihre Eltern.

Mit Lupe und Buntstiften gehe ich in den Park, um die stattliche Erscheinung des taiwanesischen Blasenbaums zu zeichnen, seine gelbroten Blüten und Früchte zu beobachten, und nebenbei den Vogelschrei des Chinabülbüls zu studieren, der „Schokolade, Schokolade!" ruft. Ich umarme den großen Kampferbaum, rieche den Duft seines Stammes, streichle seine Maserung, und suche mit der Lupe nach Käfern in den Baumritzen.

An Feiertagen lasse ich den geliebten Fernseher und die Computerspiele links liegen und fahre mit Papa und Mama in die Berge weit weg von der Stadt. Wenn wir Glück haben, können wir die Affen begrüßen und im Pfeilbambuswald Lilien entdecken. Wir kosten die leckeren Beeren des Wintergrüns und wilde Brombeeren und beobachten mit dem Fernglas, wie Formosa-Timalien, Weißohr-Timalien und andere Vögel vom Nektar naschen. Oder wir beobachten im Schutze einer Orangenkirsche still die munteren Streifenhörnchen, Schwarzbrauen-Bartvögel und Bergkohlmeisen.

Mittags sitzt die ganze Familie auf einem Felsen und macht ein Picknick. Dabei hören wir das rauschende Lied des Baches und stellen uns die spannende Reise des Wassers vor, wie es von der Stelle zu unseren Füßen bis zu unserem Wasserhahn gelangt. Die leichte Nachmittagsbrise lockt einige Wolken hinter den Bergen hervor, als seien die Unsterblichen aufgetaucht und schwebten sachte ins Tal hinunter. In diesem Wechsel zwischen warm und kalt ist das Wispern der Kiefern und Tannen zu hören. Solche Tage im Schoße der Natur sind voller reichhaltiger Eindrücke für unsere Augen, Nasen und Ohren. Ich freunde mich gern mit der Natur an. Sowohl das ungezügelte Leben in den Bergen und Tälern als auch die kleinen Topfpflanzen in der Ecke bei uns zu Hause, sie alle haben ihr besonderes, faszinierendes Gesicht.

Farbenpracht zwischen Schwarz und Weiß (heibai jian de guangcai) von Liao Hongji, Band 11, Lektion 4

Anders als normale Fische sind die riesigen Meerestiere, die in den Tiefen des Meeres umherziehen, nicht besonders farbenprächtig. Sie sind wie Zugvögel, die mit dem Wind ziehen, und von der Reise staubbedeckt und müde sind. Wie die Wolken, die über den Berggipfeln vorbeiziehen, ziehen auch sie grau und schwer dahin, ohne eine Spur zu hinterlassen.

Unser Schiff hatte den Hafen verlassen und fuhr schnell aufs weite Meer hinaus. Über uns lag ein blauer Himmel mit Wattewölkchen. Die Gipfel am Ufer wurden immer kleiner und kleiner, bis nur noch ein verschwommenes Blau zu erkennen war. Das Meerwasser war schwarz und tief. Abgesehen von einigen Schaumkronen, die hin und wieder auftauchten, waren nur die reflektierenden Sonnenstrahlen auf der Wasseroberfläche zu erkennen. Je weiter wir uns vom Ufer entfernten, desto eintöniger wurden die Farben von Himmel und Meer, als hätten sie unterwegs ihr buntes Kleid abgelegt und Ruhm und Glanz des Ufers von sich abgeschüttelt. In dieser Weite wurden die Farben schlicht und klar.

Manchmal tauchten wir zwei, drei Meter tief hinab in den größten Teich der Welt und schwammen mit einem Schwarm Rundkopfdelfine, die wir gut kannten. Wir zogen unsere Sachen aus, kleideten uns einfarbig und schnorchelten im Wasser, um sie zu beobachten. Vor dem verschwommenen blauen Hintergrund warfen Sonnenlicht und Wasser Streifen auf ihren Rücken, was ihnen einen besonders schönen Farbglanz verlieh. Obwohl sie nur schwarzweiß waren, spielte das Licht mit diesen beiden Farben, so dass sie schillerten und man den Eindruck hatte, dass ihre Hautfarbe sich ständig veränderte. Ich war überrascht, wie vielfältig und wunderbar selbst diese beiden Farben sein konnten.

Nach einer Weile schwammen die Delfine fort. Wir vertrieben uns noch ein wenig die Zeit damit, neben unserem Schiff ihre Bewegungen nachzuahmen: Wir streckten die Fersen aus dem Wasser und imitierten, wie sie ihre Schwanzflosse hoben und in die Tiefe tauchten. Als ich ins Wasser tauchte, mich drehte und wieder nach oben schoss, merkte ich, dass die Farbe des Wassers sich nun gänzlich von jener unterschied, die ich vom Boot aus gesehen hatte. Es war nun nicht mehr tiefblau, sondern ein reines, strahlendes Weiß. Die Sonnenstrahlen verschmolzen mit dem Wasser und es funkelte, als schwebten ununterbrochen Seidenfäden darin umher.

Im weiten Meer sind nicht viele Farben nötig, schwarz und weiß sind schon genug! Wenn in diesen beiden Farben das Licht spielt, reicht dies aus, um daraus unzählige dunkle und helle Farbschattierungen zu mischen.

Tagebuch der Walbeobachtung (shang jing ji), Band 11, Lektion 5

Vor einigen Tagen kam Papa von der Arbeit nach Hause. Er hatte die Schwelle noch nicht betreten, da rief er schon laut von draußen: „Ich habe eine wichtige Neuigkeit für euch. Am Wochenende können wir mit dem Schiff aufs Meer hinausfahren und Wale beobachten!"

Über Wale wusste ich aus Büchern nur, dass sie die größten Säugetiere der Erde sind und im Meer leben, aber häufig zum Luftholen auftauchen, weil sie mit ihren Lungen atmen. Auf Bildern, in Filmen und im Fernsehen hatte mich ihre mächtige und elegante Gestalt immer beeindruckt und ich hatte gehofft, sie eines Tages in der Natur sehen zu können. Am Sonntag vor Tagesanbruch stieg unsere ganze Familie in Papas Auto und fuhr los. Nach zwei, drei Stunden Fahrt kamen wir endlich in Shitiping an. Shitiping ist ein ganz normaler kleiner Fischerhafen, an dem nur wenige Boote lagen und kaum Menschen zu sehen waren. Papa nahm uns mit auf ein Schiff mit dem Namen „Meeressäuger". Es war ein spezielles Walbeobachtungsschiff, das mit Instrumenten und einer Sicherheitsausrüstung ausgestattet war. Ich blickte mich neugierig nach allen Seiten um und entdeckte, dass fast dreißig Leute auf dem Schiff waren. Alle hatten Fotoapparate oder Ferngläser dabei. Einige trugen Strohhüte, andere Sonnenbrillen, und sie sprachen aufgeregt über Wale. An Deck ging es sehr lebhaft zu! Die „Meeressäuger“ legte ab! Der grenzenlose Ozean reflektierte die Sonnenstrahlen und zeigte sein strahlend schönes Blau. Der Bug durchschnitt die Wasseroberfläche, Gischt schäumte und der Schiffskörper tanzte auf den Wellen auf und ab, auf und ab.

Plötzlich hörte man laute, aufgeregte Rufe. „Backbord! Backbord sind Fische!“ Wir rannten sofort alle nach links und suchten mit großen Augen die Wasseroberfläche ab. In der Ferne türmten sich hohe Wellen auf und die Gischt spritzte nach allen Seiten. Die „Meeressäuger“ glitt langsam vorwärts und hielt dann an. Da sah ich, dass etwas aus dem Wasser auftauchte: Delfine!

Ein großer Schwarm Delfine! Einer sprang vorweg aus den Fluten empor und glitt dann wieder elegant ins Wasser zurück. Der erste war noch nicht ganz untergetaucht, da tauchten schon ein zweiter, dritter und vierter nacheinander auf. Einige flogen, andere kreisten, und wieder andere schlugen mehrere Purzelbäume hintereinander! Ihre Formationen waren so vielfältig wie ein Ballett. Der kleine Schwarm, der vorweg schwamm, war noch nicht verschwunden, da näherte sich schon ein zweiter. Ein Schwarm nach dem anderen hinterließ Tausende von Schaumkronen, als wollten sie mit vereinten Kräften das Meer bis zum Himmel aufschäumen lassen! Die Leute auf dem Schiff riefen aufgeregt durcheinander, zückten ihre Fotoapparate und jagten – klick, klick, klick – nach Motiven. „Diese Delfine sind ja nicht nur Experten im Wasserspringen, man könnte sie sogar als meisterhafte Schauspieler bezeichnen!“, sagte Mama voller Bewunderung.

Nachdem die Delfine fortgeschwommen waren, wurde die Meeresoberfläche wieder glatt. Die „Meeressäuger“ fuhr weiter, und wir sperrten die Augen auf, um weitere Wunder zu erleben. Wir hatten schon lange aufs Meer geschaut, doch außer Meer und Himmel schien nur noch unser Schiff übrig geblieben zu sein. Kurz darauf zeigte jemand direkt zum Bug des Schiffes und rief: „Seht mal, dort ist eine Fontäne! Eine Fontäne!“ Toll, das war genau wie im Fernsehen. Aber nein, dies hier war echt – es war noch wunderbarer als im Fernsehen! Ich sah, wie etwas aus dem Wasser aufstieg und einen Wasserschwall ausstieß. Kleine Wasserperlen liefen an einer glatten, dunkel glänzenden Haut herab. „Das ist ein Orca! Es sind drei Orcas“, rief Papa erstaunt. Ich starrte sie an und stand mit offenem Mund da, brachte aber keinen Ton heraus! Sie zeigten ihre Rückenflossen, drehten eine Runde und sprangen aus dem Wasser. Erst als die drei Orcas wieder von der Wasseroberfläche verschwunden waren, fiel mir auf, dass niemand einen Mucks von sich gegeben hatten!

Auf dem Rückweg redeten alle auf dem Schiff von den Delfinen und den Walen. Die Sonne ging langsam unter, doch ich konnte mich nicht losreißen und suchte immer noch eifrig nach ihren Spuren.

Sonnenaufgang am Alishan (Alishan shang kan richu), Band 7, Lektion 9

Noch vor Sonnenaufgang weckte uns das Hoteltelefon, und man sagte uns, dass wir uns schnell fertig machen und mit allen anderen zusammen zum Alishan gehen sollten, um uns den Sonnenaufgang anzusehen. Meine kleine Schwester, mein Papa und ich traten vor die Tür und sahen, dass es draußen noch stockfinster war. Nur in einigen umliegenden Herbergen gingen die Lichter an. Als wir mit dem Auto am Gipfel ankamen, sahen wir, dass sich überall schwarze Schatten bewegten. Draußen drängten sich also schon eine Menge Touristen, die alle den Sonnenaufgang sehen wollten. Wir stiegen aus dem Auto, standen in der Menge und warteten ruhig.

Kurze Zeit später wurde der Himmel im Osten allmählich heller, und hinter den Wolkenschichten tauchten verschwommen die ersten Sonnenstrahlen auf. Ich dachte, dass nun gleich der wunderbare Sonnenaufgang beginnen würde, also sah ich froh und gespannt zum Himmel, ohne meinen Blick abzuwenden. Zuerst färbten sich die grauen Wolken purpurn, die purpurnen Wolken rot, die roten Wolken wieder orangefarben, und die orangefarbenen Wolken begannen schließlich golden zu strahlen. Hinter diesen funkelnden Wolken tauchte plötzlich ein lodernder Feuerball auf, der seine goldenen Strahlen nach allen Seiten versprühte. Die Sonne, auf die wir so sehnsüchtig gewartet hatten, war aufgegangen!

Ich wandte mich um und sah zur Seite, da quollen an der Seite des Berges weiße Wolken hervor, wie riesige Schneehaufen, wie Schafherden, wie Gischtkronen. Wer hätte gedacht, dass mitten am Himmel plötzlich ein riesiges Meer auftauchen würde, und die Berge zu kleinen Inseln würden – das war wirklich ein erstaunliches Schauspiel und wir freuten uns. Papa sagte: „Das waren der berühmte Sonnenaufgang und das Wolkenmeer am Alishan. Nun hast du das endlich mit eigenen Augen gesehen!"

Im Botanischen Garten von Fushan (you Fushan zhiwuyuan), Band 7, Lektion 7

Der Botanische Garten von Fushan ist der größte botanische Garten Südostasiens, der ganze Garten ist ein Naturschutzgebiet. Um die natürliche Landschaft zu schützen, dürfen jeden Tag nicht mehr als vierhundert Besucher den Park betreten. Darum war es wirklich eine seltene Gelegenheit, dass ich mit meiner ganzen Familie in diesen Garten gehen konnte.

Am meisten hat mich das Areal der Algen und Wasserpflanzen beeindruckt. Ein Besichtigungspfad, zu dessen Seiten ein natürlicher Urwald wuchs, führte dort hindurch, und wenn man nach oben blickte, waren die alten Hölzer, die in den Himmel ragten, von alten Kletterpflanzen überwuchert, und teilweise wuchsen darauf Farne als „Aufsitzerpflanzen". Im Wald duftete es frisch und es war angenehm kühl. Wenn man zu Boden schaute, sah man dichtes grünes Moos und braune wilde Pilze. Dieser Urwald war wirklich munter und voller Lebenskraft.

Wir gingen den Besichtigungspfad entlang und kamen zu den Wasserpflanzen. Das Wasser des Teiches war außergewöhnlich grün. Ich zeigte auf ein grünes Blatt, das an der Wasseroberfläche trieb und aussah wie eine Seerose, und sagte zu meinem Papa: „Das ist aber eine schöne Seerose!“ Papa sagte lachend: „Das ist doch keine Seerose, das ist eine so genannte ‘kleine gelbe Teichrose’, die gibt es nur in Taiwan. Die äußere Form ihrer Blätter ist fast rund, und sie haben eine V-förmige Öffnung, in der kleine gelbe Blüten blühen.“ Leichten Schrittes gingen wir am Seeufer spazieren und sahen, wie sich die blauen Berge im grünen Wasser spiegelten, das war wie ein schönes Gemälde! Es wehte eine leichte Brise, die Blätter an den Bäumen bewegten sich sachte und die Wasseroberfläche kräuselte sich, so dass wir uns frisch und behaglich fühlten.

Erst als die Schatten immer länger wurden und über den Berggipfeln allmählich Nebel aufzog, stiegen wir schweren Herzens wieder hinab. Diesen Ausflug in den Botanischen Garten von Fushan habe ich in schöner Erinnerung.

Der Strand von Mashagou (Mashagou haitan) von Bai Cipiao, Band 10, Lektion 15

Auch Nichtschwimmern kann es sehr viel Spaß machen, sich am Strand zu vergnügen – besonders den Strand von Mashagou sollte man sich einmal genauer betrachten. Im Frühsommer fahren die Reisebusse morgens an den Feldern des Jiangjun-Dorfes in Südtaiwan vorbei. Im abgeernteten Reisfeld steht hier und dort ein weißer Reiher und frisst etwas oder steht kerzengerade da, blickt in die Ferne und lässt mich vom Bus aus seine grazile Gestalt bewundern. Am Strand von Mashagou angekommen, sieht man in der Ferne im Norden einen dichten Wald, der als Windschutz angelegt wurde. Am Himmel ziehen weiße Reiher ihre Kreise. Dort wohnen sie also. Die Reiher verliehen diesem Gebiet noch mehr Farbe. Es ist das weite Meer, das die Touristen seit jeher so lieben, und die Menschenmengen, die im Wasser plantschen, tauchen mit den Wellen auf und ab, als wollten sie zeigen, wie frei und sorglos sie sind.

Der endlose Strand lockte auch uns, also zogen meine Begleiter und ich rasch unsere Schuhe aus und rannten barfuß zum Strand. Weil die Sandkörner schon sehr lange den Wellen ausgesetzt waren, waren sie kreisrund und fein. Sie klebten an der Haut, das war sehr angenehm. In glatten Sand sah man unsere Fußabdrücke. Ich bemerkte, dass hier und da Muscheln hervorschauten und sammelte sie auf. Ich war überrascht, dass die Muscheln hier bis zu sechs Zentimeter und damit außergewöhnlich lang waren. Auf ihrer Oberfläche war eine Spirale, wie seltsam und schön das war! Ich sammelte erfreut eine Muschel nach der anderen und stopfte mir damit die Taschen voll. Zu Hause kann ich sie in ein Glasgefäß legen, damit sie meinen Kieselsteinen Gesellschaft leisten. Dann kann ich sie immer wieder ans Ohr halten und horchen, ob darin das Meer rauscht.

Eine Meeresbrise nach der anderen wehte und eine Welle nach der anderen rauschte heran und zog sich wieder zurück. Sie spülte meine Fußabdrücke fort und ließ Rillen am Strand zurück. Wenn man genau hinsah, tauchten in diesen Rillen schöne Kristalle auf, das waren Salzkörner, die die Wellen zurückgelassen hatten. Wie schön war dieser Strand!

Als die Sonne im Meer versank, war der Himmel voller roter Wolken. Die weißen Reiher glitten ruhig über den Himmel, zogen einige Kreise und verschwanden dann im Wald, sie kehrten fröhlich nach Hause zurück. Wir brachen auch auf und behielten die wunderschöne Abendszene am Strand von Mashagou fest in Erinnerung.

Zu Besuch am Jadeteich (zoufang cuichi) von Liu Guoxin, Band 12, Lektion 8

Im Mai, als im Hochgebirge der Rhododendron blühte, hob sich zum ersten Mal der schöne Schleier über dem Jadeteich. Der Jadeteich ist der schönste Hochgebirgssee in Taiwan, er ist die ferne Sehnsucht im Herzen vieler Bergsteiger, die schon weite Strecken zurückgelegt haben. Wir waren den ganzen Tag geklettert und schlugen am Abend unser Lager im Camp „Schwarzwald“ auf. An allen Seiten des „Schwarzwalds“ wuchs natürlicher Nadelwald. Die Tannen ragten hoch und steil auf und hatten stattliche Zweige, ihre Nadeln waren dicht und am Boden wuchs frisches grünes Gras. Wir schlugen unsere Zelte auf, rollten unsere Schlafmatten aus, und nachdem alles fertig war und wir uns ausstrecken konnten, fühlten wir uns sehr wohl.

In der Nacht begann es zu nieseln und die Tropfen flossen auf den Zweigen in über dreißig Metern Höhe zu bohnengroßen Regentropfen zusammen. Sie machten ein ohrenbetäubendes Geräusch auf dem Zeltdach, außerdem zog die Kälte in unsere Knochen, so dass wir uns hin- und herwälzten und schlecht schlafen konnten. Glücklicherweise hörte der Regen schon in der Morgendämmerung wieder auf, sonst wäre unser Vorhaben, den Jadeteich zu besuchen, wohl gescheitert. Rhododendronbüsche blühten prächtig vor unseren Augen, im Dunst sahen sie verschwommen aus und wirkten dadurch noch graziöser.

Als wir die Anhöhe aus Geröll entlang des Xueshan-Tales hinaufstiegen, säumten immer noch violette und rote Rhododendronbüsche unseren Weg und ließen uns den beschwerlichen Aufstieg fast vergessen. Als wir den Xueshan erreichten, mussten wir den Geröllabhang wieder hinunter kletterten und kamen so zum Jadesee. Die Ecken der Felsen waren klar zu erkennen, sie waren unterschiedlich groß und lagen überall verstreut, so dass man nicht wusste, wohin man treten sollte. Als wir uns das noch fragten, wurde es plötzlich vor unseren Augen hell. Wir hatten eine wunderbare Welt betreten, die wirkte wie eine sorgfältig angelegte Bonsai-Landschaft. Unsere Bergsteigerkollegen seufzten laut auf: „Seht mal! Diese Bäume wachsen alle kerzengerade!“ Sie kannten bisher nur den gekrümmten Chinesischen Wacholder vom Yushan, hatten aber noch nie den berühmten Blauzedern-Wacholderwald hier im Xueba-Nationalpark gesehen. Die Bäume ragten kerzengerade in die Luft und streckten ihre Zweige und Blätter aus, doch keiner glich dem anderen. Jeder von ihnen war so stattlich, dass man ihn nur seufzend bestaunen konnte. Der Boden war eben und ringsumher war es still und einsam, außer dem Vogelgezwitscher und dem Wind war kein Geräusch zu hören. Es war, als seien die Unsterblichen auf die Erde gekommen. Der Jadeteich lag auf diesem jungfräulichen Boden, der ewig sein reines und natürliches Antlitz bewahrte!

Man kann wohl sagen: „Das Wasser verleiht dem Berg seine Schönheit, der Berg erst macht das Wasser anmutig.“ Das gekräuselte Wasser des Jadeteiches erstreckt sich weithin und berauscht die Menschen. Man wandert durch diese stille, friedliche Welt und muss vor Bewunderung angesichts dieses wunderbaren Kunstwerks des Schöpfers einfach seufzen!

Im Wald (shulin li), Band 5, Lektion 7

Wenn du in den Wald gehst, mach leise Schritte und hör ganz ruhig hin:
zwitscher, zwitscher, raschel, raschel!
Verschiedene Vögel und Insekten
machen pausenlos Geräusche.

Wenn du in den Wald gehst, mach langsame Schritte und beobachte leise:
die Raupen unter den Blättern, die kleinen Libellen auf den Zweigen,
sie alle sehen anders aus.
Lass dir diese kleinen liebenswerten Lebewesen auf keinen Fall entgehen.

Wenn du in den Wald gehst,
verlass ihn nicht so schnell wieder.
Such dir einen Stein und setz dich nieder.
Hör leise zu, schau ruhig hin.
So ruhig, als wärst du selbst ein Baum, der atmen kann.

Rote Libelle (hong qingting), Band 4, Lektion 1

Eine rote Libelle fliegt umher,
ich nähere mich ihr
da fliegt sie fort.

Da bleibe ich ganz ruhig stehen
und sie kommt zurückgeflogen.
Ich strecke meinen Zeigefinger aus
und die schüchterne rote Libelle
umkreist ihn
und landet dann auf meiner Fingerspitze.

In diesem Moment
ist es im Garten ganz ruhig.
Ich bin ein Baum
und mein Finger ist ein Zweig.

Wenn du die Augen schließt (ruguo ni bishang yanjing) von Wei Guizhou, Band 9, Lektion 7

Schließe die Augen und höre die Blätter,
höre ihr Lachen, wenn sie sich angeregt unterhalten.
Höre die Sommerzikaden, ihre klaren Stimmen,
höre die fliegenden Vögel, ihren leichten, melodischen Gesang.
Höre den leichten Wind, sein sanftes Flüstern,
dann hörst du auch, wie die vielen guten Geister in deinem Herzen
dich freundlich rufen.

Wenn du die Augen schließt, ist das Chaos nicht mehr chaotisch,
das Gedränge nicht mehr gedrängt und der Lärm nicht mehr lärmend.
Ich schließe die Augen und bin ein anmutiger Vogel,
der seine Flügel ausbreitet
und am blauen Himmel in Richtung Zukunft fliegt.

Kleiner Baum (xiao shu), Band 3, Lektion 1

Die Blätter des kleinen Baumes, der vor kurzem im Garten gepflanzt wurde, fallen eins nach dem anderen zu Boden. Vielleicht hat er Heimweh, dass er so weinen muss? Ich gebe ihm jeden Tag etwas zu trinken, die Schmetterlinge tanzen für ihn und die Vögel singen für ihn. Auch der Wind tröstet ihn. Bei so vielen Freunden, die sich um ihn kümmern, gewinnt der kleine Baum sein neues Zuhause allmählich lieb. Er streckt seine grünen Triebe aus und lacht in der warmen Sonne.

Unsere Türklingel (wo jia de dianling), Band 2, Lektion 12

Wir haben einen süßen kleinen Hund, er heißt Weißchen. Jeden Tag spielt er im Garten, und wenn jemand kommt, dann bellt er, als wollte er uns sagen: „Es kommt jemand, es kommt jemand!“ Wenn Weißchen bellt, sagt Mama: „Weißchen, bell’ nicht! Ich gehe nachsehen, wer da ist.“ Dann öffnet sie die Tür und bittet den Gast herein. Weißchen bewacht unsere Haustür, er ist unsere Türklingel.

Wie ich den Kauz das Fliegen lehrte (pei ta xue fei) von Feng Juzhi, Band 10, Lektion 8

An einem Nachmittag im Winter hatte sich die kalte Strömung gerade verzogen und es tauchten seltene Sonnenstrahlen auf, so dass ich Momo auf die Terrasse im Dachgeschoss brachte, damit sie sich sonnen konnte. Momo ist ein Falkenkauz, diese Art steht unter Naturschutz. Von Natur aus sind sie eigentlich wild, doch Momo war lange Zeit von Menschen in einem engen Vogelkäfig gehalten worden, so dass ihr die Federn ausgingen und ihre Schwanzfedern schwer beschädigt wurden. Ihr Körper war geschwächt und ihr Verstand nicht mehr so scharf, darum hatte sie all ihren einstigen Mut und ihre Stattlichkeit verloren.

Als ihre Halter bemerkten, dass Momo unzufrieden aussah und ihre frühere Farbenpracht verloren hatte, übergaben sie sie dem Vogelschutzbund von Xinzhu, der sie zu mir brachte. Ich verarzte ehrenamtlich verletzte Wildvögel. Meine Arbeit ist es, kranke Vögel zu pflegen, bis sie wieder kerngesund sind, neue Federn bekommen haben und wieder fliegen können. Dann setze ich sie in den Bergen oder im Wald aus, damit sie wieder frei umherfliegen können.

Momo saß den ganzen Tag ruhig da, selbst als ihre Federn vom Wind zerzaust und ihr Körper von der Wintersonne gewärmt worden waren, gab sie keinen Laut von sich. Ihre gelben Augen waren groß und rund und sahen in dem abgemagerten dunklen Gesicht besonders hübsch aus. Ich streichelte sanft ihren Kopf, fütterte sie mit getrocknetem Rindfleisch und ordnete ihre zerzausten Federn. Sie war so sanft, ganz anders als die Eule, um die ich mich vor einiger Zeit gekümmert hatte: Diese hatte mich ständig geneckt, sich bei mir eingeschmeichelt oder etwas zu fressen gefordert. Ich taufte den Falkenkauz auf den Namen Momo, kleine Momo, um die ich mir Sorgen machte. Nachdem ich mich einige Tage lang intensiv um sie gekümmert hatte, hatte Momo sich schon gut erholt. Sie konnte einige Schritte laufen und sich mit ihren Krallen eine Weile an einem Ast festhalten. Sie hatte auch wieder Appetit und pickte von selbst nach dem Trockenfleisch, mit dem ich sie fütterte, so dass man es ihr nicht mehr ins Maul stopfen musste. Danach brachte ich ihr bei, wieder zu fliegen.

Zu Anfang scheuchte ich sie auf und brachte ihr dadurch bei, wie sie mit den Flügeln schlagen und dabei kleine Trippelschritte machen musste. Dabei lief ich hinter ihr her und rief: „Lauf, lauf, sehr gut, noch ein paar Schritte, noch ein paar Schritte, so ist es richtig, braves Schätzchen. Breite deine Flügel aus, so ist es prima!“ Ich weiß nicht, ob sie mich verstand, aber ich übte weiter mit ihr. Ein paar Tage später konnte sie schon dicht über dem Boden zwei, drei Meter weit gleiten.

Nach einer Weile Training machte Momo deutliche Fortschritte, aber ich verstand, dass man nicht zu viel erwarten durfte. Man musste mit Geduld und Liebe bei der Sache sein. Dann würde auch sie mich sicher eines Tages necken, um Futter betteln und dann mit ausgebreiteten Schwingen in den Gebirgswald zurückfliegen, genau wie die anderen Vögel, die ich bisher versorgt hatte. Darauf wartete ich.

Der Jäger und die Affen (lieren he houzi), Band 5, Lektion 3

Es war einmal vor langer, langer Zeit ein Jäger, der war in den Bergen auf der Jagd, als er plötzlich eine Herde Affen sah. Da dachte er sich: „Oh! So viele Affen. Wenn ich die fangen und verkaufen könnte, würde ich damit sicher viel Geld verdienen.“ Je länger er nachdachte, desto besser gefiel ihm die Idee. Er ging sofort ein Netz kaufen, legte es in den Bergen aus und wartete, dass ihm die Affen in die Falle gingen.

Am nächsten Morgen ging eine Affenmama mit ihren Jungen auf Futtersuche. Sie war einen Augenblick lang unaufmerksam und trat auf das Netz, das der Jäger ausgelegt hatte – da baumelte sie auch schon im Netz gefangen am Baum. Die Affenmama war sehr besorgt und wies ihre Jungen an, sofort zu fliehen. Aber die kleinen Affen brachten es nicht übers Herz, ihre Mama dort zurückzulassen. Sie zerrten mit aller Kraft an ihr, so dass sie ihre Hände und Beine beinahe abrissen, doch sie konnte dem Netz nicht entkommen, und die Affenjungen kreischten aufgeregt.

In diesem Moment kam der Jäger in den Wald und war sehr gerührt, als er sah, wie die kleinen Affen ihre Mama retten wollten. Er dachte: „Bei den Affen ist es also genauso wie bei den Menschen: Die Mama liebt ihre Kinder und die Kinder lieben ihre Mama. Wie könnte ich es da übers Herz bringen, sie einzufangen?“ Also öffnete der Jäger das Netz und ließ die Affenmama frei. An diesem Tag ging der Jäger pfeifend nach Hause und war sehr froh.

Angeln (diao yu), Band 6, Lektion 17

An einem Sommermorgen ging ich zum ersten Mal mit meinem Papa zum Angeln. Wir erklommen einen großen Felsen am Flussufer nach dem anderen. Papas Silhouette war mal oben, mal unten, und ich folgte ihm ohne zu murren, denn ich hatte mich schon so lange darauf gefreut, mit ihm angeln zu gehen. Als wir am Fluss angekommen waren, sah ich silbergraue Strahlen auf der Wasseroberfläche tanzen und wollte gern etwas sagen, doch Papa legte den Zeigefinger auf den Mund und ich schwieg sofort. Papa öffnete seinen Rucksack und bereitete die Angel vor. Er befestigte den Köder, den er am Abend zuvor vorbereitet hatte, am Haken. Mit der einen Hand spannte er die Leine, mit der anderen hielt er die Angel, und als er sie mit einem Schwung aus dem Handgelenk auswarf, beschrieb der Haken im Flug eine Kurve wie ein Blitz. Dann tauchte der Schwimmer ins Wasser ein und bewegte sich sachte.

Nach einer Weile holte Papa die Angel wieder ein und korrigierte die Position des Köders. Dann warf er sie wieder aus. So versuchte er es wieder und wieder, aber es passierte nichts. Das Wasser des Flusses war kühl und ich fröstelte von den Füßen aufwärts am ganzen Körper. Aber ich sagte nichts, denn beim Angeln muss man unbedingt leise und geduldig sein. Plötzlich zitterte der Haken und ich riss die Augen auf, aber Papa rührte sich nicht. Es ruckte heftiger am Haken, und genau in dem Moment, als er nach unten gezogen wurde, schnellte Papas Arm nach oben, so dass das Wasser kurz aufgewühlt wurde und sich auf seinem Gesicht ein Lächeln zeigte. Er hob die Angel in die Luft. An ihrem Ende baumelte ein silbriger Fisch. Papa hielt ihn fest und löste ihn vom Haken. Der Fisch war so lang wie Papas Handfläche. Wir lachten fröhlich. Dann schleuderte Papa den Fisch mit einer Handbewegung wieder zurück in den Fluss.

Da verstand ich, wie man angelt.

Willkommensgruß an den Rotschwanzwürger (gei bolaoniao de zhufu), Band 8, Lektion 1

Lieber Rotschwanzwürger!
Du hast die weiten Berge und Meere überquert und bist nun endlich in Formosa angekommen. Du hast Gebirge, Inseln und Buchten gesehen, lass dir sagen, das ist das schöne Südtaiwan.
Bleib doch hier als Gast! In den Gebirgen gibt es Rhesusaffen, sie können sich mit dir über alles Mögliche unterhalten. Aber du musst aufpassen, dass du nicht aus Versehen in eine Vogelfalle gerätst und den Menschen als Beute dienst.
Bleib doch hier als Gast, im Meer singen die Fische, sie können dir das Heimweh nehmen. Aber du musst aufpassen, dass du nicht in ein dichtes Vogelnetz hineinfliegst und den Menschen als Speise dienst.
Lieber Rotschwanzwürger! Fürchte dich nicht, sondern fliege ruhig! Wir erwarten dich hier als Gast. Die Segel in der Bucht werden fröhlich mit dir tanzen. Die mächtigen weißen Wellen werden ruhig mit dir gemeinsam singen.
Und die fürsorglichen Menschen haben schon für dich die Fallen und Vogelnetze abgerissen und singen dir ein Wilkommenslied.

Die Zikade (chan) von Zhuang Fanghua, Band 10, Lektion 17

Im Sommer bewegt eine leichte Brise die frischen grünen Blätter an den Zweigen. Im Winter reißt ein eisiger Wind das gelbe Laub von den Zweigen herunter, so dass es auf den feuchten Boden fällt und mit der Zeit zu einem dicken Haufen Erde wird.

Ich bin eine Zikade. Ich bin in einem dunklen Erdloch aufgewachsen und hatte mich, nachdem ich geschlüpft war, immer in der warmen Erde versteckt. Der dicke Erdhaufen hielt Hitze und Kälte, aber auch den klaren Himmel und den starken Regen der Außenwelt von mir ab. Obwohl das Leben in meinem verpuppten Körper ununterbrochen weiterging, wartete ich noch immer ganz still unter der warmen Erde, viele Jahre lang.

Im Frühsommer dieses Jahres war ich dann voller Lebenskraft und hielt es nicht länger aus, also krabbelte ich vorsichtig aus dem Erdloch heraus und wählte mir diesen Akazienwald als Zuhause nach meiner Entpuppung. Mein dunkelbrauner Körper, an dem ich ein paar durchsichtige dünne Flügel trage, tarnt mich im tiefen Wald. Meine abgeworfene Zikadenhaut war durchsichtig und glänzte gelbbraun. Obwohl sie eine leere, leblose Hülle war, wirkte sie ganz lebensecht, genauso wie mein Körper. Drei Beinpaare hingen noch fest an den Zweigen des niedrigen Strauchs, wie ein zierliches Kleinod, das jemand im Wald verloren hat. Und ich, die ich nun geschlüpft war, begann, mit meinem Gesang das Leben zu preisen und um Liebe zu werben. Voller Erwartung an das Leben sang ich mit lauter Stimme und rief etwas zu einem anderen Zweig hinüber.

In diesem Moment kam ein Vater mit seiner kleinen Tochter den Waldweg entlang. Das Mädchen reckte seinen Kopf und rief: „Papa, ich will diese Zikade haben!“ Der Vater, der seine Tochter immer verwöhnte, wollte ihr den Wunsch erfüllen. Er stellte sich auf die Zehenspitzen und streckte seinen langen Arm aus, bis er meinen Kumpan fassen konnte. Es half ihm nichts, dass er sich mit den Haken an seinen Beinen mit aller Kraft am schützenden Zweig festkrallte, der Vater war stärker. Er reichte meinen Kumpan an das kleine Mädchen weiter, das in die Hände klatschte und sich freute. Das Mädchen drückte mit dem Finger immer wieder auf seinen Luftsack und wollte ihn zum Singen bringen. Doch sein meisterhafter Gesang wurde plötzlich nur noch zu einem Krächzen, er flehte um Erbarmen.

Andere Zikaden ließen ihre Stimmen weiterhin im Wald erklingen, doch wir, die wir auf demselben Baum gesessen hatten, trauten uns nie mehr, wie zuvor mit schöner klarer Stimme zu singen. Wann immer sich Menschen näherten, brachen wir erschreckt unsere langen Gesänge ab und gaben nur noch abgehackte Laute von uns.

Die Bachforellen (xiangyu) von Liu Kexiang, Band 10, Lektion 13

Es heißt, dass Zheng Chenggong am Ende der Ming-Dynastie die Bachforellen nach Taiwan gebracht hat, weil er „Koxinga“ genannt wird und die Bachforellen auch den Namen „Koxin-Fische“ tragen. Ihre Heimat liegt im Feilü-Stausee, in Wulai, im Shimen-Stausee, am Ruifang und an anderen Oberläufen des Danshui-Flusses. Bachforellen ernähren sich von Algen, die auf Steinen wachsen, und von verschiedenen Arten kleiner Insekten.

Jedes Jahr im September sind die Bachforellen ausgewachsen und schwimmen von ihrer Heimat an den Oberläufen hinab zu den Unterläufen, um zu laichen. Einer dieser Orte ist Bitan am Xindian-Fluss. Sie wählen zum Laichen eine große Stelle mit Kieselsteinen im seichten Wasser. Die ovalen Steine dienen den Eiern als Schutzzone. Jede Bachforelle hat ihr eigenes Laichgebiet und kann zehntausende von Eiern auf einmal legen. Diese Jahreszeit ist auch gut zum Angeln, und die Angler benutzen eine ganz besondere Methode, um die Fische zu fangen. Sie nutzen die Gewohnheit der Bachforellen aus, ihr Revier mit aller Macht zu verteidigen, und haben die so genannte „Freundes-Angel-Methode“ erfunden: Dabei bindet man eine lebende Bachforelle an einer Angelschnur fest und lockt damit eine andere an den Haken.

Schon nach vierundzwanzig Stunden sind die Eier abgelegt und werden zu Fischbrut. Danach werden sie vom Flusswasser zur Mündung gespült, wo viele Algen wachsen. Die gesamte Bachforellenbrut wächst an der Mündung des Danshui-Flusses auf. Im Frühling des zweiten Jahres, ungefähr kurz nach dem Qingming-Fest, verlassen sie die Flussmündung und schwimmen flussaufwärts bis in ihre Heimat zurück, wo jeder von ihnen sein Gebiet besetzt. Am Oberlauf gibt es ausreichend Sonne und das Flusswasser ist klar, außerdem wachsen viele

Algenarten auf den Steinen. An ihrem Oberkiefer haben die Bachforellen eine Zunge und Zähne, mit der sie normalerweise die Algen abtrennen und fressen. Aber wenn eine andere Bachforelle in ihr Revier eindringt, greifen sie sie damit an und vertreiben ihn.

Während der japanischen Besatzungszeit war es verboten, Bachforellen unerlaubt zu fangen. Man baute Fischtreppen entlang des Flusses, damit sie ohne Probleme nach Hause gelangen konnten. Aber nach dem Krieg gab es kein Gesetz mehr, das die Fischwilderei verbot, darum angelten und fischten die Leute überall fast uneingeschränkt. Außerdem wurden alle Mittel- und Unterläufe der Flüsse verschmutzt, so dass die Bachforellenbrut nicht mehr zur Flussmündung gelangen konnte. Darum hat sich ihre Zahl stetig verringert. Seit 1961 konnten Fischer im Xindian-Fluss keine taiwanesischen Bachforellen mehr fangen.

Wenn es möglich ist (ruguo keyi), Band 4, Lektion 3

Wenn es möglich ist, gib mir bitte einen grünen Wald,
ich will nur in den Bergen herumlaufen, Müll und Jäger will ich nicht.

Wenn es möglich ist, gib mir bitte saubere Flüsse,
ich will nur im Wasser schwimmen, Abwasser und Altöl will ich nicht.

Wenn es möglich ist, gib mir bitte einen schönen blauen Himmel,
ich will nur am Himmel fliegen, Abgase und schwarzen Rauch will ich nicht.

Wenn es möglich ist, gib uns bitte eine saubere Erde,
bitte lass uns immer friedlich und gesund leben und immer gute Freunde sein.

Das Leben ist wirklich kostbar (shengming cheng kegui) von Qiu Gerong, Band 11, Lektion 8

Schwaches Leben braucht Unterstützung, kräftiges Leben verdient Respekt.

So ein großer Obstgarten voller Früchte. Wenn die Erntezeit vorüber ist, müssen Blätter gezupft und Zweige getrimmt werden, damit sie genügend Platz haben, und Nährstoffe aufnehmen und gedeihen können, in Erwartung der nächsten reichen Ernte. Alle Dinge haben ihre eigene Lebensweise. Sie brauchen genügend Nahrung, um zu überleben, und außerdem muss ihre Umwelt geschützt werden, damit sie weiter existieren können. Sieh mal, die Orchideen in den tiefen Tälern, die Kokardenblume in der Wildnis, oder die kleinen Gräser in den Felsspalten – bemühen sie sich nicht alle nach Kräften, einen Lebensraum für sich zu finden und sich zu entfalten?

Wenn man durch den Wald geht und die Zweige und Blätter sieht, die sich im Wind wiegen und üppige Lebenskraft versprühen, muss man dann nicht unwillkürlich denken: „Alle Pflanzen wollen zeigen, dass sie das Leben preisen, wie können wir Menschen da so sparsam mit unseren Lobliedern auf das Leben sein?“ Bei den Menschen ist es wie bei den Pflanzen. Weinende Babys,

Jugendliche, die sich vergnügen, lebenserfahrene Erwachsene und alte, schwache, einsame oder kranke Menschen – suchen sie nicht alle einen Lebensraum, in dem sie sich entfalten können? Singt ein Lied des Lebens! Wünscht jenem Glück, der vor Traurigkeit in der Dunkelheit seufzt. Singt eine Ode an den Mutigen, der schwere Verantwortung auf sich lädt, und singt auch für euch selbst, die ihr das Glück habt, diese Erde mit vielen anderen Lebewesen zu teilen.

Dass das Leben verwelkt und neu erblüht, ist ein Gesetz der Natur. Dass Menschen altern, krank werden und sterben, ist der Lauf der Dinge. Weder große Freude noch tiefe Trauer können den Lauf des Lebens aufhalten. Wie kann man nun das Leben noch aktiver und bedeutungsvoller gestalten? Bei aller Verzweiflung gibt es immer einen Hoffnungsschimmer. Wo etwas verwelkt, da keimt immer auch ein Funken neuer Lebenskraft. „Das Laub ist nicht leblos, es verwandelt sich in Frühlingserde und lässt neue Blumen erblühen." Diese unauslöschliche Lebenskraft zeigt sich in der Natur. Jedes Lebewesen hat andere Fähigkeiten und alle haben eine unterschiedliche Lebenskraft. Einige sind so schwach, dass sie Wind und Regen kaum widerstehen können, oder haben nicht einmal die Kraft, aufzustehen. Andere sind stark und haben genügend Kraft, um tausenden oder zehntausenden Menschen zu dienen. Ob Starke oder Schwache, sie alle zeigen verschiedene Gesichter des Lebens.

Die Schwachen brauchen angemessene Unterstützung und sollten von den Starken respektiert werden. Aber das Wichtigste ist, sein eigenes Leben zu schätzen und sich zu bemühen, dem Licht des Lebens Ausdruck zu verleihen.

Das früheste Zuhause der Menschen (renlei zui zao de jia) von Lin Shaowen, Band 10, Lektion 7

Wenn es nach dem Regen wieder aufgeklart hat, ist der Wald voll von frischem Grün, und die Regentropfen glitzern in der Sonne. Der grüne Wald und die grüne Erde geben uns Menschen ein angenehmes, ruhiges Gefühl, ganz wie zu Hause. Denkt einmal nach – wohnten unsere Vorfahren nicht auf Bäumen oder in Höhlen? Sie benutzten Zweige als Waffen, deckten ihre Körper mit Blättern zu, aßen die Früchte der Bäume und jagten die Tiere des Waldes, um zu überleben. Der Wald war der Ort, der ihnen Nahrung und Obdach gab. Er war das früheste Zuhause der Menschen.

Die Menschen in der Vorzeit hatten zunächst keine Chance, außerhalb des Waldes zu überleben. Aber weil unsere Vorfahren sehr intelligent waren, konnten sie später den Wald verlassen, und sie nahmen seine Schätze mit in ihre Behausungen. Aus seinem Holz bauten sie Häuser und Möbel, und die Tiere des Waldes hielten sie als Haustiere. Obwohl unsere Vorfahren den Wald verlassen hatten, waren sie von ihm abhängig. Sie benutzten nach und nach das Holz auch, um Wagen und Boote zu bauen und Seidenraupen zu züchten, aus denen sie Stoffe für ihre Kleidung herstellten. Sogar die Bambuskiele und das Papier zum Schreiben stammten aus dem Wald, ja sogar ihre Medizin kam von dort. Der Wald stellte ihnen nicht nur die Rohstoffe zur Verfügung, die sie zum Leben brauchten, sondern sie konnten auch seine Schönheit nie vergessen: Seine Gräser und Hölzer wurden von Literaten in großen Gedichten besungen, von Komponisten zu unvergänglicher Musik verarbeitet, und von Malern als farbenfrohe Welt dargestellt. Natürlich dienten sie auch Tänzern als Inspiration.

Das Dunkelgrün, Hellgrün, Gelbgrün, Jadegrün und Tiefgrün der farbenprächtigen Blätter, das Rot, Weiß, Gelb und Lila der schönen Blüten in allen Farben – all das verbreitet einen Glanz, der das Herz erfreut. Diese Geheimnisse, die noch aus dem Wald aus der Vorzeit stammen, machen die Menschen freudetrunken und bewirken, dass sie sich ruhig und zufrieden fühlen. Der Wald war das früheste Zuhause der Menschen, die Pflanzen waren die Ureinwohner der Erde. Sie sind ein Teil der Erde, genauso wie die Berge, das Meer, die Tiere und die Menschen. Sie alle sind eine Familie und sollten einander achten und schätzen.

Wir fahren zum Vögelbeobachten (shang niao qu), Band 5, Lektion 6

Donnerstag, 23. Okober, bei klarem Himmel.

Heute hat unser Naturkundelehrer mit uns einen Ausflug gemacht, um Vögel zu beobachten. Schon vor acht Uhr morgens waren meine Mitschüler und ich in der Schule. Als wir im Bus saßen, sagte unser Lehrer: „Heute fahren wir nach Daduxi, um Vögel zu beobachten. Dort gibt es ein großes Feuchtgebiet, in dem viele kleine Fische und Krabben leben. Jedes Jahr im Frühjahr und Herbst kommen Scharen von Zugvögeln dorthin, also ist es ein idealer Platz, um sie zu beobachten."

Als wir in Daduxi angekommen waren, waren schon viele Menschen am Meeresstrand. Sie hatten Ferngläser und betrachteten still die Vögel in der Ferne, manchmal unterhielten sie sich flüsternd. Der Lehrer sagte: „Vögel erschrecken leicht, also müssen wir alle sehr leise sprechen, um die kleinen Gäste nicht zu verscheuchen." Auch ich nahm schnell das Fernglas und sah zahllose Vögel im Feuchtgebiet. Einige putzten ihre Federn oder pickten auf dem Boden nach Nahrung, andere spreizten ihre Flügel und hoben vom Boden ab, und wieder andere flogen durch die Luft und spielten mit dem Wind. Wir beobachteten sie und konnten nicht umhin, dabei leise zu seufzen.

Weil es zu windig war, blieben wir dort nur zwei Stunden und fuhren dann wieder zurück. Auf dem Rückweg diskutierten wir alle ununterbrochen darüber, wie man diese liebenswerten Gäste am besten schützen könnte.

Der Müll hat nun ein Zuhause (laji you ja le), Band 4, Lektion 2

Ursprünglich hatte der Abfall kein Zuhause – erst als es Mülltonnen gab, hat er eines bekommen. In der Schule trennen wir unseren Müll richtig und werfen ihn in verschiedenfarbige Mülltonnen, diese Tonnen sind sein Zuhause. Zu Hause ist es meine Aufgabe, den Müll hinunterzubringen. Jeden Abend werfe ich den

Restmüll, den man nicht recyceln kann, in den Müllwagen. Der Müllwagen ist auch ein Zuhause für den Müll.

Am Meer und im Wald nehmen wir unseren Abfall mit nach Hause, damit er nicht überall herumliegt und es überall ganz sauber wird.

Spaziergang am See (hubian sanbu), Band 9, Lektion 4

Heute war ein warmer Herbstnachmittag und Papa hat mich auf einen Spaziergang zum Xiaopo-See mitgenommen. Am Ufer blühten wilder Zuckerrohr und Riesen-Chinaschilf, die grauweißen und rotbraunen Ähren wiegten sich leicht im Wind und reflektierten das Licht der untergehenden Sonne. Dahinter lag ein tiefgrüner Wald voller Schmetterlingslilien. Ihre anmutigen weißen Blüten waren kaum verwelkt, da vermissten wir schon ihren intensiven Duft. Hinter dem Schmetterlingslilienwald lag der dichte Akazienwald und der kleine grüne Berg, auf den wir oft stiegen.

Aber heute waren wir nicht zum Bergsteigen hier. Zunächst saßen wir am Seeufer und beobachteten Libellen, Schildkröten und Koboldkärpflinge und warteten auf den Seidenreiher, der am Seeufer nach Nahrung suchte. Weil es diesen kleinen See gab, konnte ich Eisvögel betrachten und wusste, wie Nachtreiher und Seidenreiher aussehen. Dass Papa sich damals entschieden hatte, in diese Gegend zu ziehen, lag daran, dass ihm der Akazienwald ganz in der Nähe gefallen hatte. Wer hätte gedacht, dass er dann sogar voller Freude diesen kleinen See mitten im Wald entdecken würde. Ob es in der Nähe eines Waldes einen See gibt, bedeutet für die natürliche Ökologie und die Ressourcen in seiner Nähe einen großen Unterschied. Wenn es hier keinen See gäbe, könnten wir keine Libellen oder Schildkröten und andere Wasserlebewesen beobachten.

Heute waren wir aber nicht nur zum Seeufer gekommen, um uns an seinem Anblick zu erfreuen, sondern um eine ganz spezielle Sorte Müll aufzusammeln: Weil es im See Fische gibt, kommen viele Leute zum Angeln hierher. Darum liegen oft nach kurzer Zeit Angelhaken, Leinen und anderes Zubehör, das die Angler weggeworfen haben, rings um den See verteilt. Papa macht sich nicht nur Sorgen, dass sich andere Kinder daran verletzen könnten, sondern der Müll bedroht auch die Lebewesen, die am See leben. Vor einiger Zeit hat sich ein kleiner Seidenreiher in einem Stück Angelleine am Seeufer verfangen und ist ertrunken. Auf einem Spaziergang konnten wir vor kurzem auch eine chinesische Streifenschildkröte retten, die sich in einem Fischerhaken verfangen hatte.

Nach einer Runde um den See hatten wir eine ganze Menge Müll aufgesammelt. Wir buddelten eine tiefe Grube und warfen alles hinein, dann gingen wir weiter spazieren. Auch wenn wir dem Seidenreiher nicht begegnet waren, waren wir doch sehr erleichtert, denn wir wussten, dass er wiederkommen würde, um hier am Seeufer friedlich und froh zu leben.

Bäume pflanzen in den Bergen (shangshan zhongshu) von Hong Qiongjun, Band 12, Lektion 4

Papa pflanzt gern Bäume und nimmt oft die ganze Familie mit, um im Freien dicht wachsende Setzlinge zu verpflanzen. Dazu buddeln wir draußen etwas Erde aus und nehmen sie mit nach Hause, um dann die Setzlinge in einen Topf zu pflanzen. Wenn einem von Papas Freunden der Baum gefällt, bekommt er ihn geschenkt. Einmal haben wir aus dem Hulu-Tal in der Nähe von Meinong über zwanzig Setzlinge des chinesischen Holunderbaums mitgebracht, die wir gar nicht alle auf unserer Veranda unterbringen konnten. Also lud Papa einige Freunde ein, um die Bäume in den Bergen gemeinsam einzupflanzen.

Die Baumpflanzaktion war etwas für die ganze Familie, Eltern brachten ihre Kinder und alle machten mit. Der Ort lag auf dem Banping-Berg, auf dem über zwanzig Jahre lang Kahlschlag betrieben worden war. Mittlerweile war schon ein Drittel der Oberfläche des Berges kahl. Zuerst sahen wir nach, wie es den Setzlingen ging, die wir letztes Mal hier gepflanzt hatten, und stellten fest, dass sie sich ganz gut entwickelten. Ihre kleinen Zweige und Triebe waren grün und voller Lebenskraft.

Bevor wir die Setzlinge pflanzten, erzählte Papa uns eine bewegende Geschichte. Sie handelte von Elzeard Bouffier, einem Schäfer auf einer öden Hochebene im Südosten Frankreichs. Immer wenn Bouffier versonnen die kahle Hochebene betrachtete, tauchte vor seinem inneren Auge eine schöne Waldlandschaft auf und er war sehr bewegt. Also beschloss er, etwas zu tun, damit dieser Traum in Erfüllung ging. Jeden Tag trieb er seine Schafe auf die Weide im Tal und ließ sie von seinem Schäferhund bewachen. Dann nahm er seinen Stock und einen großen Sack voller Eicheln und kletterte auf den Bergkamm. Mit seinem Stock rammte er ein Loch nach dem anderen in den Boden und legte eine Eichel nach der anderen hinein. Dann buddelte er die Löcher wieder zu. Jeden Tag säte er Eicheln aus. Sie keimten und wuchsen zu lauter kleinen Setzlingen heran. Die meisten wurden von den Mäusen angeknabbert oder vertrugen den unfruchtbaren Boden der Hochebene nicht und vertrockneten. Aber einige überlebten und wurden mit jedem Tag größer. Nachdem er dreißig Jahre lang unermüdlich Eicheln ausgesät hatte, war aus dem trockenen Ödland ein grüner, üppiger Wald geworden, in dem sich kleine Tiere angesiedelt hatten. Selbst im ausgetrockneten Bachbett sprudelte wieder Wasser, Fische und Krabben tummelten sich darin und alles war voller Leben.

Papa sagte weiter: „Ich habe vor kurzem die Dorfbewohner am Fuße des Berges befragt. In ihrer Kindheit wuchs auf dem Berg ein dichter Wald, in dem viele taiwanesische Rhesusaffen, alle möglichen Vogelarten, Eichhörnchen und andere kleine Tiere lebten. Aber seit die Zementfabrik dort Bergbau betreibt, ist der Wald verschwunden und die Tiere sind fort, und selbst die Dorfbewohner gehen selten dorthin. Doch jetzt pflanzen wir Setzlinge, das ist der Beginn eines neuen Waldes. Ich hoffe, dass ihr alle oft herkommen werdet, um nach den Bäumen zu sehen, sie zu gießen und mit ihnen zu sprechen, damit sie noch besser wachsen." Papa legte den Setzling ab, den er in der Hand gehalten hatte. Dann drehte er sich zu uns Kindern um, die wir beim Helfen herumtollten, und sagte: „Wenn ihr groß seid, könnt ihr mit euren Kindern herkommen und ihnen die Bäume zeigen, die ihr als Kinder gepflanzt habt!"

Der Boden in den Bergen war trocken und hart, und alle gruben mit großer Kraft, um dann vorsichtig die Setzlinge einzupflanzen, die Löcher wieder aufzufüllen und sie zu begießen. Um die Feuchtigkeit des Bodens zu erhalten, schichteten wir um die Setzlinge herum Heu auf. Schließlich waren wir mit unserer Arbeit fertig. Das Bäumepflanzen war wirklich eine seltene und kostbare Erfahrung, denn wir hatten nicht nur Setzlinge eingepflanzt, sondern auf diesem Flecken Erde auch ein Stück Hoffnung gesät.

Die Lupinenfrau (hua popo), Band 10, Lektion 6

Hallo, liebe Kinder! 25. März 2003

Ich habe vor einigen Tagen euer Arbeitsblatt zur Unterrichtseinheit „Meine Zukunft ist kein Traum" gesehen und mir kam einiges in den Sinn, über das ich mit euch sprechen will. Ich habe gelesen, dass ihr hofft, „wenn ihr groß seid etwas Großes zu vollbringen und einen Beitrag für die Gesellschaft zu leisten". So viel Weitsicht zu haben und so viel Verantwortung auf sich zu nehmen, ist wirklich lobenswert! Aber können wir gleichzeitig auf unserem Lebensweg nicht auch tiefe Gefühle hegen und die Freude, das Schöne im Leben entfalten? Ich erzähle euch jetzt einmal die schöne Legende von der „Lupinenfrau".

Es war einmal ein Opa, der immer in der Abenddämmerung mit seiner kleinen Enkeltochter an der Hand spazieren ging. Jedes Mal schärfte er ihr ein: „Wenn du einmal groß bist, musst du etwas tun, das die Welt noch schöner macht." Dann blickte sie immer mit ihrem kleinen Gesicht zu ihm auf und antwortete aufrichtig: „Ist gut." So vergingen die Tage und das kleine Mädchen wuchs heran und war schließlich eine alte Frau mit silbergrauem Haar geworden. Sie hatte viele Orte bereist und niemals das Versprechen vergessen, das sie ihrem Opa gegeben hatte. Im Gegenteil, oft starrte sie aufs Meer hinaus und grübelte: „Diese Welt ist doch schon schön genug, was kann ich denn da tun, um sie noch schöner zu machen?"

Sie wohnte in einem kleinen Haus am Meer und hatte in den vier Ecken ihres Hauses ihre geliebten Lupinen gepflanzt. Das sind Blumen mit gelben, lila, blauen und rosa Ähren, und sobald ein Windstoß kommt, wiegen sie sich leicht hin und her, das sieht wunderschön aus. Eines Tages ging sie auf einer Anhöhe spazieren und entdeckte, dass dort auch viele Lupinen wuchsen, da kam ihr plötzlich eine Idee, wie sie die Welt verschönern könnte. Sie kaufte viele, viele Samen und verstreute sie jeden Tag nebenbei beim Spazierengehen, und als die Dorfbewohner sie dabei sahen, lachten sie sie aus. Im darauffolgenden Jahr erblühten plötzlich all diese Samen auf einen Schlag. Die gelben, rosa, lila und blauen Lupinen bildeten ein buntes Blumenmeer und schmückten das Dorf, so dass es wunderschön aussah. Von da an lachten die Dorfbewohner sie nie wieder aus, sondern nannten sie freundlich „Lupinenfrau". Die Lupinenfrau hatte das Versprechen eingelöst, das sie ihrem Opa gegeben hatte, und sagte nun selbst oft zu den Kindern, die sie umringten: „Denkt daran, etwas zu tun, das die Welt noch schöner macht!"

Liebe Kinder! Habt ihr das fürsorgliche, lächelnde Gesicht der Lupinenfrau gesehen, habt ihr ihre eindringliche und schöne Ermahnung gehört? Der Wert des Lebens bemisst sich nicht daran, wie viel man besitzt, sondern wie viel man gibt. Wenn man seine Ideale verfolgt, geht es dabei nicht um Ruhm, sondern darum, sein Herz zu bereichern. Wir müssen nicht danach streben, eine „große Sache" zu tun – wenn wir eine gute Absicht haben, können wir jeden Tag etwas tun, das diese Welt schöner macht.

Ich wünsche euch, dass ihr jeden Tag fröhlich seid.

Euer euch liebender Lehrer.

Die Geschichte von der Talgbaum-Gasse (wujiu xiang de gushi), Band 8, Lektion 7

Der Werbefachmann Herr Huang zog 1994 in die Gasse Nr. 86 in der Yidong-Straße in Tainan. Er war gerade aus dem Ausland zurückgekehrt und war es nicht gewohnt, in so einer unordentlichen Umgebung zu leben und so wenig Kontakt zu seinen Nachbarn zu haben. Also beschloss er, sein Stadtviertel umzugestalten. Herr Huang war der Ansicht, dass man am einfachsten durch mehr Bäume und Grünpflanzen die Umweltqualität verbessern kann. Also fragte er einen Gärtner, der ihm folgendes vorschlug: „Chinesische Talgbäume haben eine schöne Form und ihre Blätter verfärben sich im Herbst rot, das sieht prächtig aus." Alle waren einverstanden, dass man an beiden Seiten der Gasse zweiunddreißig Chinesische Talgbäume pflanzen sollte, um deren Pflege sich alle sechzehn Familien, die im ersten Stock wohnten, gemeinsam kümmern sollten. Von da an trug die Gasse Nr. 86 der Yidong-Straße den Namen „Talgbaum-Gasse".

Nachdem die Bäume gepflanzt waren, erweiterten die Bewohner ihr Allgemeinwissen und führten eine Umwelt-Verbesserungsaktion nach der anderen durch. Sie nahmen Wassereimer und entfernten die kleinen Werbezettel von den Toren und Wänden, dann säuberten sie die Blumenkübel vor dem Eingang. Jemand fuhr zur Stadtverwaltung und brachte Blumensamen mit, jemand anders spendete Geld, um passende weiße Blumentöpfe zu kaufen, und dann säten sie alle gemeinsam Blumensamen der Hoffnung aus. Eines Tages tauchte in einem Baum das Nest eines Brillenvogels auf, darin lagen drei winzige Eier. Als sich diese Nachricht verbreitet hatte, wurde die Frage, ob die Jungvögel schon geschlüpft seien, in der Gasse zum ständigen Gesprächsthema.

Nach vier Jahren hatte sich die unordentliche Gasse Nr. 86 völlig verändert. In der Talgbaum-Gasse wurde jedes Jahr ein Sommerfest gefeiert. Das Fest dauerte von ein Uhr mittags bis spät in die Nacht, es gab Ausstellungen, ein Buffet, Vorführungen und Konzerte mit chinesischer Musik. In die sanfte Musik mischte sich das Lachen der Kinder und alles war voller Freude. In den Talgbäumen hingen helle Glühbirnen, die von der grünen Geschichte des Ortes erzählten, und die Lichter in der Gasse waren wie die Sterne, wie die Milchstraße, so schön und romantisch.

Die Talgbaum-Gasse ist eine Gasse der „grünen Hoffnung", ihre Bewohner wissen, dass man seinen Traum verwirklichen kann, wenn man ihn nur konsequent verfolgt. Man muss nur aktiv werden, dann können sich Träume erfüllen.

Die Saat eines Traums (meng de zhongzi) von Wu Jinfa, Band 11, Lektion 12

Lieber Haitian, 25. November 2003

wie geht es dir? Welches Level hast du beim Computerspiel jetzt geschafft? Du bist bestimmt schon viel besser geworden. Warte nur, bis wir uns das nächste Mal treffen, dann fordere ich dich wieder heraus.

Gestern war ich mit meiner Familie in einem ökologischen Trainingscamp, das unsere Gemeinde veranstaltet hat. Ich fand es sehr interessant, und weil man ja Gutes mit seinen Freunden teilen soll, schreibe ich dir extra einen Brief, um meine Erfahrung mit dir zu teilen. (Guck mal, ich rufe nicht an oder schicke eine E-Mail, sondern ich schreibe dir ganz formal einen Brief, ist das nicht toll?)

Im Trainingscamp hatten wir viele Dozenten, so dass der Unterricht sehr vielseitig war. Unter den Teilnehmern waren buddhistische Mönche, Grundschullehrer, Hausfrauen und Grundschüler, aber wir waren insgesamt nicht mehr als zwanzig Leute. Der Veranstalter war deshalb etwas enttäuscht und entschuldigte sich vor jeder Unterrichtsstunde bei den Dozenten, denn es waren wirklich zu wenige Zuhörer gekommen. Einer der Dozenten war besonders interessant, er erzählte uns die Geschichte von einer „Stadtveränderung durch Kultur" im japanischen Furukawa-chō.

Furukawa-chō liegt in Kansai, es ist eine kleine Stadt in den Bergen mit etwa zehntausend Einwohnern. Derzeit ist es ein Musterbeispiel für „Stadtveränderung durch Kultur" in Japan, denn dort sind alle Gebäude, historischen Sehenswürdigkeiten und Zeremonien bezaubernd und vorbildlich. Und dabei waren es zwei alte Rentner über sechzig, die diese Bewegung angestoßen haben. Sie waren von klein auf befreundet und hatten nach ihrer Pensionierung nichts zu tun. Also trafen sie sich jeden Abend in einer kleinen Wirtschaft am Ort, um etwas zu trinken und sich die Zeit zu vertreiben. „Ach, wie schön war doch Furukawa-chō in unseren Kindertagen!" „Ja, wenn ich nur an die Feste und Zeremonien aus jener Zeit denke...". So redeten sie oft von ihrer Kindheit, der freundlichen Landschaft der Heimat und ihren Zeremonien. Bis einer von ihnen eines Tages in angetrunkenem Zustand sagte: „Wir sind jeden Tag so bedrückt, aber daran wird sich wohl nichts ändern, bis wir tot sind!" Dieser Satz erschütterte sie beide und sie sahen sich schweigend an. Genau in diesem Moment keimte plötzlich die „Saat eines Traums" tief in ihren Herzen.

Am nächsten Tag begannen sie zu handeln. Sie gingen von Haus zu Haus und überredeten die Dorfbewohner, ihre Umwelt zu säubern und die jahrhundertealten Zeremonien wieder aufleben zu lassen. Ihre Aufrichtigkeit rührte alle Menschen, und nach zehn Jahren war Furukawa-chō zu einem repräsentativen Ort für Ökologie und Kultur in Japan geworden, der überall bekannt war. Das ist ein Beispiel dafür, wie die „Saat eines Traums" keimen, wachsen und gedeihen kann, was schließlich zu einem schönen Erfolg geführt hat.

Diese Geschichte hat mich sehr bewegt. „Wage, zu träumen" – dieser Satz stimmt wirklich! Doch obwohl sich einige Menschen dafür engagieren, in meiner Gemeinde eine kultivierte Einstellung und Umweltbewusstsein zu verbreiten, liegen Wunsch und Wirklichkeit doch noch weit voneinander entfernt. Aber wenn die „Saat eines Traums" gekeimt ist, kann selbst die unwahrscheinlichste Idee irgendwann verwirklicht werden. Diese Geschichte hat mich sehr bewegt. Und dich? Ich würde gern deine Meinung dazu hören. Wir bleiben in Kontakt.

Ich wünsche dir jeden Tag viel Freude.

Dein Vetter Qianxing

Die Hanbao-Familie (hanbao jiazu) von Huang Chaozhou, Band 11, Lektion 11

Im Südwesten des historischen Ortes Lugang fließt der Zhuoshui-Fluss ins Meer. Dort liegt eine große Schwemmebene. Wohin man blickt, sieht man endlose Felder, Fischteiche, Grasebenen und den Meeresstrand. Es ist ein Ort, an dem die Menschen Landwirtschaft betreiben und Fische und Krabben fangen. Aber es ist auch ein Paradies, in dem viele Wildvögel nisten und ihre Brut großziehen. Über hundertvierzig verschiedene Vogelarten kann man hier beobachten. Unter ihnen sind auch geschützte Arten wie der „Schwarzstirnlöffler", der „Stelzenläufer" oder die „Goldschnepfe". Naturliebhaber nennen dieses lebendige Feuchtgebiet auch das „Hanbao-Wildvogelparadies."

In seinen Fischteichen leben viele berühmte Arten von Meerestieren und Fischen aus ganz Taiwan. Leider wurden in den letzten Jahren Abwässer aus der Schweinezucht direkt in den Kanal geleitet und der Dreck von der Industrie am Oberlauf wird angespült, so dass sich die Wasserqualität des Flusses extrem verschlechtert hat. Abfall treibt überall an der Wasseroberfläche. Auf dem fruchtbaren Ackerland und den Grasebenen wurden umweltbelastende Fabriken gebaut. Immer mehr Fischteiche wurden ausgehoben und die übermäßige Entnahme von Grundwasser führte zu einer Absenkung des Bodens. Aus

Eigennutz und Profitgier verlangten die Menschen dem Boden zu viel ab, so dass das Paradies der Wildvögel ernsthaft bedroht ist.

Offensichtlich werden die Nistplätze der Wildvögel nach und nach zerstört und die Zahl der Vogelarten nimmt täglich ab. Also haben Naturfreunde, die häufig ins „Hanbao-Feuchtgebiet“ kommen, beschlossen, für dieses Vogelparadies etwas zu tun. In der Stadt Zhanghua lebt ein Arzt namens Lin Shixian, der viele ökologisch interessierte Mitglieder der Gesellschaft zusammengerufen hat: Ärzte, Anwälte, Politiker, Lehrer und Schüler. Zusammen gründeten sie die „Hanbao-Familie“. Wer Geld hatte, spendete Geld, wer arbeiten konnte, spendete seine Arbeitskraft, und sie pachteten das Gebiet langfristig, um Vögeln und Menschen dort einen gemeinsamen Lebensraum zu schaffen.

Ende 1999 hatte die „Hanbao-Familie“ mit Hilfe lokaler Persönlichkeiten bereits ein großes Gebiet mit Reisfeldern und überdüngten Fischteichen gepachtet und begann mit seiner Renaturierung. Zuerst wurde das Gebiet bepflanzt, damit die wilden Vögel neue Brutstätten hatten, dann wurden die Böden bewässert, damit sich dort Weich- und Kerbtiere und Insekten vermehren konnten. Von da an hatten die Vogelarten ausreichend Nahrung und einen Lebensraum, so dass sie in Hanbao friedlich leben konnten. Und auch die Menschen konnten sich dort kurzfristig von der Hektik des modernen Lebens erholen, nach Herzenslust in der freien Natur sein und sich mit den Vögeln anfreunden.

Der größte Wunsch der „Hanbao-Familie“ war neben einer gelungenen Renaturierung auch, dass sich alle, denen ihre Heimat am Herzen liegt, gemeinsam für den Schutz der Umwelt engagieren. Außerdem hofften sie, mit Unterstützung der Regierung langfristig ein ökologisch intaktes Feuchtgebiet zu erhalten und die abgesenkten Meeresufer und versalzten Böden zu Wasserschutzgebieten zu erklären. Das Ziel ist es, dort einen dauerhaften ökologischen Lebensraum zu schaffen und Taiwan zu einem großen grünen Flecken voller Wasser, Pflanzen und Lebewesen zu machen.

Das Danayi-Tal: Eine Legende in den Bergen (shanzhong chuanqi – Danayi gu), Band 8, Lektion 8

Der Überlieferung zufolge grassierte unter den Ureinwohnern vom Stamm der Zou am Alishan Anfang des 20. Jahrhunderts eine ansteckende Krankheit. Einige von ihnen waren kräftig genug, um vor der Gefahr zu fliehen, aber diejenigen, die zurückblieben, mussten sich für einige Zeit am Fluss im Danayi-Tal verstecken. Die Zou im Danayi-Tal konnten überleben, weil sie sauberes Flusswasser tranken, also waren sie dem Danayi-Fluss dankbar und verehrten ihn sehr.

Der schöne Danayi-Fluss fließt durch die Shanmei-Siedlung am Alishan. Die grünen Bäume am Ufer wiegen sich im Wind und im blauen Wasser lebt eine Karpfenart, die mit wissenschaftlichem Namen „Varicorhinus barbatulus“ heißt. Besucher von auswärts mögen diese Landschaft, aber sie wissen nicht, dass die

Bewohner der Shanmei-Siedlung den Fluss nur mit viel Herzblut so erfolgreich schützen konnten. Vor über zehn Jahren kamen viele Fremde hierher und vergifteten die Fische oder töteten sie mit Elektroschocks, so dass sie allmählich immer weniger wurden und das natürliche Ökosystem zerstört wurde. Die Dorfbewohner waren angesichts dieser Situation sehr besorgt und beschlossen nach gemeinsamer Diskussion, ein „Komitee zum Schutz des Flusses" zu gründen, um das Danayi-Tal zu schützen. Der insgesamt achtzehn Kilometer lange Fluss, der durch das Tal verlief, wurde zum gemeinsamen Besitz der Bewohner der Shanmei-Siedlung erklärt. Sie bildeten eine Patrouille, die den Fluss Tag und Nacht bewachte. Die Umsicht der Zou bewirkte, dass die Fischwilderer es nicht länger wagten, diese Schutzzone zu betreten.

Durch die eifrigen Bemühungen aller gewann das Danayi-Tal allmählich seine Lebenskraft wieder und wurde zu einer neuen touristischen Attraktion. Vor allem an Feiertagen reißt der Besucherstrom nicht ab. Die schöne Landschaft lockt viele Touristen an und zieht sie in ihren Bann. Die Dorfbewohner investieren die Einnahmen aus dem Tourismus in die Entwicklung der Gemeinde und die Verbesserung ihres Lebensumfelds. Die Jugendlichen verlassen nun nicht länger das Tal, um in den Städten zu arbeiten, sondern sie bleiben, um etwas für diesen Flecken Erde zu tun. Einige arbeiten als Touristenführer, andere als Künstler. In der Gemeinde gibt es viele Pavillons im Baustil der Ureinwohner, der traditionell schlicht und doch künstlerisch ist. Die Bewohner der Shanmei-Siedlung schätzen das Naturerbe ihrer Vorfahren und haben am eigenen Leib erfahren, wie wichtig der Umweltschutz ist. Ihre gemeinsame Anstrengung und ihr leidenschaftliches Engagement verdienen es, dass wir sie respektieren und von ihnen lernen.

Das Feld nach der Ernte (qiushou hou de tianye) von Wu Cheng, Band 12, Lektion 5

Das abgeerntete Feld lag weit vor uns und Büschel von gelben, vertrockneten Reishalmen ragten in die Luft. Alle möglichen Arten von Wildblumen und Unkraut blühten und wuchsen überall und wiegten sich im Herbstwind, der unablässig wehte. Meine Mutter und ich hielten jeder einen Bambusstab und schichteten das verstreute Reisstroh auf, um es dann zu verbrennen. Die fröhlichen Rufe der Kinder drangen zu uns herüber und zogen mich in ihren Bann. Bei der Arbeit musste ich immer wieder zu ihnen hinüberschauen und zusehen, wie sie ihre Drachen steigen ließen. Ich schaute und schaute, und es vermischten sich plötzlich verschwommene Szenen aus meiner eigenen Kindheit mit ihrem Spiel.

Als ich ein Kind war, ging ich oft mit den Nachbarskindern aufs Feld. Mal schnitten wir das Gras und sammelten Reisähren, mal ernteten wir Süßkartoffeln und Wildkräuter. Zu jener Zeit wuchsen überall auf den Feldern wilde Erdbeeren und wir pflückten die kleinen, süßen Früchte und aßen sie. Auch Süßkartoffeln gab es überall. Man brauchte sie nur auszubuddeln, und dann bauten wir gemeinsam eine Feuerstelle und grillten sie. Der Wind trug ihren Duft zu uns herüber und sie schmeckten besonders süß.

Damals hatten wir natürlich kein Geld, um irgendwelches Spielzeug zu kaufen, also spielten wir immer mit Spielkarten, die wir selbst gemalt hatten. Wir spielten mit Kreiseln, die wir selbst geschnitzt hatten. Und wir spielten auf Bambusflöten, die wir selbst gebastelt hatten. Wir hatten viele Spielsachen und brauchten kein Geld auszugeben, um fröhlich damit zu spielen. In den langen Sommerferien angelten wir am liebsten im Fluss oder fingen Frösche im Graben. Manchmal sammelten wir auch Flussschnecken auf den Feldern oder fingen am Fluss Muscheln mit einem Käscher. Damals war das Wasser in jedem Bach des Dorfes sauber und klar. Es gab darin viele Fische und Krabben, und wenn man den Käscher irgendwo bei den Wasserpflanzen eintauchte und mit den Füßen den Boden aufwirbelte, hatte man nach ein, zwei Stunden eine große Schüssel voller Karauschen, Koboldkärpflinge, Schlickwürmer, Krabben und anderem Getier gefangen. Wenn wir genug gefischt hatten, spielten wir im Wasser und fingen Frösche. Wenn es dämmerte, gingen wir auf dem Heimweg noch am Gemüsegarten vorbei, um etwas Gemüse zu ernten, und hatten ein reichhaltiges Abendessen.

Die Kinder von heute haben viel zu essen, aber sie wissen es nicht zu schätzen. Man kann Spielzeug einfach kaufen und muss es nicht mehr mühsam selbst herstellen. Darum kennen sie die Freude nicht, die es macht, sich selbst ein Spielzeug zu basteln. Seit vor vielen Jahren zu viel Düngemittel eingesetzt wurde, stinken die Felder oft so sehr nach Dünger, dass es einem den Atem nimmt. Das Abwasser der Fabriken am Oberlauf wird in großen Mengen in die Flüsse geleitet, so dass sie zu einer dreckigen Brühe geworden sind. Fische und Krabben sind schon verschwunden und selbst auf dem Lande können Kinder das Vergnügen nicht mehr nachempfinden, das es bereitet, im Freien zu spielen oder Fische zu fangen.

Es dämmerte langsam. Meine Mutter und ich hatten das Reisstroh fertig aufgeschichtet, sie zündete es an und es begann knisternd zu brennen. Die fröhlichen Rufe und das Lachen der Kinder drangen immer noch an unser Ohr. Auf dem Weg nach Hause war ich sehr verwirrt: Die Kinder von heute würden uns vielleicht gar nicht um unsere Lebensfreuden von damals beneiden. Die Bemühungen der Menschen richten sich zum großen Teil auch darauf, für die kommenden Generationen eine bessere Umwelt zu schaffen, damit sie ein noch besseres Leben führen kann. Doch wenn die kurzsichtige Zivilisation von heute, die unablässig unser ökologisches Gleichgewicht zerstört, so weitermacht wie bisher, was für eine Umwelt werden unsere Kinder und Enkelkinder dann haben?

Kolibri 360 GmbH
Ferdinand-Jühlke-Straße 7
99095 Erfurt, Deutschland
produktsicherheit@kolibri360.de

Druck:
CPI Druckdienstleistungen GmbH
im Auftrag der
Kolibri 360 GmbH
Ferdinand-Jühlke-Str. 7
99095 Erfurt